Energiepolitik und Klimaschutz
Energy Policy and Climate Protection

Herausgegeben von
L. Mez, Berlin, Deutschland
A. Brunnengräber, Berlin, Deutschland

Weltweite Verteilungskämpfe um knappe Energieressourcen und der Klimawandel mit seinen Auswirkungen führen zu globalen, nationalen, regionalen und auch lokalen Herausforderungen, die Gegenstand dieser Publikationsreihe sind. Die Beiträge der Reihe sollen Chancen und Hemmnisse einer präventiv orientierten Energie- und Klimapolitik vor dem Hintergrund komplexer energiepolitischer und wirtschaftlicher Interessenlagen und Machtverhältnisse ausloten. Themenschwerpunkte sind die Analyse der europäischen und internationalen Liberalisierung der Energiesektoren und -branchen, die internationale Politik zum Schutz des Klimas, Anpassungsmaßnahmen an den Klimawandel in den Entwicklungs-, Schwellen und Industrieländern, die Produktion von biogenen Treibstoffen zur Substitution fossiler Energieträger oder die Probleme der Atomenergie und deren nuklearen Hinterlassenschaften.

Die Reihe bietet empirisch angeleiteten, quantitativen und international vergleichenden Arbeiten, Untersuchungen von grenzüberschreitenden Transformations- und Mehrebenenprozessen oder von nationalen „best practice"-Beispielen ebenso ein Forum wie theoriegeleiteten, qualitativen Untersuchungen, die sich mit den grundlegenden Fragen des gesellschaftlichen Wandels in der Energiepolitik und beim Klimaschutz beschäftigen.

Herausgegeben von
PD Dr. Lutz Mez PD Dr. Achim Brunnengräber
Freie Universität Berlin Freie Universität Berlin

Weitere Bände in der Reihe http://www.springer.com/series/12516

Heinrich Schulz

Die Erdgasexporte Turkmenistans

Energie- und geopolitische Interessen in der Kaspischen Region

Mit einem Geleitwort von PD Dr. Lutz Mez

Heinrich Schulz
Berlin, Deutschland

Dissertation Freie Universität Berlin, 2016

u.d.T.: Heinrich Schulz, Die Erdgasexporte Turkmenistans im Spannungsfeld geopolitischer und energiepolitischer Interessen in der Kaspischen Region

D 188

Gedruckt mit freundlicher Unterstützung der Ernst-Reuter-Gesellschaft der Freunde, Förderer & Ehemaligen der Freien Universität Berlin e.V.

Energiepolitik und Klimaschutz. Energy Policy and Climate Protection
ISBN 978-3-658-19031-6   ISBN 978-3-658-19032-3   (eBook)
DOI 10.1007/978-3-658-19032-3

Die Deutsche Nationalbibliothek verzeichnet diese Publikation in der Deutschen Nationalbibliografie; detaillierte bibliografische Daten sind im Internet über http://dnb.d-nb.de abrufbar.

Springer VS
© Springer Fachmedien Wiesbaden GmbH 2018
Das Werk einschließlich aller seiner Teile ist urheberrechtlich geschützt. Jede Verwertung, die nicht ausdrücklich vom Urheberrechtsgesetz zugelassen ist, bedarf der vorherigen Zustimmung des Verlags. Das gilt insbesondere für Vervielfältigungen, Bearbeitungen, Übersetzungen, Mikroverfilmungen und die Einspeicherung und Verarbeitung in elektronischen Systemen.
Die Wiedergabe von Gebrauchsnamen, Handelsnamen, Warenbezeichnungen usw. in diesem Werk berechtigt auch ohne besondere Kennzeichnung nicht zu der Annahme, dass solche Namen im Sinne der Warenzeichen- und Markenschutz-Gesetzgebung als frei zu betrachten wären und daher von jedermann benutzt werden dürften.
Der Verlag, die Autoren und die Herausgeber gehen davon aus, dass die Angaben und Informationen in diesem Werk zum Zeitpunkt der Veröffentlichung vollständig und korrekt sind. Weder der Verlag noch die Autoren oder die Herausgeber übernehmen, ausdrücklich oder implizit, Gewähr für den Inhalt des Werkes, etwaige Fehler oder Äußerungen. Der Verlag bleibt im Hinblick auf geografische Zuordnungen und Gebietsbezeichnungen in veröffentlichten Karten und Institutionsadressen neutral.

Gedruckt auf säurefreiem und chlorfrei gebleichtem Papier

Springer VS ist Teil von Springer Nature
Die eingetragene Gesellschaft ist Springer Fachmedien Wiesbaden GmbH
Die Anschrift der Gesellschaft ist: Abraham-Lincoln-Str. 46, 65189 Wiesbaden, Germany

Für Johanna

Geleitwort

Infolge des Zerfalls der Sowjetunion erlangte Turkmenistan, das Land mit den viertgrößten Erdgasreserven weltweit, 1991 seine Unabhängigkeit. Seither ist Turkmenistan bestrebt, seine Erdgasexporte zu diversifizieren. Anfang der 1990er-Jahre entstand der Plan, turkmenisches Erdgas durch den Iran in die Türkei und nach Europa zu liefern. Ende der 1990er-Jahre wurde eine transkaspische Pipeline über Aserbaidschan und Georgien in Erwägung gezogen. Nach den ukrainisch-russischen Gaskonflikten 2006 und 2009 erlangte die Schaffung des „Südlichen Korridors" zum Transport von Erdgas aus der Kaspischen Region und dem Nahen Osten Priorität der EU, verbunden mit dem Interesse an Erdgaslieferungen aus Turkmenistan.

Aber keines dieser Pipelineprojekte wurde bisher unter Einbeziehung Turkmenistans realisiert. In seiner Dissertation untersucht Heinrich Schulz die Ursachen für das Scheitern der jeweiligen Pipelineprojekte. Die zentralen Fragen lauten: Warum wurde im Rahmen der Bestrebungen Turkmenistans zur Diversifizierung seiner Erdgasexporte noch keine Exportinfrastruktur in Richtung Westen unter Umgehung Russlands realisiert? Worin bestehen die Motive der Regierung Turkmenistans, Erdgas in die Türkei und Europa zu exportieren? Und welche Bedeutung hat in diesem Zusammenhang der globale Erdgashandel.

Heinrich Schulz entwickelt einen Ansatz, der verschiedene Dimensionen berücksichtigt, darunter die geopolitische Bedeutung der Kaspischen Region und der völkerrechtlich problematische Status des Kaspischen Meeres. Dann gibt er einen Überblick zu den Öl- und Gasreserven in der Region und skizziert die Interessen der staatlichen Akteure.

Darüber hinaus enthält die Dissertation eine Analyse des turkmenischen Erdgassektors. Einer kurzen historischen Darstellung der Entwicklung des Sektors in der Sowjetära folgen Daten und Fakten zu den nachgewiesenen Erdgasreserven, zur Erdgasproduktion, zum Verbrauch, zum Export und zur Exportinfrastruktur. Ferner werden die Investitionsbedingungen untersucht, um zu zeigen, über welche Potenziale Turkmenistan in Hinblick auf den Erdgasexport nach Europa und in die Türkei verfügt und welche Hindernisse in Bezug auf Investitionen in den Gassektor bestehen.

Zusätzlich stellt der Autor Zusammenhänge zwischen dem Gashandel Turkmenistans im postsowjetischen Raum und den Bestrebungen der turkmenischen Regierung zur Diversifizierung der Erdgasexporte her. Der Gashandel mit der Ukraine und Russland, die lange Zeit, bis zum Engagement Chinas, die größten Abnehmer von turkmenischem Erdgas waren, wird systematisch aufgearbeitet und einer eingehenden Analyse unterzogen.

Zentraler Bestandteil dieser Dissertation ist die Analyse der Pipelineprojekte. In drei Fallstudien werden die geopolitische Situation in der Kaspischen Region, der turkmenische Erdgassektor und der Erdgashandel detailliert untersucht.

Für den Misserfolg der drei Pipelineprojekte identifiziert Heinrich Schulz verschiedene Ursachen. Dazu zählen die geopolitischen Interessen der USA und Russlands, Konflikte über Konditionen und die Situation auf den anvisierten Absatzmärkten Türkei und Europa.

Heinrich Schulz hat zu einem aktuellen Thema eine theoretisch geleitete und empirisch gehaltvolle Arbeit vorgelegt. Es ist ihm gelungen, die geopolitischen und energiepolitischen Interessen in der Kaspischen Region im Kontext der Erdgasexporte Turkmenistans sowie das Scheitern der Pipelineprojekte in Richtung Westen eindrucksvoll zu verdeutlichen und gleichzeitig einen umfassenden Überblick über den Erdgassektor und -handel Turkmenistans zu geben.

Lutz Mez

Danksagung

Viele haben mich beim Verfassen dieser Dissertation begleitet, denen ich an dieser Stelle herzlich danken möchte.

Besonderer Dank gebührt meinem Doktorvater Privatdozent Dr. Lutz Mez, der mich immer tatkräftig unterstützt hat. Er hat die Arbeit nicht nur durch seine inhaltlich äußerst wertvollen Kommentare sehr bereichert und vorangebracht, sondern stand mir auch bei allen anderen Fragen rund um die Dissertation sehr hilfreich zur Seite. Dies gilt genauso für meinen Zweitbetreuer Professor Dr. Hajo Funke, an den ich mich stets mit meinen Anliegen wenden konnte. Besonderer Dank gilt gleichermaßen meinem Mentor Dr. Behrooz Abdolvand. Seine profunden Kenntnisse der Geopolitik und der Kaspischen Region haben mir neue Blickwinkel eröffnet. Durch die Lehre mit ihm und das gemeinsame Verfassen zahlreicher Artikel habe ich viel gelernt. Auch die Zusammenarbeit und die Lehre mit Dr. Matthias Adolf sowie Dr. Michael Liesener haben mir viel Freude bereitet. In zahlreichen Gesprächen über unsere Dissertationen habe ich viele Denkanstöße bekommen, die mir beim Verfassen der Arbeit sehr geholfen haben. Meinen Kommilitonen des PhD-Studiengangs „Caspian Region Environmental and Energy Studies" möchte ich für die in den Colloquien geführten Diskussionen danken, die voller Anregungen waren. Mein Dank gilt auch der Dahlem Research School der Freien Universität Berlin, da sie es mir durch ein Stipendium ermöglichte, mich voll auf die Dissertation zu konzentrieren.

Meine Familie und meine Freunde haben mir viel Rückhalt gegeben und für willkommene Ablenkung gesorgt. Besonderer Dank gebührt Christian Dütsch und Sebastian Kiefer, die viel Zeit in das Korrekturlesen investiert und mir mit ihren inhaltlichen Anregungen sehr geholfen haben.

Auch die Unterstützung des Deutsch-Turkmenischen Forums, insbesondere des Vorsitzenden Klaus-Jürgen Hedrich und des leider viel zu früh verstorbenen Geschäftsführers Andreas Rose, war sehr wertvoll. Sie haben es mir ermöglicht, wiederholt nach Turkmenistan zu reisen und verschiedenste Eindrücke zu sammeln. Dr. Uwe Strohbach von der Germany Trade and Invest möchte ich für die mir zur Verfügung gestellten Daten und die anregenden Gespräche danken.

Heinrich Schulz

Inhaltsverzeichnis

Geleitwort 7
Danksagung 9
Abbildungsverzeichnis 15
Tabellenverzeichnis 17
Abkürzungsverzeichnis 19
1 Einleitung 21
   1.1   Problemdarstellung 21
   1.2   Stand der Forschung 23
   1.3   Fragestellung 27
   1.4   Hypothesen 29
   1.5   Vorgehensweise 31
   1.6   Methode 33
   1.7   Theoretische Anknüpfungspunkte 35
   1.8   Die Bedeutung der Einnahmen aus dem Erdgasexport für die staatliche Verfasstheit Turkmenistans 38
        1.8.1   Die Rentierstaatstheorie 38
        1.8.2   Die Anwendung der Rentierstaatstheorie auf die politischen und ökonomischen Strukturen Turkmenistans 43
   1.9   Energiesicherheit aus der Perspektive des Produzentenstaates Turkmenistan 53
        1.9.1   Einleitende Bemerkungen zum Begriff Energiesicherheit 53
        1.9.2   Energiesicherheit aus Perspektive von Produzentenstaaten 55
        1.9.3   Instrumente zur Gewährleistung von Energiesicherheit 56
   1.10 Die geopolitische Situation in der Kaspischen Region 59
        1.10.1 Einleitende Bemerkungen zur geopolitischen Bedeutung der Kaspischen Region .. 59
        1.10.2 Die Energiesituation in der Kaspischen Region 61
        1.10.3 Der ungelöste völkerrechtliche Status des Kaspischen Meeres 68
             1.10.3.1 Völkerrechtliche Betrachtungsweisen des Kaspischen Meeres 68
             1.10.3.2 Die Interessen der Anrainerstaaten in Bezug auf den völkerrechtlichen Status des Kaspischen Meeres 70
             1.10.3.3 Abkommen zum Rechtsregime des Kaspischen Meeres 76
        1.10.4 Geopolitische Interessen in der Kaspischen Region 81
             1.10.4.1 Russland 81
             1.10.4.2 USA 85
             1.10.4.3 China 88
             1.10.4.4 Europäische Union 90
             1.10.4.5 Iran 92
             1.10.4.6 Türkei 95
             1.10.4.7 Aserbaidschan 98
             1.10.4.8 Georgien 101
        1.10.5 Exkurs zur Außenpolitik Turkmenistans 103
             1.10.5.1 Die Beziehungen zu Russland 104
             1.10.5.2 Die Beziehungen zu den USA 106

		1.10.5.3	Die Beziehungen zu China	107
		1.10.5.4	Die Beziehungen zur Europäischen Union	107
		1.10.5.5	Die Beziehungen zur Türkei und zum Iran	109
		1.10.5.6	Die Beziehungen zu Aserbaidschan	110
1.11	Zwischenfazit			110

2 Der Erdgassektor Turkmenistans ... 115

2.1	Der Erdgassektor der Sowjetrepublik Turkmenistan			115
	2.1.1	Reserven		115
	2.1.2	Die Erdgasproduktion		117
	2.1.3	Der Ausbau der Pipelineinfrastruktur		119
2.2	Die Entwicklung des Erdgassektors Turkmenistans seit der Unabhängigkeit			123
	2.2.1	Reserven		123
	2.2.2	Lagerstätten und Produktion		129
	2.2.3	Verbrauch		134
	2.2.4	Exporte		139
	2.2.5	Lieferverträge		143
		2.2.5.1	Russland	143
		2.2.5.2	Iran	144
		2.2.5.3	China	145
		2.2.5.4	Kasachstan	146
		2.2.5.5	Afghanistan, Indien und Pakistan	146
	2.2.6	Preisentwicklung		147
	2.2.7	Entwicklung der Gasexporte bis zum Jahr 2030		149
	2.2.8	Bestehende Exportpipelineinfrastruktur		151
		2.2.8.1	Russland	152
		2.2.8.2	Iran	152
		2.2.8.3	China	153
		2.2.8.4	Ost-West-Pipeline	154
	2.2.9	Geplante Pipelineprojekte		154
		2.2.9.1	Turkmenistan-Afghanistan-Pakistan-Indien-Pipeline (TAPI)	155
		2.2.9.2	Kaspische Küstenpipeline	157
	2.2.10	Investitionsbedingungen und -hürden		158
		2.2.10.1	Allgemeine Investitionsbedingungen	158
		2.2.10.2	Die Organisation des turkmenischen Energiesektors	160
		2.2.10.3	Das Vertragsregime	162
2.3	Zwischenfazit			165

3 Der Gashandel Turkmenistans nach der Unabhängigkeit ... 169

3.1	Die Abschaffung der Exportquote für turkmenische Lieferungen an Länder außerhalb der GUS		170
3.2	Der Gashandel mit der Ukraine		171
	3.2.1	Die Entstehung der Schuldenproblematik	171
	3.2.2	Der Zwischenhändler Respublika	175
	3.2.3	Das Joint Venture Turkmenrosgaz	178
	3.2.4	Die Auflösung von Turkmenrosgaz und die Gaskrise von 1997/98	180
	3.2.5.	Die Einigung zwischen Turkmenistan, der Ukraine und Russland	184
	3.2.6	Differenzen zwischen Turkmenistan und der Ukraine	187
	3.2.7	Die Stabilisierung des turkmenisch-ukrainischen Gashandels	189
		3.2.7.1 Der Abschluss des Fünf-Jahres-Vertrages	189
		3.2.7.2 Die Zwischenhändler	191
	3.2.8	Der Gaskonflikt 2004/2005	194
	3.2.9	Das Ende der direkten turkmenisch-ukrainischen Erdgashandelsbeziehungen	200

3.3 Der Gashandel zwischen Turkmenistan und Russland.. 203
    3.3.1 Die Anfänge des turkmenisch-russischen Gashandels... 203
    3.3.2 Die Interessen Russlands in Bezug auf die Erdgasimporte aus Turkmenistan....... 205
    3.3.3 Der Abschluss des langfristigen Liefervertrages zwischen Turkmenistan und Russland... 206
    3.3.4 Differenzen über die Preisgestaltung... 211
    3.3.5 Die geplante Erweiterung der Infrastruktur... 214
    3.3.6 Die Einigung über den Preisbildungsmechanismus und die Intensivierung des Engagements von Gazprom.. 217
    3.3.7 Die turkmenisch-russische Gaskrise im Jahr 2009.. 219
    3.3.8 Das Abkommen vom Dezember 2009... 224
3.4 Zwischenfazit.. 226

4 Analyse der gescheiterten Pipelineprojekte zum Export von turkmenischem Gas in die Türkei und nach Europa.. 233
4.1 Voraussetzungen für die Umsetzung von Pipelineprojekten... 233
4.2 Die Turkmenistan-Iran-Türkei-Europa-Pipeline... 237
    4.2.1 Die Entstehung des Pipelineprojektes.. 237
    4.2.2 Die Interessen der beteiligten Akteure... 241
        4.2.2.1 Turkmenistan... 241
        4.2.2.2 Iran.. 242
        4.2.2.3 Die Türkei... 243
    4.2.3 Abkommen zur Realisierung des Projektes.. 245
    4.2.4 Die vorläufige Einstellung des Pipelineprojektes.. 246
    4.2.5 Die Korpedzhe-Kurt Kui Pipeline... 248
    4.2.6 Die Wiederaufnahme des Pipelineprojektes... 250
    4.2.7 Die Position der USA... 251
    4.2.8 Der Einstieg von Shell in das Pipelineprojekt... 252
    4.2.9 Das Scheitern des Projektes... 253
4.3 Die transkaspische Pipeline (I)... 257
    4.3.1 Die Entstehung des Pipelineprojektes.. 257
    4.3.2 Die Vergabe des Pipelineprojektes an PSG International und die Beteiligung von Shell.. 258
    4.3.3 Rahmenbedingungen.. 261
    4.3.4 Die Interessen der Akteure in Bezug auf die Umsetzung der transkaspischen Pipeline. 264
        4.3.4.1 Turkmenistan... 264
        4.3.4.2 Russland... 265
        4.3.4.3 USA.. 267
        4.3.4.4 Iran.. 269
        4.3.4.5 Die Türkei... 272
        4.3.4.6 Aserbaidschan.. 275
        4.3.4.7 Georgien... 276
    4.3.5 Abkommen zur Umsetzung des Pipelineprojektes.. 276
        4.3.5.1 Das Gashandelsabkommen zwischen Turkmenistan und der Türkei...... 276
        4.3.5.2 Die Unterzeichnung der Istanbul-Erklärung.. 278
    4.3.6 Die Ursachen für das Scheitern des transkaspischen Pipelineprojektes................ 280
        4.3.6.1 Die Auseinandersetzung zwischen Turkmenistan und Aserbaidschan über die Aufteilung der geplanten Transportkapazität der transkaspischen Pipeline... 280
        4.3.6.2 Die Differenzen über die Vertragskonditionen.. 282
        4.3.6.3 Der Fortschritt konkurrierender Pipelineprojekte.................................... 284
        4.3.6.4 Die Überversorgung des türkischen Marktes.. 288

4.4 Turkmenistan und der „Südliche Gaskorridor".. 295
    4.4.1 Der „Südliche Gaskorridor"... 295
    4.4.2 Die Priorisierung des Nabucco-Projektes seitens der EU-Kommission............... 297
    4.4.3 Potenzielle Lieferländer für das Nabucco-Pipelineprojekt................................ 299
        4.4.3.1 Iran.. 299
        4.4.3.2 Aserbaidschan... 301
        4.4.3.3 Irak... 301
        4.4.3.4 Kasachstan.. 303
        4.4.3.5 Ägypten... 304
    4.4.4 Die Entscheidung des Nabucco-Konsortiums über die Zulieferpipelines............ 305
    4.4.5 Der Beginn der Kooperation zwischen Turkmenistan und der EU im Energiebereich. 308
    4.4.6 Die Lieferverpflichtungen Turkmenistans und dessen fragliche Fähigkeit,
        Volumen für den Export nach Europa bereitstellen zu können............................ 310
    4.4.7 Der turkmenische-russische Gaskonflikt als Auslöser neuer
        Diversifizierungsbestrebungen der turkmenischen Regierung............................. 314
    4.4.8 Optionen zum Transport von turkmenischem Erdgas in die Türkei und nach Europa...315
        4.4.8.1 Transit durch den Iran... 317
        4.4.8.2 CNG/LNG... 318
    4.4.9 Die Entscheidung zugunsten einer transkaspischen Pipeline............................. 320
    4.4.10 Die transkaspische Pipeline (II)... 325
    4.4.11 Die veränderten Rahmenbedingungen auf dem europäischen Absatzmarkt......... 327
    4.4.12 Die Interessen der beteiligten Akteure in Bezug auf die Beteiligung Turkmenistans
        am „Südlichen Korridor" und den Bau der transkaspischen Pipeline.................. 335
        4.4.12.1 Turkmenistan... 335
        4.4.12.2 Europäische Union.. 337
        4.4.12.3 Russland.. 340
        4.4.12.4 Türkei.. 344
        4.4.12.5 Aserbaidschan... 347
    4.4.13 Ursachen für das Scheitern des Pipelineprojektes.. 352
        4.4.13.1 Der Widerstand Russlands gegen den Bau einer transkaspischen Pipeline 353
        4.4.13.2 Die Unvereinbarkeit der Interessen Turkmenistans,
            der EU-Kommission und potenzieller Abnehmer........................... 358
        4.4.13.3 Die Unvereinbarkeit der Interessen Aserbaidschans und Turkmenistans
            und die Entscheidung zugunsten von TANAP und TAP..................... 360
        4.4.13.4 Der turkmenisch-aserbaidschanische Grenzkonflikt..................... 365
        4.4.13.5 Alternative Projekte zur Gewährleistung der Exporteinnahmen... 367
4.5 Zwischenfazit 368

5 Zusammenfassung und Ausblick... 375
  5.1 Zusammenfassung... 375
  5.2 Überprüfung der Hypothesen.. 381
  5.3 Ausblick und Politikempfehlung 386

Literaturverzeichnis 391
  Bücher, Dokumente, Aufsätze, Zeitschriftenartikel, Pressemeldungen, Statistiken............ 391
  Presseartikel und Nachrichtenagenturmeldungen (Download von der Datenbank Factiva)........ 404
  Presseartikel und Nachrichtenagenturmeldungen (Download von der Datenbank LexisNexis)...... 425
  Internetseiten 425

Anhang 429
  gtai-Recherchen... 429
  Gasexporte Turkmenistans bis zum Jahr 2030 429

Abbildungsverzeichnis

Abbildung 1: Einnahmen aus dem Erdgasexport, gesamte Exporteinnahmen und BIP Turkmenistans (in Mrd. US-Dollar)......... 45
Abbildung 2: Prozentualer Anteil der Einnahmen aus dem Erdgasexport an den gesamten Exporteinnahmen sowie an dem BIP Turkmenistans......... 46
Abbildung 3: Die Strategische Ellipse......... 62
Abbildung 4: Erdölproduktion in der Kaspischen Region (in Mio. t)......... 63
Abbildung 5: Erdölverbrauch in der Kaspischen Region (in Mio. t)......... 64
Abbildung 6: Erdölexportkapazitäten in der Kaspischen Region (in Mio. t)......... 65
Abbildung 7: Erdgasproduktion der Kaspischen Region (in Mrd. m³)......... 65
Abbildung 8: Erdgasverbrauch der Kaspischen Region (in Mrd. m³)......... 66
Abbildung 9: Gasexporte der Kaspischen Region (in Mrd. m³)......... 67
Abbildung 10: Territorialansprüche im südlichen Teil des Kaspischen Meeres......... 74
Abbildung 11: Die Grenzziehung im Kaspischen Meer......... 77
Abbildung 12: Wichtige amerikanisch-britische Stützpunkte......... 83
Abbildung 13: Die Erdgasreserven der Sowjetrepublik Turkmenistan (in Bill. m³)......... 116
Abbildung 14: Die Erdgasproduktion der Sowjetrepublik Turkmenistan (in Mrd. m³)......... 118
Abbildung 15: Weltweit nachgewiesene Gasreserven (konventionell und nicht-konventionell, in Bill. m³)......... 123
Abbildung 16: Erdgasreserven und -ressourcen in der Kaspischen Region (in Bill. m³)......... 124
Abbildung 17: Die nachgewiesenen Erdgasreserven und -ressourcen Turkmenistans 2007-2014 (in Bill. m³)......... 125
Abbildung 18: Die Erdgasreserven Turkmenistans nach Angaben der BGR und von BP (in Bill. m³)......... 127
Abbildung 19: Gasinfrastruktur Turkmenistans......... 129
Abbildung 20: Die Erdgasproduktion Turkmenistans (in Mrd. m³)......... 133
Abbildung 21: Gasverbrauch Turkmenistans (in Mrd. m³)......... 135
Abbildung 22: Primärenergieversorgung Turkmenistans nach Energieträgern (in ktoe)......... 135
Abbildung 23: Elektrizitätserzeugung Turkmenistans nach Energieträgern (in GWh)......... 136
Abbildung 24: Die größten Erdgasexporteure weltweit (Exporte in 2014 in Mrd. m³)......... 140
Abbildung 25: Erdgasexporte Turkmenistans (in Mrd. m³)......... 141
Abbildung 26: Gasexporte Turkmenistans nach Abnehmern (in Mrd. m³)......... 142
Abbildung 27: Durchschnittlicher Preis für die Erdgasexporte Turkmenistans und gesamte Einnahmen aus dem Erdgasexport......... 148
Abbildung 28: Gasexporte Turkmenistans bis zum Jahr 2030 (Minimum und Maximum in Mrd. m³)......... 150
Abbildung 29: Die Erdgasexportinfrastruktur Turkmenistans......... 151
Abbildung 30: Geplanter Verlauf der Turkmenistan-Afghanistan-Pakistan-Indien Pipeline......... 156
Abbildung 31: Gasproduktion und -verbrauch der Ukraine (in Mrd. m³)......... 172
Abbildung 32: Preis für russisches Erdgas an der deutschen Grenze (in US-Dollar/1.000 m³)......... 222
Abbildung 33: Die Gasexporte Turkmenistans in die Ukraine (in Mrd. m³)......... 227
Abbildung 34: Preis für turkmenische Gasexporte in die Ukraine und durchschnittlicher Preis für russisches Erdgas an der deutschen Grenze (in US-Dollar pro 1.000 m³)......... 228

Abbildung 35: Die Gasexporte Turkmenistans nach Russland (in Mrd. m³) 229
Abbildung 36: Preis für turkmenische Gasexporte nach Russland und Preis für russisches Erdgas an der deutschen Grenze 230
Abbildung 37: Geplanter Verlauf der Turkmenistan-Iran-Türkei-Europa Pipeline 240
Abbildung 38: Erdgasbilanz der Türkei (in Mrd. m³) 244
Abbildung 39: Erfolgte Gaslieferungen Turkmenistans an den Iran mittels der Korpedzhe-Kurt Kui Pipeline (in Mrd. m³) 249
Abbildung 40: Erdgasbilanz des Iran (in Mrd. m³) 271
Abbildung 41: Gaspipelines zur Versorgung der Türkei 285
Abbildung 42: Langzeitverträge der Türkei und tatsächlicher Gasbedarf 291
Abbildung 43: Geplante Gaslieferungen mittels der Iran-Türkei-Pipeline in die Türkei und realisierte Liefervolumen (in Mrd. m³) 291
Abbildung 44: Geplante Gaslieferungen mittels der Blue Stream-Pipeline in die Türkei und erfolgte Liefervolumen 292
Abbildung 45: Geplante Gaslieferungen mittels der Südkaukasus Pipeline in die Türkei und real erfolgte Liefermengen 293
Abbildung 46: Pipelineprojekte des „Südlichen Korridors" 296
Abbildung 47: Die Arab Gas Pipeline 304
Abbildung 48: Das Nabucco-Pipelineprojekt mit Zulieferpipelines 306
Abbildung 49: Produktions- und Exportziele der turkmenischen Regierung (in Mrd. m³) 312
Abbildung 50: Kosten für den Transport von turkmenischem Erdgas nach Europa (in US-Dollar/MBtu) 316
Abbildung 51: Optionen zum Transport von Erdgas aus Turkmenistan in die Türkei 317
Abbildung 52: Mögliche Route der transkaspischen Pipeline 325
Abbildung 53: Geplante Transportvolumen der transkaspischen Pipeline 326
Abbildung 54: Gasbilanz der EU 2006-2013 (in Mrd. m³) 327
Abbildung 55: US-Gasproduktion, Prognose der EIA bis 2040 und Prognose der Gasbilanz der USA bis 2040 nach Einschätzung der EIA (in Bill. Kubikfuß) 330
Abbildung 56: EU LNG-Importe, -Importkapazitäten und Nutzung (in Mrd. m³ und Prozent) 331
Abbildung 57: Entwicklung der Erdgaspreise (in USD/MBtu) 333
Abbildung 58: Schiefergasvorkommen in Europa und Rechtslage zu deren Erschließung 333
Abbildung 59: Preis für russisches Gas auf dem europäischen Markt im Vergleich zum Spotmarktpreis (US-Dollar/MBtu) 342
Abbildung 60: Gasbilanz Aserbaidschans (in Mrd. m³) 348
Abbildung 61: Pipelineprojekte des „Südlichen Korridors" 361

Tabellenverzeichnis

Tabelle 1:	Anteil der verschiedenen Wirtschaftssektoren am BIP Turkmenistans (in %)	48
Tabelle 2:	Entwicklung der Investitionen in den Öl und Gassektor (in Mio. US Dollar)	49
Tabelle 3:	Prozentualer Anteil der Investitionen in den Öl- und Gassektor an den gesamten Investitionen	50
Tabelle 4:	Prozentualer Anteil der Investitionen in den Öl- und Gassektor an den Investitionen in die Industrieproduktion	50
Tabelle 5:	Nachgewiesene konventionelle Öl- und Gasreserven in der Kaspischen Region (Stand 2014)	62
Tabelle 6:	Erdgasproduktion der Sowjetrepublik Turkmenistan bis 1965 (in Mrd. m³)	117
Tabelle 7:	Die Erdgasproduktion der Sowjetunion in ausgewählten Regionen (in Mrd. m³)	121
Tabelle 8:	Ergebnisse der Bewertung der Felder Süd Jolotan und Yashlar durch das Unternehmen Gaffney Cline & Associates (in Bill. m³)	126
Tabelle 9:	Abgeschlossene Verträge für die erste Erschließungsphase von Galkynysh	130
Tabelle 10:	Geplante schlüsselfertige Projekte Turkmenistans im Bereich Chemie und Petrochemie	138
Tabelle 11:	Erdgasexporte Turkmenistans nach China (in Mrd. m³)	145
Tabelle 12:	Entwicklung ausländischer Investitionen in Turkmenistan (in Mrd. US-Dollar)	160
Tabelle 13:	Product Sharing Agreements in Turkmenistan	163
Tabelle 14:	Geplante Erdgasexporte Turkmenistans nach Russland	208
Tabelle 15:	Vermarktete Gasvolumen von Gazprom (in Mrd. m³)	222
Tabelle 16:	Kosten für Gaslieferungen nach Westeuropa (in US-Dollar/Mbtu)	255
Tabelle 17:	Gasimporte der Türkei aus dem Jahr 2010 (Stand 1999, in Mrd. m³)	273
Tabelle 18:	Gasbilanz der Türkei bis zum Jahr 2020 (Stand 1999, in Mrd. m³)	274
Tabelle 19:	Geplante turkmenische Erdgaslieferungen an die Türkei (in Mrd. m³)	277
Tabelle 20:	Gasliefervertäge der Türkei bis 2020 (Stand 2002, in Mrd. m³/Jahr)	289
Tabelle 21:	Geschätzter Gasbedarf der Türkei bis zum Jahr 2020 (in Mrd. m³)	290
Tabelle 22:	Geplante Gasexporte Turkmenistans in die Türkei und erfolgte türkische Importe mittels der Südkaukasus-Pipeline und der Blue Stream-Pipeline	294
Tabelle 23:	Pipelineprojekte des „Südlichen Korridors"	298
Tabelle 24:	Erdgasimporte der EU-28 nach Anteil der Lieferländer (in %)	339
Tabelle 25:	Gasversorgung- und -bedarf der Türkei bis 2020 (in Mrd. m³)	345
Tabelle 26:	Anteil der Gasimporte aus Russland an den Gesamtimporten der Türkei	346
Tabelle 27:	Gasfelder Aserbaidschans und Produktionspotenzial	351
Tabelle 28:	Umfang der Exporte Turkmenistans nach Russland	357

Abkürzungsverzeichnis

ADB	Asian Development Bank
AGRI	Azerbaijan-Georgia-Romania Interconncetor
BGR	Bundesanstalt für Geowissenschaften und Rohstoffe
Bill.	Billion
BIP	Bruttoinlandsprodukt
BP	British Petroleum
BTC	Baku-Tbilisi-Ceyhan-Pipeline
CAC	Central Asia-Center Pipelinesystem
CentGas	Central Asia Gas Pipeline Ltd.
CERA	Cambridge Energy Research Associates
CNG	Compressed Natural Gas
CNPC	China National Petroleum Corporation
EBRD	European Bank for Reconstruction and Development
EU	Europäische Union
ENPI	Europäische Nachbarschafts- und Partnerschaftsinstrument
ETG	Eural Trans Gas
FAO	Food and Agriculture Organization of the United Nations
GUS	Gemeinschaft Unabhängiger Staaten
GUUAM	Organization for Democracy and Economic Development
GWh	Gigawattstunde
IEA	Internationale Energieagentur
ILO	International Labour Organization
ILSA	Iran-Libya-Sanctions Act
INOGATE	Interstate Oil and Gas Transport to Europe
ISAF	International Security Assistance Force
ITGI	Interconnector Turkey-Greece-Italy
IWF	Internationaler Währungsfonds
LNG	Liquefied Natural Gas
ktoe	kilo tonne oil equivalent
Mbtu	Million British Thermal Units
MoU	Memorandum of Understanding
Mtoe	Million tonnes of oil equivalent
NATO	North Atlantic Treaty Organisation
NDN	Northern Distribution Network
OPEC	Organisation of the Petroleum Exporting Countries
OSZE	Organisation für Sicherheit und Zusammenarbeit in Europa
OVKS	Organisation des Vertrages für kollektive Sicherheit
PKA	Partnerschafts- und Kooperationsabkommen
PKK	Arbeiter Partei Kurdistans
PSA	Product Sharing Agreement
RZB	Raiffeisen Zentralbank Österreich AG
SCO	Shanghai Cooporation Organisation

SEEP	South East European Pipeline
SOCAR	State Oil Company of Azerbaijan Republic
TACIS	Technical Assistance to the Commonwealth of Independent States
TANAP	Transanatolische Pipeline
TAP	Trans-Adria-Pipeline
TAPI	Turkmenistan-Afghanistan-Pakistan-Indien-Pipeline
TEC	Turkmen Gas Export Company
TPAO	Turkish Petroleum
TPCL	TAPI Pipeline Company Limited
TRACECA	Transport Corridor Europe - Caucasus - Asia
TTP	Turkmen Transcontinental Pipeline
UdSSR	Union der Sozialistischen Sowjetrepubliken
UNCTAD	United Nations Conference on Trade and Development
UNESCO	United Nations Educational, Scientific and Cultural Organization

1 Einleitung

1.1 Problemdarstellung

Nach dem Zusammenbruch der Sowjetunion und der Erlangung der Unabhängigkeit im Jahr 1991 sah sich Turkmenistan mit verschiedenen Herausforderungen konfrontiert. Neben der Transformation des politischen Systems stand das Land, wie auch die anderen postsowjetischen Staaten, vor der Aufgabe, das Land in die Weltwirtschaft zu integrieren. Denn mit der Auflösung der UdSSR zerfiel auch deren Wirtschaftssystem, das auf Arbeitsteilung und Austausch zwischen den verschiedenen Sowjetrepubliken ausgerichtet war.

Die Öl- und insbesondere die umfangreichen Gasvorkommen Turkmenistans bilden auf den ersten Blick günstige Voraussetzungen für die ökonomische Integration des Landes. Schließlich hat es eine vergleichsweise geringe Bevölkerungszahl, sodass der Bedarf zur Deckung des Binnenverbrauchs begrenzt ist und folglich bei entsprechender Gasproduktion umfangreiche Volumen für den Export zur Verfügung gestellt werden können.[1] In diesem Zusammenhang sei erwähnt, dass die Gasförderung in der damaligen Sowjetrepublik Turkmenistan in den 1970er- und 1980er-Jahren bereits hohe Zuwachsraten verzeichnete und diese einen nicht unwesentlichen Beitrag zur Versorgung der Sowjetunion leistete (Kap. 2.1). Die zu diesem Zweck konzipierte und von Turkmenistan geerbte Pipelineinfrastruktur zum Erdgasexport bzw. -transport stellte sich aus Sicht der turkmenischen Regierung, die nach Erlangung der Unabhängigkeit des Landes die Vermarktung der Erdgasreserven und die Erschließung neuer Absatzmärkte anstrebte, jedoch schnell als unzureichend dar. Die Nutzung russischer Pipelines zum Transit von turkmenischem Erdgas nach Europa wird durch Russland verweigert, sodass sich Turkmenistan auf Exporte innerhalb der GUS beschränken musste (Kap. 3). Gleichzeitig war der Erdgashandel im postsowjetischen Raum aufgrund der in den

---

1   Die nachgewiesenen Gasreserven Turkmenistans betragen nach Angaben der Bundesanstalt für Geowissenschaften und Rohstoffe rund 9,9 Bill. m³. Lediglich Russland, der Iran und Katar verfügen über größere Erdgasreserven. Vgl. Bundesanstalt für Geowissenschaften und Rohstoffe: Energiestudie 2015. Reserven, Ressourcen und Verfügbarkeit von Energierohstoffen, Hannover: Bundesanstalt für Geowissenschaften und Rohstoffe, 2015, S. 119; o. V.: Turkmenistan: an exporter in transition, in: Pirani, Simon (ed.): Russian and CIS Gas Markets and Their Impact on Europe, Oxford: Oxford University Press, 2009, S. 271-315, hier S. 276.

1990er-Jahren einsetzenden Wirtschaftskrise mit Schwierigkeiten, wie etwa Zahlungsausfällen für bereits erfolgte Lieferungen, verbunden und auch die Gashandelsbeziehungen mit Russland sind nicht frei von Konflikten (Kap. 3), was wiederum aus der Perspektive Turkmenistans umso mehr erfordert, neue Absatzmärkte zu erschließen.

Die angestrebte Diversifizierung der Absatzmärkte erfordert aber auch eine Diversifizierung der Exportpipelineinfrastruktur. Deren Realisierung ist jedoch ob der geografischen Lage Turkmenistans mit großen Hindernissen verbunden. So verfügt das Land über keinen eigenen Zugang zu den Weltmeeren. Folglich entfällt die Option, umfangreiche Volumen Erdgas in verflüssigter Form (Liquefied Natural Gas, LNG) auf dem Seeweg zu exportieren, was zusätzlich technisch aufwendig und mit vergleichsweise hohen Kosten verbunden wäre, allerdings den Vorteil hätte, an verschiedene Abnehmer Erdgas liefern und dadurch den stetigen Absatz und damit kontinuierliche Einnahmen gewährleisten zu können. Der Export per Pipeline wird hingegen durch einen anderen geografischen Faktor erschwert. Mit Ausnahme Afghanistans ist Turkmenistan von Staaten umgeben, die über eigene Erdgasreserven verfügen, die grundsätzlich sowohl die Deckung des Bedarfes der jeweiligen Länder als auch zusätzlich den Export ermöglichen (Kap. 1.10.2 u. Abb. 15). Darüber hinaus befindet sich Turkmenistan in einer Region, die Russland, der größte Gasexporteur weltweit (Abb. 24), als seine Einflusssphäre betrachtet (Kap. 1.10.4.1).

Daraus ergeben sich zwei Konsequenzen: Erstens ist der Export in angrenzende Staaten nur bedingt möglich, da diese nicht zwingend auf Importe zur Deckung des eigenen Bedarfs angewiesen sind. Zweitens ist der Transport von turkmenischem Erdgas durch die angrenzenden Staaten bzw. Russland ebenfalls mit Herausforderungen verbunden, da diese Länder es vorziehen, selbst Erdgas zu exportieren, anstatt den Transit von turkmenischem Gas zu ermöglichen.

Trotz dieser beschriebenen Hürden ist es der turkmenischen Führung gelungen, seine Erdgasexporte sowohl in Bezug auf die Absatzmärkte als auch auf die Exportinfrastruktur zu diversifizieren. Seit 1997 exportiert Turkmenistan Erdgas in den Iran und im Jahr 2009 wurden die Lieferungen nach China aufgenommen. Folglich lassen sich inzwischen drei Vektoren hinsichtlich der Erdgasexporte Turkmenistans identifizieren:[2]

- der nördliche Vektor, bestehend aus dem Central Asia-Center Pipelinesystem (CAC), das in der Sowjetunion gebaut worden ist;
- der südliche Vektor, bestehend aus zwei Pipelines in den Iran;
- der östliche Vektor, bestehend aus dem Pipelinesystem zur Versorgung Chinas.

---

2   Siehe dazu auch Kap. 2.2.8.

Die Realisierung eines zusätzlichen westlichen Vektors, bestehend aus einer Pipelineinfrastruktur zur Versorgung der Türkei und von Absatzmärkten in Europa, strebte die turkmenische Regierung bereits unmittelbar nach Erlangung der Unabhängigkeit an. Schon Anfang der 1990er-Jahre wurden Pläne zum Transport von turkmenischem Erdgas durch den Iran in die Türkei und nach Europa entwickelt. Auch der Export mittels einer transkaspischen Pipeline über Aserbaidschan und Georgien in die Türkei und nach Europa wurde Ende der 1990er-Jahre seitens der damaligen turkmenischen Regierung ernsthaft in Erwägung gezogen (Kap. 4).

Anschließend zeigte auch die EU-Kommission zunehmend Interesse an Erdgaslieferungen aus Turkmenistan. In der vergangenen Dekade entwickelte sich die zukünftige Energieversorgungssicherheit und insbesondere Gasversorgungssicherheit zu einem bestimmenden Thema auf der energiepolitischen Agenda der Europäischen Union (EU). Vor dem Hintergrund einer antizipierten Steigerung des Importbedarfs sowie der ukrainisch-russischen Gaskonflikte in den Jahren 2006 und insbesondere 2009 wurde der Diversifizierung der Gasversorgung in Bezug auf die Lieferländer und die Importinfrastruktur hoher Stellenwert eingeräumt. Die Schaffung des „Südlichen Korridors" zum Transport von Erdgas aus der Kaspischen Region und dem Nahen Osten in die Länder der EU erklärte sie in diesem Zusammenhang zu ihrer Priorität. Dementsprechend intensivierte die EU-Kommission ihre diplomatischen Bemühungen, die turkmenische Regierung für die Versorgung des „Südlichen Korridors" zu gewinnen, und setzt sich für den Bau einer transkaspischen Pipeline ein, die den Transport von turkmenischem Erdgas in die Türkei und in die EU ermöglichen soll (Kap. 4.4).

Die Erdgasexporte Turkmenistans in die Türkei und die EU sowie die dafür notwendige Pipelineinfrastruktur sind jedoch bisher nicht verwirklicht worden, obwohl mehrere Pipelineprojekte zu diesem Zweck entwickelt worden sind. Die nachfolgende Untersuchung verfolgt das Ziel, die Ursachen für das Scheitern der jeweiligen Pipelineprojekte herauszuarbeiten.

1.2   Stand der Forschung

Generell ist festzuhalten, dass bisher nur vereinzelt Monografien im deutsch- und englischsprachigen Raum zu Turkmenistan veröffentlicht worden sind. Eine umfassende wissenschaftliche Aufarbeitung der Frage turkmenischer Erdgasexporte nach Europa in Form einer Monografie ist bisher nicht erfolgt. Folglich setzt sich der Forschungsstand hauptsächlich aus Publikationen in Form von Studien, Aufsätzen oder einzelnen Kapiteln in Übersichtswerken zur Kaspischen Region oder zu Zentralasien zusammen.

Bezüglich der zu Turkmenistan erschienenen Einzeldarstellungen sind die Veröffentlichungen von Sebastien Peyrouse und Luca Anceschi hervorzuheben. Das im Jahr 2012 erschienene Werk *Turkmenistan – Strategies of Power, Dilemmas of Development* von Peyrouse widmet sich vor allem der innenpolitischen und der sozioökonomischen Entwicklung Turkmenistans seit der Unabhängigkeit und enthält zusätzlich einen kurzen Abriss über die Entstehungsgeschichte der Nation Turkmenistan. Dieses Überblickswerk beinhaltet auch eine kurze Darstellung des turkmenischen Öl- und Gassektors; die Frage möglicher Erdgasexporte nach Europa findet jedoch nur am Rande Erwähnung.[3]

Anceschi untersucht die Außenpolitik Turkmenistans seit der Unabhängigkeit. Im Zentrum der Analyse steht die Neutralitätspolitik der turkmenischen Regierung. Allerdings werden vom Autor auch Zusammenhänge mit der Energiepolitik Turkmenistans hergestellt. Anceschi umschreibt hier kurz verschiedene Pipelineprojekte zum Export von turkmenischem Erdgas und geht dabei auch auf das in der zweiten Hälfte der 1990er-Jahre geplante Projekt transkaspische Pipeline ein, mit der turkmenisches Erdgas über Aserbaidschan und Georgien in die Türkei und nach Europa exportiert werden sollte. Für das Scheitern des Projektes nennt Anceschi das verringerte Interesse Aserbaidschans an der Umsetzung des Projektes nach dem Fund des Gasfeldes Shah Deniz, die Unberechenbarkeit des politischen Handelns von Präsident Nijasow sowie die Instrumentalisierung des Projektes durch die USA als Teil ihrer Eindämmungspolitik gegenüber dem Iran, der sich die turkmenische Regierung nicht anschließen wollte, als Ursachen.[4] Dies deckt sich weitestgehend mit bereits früher veröffentlichten Darstellungen zu dieser Thematik.[5]

Beachtenswert sind ferner zwei Veröffentlichungen des Oxford Institute of Energy Studies. In der 2009 veröffentlichten Publikation *Russian and CIS Natural Gas Markets and Their Impact on Europe* wird eine detaillierte Analyse des turkmenischen Erdgassektors vorgenommen. Die umfassende Darstellung enthält vor allem statistische Angaben zu Gasreserven, Produktion, Verbrauch und Export, einen kur-

---

3   Vgl. Peyrouse, Sebastien: Turkmenistan: Strategies of Power, Dilemmas of Development, Armonk, New York: M. E. Sharpe, 2012, S. 186 ff.
4   Vgl. Anceschi, Luca: Turkmenistan's foreign policy: Positive neutrality and the consolidation of the Turkmen regime, London; New York: Routledge, 2009, S. 90 f.
5   Diese nennen ebenfalls die Differenzen zwischen Aserbaidschan und Turkmenistan über die Nutzung der Pipeline und bzw. oder die Vorgehensweise des damaligen Präsidenten Nijasow als wesentliche Ursachen für das Scheitern des Pipelineprojektes. Vgl. z. B. Badykova, Najia: Turkmenistan's quest for economic security, in: Chufrin, Gennady (ed.): The Security of the Caspian Sea Region, Oxford: Oxford University Press, 2001, S. 231-253, hier S. 236 ff., und Roberts, John: Caspian Oil and Gas. How far have we come and where are we going?, in: Cummings, Sally N. (ed.): Oil, Transition and Security in Central Asia, London, New York: RoutledgeCurzon, 2003, S.143-160, hier S. 156 f.

1.2 Stand der Forschung

zen Überblick über den damaligen Stand des Erdgashandels und der Exportpläne bzw. Pipelineprojekte sowie eine Prognose bezüglich der Produktions- und Exportkapazitäten.[6] Die Frage der Erdgasexporte in die Türkei und nach Europa wird allerdings nur oberflächlich thematisiert. Als zu überwindende Hindernisse werden die ungelösten Probleme des Transportes bzw. der Bereitstellung der dafür notwendigen Infrastruktur und der damit verbundenen Investitionen genannt.[7] Im Rahmen dieser Übersicht findet zusätzlich keine systematische Aufarbeitung der politischen Prozesse bezüglich der Pipelineprojekte statt und es werden keine Zusammenhänge zwischen dem Erdgashandel und den Exportplänen der turkmenischen Führung hergestellt.

Die im Jahr 2012 veröffentlichte Studie *Central Asian and Caspian Gas Production and the Constraints on Export* von Pirani bietet ebenfalls einen Überblick über den Erdgassektor Turkmenistans, insbesondere über Reserven, Lagerstätten, Produktion und Exporte. Bezüglich des zum damaligen Zeitpunkt aktuellen Diskurses über mögliche turkmenische Erdgasexporte nach Europa führt der Autor die Exportpolitik Turkmenistans, die Unvereinbarkeit politischer und wirtschaftlicher Interessen auf europäischer Seite sowie den ungeklärten völkerrechtlichen Status des Kaspischen Meeres als wesentliche Hindernisse an. Zusätzlich wird auf das wachsende Engagement Chinas in Turkmenistan verwiesen, wodurch die turkmenische Regierung nicht auf die Exportoption Europa angewiesen sei und folglich für diese auch keine Notwendigkeit bestünde, diesbezüglich Kompromisse einzugehen.[8] Da der Verfasser die erwähnten Punkte nur in aller Kürze ausführt, werden diese Überlegungen in der vorliegenden Untersuchung aufgegriffen, näher erläutert und überprüft.

Die Debatte der letzten Jahre über mögliche Erdgasexporte Turkmenistans nach Europa wird zwar von verschiedenen Autoren aufgegriffen wird, doch ist diese Thematik eng mit der Frage der Realisierung des „Südlichen Korridors" und des von der EU-Kommission favorisierten Pipelineprojektes Nabucco verknüpft. Eine umfassende Aufarbeitung aus der Perspektive Turkmenistans ist nicht erfolgt. Die Veröffentlichungen thematisieren zwar häufig die Frage der Versorgung von Nabucco; da dieser Aspekt jedoch meistens in einem weiteren Zusammenhang diskutiert wird, also neben Turkmenistan auch andere Länder in die Untersuchung einbezogen und zusätzlich allgemein die Hürden des Pipelineprojektes dargestellt werden, beschränken sich die

---

6 Vgl. o. V.: Turkmenistan: An exporter in transition, in: Pirani, Simon (ed.): Russian and CIS Gas Markets and Their Impact on Europe, Oxford, New York: Oxford University Press, 2009, S. 271-315.
7 Vgl. o. V.: Turkmenistan: an exporter in transition, in: Pirani, Simon (ed.): Russian and CIS Gas Markets and Their Impact on Europe, Oxford, New York: Oxford University Press, 2009, S. 271-315, hier 298 f.
8 Vgl. Pirani, Simon: Central Asian and Caspian Gas Production and the Constraints on Export, Oxford Institute for Energy Studies, December 2012, S. 99 ff.

Autoren darauf, die Hindernisse turkmenischer Gaslieferungen für das Pipelineprojekt zu benennen, ohne diese näher zu erläutern oder zu gewichten. Genannt werden in diesem Zusammenhang Zweifel an der ausreichenden Exportkapazität Turkmenistans, um zusätzlich Europa mit Erdgas zu versorgen, der ungelöste Status des Kaspischen Meeres und in Verbindung damit die Auseinandersetzung zwischen Turkmenistan und Aserbaidschan über die Grenzziehung sowie die Ablehnung Russlands und des Iran gegenüber diesem Projekt.[9] Die Studie von Rzayeva und Tsakiris ergänzt die Debatte um einen interessanten Aspekt, der ebenfalls in der nachfolgenden Untersuchung überprüft wird: Die Verfasser argumentieren, dass Aserbaidschan kein Interesse habe, als Transitland für turkmenisches Erdgas zu fungieren, da es stattdessen aufgrund der Entdeckung weiterer Gasvorkommen anstrebe, perspektivisch selbst zusätzliche Volumen nach Europa zu exportieren.[10]

Analysen der politischen Prozesse in Bezug auf Projekte, die den Bau von Pipelines von Turkmenistan über den Iran in die Türkei und deren anschließende Erweiterung nach Europa zum Gegenstand haben, sind kaum verfügbar. Olcott identifiziert in ihrer 2004 veröffentlichten Übersichtsdarstellung der Gasexporte Turkmenistans die US-Isolationspolitik gegenüber dem Iran und die damit verbundenen Sanktionen als einen wesentlichen Faktor für das Scheitern des Pipelineprojektes, da dadurch eine internationale Finanzierung für dieses verhindert worden sei.[11]

Es sei darauf hingewiesen, dass parallel zu dieser Dissertation eine weitere an der Freien Universität Berlin von Igor Korobov mit dem Arbeitstitel *The Caspian Region Gas Pipeline Development Prospects* in Bearbeitung ist, die sich der Analyse von Pipelineprojekten zum Export von turkmenischem Erdgas nach China sowie Afghanistan, Pakistan und Indien widmet, sodass diese nicht Gegenstand nachfolgender Analyse sind. Gleichwohl werden auch in dieser Untersuchung Bezüge zu den Pipelineprojekten hergestellt, sofern sie für die Fragestellung relevant sind. Ferner ist die Dissertation von Meißner zu berücksichtigen. Er untersucht die Bedeutung der Ein-

---

9 Siehe z. B. Vasánczki, Luça Zs.: Gas Exports in Turkmenistan, Paris, Brüssel: Institut français des relations internationales (Ifri), November 2011, S. 15 ff.; Kramer, Heinz: Die Türkei als Energiedrehscheibe: Wunschtraum und Wirklichkeit, SWP Studie, Berlin: Stiftung Wissenschaft und Politik, April, 2010, S. 23 f.; Barysch, Katinka: Should the Nabucco pipeline project be shelved? Transatlantic Academy Paper Series, Washington DC: Transatlantic Academy, May 2010, S. 11 f.; Petersen, Alexandros/Barysch, Katinka: Russia, China and the geopolitics of energy in Central Asia, London: Centre for European Reform, November 2011, S. 56. f.; Olcott, Martha Brill: Turkmenistan: Real Energy Giant or eternal potential? The James A. Baker III Institute for Public Policy of Rice University, December 2013, S. 21.

10 Vgl. Rzayeva, Gulmira/Tsakiris, Theodoros G. R.: Stategic Imperative: Azerbaijani Gas Strategy and the EU's Southern Corridor, Baku: SAM Center for Strategic Studies, 2012, S. 25.

11 Vgl. Olcott, Martha Brill: International Gas Trade in Central Asia: Turkmenistan, Iran, Russia and Afghanistan, Stanford, CA: Stanford University, Institute for International Studies, May 2004, S. 12 ff.

nahmen aus dem Export von Energierohstoffen für die innerstaatlichen Strukturen und Funktionsweisen Turkmenistans und kommt zu dem Schluss, dass die Einnahmen aus dem Gasexport für den Machterhalt des turkmenischen Regimes von erheblicher Bedeutung sind.[12] Auf seine Analyse und deren Ergebnisse wird im Rahmen der Ausführungen zur Rentierstaatlichkeit Turkmenistans zurückgegriffen (Kap. 1.8.2).

Bei Betrachtung des Forschungsstandes wird deutlich, dass eine systematische mehrdimensionale Aufarbeitung der politischen Prozesse der jeweiligen Pipelineprojekte zum Export von turkmenischem Erdgas in die Türkei und nach Europa noch nicht erfolgt ist. Es wird nur unzureichend auf die Interessen externer Akteure und Motive ihres Handelns in Bezug auf die Pipelineprojekte eingegangen. Zusätzlich sei hier erwähnt, dass auch der Erdgashandel Turkmenistans noch nicht umfassend untersucht worden ist. Die zu dieser Thematik verfügbaren Veröffentlichungen zeichnen sich durch eine eher punktuelle Darstellung aus und lassen Zusammenhänge mit den Plänen zur Diversifizierung der Exportinfrastruktur der turkmenischen Regierung vermissen.[13] Weitere Kausalitäten werden nicht benannt. Folglich ist nicht vollständig geklärt, aus welchen Motiven sich die turkmenische Regierung für die Realisierung der jeweiligen Pipelineprojekte engagierte, warum sie wieder Abstand davon nahm und aus welchen Gründen diese nicht realisiert worden sind. Zusätzlich wird die Perspektive Turkmenistans in den vorliegenden Analysen nicht ausreichend berücksichtigt.

1.3 Fragestellung

Die Zusammenfassung des Forschungsstandes verdeutlicht, dass eine umfassende Aufarbeitung der Gründe des Scheiterns der verschiedenen Pipelineprojekte sowie für deren Entstehung, die sowohl den Erdgashandel Turkmenistans als auch die Interessen externer Akteure und weitere Rahmenbedingungen, wie die geopoltische Konstellation in der Kaspischen Region oder die Situation auf den anvisierten Gasmärk-

---

12   Vgl. Meißner, Hannes: Der „Ressourcenfluch" in Aserbaidschan und Turkmenistan und die Perspektiven von Effizienz- und Transparenzinitiativen, Berlin, Münster: LIT Verlag, 2013, S. 288.
13   Siehe z. B.: Fredholm, Michael: Natural-Gas Trade between Russia, Turkmenistan, and Ukraine: Agreements and Disputes, Stockholm: Stockholm University, November 2008; Pirani, Simon: Ukraine's Gas Sector, Oxford: Oxford Institute for Energy Studies, June 2007; Sagers, Matthew J.: Turkmenistan's Gas Trade: The Case of Exports to Ukraine, in: Post-Soviet Geography and Economics, 1999, 40, No. 2, S. 142-149; Preyger, David/Omelchenko, Vladimir: Problems of Turkmen Gas Export: View from Ukraine, in: Central Asia and the Caucasus No. 1 (43), 2007, S. 120-133; Barkanov, Boris: The Geo-Economics of Eurasian Gas: the Evolution of Russian-Turkmen Relations in Natural Gas (1992-2010), in: Heinrich, Andreas/Pleines, Heiko (eds.): Export Pipelines from the CIS Region: Geopolitics, Securitization, and Political Decision-Making, Stuttgart: ibidem-Verlag, 2014, S. 149-174.

ten der Türkei und der EU, miteinbezieht, noch nicht erfolgt ist. Die vorliegende Arbeit verfolgt aus diesem Grund das Ziel, den Erdgashandel Turkmenistans und die politischen Prozesse der jeweiligen Pipelineprojekte unter Einbeziehung der Interessen der beteiligten Akteure chronologisch aufzuarbeiten, um letztendlich die Faktoren zu identifizieren, die zum Scheitern der Pipelineprojekte führten. Daraus ergibt sich folgende zentrale Fragestellung:

- Warum wurde im Rahmen der Bestrebungen Turkmenistans zur Diversifizierung seiner Erdgasexporte noch keine Exportinfrastruktur in Richtung Westen unter Umgehung Russlands realisiert?
- Worin bestehen die Motive der Regierung Turkmenistans, Erdgas in die Türkei nach und Europa zu exportieren, und welche Bedeutung hat in diesem Zusammenhang der Erdgashandel?

Daraus lassen sich folgende sekundäre Fragen ableiten:

- Aus welchen Gründen scheiterte der Bau einer Pipeline von Turkmenistan via Iran und Türkei nach Europa?
- Aus welchen Gründen scheiterte der Bau einer transkaspischen Pipeline zum Export von turkmenischem Erdgas in die Türkei und nach Europa?
- Welche Bedeutung haben die geopolitischen, energiepolitischen und energiewirtschaftlichen Interessen der beteiligten Akteure sowie das Marktumfeld in den anvisierten Absatzmärkten Türkei und EU in Bezug auf das Scheitern der verschiedenen Pipelineprojekte?
- Inwieweit besteht ein Zusammenhang zwischen dem Erdgashandel Turkmenistans im postsowjetischen Raum und den Bestrebungen der turkmenischen Regierung, die Exporte in Richtung Türkei und Europa zu diversifizieren?
- In welcher Weise haben die Diversifizierungsabsichten der turkmenischen Regierung in Richtung Türkei und Europa den Erdgashandel mit bestehenden Abnehmern, insbesondere Russland, beeinflusst?
- Welche Bedeutung hat der Erdgassektor bzw. haben die Einnahmen aus dem Export von Erdgas für die Ökonomie Turkmenistans und dessen staatliche Verfasstheit?
- Inwieweit stellen die Investitionsbedingungen im Erdgassektor ein Hindernis für die Produktions- und Exportpläne der turkmenischen Führung dar?
- Inwiefern hat das Engagement Chinas als Großinvestor in den Erdgassektor Turkmenistans die Diversifizierungsabsichten der turkmenischen Regierung beeinflusst?

1.4 Hypothesen

Wie bereits aus den Ausführungen zum Stand der Forschung hervorgeht, wird von der Annahme ausgegangen, dass es bei der Beantwortung der Fragestellung verschiedene Dimensionen zu berücksichtigen gilt. Diese umfassen die geopolitische Konstellation in der Kaspischen Region, den Erdgashandel Turkmenistans, die energiepolitischen bzw. energiewirtschaftlichen Interessen der beteiligten Akteure sowie die Rahmenbedingungen auf den Erdgasmärkten. Um den Einfluss dieser Faktoren auf das Scheitern der Pipelineprojekte zu überprüfen, werden für diese Untersuchung folgende Hypothesen aufgestellt.

1. Die geografische Lage Turkmenistans stellt in Verbindung mit dem Hegemonialanspruch Russlands in der Kaspischen Region und der Isolations- und Eindämmungspolitik der USA bzw. des Westens gegenüber dem Iran ein unüberwindbares Hindernis für den Export von turkmenischem Erdgas in die Türkei und nach Europa dar.

Turkmenistan verfügt nicht über einen eigenen Zugang zu den Weltmeeren, sodass eine Integration in den globalen Gasmarkt durch den Export von Erdgas in Form von LNG nicht möglich ist. Da Russland den Transit von turkmenischem Erdgas nach Europa blockiert, kommen für den Transport in die Türkei und nach Europa nur Pipelinerouten durch den Iran und das Kaspische Meer in Betracht. Es wird vermutet, dass die Blockaden Russlands gegenüber der Verlegung von Pipelines durch das Kaspische Meer und der USA bzw. des Westens gegenüber dem Bau von Transitpipelines durch den Iran eine Diversifizierung turkmenischer Gasexporte in Richtung Westen verhindern.

2. Ist Turkmenistan mit Schwierigkeiten beim Gashandel im postsowjetischen Raum (einschließlich Russland) konfrontiert, vergrößert sich die Bereitschaft der turkmenischen Regierung, Erdgas nach Europa zu exportieren und sich den Interessen Russlands zu widersetzen (und umgekehrt).

Nach Erlangung der Unabhängigkeit Turkmenistans im Jahr 1991 war das Land bezüglich seiner Erdgasexporte vollständig vom russischen Pipelinesystem abhängig. Russland blockiert seit 1994 den Transit von turkmenischem Gas nach Europa und stellt sein Pipelinesystem nur für Exporte in den postsowjetischen Raum zur Verfügung. Aufgrund der wirtschaftlichen Schwierigkeiten in den jeweiligen Ländern kam es häufig zu Zahlungsausfällen für erfolgte Lieferungen. Auch Russland erweist sich seit dem Jahr 2009 nicht mehr als verlässlicher Abnehmer von turkmenischem Erdgas. Folglich wird angenommen, dass die Komplikationen beim Erdgashandel im postsowjetischen Raum die Bestrebungen der turkmenischen Regierung verstärken, Abnehmer und Exportinfrastruktur zu diversifizieren.

3. Beabsichtigt Aserbaidschan aufgrund der Entdeckung neuer Gasvorkommen zunehmend selbst Erdgas in die Türkei und nach Europa zu exportieren, verringern sich dessen Kooperationsbereitschaft in Bezug auf den Bau einer transkaspischen Pipeline und das Interesse, als Transitland für turkmenisches Erdgas zu fungieren.

In Aserbaidschan wurden in der Vergangenheit mehrere Gaslagerstätten entdeckt. Neben dem Feld Shah Deniz im Jahr 1999, dessen Reserven auf rund eine Bill. m^3 geschätzt werden, verzeichnete das Land in den letzten Jahren den Fund von weiteren Vorkommen. Vor diesem Hintergrund ist davon auszugehen, dass Aserbaidschan die eigenen Gasexporte in die Türkei und in die Länder der EU steigern möchte, um maximale Profite aus den Gasreserven zu erzielen, und somit kein Interesse haben kann, als Transitland für konkurrierendes Erdgas aus Turkmenistan zu fungieren.

4. Werden die Anforderungen der turkmenischen Regierung in Bezug auf die Konditionen der jeweiligen Pipelineprojekte bzw. der damit verbundenen zu schließenden Gaslieferverträge aus deren Perspektive nicht ausreichend berücksichtigt bzw. werden keine ausreichenden Zugeständnisse gemacht, scheitern diese, während sich mit fortschreitendem Engagement Chinas aus Perspektive Turkmenistans die Attraktivität und die Notwendigkeit, Erdgas nach Europa zu exportieren, verringert.

Die turkmenische Regierung stellt konkrete Bedingungen in Bezug auf die Ausgestaltung der Verträge über den Bau respektive die Nutzung von Pipelines und damit verbundene Lieferabkommen. Es ist anzunehmen, dass diese Forderungen in der Vergangenheit zum Scheitern von Pipelineprojekten beigetragen haben. Durch die gegenwärtige Wirtschaftskrise in der EU und weitere Entwicklungen auf den internationalen Gasmärkten haben sich die Rahmenbedingungen auf dem europäischen Markt maßgeblich verändert, sodass die Gasversorgungsunternehmen hinsichtlich des Bezuges von Erdgas neue Prioritäten setzen, die wiederum den Forderungen Turkmenistans in Bezug auf die Konditionen eines möglichen Erdgashandelsabkommens nicht entsprechen und folglich den Abschluss der für den Bau von Pipelines notwendigen Gaslieferverträge erschweren.

Gleichzeitig hat China in den vergangenen Jahren umfangreiche Investitionen in den turkmenischen Erdgassektor getätigt und umfangreiche Kredite zur Erschließung der Vorkommen zur Verfügung gestellt. Inzwischen haben sich beide Länder auf die Ausdehnung des jährlichen Liefervolumens von ursprünglich 30 Mrd. m^3 auf 65 Mrd. m^3 verständigt (Kap. 2.2.5.3), sodass in den kommenden Jahren umfangreiche Einnahmen aus dem Erdgasexport nach China generiert werden und die turkmenische Führung möglicherweise nicht auf den Abschluss eines Liefervertrages mit europäischen Energieunternehmen angewiesen ist. Die Bereitschaft Chinas, den Forderungen und Bedürfnissen der turkmenischen Regierung in Bezug auf die Konditionen entgegenzukommen, bei gleichzeitig mangelnder Fähigkeit bzw. fehlendem Willen der EU-Kommission und europäischer Energieunternehmen, ein ähnliches Angebot zu unterbreiten, führt zu der Annahme, dass Turkmenistan dem China-Geschäft gegenüber potenziellen Exporten nach Europa Priorität einräumt.

1.5 Vorgehensweise

Zur Beantwortung der Fragestellung und zur Überprüfung der Hypothesen wird folgende Vorgehensweise gewählt. Neben den Bemerkungen zu Problemdarstellung, Stand der Forschung, Fragestellung, Hypothesen und Methode enthält Kapitel 1 Ausführungen zur geopolitischen Bedeutung der Kaspischen Region, eine kurze Illustration der völkerrechtlichen Problematik hinsichtlich des Status des Kaspischen Meeres, eine Übersicht der dort vorhandenen Öl- und Gasreserven sowie eine Darstellung der Interessen staatlicher Akteure in Verbindung mit bestehenden Konflikten. Diese Schilderung dient der Erläuterung des geopolitischen Umfeldes, in dem die Erdgasexporte Turkmenistans erfolgen bzw. Pipelineprojekte entwickelt werden, und stellt einen analytischen Rahmen dar, denn schließlich sind Geografie und daraus resultierendes politisches Handeln für die nachfolgende Untersuchung von wesentlicher Bedeutung (Hypothese 1).

Zusätzlich beinhaltet dieses Kapitel einen theoretischen Diskurs, der sich den Konsequenzen des Ressourcenreichtums auf die staatliche Verfasstheit Turkmenistans widmet und die Abhängigkeit des Landes von den Einnahmen aus dem Erdgasexport veranschaulicht. Ergänzt werden diese Ausführungen mit einer Konzeption von Energiesicherheit aus Perspektive von Produzentenstaaten, wodurch erklärt werden soll, warum sich die turkmenische Regierung für Pipelineprojekte zur Diversifizierung in Richtung Westen eingesetzt hat bzw. wieder Abstand davon nahm.

Nach dieser erweiterten Einleitung folgen drei empirische Abschnitte. Kapitel 2 hat die Analyse des turkmenischen Erdgassektors zum Gegenstand. Neben einer kurzen historischen Darstellung der Entwicklung des Erdgassektors in der Sowjetära enthält das Kapitel Angaben zu den nachgewiesenen Erdgasreserven des Landes, zur Erdgasproduktion, zum Verbrauch, zum Export und zur Exportinfrastruktur sowie eine Untersuchung der Investitionsbedingungen. Hinsichtlich der Fragestellung gilt es, einerseits zu zeigen, über welche Potenziale das Land in Hinblick auf den Erdgasexport nach Europa und in die Türkei verfügt, und andererseits, welche Hindernisse in Bezug auf Investitionen in den Gassektor bestehen.

Das 3. Kapitel hat die Aufarbeitung des Erdgashandels Turkmenistans mit der Ukraine und Russland, die im Untersuchungszeitraum die größten Abnehmer von turkmenischem Erdgas im postsowjetischen Raum darstellten, zum Gegenstand. Zur Bewertung der Erdgasexporte werden zwei Indikatoren, Preis und Liefervolumen, herangezogen. Beim Preis wird zwischen dem Abnahmepreis an der turkmenischen Grenze und dem Preis für russisches Erdgas an der deutschen Grenze unterschieden. Die Gegenüberstellung soll etwaige Diskrepanzen in den Preisniveaus aufzeigen. Im Hinblick auf die Liefervolumen wird zwischen vertraglich vereinbarten Lieferungen und tatsächlich erfolgten Exporten differenziert. Der Vergleich soll zeigen, inwieweit tatsächlich die ursprünglich vertraglich vereinbarten Liefervolumen realisiert worden sind. Zusätzlich werden die Mechanismen des Erdgashandels Turkmenistans im postsowjetischen Raum erläutert.

Kapitel 4 beinhaltet die Analyse der politischen Prozesse der verschiedenen Pipelineprojekte zum Transport von turkmenischem Erdgas in die Türkei und nach Europa. Hier werden drei Fallstudien durchgeführt:

- Turkmenistan-Iran-Türkei-Europa-Pipeline;
- transkaspische Pipeline (I);
- transkaspische Pipeline (II) im Hinblick auf die Frage der Versorgung des „Südlichen Korridors" mit Erdgas aus Turkmenistan.

Wie aus den Fallbeispielen hervorgeht, wurden mehrere Anläufe zum Bau einer transkaspischen Erdgaspipeline von Turkmenistan nach Aserbaidschan unternommen. Zur Abgrenzung der zu analysierenden Pipelineprojekte wird zwischen transkaspischer Pipeline (I) und transkaspischer Pipeline (II) unterschieden. Transkaspische Pipeline (I) meint das Pipelineprojekt, welches Ende der 1990er-Jahre verfolgt wurde, während sich transkaspische Pipeline (II) auf die Frage turkmenischer Gaslieferungen für den „Südlichen Korridor" bezieht.

Im Rahmen der Fallstudien wird zunächst auf die Entstehung der jeweiligen Pipelineprojekte eingegangen und erläutert, warum deren Umsetzung von der turkmenischen Regierung verfolgt wurde. Die Analyse der politischen Prozesse der Pipelineprojekte erfolgt unter Einbeziehung der Interessen beteiligter Akteure und relevanter Rahmenbedingungen. Zusätzlich gilt es, Kausalitäten zwischen dem in Kapitel 3 untersuchten Erdgashandel Turkmenistans und dessen Exportplänen herauszuarbeiten. Abschließend werden die Ursachen für das Scheitern der jeweiligen Pipelineprojekte erläutert.

In Kapitel 5 werden die Ergebnisse der Arbeit zusammengefasst und zur Beantwortung der Fragestellung sowie zur Überprüfung der Hypothesen zusammengeführt. Des Weiteren erfolgt eine theoretische Einordnung der Ergebnisse. Zusätzlich beinhaltet das Kapitel aus den Resultaten abgeleitete Politikempfehlungen sowie einen Ausblick.

Der Untersuchungszeitraum erstreckt sich von 1991 bis 2013. Bereits unmittelbar nach Erlangung der Unabhängigkeit Turkmenistans traten Probleme in Bezug auf den Gashandel auf und es wurde mit den Planungen zur Diversifizierung der Exportinfrastruktur begonnen. Das Jahr 2013 markiert das Ende des Untersuchungszeitraums, da hier verbindliche Verträge zum Export von Erdgas aus Aserbaidschan mittels der Transanatolischen Pipeline (TANAP) und Trans-Adria-Pipeline (TAP) unterzeichnet wurden, die wiederum den Fehlschlag des Nabucco-Projektes und damit auch zumindest das vorläufige Ende des politischen Prozesses bezüglich der Versorgung des „Südlichen Korridors" mit Erdgas aus Turkmenistan sowie des Baus einer transkaspischen Pipeline (II) bedeuten.

1.6 Methode

Das methodische Vorgehen basiert auf einer qualitativen Inhaltsanalyse. Die empirische Aufarbeitung des Erdgassektors Turkmenistans, des Erdgashandels sowie der verschiedenen politischen Prozesse der jeweiligen Pipelineprojekte stützt sich hauptsächlich auf Recherchen innerhalb der Datenbanken Factiva und LexisNexis. Mittels Datenbankabfragen für den Zeitraum 1991–2015 wurden mehrere Tausend Dokumente generiert. Dabei handelt es sich hauptsächlich um Meldungen und Artikel von Presseagenturen und Analysen von Fachmedien im Energiebereich. Die Suchergebnisse werden auf relevante Inhalte für die Beantwortung der Fragestellung und Überprüfung der Hypothesen durchgearbeitet. Diese Vorgehensweise dient dem Zweck, die Abfolge der Ereignisse in Bezug auf den Erdgashandel Turkmenistans und die politischen Prozesse bezüglich der Pipelineprojekte nachzuvollziehen und die relevanten Zusammenhänge herzustellen.

Die Ergebnisse der Datenbankrecherche werden durch die Auswertung vorhandener Primär- und Sekundärquellen ergänzt. Die in der nachfolgenden Analyse verwendeten Primärquellen setzen sich überwiegend aus Energiestatistiken zusammen.

Hier werden vor allem Daten der Internationalen Energieagentur (IEA), British Petroleum (BP) sowie des Statistikamtes der Europäischen Union (Eurostat) verwendet. Zusätzlich kann auf einige Aufsätze, Studien sowie weitere Literatur bezüglich der zu untersuchenden Thematik zurückgegriffen werden (Kap. 1.2). Deren Ergebnisse werden in die Analyse miteinbezogen und im Rahmen des Forschungsprozesses mittels der Auswertung der Datenbankrecherche einer Überprüfung unterzogen. Dieses Vorgehen ermöglicht neben der detaillierten Aufarbeitung der verschiedenen Prozesse zusätzlich, etwaige widersprüchliche Angaben in der vorhandenen Sekundärliteratur aufzulösen. Die detaillierte chronologische Aufarbeitung des Erdgashandels und der politischen Prozesse der jeweiligen Pipelineprojekte erlaubt ferner eine Gewichtung der Faktoren, die zu deren Scheitern führten, bzw. die Identifikation von Kausalitäten, die für die Nachvollziehbarkeit des Misserfolgs eben dieser von Relevanz sind.

Damit legt die vorliegende Untersuchung den Schwerpunkt auf die Empirie. Die umfassende empirische Aufarbeitung des Erdgassektors und des Erdgashandels Turkmenistans sowie der politischen Prozesse der verschiedenen Pipelineprojekte stehen im Zentrum der Analyse. Es soll gezeigt werden, warum die verschiedenen Pipelineprojekte zum Export von Erdgas aus Turkmenistan in die Türkei und nach Europa scheiterten und welche Lehren daraus gezogen werden können.

Der empirischen Aufarbeitung des Scheiterns der Pipelineprojekte werden einige allgemeine Bemerkungen zur Realisierung von Pipelineprojekten vorangestellt (Kap. 4.1). Hier wird erläutert, welche Bedingungen erfüllt sein müssen, damit ein Pipelineprojekt erfolgreich realisiert werden kann. Sie ermöglichen eine Einordnung der Fortschritte der jeweiligen Pipelineprojekte und leisten ebenfalls einen Beitrag dazu, deren Scheitern zu erklären.

Ferner orientiert sich die empirische Analyse an dem von Beyer entwickelten Konzept zum Politikfeld Energie- und Energiesicherheitspolitik, wonach folgende politische und ökonomische Dimensionen, die in wechselseitiger Beziehung zueinander stehen, einzubeziehen sind:

- Exporteure
- Importeure
- Energieunternehmen
- Struktur des Energiemarktes
- Struktur der Internationalen Beziehungen[14]

---

14 Vgl. Beyer, Andreas: Theoretische und methodische Grundlagen zur Analyse von Energie- und Energiesicherheitspolitik, Kieler Analysen zur Sicherheitspolitik Nr. 27, Kiel: Institut für Sicherheitspolitik an der Christian-Albrechts-Universität zu Kiel, Februar 2010, S. 39; zur Herleitung des Konzeptes siehe S. 7-38.

Im Vordergrund stehen hier die Interessen und die Vorgehensweise des Exporteurs Turkmenistan, aber auch die weiterer Exporteure, wie die des Iran oder Aserbaidschans, die im Rahmen der geplanten Pipelineprojekte als Transitländer fungiert hätten. Von wesentlicher Bedeutung sind ferner die Interessen Russlands, das als Exporteur umfangreicher Erdgasvolumen nach Europa und Importeur von turkmenischem Erdgas eine Doppelrolle einnimmt. Die Interessen der Importeure, in diesem Fall der Türkei und der EU bzw. der beteiligten Unternehmen, potenzieller Abnehmer und solcher, die direkt an den Pipelineprojekten beteiligt sind, gilt es ebenfalls in die Analyse mit einzubeziehen. Zusätzlich ist es erforderlich, die gegebenen Rahmenbedingungen in der Analyse zu berücksichtigen, was sowohl die Situation auf den angezielten Absatzmärkten als auch die Struktur der internationalen Beziehungen, hier konkret die geopolitische Konstellation in der Kaspischen Region, beinhaltet.

Die hier aufgeführten Dimensionen dienen als Strukturierungshilfe und sollen ferner verhindern, dass für das Scheitern der Pipelineprojekte monokausale Erklärungsmuster herangezogen werden. Schließlich wird in nachfolgender Analyse davon ausgegangen, dass verschiedene Ursachen politischen und ökonomischen Ursprungs für das Scheitern der jeweiligen Pipelineprojekte verantwortlich sind, was wiederum seinen Ausdruck in verschiedenen theoretischen Anknüpfungspunkten findet.

1.7 Theoretische Anknüpfungspunkte

Internationale Pipelineprojekte können immer nur aus mehreren Betrachtungswinkeln heraus analysiert werden. In vorliegender Dissertation steht die politikwissenschaftliche Analyse der geo- und energiepolitischen Dimension der Pipelineprojekte im Vordergrund. Aber selbstverständlich müssen auch ökonomische Aspekte berücksichtigt werden, denn schließlich werden Pipelineprojekte von Unternehmen realisiert, die nach wirtschaftlichen Gesichtspunkten handeln und für die schlussendlich ein Pipelineprojekt rentabel sein muss; damit werden Fragen der Preisbildung, der Vertragsausgestaltung oder der Marktsituation berührt. Diese verschiedenen Dimensionen finden ihren Ausdruck in den aufgestellten Hypothesen. Dies bedeutet aber auch, dass der vorliegenden Untersuchung bei der Anwendung von Theorien aus der Politikwissenschaft Grenzen gesetzt sind – ohne auf die Einordnung in politikwissenschaftliche Erklärungsmuster zu verzichten. Im Zentrum stehen hier einerseits die Interessen Turkmenistans in Bezug auf die Realisierung von Erdgasexporten in die Türkei sowie nach Europa und andererseits die geopolitischen Rahmenbedingungen.

Gemäß Hypothese 1 wird von der Annahme ausgegangen, dass geopolitische Interessen maßgeblich zum Scheitern der Pipelineprojekte beigetragen haben. Geopolitische Betrachtungsweisen lassen sich wiederum in Theorien der Internationalen Beziehungen, Realismus und Neorealismus integrieren. Gemäß Realismus besteht eine wichtige Machtressource eines Staates in der Kontrolle über Territorium, erzielt durch Bildung von Allianzen bzw. Eroberung, sowie in dessen (geo-)strategischer Lage. Der Neorealismus, die Weiterentwicklung des Realismus, stellt zwar das internationale System in den Vordergrund der Analyse, allerdings ist auch hier die Kontrolle über Territorium in Bezug auf die Verteilung von Machressourcen von wesentlicher Bedeutung.[15]

Der Neorealismus als Theorie der Internationalen Beziehungen basiert auf den Überlegungen von Waltz, die an dieser Stelle sehr vereinfacht zusammengefasst werden soll. Eine der zentralen Grundannahmen besteht darin, dass das internationale System von Anarchie geprägt ist. Die Akteursebene beschränkt sich bei Waltz auf die Staaten, wobei deren Verfasstheit für die Anwendung der Theorie keine Bedeutung hat. Die Staaten unterscheiden sich lediglich in ihrer Verfügbarkeit von Machtmitteln. Besonders mächtige Staaten stellen eine Bedrohung für schwächere Staaten in Bezug auf ihr Überleben im anarchischen internationalen System dar. Um ihr Defizit an Machtmitteln gegenüber Hegemonialstaaten auszugleichen und dem Einfluss eines Hegemons entgegenzuwirken, können Staaten eine Allianz mit anderen Staaten bilden (*Balancing*) oder sich dieser bzw. einer anderen Großmacht anschließen (*Bandwagoning*). Aufgrund dieses Nullsummenspiels, bestehend aus einer Verschiebung der jeweiligen Machtmittel, ergibt sich eine uni-, bi- oder multipolare Weltordnung.[16] Dieses Erklärungsmuster ist insofern von Nutzen, als dadurch die Akteurskonstellation und die jeweiligen Akteursinteressen in der Kaspischen Region veranschaulicht werden können. Es ist allerdings festzuhalten, dass es nicht auf die Außenpolitik Turkmenistans angewendet wird.

Die Übertragung des Prinzips von *Balancing* und *Bandwagoning* auf die Energieaußenpolitik Turkmenistans – indem beispielsweise argumentiert wird, dass die Diversifizierungsbestrebungen der turkmenischen Regierung Ausdruck einer *Balancing*-Politik gegenüber Russland seien oder andersherum eine Intensivierung der turkmenisch-russischen Gashandelsbeziehungen eine *Bandwagoning*-Politik bedeute, womit sich begründen ließe, warum sich die Regierung Turkmenistans für die Realisierung von Pipelineprojekten zum Export von Erdgas in die Türkei und nach Europa

---

15 Vgl. Albert, Matthias/Reuber, Paul/Wolkersdorfer, Günter: Kritische Geopolitik, in: Schieder, Siegfried/Spindler, Manuela: Theorien der Internationalen Beziehungen, Opladen & Farmington Hills: Verlag Barbara Budrich, 2006, S. 527-551, hier S. 528.
16 Vgl. Schörnig, Niklas: Neorealismus, in: Schieder, Siegfried/Spindler, Manuela: Theorien der Internationalen Beziehungen, Opladen & Farmington Hills: Verlag Barbara Budrich, 2006, S. 65-92; Beyer, Andreas: Theoretische und methodische Grundlagen zur Analyse von Energie- und Energiesicherheitspolitik, Kieler Analysen zur Sicherheitspolitik Nr. 27, Kiel: Institut für Sicherheitspolitik an der Christian-Albrechts-Universität zu Kiel, Februar 2010, S. 43.

1.7 Theoretische Anknüpfungspunkte

eingesetzt hat bzw. sie wieder davon Abstand nahm – erscheint nicht zweckmäßig. Dies bedeutete eine vollständige Herauslösung des Konzeptes aus seinem ursprünglichen Bedeutungszusammenhang, da sich Turkmenistan für eine neutrale Außenpolitik entschieden hat und deshalb nicht Mitglied relevanter sicherheitspolitischer oder auch wirtschaftlicher Organisationen – wie der North Atlantic Treaty Organisation (NATO), der Organisation des Vertrages für kollektive Sicherheit (OVKS), der Shanghai Cooperation Organisation (SCO) oder der Eurasischen Wirtschaftsunion – ist (Kap. 1.10.5).

Da die Übertragbarkeit des Konzeptes nicht gegeben ist, wird eine andere Herangehensweise gewählt. Um die Interessen und das Vorgehen der turkmenischen Regierung theoretisch zu erfassen, gilt es zu klären, welche Bedeutung die Einnahmen aus dem Erdgasexport für die Ökonomie sowie die staatliche Verfasstheit Turkmenistans haben. Dieser Zusammenhang wird durch die Anwendung der Rentierstaatstheorie erläutert, die sich allerdings auf die innenpolitische Dimension konzentriert. Eine Erweiterung des Konzeptes um eine (energie-)außenpolitische Dimension ist bisher kaum erfolgt. Nach Pawelka besteht die oberste Priorität der Außenpolitik von Erdölstaaten in der Sicherstellung des Rentenflusses. Sie dient dem Erwerb, der Stabilisierung und politischen Absicherung des staatlichen Einkommens.[17] Ein Zusammenhang zwischen Rentierstaatlichkeit und außenpolitischem Verhalten ist jedoch bisher nicht eindeutig nachgewiesen. Nach Pawelka bestehen zwar durchaus Regelmäßigkeiten im außenpolitischen Handeln von Rentierstaaten, deren Verhalten kann sich aber durch verschiedene Einflüsse vorübergehend oder dauerhaft verändern.[18]

Zusätzlich können sich die Ansprüche an eine Energieaußenpolitik als Instrument zur Gewährleistung von Renteneinkommen deutlich unterscheiden. Die Ausführungen Pawelkas beziehen sich im Wesentlichen auf die Außenpolitik von Erdöl exportierenden Staaten des Nahen Ostens. Diese verfügen über einen eigenen Zugang

---

17 Die Gründung der OPEC und die Koordination der internationalen Ölpolitik wird von Pawelka in diesem Zusammenhang als Beispiel angeführt. Er geht auch auf die Möglichkeiten der Diversifizierung zur Gewährleistung des Renteneinkommens ein, wobei hier Investitionen der Ölrente im Ausland in Form von Kapitalbeteiligungen an Industrien oder Banken, die Weiterverarbeitung des Rohöls oder der Kapitaltransfer in eigene (staatlichen) weltweit operierenden Ölkonzern zur Genierung weiterer Renteneinkommens gemeint sind. Grundsätzlich seien Ölrentierstaaten ferner an einem stabilen außenpolitischen Umfeld interessiert, da die Generierung der Rohstoffrente von der stabilen Integration in das kapitalistische Weltwirtschaftssystem abhängig sei. Regionale politische Turbulenzen stellten eine Gefahr für den Rentenfluss dar. Vgl. Pawelka, Peter: Die politische Ökonomie der Außenpolitik im Vorderen Orient, in: Boeckh, Andreas/Pawelka, Peter (Hrsg.): Staat, Markt und Rente in der internationalen Politik, Opladen: Westdeutscher Verlag, 1997, S. 208-321, hier S. 220 ff.

18 Vgl. Pawelka, Peter: Die politische Ökonomie der Außenpolitik im Vorderen Orient, in: Boeckh, Andreas/Pawelka, Peter (Hrsg.): Staat, Markt und Rente in der internationalen Politik, Opladen: Westdeutscher Verlag, 1997, S. 208-321, hier S. 223.

zu den Weltmeeren und sind somit in der Lage, die Erdölexporte vergleichsweise unkompliziert auf dem Seeweg realisieren zu können. Die Ausgangsposition des Gasexporteurs Turkmenistan stellt sich hingegen gänzlich anders dar, da der Transport von Erdgas überwiegend per Pipeline abgewickelt wird und das Land von Staaten umgeben ist, die selbst über Erdgasvorkommen verfügen – was den Handel mit Nachbarländern bzw. den Transit durch eben diese erschwert. Zusätzlich verfügt Turkmenistan nicht über einen eigenen Zugang zu den Weltmeeren, sodass der flexible Export in Form von LNG bisher keine Option darstellt (Kap. 1.1).

Vor diesem Hintergrund werden die Ausführungen zu den geopolitischen Rahmenbedingungen und zur Rentierstaatlichkeit Turkmenistans noch um eine weitere Dimension ergänzt. Zusätzlich herangezogen werden Überlegungen zum Begriff Energiesicherheit aus Perspektive von Produzentenstaaten (Kap. 1.9), um zu erklären, warum sich Turkmenistan für die Umsetzung der jeweiligen Pipelineprojekte zum Export von Erdgas in die Türkei und nach Europa einsetzte bzw. wieder davon Abstand nahm.

1.8 Die Bedeutung der Einnahmen aus dem Erdgasexport für die staatliche Verfasstheit Turkmenistans

1.8.1 Die Rentierstaatstheorie

Der Einfluss von Ressourcenreichtum, beispielsweise in Form von Erdöl oder Erdgas, auf staatliche Strukturen ist seit mehreren Dekaden Gegenstand politikwissenschaftlicher Forschung und findet seinen Ausdruck in der Rentierstaatstheorie, deren Elemente auch hier herangezogen werden.

Die Rentierstaatstheorie basiert auf den Untersuchungen Mahdavys, der die politischen und wirtschaftlichen Prozesse im Iran vor der Revolution analysierte. Nach seiner Definition, die nach wie vor Bestand hat, ist das bestimmende Merkmal von Rentierstaaten der regelmäßige Zufluss von Renten in erheblichem Umfang aus dem Ausland.[19] Zur Definition des Begriffes „Rente" wird an dieser Stelle auf die Ausführungen Claudia Schmids zurückgegriffen.[20] Danach meint dieser „eine besondere Form

---

19 Vgl. Franke, Anja/Gawrich, Andrea/Alakbarov, Gurban: Kazakhstan and Azerbaijan as Post-Soviet Rentier States: Resource Incomes and Autocracy as a Double "Curse" in Post-Soviet Regimes, in: Europe-Asia Studies Vol. 61, Issue 1, January 2009, S. 109-140, hier S. 111.

20 Zu den verschiedenen Formen von Renten und Rentenäquivalenten siehe: Schmid, Claudia: Rente und Rentier-Staat: Ein Beitrag zur Theoriengeschichte, in: Boeckh, Andreas/Pawelka, Peter (Hrsg.): Staat, Markt und Rente in der internationalen Politik, Opladen: Westdeutscher Verlag, 1997, S. 28-50, hier S. 42.

1.8 Die Bedeutung der Einnahmen aus dem Erdgastransport

von Einkommen: Revenuen, die auch ohne Einsatz von Produktionsfaktoren oder direkte Gegenleistung appropriiert werden und deshalb zur freien Verfügung stehen."[21]
Die Definition des Rentierstaates nach Mahdavy bedarf der weiteren Präzisierung, da Begrifflichkeiten wie „regelmäßig" und „in erheblichem Umfang" einen weiten Interpretationsspielraum lassen. In Bezug auf die Klassifizierung von Rentierstaaten wird daher häufig auf die quantitative Angabe Lucianis zurückgegriffen, wonach es sich um einen Rentierstaat handelt, wenn der Anteil externer Einnahmequellen an den Staatseinnahmen mehr als 40 Prozent beträgt und die Staatsausgaben einen wesentlichen Anteil am Sozialprodukt haben.[22]

Grundsätzlich wird im Rahmen der Rentierstaatstheorie argumentiert, dass kontinuierliche Renteneinkommen zu anderen politischen Strukturen, politischen Prozessen und politischen Ergebnissen als in Ländern mit profitorientierter Produktionsweise führen, da Renten nicht das Resultat kapitalistischer Produktionsprozesse sind und in diese reinvestiert werden müssen. Folglich stehen Renten der Regierung eines Rentierstaates frei zur Verfügung und können je nach Bedarf und aus rein politischen Motiven verteilt und zugewiesen werden.[23]

Die Theorie wurde durch eine Vielzahl von Untersuchungen, im Rahmen derer verschiedene Spezifika von Rentierstaaten herausgearbeitet werden konnten, weiterentwickelt. Ein wesentliches Merkmal von Rentierstaaten besteht in dem vergleichsweise hohen Grad an Autonomie der Regierung gegenüber der Bevölkerung. Durch den kontinuierlichen Rentenfluss ist die Regierung nicht auf Steuereinnahmen zur Erfüllung der staatlichen Aufgaben angewiesen. Aufgrund dieser Unabhängigkeit sind die Möglichkeiten politischer Partizipation in Rentierstaaten häufig stark eingeschränkt oder im Extremfall überhaupt nicht vorhanden.[24] Stattdessen werden durch den Ren-

---

21 Vgl. Schmid, Claudia: Das Konzept des Rentier-Staates: Ein sozialwissenschaftliches Paradigma zur Analyse von Entwicklungsgesellschaften und seine Bedeutung für den Vorderen Orient, Münster: Lit, 1991, S. 78 f.
22 Vgl. Schmid, Claudia: Das Konzept des Rentier-Staates: Ein sozialwissenschaftliches Paradigma zur Analyse von Entwicklungsgesellschaften und seine Bedeutung für den Vorderen Orient, Münster, Hamburg: Lit, 1991, S. 60 f.; Schmid, Claudia: Rente und Rentier-Staat: Ein Beitrag zur Theoriengeschichte, in: Boeckh, Andreas/Pawelka, Peter (Hrsg.): Staat, Markt und Rente in der internationalen Politik, Opladen: Westdeutscher Verlag, 1997, S. 28-50, hier S. 42; Luciani, Giacomo: Allocation vs. Production States: A Theoretical Framework, in: Beblawi, Hazem/ Luciani, Giacomo (eds.): The Rentier State, London: Croom Helm, 1987, S. 63-82, hier S. 70.
23 Vgl. Richter, Thomas: The Rentier State: Relevance, Scope and Explanatory Power, in: Heinrich, Andreas/Pleines, Heiko (eds.): Challenges of the Caspian Resource Boom: Domestic Elites and Policy-Making, Houndmills, Basingstoke, Hampshire: Palgrave Macmillan, 2012, S. 23-34, hier S. 27.
24 Vgl. Franke, Anja/Gawrich, Andrea/Alakbarov, Gurban: Kazakhstan and Azerbaijan as Post-Soviet Rentier States: Resource Incomes and Autocracy as a Double "Curse" in Post-Soviet Regimes, in: Europe-Asia Studies Vol. 61, Issue 1, January 2009, S. 109-140, hier S. 112, 127. Zu dieser Thematik siehe auch: Herb, Michael: No Representation without Taxation? Rents, Development, and Democracy, in: Comparative Politics, Vol. 37, No. 3, April 2005, S. 297-316.

tenfluss andere Formen der Legitimation ermöglicht. Durch die gezielte Allokation von Renten kann die herrschende Elite beispielsweise die gesamte Bevölkerung oder aber auch gewichtige (politische) Gruppierungen unterstützen bzw. subventionieren, sich dadurch deren Loyalität bewahren und somit letztendlich die Machtstrukturen aufrechterhalten. Dies findet zum Beispiel in der Gewährung umfangreicher Sozialleistungen oder in Form kurzfristig aufgelegter Sozialprogramme seinen Ausdruck. Der dadurch erkaufte politische Konsens sowie die damit verbundenen Patron-Klient-Netzwerke sind prägende Merkmale von Rentierstaaten.[25] Dabei hat die Bevölkerung kaum politischen Einfluss und wird vom herrschenden Regime bevormundet und kooptiert. Auch das Fehlen einer Mittelschicht, vielerorts Ursprung oppositioneller Bewegungen, ist bezeichnend. Statt einer Mittelschicht und einer traditionellen Elite bildet sich eine Klasse aus zivilen Technokraten heraus, die die Positionen in der Verwaltung besetzen. Kooptierung an Stelle von Partizipation und Alimentierung anstatt Besteuerung sind folglich weitere wesentliche Kennzeichen von Rentierstaaten. Die Akzeptanz der herrschenden Machtstrukturen durch die Bevölkerung kann allerdings auch durch Instrumente der Repression bzw. deren Androhung erreicht werden, was wiederum durch den Zustrom von Renten, die sich für den Aufbau und Unterhalt eines umfangreichen Sicherheitsapparates einsetzen lassen, ermöglicht wird.[26]

---

[25] Zum Verständnis von Patron-Klient-Beziehungen sei auf die Begriffsbestimmung von Heinemann verwiesen, wonach diese als direkte, hierarchische, von gegenseitigem Nutzen geprägte, spezielle, wiederholte und geregelte Transaktionen zwischen einem staatlichen Patron und einem gesellschaftlichen Klienten definiert werden, im Rahmen derer der Klient (entweder Individuum oder kollektiver Akteur) privilegierten Zugang zu knappen, öffentlich kontrollierten Ressourcen, Waren, Leistungen oder Vetorechte im Austausch für Leistungen gegenüber dem Patron erhält, dessen Position dadurch gegenüber etwaigen Herausforderern gestärkt wird. Im Gegensatz zu familiären oder ethnischen Bindungen müssen Patron-Klient-Beziehungen konstant erneuert und fortwährend neu ausgehandelt werden, allerdings ist eine gewisse Langlebigkeit des Verhältnisses Voraussetzung, um es von anderen kurzzeitigen Austauschbeziehungen abgrenzen zu können. Vgl. Heinemann-Grüder, Andreas: Patron-client Relations: Explanations and Conceptual Promises, in: Heinrich, Andreas/Pleines, Heiko (eds.): Challenges of the Caspian Resource Boom: Domestic Elites and Policy-Making, Houndmills, Basingstoke, Hampshire: Palgrave Macmillan, 2012, S. 58-72, hier S. 58 f.; Franke, Anja/Gawrich, Andrea/Alakbarov, Gurban: Kazakhstan and Azerbaijan as Post-Soviet Rentier States: Resource Incomes and Autocracy as a Double "Curse" in Post-Soviet Regimes, in: Europe-Asia Studies Vol. 61, Issue 1, January 2009, S. 109-140, hier S. 127; Richter, Thomas: The Rentier State: Relevance, Scope and Explanatory Power, in: Heinrich, Andreas/Pleines, Heiko (eds.): Challenges of the Caspian Resource Boom: Domestic Elites and Policy-Making, Houndmills, Basingstoke, Hampshire: Palgrave Macmillan, 2012, S. 23-34, hier S. 27 f.

[26] Vgl. Franke, Anja/Gawrich, Andrea/Alakbarov, Gurban: Kazakhstan and Azerbaijan as Post-Soviet Rentier States: Resource Incomes and Autocracy as a Double "Curse" in Post-Soviet Regimes, in: Europe-Asia Studies Vol. 61, Issue 1, January 2009, S. 109-140, hier S. 112 und 127; Richter, Thomas: The Rentier State: Relevance, Scope and Explanatory Power, in: Heinrich, Andreas/Pleines, Heiko (eds.): Challenges of the Caspian Resource Boom: Domestic Elites and Policy-Making, Houndmills, Basingstoke, Hampshire: Palgrave Macmillan, 2012, S. 23-34, hier S. 27 f.

1.8 Die Bedeutung der Einnahmen aus dem Erdgastransport

Typisches Kennzeichen von Rentierstaaten ist ferner, dass lediglich eine vergleichsweise kleine Bevölkerungsgruppe, in der Regel gleichzusetzen mit der regierenden Elite, die Aufgabe und Funktion des Rentiers, also die Generierung von Renten und deren Verwaltung, ausübt. Sie bildet eine unabhängige soziale Schicht, die durch eine Kultur des Rent-Seekings geprägt ist und am meisten vom Rentenfluss profitiert, da sie die Renten für sich vereinnahmt und für ihre Zwecke benutzt. Daher besteht ein starker Anreiz für diese Gruppe, möglichst lange an der Macht zu bleiben, um weiterhin den Rentenfluss zu eigenen Gunsten kontrollieren zu können. Korruption, Patronage und Nepotismus sind häufig weitere Merkmale solcher Staaten.[27]

Die Wirtschaftsstruktur von Rentierstaaten ist durch eine mangelnde Diversifizierung gekennzeichnet. Dem Wirtschaftsbereich, der die Generierung von Renten ermöglicht, beispielsweise der Rohstoffsektor, wird Priorität eingeräumt, während der Aufbau anderer Wirtschaftszweige (z. B. verarbeitende Industrien) vernachlässigt wird. Der Öl- und Gasreichtum vieler Rentierstaaten macht diese attraktiv für ausländische Investoren, was wiederum mit Auswirkungen auf die wirtschaftliche Entwicklung der Länder verbunden ist. Da die Renten in erster Linie der Konsolidierung autokratischer Regime dienen, die keinerlei Interesse an Reformen haben, die eine Bedrohung ihrer Machtbasis darstellen könnten, werden lediglich zur Anwerbung ausländischer Investoren notwendige Reformen durchgeführt, die für die Aufrechterhaltung des Rentenflusses unentbehrlich sind. Zusätzlich bieten sich hier Möglichkeiten der Patronage durch die regierende Elite, in dem sie Regime-Unterstützern den Zugang zu Geschäften mit ausländischen Investoren gewähren kann. Das primäre Ziel der herrschenden Eliten in Bezug auf das wirtschaftliche Handeln besteht im Rentierstaat also darin, den Rentenfluss zu gewährleisten und sich die Renten anzueignen. Folglich überwiegen kurzfristige Erwägungen, sodass die Wirtschaftspolitik von mangelnder Konsistenz und Nachhaltigkeit sowie fehlenden strukturpolitischen Strategien gekennzeichnet ist.[28]

Inzwischen sind zahlreiche Analysen in Bezug auf die Rentierstaatlichkeit der Erdöl exportierenden Länder des Nahen Ostens verfügbar.[29] Untersuchungen zur Anwendbarkeit der Rentierstaatstheorie auf die rohstoffreichen Länder des postsowjetischen Kaspischen Raumes sind erst binnen der vergangenen Dekade durchgeführt worden. In diesem Zusammenhang ist insbesondere die Forschungsarbeit von Franke,

---

27 Vgl. Franke, Anja/Gawrich, Andrea/Alakbarov, Gurban: Kazakhstan and Azerbaijan as Post-Soviet Rentier States: Resource Incomes and Autocracy as a Double "Curse" in Post-Soviet Regimes, in: Europe-Asia Studies Vol. 61, Issue 1, January 2009, S. 109-140, hier S. 111 f. und 125.
28 Vgl. Franke, Anja/Gawrich, Andrea/Alakbarov, Gurban: Kazakhstan and Azerbaijan as Post-Soviet Rentier States: Resource Incomes and Autocracy as a Double "Curse" in Post-Soviet Regimes, in: Europe-Asia Studies Vol. 61, Issue 1, January 2009, S. 109-140, hier. S. 120 und 128 f.
29 Siehe z. B. Beck, Martin: Die Erdöl-Rentier-Staaten des Nahen und Mittleren Ostens: Interessen, erdölpolitische Kooperation und Entwicklungstendenzen, Münster: Lit Verlag, 1993; Beblawi, Hazem/Luciani, Giacomo (eds.): The Rentier State, London: Croom Helm, 1987.

Gawrich und Alakbarov hervorzuheben.[30] Sie haben anhand der Fallbeispiele Kasachstan und Aserbaidschan die Anwendbarkeit der Rentierstaatstheorie überprüft und folgende Merkmale für postsowjetische Rentierstaaten herausgearbeitet:

- Macht der herrschenden Elite beim Abschluss von Öl- und Gasverträgen;
- dauerhafte, korrupte und Rent-Seeking betreibende Eliten;
- öffentliche Unterstützung, die durch die Verteilung der Renten erworben wird;
- Defizite in der Steuerung der Wirtschaftsstruktur;
- fehlende Konzepte in Bezug auf die Verwendung der Renten;
- Mangel an Transparenz;
- mittelfristige Legitimation der Eliteherrschaft in Bezug auf die Ressourcenpolitik.[31]

Wie aus den vorigen Ausführungen bereits hervorgeht, sind einige dieser Kriterien nicht ausschließlich für postsowjetische Rentierstaaten, sondern auch für solche anderer Regionen charakteristisch. Infolgedessen sollen an dieser Stelle lediglich die Elemente näher erläutert werden, die noch nicht erwähnt worden, allerdings im postsowjetischen Kontext von besonderer Bedeutung sind.

Eine wesentliche Ursache für den Mangel strukturpolitischer Strategien im postsowjetischen Raum sehen Franke et al. in dem Mangel an Bewusstsein für eine moderne Industriepolitik und in der Fortführung von aus der Sowjetära geerbten Strukturen. Dies trägt zu einer unausgewogenen Entwicklung verschiedener wirtschaftlicher Sektoren bei, da der Entwicklung der Renten generierenden Wirtschaftszweige gegenüber anderen Vorrang eingeräumt wird.[32]

---

30 Vgl. Franke, Anja/Gawrich, Andrea/Alakbarov, Gurban: Kazakhstan and Azerbaijan as Post-Soviet Rentier States: Resource Incomes and Autocracy as a Double "Curse" in Post-Soviet Regimes, in: Europe-Asia Studies Vol. 61, Issue 1, January 2009, S. 109-140. Zu den weiteren erwähnenswerten Publikationen zählen z. B.: Heinrich, Andreas/Pleines, Heiko (eds.): Challenges of the Caspian Resource Boom: Domestic Elites and Policy-Making, Houndmills, Basingstoke, Hampshire: Palgrave Macmillan, 2012; Meißner, Hannes: Der „Ressourcenfluch" in Aserbaidschan und Turkmenistan und die Perspektiven von Effizienz- und Transparenzinitiativen, Berlin, Münster: LIT Verlag, 2013.
31 Vgl. Franke, Anja/Gawrich, Andrea/Alakbarov, Gurban: Kazakhstan and Azerbaijan as Post-Soviet Rentier States: Resource Incomes and Autocracy as a Double "Curse" in Post-Soviet Regimes, in: Europe-Asia Studies Vol. 61, Issue 1, January 2009, S. 109-140, hier. S. 133; Meißner, Hannes: Der „Ressourcenfluch" in Aserbaidschan und Turkmenistan und die Perspektiven von Effizienz- und Transparenzinitiativen, Berlin, Münster: LIT Verlag, 2013, S. 54.
32 Vgl. Franke, Anja/Gawrich, Andrea/Alakbarov, Gurban: Kazakhstan and Azerbaijan as Post-Soviet Rentier States: Resource Incomes and Autocracy as a Double "Curse" in Post-Soviet Regimes, in: Europe-Asia Studies Vol. 61, Issue 1, January 2009, S. 109-140, hier S. 128.

Im Rahmen ihrer Untersuchung haben Franke et al. ferner festgestellt, dass die Regime postsowjetischer Rentierstaaten ein gewisses Maß an Legitimation in Bezug auf ihre Ressourcenpolitik genössen. Sie argumentieren dabei, dass die Gesellschaften im postsowjetischen Raum zunächst vor allem an der Deckung ihrer Grundbedürfnisse interessiert seien und es folglich der herrschenden Elite durch deren Gewährung ermöglicht werde, die Loyalität der Bevölkerung zu gewährleisten. Zusätzlich sei eine Mentalität in postsowjetischen Gesellschaften beobachtbar, wonach die Bevölkerung zu der Auffassung tendiere, nur begrenzt Forderungen an den Staat stellen zu können bzw. zu dürfen. Des Weiteren bestehe kaum ein Wille, am politischen System zu partizipieren, und eine noch immer verbreitete Furcht, Autoritäten öffentlich zu kritisieren.[33] Des Weiteren sei die Verwaltung von Sowjet-Nachfolgestaaten häufig von einer postsowjetischen Mentalität geprägt, die durch eine Konservierung sowjetischer Praktiken gekennzeichnet sei und sich in der sowjetischen Tradition der undurchsichtigen Entscheidungsfindung öffentlicher Angelegenheiten äußere. Außerdem zeichne sich die Nomenklatura weiterhin durch ein hohes Maß an innerer Loyalität aus, sodass der Bevölkerung kaum oder gar keine Informationen über den Umfang der Öl- und Gaseinkünfte zur Verfügung stünden, zumal etwaigen offiziellen Angaben nicht zu trauen sei.[34]

1.8.2 Die Anwendung der Rentierstaatstheorie auf die politischen und ökonomischen Strukturen Turkmenistans

Zunächst ist festzuhalten, dass es mit Schwierigkeiten verbunden ist, den quantitativen Nachweis zur Klassifizierung Turkmenistans als Rentierstaat – nach Luciani ein Anteil der Renteneinnahmen von 40 Prozent am Staatsbudget – zu führen, da dessen Finanzströme durch mangelnde Transparenz gekennzeichnet sind. Auf Basis offiziell veröffentlichter Angaben zur Zusammensetzung des Staatsbudgets ist nicht nachvollziehbar, in welchem Umfang die Einnahmen aus dem Öl- und insbesondere Gasexport dem Staatsbudget zugeführt werden. Die Gesetzgebung sieht lediglich vor, dass die Staatliche Agentur für Verwaltung und Nutzung von Kohlenwasserstoffressourcen beim Präsidenten 20 Prozent der Einnahmen an den Staat abführt, wobei offen

---

33 Vgl. Franke, Anja/Gawrich, Andrea/Alakbarov, Gurban: Kazakhstan and Azerbaijan as Post-Soviet Rentier States: Resource Incomes and Autocracy as a Double "Curse" in Post-Soviet Regimes, in: Europe-Asia Studies Vol. 61, Issue 1, 2009, S. 109-140, hier S. 132 f.

34 Vgl. Franke, Anja/Gawrich, Andrea/Alakbarov, Gurban: Kazakhstan and Azerbaijan as Post-Soviet Rentier States: Resource Incomes and Autocracy as a Double "Curse" in Post-Soviet Regimes, in: Europe-Asia Studies Vol. 61, Issue 1, 2009, S. 109-140, hier S. 132.

ist, wie mit den restlichen Einnahmen verfahren wird.[35] Daher muss hier auf einige wenige kursorische Angaben verwiesen werden: Mitte der 1990er-Jahre wurde der Anteil der Einnahmen aus dem Öl- und Gasexport an den Einkünften des Staates auf 70 Prozent beziffert. Nach Angaben einer turkmenischen Nachrichtenagentur betrug der Anteil des Öl- und Gassektors am Staatsbudget 76 Prozent im Jahr 2005. Eine andere Kalkulation für das Jahr 2008 veranschlagt den Anteil der Einnahmen des Öl- und Gasexports am Staatsbudget auf insgesamt 92 Prozent (Erdgasexport 82 Prozent, Ölexport zehn Prozent).[36] Zusätzlich lassen einige weitere makroökonomische Kennzahlen die Klassifizierung Turkmenistans als Rentierstaat zu.[37]

Die Exporteinnahmen Turkmenistans werden größtenteils durch den Export von Erdgas, Erdöl und Ölprodukten generiert. Ihr Anteil an den Exporten betrug in den vergangenen Jahren stets über 90 Prozent. In den Jahren 2012 und 2013 hatte der Erdgasexport einen Anteil von 66,8 bzw. 66,7 Prozent an den gesamten Ausfuhren, auf die Erdölexporte entfiel ein Anteil von 11,8 bzw. 11,4 Prozent.[38]

Wie in Kapitel 3 näher erläutert wird, war der Erdgashandel Turkmenistans in den 1990er-Jahren mit verschiedenen Hindernissen verbunden, die zu einem Rückgang der Exporteinnahmen führten. Die Einnahmen aus dem Erdgasexport verringerten sich von knapp 1,9 Mrd. US-Dollar im Jahr 1993 auf rund 70 Mio. US-Dollar im Jahr 1998. Anschließend steigerten sich die Einnahmen auf knapp sieben Mrd. US-Dollar im Jahr 2008, bevor diese durch die Verringerung der Exporte nach Russland auf rund fünf Mrd. US-Dollar im Jahr 2010 sanken. Anschließend verzeichnete das Land umfangreiche Zuwächse auf knapp elf Mrd. US-Dollar im Jahr 2011 und über 13 Mrd. US-Dollar im Jahr 2012. Im Jahr 2013 betrugen die Einnahmen knapp 12,6 Mrd. US-Dollar (Abb. 1).[39]

---

35 Vgl. Crude Accountability: The Private Pocket of the President (Berdymukhamedov): Oil, Gas and the Law, Alexandria, VA: Crude Accountability, Oktober 2011, S. 29; Meißner, Hannes: Der „Ressourcenfluch" in Aserbaidschan und Turkmenistan und die Perspektiven von Effizienz- und Transparenzinitiativen, Berlin, Münster: LIT Verlag, 2013, S. 243 f.
36 Vgl. Meißner, Hannes: Der „Ressourcenfluch" in Aserbaidschan und Turkmenistan und die Perspektiven von Effizienz- und Transparenzinitiativen, Berlin, Münster: LIT Verlag, 2013, S. 205.
37 Siehe zu dieser Herangehensweise auch Meißner, Hannes: Der „Ressourcenfluch" in Aserbaidschan und Turkmenistan und die Perspektiven von Effizienz- und Transparenzinitiativen, Berlin, Münster: LIT Verlag, 2013, S. 205.
38 Vgl. Strohbach, Uwe: Wirtschaftsstruktur und -chancen - Turkmenistan, Bonn: Germany Trade & Invest, 20.01.2015, S. 8.
39 Bei Abgabe der Dissertation lagen für das Jahr 2014 noch keine Daten vor.

1.8 Die Bedeutung der Einnahmen aus dem Erdgastransport

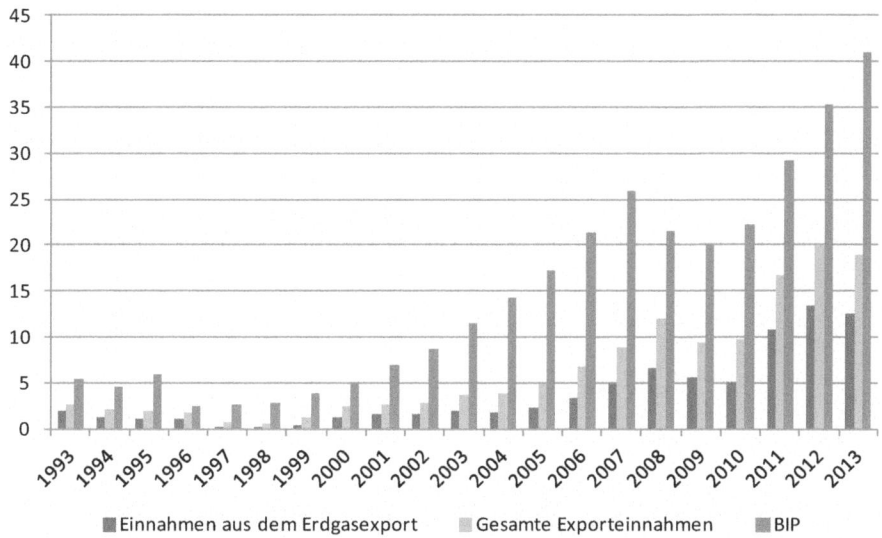

Abbildung 1: Einnahmen aus dem Erdgasexport, gesamte Exporteinnahmen und BIP Turkmenistans (in Mrd. US-Dollar)

Quelle: Eigene Darstellung und Berechnung nach Angaben von o. V.: Turkmenistan: an exporter in transition, in: Pirani, Simon (ed.): Russian and CIS Gas Markets and Their Impact on Europe, Oxford, New York: Oxford University Press, 2009, S. 271-315, hier S. 275; Jumayev, Ishanguly: Foreign Trade of Turkmenistan: Trends, Problems and Prospects, Working Paper No. 11, Bishkek: University of Central Asia, Institute of Public Policy and Administration, 2012, S. 18, 25; Strohbach, Jens-Uwe: Wirtschaftsstruktur und -chancen: Turkmenistan, Bonn: Germany Trade & Invest, Januar 2014, S. 8; Strohbach, Uwe: Wirtschaftsstruktur und -chancen – Turkmenistan, Bonn: Germany Trade & Invest, 20.01.2015; Strohbach, Jens-Uwe: Wirtschaftstrends Jahresmitte 2013 – Turkmenistan, Germany Trade & Invest, 17.05.2013; Germany Trade & Invest: Wirtschaftsdaten kompakt: Turkmenistan, Bonn: Germany Trade & Invest, Mai 2015; International Monetary Fund: IMF Data Mapper, http://www.imf.org/external/datamapper/index.php (Zugriff: 11.12.2015).

Die Einnahmen aus den gesamten Ausfuhren, wie auch die Entwicklung des BIP Turkmenistans folgen dem gleichen Trend. Dies ist dem hohen Anteil der Exporteinnahmen aus dem Erdgasexport an den gesamten Exporteinnahmen sowie an dem BIP geschuldet. Mit Ausnahme der Zeitraums 1997 bis 2000 und der Jahre 2004 und 2005 betrug der Anteil der Einnahmen aus dem Erdgasexport an den gesamten Exporteinnahmen über 50, teilweise über 60 Prozent (Abb. 2).

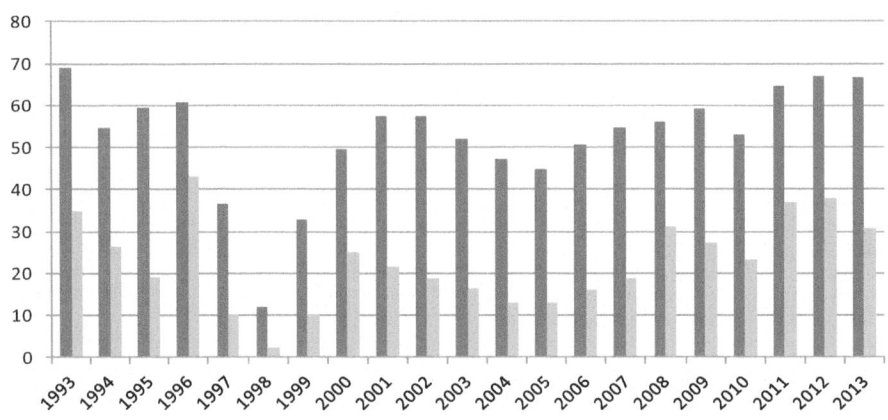

Abbildung 2: Prozentualer Anteil der Einnahmen aus dem Erdgasexport an den gesamten Exporteinnahmen sowie an dem BIP Turkmenistans

Quelle: Eigene Darstellung und Berechnung nach Angaben von o. V.: Turkmenistan: an exporter in transition, in: Pirani, Simon (ed.): Russian and CIS Gas Markets and Their Impact on Europe, Oxford, New York: Oxford University Press, 2009, S. 271-315, hier S. 275; Jumayev, Ishanguly: Foreign Trade of Turkmenistan: Trends, Problems and Prospects, Working Paper No. 11, Bishkek: University of Central Asia, Institute of Public Policy and Administration, 2012, S. 18, 25; Strohbach, Jens-Uwe: Wirtschaftsstruktur und -chancen: Turkmenistan, Bonn: Germany Trade & Invest, Januar 2014, S. 8; Strohbach, Uwe: Wirtschaftsstruktur und -chancen – Turkmenistan, Bonn: Germany Trade & Invest, 20.01.2015; Strohbach, Jens-Uwe: Wirtschaftstrends Jahresmitte 2013 – Turkmenistan, Germany Trade & Invest, 17.05.2013; Germany Trade & Invest: Wirtschaftsdaten kompakt: Turkmenistan, Bonn: Germany Trade & Invest, Mai 2015; International Monetary Fund: IMF Data Mapper, http://www.imf.org/external/datamapper/index.php (Zugriff: 11.12.2015).

Nicht nur diese Zahlen deuten darauf hin, dass es sich bei Turkmenistan um einen Rentierstaat handelt. Auch die weiteren erläuterten Merkmale sind deutlich ausgeprägt. Die uneingeschränkte Macht der herrschenden Elite beim Abschluss von Öl- und Gasverträgen ist ein Kennzeichen. Die Staatliche Agentur für Verwaltung und Nutzung von Kohlenwasserstoffressourcen beim Präsidenten fungiert als Schnittstelle zwischen potenziellen ausländischen Investoren und der turkmenischen Regierung. Sie ist, wie der Name bereits nahelegt, direkt dem Präsidenten unterstellt (Kap. 2.2.10.2).[40]

Die Intransparenz der Rentenflüsse sowie mangelnde Informationen über deren Verwendung sind ebenfalls ein prägendes Merkmal Turkmenistans. Es existieren

---

40 Vgl. Denison, Michael: Politics and the Energy Sector in Turkmenistan, in: Heinrich, Andreas/ Pleines, Heiko (eds.): Challenges of the Caspian Resource Boom: Domestic Elites and Policy-Making, Houndmills, Basingstoke, Hampshire: Palgrave Macmillan, 2012, S. 143-159, hier S. 154.

1.8 Die Bedeutung der Einnahmen aus dem Erdgastransport

keine verlässlichen Angaben über die Höhe erwirtschafteter Gewinne der staatlichen Öl- und Gaskonzerne Turkmenneft und Turkmengaz. Wie bereits geschildert, ist darüber hinaus nicht nachvollziehbar, in welchem Umfang die Einkünfte aus dem Öl- und Gasexport dem Staatsbudget zur Verfügung gestellt werden.[41]

Zusätzlich ist das gesamte Finanzsystem Turkmenistans undurchsichtig. Neben dem eigentlichen Staatshaushalt gibt es eine unbestätigte Anzahl von Fonds, über die in großem Umfang außerhalb des regulären Budgets Einnahmen und Ausgaben abgewickelt werden. Es wird davon ausgegangen, dass eine nicht unerhebliche Anzahl dieser Fonds vom ehemaligen Präsidenten Nijasow per Dekret gegründet worden ist. Die Fonds unterstanden seiner Kontrolle und durch diese sollen große Teile staatlicher Ausgaben gedeckt worden sein.[42] Nach Amtsantritt von Präsident Berdymuchamedow wurde deren Anzahl zwar verringert, nichtsdestotrotz blieb die Intransparenz der Finanzströme Turkmenistans erhalten, zumal sich Präsident Berdymuchamedow ähnlicher Instrumente bedient. Ein Beispiel stellt in diesem Zusammenhang der von ihm im Jahr 2008 eingerichtete Stabilitätsfonds dar. Auch dieser Fonds zeichnet sich durch mangelnde Transparenz aus und es wird angenommen, dass dieser, obwohl offiziell zur Finanzierung von Investitionsprojekten durch Haushaltsüberschüsse gegründet, für verschiedene Zwecke genutzt wird. In Kontinuität zur Verfahrensweise seines Vorgängers scheint Berdymuchamedow die alleinige Kontrolle und Übersicht über den Fonds auszuüben.[43] Die undurchsichtigen Finanzströme Turkmenistans begünstigen Nepotismus sowie Korruption und bilden die Grundlage für Rent-Seeking.[44] In den Ranglisten von Transparency International belegt Turkmenistan einen der hinteren Plätze.[45]

---

41 Vgl. Meißner, Hannes: Der „Ressourcenfluch" in Aserbaidschan und Turkmenistan und die Perspektiven von Effizienz- und Transparenzinitiativen, Berlin, Münster: LIT Verlag, 2013, S. 243.

42 Vgl. Meißner, Hannes: Der „Ressourcenfluch" in Aserbaidschan und Turkmenistan und die Perspektiven von Effizienz- und Transparenzinitiativen, Berlin, Münster: LIT Verlag, 2013, S. 243 f.; Global Witness: It's a Gas - Funny Business in the Turkmen-Ukraine Gas Trade, Washington DC: Global Witness Publishing, April 2006, S. 15 f.

43 Vgl. Stadler, Gebhard A.: Länderanalyse Turkmenistan, München: Bayerische Landesbank, September 2013, http://www.bayernlb.de/internet/media/de/internet_4/de_1/downloads_5/0100 _corporatecenter_8/5700_volkswirtschaft_research_2/laender_1/deutsch_2/laenderanalysenl_z _1/turkmenistan_2/Turkmeni0706.pdf (Zugriff 31.05.2015); Meißner, Hannes: Der „Ressourcenfluch" in Aserbaidschan und Turkmenistan und die Perspektiven von Effizienz- und Transparenzinitiativen, Berlin, Münster: LIT Verlag, 2013, S. 243 ff.

44 Zu dieser Thematik siehe Meißner, Hannes: Der „Ressourcenfluch" in Aserbaidschan und Turkmenistan und die Perspektiven von Effizienz- und Transparenzinitiativen, Berlin, Münster: LIT Verlag, 2013, S. 248-257.

45 Im Corruption Perception Index 2014 belegte Turkmenistan Rang 169 von insgesamt 174 Ländern. Vgl. Transparency International Deutschland e.V.: Corruption Perception Index 2014: Tabellarisches Ranking, 03.12.2014, http://www.transparency.de/Tabellarisches-Ranking.2574.0. html (Zugriff: 16.12.2014).

Die für Rentierstaaten charakteristische mangelnde Diversifizierung der Ökonomie ist in Turkmenistan ebenfalls erkennbar. Der Öl- und Gassektor ist mit einem Anteil von rund einem Drittel am BIP der dominierende Wirtschaftssektor Turkmenistans, für den Arbeitsmarkt allerdings von untergeordneter Bedeutung (Tab. 1).

Sektoren	Anteil am BIP 2008	Anteil am BIP 2013	Anteil an den Beschäftigten 2013
Industrie, insgesamt	50,5	48,6	12,1
.extraktive Industrie [1]	28,3	33,1	1,4
.verarbeitende Industrie	21,8	15,1	9,5
..Lebensmittelindustrie	5,2	5,8	15.000 [2]
..Ölverarbeitung	9,2	5,2	5.300 [2]
..Leichtindustrie	5,3	3,8	34.500 [2]
.Erzeugung und Verteilung von Strom, Gas und Wasser	0,5	0,4	1,2
Bauwirtschaft	10,1	16,6	9,2
Land-/Forstwirtschaft, Fischerei	10,7	9,0	42,5
Dienstleistungen	28,7	25,8	36,2
.Handel/öffentliche Versorgung	5,3	6,3	7,5
.Transport/Kommunikation	4,1	5,0	6,8

Tabelle 1: Anteil der verschiedenen Wirtschaftssektoren am BIP Turkmenistans (in %)

1) Schwerpunktsektoren: Gasindustrie und Ölförderung
2) geschätzte Anzahl der Beschäftigten in großen und mittleren Unternehmen

Quelle: Staatliches Komitee für Statistik, Aschgabat, Germany Trade & Invest; zit. nach: Strohbach, Uwe: Wirtschaftsstruktur und -chancen – Turkmenistan, Bonn: Germany Trade & Invest, 20.01.2015, S. 3.

Ferner sei an dieser Stelle erwähnt, dass im Zeitraum 2010–2013 der Anteil der Gasindustrie an der gesamten Industrieproduktion durchschnittlich 50 Prozent betrug (50,4 Prozent im Jahr 2013 bei einem Gesamtvolumen der Industrieproduktion von

1.8 Die Bedeutung der Einnahmen aus dem Erdgastransport

24,2 Mrd. US-Dollar). Der Anteil der Öl- und Gaskondensatförderung betrug im gleichen Zeitraum durchschnittlich zwölf Prozent pro Jahr.[46]
Auch bei der Betrachtung der Investitionen wird deutlich, dass die turkmenische Regierung dem Öl- und Gassektor Priorität einräumt. Während sich die Investitionen in die Ölindustrie in den vergangenen Jahren konstant auf zwei bis 2,4 Mrd. US-Dollar pro Jahr bezifferten, sind die Investitionen in den Gassektor von 602 Mio. US-Dollar im Jahr 2010 auf knapp fünf Mrd. US-Dollar im Jahr 2012 angewachsen. Nach vorläufigen Angaben für das Jahr 2013 sollen sich die Investitionen in den Gassektor auf 4,7 Mrd. US-Dollar und in den Ölsektor (Ölverarbeitung ausgenommen) auf 2,1 Mrd. US-Dollar belaufen (Tab. 2).

	2010	2011	2012	2013 [1)]
Gesamte Investitionen	10.221	12.977	16.985	18.188 [2)]
Industrieproduktion	3.693	5.192	8.361	8.400
Öl- und Gassektor	2.971	4.605	7.054	6.900
Gasindustrie inklusive Pipelinebau	602	2.211	4.991	4.700
Ölförderung inklusive Pipelinebau	2.324	2.371	2.043	2.100
Ölverarbeitung	45	23	20	100

Tabelle 2: Entwicklung der Investitionen in den Öl- und Gassektor (in Mio. US-Dollar)

1) Schätzung
2) vorläufige Angabe der offiziellen Statistik

Quelle: Staatliches Komitee für Statistik, Turkmenistan, zit. nach Strohbach, Uwe: Turkmenistan investiert in Öl- und Gasverarbeitung: Mehrere Gas- und Petrochemiekomplexe in Planung, Bonn: Germany Trade & Invest, 24.09.2014, http://www.gtai.de/GTAI/Navigation/DE/Trade/Maerkte/suche,t=turkmenistan-investiert-in-oel-und-gasverarbeitung,did=1086816.html (Zugriff: 12.07.2015).

Dementsprechend ist auch der Anteil der Investitionen in den Öl- und Gassektor an den Investitionen in die Industrieproduktion bzw. an den gesamten Investitionen gestiegen. Der Anteil der Investitionen in den Öl- und Gassektor an den gesamten Investitionen vergrößerte sich von 29 Prozent im Jahr 2010 auf über 41 Prozent in 2012, wovon allein knapp 30 Prozent auf den Gassektor entfielen (Tab. 3).

---

46 Vgl. Strohbach, Uwe: Wirtschaftsstruktur und -chancen – Turkmenistan, Bonn: Germany Trade & Invest, 20.01.2015, S. 2.

	2010	2011	2012	2013
Gesamte Investitionen	100	100	100	100
Industrieproduktion	36,1	40	49,2	46,2
Öl- und Gassektor	29,1	35,5	41,5	37,9
Gasindustrie inklusive Pipelinebau	5,9	17,0	29,4	25,8
Ölförderung inklusive Pipelinebau	22,7	18,3	12,0	11,5
Ölverarbeitung	0,4	0,2	0,1	0,5

Tabelle 3: Prozentualer Anteil der Investitionen in den Öl- und Gassektor an den gesamten Investitionen

Quelle: Eigene Darstellung auf Basis der Angaben aus Tabelle 2.

Berücksichtigt man lediglich die Investitionen in die Industrieproduktion, ergibt sich ein noch deutlicheres Bild. Diese setzten sich in den vergangenen Jahren zu über 80 Prozent aus Investitionen in den Öl- und Gassektor zusammen (Tab. 4).

	2010	2011	2012	2013
Industrieproduktion	100	100	100	100
Öl- und Gassektor	80,4	88,7	84,4	82,1
Gasindustrie inklusive Pipelinebau	16,3	42,3	59,7	56,0
Ölförderung inklusive Pipelinebau	62,9	45,7	24,4	25,0
Ölverarbeitung	1,2	0,4	0,2	1,2

Tabelle 4: Prozentualer Anteil der Investitionen in den Öl- und Gassektor an den Investitionen in die Industrieproduktion

Quelle: Eigene Darstellung auf Basis der Angaben aus Tabelle 2.

Vor diesem Hintergrund wird offensichtlich, dass eine Diversifizierung der Industrie Turkmenistans bisher noch nicht stattgefunden hat und dem Renten generierenden Öl- und Gassektor Vorrang gegenüber anderen Wirtschaftszweigen eingeräumt wird.

Wie im vorigen Abschnitt geschildert, sind die Steuereinnahmen für die Regierungen von Rentierstaaten von untergeordneter Bedeutung, da die staatlichen Ausgaben durch den kontinuierlichen Rentenfluss gedeckt werden können. Bei Betrachtung der Besteuerung in Turkmenistan fällt auf, dass die Steuersätze vergleichsweise niedrig sind.[47] Allerdings können mangels veröffentlichter Daten keine Angaben zur Höhe des Steueraufkommens in Relation zu den Einnahmen aus dem Export von Öl und Gas gemacht werden. Nichtsdestotrotz ist davon auszugehen, dass das Steuersystem darauf angelegt ist, die Bevölkerung wenig zu belasten. Die vergleichsweise niedrigen Steuersätze verschaffen der turkmenischen Regierung Legitimität gegenüber der Bevölkerung, deren Möglichkeiten der politischen Partizipation allerdings begrenzt sind.[48]

Neben den niedrigen Steuersätzen gewährt der turkmenische Staat seiner Bevölkerung verschiedene Subventionen für Waren und Dienstleistungen, die in Kontinuität des sowjetischen Wohlfahrtssystems stehen. Seit 1993 ist beispielsweise der Verbrauch von Gas, Wasser und Strom in privaten Haushalten kostenlos. Zusätzlich stellt der Staat vergünstigten Wohnraum zur Verfügung. Im Jahr 2003 entschied die turkmenische Regierung, diese Politik bis zum Jahr 2020 fortzuführen. Sicherlich dienten aus Perspektive des damaligen Präsidenten Nijasow die Vergünstigungen nicht zuletzt dem Zweck, sich als wohltätigen Staatsführer darzustellen.[49] Somit werden die Renteneinnahmen in Form von Subventionen auch zur Sicherstellung der Grundversorgung der Bevölkerung genutzt, um deren Loyalität zu gewährleisten, und dienen somit als ein Instrument der Stabilisierung und Legitimierung von Herrschaft in Turkmenistan.

Einschränkend ist hervorzuheben, dass insbesondere während der Amtszeit Nijasows der Staat seiner Verantwortung im Hinblick auf das Renten-, Bildungs- sowie Gesundheitssystem nicht gerecht wurde und diese durch massive Einschnitte der Leistungen gekennzeichnet waren, sodass sich die Lebensbedingungen der Bevölkerung insgesamt verschlechterten. Vor diesem Hintergrund weisen die gewährten Subventionen eher symbolischen Charakter auf.[50] Die Subventionspolitik wird von Prä-

---

47 Die Einkommenssteuer beträgt zehn Prozent, die Körperschaftssteuer für staatliche und ausländische Unternehmen 20 Prozent, für einheimische Privatunternehmen acht Prozent. Die Mehrwertsteuer beträgt 15 Prozent und ist damit im internationalen Vergleich ebenfalls eher niedrig. Vgl. Deloitte: International tax: Turkmenistan Highlights 2015, http://www2.deloitte.com/content/dam/Deloitte/global/Documents/Tax/dttl-tax-turkmenistanhighlights-2015.pdf (Zugriff: 12.07.2015); Meißner, Hannes: Der „Ressourcenfluch" in Aserbaidschan und Turkmenistan und die Perspektiven von Effizienz- und Transparenzinitiativen, Berlin, Münster: LIT Verlag, 2013, S. 272 f.
48 Vgl. Meißner, Hannes: Der „Ressourcenfluch" in Aserbaidschan und Turkmenistan und die Perspektiven von Effizienz- und Transparenzinitiativen, Berlin, Münster: LIT Verlag, 2013, S. 272 f.
49 Vgl. Franke-Schwenk, Anja: Providing Welfare in Post-Soviet Rentier States, in: Heinrich, Andreas/Pleines, Heiko (eds.): Challenges of the Caspian Resource Boom: Domestic Elites and Policy-Making, Houndmills, Basingstoke, Hampshire: Palgrave Macmillan, 2012, S. 246-266, hier S. 260.
50 Vgl. Franke-Schwenk, Anja: Providing Welfare in Post-Soviet Rentier States, in: Heinrich, Andreas/Pleines, Heiko (eds.): Challenges of the Caspian Resource Boom: Domestic Elites and Policy-Making, Houndmills, Basingstoke, Hampshire: Palgrave Macmillan, 2012, S. 246-266, hier S. 261 ff; Meißner, Hannes: Der „Ressourcenfluch" in Aserbaidschan und Turkmenistan und die Perspektiven von Effizienz- und Transparenzinitiativen, Berlin, Münster: LIT Verlag, 2013, S. 258 ff, S.267

sident Berdymuchamedow fortgeführt, allerdings sind hier bereits erste Einschnitte zu verzeichnen.[51] Außerdem wurden Reformen zur Verbesserung des Renten- und Bildungssystems sowie der Gesundheitsversorgung angekündigt und erste Maßnahmen bereits umgesetzt. Inwieweit umfangreiche Reformen in diesen Bereichen durchgeführt werden, ist allerdings offen.[52]

Die Sozialpolitik und die Aufrechterhaltung staatlicher Wohlfahrt wurden also vernachlässigt und fielen der Herrschaft Nijasows zum Opfer. Folglich wird das Instrument der Bereitstellung materieller und immaterieller Güter zur Legitimierung von Herrschaft und Wahrung politischer Machtverhältnise nur begrenzt angewendet. Stattdessen wurden nach innen ausgerichtete Sicherheitsstrukturen geschaffen (Präsident Nijasow hat darauf verzichtet, umfangreiche Ausgaben in das Militär zu tätigen), die zur Herrschaftssicherung beitragen. Zwar lässt sich nicht nachvollziehen, in welchem Umfang die Exporteinkünfte für den Unterhalt und ggf. Ausbau des Sicherheitsapparates genutzt werden, allerdings scheint nach Meißner sicher zu sein, dass diese dessen finanzielle Basis darstellen und den Bezug von notwendiger Ausrüstung aus dem Ausland ermöglichen.[53]

Die Ausführungen haben verdeutlicht, dass Turkmenistan durchaus als Rentierstaat zu klassifizieren ist. Zwar können einige Nachweise aufgrund mangelnder Daten nicht geführt werden und auch die Vernachlässigung des Renten-, Bildungs- und Gesundheitssystems widerspricht der Funktionsweise von Rentierstaaten, dennoch konnten anhand der Theorie Teile der politischen sowie ökonomischen Strukturen Turkmenistans erläutert werden, die wiederum Rückschlüsse auf die staatliche Verfasstheit des Landes zulassen.

---

51 Im September 2013 wurde das Kontingent des kostenlos zur Verfügung gestellten Stroms von 35 kWh auf 25 kWh pro Einwohner und Monat gekürzt. Die kostenlose Bereitstellung von Benzin (120 l pro Monat und Pkw) wurde abgeschafft, die Subventionierung des Gasverbrauchs jedoch beibehalten: Es stehen jedem Einwohner pro Monat 50 m³ unentgeltlich zur Verfügung, der Verbrauch zusätzlicher Volumen wird mit 20 Manat (ca. sieben Dollar) pro 1.000 m³ berechnet. Vgl. Kim, Alexander: Turkmenistan considers eliminating generous energy and utilities subsidies for citizens, in: Eurasia Daily Monitor, Volume 12, Issue 176, 30.9.2015, http://www.jamestown.org/programs/edm/single/?tx_ttnews[tt_news]=44433&cHash=006094b b93fb4b05dd28cc7ec60cea5e#.Vm7Vpb9jGkk (Zugriff: 12.12.2015).

52 Vgl. Franke-Schwenk, Anja: Providing Welfare in Post-Soviet Rentier States, in: Heinrich, Andreas/ Pleines, Heiko (eds.): Challenges of the Caspian Resource Boom: Domestic Elites and Policy-Making, Houndmills, Basingstoke, Hampshire: Palgrave Macmillan, 2012, S. 246-266, hier S. 263 f.; Meißner, Hannes: Der „Ressourcenfluch" in Aserbaidschan und Turkmenistan und die Perspektiven von Effizienz- und Transparenzinitiativen, Berlin; Münster: LIT Verlag, 2013, S. 258 ff., S. 259.

53 Vgl. Meißner, Hannes: Der „Ressourcenfluch" in Aserbaidschan und Turkmenistan und die Perspektiven von Effizienz- und Transparenzinitiativen, Berlin; Münster: LIT Verlag, 2013, S. 206 f. und 276-278.

Die Abhandlungen zur Rentierstaatlichkeit Turkmenistans werden im folgenden Abschnitt mit einigen Überlegungen zur Energiesicherheit von Produzentenstaaten ergänzt, wodurch die Motive der turkmenischen Regierung in Bezug auf die Realisierung der jeweiligen Pipelineprojekte veranschaulicht werden sollen.

1.9 Energiesicherheit aus der Perspektive des Produzentenstaates Turkmenistan

1.9.1 Einleitende Bemerkungen zum Begriff Energiesicherheit

Fragen der Energiesicherheit sind seit über 100 Jahren Bestandteil von Energiepolitik. Während der Weltkriege des vergangenen Jahrhunderts hatte der Begriff zunächst vor allem eine sicherheitspolitische Konnotation und meinte insbesondere die Verfügbarkeit von Energie, bzw. konkret Erdöl.[54] Vor dem Hintergrund der Ölkrisen der 1970er-Jahre bzw. dem damit verbundenen drastischen Preisanstieg von Rohöl erhielt das Konzept der Energiesicherheit eine weitere Dimension. Neben der Verfügbarkeit beinhaltet der Begriff seither die Bezahlbarkeit von Energie,[55] wie sich aus der nach wie vor gebräuchlichen Definition der IEA ablesen lässt. Danach meint Energiesicherheit „the uninterrupted availability of energy sources at an affordable price"[56].

Aufgrund des Klimawandels bzw. der globalen Erderwärmung, die anerkanntermaßen auf die gesteigerte Verbrennung von fossilen Energierohstoffen zurückführen ist, schließt Energiesicherheit inzwischen auch zunehmend den Aspekt der Nachhaltigkeit der Energieversorgung mit ein,[57] wie anhand der gegenwärtig häufig zitierten Definition des *Asia Pacific Energy Research Centers* deutlich wird. Energiesicherheit wird hier definiert als: „Ability of an economy to guarantee the ability of energy resource supply in a sustainable manner with the energy price being at a level that

---

54 Vgl. Energy Charter Secretariat: International Energy Security: Common Concept for Energy Producing, Consuming and Transit Countries, Energy Charter Secretariat, March 2015, S. 6; siehe dazu auch: Yergin, Daniel: Der Preis: Die Jagd nach Öl, Geld und Macht, Frankfurt am Main: Fischer Taschenbuch Verlag, 1993.
55 Vgl. Energy Charter Secretariat: International Energy Security: Common Concept for Energy Producing, Consuming and Transit Countries, Energy Charter Secretariat, March 2015, S. 6 und 10.
56 Vgl. International Energy Agency: What is energy security? In: http://www.iea.org/topics/energysecurity/subtopics/whatisenergysecurity/ (Zugriff: 09.08.2015).
57 Vgl. Energy Charter Secretariat: International Energy Security: Common Concept for Energy Producing, Consuming and Transit Countries, Energy Charter Secretariat, March 2015, S. 10.

will not adversely affect the economic performance of the economy, spread across the four As of availability, accessibility, acceptability, and affordability."[58]

Eine einheitliche Konzeptualisierung besteht allerdings nicht und häufig wird in diesem Zusammenhang kritisiert, dass die gebräuchlichen Definitionen entweder zu eng verfasst sind, um den verschiedenen Dimensionen von Energiesicherheit gerecht zu werden, oder zu allgemein formuliert werden, sodass diese keine Aussagekraft besitzen,[59] was wiederum seinen Ausdruck in einer Vielzahl von verschiedenen Definitionen des Begriffes Energiesicherheit findet.[60]

Diese stimmen jedoch in dem Punkt überein, dass Energiesicherheit meistens aus der Perspektive von Verbraucher- bzw. Importländern definiert wird und folglich in der Regel Energieversorgungssicherheit gemeint ist. Auch in der überwiegenden Zahl der Publikationen zum Thema Energiesicherheit wird die Perspektive der Verbraucherländer eingenommen, während die Interessen der Energie exportierenden Länder bzw. die Nachfragesicherheit vergleichsweise kaum thematisiert werden.[61] Yergin versteht beispielsweise unter Nachfragesicherheit stabile Handelsbeziehungen mit den Abnehmern, die durch den Bezug von Energierohstoffen oftmals einen signifikanten Beitrag zum Einkommen von Produzentenstaaten leisten. Die Ausführungen von Dannreuther zielen in eine ähnliche Richtung und für ihn besteht die Nachfragesicherheit in stabilen und sicheren Einnahmen zur Entwicklung.[62] Daraus lässt sich in Anlehnung an bereits bestehende Definitionen von Energiesicherheit eine Begriffsbestimmung ableiten, wonach diese für Energie exportierende Länder fortwährende stabile Energieexporte zu angemessenen Preisen meint, die nicht nur neue Investitionen in den Energiesektor, sondern auch die allgemeine wirtschaftliche Entwicklung sicherstellen.[63]

---

58   Vgl. Sovacool, Benjamin K.: Introduction: Defining, measuring, and exploring energy security, in: Sovacool, Benjamin K (ed.): The Routledge Handbook of Energy Security, London, New York: Routledge, 2011, S. 1-42, hier S. 3.
59   Vgl. Energy Charter Secretariat: International Energy Security: Common Concept for Energy Producing, Consuming and Transit Countries, Energy Charter Secretariat, March 2015, S. 10.
60   Für 45 verschiedene Definitionen von Energiesicherheit siehe: Sovacool, Benjamin K.: Introduction: Defining, measuring, and exploring energy security, in: Sovacool, Benjamin K. (ed.): The Routledge Handbook of Energy Security, London, New York: Routledge, 2011, S. 1-42, hier S. 3-6.
61   Vgl. Romanova, Tatiana: Energy demand: security for suppliers?, in: Dyer, Hugh/Trombetta, Maria Julia (eds.): International Handbook of Energy Security, Cheltenham: Edward Elger Publishing, 2013, S. 239-257, hier S. 239; Energy Charter Secretariat: International Energy Security: Common Concept for Energy Producing, Consuming and Transit Countries, Energy Charter Secretariat, March 2015, S. 13.
62   Vgl. Energy Charter Secretariat: International Energy Security: Common Concept for Energy Producing, Consuming and Transit Countries, Energy Charter Secretariat, March 2015, S. 10.
63   Vgl. Energy Charter Secretariat: International Energy Security: Common Concept for Energy Producing, Consuming and Transit Countries, Energy Charter Secretariat, March 2015, S. 13.

1.9.2 Energiesicherheit aus Perspektive von Produzentenstaaten

Grundsätzlich ist festzuhalten, dass sich Produzentenstaaten in ihren Ausgangsbedingungen unterscheiden, woraus sich jeweils verschiedene Prioritätensetzungen ableiten lassen. Zu nennen sind dabei Faktoren wie beispielsweise der Grad der Integration (oder auch angestrebte Integration) in die westliche Welt, die Abhängigkeit von Öl- und Gaseinnahmen sowie die Fähigkeit, den globalen Markt beliefern zu können.[64]

Dabei bedeutet der Begriff „Energiesicherheit" aus Sicht von Produzentenstaaten vor allem die Gewährleistung fortwährender Nachfragesicherheit, die sich insbesondere durch die Stabilität des Preises und des Verbrauchs auszeichnet. Sowohl sehr niedrige als auch sehr hohe Preise sind nicht im Interesse von Exportländern. Bei sehr niedrigen Preisen sinken die Einnahmen und die Bereitschaft von Exportländern, in neue Produktions- und Exportkapazitäten zu investieren. Extrem hohe Preise können hingegen dazu führen, dass sich die Abnehmer verstärkt um Alternativen bemühen, wie beispielsweise den vermehrten Einsatz von erneuerbaren Energien, und Maßnahmen zur Verbesserung der Energieeffizienz ergreifen, was wiederum zeitverzögert zu einer geringeren Nachfrage, niedrigeren Preisen und entsprechenden Einnahmeverlusten führen kann.[65]

---

64 Vgl. Romanova, Tatiana: Energy demand: security for suppliers?, in: Dyer, Hugh/Trombetta, Maria Julia (eds.): International Handbook of Energy Security, Cheltenham: Edward Elger Publishing, 2013, S. 239-257, hier S. 245 f.

65 Derartige Schwankungen der Versorgungssituation auf den Rohstoffmärkten, verursacht durch Wechselwirkungen von physischer Verfügbarkeit, entsprechender Preisentwicklung und Investitionsumfang, werden auch als „Schweinezyklus" bezeichnet. So benötigen z. B. Projekte im Öl- und Gassektor in der Regel vergleichsweise lange Vorlaufzeiten bis zur Implementierung, da die Erschließung von Lagerstätten und ggf. der Bau notwendiger Transportinfrastruktur (Pipelines) viel Zeit in Anspruch nimmt. In Zeiten niedriger Öl- und Gaspreise, versursacht durch mangelnde Nachfrage, bestehen für Produzentenstaaten keine Anreize, in die Produktion zu investieren, sodass sich die Produktionskapazitäten mit der Zeit verringern, was wiederum Auswirkungen auf die Versorgungssituation hat, sofern die Nachfrage stabil bleibt oder steigt. Denn nähert sich die Nachfrage dem Angebot an, steigt der Preis, was dazu führt, dass sowohl Verbraucher- als auch Produzentenländer tätig werden. Bei hohen Preisen unternehmen die Verbraucherländer Schritte, um die Nachfrage zu drosseln, etwa durch vermehrten Einsatz erneuerbarer Energien oder Energieeffizienzmaßnahmen, was mit einer zeitlichen Verzögerung zu einer Verringerung der Öl- oder Gasnachfrage führt. Gleichzeitig investieren die Produzentenländer angesichts des hohen Preisniveaus wieder in die Produktion, was ebenfalls zeitverzögert steigende Produktionskapazitäten zur Folge hat. Zusammengenommen führen beide Entwicklungen zu Überkapazitäten bzw. zu einem Überangebot, sodass der Preis fällt und der beschriebene Zyklus von Neuem beginnt. Vgl. Peters, Susanne/Westphal, Kirsten: Global energy supply: scale perception and the return to geopolitics, in: Dyer, Hugh/Trombetta, Maria Julia (eds.): International Handbook of Energy Security, Cheltenham; Northampton: Edward Elger, 2013, S. 92-113, hier S. 96; IEA: World Energy Outlook 2010, Paris: OECD/IEA, 2010, S. 140 f.; Romanova, Tatiana: Energy demand: security for suppliers?, in: Dyer, Hugh/Trombetta, Maria Julia (eds.): International Handbook of Energy Security, Cheltenham; Northampton: Edward Elger, 2013, S. 239-257, hier S. 246 f.

Ferner können für Energieexporteure weitere Aspekte, wie Fragen der Besteuerung, der Regulierung und des Wettbewerbsrechts auf den Zielmärkten, von Bedeutung sein.[66] Diese sind aufgrund der Exportpolitik Turkmenistans jedoch für diese Analyse zu vernachlässigen.[67]

1.9.3 Instrumente zur Gewährleistung von Energiesicherheit

Zur Gewährleistung von Energiesicherheit nutzen Produzentenstaaten verschiedene Instrumente. Für Gas exportierende Länder ist insbesondere die Ausgestaltung des Vertragswerks von erheblicher Bedeutung. Gas wird überwiegend mittels langfristiger Lieferverträge (20 Jahre) mit Take-or-Pay-Klauseln gehandelt. Durch die Take-or-Pay-Klausel ist der Käufer verpflichtet, eine Mindestmenge (z. B. 80 Prozent) des vertraglich vereinbarten jährlichen Liefervolumens abzunehmen bzw. zu bezahlen, auch wenn dieser das Gas nicht notwendigerweise benötigt. Diese Vertragsform garantiert dem Produzenten bzw. dem Exporteur kontinuierliche Einnahmen und dient als Absicherung, denn schließlich müssen in der Regel, bevor die tatsächlich vereinbarten Liefervolumen physisch exportiert werden, umfangreiche Summen in die Erschließung der für den Export vorgesehenen Lagerstätte, in die Produktion und ggf. in die Transportinfrastruktur investiert werden. Vor diesem Hintergrund dienen diese Verträge auch nicht zuletzt als Sicherheit für Kredite zur Erschließung neuer Felder und zum Bau von Pipelines sowie anderer Infrastruktur (Kap. 4.1).[68] Seit einigen Jahren gewinnt allerdings auf dem europäischen Gasmarkt der Gashandel auf den Spotmärkten an Bedeutung, da das Angebot höher als die Nachfrage ist. Dies ist für die Exporteure mit neuen Herausforderungen verbunden (Kap. 4.4.11).

Neben der Ausgestaltung des Vertragswerkes ist Diversifizierung ein wesentliches Instrument, was folgende Dimensionen beinhaltet:

---

66 Vgl. Romanova, Tatiana: Energy demand: security for suppliers?, in: Dyer, Hugh/Trombetta, Maria Julia (eds.): International Handbook of Energy Security, Cheltenham; Northampton: Edward Elger, 2013, S. 239-257, hier S. 248.
67 Die Exportpolitik der turkmenischen Regierung hat zur Grundbedingung, dass das zu exportierende Erdgas vom Käufer an der Landesgrenze abgenommen werden muss. Zusätzlich partizipiert Turkmenistan nicht an Pipelineprojekten außerhalb der Landesgrenzen und strebt folglich keine Beteiligung an der Versorgung der Endverbraucher an (Kap. 2.2.10.3).
68 Vgl. Romanova, Tatiana: Energy demand: security for suppliers?, in: Dyer, Hugh/Trombetta, Maria Julia (eds.): International Handbook of Energy Security, Cheltenham; Northampton: Edward Elger, 2013, S. 239-257, hier S. 251.

1.9 Energiesicherheit aus der Perspektive des Produzentenstaates Turkmenistan

- die Diversifizierung der Absatzmärkte;
- die Diversifizierung der Exportrouten;
- die Diversifizierung der Energieproduktion;
- die Diversifizierung der Binnenökonomie durch Weiterverarbeitung des Rohstoffes im Land, wie beispielsweise die Produktion von petrochemischen Produkten zur Steigerung der Wertschöpfung.[69]

Die einleitenden Ausführungen haben bereits verdeutlicht, dass sich die vorliegende Untersuchung auf die Diversifizierung der Exportrouten und der Absatzmärkte für Erdgas fokussiert. Die Diversifizierung der Energieproduktion Turkmenistans ist in diesem Zusammenhang nicht relevant. Die turkmenischen konventionellen Erdölreserven sind mit 178 Mio. t sehr begrenzt (Tab. 5).[70] Grundsätzlich verfügt das Land zwar auch über Potenziale zur Nutzung von erneuerbaren Energien, konkrete Vorhaben der turkmenischen Regierung zu deren Ausschöpfung sind allerdings nicht bekannt.[71] Für die Weiterverarbeitung von Erdgas zur Diversifizierung der Binnenökonomie sind mehrere Projekte geplant, die allerdings noch nicht realisiert worden sind (Tab. 10).

Weitere von Produzentenstaaten eingesetzte Instrumente, die jedoch von Turkmenistan nicht angewendet werden, sind die Kontrolle von Transportrouten[72], die Einflussnahme auf die Ausgestaltung rechtlicher Rahmenbedingungen auf

---

69 Vgl. Romanova, Tatiana: Energy demand: security for suppliers?, in: Dyer, Hugh/Trombetta, Maria Julia (eds.): International Handbook of Energy Security, Cheltenham: Edward Elger Publishing, 2013, S. 239-257, hier S. 252 f.; Energy Charter Secretariat: International Energy Security: Common Concept for Energy Producing, Consuming and Transit Countries, Energy Charter Secretariat, March 2015, S. 21.
70 Die Erdölförderung betrug 11,8 Mio. t im Jahr 2014, der Verbrauch bezifferte sich auf 6,4 Mio t, so dass lediglich geringe Kapazitäten für den Export zur Verfügung stehen. Vgl. BP Statistical Review of World Energy 2015.
71 Vgl. Nabiyeva, Komila: Renewable Energy and Energy Efficiency in Central Asia: Prospects for German Engagement. Marion Dönhoff Working Paper, Greifswald: Michael Succow Stiftung zum Schutz der Natur, May 2015, S. 5 und 9.
72 Die Kontrolle von Transportrouten ist insbesondere für den pipelinegebundenen Transport von Erdgas von Bedeutung. Beispielsweise verweigert Russland anderen Akteuren die Nutzung seines Pipelinesystems (Third-Party-Access), was auch den Transit von turkmenischem Erdgas nach Europa beinhaltet. Vgl. Romanova, Tatiana: Energy demand: security for suppliers?, in: Dyer, Hugh/Trombetta, Maria Julia (eds.): International Handbook of Energy Security, Cheltenham; Northampton: Edward Elger, 2013, S. 239-257, hier S. 251; Peters, Susanne/Westphal, Kirsten: Global energy supply: scale perception and the return to geopolitics, in: Dyer, Hugh/Trombetta, Maria Julia (eds.): International Handbook of Energy Security, Cheltenham; Northampton: Edward Elger, 2013, S. 92-113, hier S. 106 f.

den Zielmärkten sowie der Aufbau bzw. Bereitstellung von Speicher- und flexiblen Produktionskapazitäten[73]. Zusammengefasst ist also festzuhalten, dass es sich bei Turkmenistan um einen Rentierstaat handelt, dessen Einnahmen durch den Export von Erdgas (und, wenn auch in deutlich geringerem Umfang, Erdöl) generiert werden. Diese Einnahmen sind für die Erfüllung staatlicher Aufgaben von wesentlicher Bedeutung, sodass deren Wegfall bzw. deren deutliche Verringerung über einen längeren Zeitraum eine Gefährdung für die Aufrechterhaltung gegebener Machtstrukturen darstellen würde. Die Einnahmen aus dem Erdgasexport sind im Wesentlichen vom Umfang der realisierten Exportvolumen und deren jeweiligen Preise abhängig. Dadurch wird wiederum der Bezug zum Begriff Energiesicherheit aus Perspektive von Produzentenstaaten hergestellt, der fortwährende stabile Energieexporte zu angemessenen Preisen meint. Vor dem Hintergrund der Ausführungen zur Rentierstaatlichkeit ist die Gewährleistung von Energiesicherheit aus der Perspektive der turkmenischen Regierung also eng mit der Frage des Machterhaltes verknüpft. Ein wesentliches Instrument zur Gewährleistung von Energiesicherheit besteht in der Diversifizierung der Absatzmärkte und der Exportinfrastruktur. Dadurch wiederum wird der Bezug zu Hypothese 2 hergestellt, die von der Annahme ausgeht, dass die turkmenische Regierung ihre Anstrengungen zur Realisierung von Pipelineprojekten zum Transport von Erdgas in die Türkei und nach Europa verstärkt, wenn die Generierung von Einnahmen aus dem Erdgashandel im postsowjetischen Raum mit Schwierigkeiten verbunden ist – bzw. diese wieder reduziert, wenn ausreichend Einnahmen erzielt werden können. Auf diese Thematik wird detailliert in Kapitel 3 und 4 eingegangen.

Wie in Hypothese 1 dargelegt, wird ferner davon ausgegangen, dass geopolitische Interessen ebenfalls von maßgeblicher Bedeutung für die Realisierung von Pipelineprojekten zum Export von turkmenischem Erdgas in die Türkei und nach Europa sind. Daher widmen sich die folgenden Ausführungen den geopolitischen Rahmenbedingungen.

---

73 Vgl. Romanova, Tatiana: Energy demand: security for suppliers?, in: Dyer, Hugh/Trombetta, Maria Julia (eds.): International Handbook of Energy Security, Cheltenham; Northampton: Edward Elger, 2013, S. 239-257, hier S. 250 ff.

1.10 Die geopolitische Situation in der Kaspischen Region

1.10.1 Einleitende Bemerkungen zur geopolitischen Bedeutung der Kaspischen Region

In den verschiedenen Publikationen zur Energie- und Sicherheitspolitik in der Kaspischen Region werden häufig geopolitische Betrachtungsweisen gewählt[74], um die Interessen und das Handeln staatlicher Akteure zu analysieren.[75] Dort treffen rivalisierende Interessen von Regional-, Hegemonial- sowie Großmächten aufeinander und das Ringen um Einfluss und Zugang zu deren umfangreichen Energierohstoffen prägen bis in die Gegenwart diesen geografischen Raum.[76]

Geopolitische Betrachtungsweisen haben durchaus in die Konzeption russischer und US-Außenpolitik in Bezug auf die Kaspische Region Eingang gefunden.[77] Exemplarisch stehen hierfür die strategischen Überlegungen Brzezinskis zur US-

---

74 Der Geograf Friedrich Ratzel gilt gemeinhin als Begründer der Geopolitik. Er sieht den Staat als Organismus, der nach Lebensraum strebt und dessen Lebensfähigkeit sich durch Größe und Ressourcen definiert. Der Begriff Geopolitik wurde erstmals von dem schwedischen Wissenschaftler Rudolf Kjellén verwendet. Er folgt der biologischen Perspektive Ratzels und versteht unter Geopolitik „die Lehre über den Staat als geographischem Organismus oder als Erscheinung im Raum" (Kjellén, Rudolf: Der Staat als Lebensform, Leipzig 1917, S. 46, zit. nach Hoffmann, Nils: Renaissance der Geopolitik? Die deutsche Sicherheitspolitik nach dem kalten Krieg, Wiesbaden: Springer VS, 2012, S. 30). Vgl. Hoffmann, Nils: Renaissance der Geopolitik? Die deutsche Sicherheitspolitik nach dem kalten Krieg, Wiesbaden: Springer VS, 2012, S. 28 ff.

75 Siehe z. B. Dekmejian, R. Hrair/Simonian, Hovann H.: Troubled Waters: The Geopolitics of the Caspian Sea Region, London: I.B. Tauris, 2001, Laruelle, Marlene/Peyrouse, Sebastien: Globalizing Central Asia: Geopolitics and the Challenge of Economic Development, Armonk N.Y.: M.E. Sharpe, 2013, Amineh, Mehdi Parvizi: Towards the Control of Oil Resources in the Caspian Region, Münster: LIT Verlag, 1999; Croissant, Michael P./Aras, Bülent (eds.): Oil and Geopolitics in the Caspian Sea Region, Westport, CT: Praeger, 1999; Smith Stegen, Karen/Kusznir, Julia: Outcomes and strategies in the 'New Great Game': China and the Caspian states emerge as winners, in: Journal of Eurasian Studies 6 (2015), S. 91-106.

76 Bezugnehmend auf die Rivalitäten zwischen dem russischen Zarenreich und Großbritannien um Einfluss in Zentralasien im 19. Jahrhundert ist in diesem Zusammenhang nicht selten von einer Neuauflage des *Great Games* die Rede. Siehe z. B.: The Economist Intelligence Unit: The Great Game for gas in the Caspian: Europe opens the southern corridor, London: Economist Intelligence Unit, 2013; Smith Stegen, Karen/Kusznir, Julia: Outcomes and strategies in the 'New Great Game': China and the Caspian states emerge as winners, in: Journal of Eurasian Studies 6 (2015), S. 91-106; Dekmejian, R. Hrair/Simonian, Hovann H.: Troubled Waters: The Geopolitics of the Caspian Sea Region, London: I.B. Tauris, 2001; Kleveman, Lutz: Der Kampf um das heilige Feuer: Wettlauf der Weltmächte am Kaspischen Meer, Berlin: Rohwolt, 2002.

77 Vgl. Jonson, Lena: The new geopolitical situation in the Caspian region, in: Chufrin, Gennady (ed.): The Security of the Caspian Sea Region, Oxford: Oxford University Press, 2001, S. 11-32, hier S. 18.

Außenpolitik im Kaspischen Raum, die von geopolitischen Vordenkern, wie Mackinder und Spykman, beeinflusst sind.[78]
Grundsätzlich wird in vorliegender Dissertation die Orientierung an einer geopolitischen Betrachtungsweise verfolgt, um die Rahmenbedingungen zu veranschau-

---

78 1904 wurde der von Halford Mackinder verfasste Artikel *The Geographical Pivot of History* veröffentlicht, der die von ihm entwickelte *Heartland*-Theorie enthält. Danach bildet das *Heartland* bzw. von Mackinder betitelte *Pivot Area* den Kern der Landmasse Eurasiens, welches sich vom für die Schifffahrt unzugänglichen Arktischen Ozean bis zur Kaspischen Region erstreckt. Dieses ist von einer inneren (*inner or marginal crescent*) und einer äußeren (*outer or insular crescent*) sichelförmigen Anordnung von Staaten umgeben. Da das *Pivot Area* über umfangreiche Ressourcen verfügt und nicht durch eine Seemacht kontrolliert werden kann, ist es für Mackinder von wesentlicher weltpolitischer Bedeutung. Die Herrschaft über das *Heartland* könnte nach seiner Auffassung die Beherrschung des *inner or marginal crescent* und damit den Zugang zu den Weltmeeren ermöglichen. Vor diesem Hintergrund sieht er das Heranwachsen einer Landmacht, die das Kernland beherrscht, als mögliche Bedrohung der Vorherrschaft einer Seemacht an. Sollte es demnach einer Landmacht oder einer Koalition von Landmächten gelingen, sowohl das Kernland als auch einen Zugang zu den Weltmeeren zu kontrollieren, könnte dies das Ende der globalen Vormachtstellung einer Seemacht bedeuten. Letztendlich ermöglicht also die Herrschaft über das *Pivot Area* nach Auffassung Mackinders den Aufstieg zur Weltmacht. In seinen späteren Publikationen brachte er diese These auf die bekannte und prägnante Formel: "Who rules East Europe commands the Heartland: Who rules the Heartland commands the World Island: Who rules the World Island commands the World." (Vgl. Mackinder, Halford John: Democratic Ideals and Reality: A Study in the Politics of Reconstruction, London: Constable and Company Ltd.: 1919, S. 194).
Die Überlegungen Mackinders wurden vom US-Politikwissenschaftler Nicholas Spykman in dessen geostrategischem Konzept aufgegriffen. Sein bedeutendstes Werk, *The Geography of Peace,* wurde 1944 posthum (Spykman verstarb bereits 1943) veröffentlicht. Spykmans Verständnis von Geopolitik ist von sicherheitspolitischen Erwägungen geprägt. Er versteht unter Geopolitik "planning of the security of a country in terms of its geographic factors" (vgl. Spykman, Nicholas John: The Geography of the Peace, New York, 1944, S. 5, zit. nach Hoffmann, Nils: Renaissance der Geopolitik? Die deutsche Sicherheitspolitik nach dem kalten Krieg, Wiesbaden: Springer VS, 2012, S. 36). Im Gegensatz zu Mackinder ist für Spykman allerdings nicht die Kontrolle des *Pivot Areas,* sondern die Randzone Eurasiens, das von ihm betitelte *Rimland,* welches Europa, den mittleren Osten, die Kaspische Region, Indien, China sowie Ostasien umfasst, von zentraler Bedeutung. Folglich besteht aus seiner Sicht die Priorität darin, einen fortwährenden politischen Pluralismus im *Rimland* zu gewährleisten.
Die geopolitischen Konzepte Mackinders und Spykmans finden sich in den strategischen Überlegungen zur US-Außenpolitik Brzezinskis wieder, wobei zwar auf die Ausführungen Mackinders zurückgegriffen wird, Spykman jedoch keine Erwähnung findet. Auch für Brzezinski sind die (postsowjetischen) Randzonen Eurasiens von zentraler geopolitischer Bedeutung und er sieht in der Aufrechterhaltung des eurasischen geopolitischen Pluralismus ein wesentliches Element, um zu verhindern, dass sich eine gegen die USA gerichtete Koalition bildet bzw. ein Rivale der USA entsteht. Vgl. Mackinder, Halford John: The Geographical Pivot of History, in: The Geographical Journal 23 (4), 1904, S. 421-437; Hoffmann, Nils: Renaissance der Geopolitik? Die deutsche Sicherheitspolitik nach dem kalten Krieg, Wiesbaden: Springer VS, 2012, S. 35 ff.; Feiner, Sabine: Weltordnung durch US-Leadership? Die Konzeption Zbigniew K. Brzezinskis, Wiesbaden: Westdeutscher Verlag, 2000, S. 176 ff. und 203; Brzezinski, Zbigniew: Die einzige Weltmacht. Amerikas Strategie der Vorherrschaft, Frankfurt am Main: Fischer Taschenbuch Verlag, 2001, S. 202 f.

lichen, innerhalb derer die Pipelineprojekte zum Transport von turkmenischem Erdgas in die Türkei und nach Europa hätten umgesetzt werden sollen. Dabei wird dem Begriffsverständnis von Boesler gefolgt, Nach diesem bezeichnet Geopolitik „einen Politikbereich, der sich mittel- oder langfristig mit räumlichen-strategischen Zielen befasst. Sehr häufig wird unter diesem Begriff die reale, auf den Raum und seine Ressourcen gerichtete Politik von Staaten und Staatengruppen verstanden, z. B. bei der Rohstoffsicherung oder bei den Seerechtsansprüchen."[79] Die Aspekte Rohstoffsicherung, in diesem Zusammenhang der Zugang zu den kaspischen Öl- und Gasreserven, und Seerechtsansprüche sind im Folgenden von zentraler Bedeutung. So gilt es, für die nachfolgende Analyse den ungelösten rechtlichen Status des Kaspischen Meeres sowie die diesbezüglichen Positionen und Interessen der jeweiligen Anrainerstaaten kurz zu erläutern, da dieser ein schwerwiegendes Hindernis für die Umsetzung von Pipelineprojekten zum Transport von turkmenischem Erdgas in die Türkei und nach Europa darstellt, wie in Kapitel 4 veranschaulicht wird.

1.10.2 Die Energiesituation in der Kaspischen Region

Die Kaspische Region befindet sich im Zentrum der sogenannten „Strategischen Ellipse". Sie bezeichnet den geografischen Raum, in dem sich über zwei Drittel der weltweit nachgewiesenen konventionellen Erdöl- und Erdgasreserven befinden,[80] und erstreckt sich vom Norden Russlands über die Kaspische Region bis zur arabischen Halbinsel (Abb. 3).

In der Kaspischen Region befinden sich zwar ergiebige Öl- und Gaslagerstätten, die gesamten Vorkommen sind im globalen Maßstab allerdings eher als moderat zu veranschlagen. Die nachgewiesenen konventionellen Ölreserven Aserbaidschans, Kasachstans, Turkmenistans und Usbekistans betragen nach Angaben der Bundesanstalt für Geowissenschaften und Rohstoffe (BGR) knapp 5,3 Mrd. t bzw. haben einen Anteil von rund drei Prozent an den globalen konventionellen Erdölreserven. Diese konzentrieren sich hauptsächlich auf Kasachstan. Die konventionellen Erdgas-

---

79 Vgl. Brill, Heinz: Geopolitik heute: Deutschlands Chance? Frankfurt/Main: Ullstein, 1994, S. 184.
80 Die in Abbildung 3 enthaltenen Zahlen beruhen auf dem Datenstand von 2008. Nach Angaben der BGR für das Jahr 2014 entfällt auf die Länder der „Strategischer Ellipse" (hier: Russland, Kasachstan, Turkmenistan, Aserbaidschan, Iran, Irak, Saudi-Arabien, Vereinigte Arabische Emirate, Kuwait, Katar) ein Anteil an den globalen konventionellen Erdölreserven von ca. 73 Prozent, an den globalen konventionellen Erdgasreserven von rund 72 Prozent. Vgl. Bundesanstalt für Geowissenschaften und Rohstoffe: Energiestudie 2015. Reserven, Ressourcen und Verfügbarkeit von Energierohstoffen, Hannover: Bundesanstalt für Geowissenschaften und Rohstoffe, 2015, S. 104, 109, 114, 119.

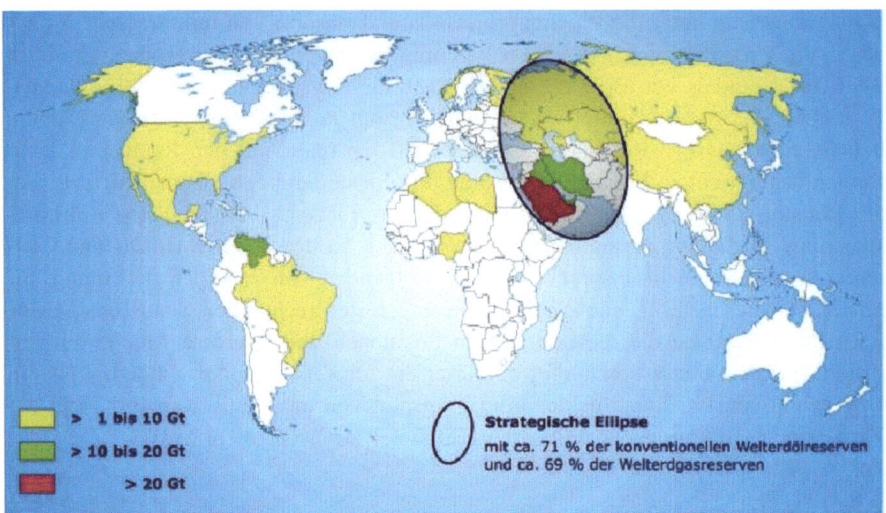

Abbildung 3: Die Strategische Ellipse

Quelle: Bundesanstalt für Geowissenschaften und Rohstoffe: Reserven, Ressourcen, Verfügbarkeit, Hannover: Bundesanstalt für Geowissenschaften und Rohstoffe, 2009, S. 253.

	Erdöl (in Mio. t)	Anteil an globalen Reserven	Erdgas (in Bill. m³)	Anteil an globalen Reserven
Aserbaidschan	952	0,6	1,166	0,6
Kasachstan	4.082	2,4	1,929	1,0
Turkmenistan	178	0,1	9,934	5,2
Usbekistan	81	0,0	1,632	0,9
Gesamt	5.293	3,1	14,661	7,7
Welt	170.899	100,0	191,055	100,0

Tabelle 5: Nachgewiesene konventionelle Öl- und Gasreserven in der Kaspischen Region (Stand 2014)

Quelle: Eigene Darstellung und Berechnung nach Angaben der Bundesanstalt für Geowissenschaften und Rohstoffe: Energiestudie 2015. Reserven, Ressourcen und Verfügbarkeit von Energierohstoffen, Hannover: Bundesanstalt für Geowissenschaften und Rohstoffe, 2015, S. 104, 109, 114, 119.

1.10 Die geopolitische Situation in der Kaspischen Region

reserven der Region werden auf über 14,6 Bill. m³ beziffert, was einem Anteil an den globalen Reserven von 7,7 Prozent entspricht. Davon entfallen allein knapp zehn Bill. m³ bzw. über fünf Prozent auf Turkmenistan (Tab. 5).

Insgesamt hat die Ölproduktion seit der Unabhängigkeit der Staaten umfangreiche Zuwächse verzeichnen können, wie aus Abbildung 4 hervorgeht. In diesem Zusammenhang ist allerdings zu betonen, dass die Produktionszuwächse hauptsächlich auf Aserbaidschan und Kasachstan entfallen. Kasachstan hat seine Ölproduktion seit 1991 auf knapp 81 Mio. t im Jahr 2014 verdreifachen können. Die Produktion Aserbaidschans steigerte sich von 11,8 Mio. t auf knapp 51 Mio. t im Jahr 2010. Seither hat sich die Produktion auf 42 Mio. t im Jahr 2014 verringert. Auch Turkmenistan konnte die Produktion von 5,4 Mio. t im Jahr 1991 auf knapp zwölf Mio. t im Jahr 2014 erhöhen, während sich die Förderung Usbekistans nach Zuwächsen in den 1990er-Jahren wieder ungefähr auf dem Niveau von 1991 befindet. Insgesamt hat sich die Produktion der vier Länder von 46,6 Mio. t auf 137,7 Mio. t erhöht. Der Anteil an der globalen Förderung betrug 1,5 Prozent im Jahr 1991 und wuchs auf 3,3 Prozent im Jahr 2014.[81]

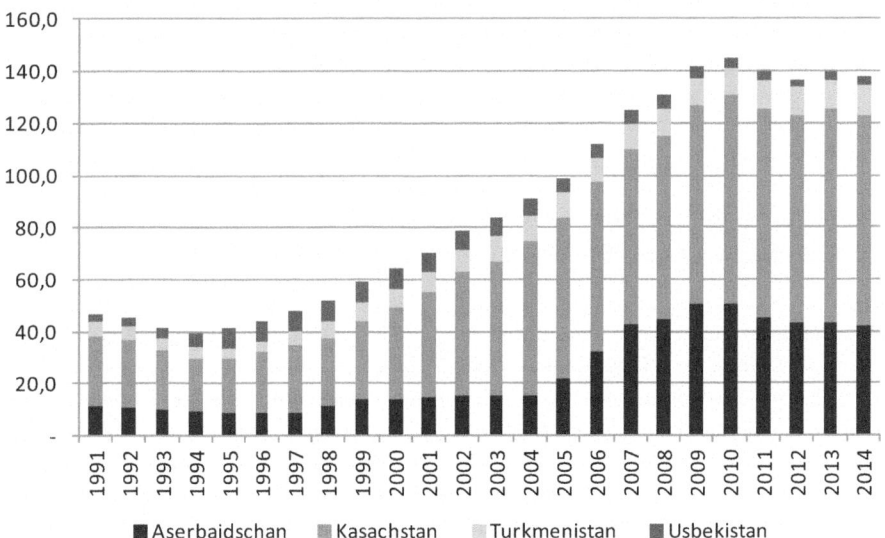

Abbildung 4: Erdölproduktion in der Kaspischen Region (in Mio. t)
Quelle: Eigene Darstellung nach BP Statistical Review of World Energy 2015.

---

81 Vgl. BP Statistical Review of World Energy 2015.

Parallel hat sich der Erdölverbrauch der vier Staaten seit deren Unabhängigkeit insgesamt verringert (Abb. 5). Dieser hatte im Jahr 1991 noch einen Umfang von 45,8 Mio. t, während sich der Verbrauch im Jahr 2014 auf insgesamt 27,1 Mio. t bezifferte.[82] Insbesondere der Verbrauch Kasachstans, aber auch Usbekistans und Aserbaidschans hat abgenommen, während sich der Bedarf Turkmenistans leicht steigerte.

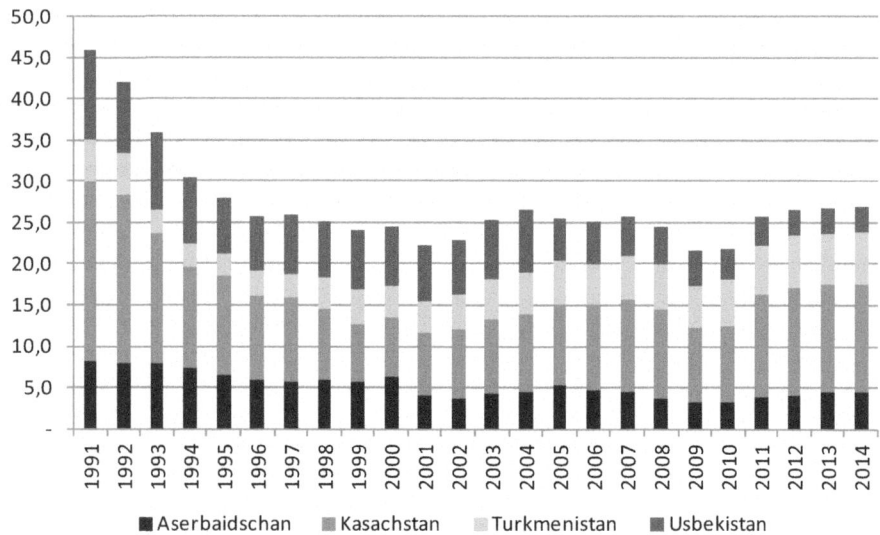

Abbildung 5: Erdölverbrauch in der Kaspischen Region (in Mio. t)
Quelle: Eigene Darstellung nach BP Statistical Review of World Energy 2015.

Aufgrund der gestiegenen Produktion bei parallel sinkendem Verbrauch haben sich die Erdölexportkapazitäten der Kaspischen Region deutlich erhöht. Insbesondere Kasachstan sowie Aserbaidschan exportieren inzwischen umfangreiche Mengen Erdöl und auch Turkmenistans Exporte sind leicht angestiegen, während sich die Produktion und der Verbrauch Usbekistans in etwa die Waage halten (Abb. 6).

Die Entwicklung der Erdgasproduktion folgte einem anderen Trend. 1991 betrug die Produktion insgesamt 129,1 Mrd. m³ und steigerte sich auf rund 162,8 Mrd. m³ im Jahr 2014 (Abb. 7). Die Produktionszuwächse entfallen auf Aserbaidschan, Kasachstan und Usbekistan, während die Förderung Turkmenistans nach starken Einbrü-

---

82 Vgl. BP Statistical Review of World Energy 2015.

1.10 Die geopolitische Situation in der Kaspischen Region

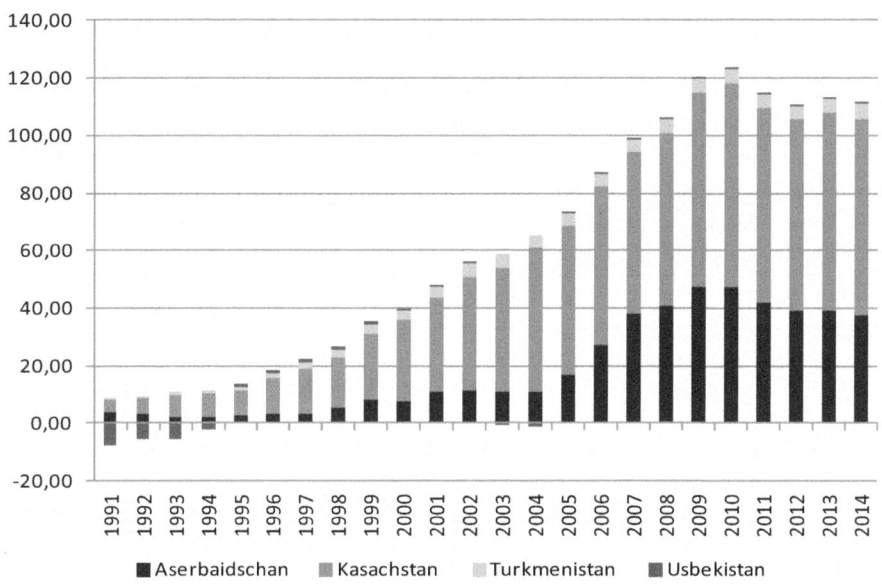

Abbildung 6: Erdölexportkapazitäten in der Kaspischen Region (in Mio. t)

Quelle: Eigene Darstellung. Ergibt sich aus der Differenz von Produktion und Verbrauch nach BP Statistical Review of World Energy 2015.

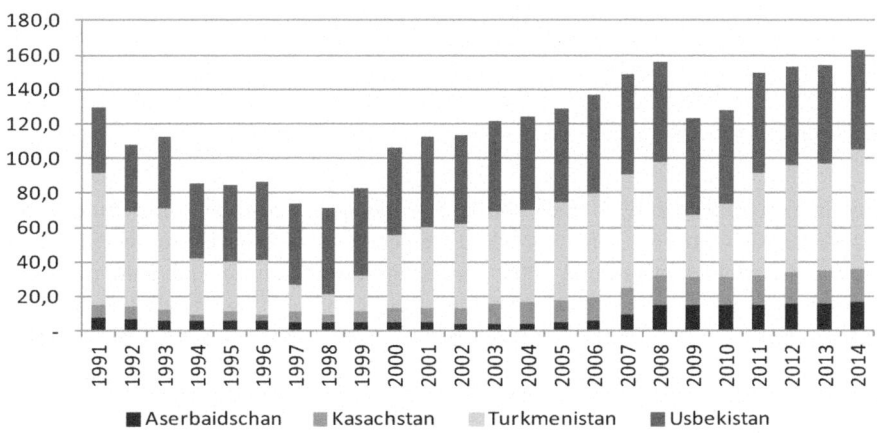

Abbildung 7: Erdgasproduktion der Kaspischen Region (in Mrd. m³)

Quelle: Eigene Darstellung nach BP Statistical Review of World Energy 2015.

chen in den 1990er-Jahren und im Jahr 2009 noch nicht wieder das Niveau von 1991 erreicht hat.[83] Der Anteil der vier Staaten an der globalen Produktion betrug 6,4 Prozent im Jahr 1991 und verringerte sich auf 4,7 Prozent im Jahr 2014.[84]

Der Erdgasverbrauch ist im Zeitraum von 1991 bis 2014 insgesamt von 72,8 Mrd. m³ auf 91,3 Mrd. m³ gestiegen.[85] Der Gasbedarf Aserbaidschans und Kasachstans liegt unter dem Niveau von 1991, sodass die Zuwächse auf Turkmenistan und Usbekistan, das Land mit dem höchsten Verbrauch (allerdings handelt es sich hier auch um das Land mit der weitaus größten Bevölkerung), entfallen (Abb. 8).

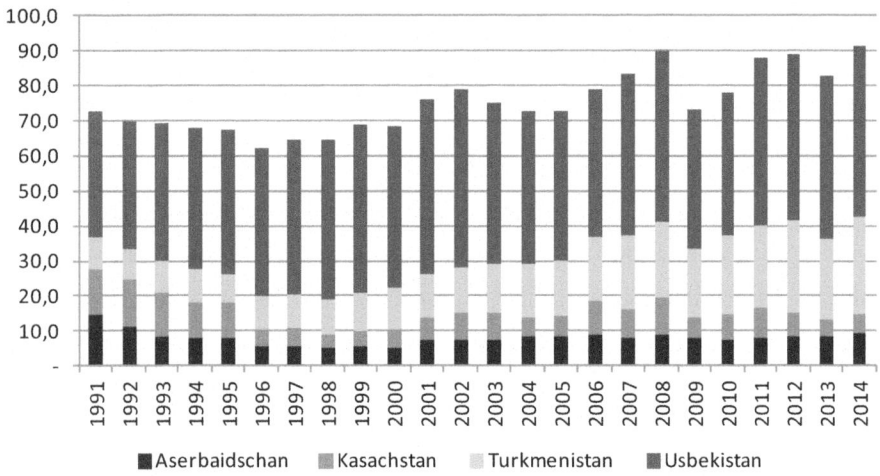

Abbildung 8: Erdgasverbrauch der Kaspischen Region (in Mrd. m³)

Quelle: Eigene Darstellung nach BP Statistical Review of World Energy 2015.

Die Gasexporte hatten 1991 einen Umfang von knapp 69 Mrd. m³, die Nettoexporte bezifferten sich auf 56,3 Mrd. m³. Diese steigerten sie sich nach deutlichem Rückgang in den 1990er-Jahren und 2009, verursacht durch massive Einbrüche der turkmenischen Exporte, auf knapp 71,4 Mrd. m³ 2014 (Abb. 9).[86] Aserbaidschan und Kasachstan wiesen zunächst eine negative Gasbilanz auf und waren folglich auf Importe

---

83 Auf die Ursachen für den deutlichen Rückgang der Produktion in den 1990er-Jahren und im Jahr 2009 wird in Kapitel 3 näher eingegangen.
84 Vgl. BP Statistical Review of World Energy 2015.
85 Vgl. BP Statistical Review of World Energy 2015.
86 Vgl. BP Statistical Review of World Energy 2015.

zur Deckung ihres Gasbedarfs angewiesen. Inzwischen handelt es sich bei beiden Staaten um Nettoexporteure; die Exporte hatten im Jahr 2014 einen Umfang von 7,3 bzw. 13,6 Mrd. m³. Parallel konnte auch Usbekistan seine Exporte steigern, während die Turkmenistans noch nicht wieder das Niveau von 1991 erreicht haben.[87]

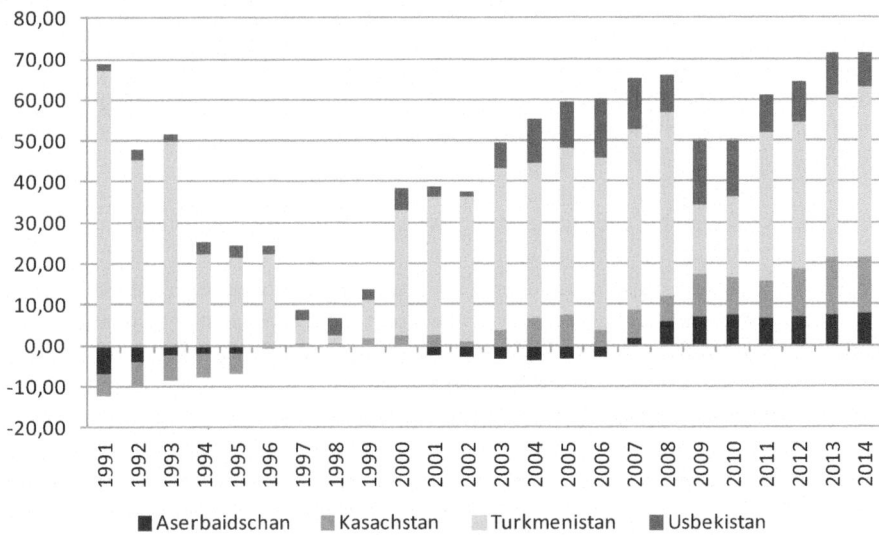

Abbildung 9: Gasexporte der Kaspischen Region (in Mrd. m³)

Quelle: Eigene Darstellung. Ergibt sich aus der Differenz von Produktion und Verbrauch nach BP Statistical Review of World Energy 2015.

Bei Betrachtung dieser statistischen Angaben wird deutlich, dass die Kaspische Region in Bezug auf die globale Energieversorgungssicherheit von nicht zu unterschätzender Bedeutung ist. Kasachstan und Aserbaidschan leisten bereits einen wesentlichen Beitrag zur Deckung des weltweiten Rohölbedarfs. Aufgrund der umfangreichen Gasreserven, insbesondere der Turkmenistans, könnte die Region zusätzlich für die Deckung der zukünftigen globalen Gasnachfrage an Bedeutung gewinnen. Die Erschließung weiterer Öl- und Gasvorkommen sowie der Transport von Energierohstoffen aus der Kaspischen Region zu den Zielmärkten wird durch den ungelösten völkerrechtlichen Status des Kaspischen Meeres eingeschränkt, wie anhand folgender Ausführungen erläutert wird.

---

87 Vgl. BP Statistical Review of World Energy 2015.

1.10.3 Der ungelöste völkerrechtliche Status des Kaspischen Meeres

Nach dem Zusammenbruch der Sowjetunion mussten auch Rechtsfragen bezüglich des Kaspischen Meeres neu verhandelt werden. Während die kaspischen Gewässer und seine Ressourcen zuvor lediglich Gegenstand von Verhandlungen zwischen Sowjetrussland bzw. der Sowjetunion und Persien bzw. dem Iran waren,[88] erhöhte sich nach dem Zerfall der UdSSR die Anzahl der Anrainerstaaten mit Russland, Aserbaidschan, Kasachstan, Turkmenistan und dem Iran auf insgesamt fünf Länder, die jeweils eigene wirtschaftliche und politische Ziele verfolgen, sodass sich die Anrainerstaaten bisher nicht auf ein verbindliches Rechtsregime einigen konnten.[89]

1.10.3.1 Völkerrechtliche Betrachtungsweisen des Kaspischen Meeres

Im Hinblick auf das Kaspische Meer wird grundsätzlich zwischen zwei rechtlichen Betrachtungsweisen unterschieden, was wiederum mit weitreichenden Konsequenzen für die Nutzungsrechte der jeweiligen Anrainerstaaten verbunden sein kann.[90]

Werden die kaspischen Gewässer als Meer definiert, gelten die Bestimmungen des internationalen Seerechts, maßgeblich die des Internationalen Seerechtsüberein-

---

[88] Die maßgeblichen Abkommen zwischen Sowjetrussland und Persien bzw. der Sowjetunion und dem Iran wurden 1921 und 1940 geschlossen. Sie beinhalteten allerdings hauptsächlich Regelungen, die den Schiffsverkehr und die Fischerei betreffen. Die Festlegung der Seegrenze wurde nie bilateral, sondern einseitig von der Sowjetunion im Jahr 1935 festgelegt und bestand in der Verlängerung der Landgrenze – was der Iran zwar nicht offiziell anerkannt hat, aber wogegen dieser auch nicht protestierte. Die Grenzlinie mit einer Länge von 432 km wurde zwischen Astara (heutiges Aserbaidschan) und Gassan-Kuly (heutiges Turkmenistan) gezogen und stellte die De-facto-Staatsgrenze zwischen dem Iran und der Sowjetunion dar (in Abb. 10 als *old USSR-Iran boundary* bezeichnet). Vgl. Kembayev, Zhenis: Die Rechtslage des Kaspischen Meeres, in: Zeitschrift für ausländisches öffentliches Recht und Völkerrecht, Vol. 68, 2008, S. 1027-1055, hier S. 1031 ff.; Brexendorff, Alexander: Rohstoffe im Kaspischen Becken: Völkerrechtliche Fragen der Förderung und des Transports von Erdöl und Erdgas, Frankfurt am Main: Peter Lang, 2006, S. 100.

[89] Die Nachfolgestaaten der UdSSR verpflichteten sich nicht zur vollständigen Übernahme der Verträge aus der Sowjetära, sondern machten diese von der Übereinstimmung mit ihren verfassungsmäßigen Organen abhängig und konnten somit ggf. selbst über eine Neuaushandlung entscheiden. In Bezug auf das Kaspische Meer war lediglich Russland bereit, die sowjetisch-iranischen Verträge anzunehmen, während die anderen Sowjet-Nachfolgestaaten deren Übernahme ablehnten. Schließlich wurden Fragen der Grenzziehung im Kaspischen Meer und der Gebietshoheit nicht ausreichend durch diese Verträge abgedeckt. Gleiches gilt für die Nutzungsrechte der Öl- und Gasvorkommen. Vgl. Kembayev, Zhenis: Die Rechtslage des Kaspischen Meeres, in: Zeitschrift für ausländisches öffentliches Recht und Völkerrecht, Vol. 68, 2008, S. 1027-1055, hier S. 1033 f.

[90] Es ist nach wie vor umstritten, ob es sich bei dem Kaspischen Meer um ein Meer oder um einen Binnensee bzw. sogenannten Grenzsee handelt. Für eine kurze Zusammenfassung der Debatte siehe Nossova, Irina: Russia's international legal claims in its adjacent seas: the realm of sea as extension of Sovereignty, Tartu: University of Tartu Press, 2013, S. 55-58.

1.10 Die geopolitische Situation in der Kaspischen Region

kommens der Vereinten Nationen aus dem Jahr 1982. Es beinhaltet Regelungen die Küstengewässer und die ausschließliche Wirtschaftszone betreffend. Die Küstengewässer (bis zu zwölf Seemeilen) eines Staates unterliegen seiner vollen territorialen Souveränität und Gebietshoheit.[91] Die ausschließliche Wirtschaftszone (200 Seemeilen) gewährt dem Anliegerstaat umfangreiche Rechte in Bezug auf deren Nutzung. Neben dem Recht auf Ausbeutung von Ressourcen ist das exklusive Recht, Pipelines zu verlegen sowie deren Bau, Betrieb und Nutzung zu genehmigen bzw. zu regeln, von wesentlicher Bedeutung.[92] Aufgrund der durchschnittlichen Breite des Kaspischen Meeres von etwa 200 Meilen würde bei Anwendung des internationalen Seerechts vermutlich seine Aufteilung nach dem Äquidistanzprinzip, also mittels einer Grenzlinie, die mit gleichem Abstand zu beiden Ufern verläuft, erfolgen.[93]

Bei Betrachtung des Kaspischen Meeres als Binnensee mit mehreren Anrainern, ein sogenannter Grenzsee, ist die Anwendung von unterschiedlichen Rechtsregimen möglich. Das Kondominiumprinzip sieht keine alleinigen Rechte der jeweiligen Anrainerstaaten, sondern die gemeinsame Nutzung des Kaspischen Meeres und seiner Ressourcen vor. In Konsequenz müssten alle Entscheidungen einvernehmlich getroffen werden und jeder Anrainerstaat könnte die Tätigkeit eines anderen, beispielsweise die Erschließung von Ölfeldern, die damit verbundene Ölproduktion oder die Verlegung von Pipelines, durch den Gebrauch seines Einspruchsrechtes blockieren.[94]

Von diesem Prinzip wird allerdings kaum noch Gebrauch gemacht. Stattdessen ist die Aufteilung von Grenzseen die gängige Rechtspraxis. Auch hier böte sich für das Kaspische Meer ein Grenzverlauf entlang einer Mittellinie mit gleichem Abstand zu den Ufern an. In den so entstehenden Sektoren hätten die jeweiligen Anliegerstaaten uneingeschränkte Gebietshoheit. Somit scheint ein Rechtsregime des Kaspischen Meeres auf Basis einer sektoralen Aufteilung unter Anwendung des Äquidistanzprinzips naheliegend.[95] Folglich sieht der Konventionsentwurf über dessen Rechtsstatus

---

91 Diese werden nur durch das Recht auf friedliche Durchfahrt fremder Handels- und Kriegsschiffe beschränkt. Vgl. Kembayev, Zhenis: Die Rechtslage des Kaspischen Meeres, in: Zeitschrift für ausländisches öffentliches Recht und Völkerrecht, Vol. 68, 2008, S. 1027-1055, hier S. 1035.
92 Vgl. Kembayev, Zhenis: Die Rechtslage des Kaspischen Meeres, in: Zeitschrift für ausländisches öffentliches Recht und Völkerrecht, Vol. 68, 2008, S. 1027-1055, hier S. 1035 f.
93 Das Äquidistanzprinzip ist die verbreitetste Methode, die in solchen Fällen angewendet wird. Vgl. Kembayev, Zhenis: Die Rechtslage des Kaspischen Meeres, in: Zeitschrift für ausländisches öffentliches Recht und Völkerrecht, Vol. 68, 2008, S. 1027-1055, hier S. 1036.
94 Vgl. Kembayev, Zhenis: Die Rechtslage des Kaspischen Meeres, in: Zeitschrift für ausländisches öffentliches Recht und Völkerrecht, Vol. 68, 2008, S. 1027-1055, hier S. 1036.
95 Der wesentlichste Unterschied zwischen diesen Rechtsregimen bestünde darin, dass bei Festlegung des Status als Binnensee die Freiheit der Schifffahrt, die im internationalen Seerecht verankert ist, nicht gewährleistet wäre. Vgl. Kembayev, Zhenis: Die Rechtslage des Kaspischen Meeres, in: Zeitschrift für ausländisches öffentliches Recht und Völkerrecht, Vol. 68, 2008, S. 1027-1055, hier S. 1037.

die Grenzziehung nach dieser Methode in nationale Sektoren vor, woraus sich in etwa folgende Aufteilung ergeben würde: Aserbaidschan 20,6 Prozent, Iran 14,6 Prozent, Kasachstan 30 Prozent, Russland 15,6 Prozent und Turkmenistan 19,2 Prozent.[96]

1.10.3.2 Die Interessen der Anrainerstaaten in Bezug auf den völkerrechtlichen Status des Kaspischen Meeres

Aufgrund der im Kaspischen Meer vorhandenen Öl- und Gasreserven sowie weiterer wirtschaftlicher und politischer Motive haben die Anrainerstaaten unterschiedliche Interessen und Positionen in Bezug auf dessen rechtlichen Status. Die russische und die iranische Regierung setzten sich zunächst für ein Rechtsregime des Kaspischen Meeres unter Anwendung des Kondominiumprinzips ein. Nach ihrer Auslegung der sowjetisch-iranischen Verträge sollten das gesamte Kaspische Meer und seine Ressourcen mit Ausnahme eines schmalen Küstenstreifens mit einer Breite von zwölf Seemeilen allen Anrainerstaaten gemeinsam zur Verfügung stehen.[97]

Russland begründete seine Position mit ökologischen Bedenken. Die russische Regierung argumentierte, dass die Ölförderung im Kaspischen Meer mit Gefahren für die Umwelt verbunden sei und folglich alle Anrainerstaaten ein Mitspracherecht haben sollten.[98] Sie verfolgte mit dieser Haltung allerdings noch andere Ziele als den Umweltschutz. Die ergiebigen Öl- und Gaslagerstätten befinden sich hauptsächlich vor den Küstengebieten Aserbaidschans, Kasachstans und Turkmenistans. Die russische Regierung wollte diese Ressourcen nach dem Zerfall der Sowjetunion nicht einfach aufgeben; die Forderung nach einem Rechtsregime auf Basis des Kondominiumprinzips diente nicht zuletzt dem Zweck, an deren Ausbeutung beteiligt zu werden.[99]

---

96 Vgl. Janusz-Pawletta, Barbara: The Legal Status of the Caspian Sea: Current Challenges and Prospects for Future Development, Heidelberg: Springer, 2015, S. 72.
97 Vgl. Brexendorff, Alexander: Rohstoffe im Kaspischen Becken: Völkerrechtliche Fragen der Förderung und des Transports von Erdöl und Erdgas, Frankfurt am Main: Peter Lang, 2006, S. 71 f.; Kembayev, Zhenis: Die Rechtslage des Kaspischen Meeres, in: Zeitschrift für ausländisches öffentliches Recht und Völkerrecht, Vol. 68, 2008, S. 1027-1055, hier S. 1039.
98 Vgl. Heinrich, Andreas: Der ungeklärte rechtliche Status des Kaspischen Meeres, in: Osteuropa, 49 (7), Juli 1999, S. 671-683, hier S. 674 f.
99 Zusätzlich würde es Russland bei einem Rechtsregime des Kaspischen Meeres auf Basis des Kondominiumprinzip ermöglicht, Energieprojekte von anderen Anrainerstaaten, die nicht in dessen Interesse sind (wenn z. B. russische Unternehmen nicht beteiligt werden) durch das Vetorecht zu blockieren. Außerdem eröffnet ein derartiges Rechtsregime die Möglichkeit, im Austausch für die Einwilligung zu Energieprojekten eine Beteiligung an eben diesen zu erreichen. Vgl. Brexendorff, Alexander: Rohstoffe im Kaspischen Becken: Völkerrechtliche Fragen der Förderung und des Transports von Erdöl und Erdgas, Frankfurt am Main: Peter Lang, 2006, S. 72; Heinrich, Andreas: Der ungeklärte rechtliche Status des Kaspischen Meeres, in: Osteuropa, 49 (7), Juli 1999, S. 671-683, hier S. 674.

1.10 Die geopolitische Situation in der Kaspischen Region 71

Ferner wollte die russische Regierung die Präsenz von westlichen, insbesondere US-Ölkonzernen in unmittelbarer Nachbarschaft verhindern. Sie fürchtete, dass sich so der Einfluss der USA in der Region zulasten Russlands vergrößern könnte.[100] Allerdings signalisierte Russland ab Mitte der 1990er-Jahre zunehmend Kompromissbereitschaft in Bezug auf seine Position, was wohl auch dem Umstand geschuldet war, dass das fortwährende Beharren auf dem Kondominiumprinzip die Beziehungen zu Aserbaidschan, das bereits die politische Bindung an den Westen suchte, und insbesondere Kasachstan, einem wichtigen Verbündeten Russlands, nachhaltig zu belasten drohte. Russland fürchtete, dass sich auch Kasachstan in Richtung Westen orientieren würde und die USA dadurch ihren Einfluss in der Region ausdehnen könnten.[101]

Durch die Unterzeichnung der nordkaspischen Verträge mit Kasachstan und Aserbaidschan hat Russland de facto seine Position in Bezug auf die gemeinsame Nutzung des Meeresbodens und des Untergrundes aufgegeben (Kap.1.10.3.3), doch hält die russische Regierung an der Forderung nach kollektiver Nutzung der Gewässer des Kaspischen Meeres durch die Anrainerstaaten fest.[102] Die Aufteilung des Meeresbodens und des Untergrundes soll gemäß Vorschlag Russlands auf Basis einer modifizierten Mittelinie erfolgen. Dabei ist zu betonen, dass diese Linie nicht die Staatsgrenze darstellt, sondern vor allem der Aufteilung der sich im Untergrund befindenden Ressourcen dient.[103]

Mittels der geforderten kollektiven Nutzung der kaspischen Gewässer will Russland insbesondere zwei Ziele erreichen. Schiffen von Drittstaaten wäre die Durchfahrt ohne die Zustimmung aller Anrainerstaaten nicht gestattet. Auf diesem Wege

---

100 Vgl. Brexendorff, Alexander: Rohstoffe im Kaspischen Becken: Völkerrechtliche Fragen der Förderung und des Transports von Erdöl und Erdgas, Frankfurt am Main: Peter Lang, 2006, S. 72; Croissant, Cynthia M./Croissant Michael P.: The Legal Status of the Caspian Sea: Conflict and Compromise, in: Croissant, Michael P./Aras, Bülent (eds.): Oil and Geopolitics in the Caspian Sea Region,Westport, CT: Praeger, 1999, S. 21-42, hier S. 28 f.
101 1996 unterbreitete die russische Regierung einen Vorschlag, wonach der Küstenstreifen und die damit verbundene ausschließliche Wirtschaftszone von zwölf auf 45 Seemeilen vergrößert und der verbleibende Teil des Kaspischen Meeres gemäß dem Kondominiumprinzip gemeinsam genutzt werden sollte. Dieser Vorschlag wurde allerdings seitens Aserbaidschans und Kasachstans zurückgewiesen. Die Regierung Aserbaidschans hatte zu diesem Zeitpunkt bereits mehrere Verträge mit ausländischen Ölkonzernen über die Ausbeutung von Feldern jenseits der 45-Seemeilen-Zone geschlossen. Vgl. Kembayev, Zhenis: Die Rechtslage des Kaspischen Meeres, in: Zeitschrift für ausländisches öffentliches Recht und Völkerrecht, Vol. 68, 2008, S. 1027-1055, hier hier S. 1040; Ranjibar, Reza: Das Rechtsregime des Kaspischen Meeres und die Praxis der Anrainerstaaten, Baden Baden: Nomos Verlagsgesellschaft, 2004, S. 80.
102 Vgl. Kembayev, Zhenis: Die Rechtslage des Kaspischen Meeres, in: Zeitschrift für ausländisches öffentliches Recht und Völkerrecht, Vol. 68, 2008, S. 1027-1055, hier S. 1041 ff.
103 Bei Umsetzung des Vorschlags der russischen Regierung würden auf Russland, Aserbaidschan und Turkmenistan jeweils ca. 19 Prozent, auf Kasachstan 29 Prozent und auf den Iran 14 Prozent des Meeresbodens entfallen. Vgl. Nossova, Irina: Russia's international legal claims in its adjacent seas: the realm of sea as extension of Sovereignty, Tartu: University of Tartu Press, 2013, S. 61 f.

will Russland eine etwaige Militärpräsenz der USA im Kaspischen Meer ausschließen. Außerdem müsste der Bau von transkaspischen Pipelines ebenfalls von allen Anrainerstaaten genehmigt werden; deren Bau will Russland unter allen Umständen verhindern, da dadurch die Kontrolle Russlands über die Öl- und Gasexporte aus der Kaspischen Region verringert würde. Folglich ist Russland lediglich bereit, der Einrichtung von Küstenzonen zuzustimmen, in denen die jeweiligen Anrainerstaaten verschiedene Rechte wahrnehmen können.[104]

Der Iran schien Anfang der 1990er-Jahre zunächst ein Rechtsregime des Kaspischen Meeres gemäß dem Internationalen Seerechtsübereinkommen zu befürworten, allerdings nahm die iranische Regierung bald davon Abstand und stützte die russische Position.[105] Der Iran verfolgte mit seinem Eintreten für eine Kondominiumlösung das Ziel, an internationalen Erdölprojekten im Kaspischen Meer beteiligt zu werden und dadurch die von den USA verhängten Sanktionen und die damit verbundene wirtschaftliche Isolation zu umgehen. Ferner strebt der Iran wie auch Russland danach, den Einfluss und die Präsenz der USA in der Region so gering wie möglich zu halten und die Tätigkeit von ausländischen Unternehmen im Kaspischen Meer zu beschränken.[106]

Die iranische Regierung vertritt ferner den Standpunkt, dass für die Ausbeutung der Ressourcen die Unterzeichnung eines multilateralen Abkommens zwischen allen Anrainerstaaten über den rechtlichen Status des Kaspischen Meeres Voraussetzung sei. Folglich sieht der Iran die bisher durchgeführten Explorationsarbeiten, die erfolgte Erschließung von Öl- und Gasvorkommen und die Förderung als rechtswidrig an und versucht, Aserbaidschan, Kasachstan und Turkmenistan davon zu überzeugen, ihre diesbezüglichen Tätigkeiten einzustellen, bis ein entsprechendes Abkommen getroffen worden ist.[107]

Des Weiteren hat der Iran den Abschluss der nordkaspischen Verträge bzw. die erfolgte Aufteilung des Meeresbodens und des Untergrundes zwischen Russland, Kasachstan und Aserbaidschan gemäß einer modifizierten Mittellinie nicht anerkannt. Die Ablehnung dieses Vertragswerkes ist durch die Befürchtung motiviert, dass bei

---

104 Vgl. Kembayev, Zhenis: Die Rechtslage des Kaspischen Meeres, in: Zeitschrift für ausländisches öffentliches Recht und Völkerrecht, Vol. 68, 2008, S. 1027-1055, hier S. 1042; Nossova, Irina: Russia's international legal claims in its adjacent seas: the realm of sea as extension of Sovereignty, Tartu: University of Tartu Press, 2013, S. 62.
105 Von einem Küstenstreifen mit einer Breite von zwölf Seemeilen abgesehen befürwortete der Iran die gemeinsame Nutzung des Kaspischen Meeres und seiner Ressourcen gemäß dem Kondominiumprinzip. Vgl. Kembayev, Zhenis: Die Rechtslage des Kaspischen Meeres, in: Zeitschrift für ausländisches öffentliches Recht und Völkerrecht, Vol. 68, 2008, S. 1027-1055, hier S. 1038 f.
106 Vgl. Heinrich, Andreas: Der ungeklärte rechtliche Status des Kaspischen Meeres, in: Osteuropa, 49 (7), Juli 1999, S. 671-683, hier S. 674.
107 Vgl. Nossova, Irina: Russia's international legal claims in its adjacent seas: the realm of sea as extension of Sovereignty, Tartu: University of Tartu Press, 2013, S. 65.

Anwendung dieses Prinzips auf den südlichen Teil des Kaspischen Meeres auf den Iran lediglich ein Anteil von rund 14,6 Prozent entffiele. Zwar beharrt der Iran, nachdem Russland die Teilung des Meeresbodens sowie des Untergrundes in nationale Sektoren durch die Unterzeichnung von Abkommen mit Kasachstan und Aserbaidschan faktisch akzeptiert hat, nicht mehr bedingungslos auf einem Rechtsregime gemäß dem Kondominiumprinzip, fordert aber in diesem Zusammenhang eine Aufteilung, wonach auf jeden Anrainerstaat ein Anteil von 20 Prozent entfiele. Diese Forderung wurde aber bisher von den anderen Anrainerstaaten abgelehnt.[108]

Da sich in Küstennähe Aserbaidschans umfangreiche Öl- und Gasvorkommen befinden, setzt sich dessen Regierung seit der Unabhängigkeit für eine vollständige Aufteilung des Kaspischen Meeres (Meeresboden, Untergrund, Wassersäule und Oberfläche) in nationale Sektoren mit uneingeschränkten Hoheitsrechten ein, um eine Beteiligung anderer Anrainerstaaten zu verhindern und die Souveränität gegenüber Russland zu festigen.[109] Die territorialen Ansprüche des Iran im Falle der Aufteilung des Kaspischen Meeres werden seitens der aserbaidschanischen Regierung abgelehnt. Sie argumentiert stattdessen, dass der Iran gemäß der Astara-Gassan-Kuly-Linie[110] (Abb. 10) lediglich Anspruch auf einen Anteil von zehn bis elf Prozent habe und wäre höchstens bereit, auf Basis des Prinzips der Mittellinie einem sich daraus ergebenden Sektor mit einem Ausmaß von rund 13,6 Prozent zuzustimmen.[111] Konkret befinden sich beide Staaten in einer Auseinandersetzung über die Nutzungsrechte des Feldkomplexes Araz-Alov-Sharg, den beide Staaten für sich beanspruchen (Abb. 10). Aserbaidschan hatte die Rechte zur Erschließung der Lagerstätten an BP vergeben, allerdings wurde das Projekt für unbestimmte Zeit eingestellt, nachdem iranische Kampfflugzeuge und Kriegsschiffe im Juli 2001 den Abbruch der Explorationsarbeiten erzwungen hatten.[112]

---

108 Bei einem Anteil von 14,6 Prozent befänden sich kaum Öl- und Gasvorkommen im iranischen Sektor, während bei dessen Ausdehnung auf die geforderten 20 Prozent mehrere Ölfelder im iranischen Hoheitsgebiet lägen. Vgl. Kembayev, Zhenis: Die Rechtslage des Kaspischen Meeres, in: Zeitschrift für ausländisches öffentliches Recht und Völkerrecht, Vol. 68, 2008, S. 1027-1055, hier S. 1044; Brexendorff, Alexander: Rohstoffe im Kaspischen Becken: Völkerrechtliche Fragen der Förderung und des Transports von Erdöl und Erdgas, Frankfurt am Main: Peter Lang, 2006, S. 68.
109 Vgl. Heinrich, Andreas: Der ungeklärte rechtliche Status des Kaspischen Meeres, in: Osteuropa, 49 (7), Juli 1999, S. 671-683, hier S. 675; Kembayev, Zhenis: Die Rechtslage des Kaspischen Meeres, in: Zeitschrift für ausländisches öffentliches Recht und Völkerrecht, Vol. 68, 2008, S. 1027-1055, hier S. 1039.
110 Siehe S. 68.
111 Vgl. Kembayev, Zhenis: Die Rechtslage des Kaspischen Meeres, in: Zeitschrift für ausländisches öffentliches Recht und Völkerrecht, Vol. 68, 2008, S. 1027-1055, hier S. 1044.
112 Vgl. Kembayev, Zhenis: Die Rechtslage des Kaspischen Meeres, in: Zeitschrift für ausländisches öffentliches Recht und Völkerrecht, Nr. 68, 2008, S. 1027-1055, hier S. 1044; Nossova, Irina: Russia's international legal claims in its adjacent seas: the realm of sea as extension of Sovereignty, Tartu: University of Tartu Press, 2013, S. 65.

Abbildung 10: Territorialansprüche im südlichen Teil des Kaspischen Meeres[113]

Quelle: Oil and Gas Infrastructure in the Caspian Region 2012, in: University of Texas in Austin, Perry-Castañeda Library Map Collection: http://www.lib.utexas.edu/maps/middle_east_and_asia/txu-pclmaps-oclc-785323952-caspian_sea_oil_and_gas.jpg (Zugriff: 25.09.2014).

---

113   Die weiße gestrichelte Linie stellt eine angenommene Grenzziehung nach dem Äquidistanzprinzip dar. Die vollständige Karte ist von der Webseite der University of Texas in Austin abrufbar.

1.10 Die geopolitische Situation in der Kaspischen Region

Nachdem die Regierung Kasachstans zunächst die Position Russlands stützte, befürwortete sie einen Rechtsstatus, wonach die Festlegung der Seegrenzen und die Aufteilung des Kaspischen Meeres nach dem Internationalen Seerechtsübereinkommen erfolgen soll. Seit Mitte der 1990er-Jahre verfolgt Kasachstan eine Kompromisslösung, die eine Aufteilung des Meeresbodens und des Untergrundes in nationale Sektoren sowie die gemeinsame Nutzung der Gewässer vorsieht.[114]

Die turkmenische Regierung verfolgt in Bezug auf den rechtlichen Status des Kaspischen Meeres eine Schaukelpolitik. Zunächst vertrat sie den Standpunkt Aserbaidschans und Kasachstans, bevor sie 1996 die Forderung Russlands nach einer Kondominiumlösung unterstützte, um im Gegenzug zusätzliche Kapazitäten für den Export von Erdgas durch das russische Pipelinesystem zu bekommen.[115] Allerdings erhebt die turkmenische Regierung Anspruch auf die Nutzungsrechte von mehreren Ölfeldern im Kaspischen Meer (Omar, Osman, Serdar)[116], die auch Aserbaidschan für sich einfordert, sodass Turkmenistan bereit zu sein scheint, einer Aufteilung des Kaspischen Meeres, zumindest des Meeresbodens und des Untergrundes, zuzustimmen, um in den Besitz der umstrittenen Ölfelder zu gelangen. Aserbaidschan lehnt die Forderungen Turkmenistans mit der Begründung ab, dass sich nach einer 1970 vollzogenen Teilung des sowjetischen Sektors die Felder Azeri bzw. Omar und Chirag bzw. Osman in aserbaidschanischen Gewässern befänden und hat bereits mit deren Erschließung begonnen, sodass hier seit mehreren Jahren Erdöl gefördert wird.[117] Eine Einigung in Bezug auf die Eigentums- bzw. Nutzungsrechte des Feldes Kyapaz bzw. Serdar, das sich genau zwischen Turkmenistan und Aserbaidschan befindet, ist nicht absehbar. Bei

---

114 Wie im Falle Aserbaidschans befinden sich auch in Küstennähe Kasachstans umfangreiche Öl- und Gasvorkommen, von denen die kasachische Führung ohne die Beteiligung anderer Anrainerstaaten profitieren will. Vgl. Heinrich, Andreas: Der ungeklärte rechtliche Status des Kaspischen Meeres, in: Osteuropa, 49 (7), Juli 1999, S. 671-683, hier S. 675; Nossova, Irina: Russia's international legal claims in its adjacent seas: the realm of sea as extension of Sovereignty, Tartu: University of Tartu Press, 2013, S. 63.
115 Vgl. Heinrich, Andreas: Der ungeklärte rechtliche Status des Kaspischen Meeres, in: Osteuropa, 49 (7), Juli 1999, S. 671-683, hier S. 677.
116 Auf aserbaidschanisch: Azeri, Chirag, Kyapaz.
117 Hier hat Aserbaidschan durch die Unterzeichnung des sogenannten Jahrhundertvertrages bereits im Jahr 1994 Fakten geschaffen. Die Lagerstätten werden von einem internationalen Konsortium unter Führung von BP erschlossen. Die turkmenische Regierung hat in der Vergangenheit wiederholt gegen das Vorgehen Aserbaidschans protestiert und mit dem Gang vor ein internationales Schiedsgericht gedroht. Vgl. Heinrich, Andreas: Der ungeklärte rechtliche Status des Kaspischen Meeres, in: Osteuropa, 49 (7), Juli 1999, S. 671-683, hier S. 678 f.; Ranjibar, Reza: Das Rechtsregime des Kaspischen Meeres und die Praxis der Anrainerstaaten, Baden Baden: Nomos Verlagsgesellschaft, 2004, S. 145 ff.; Kembayev, Zhenis: Die Rechtslage des Kaspischen Meeres, in: Zeitschrift für ausländisches öffentliches Recht und Völkerrecht, Vol. 68, 2008, S. 1027-1055, hier S. 1039; BP Caspian: Azeri-Chirag-Deepwater Gunashli, http://www.bp.com/en_az/caspian/operationsprojects/ACG.html (Zugriff: 13.07.2015).

Anwendung der gebräuchlichen Praxis zur Bestimmung der Mittellinie würde sich das Feld sowohl auf den aserbaidschanischen als auch den turkmenischen Sektor des Kaspischen Meeres erstrecken (Abb. 10). Turkmenistan fordert deshalb eine Grenzziehung auf Basis einer modifizierten Mittellinie, bei deren Festlegung die aserbaidschanische Halbinsel Apscheron nicht mit einzubeziehen sei. Bei Anwendung dieser Methode befänden sich sowohl das Feld Kyapaz bzw. Serdar als auch Teile des Feldkomplexes Azeri-Chirag-Guneshli im turkmenischen Sektor des Kaspischen Meeres. Aserbaidschan hingegen vertritt den Standpunkt, dass zusätzlich zur Halbinsel Apscheron auch die künstlich angelegte Insel Neft Dashlary für die Bestimmung der Mittellinie zu berücksichtigen sei, wonach das umstrittene Feld Kyapaz bzw. Serdar vollständig im aserbaidschanischen Sektor läge.[118] Beide Staaten haben ihre Besitzansprüche nicht aufgegeben, sodass eine Aufteilung des Kaspischen Meeres bzw. seines Meeresbodens und Untergrundes zwischen Aserbaidschan und Turkmenistan noch nicht umgesetzt worden ist.

1.10.3.3 Abkommen zum Rechtsregime des Kaspischen Meeres

Aufgrund der unterschiedlichen Interessen und Positionen der Anrainerstaaten des Kaspischen Meeres in Bezug auf dessen Rechtsregime ist ein multilaterales Abkommen noch nicht unterzeichnet worden. Russland, Kasachstan und Aserbaidschan haben sich mit der Unterzeichnung der nordkaspischen Verträge auf die Aufteilung des Meeresbodens und des Untergrundes verständigt, während die Wassersäule der gemeinsamen Nutzung vorbehalten bleibt (Abb. 11).[119]

---

118 Vgl. Cornell, Svante E.: Azerbaijan since Independence, Armonk, NY: M.E. Sharpe, 2011, S. 223.

119 Der bilaterale Vertrag zwischen Kasachstan und Russland wurde bereits im Juni 1998 unterzeichnet. Beide Staaten verständigten sich auf die Aufteilung des Meeresbodens und des Untergrundes sowie der sich dort befindenden Ressourcen gemäß dem Gerechtigkeitsprinzip auf Basis einer modifizierten Mittellinie. Nach dem Abkommen werden grenzüberschreitende Felder gemeinsam erkundet und erschlossen; auch eine zukünftige Vereinbarung mit allen Anrainerstaaten soll dies nicht verhindern. Im Jahr 2002 wurde von beiden Staaten ein Zusatzprotokoll unterzeichnet, das die geografischen Koordinaten für die Aufteilung der Sektoren festlegt. Außerdem erzielten beide Seiten eine Einigung über die Nutzungsrechte von sich im Grenzbereich befindenden Ölfeldern. Im November 2001 unterzeichneten Aserbaidschan und Kasachstan ein Abkommen über die sektorale Aufteilung des Meeresbodens und des Untergrundes, im September 2002 folgte ein Abkommen zwischen Aserbaidschan und Russland. Diese Verträge mündeten in das trilaterale Abkommen vom Mai 2003, im Rahmen dessen Russland, Aserbaidschan und Kasachstan die Aufteilung des Meeresbodens und des Untergrundes gemäß modifizierter Mittellinie vereinbarten (Abb. 11). Vgl. Kembayev, Zhenis: Die Rechtslage des Kaspischen Meeres, in: Zeitschrift für ausländisches öffentliches Recht und Völkerrecht. Vol. 68, 2008, S. 1027-1055, hier S. 1041 ff.

1.10 Die geopolitische Situation in der Kaspischen Region

Abbildung 11: Die Grenzziehung im Kaspischen Meer[120]

Quelle: Colson, David A./Smith, Robert W. (eds.): International Maritime Boundaries, Brill Academic Publishers, 2005, Vol. 5, S. 4021, zit. nach Nossova, Irina: Russia's international legal claims in its adjacent seas: the realm of sea as extension of Sovereignty, Tartu: University of Tartu Press, 2013, S. 197.

---

120 Das Abkommen zwischen Kasachstan und Turkmenistan ist noch nicht berücksichtigt.

Insbesondere Russland hat sich im Rahmen der Ausarbeitung dieser Verträge für die kollektive Nutzung der Gewässer eingesetzt, was wiederum mit bedeutenden rechtlichen Konsequenzen verbunden ist. So benötigten Schiffe von Drittstaaten für das Fahren im Kaspischen Meer die Zustimmung aller Anrainerstaaten. Gleiches gilt für den Bau von etwaigen transkaspischen Pipelines.[121]

Zusätzlich schlossen Kasachstan und Turkmenistan im November 2014 ein bilaterales Abkommen zur Aufteilung des Meeresbodens, das im Mai 2015 von beiden Ländern ratifiziert worden ist.[122] Turkmenistan ist zwar grundsätzlich bereit, einer Aufteilung des Meeresbodens und des Untergrundes gemäß einer modifizierten Mittellinie zuzustimmen, allerdings verhindert der Konflikt mit Aserbaidschan über die Methode zur Bestimmung der Grenzlinie bzw. damit verbundene Nutzungsrechte von sich im Grenzgebiet befindenden Ölvorkommen den Abschluss eines Abkommens. Durch das Insistieren des Iran auf einer gleichmäßigen Aufteilung zu jeweils 20 Prozent konnte ebenfalls noch keine Einigung mit anderen Anrainerstaaten erzielt werden.[123] Zur Verabschiedung eines von allen Anrainerstaaten akzeptierten Rechtsregimes werden weiterhin Verhandlungen geführt.[124]

Im Rahmen des 2. Gipfeltreffens der Anrainerstaaten im Jahr 2007 vereinbarten diese, eine Konvention für den Rechtsstatus des Kaspischen Meeres auszuarbeiten. Durch diese sollen die Abgrenzung der territorialen Gewässer und die Festlegung der Seegrenze erfolgen. Ferner ist vorgesehen, Fischereirechte und die Freiheit der Schifffahrt (von Schiffen der Anrainerstaaten) in diesem Dokument zu verankern. Ursprünglich war die Verabschiedung der Konvention bis zum Jahr 2011 geplant. Allerdings ist diese bisher noch nicht erfolgt, da neben den territorialen Konflikten einige wei-

---

121 Vgl. Kembayev, Zhenis: Die Rechtslage des Kaspischen Meeres, in: Zeitschrift für ausländisches öffentliches Recht und Völkerrecht. Vol. 68, 2008, S. 1027-1055, hier S. 1042 f.
122 Vgl. TASS World: Kazakhstan's parliament ratifies agreement with Turkmenistan on Caspian Sea delimitation, 25.06.2015, http://tass.ru/en/world/803774 (Zugriff: 30.11.2015); Ovozi, Qishloq: Kazakhs, Turkmen Divide Caspian Spoils despite Demarcation Doubts, in: Radio Free Europe Radio Liberty, 27.05.2015, http://www.rferl.org/content/caspian-demarcation-oil-kazakhstan-turkmeinstan/27039904.html (Zugriff: 30.11.2015).
123 Vgl. Kembayev, Zhenis: Die Rechtslage des Kaspischen Meeres, in: Zeitschrift für ausländisches öffentliches Recht und Völkerrecht. Vol. 68, 2008, S. 1027-1055, hier S. 1043 f.
124 Die fünf Anrainerstaaten konnten sich inzwischen auf zwei multilaterale Abkommen verständigen. Im Jahr 2003 wurde ein Rahmenabkommen zum Schutz der Meeresumwelt des Kaspischen Meeres unterzeichnet; zusätzlich einigten sich die Anrainer im Jahr 2010 auf ein Rahmenabkommen über die Sicherheitskooperation im Kaspischen Meer, welches u. a. die Zusammenarbeit bei der Bekämpfung von Terrorismus und illegalem Drogenhandel vorsieht. Vgl. Nossova, Irina: Russia's international legal claims in its adjacent seas: the realm of sea as extension of Sovereignty, Tartu: University of Tartu Press, 2013, S. 67; Boklan, Daria/Janusz-Pawletta, Barbara: Rechtsunsicherheit zulasten von Wirtschaft und Natur: Die Regulierung der Nutzung von Energieressourcen des Kaspischen Meeres und ihre grenzüberschreitende Umweltverträglichkeit, in: Zentralasien-Analysen Nr. 62, 01.03.2013, S. 2-6, hier S. 4.

1.10 Die geopolitische Situation in der Kaspischen Region

tere strittige Fragen zwischen den Anrainerstaaten bisher noch nicht geklärt werden konnten. So bestehen unterschiedliche Standpunkte in Bezug auf die Aufteilung der Wasserfläche, Militärpräsenz und Transitrechte.[125] Zusätzlich ist die für diese Untersuchung besonders relevante Frage des Verlegens von Pipelines durch das Kaspische Meer ebenfalls umstritten. Aserbaidschan, Kasachstan und Turkmenistan vertreten die Auffassung, dass der Bau von Pipelines durch das Kaspische Meer mittels Abkommen zwischen den jeweils beteiligten Staaten geregelt werden könne. Der Iran und Russland lehnen die Umsetzung solcher transkaspischen Pipelineprojekte durch einzelne Anrainerstaaten ab und fordern zunächst die Festlegung von Seezonen im Kaspischen Meer. Des Weiteren vertreten sie die Auffassung, dass der Bau von Pipelines nur unter der Voraussetzung der Genehmigung einer zuvor erstellten ökologischen Expertise dieser Projekte durch alle Anrainerstaaten möglich sein solle.[126]

---

125 Aserbaidschan, Kasachstan und Turkmenistan befürworten eine Dreiteilung des Kaspischen Meeres, bestehend aus einem Küstenmeer mit einer Breite von mindestens zwölf Seemeilen, Fischereizonen mit einer Breite von 25 – 30 Seemeilen sowie der Hohen See. Für das Küstenmeer (Gewässer und Luftraum) ist die volle Souveränität und Gebietshoheit der jeweiligen Anrainerstaaten vorgesehen. Ferner wären hier die Anrainer für die Einhaltung der jeweiligen Zoll-, Finanz-, Einwanderungs- und Gesundheitsvorschriften zuständig. In den jeweiligen Fischereizonen wären die ausschließlichen Rechte hinsichtlich des Fischfangs verankert, während die Hohe See der vollständigen gemeinsamen Nutzung durch die Anrainerstaaten unterläge. Russland hat hingegen die Einrichtung von „Zonen nationaler Jurisdiktion" mit einer Breite von bis zu 15 Seemeilen, bestehend aus inneren Gewässern und Küstenmeer, vorgeschlagen, in denen die jeweiligen Anlieger die Kontrolle über das Zoll-, Finanz-, Gesundheits- und Veterinärwesen ausüben - und ausschließliche Fischereirechte, allerdings keine Souveränitätsrechte genießen würden. Der Iran fordert hingegen im Fall der Aufteilung der Wassersäule, des Meeresgrundes sowie des Untergrundes eine gleichmäßige Verteilung der nationalen Sektoren zu je 20 Prozent mit vollen Souveränitätsrechten der jeweiligen Anrainerstaaten.
Obwohl Gespräche über die Entmilitarisierung des Kaspischen Meeres geführt werden, lehnt es Russland ab, auf seine im Kaspischen Meer stationierte Flotte – die mit Abstand stärksten Seestreitkräfte dort – zu verzichten. Dies hat wiederum Aserbaidschan veranlasst, die Forderung Russlands, ein Verbot der Präsenz von Kriegsschiffen von Drittstaaten, basierend auf den sowjetisch-iranischen Verträgen, in die Konvention aufzunehmen, abzulehnen. Die Durchfahrt von Kriegsschiffen der Anrainerstaaten ist ebenfalls umstritten. Aserbaidschan und der Iran fordern, dass deren Durchfahrt durch die jeweiligen Sektoren, in denen die Anrainerstaaten Hoheitsrechte genießen würden, durch eben diese bewilligt werden muss, während Russland auf der freien Durchfahrt durch die Zonen nationaler Jurisdiktion ohne vorherige Einwilligung des jeweiligen Anrainerstaates besteht.
Zusätzlich fordert Kasachstan, mit Unterstützung von Aserbaidschan und Turkmenistan, die Transitfreiheit der Schiffe kaspischer Binnenstaaten vom Kaspischen Meer zu anderen Seen und den Weltmeeren in der Konvention festzulegen. Russland und der Iran vertreten hingegen die Auffassung, dass dies Gegenstand von bilateralen Vereinbarungen sei. Vgl. Kembayev, Zhenis: Die Rechtslage des Kaspischen Meeres, in: Zeitschrift für ausländisches öffentliches Recht und Völkerrecht. Vol. 68, 2008, S. 1027-1055, hier S. 1046 ff.

126 Vgl. Kembayev, Zhenis: Die Rechtslage des Kaspischen Meeres, in: Zeitschrift für ausländisches öffentliches Recht und Völkerrecht. Vol. 68, 2008, S. 1027-1055, hier S. 1049.

Eine Einigung über die umstrittenen Fragen und damit verbunden die Verabschiedung eines verbindlichen Rechtsregimes des Kaspischen Meeres durch alle Anrainerstaaten ist nach gegenwärtigem Stand schwer absehbar. Im Rahmen der in den vergangenen Jahren durchgeführten Gipfeltreffen wurde zwar stets betont, dass eine Lösung gefunden werden müsse, allerdings wurden keine verbindlichen Abkommen erzielt. Im Rahmen des Gipfeltreffens der Anrainerstaaten im September 2014 unterzeichneten diese ein gemeinsame Erklärung und verabschiedeten ein Kommuniqué, wonach die jeweiligen Anrainer volle Souveränitätsrechte innerhalb eines Küstenstreifens von 15 Seemeilen und alleinige Nutzungsrechte biologischer Ressourcen in einer sich anschließenden Zone von zehn Seemeilen ausüben sollen. Für die Gewässer jenseits des Küstenstreifens mit einer Ausdehnung von 25 Seemeilen ist eine gemeinsame Nutzung durch alle Anrainerstaaten vorgesehen.[127] Verbindliche Verträge wurden seither allerdings nicht unterzeichnet.

Dieser Exkurs zum Rechtsregime des Kaspischen Meeres hat verdeutlicht, dass dessen ungeklärter Rechtsstatus für die Fragestellung einen wesentlichen zu berücksichtigenden Faktor darstellt. Für den Bau von transkaspischen Pipelines zum Export von turkmenischem Erdgas in die Türkei und nach Europa ergeben sich zwei erhebliche Hindernisse, die in unmittelbarem Zusammenhang mit dem ungeklärten Rechtsregime stehen. Einerseits befinden sich Turkmenistan und Aserbaidschan in einem Konflikt über die Grenzziehung und damit verbundener Eigentumsrechte von Ölfeldern im Kaspischen Meer. Gleichzeitig sind turkmenische Gasexporte mittels einer transkaspischen Pipeline in die Türkei und nach Europa von der Zustimmung Aserbaidschans, das als Transitland für den Transport fungieren würde, abhängig. Folglich kann Aserbaidschan damit drohen, Pipelineprojekte zum Scheitern zu bringen, für den Fall, dass Turkmenistan weiter die umstrittenen Lagerstätten für sich beansprucht. Andererseits fordert insbesondere Russland die gemeinsame Nutzung der Kaspischen Gewässer und damit verbunden die Zustimmung aller Anrainerstaaten zu etwaigen transkaspischen Pipelineprojekten, um sich auch zukünftig die Möglichkeit zu erhalten, Pipelineprojekte blockieren zu können. Zusätzlich nutzt die russische Regierung den ungeklärten völkerrechtlichen Status des Kaspischen Meeres als Instrument zur Wahrung ihrer Interessen. Sie vertritt die Position, dass keine Pipeline durch das Kaspische Meer verlegt werden könne, solange der rechtliche Status nicht unter allen Anrainerstaaten geklärt worden sei (Kap. 4).

---

127 Vgl. Daly, John C.: Caspian Summit increases Russia's regional power, in: Eurasia Daily Monitor Volume 11, Issue 80, The Jamestown Foundation, 10.10.2014, http://www.jamestown.org/programs/edm/single/?tx_ttnews[tt_news]=42952&cHash=caacacd270872f07c08932ea5d4605d6#.VFqkhMnrbcs (Zugriff: 05.11.2014).

Auf diese Aspekte und deren Konsequenzen wird im Rahmen der Analyse der politischen Prozesse der transkaspischen Pipelineprojekte näher eingegangen. Die vorigen Ausführungen haben ferner gezeigt, dass im Rahmen der Auseinandersetzung um den völkerrechtlichen Status des Kaspischen Meeres auch übergeordnete macht- und energiepolitische Interessen verfolgt werden. Dies leitet zu der nun folgenden Erläuterung der geopolitischen Interessen staatlicher Akteure in der Kaspischen Region über. Sie bilden in Kombination mit der Darstellung der Problematik des völkerrechtlichen Status des Kaspischen Meeres den Rahmen für die Analyse der politischen Prozesse hinsichtlich der verschiedenen Pipelineprojekte.

1.10.4 *Geopolitische Interessen in der Kaspischen Region*

1.10.4.1 Russland

Die bereits Anfang der 1990er-Jahre von der russischen Regierung formulierte Politik des „nahen Auslands" zielt darauf ab, den Bestrebungen anderer Staaten, ihren politischen Einfluss im postsowjetischem Raum auszudehnen, zu begegnen und wird insbesondere seit dem Amtsantritt von Präsident Putin mit Nachdruck betrieben.[128]

---

128 Unmittelbar nach dem Zusammenbruch der Sowjetunion lag der Fokus der russischen Regierung zunächst auf der Durchführung von Reformen im Innern. Darüber hinaus schien sich das Land in Richtung Westen orientieren zu wollen. Eine klare Positionierung und außenpolitische Strategie in Bezug auf die zukünftige Rolle Russlands im Kaspischen Raum wurde seitens der russischen Regierung nicht formuliert. Sie beschränkte sich darauf, die Nachfolgestaaten der Sowjetunion im Südkaukasus und in Zentralasien in die Gemeinschaft Unabhängiger Staaten (GUS) zu integrieren. Der fortschreitende Machtverlust Russlands und das zunehmende politische Engagement der USA, der Türkei oder des Iran im Kaspischen Raum wurden allerdings zunehmend als Problem wahrgenommen. Folglich begann die russische Führung, zu reagieren. Allerdings führte auch die Politik des „nahen Auslands" zunächst nicht zu einer Kohärenz des politischen Handelns Russlands gegenüber dem Kaspischen Raum, da Partikularinteressen unterschiedlicher Eliten aus Politik und Wirtschaft eine abgestimmte und konsistente Vorgehensweise verhinderten. Vgl. Laruelle, Marlene/Peyrouse, Sebastien: Globalizing Central Asia: Geopolitics and the Challenge of Economic Development, Armonk, N.Y.: M.E. Sharpe, 2013, S. 10; Jonson, Lena: The new geopolitical situation in the Caspian region, in: Chufrin, Gennady (ed.): The Security of the Caspian Sea Region, Oxford: Oxford University Press, 2001, S. 11-32, hier S. 14 ff.; Antonenko, Oksana: Russia's policy in the Caspian Sea Region: Reconciling economic and security agendas, in: Akiner, Shirin (ed.): The Caspian: Politics, energy and security, London: RoutledgeCurzon, 2004, S. 244-262, hier S. 244 f.; Dekmejian, R. Hrair/Simonian, Hovann H.: Troubled Waters: The Geopolitics of the Caspian Sea Region, London: I.B. Tauris, 2001, S. 75 f.; Smith Stegen, Karen/Kusznir, Julia: Outcomes and strategies in the 'New Great Game': China and the Caspian states emerge as winners, in: Journal of Eurasian Studies 6 (2015), S. 91-106, hier S. 94.

Die russische Regierung sieht die Frage des Transportes von fossilen Energieträgern aus der Kaspischen Region als einen Schlüssel für den Erhalt und die Ausdehnung des politischen Einflusses in eben dieser an. Folglich besteht das Interesse Russlands darin, den Öl- und Gasexport aus der Kaspischen Region zu kontrollieren und die Diversifizierung der Exportinfrastruktur unter Umgehung des russischen Territoriums zu verhindern, wie auch anhand der Analyse der verschiedenen Pipelineprojekte zum Export von turkmenischem Erdgas näher erläutert wird (Kap. 4).[129]

Des Weiteren verfolgt Russland eine Politik der wirtschaftlichen und militärischen Integration durch multilaterale Organisationen, um seinen Einfluss im postsowjetischen und damit Kaspischen Raum zu wahren und die Sowjet-Nachfolgestaaten wieder stärker an Russland zu binden. Die nach dem Zerfall der Sowjetunion gegründete Gemeinschaft Unabhängiger Staaten (GUS) ist dabei nur noch von untergeordneter Bedeutung.[130] Stattdessen hat Russland in den vergangenen Jahren die Schaffung der Eurasischen Wirtschaftsunion vorangetrieben.[131] Im Mai 2014 unterzeichneten Russland, Kasachstan und Weißrussland das Gründungsabkommen, das mit Beginn des Jahres 2015 in Kraft getreten ist.[132] Die militärische Zusammenarbeit regelt das 2002

---

129 Vgl. Jonson, Lena: The new geopolitical situation in the Caspian region, in: Chufrin, Gennady (ed.): The Security of the Caspian Sea Region, Oxford: Oxford University Press, 2001, S. 11-32, hier S. 15; Petersen, Alexandros/Barysch, Katinka: Russia, China and the geopolitics of energy in Central Asia, London: Centre for European Reform, November 2011, S. 27 ff.; Shaffer, Brenda: The Geopolitics of the Caucasus, in: The Brown Journal of World Affairs, Volume XV, Issue II, 2009, S. 131-142, hier S. 137; Smith Stegen, Karen/Kusznir, Julia: Outcomes and strategies in the 'New Great Game': China and the Caspian states emerge as winners, in: Journal of Eurasian Studies 6 (2015), S. 91-106, hier S. 94 ff.
130 Vgl. Petersen, Alexandros/Barysch, Katinka: Russia, China and the geopolitics of energy in Central Asia, London: Centre for European Reform, November 2011, S. 27.
131 Diese Pläne sind nicht neu. Bereits 1994 regte der Präsident Kasachstans, Nursultan Nazarbayev, die Etablierung einer Eurasischen Union an. Seither wurden verschiedene Maßnahmen ergriffen, um die wirtschaftliche Zusammenarbeit im postsowjetischen Raum zu intensivieren, u. a. erfolgte 2000 die Gründung der Eurasischen Wirtschaftsgemeinschaft durch Weißrussland, Kasachstan, Kirgistan, Russland sowie Tadschikistan; Armenien, Moldawien und die Ukraine haben Beobachterstatus. Als Vorläufer gilt ferner die 2010 von Russland, Kasachstan und Weißrussland gegründete Zollunion. Vgl. Petersen, Alexandros/Barysch, Katinka: Russia, China and the geopolitics of energy in Central Asia, London: Centre for European Reform, November 2011, S. 27; Thielicke, Hubert: Eurasische Integration nimmt Gestalt an, in: WeltTrends, Zeitschrift für internationale Politik, Nr. 98, September/Oktober 2014, S. 11-18, hier S. 11 f.
132 Inzwischen sind auch Armenien und Kirgistan der Eurasischen Wirtschaftsunion beigetreten. Vgl. Eurasian Economic Union: About the Union: EAEU Member-States, http://www.eaeunion.org/?lang=en#about-countries (Zugriff: 23.01.2016); Hett, Felix/Szkola, Susanne: Foreword, in: Hett, Felix/Szkola, Susanne (ed.): The Eurasian Economic Union: Analyses and Perspectives from Belarus, Kazakhstan, and Russia, Berlin: Friedrich-Ebert-Stiftung, February 2015, S. 3; für weitere Informationen siehe auch Satpajev, Dossym: Die Eurasische Wirtschaftsunion als geopolitisches Instrument und Wirtschaftsraum. Eine Analyse aus Kasachstan, Berlin: Friedrich-Ebert-Stiftung, Juni 2014; Thielicke, Hubert: Eurasische Integration nimmt Gestalt an, in: WeltTrends. Zeitschrift für internationale Politik, Nr. 98, September/Oktober 2014, S. 11-18.

1.10 Die geopolitische Situation in der Kaspischen Region 83

von Russland, Kasachstan, Armenien, Tadschikistan, Kirgistan und Weißrussland unterzeichnete Abkommen zur Gründung der OVKS.[133]

Abbildung 12: Wichtige amerikanisch-britische Stützpunkte

Quelle: Österreichisches Bundesheer: Service: Österreichische Militärische Zeitschrift: Grafiken: Mittler Osten (Teil II): Wichtige amerikanisch-britische Stützpunkte, http://www.bmlv.gv.at/misc/image_popup/ImageTool.php?strAdresse=/omz/grafiken/vollbild/gumppenberg2603.png&intSeite=1280&intHoehe=1024&intMaxSeite=1280&intMaxHoehe=927&blnFremd=1 (Zugriff 06.04.2014).

---

133 Die Organisation hat ihren Ursprung in dem 1992 zwischen Armenien, Kasachstan, Kirgistan, Russland, Tadschikistan und Usbekistan geschlossenen Vertrag für kollektive Sicherheit, dem Aserbaidschan, Georgien und Weißrussland 1993 beitraten. Das Abkommen hatte zunächst eine Gültigkeit von fünf Jahren und trat 1994 in Kraft. Wesentlicher Bestandteil ist die angestrebte intensivere Kooperation in Sicherheits- und Verteidigungsfragen sowie die gemeinsame Verteidigung im Angriffsfall. Die Verlängerung des Vertrages erfolgte 1999, allerdings ohne Aserbaidschan, Georgien und Usbekistan. Vgl. o.V.: Dokumentation: Die wichtigsten Regionalorganisationen im postsowjetischen Raum. Organisation des Vertrages über Kollektive Sicherheit (OVKS) / Organisazija Dogowora Kollektiwnoi Besopasnosti (OKDB) / Collective Security Treaty Organization (CSTO), in: Russland-Analysen Nr. 216, 11.03.2011, S. 8, http://www.laender-analysen.de/russland/pdf/Russlandanalysen216.pdf (Zugriff: 07.10.2014).

Zusätzlich gründeten Russland, China, Kasachstan, Tadschikistan, Kirgistan und Usbekistan im Jahr 2001 die SCO.[134] Sie wird als Instrument Russlands und Chinas gesehen, den Einfluss der USA und ihrer westlichen Verbündeten in Zentralasien zu begrenzen.[135] Allerdings wird das wachsende Engagement Chinas in Zentralasien von Russland zunehmend mit Misstrauen beobachtet; folglich ist davon auszugehen, dass die OVKS auch als Gegengewicht zu der aus russischer Sicht von China dominierten SCO fungieren soll.[136] Die Erweiterung der NATO und die Ausdehnung westlicher Militärpräsenz im postsowjetischen Raum (Abb. 12) werden von der russischen Regierung als fortschreitende Einkreisung Russlands durch das westliche Militärbündnis wahrgenommen.[137] In Verbindung mit dem geplanten NATO-Raketenschild sowie der befürwortenden Haltung hinsichtlich eines NATO-Beitritts der Ukraine und Georgiens seitens der US-Regierung sieht Russland dies als Bedrohung der eigenen Sicherheitsinteressen an.[138]

Dementsprechend besteht die außenpolitische Priorität Russlands darin, einen weiteren Machtverlust im postsowjetischem Raum und somit auch in der Kaspischen Region zu verhindern, zumal diese Region seitens der russischen Regierung sowohl in politischer als auch ökonomischer Hinsicht als traditionelle Einflusssphäre angesehen wird.[139] Der Georgien-Krieg 2008, die Besetzung der Krim 2014 sowie die anhaltende Destabilisierung der Ostukraine haben verdeutlicht, dass die russische Regierung bereit ist, ihre Interessen auch mit militärischen Mitteln durchzusetzen.

---

134 Die SCO ging aus der 1996 gegründeten Gruppe *Shanghai-Five* hervor, der China, Kasachstan, Kirgistan, Tadschikistan und Russland angehörten; die *Shanghai-Five* wurde geschaffen, um Grenzfragen zwischen China, Kasachstan, Kirgistan und Tadschikistan unter Mitwirkung Russlands zu regeln. In der SCO haben Afghanistan, Indien, der Iran, die Mongolei und Pakistan Beobachterstatus, Weißrussland, die Türkei und Sri Lanka sind Dialogpartner. Vgl. o.V.: Dokumentation: Die wichtigsten Regionalorganisationen im postsowjetischen Raum. Shanghai Organisation für Zusammenarbeit (SOZ) / Shanghai Cooperation Organization (SCO), in: Russland-Analysen Nr. 216, 11.03.2011, S. 8, http://www.laender-analysen.de/russland/pdf/Russlandanalysen216.pdf (Zugriff: 07.10.2014); Shanghai Corporation Organisation: Main Page, http://www.sectsco.org/EN123 (Zugriff: 08.10.2014)
135 Vgl. Laruelle, Marlene/Peyrouse, Sebastien: Globalizing Central Asia: Geopolitics and the Challenge of Economic Development, Armonk, N.Y.: M.E. Sharpe, 2013, S. 32; Meister, Stefan: Russland als Ordnungsmacht im postsowjetischen Raum. Regionalorganisationen als Instrumente für »Friedenseinsätze«, in: Russland-Analysen Nr. 216, 11.02.2011, S. 5-7, hier S. 6.
136 Vgl. Petersen, Alexandros/Barysch, Katinka: Russia, China and the geopolitics of energy in Central Asia, London: Centre for European Reform, November 2011 S. 14 f, 27.
137 Vgl. Adomeit, Hannes: Inside or Outside? Russia's Policies Towards NATO, Working Paper Research Unit Russia/CIS, Stiftung Wissenschaft und Politik, January 2007, S. 8 f.
138 Vgl. Shaffer, Brenda: The Geopolitics of the Caucasus, in: The Brown Journal of World Affairs, Volume XV, Issue II, 2009, S. 131-142, hier S. 137.
139 Vgl. Smith Stegen, Karen/Kusznir, Julia: Outcomes and strategies in the 'New Great Game': China and the Caspian states emerge as winners, in: Journal of Eurasian Studies 6 (2015), S. 91-106, hier S. 94.

1.10.4.2 USA

Die US-Administration verfügte zunächst nicht über eine außenpolitische Strategie für die Kaspische Region. Das Augenmerk richtete sich anfangs insbesondere auf die Zerstörung der in den Nachfolgestaaten der Sowjetunion verbliebenen Massenvernichtungswaffen bzw. deren Rückführung nach Russland. Zusätzlich war die Politik der USA zu Beginn der 1990er-Jahre von einer *Russia-first*-Politik geprägt, sodass den Beziehungen zu Russland zunächst Priorität gegenüber den Belangen der neu entstandenen Staaten in der Kaspischen Region eingeräumt wurde.[140]

Mitte der 1990er-Jahre erfolgte eine Neuformulierung der Politik durch die Clinton-Administration, wonach folgende Ziele für die Kaspischen Region festgelegt wurden:

- Förderung der Unabhängigkeit und Souveränität der Staaten in der Kaspischen Region;
- Aufstockung und Diversifizierung des weltweiten Energieangebots;
- Förderung regionaler Kooperation;
- Unterstützung von US-Unternehmen in der Region;
- Isolation des Iran.[141]

Es wird deutlich, dass die Außenpolitik der USA den strategischen Überlegungen Brzezinskis folgt, denn schließlich bedeutet die Stärkung der Souveränität der Staaten in der Kaspischen Region die Verringerung des Einflusses Russlands und dient somit dem politischen Pluralismus in der postsowjetischen Randzone Eurasiens (Kap. 1.10.1).[142] Gleichzeitig besteht das Ziel der USA in der fortwährenden politischen und wirtschaftlichen Isolation des Iran. Demgemäß gilt es aus Perspektive der USA zu verhindern, dass der Iran sein Einflussgebiet auf die Nachfolgestaaten der Sowjetunion

---

140 Vgl. Jaffe, Amy: US policy towards the Caspian region: can the wish-list be realized? In: Chufrin, Gennady (ed.): The Security of the Caspian Sea Region, Oxford: Oxford University Press, 2001, S. 136-150, hier S. 136.
141 Vgl. Dekmejian, R. Hrair/Simonian, Hovann H.: Troubled Waters: The Geopolitics of the Caspian Sea Region, London: I.B. Tauris, 2001, S. 137; Solutions in the pipeline - Personal view - Jan H. Kalicki, in: Financial Times, 08.01.1998.
142 Vgl. Dekmejian, R. Hrair/Simonian, Hovann H.: Troubled Waters: The Geopolitics of the Caspian Sea Region, London: I.B. Tauris, 2001, S. 137; Jonson, Lena: The new geopolitical situation in the Caspian region, in: Chufrin, Gennady (ed.): The Security of the Caspian Sea Region, Oxford: Oxford University Press, 2001, S. 11-32, hier S. 18.

im Kaukasus und in Zentralasien ausdehnen kann[143], wobei einschränkend zu erwähnen ist, dass sich seit dem Amtsantritt von Präsident Rohani eine Verbesserung der Beziehungen zwischen den USA und dem Iran abzeichnet.[144]

Ein wesentlicher Bestandteil der US-Strategie in der Region besteht in der energiepolitischen Kooperation. Zwar ist aus Perspektive der USA der Zugang zu kaspischen Öl- und Gasvorkommen unter dem Gesichtspunkt der Gewährleistung der eigenen Versorgungssicherheit von untergeordneter Bedeutung,[145] doch werden die Energierohstoffe bzw. deren Vermarktung sowie Transport zu den Weltmärkten seitens der US-Regierung als wesentliches Instrument zum Erreichen ihrer Ziele angesehen. Insbesondere in den 1990er-Jahren haben sich die USA für die Schaffung eines Eurasischen Energiekorridors zum Export von Öl und Gas aus der Kaspischen Region, also den Bau neuer Exportpipelines unter Umgehung des russischen und iranischen Territoriums, eingesetzt.[146] So nahm die US-Regierung massiv Einfluss auf den Entscheidungsfindungsprozess über die Route der Hauptexportpipeline für aserbaidschanisches Erdöl, an dessen Ende der Bau der Baku-Tbilisi-Ceyhan-Pipeline (BTC) stand;[147] auch in Bezug auf den Export von turkmenischem Erdgas wurde dieser Strategie gefolgt (Kap. 4.2 u. Kap. 4.3). Zusätzlich befürwortet die US-Regierung den Bau der Turkmenistan-Afghanistan-Pakistan-Indien-Pipeline (TAPI), die einerseits

---

143 Vgl. Jonson, Lena: The new geopolitical situation in the Caspian region, in: Chufrin, Gennady (ed.): The Security of the Caspian Sea Region, Oxford: Oxford University Press, 2001, S. 11-32, hier S. 20; Dekmejian, R. Hrair/Simonian, Hovann H.: Troubled Waters: The Geopolitics of the Caspian Sea Region, London: I.B. Tauris, 2001, S. 136; Petersen, Alexandros/Barysch, Katinka: Russia, China and the geopolitics of energy in Central Asia, London: Centre for European Reform, November 2011, S. 32; Olcott Brill, Martha: A New Direction for U.S. Policy in the Caspian Region, Washington DC: Carnegie Endowment for International Peace, February 2009, S. 1.

144 Inwieweit ein nachhaltiger Strategiewechsel der US-Administration gegenüber dem Iran vollzogen wird, war bei Fertigstellung vorliegender Dissertation allerdings noch nicht absehbar.

145 Vgl. Petersen, Alexandros/Barysch, Katinka: Russia, China and the geopolitics of energy in Central Asia, London: Centre for European Reform, November 2011, S. 32.

146 Vgl. Dekmejian, R. Hrair/Simonian, Hovann H.: Troubled Waters: The Geopolitics of the Caspian Sea Region, London: I.B. Tauris, 2001, S. 136 ff.; Smith Stegen, Karen/Kusznir, Julia: Outcomes and strategies in the 'New Great Game': China and the Caspian states emerge as winners, in: Journal of Eurasian Studies 6 (2015), S. 91-106, hier S. 99.

147 Die an dem Projekt beteiligten US-Unternehmen sprachen sich aus Kostengründen zunächst für eine Pipelineroute durch den Iran zum Persischen Golf aus, um das in Aserbaidschan geförderte Öl zu exportieren, was aufgrund der erklärten Ziele der US-Regierung auf deren Widerstand stieß. Für eine detaillierte Darstellung dieses Entscheidungsprozesses siehe Haase, Nadine: Globale Akteure in der Kaspischen Region: Staaten, Ölfirmen und Ölexportwege, Berlin: Forschungsstelle für Umweltpolitik, Freie Universität Berlin, FFU-report 04-2004, http://userpage.fu-berlin.de/ffu/download/Rep-2004-04.pdf (Zugriff: 09.10.2014); Nabiyev, Rizvan: Erdöl- und Erdgaspolitik in der kaspischen Region: Ressourcen, Verträge, Transportfragen und machtpolitische Interessen, Berlin: Köster, 2003.

1.10 Die geopolitische Situation in der Kaspischen Region

einen Beitrag zur Stabilisierung Afghanistans leisten soll, aber in der Vergangenheit auch darauf abzielte, den Bau der Iran-Pakistan-Pipeline zu verhindern.[148]

Außerdem begannen die USA in den 1990er-Jahren, ihre militärische Kooperation auf den postsowjetischen Raum auszudehnen. 1994 wurde das NATO-Programm „Partnerschaft für den Frieden" gestartet, das die Zusammenarbeit von Nicht-Mitgliedstaaten mit der NATO zum Gegenstand hat. Inzwischen sind alle Staaten Zentralasiens und des Südkaukasus dem Programm beigetreten.[149] Im Zuge des Afghanistan-Krieges dehnten die USA ihre Militärpräsenz in Zentralasien durch die Errichtung von Luftwaffenstützpunkten in Kirgistan und Usbekistan aus, wobei sie allerdings Letzteren 2005 wieder räumen mussten.[150] Durch die Militärpräsenz infolge der US-geführten Militäreinsätze im Irak und in Afghanistan sind die strategischen Interessen der USA um eine weitere Komponente ergänzt worden. Für die Versorgung der in Afghanistan (und bis 2011 im Irak) stationierten US- bzw. ISAF-Truppen sowie deren Rückzug sind die Staaten des Südkaukasus und Zentralasiens von beträchtlicher Bedeutung.[151] Dies wird nicht zuletzt anhand der neu formulierten Ziele der Obama-Administration für Zentralasien deutlich. An erster Stelle steht hier die Kooperation mit den Staaten Zentralasiens bei der Terrorismusbekämpfung in Afghanistan, was vorrangig die Beherbergung von US- und NATO-Luftwaffenstützpunkten sowie den Transit von Truppen und Versorgungsgütern entlang des *Northern Distribution Network* (NDN) meint.[152]

---

148 Vgl. Smith Stegen, Karen/Kusznir, Julia: Outcomes and strategies in the 'New Great Game': China and the Caspian states emerge as winners, in: Journal of Eurasian Studies 6 (2015), S. 91-106, hier S. 99.
149 Bis auf Tadschikistan, das erst im Jahr 2002 beitrat, sind alle anderen Staaten des Südkaukasus und Zentralasiens bereits seit 1994 Mitglied des Programms. Vgl. NATO: The Partnership for Peace programme, http://www.nato.int/cps/en/natolive/topics_50349.htm (Zugriff: 30.07.2015); NATO: Signatures of Partnership for Peace Framework Document, http://www.nato.int/cps/en/natolive/topics_82584.htm (Zugriff: 30.07.2015).
150 Vgl. Petersen, Alexandros/Barysch, Katinka: Russia, China and the geopolitics of energy in Central Asia, London: Centre for European Reform, November 2011, S. 33 f.
151 Insbesondere seit die Versorgung der US- bzw. ISAF-Streitkräfte über Pakistan zunehmend mit Schwierigkeiten verbunden ist, hat die strategische Bedeutung Zentralasiens für die USA erneut zugenommen, nachdem diese nach dem Beginn des Irak-Krieges ihre Aufmerksamkeit wieder auf den Nahen Osten richteten. Vgl. Nichol, Jim: Central Asia: Regional Developments and Implications for U.S. Interests, Congressional Research Service, March 2014, S. 4 ff.; Nichol, Jim: Armenia, Azerbaijan, and Georgia: Political Developments and Implications for U.S. Interests, Congressional Research Service, April, 2014, S. 5 ff.; Laruelle, Marlene/Peyrouse, Sebastien: Globalizing Central Asia: Geopolitics and the Challenge of Economic Development, Armonk, N.Y.: M.E. Sharpe, 2013, S. 48 f.; Mankoff, Jeffrey: The United States and Central Asia after 2014, Washington, DC: Center for Strategic and International Studies, 2013, S. 2 ff.
152 Weitere Ziele sind u. a. die Stabilisierung der Region samt Diversifizierung der Energieexportrouten, Förderung guter Regierungsführung und Achtung von Menschenrechten, Förderung wettbewerbsfähiger Marktwirtschaften, Bekämpfung von Drogen- und Menschenhandel sowie Nonproliferation. Vgl. Nichol, Jim: Central Asia: Regional Developments and Implications for U.S. Interests, Congressional Research Service, March 2014, S. 3 ff.

Das Engagement und die Präsenz der USA in Zentralasien werden seitens der dortigen Regierungen ambivalent beurteilt. Grundsätzlich besteht das Interesse der jeweiligen Staaten, die Beziehungen zu den USA zu intensivieren, um den Einfluss Russlands in der Region ausbalancieren zu können. Außerdem fürchten sie durch den Rückzug der US- und NATO-Truppen aus Afghanistan größere Instabilität in der Region. Allerdings gibt es auch Vorbehalte gegenüber den USA, weil diese in Verdacht stehen, die Opposition in Kirgistan, der Ukraine und Georgien und damit zusammenhängend die jeweiligen Revolutionen verdeckt unterstützt zu haben.[153]

1.10.4.3 China

Neben den USA und der Hegemonialmacht Russland engagiert sich China zunehmend in der Kaspischen Region bzw. in Zentralasien und hat sich dort als weitere Regionalmacht etabliert.

Nach dem Zusammenbruch der Sowjetunion bestimmten zunächst Fragen der Grenzziehung die politische Agenda der Beziehungen zwischen China und seinen zentralasiatischen Nachbarstaaten.[154] Des Weiteren prägen seither sicherheitspolitische Erwägungen die Interessen der Volksrepublik. Es gibt Befürchtungen seitens der chinesischen Regierung, dass eine instabile Sicherheitslage in Zentralasien auf die chinesische Provinz Xinjiang, die u. a. an Kasachstan, Kirgistan, Tadschikistan und Afghanistan grenzt, übergreifen und von der separatistischen Uiguren-Bewegung für ihre Zwecke genutzt werden könnte. Durch eine engere wirtschaftliche Verflechtung mit den zentralasiatischen Staaten sollen die Lebensbedingen für die Bevölkerung in Xinjiang verbessert und weiteren Konflikten vorgebeugt werden.[155]

Überdies verfolgt China insbesondere energiepolitische Interessen in Zentralasien. Die chinesische Volkswirtschaft verzeichnete in den letzten zwei Dekaden hohe Wachstumsraten, was wiederum mit einem stark steigenden Energiebedarf einher-

---

153 Vgl. Petersen, Alexandros/Barysch, Katinka: Russia, China and the geopolitics of energy in Central Asia, London: Centre for European Reform, November 2011, S. 34.
154 Diese territorialen Fragen wurden inzwischen gelöst. Die Einigung mit Kasachstan erfolgte 1994 und 1999, mit Kirgistan 1996 und 1999 sowie mit Tadschikistan 2002. Vgl. Larurelle, Marlene/Peyrouse, Sebastien: Globalizing Central Asia: Geopolitics and the Challenge of Economic Development, Armonk, N.Y.: M.E. Sharpe, 2013, S. 27, 30.
155 Vgl. Laruelle, Marlene/Peyrouse, Sebastien: Globalizing Central Asia: Geopolitics and the Challenge of Economic Development, Armonk, N.Y.: M.E. Sharpe, 2013, S. 27 f., 31 f.; Petersen, Alexandros/Barysch, Katinka: Russia, China and the geopolitics of energy in Central Asia, London: Centre for European Reform, November 2011, S. 39.

ging der auch in Zukunft deutlich anwachsen wird, sodass China zunehmend auf Energieimporte angewiesen ist.[156] Die Öl- und Gasvorkommen der Kaspischen Region sind für China in doppelter Hinsicht von Bedeutung. Einerseits ermöglichen sie die Bedarfsdeckung des Landes.[157] Andererseits ist die Diversifizierung der Öl- und Gasimporte auch aus geopolitischer Perspektive für China von nicht zu vernachlässigendem Stellenwert. Bisher bezieht China den Großteil seiner Erdölimporte und einen nicht unerheblichen Anteil seiner Gasimporte (in Form von LNG) auf dem Seeweg. Die Öl- bzw. LNG-Tanker müssen auf ihrem Weg nach China die Straße von Malakka passieren, die von der US-Marine kontrolliert wird. Im Falle einer möglichen Konfrontation mit den USA besteht folglich aus der Perspektive Chinas die Gefahr, dass die US-Marine den Seeweg und damit die Energieimporte des Landes blockieren könnte.[158] Nicht zuletzt vor diesem Hintergrund und obwohl sich die Verbrauchszentren Chinas in den Küstenregionen befinden, hat das Land umfangreiche Investitionen getätigt, um seine Lieferländer und die Importinfrastruktur auf dem Landweg zu diversifizieren,

---

156 So steigerte sich der jährliche Energiebedarf Chinas von 879 Mtoe im Jahr 1990 auf 3.037 Mtoe im Jahr 2013. Bis zum Jahr 2040 prognostiziert die IEA (New Policies Scenario) einen Anstieg auf 4.020 Mtoe bzw. eine jährliche Steigerungsrate von durchschnittlich einem Prozent für den Zeitraum von 2013 bis 2040. Vgl. IEA: World Energy Outlook 2015, Paris: OECD/IEA, 2015, S. 632; Petersen, Alexandros/Barysch, Katinka: Russia, China and the geopolitics of energy in Central Asia, London: Centre for European Reform, November 2011, S. 11 f.; EIA: China: 14.05.2015, https://www.eia.gov/beta/international/analysis.cfm?iso=CHN (Zugriff: 03.02.2016).

157 Die Primärenergieversorgung basiert mit einem Anteil von über 67 Prozent zwar hauptsächlich auf Kohle, die in China vorwiegend selbst gefördert wird (aber auch in steigendem Umfang importiert) wird, dennoch ist das Land zunehmend auf Öl- und Gasimporte zur Deckung des Energiebedarfs angewiesen. Bis Anfang der 1990er-Jahre handelte es sich bei China noch um einen Nettoexporteur von Erdöl. Inzwischen übersteigt der Verbrauch von rund elf Mio. Barrel/Tag die Produktion in Höhe von ca. 4,25 Mio. Barrel/Tag deutlich. Die Gasproduktion hatte im Jahr 2014 einen Umfang von 134,5 Mrd. m³, die Importe betrugen 31,3 Mrd. m³ per Pipeline (davon 25,5 Mrd. m³ aus Turkmenistan) und 27,1 Mrd. m³ in Form von LNG. Die IEA rechnet mit einem Anwachsen der Erdgasimporte auf 192 Mrd. m³ bis zum Jahr 2025 bzw. 238 Mrd. m³ bis zum Jahr 2040. Ferner kalkuliert sie mit einer abnehmenden Ölproduktion (3,4 Mio. Barrel/Tag im Jahr 2040) bei gleichzeitig ansteigendem Bedarf (Low Oil Price Scenariao) auf 15,8 Mio Barrel/Tag, sodass sich ein Importbedarf von ca. 12,4 Mio. Barrel/Tag ergibt. Vgl. IEA: World Energy Outlook 2015, Paris: OECD/IEA, 2015, S. 135, 160, 216; IEA: Share of total primary energy supply in 2013: People's Republic of China, https://www.iea.org/stats/Web Graphs/CHINA4.pdf (Zugriff: 30.07.2015); BP Statistical Review of World Energy 2015; EIA: China, 14.05.2015, https://www.eia.gov/beta/international/analysis.cfm?iso=CHN (Zugriff: 03.02.2016).

158 Vgl. Smith Stegen, Karen/Kusznir, Julia: Outcomes and strategies in the 'New Great Game': China and the Caspian states emerge as winners, in: Journal of Eurasian Studies 6 (2015), S. 91-106, hier S. 101.

wie an den Pipelines zum Import von Erdöl aus Kasachstan[159] sowie Erdgas aus Turkmenistan deutlich wird (Kap. 2.2.8.3). Gleichzeitig stellen die zentralasiatischen Staaten neue Absatzmärkte für chinesische Produkte dar. Aufgrund dieser zunehmenden wirtschaftlichen Verflechtungen ist China zu einem bedeutenden Akteur in Zentralasien geworden und hat seinen Einfluss dort maßgeblich vergrößern können.[160]

Parallel zu den sich entwickelnden Wirtschaftsbeziehungen hat China sein Engagement in regionalen Organisationen, insbesondere in der SCO, verstärkt, um zusammen mit Russland den Einfluss der USA und ihrer westlichen Verbündeten in der Region zu begrenzen.[161] Das wachsende Engagement und die sich ausdehnende Präsenz Chinas werden von den jeweiligen Regierungen der zentralasiatischen Staaten ambivalent gesehen. Einerseits werden ihr Spielraum und die Verhandlungsposition gegenüber Russland erweitert bzw. verbessert; außerdem verzichtet China darauf, die Kooperation an Bedingungen, wie beispielsweise die Verbesserung der Menschenrechtssituation oder Fortschritte in guter Regierungsführung, zu knüpfen. Andererseits wollen es die Staaten in ihrem Streben nach mehr Unabhängigkeit vermeiden, in eine zu große Abhängigkeit von China zu geraten.[162]

1.10.4.4 Europäische Union

Sicherheits- und energiepolitische Interessen der EU stehen im Zentrum ihrer Beziehungen zu den Staaten in der Kaspischen Region. Bedingt durch den ISAF-Einsatz in Afghanistan und die verschiedenen EU-Erweiterungsrunden, wodurch sich deren

---

159 Für ausführliche Darstellungen der chinesisch-kasachischen Energiebeziehungen, siehe: Adolf, Matthias: Energiesicherheitspolitik der VR China in der Kaspischen Region. Erdölversorgung aus Zentralasien, Wiesbaden: VS Verlag für Sozialwissenschaften, 2011; Liesener, Michael: Die Integration Kasachstans in den globalen Ölmarkt. Die multivektorielle Erdölexportpolitik eines landgeschlossenen Produzentenstaates im Spannungsfeld konkurrierender geopolitischer Interessen in der kaspischen Region, Dissertationsschrift, Berlin: Freie Universität Berlin, 2014.
160 Die wirtschaftliche und energiepolitische Verflechtung Chinas mit seinen zentralasiatischen Nachbarn dient nicht zuletzt auch dem Zweck, für wirtschaftliche Prosperität und Entwicklung in der Unruheregion Xinjiang zu sorgen und dadurch zu deren Stabilisierung beizutragen. Vgl. Petersen, Alexandros/Barysch, Katinka: Russia, China and the geopolitics of energy in Central Asia, London: Centre for European Reform, November 2011, S. 39 ff.; Laruelle, Marlene/Peyrouse, Sebastien: Globalizing Central Asia: Geopolitics and the Challenge of Economic Development, Armonk, N.Y.: M.E. Sharpe, 2013, S. 34 ff.
161 Vgl. Laruelle, Marlene/Peyrouse, Sebastien: Globalizing Central Asia: Geopolitics and the Challenge of Economic Development, Armonk, N.Y.: M.E. Sharpe, 2013, S. 34; Smith Stegen, Karen/Kusznir, Julia: Outcomes and strategies in the 'New Great Game': China and the Caspian states emerge as winners, in: Journal of Eurasian Studies 6 (2015), S. 91-106, hier S. 101.
162 Vgl. Petersen, Alexandros/Barysch, Katinka: Russia, China and the geopolitics of energy in Central Asia, London: Centre for European Reform, November 2011, S. 43 f.

1.10 Die geopolitische Situation in der Kaspischen Region

Außengrenzen nach Osten verschoben haben, hat die sicherheitspolitische Bedeutung des Kaspischen Raumes für die EU deutlich zugenommen.[163]

Neben sicherheitspolitischen Interessen verfolgt die EU in der Kaspischen Region zunehmend energiepolitische Interessen. Der Zugang zu den umfangreichen Öl- und Gasvorkommen stellt eines der vorrangigen Ziele der EU gegenüber den Staaten der Kaspischen Region dar. Die Versorgung mit Erdöl aus der Kaspischen Region hat in den vergangenen Jahren deutlich zugenommen. Inzwischen beträgt der Anteil der Rohölimporte aus Kasachstan und Aserbaidschan an den gesamten Rohöleinfuhren der EU über zehn Prozent.[164]

Zusätzlich entwickelte sich in der letzten Dekade die Gasversorgungssicherheit zu einem bestimmenden Thema auf der energiepolitischen Agenda der EU. Vor dem Hintergrund der aufgetretenen Schwierigkeiten in den Erdgashandelsbeziehungen mit Russland bzw. den Gaskonflikten zwischen Russland und der Ukraine sowie einer antizipierten Versorgungslücke sieht die EU-Kommission im Kaspischen Raum eine Schlüsselregion für die zukünftige Gasversorgung und setzt sich mittels diplomatischer Anstrengungen für die Realisierung von Pipelineprojekten zum Transport von Erdgas aus der Kaspischen Region nach Europa ein (Kap. 4.4).

Die EU hat inzwischen zahlreiche Programme und Initiativen, wie Technical Assistance to the Commonwealth of Independent States (TACIS), Transport Corridor Europe - Caucasus - Asia (TRACECA), Interstate Oil and Gas Transport to Europe (INOGATE) oder die im Jahr 2007 verabschiedete Zentralasienstrategie, gestartet, um

---

163 Die Bekämpfung von Terrorismus, Extremismus sowie des Menschen- und Drogenhandels sind in diesem Zusammenhang als Beispiele zu nennen. Vgl. Halbach, Uwe: The European Union in the South Caucasus: Story of a hesitant approximation, in: Friedrich-Ebert-Stiftung: South Caucasus - 20 Years of Independence, Tbilisi: Friedrich-Ebert-Stiftung, 2011, S. 300-315; Petersen, Alexandros/Barysch, Katinka: Russia, China and the geopolitics of energy in Central Asia, London: Centre for European Reform, November 2011, S. 35.

164 Im Jahr 2013 betrug der Anteil Aserbaidschans 4,8 Prozent, der Kasachstans 5,8 Prozent. Die Anteile lagen damit deutlich höher als noch im Jahr 2003 (1,0 bzw. 2,7 Prozent). Einige europäische Energiekonzerne sind bereits seit längerer Zeit in der Kaspischen Region in der Produktion und im Export von Öl und Gas tätig. In Aserbaidschan ist vor allem BP zu nennen. Der Energiekonzern ist sowohl an der Öl- und Gasförderung als auch an den Exportpipelines BTC und Südkaukasus-Pipeline beteiligt. Zusätzlich hält Total Anteile am PSA für Shah Deniz und an der Südkaukasus-Pipeline. Außerdem halten Total und ENI jeweils fünf Prozent der Anteile am BTC-Konsortium. In Kasachstan sind vor allem Eni, Shell und Total an der Förderung beteiligt. Vgl. Eurostat: File: Main origin of primary energy imports, EU-28, 2003–13 (% of extra EU-28 imports) YB15.png, http://ec.europa.eu/eurostat/statistics-explained/index.php/File:Main_origin_of_primary_energy_imports,_EU-28,_2003%E2%80%9313_%28%25_of_extra_EU-28_imports%29_YB15.png (Zugriff: 07.02.2016); Petersen, Alexandros/Barysch, Katinka: Russia, China and the geopolitics of energy in Central Asia, London: Centre for European Reform, November 2011, S. 36.

ihre Interessen zu flankieren.[165] Außerdem wurden die diplomatischen Beziehungen mit den Sowjet-Nachfolgestaaten im Südkaukasus sowie in Zentralasien intensiviert und dazu jeweils Partnerschafts- und Kooperationsabkommen geschlossen.[166]

Trotz der zahlreichen Initiativen und Programme bzw. den damit verbundenen zur Verfügung gestellten Geldern, gibt es auch Vorbehalte der jeweiligen Regierungen der kaspischen Staaten gegenüber den Aktivitäten der EU aufgrund deren Forderungen nach Fortschritten in den Bereichen Demokratie und Menschenrechten.[167]

1.10.4.5 Iran

Sicherheitspolitische Erwägungen und Pragmatismus sind bestimmende Merkmale der Politik des Iran in der Kaspischen Region. Entgegen sowohl Befürchtungen des Westens als auch der Regierungen der neu entstandenen Staaten im Kaspischen Raum

---

165 Das Programm TACIS wurde bereits 1991 mit dem Ziel gestartet, die Nachfolgestaaten der Sowjetunion in ihren Transformationsprozessen zu Demokratie und Marktwirtschaft zu unterstützen. 2007 wurde es durch das Europäische Nachbarschafts- und Partnerschaftsinstrument (ENPI) ersetzt. TRACECA startete 1993 und richtet sich an die Länder der Schwarzmeerregion, des Südkaukasus und Zentralasiens; es verfolgt das Ziel, die politische und wirtschaftliche Unabhängigkeit dieser Länder durch alternative Transportrouten, Unterstützung regionaler Kooperation sowie Anwerben von Investitionen zu fördern. Das 1996 gestartete Programm INOGATE hat zum Ziel, die Energiebeziehungen mit den Ländern Osteuropas, des Südkaukasus und Zentralasiens auszubauen. Für die verstärkte Kooperation mit den zentralasiatischen Staaten wurde 2007 die Zentralasienstrategie verabschiedet. Diese zielt u. a. auf eine verstärkte Kooperation in den Bereichen Demokratie und Menschrechte, wirtschaftliche Zusammenarbeit sowie die Kooperation im Energiebereich. Vgl. Delegation of the European Union to Georgia: Tacis, http://eeas.europa.eu/delegations/georgia/eu_georgia/tech_financial_cooperation/instruments/tacis/index_en.htm (Zugriff: 07.02.2016); EUR-Lex: Programm TACIS (2000-2006), http://eur-lex.europa.eu/legal-content/RO/TXT/?uri=uriserv:r17003 (Zugriff: 07.02.2016); European Commission: International Cooperation and Development: Central Asia - Transport, https://ec.europa.eu/europeaid/regions/central-asia/eu-support-transport-development-central-asia_en (Zugriff: 07.02.2016); INOGATE: In brief, http://www.inogate.org/pages/1?lang=en (Zugriff: 07.02.2016); Auswärtiges Amt: Zentralasienstrategie, http://www.auswaertiges-amt.de/DE/Europa/Erweiterung_Nachbarschaft/Nachbarschaftspolitik/Zentralasien_node.html (Zugriff: 07.02.2016); o. V.: Die EU und Zentralasien: Strategie für eine neue Partnerschaft, http://www.auswaertiges-amt.de/cae/servlet/contentblob/347892/publicationFile/3096/Zentralasien-Strategie-Text-D.pdf (Zugriff: 07.02.2016).
166 Die Partnerschafts- und Kooperationsabkommen mit Aserbaidschan, Armenien, Georgien, Kasachstan, Kirgistan sowie Usbekistan wurden 1999 geschlossen. 2010 folgte die Unterzeichnung mit Tadschikistan. Für diese und weitere Informationen siehe: EUR-Lex: Partnerschafts- und Kooperationsabkommen (PKA): Russland, Osteuropa, Südkaukasus und Zentralasien, http://eur-lex.europa.eu/legal-content/DE/TXT/?uri=URISERV:r17002 (Zugriff: 30.07.2015).
167 Vgl. Smith Stegen, Karen/Kusznir, Julia: Outcomes and strategies in the 'New Great Game': China and the Caspian states emerge as winners, in: Journal of Eurasian Studies 6 (2015), S. 91-106, hier S. 97.

verfolgte die iranische Führung nach dem Zusammenbruch der Sowjetunion nicht das Interesse, sein Revolutionsmodell in den Südkaukasus und nach Zentralasien zu exportieren.[168] Aus dem Bestreben heraus, den Iran als Regionalmacht zu etablieren, verfolgt die iranische Regierung zwar das Ziel, die Beziehungen zu den postsowjetischen Staaten im Kaspischen Raum zu intensivieren, vermeidet aber auch eine Belastung des Verhältnisses zu Russland und akzeptiert dessen strategische Interessen in der Region.[169]

Die Beziehungen zu den jeweiligen Sowjet-Nachfolgestaaten in der Region sind durch signifikante Unterschiede gekennzeichnet. Aufgrund der Westorientierung Aserbaidschans entwickelte sich trotz gemeinsamer kultureller Wurzeln keine enge Kooperation mit dem Iran. Stattdessen ist das bilaterale Verhältnis von Misstrauen geprägt.[170] Dieses Misstrauen wird nicht zuletzt durch den Umstand befördert, dass der

---

168 Der Iran war Anfang der 1990er-Jahre innenpolitisch gebunden. Die sozioökonomische Situation war nach dem ersten Golfkrieg angespannt und auch der Tod von Ajatollah Khomeini im Jahr 1989 schürte Befürchtungen einer politischen Destabilisierung im Land. Lediglich in Tadschikistan war der Iran aufgrund der kulturellen sowie sprachlichen Nähe präsent und unterstützte die islamische Opposition, beteiligte sich allerdings auch an den Verhandlungen zur Beendigung des Bürgerkriegs. Vgl. Shaffer, Brenda: The Geopolitics of the Caucasus, in: The Brown Journal of World Affairs, Volume XV, Issue II, 2009, S. 131-142, hier S. 138 f.; Jonson, Lena: The new geopolitical situation in the Caspian region, in: Chufrin, Gennady (ed.): The Security of the Caspian Sea Region, Oxford: Oxford University Press, S. 11-32, hier S. 20; Laruelle, Marlene/Peyrouse, Sebastien: Globalizing Central Asia: Geopolitics and the Challenge of Economic Development, Armonk, N.Y.: M.E. Sharpe, 2013, S. 81 f.
169 Vgl. Jonson, Lena: The new geopolitical situation in the Caspian region, in: Chufrin, Gennady (ed.): The Security of the Caspian Sea Region, Oxford: Oxford University Press, S. 11-32, hier S. 20.
170 So fürchtet der Iran, dass Israel ob seiner engen Beziehungen zu Aserbaidschan von dessen Territorium Militärschläge gegen das iranische Atomprogramm führen könnte. Die Möglichkeit eines solchen Szenarios wurde allerdings seitens der Regierung Aserbaidschans stets bestritten und diesbezügliche Spekulationen wurden öffentlich dementiert. Ferner wirft die iranische Regierung Aserbaidschan vor, israelische Attentäter zu beherbergen, die für die Ermordung mehrerer iranischer Nuklearwissenschaftler verantwortlich sein sollen. Gleichzeitig beschuldigt die aserbaidschanische Regierung den Iran, Aktivitäten iranischer Imame sowie religiöser Extremisten in Aserbaidschan zu fördern, um das Regime zu destabilisieren. Ferner wurden in Aserbaidschan mehrere Personen nach der Anschuldigung, iranische Agenten zu sein, festgenommen. Sie sollen Anschläge auf jüdische bzw. israelische Einrichtungen auf aserbaidschanischem Territorium geplant haben. Des Weiteren besteht zwischen Aserbaidschan und dem Iran ein Konflikt über die Grenzziehung im Kaspischen Meer (Kap. 1.10.3.2). Trotz dieser Spannungen kooperieren beide Länder in einigen Bereichen. So besteht seit 2006 ein Swap-Geschäft, im Rahmen dessen Aserbaidschan Erdgas in den Iran exportiert, der wiederum im Austausch die aserbaidschanische Exklave Nachitschewan mit Erdgas versorgt, die aufgrund des Konfliktes mit Armenien von der Versorgungsinfrastruktur Aserbaidschans abgeschnitten ist. Vgl. Cordesman, Anthony H./Gold, Brian/Shelala, Robert/Gibbs, Michael: U.S. and Iranian Strategic Competition: Turkey and the South Caucasus, Washington, DC: Center for Strategic and International Studies, 2013, S. 79 ff.; Shaffer, Brenda: The Geopolitics of the Caucasus, in: The Brown Journal of World Affairs, Volume XV, Issue II, 2009 S. 131-142, hier S. 139; EIA: Azerbaijan, http://www.eia.gov/beta/international/analysis.cfm?iso=AZE (Zugriff: 31.07.2015).

Iran intensive Beziehungen zu Armenien, das sich wiederum in einem Konflikt mit Aserbaidschan über die Region Bergkarabach befindet, unterhält.[171] Die iranische Führung hat zwar kein Interesse an der Eskalation des Konfliktes, gleichwohl aber am Erhalt des Status quo und der fortwährenden Verwicklung Aserbaidschans in eben diesen, da sie fürchtet, dass eine Lösung zugunsten Aserbaidschans den bereits dort vorhandenen Nationalismus und in Konsequenz, möglicherweise durch das aserbaidschanische Regime geschürt, separatistische Tendenzen innerhalb der azerischen Minderheit im Iran befördern könnte.[172] Die Unterstützung des orthodoxen Armeniens durch den schiitischen Iran gegen das schiitische Aserbaidschan wird von Shaffer als Beleg für Pragmatismus in der iranischen Außenpolitik, die der Wahrung eigener Wirtschafts- und Sicherheitsinteressen Vorrang gegenüber der Staatsideologie einräumt, gesehen.[173] Sicherheitspolitische Erwägungen prägen auch zunehmend das Verhältnis des Iran gegenüber den Staaten Zentralasiens. So wird die steigende Aktivität salafistischer Gruppierungen in der Region als potenzielles Sicherheitsrisiko vonseiten der iranischen Regierung wahrgenommen.[174]

Zusätzlich verfolgt der Iran das Ziel, obwohl selbst in Besitz umfangreicher Öl- und Gasreserven, von den Energierohstoffen der Kaspischen Region zu profitieren und sich als Transitland für Öl- und Gasexporte aus Aserbaidschan, Kasachstan und Turkmenistan zu positionieren, um an Einfluss zu gewinnen und die internationale

---

171 Vgl. Shaffer, Brenda: The Geopolitics of the Caucasus, in: The Brown Journal of World Affairs, Volume XV, Issue II, 2009, S. 131-142, hier S. 138 f.
172 Die iranische Regierung sieht bewaffnete Konflikte im Kaspischen Raum, insbesondere im Südkaukasus, wie beispielsweise eine erneute Eskalation des Bergkarabach-Konfliktes, als potenzielle Bedrohung an, da diese auf den Iran übergreifen oder zu Flüchtlingsströmen aus Aserbaidschan führen und somit eine Gefahr für die innere Sicherheit darstellen könnten. In diesem Zusammenhang ist ferner darauf hinzuweisen, dass die Azeris die zweitgrößte Bevölkerungsgruppe im Iran stellen. Nach verschiedenen Schätzungen leben zehn bis 20 Mio. Azeris im Iran, was einem Bevölkerungsanteil von 12,7 bis 25,4 Prozent entspricht. Vgl. Shaffer, Brenda: The Geopolitics of the Caucasus, in: The Brown Journal of World Affairs, Volume XV, Issue II, 2009 S. 131-142, hier S. 139; Shaffer, Brenda: Iran's role in the South Caucasus and Caspian Region: Diverging Views of the U.S. and Europe, in: Whitlock, Eugene (ed.): "Iran and Its Neighbors: Diverging Views on a Strategic Region", Berlin: Stiftung Wissenschaft und Politik, 2003, S. 17-22, hier S. 19; Cordesman, Anthony H./Gold, Brian/Shelala, Robert/Gibbs, Michael: U.S. and Iranian Strategic Competition: Turkey and the South Caucasus, Washington, DC: Center for Strategic and International Studies, 2013, S. 79.
173 Vgl. Shaffer, Brenda: The Geopolitics of the Caucasus, in: The Brown Journal of World Affairs, Volume XV, Issue II, 2009 S. 131-142, hier S. 138 f.; Shaffer, Brenda: Iran's role in the South Caucasus and Caspian Region: Diverging Views of the U.S. and Europe, in: Whitlock, Eugene (ed.): "Iran and Its Neighbors: Diverging Views on a Strategic Region", Berlin: Stiftung Wissenschaft und Politik, 2003, S. 17-22, hier S. 18 ff.
174 Vgl. Laruelle, Marlene/Peyrouse, Sebastien: Globalizing Central Asia: Geopolitics and the Challenge of Economic Development, Armonk, N.Y.: M.E. Sharpe, 2013, S. 83 f.

Isolation zu überwinden.[175] Die belasteten Beziehungen zum Westen und insbesondere zu den USA, die sich aufgrund des Konfliktes um das iranische Atomprogramm weiter verschlechterten, sowie die damit verbundenen gegen den Iran verhängten Sanktionen haben allerdings bisher die Realisierung von diesbezüglichen Großprojekten verhindert (Kap. 4).[176] Durch die im Jahr 2015 erfolgte Einigung im Atomstreit könnte sich diese Situation grundlegend ändern und der Iran zukünftig den Zugang zu den Erdgasvorkommen Turkmenistans ermöglichen.

1.10.4.6 Türkei

Die außenpolitische Strategie der Türkei gegenüber den Nachfolgestaaten der Sowjetunion im Kaspischen Raum war zunächst von panturkistischen Vorstellungen geprägt. Durch die Betonung gemeinsamer historischer, kultureller, ethnischer und religiöser Wurzeln sowie der Verwandtschaft der Sprachen beabsichtigte die türkische Regierung, ihren politischen, wirtschaftlichen und kulturellen Einfluss auf die Kaspische Region auszudehnen.[177] Neben einer Wirtschaftsgemeinschaft aller Turkstaaten strebte die Türkei die Führungsrolle in der Region an und wollte sich als Regionalmacht etab-

---

175 Vgl. Shaffer, Brenda: The Geopolitics of the Caucasus, in: The Brown Journal of World Affairs, Volume XV, Issue II, 2009, S. 131-142, hier S. 138; Jonson, Lena: The new geopolitical situation in the Caspian region, in: Chufrin, Gennady (ed.): The Security of the Caspian Sea Region, Oxford: Oxford University Press, 2001, S. 11-32, hier S. 20; Mohsenin, Mehrdad M.: The evolving security role of Iran in the Caspian region, in: Chufrin, Gennady (ed.): The Security of the Caspian Sea Region, Oxford: Oxford University Press, 2001, S. 166-177, hier S. 172.

176 Die Handelsbeziehungen im Öl- und Gasbereich beschränken sich bisher auf einige wenige Projekte mit einem vergleichsweise geringen Volumen. Diese beinhalten die Erdgasimporte aus Turkmenistan (Kap. 2.2.5.2), das Gasswapgeschäft mit Aserbaidschan zur Versorgung der aserbaidschanischen Exklave Nachitschewan (jährliches Volumen ca. 0,6 Mrd. m³) sowie Ölswapgeschäfte mit Kasachstan und Turkmenistan, die allerdings aufgrund der Verschärfung der gegen den Iran verhängten Sanktionen reduziert bzw. eingestellt wurden. Vgl. Pirani, Simon: Central Asian and Caspian Gas Production and the Constraints on Export, Oxford: Oxford Institute for Energy Studies, Dezember 2012, S. 9, EIA: Kazakhstan, 14.01.2015, http://www.eia.gov/beta/ international/analysis.cfm?iso=KAZ (Zugriff: 31.07.2015); Jonson, Lena: The new geopolitical situation in the Caspian region, in: Chufrin, Gennady (ed.): The Security of the Caspian Sea Region, Oxford: Oxford University Press, 2001, S. 11-32, hier S. 20; Mohsenin, Mehrdad M.: The evolving security role of Iran in the Caspian region. In: Chufrin, Gennady (ed.): The Security of the Caspian Sea Region, Oxford: Oxford University Press, 2001, S. 166-177, hier S. 172; IEA: Energy Policies Beyond IEA Countries: Eastern Europe, Caucasus and Central Asia, Paris: OECD/IEA: 2015, S. 323.

177 Vgl. Freitag-Wirminghaus, Rainer: Vom Panturkismus zum Pragmatismus: Die Türkei und Zentralasien, in: Osteuropa, 57. Jg., Nr. 8-9, 2007, S. 339-355, hier S. 340; Öztürk, Asiye: The Domestic Context of Turkey's Changing Foreign Policy towards the Middle East and the Caspian Region, DIE Discussion Paper, Bonn: Deutsches Institut für Entwicklungspolitik, 2009, S. 26.

lieren. Diese Ambitionen fanden Unterstützung seitens des Westens, da man erwartete, dadurch den Einfluss Russlands und des Iran in der Region begrenzen zu können.[178]

Das Engagement der Türkei stieß zunächst auf positive Resonanz der postsowjetischen Staaten im Kaspischen Raum, da sie darin eine Möglichkeit sahen, ihre außenpolitischen Beziehungen zu diversifizieren und dadurch die Unabhängigkeit zu festigen.[179] Der von der Türkei propagierte Panturkismus und der damit verbundene Führungsanspruch stießen allerdings bald auf Vorbehalte der Regierungen im Kaukasus und in Zentralasien, die sich nicht nach der über Dekaden andauernden Abhängigkeit von Russland in eine ebensolche von der Türkei begeben wollten, zumal deren finanzielle Mittel begrenzt waren, um die Nachfolgestaaten der Sowjetunion im Transformationsprozess zu unterstützen.[180]

Da sich die panturkistischen Ambitionen der Türkei im postsowjetischen Kaspischen Raum nicht realisieren ließen, vollzog sich ein Wandel in der türkischen Außenpolitik. Danach wurde einerseits den Beziehungen zu den Staaten im Südkaukasus zunehmend höherer Stellenwert eingeräumt, andererseits bestimmten Fragen der energiepolitischen Kooperation die politische Agenda – wobei Letzteres zu Interessenkonflikten mit Russland führte.[181]

Die fortwährende enge Verflechtung außen- und energiepolitischer Interessen ist nach wie vor prägendes Merkmal der Außenpolitik der Türkei in der Kaspischen Region. So besteht eines der zentralen Ziele türkischer Außenpolitik darin, die kaspischen Öl- und Gasvorkommen für sich zu erschließen, dadurch die eigene Energieversorgungssicherheit zu gewährleisten, das Land als Brücke für den Transport von Öl und Gas aus der Kaspischen Region nach Europa zu etablieren und auf diesem Wege an strategischem Gewicht gegenüber Europa und den kaspischen Staaten zu

---

178 Vgl. Freitag-Wirminghaus, Rainer: Vom Panturkismus zum Pragmatismus: Die Türkei und Zentralasien, in: Osteuropa, 57. Jg., Nr. 8-9, 2007, S. 339-355, hier S. 341; Öztürk, Asiye: The Domestic Contextof Turkey's Changing Foreign Policy towards the Middle East and the Caspian Region, DIE Discussion Paper, Bonn: Deutsches Institut für Entwicklungspolitik, 2009, S. 26.
179 Vgl. Öztürk, Asiye: The Domestic Context of Turkey's Changing Foreign Policy towards the Middle East and the Caspian Region, DIE Discussion Paper, Bonn: Deutsches Institut für Entwicklungspolitik, 2009, S. 27.
180 Vgl. Öztürk, Asiye: The Domestic Contextof Turkey's Changing Foreign Policy towards the Middle East and the Caspian Region, DIE Discussion Paper, Bonn: Deutsches Institut für Entwicklungspolitik, 2009, S. 27; Freitag-Wirminghaus, Rainer: Vom Panturkismus zum Pragmatismus: Die Türkei und Zentralasien, in: Osteuropa, 57. Jg., Nr. 8-9, 2007, S. 339-355, hier S. 342 ff.
181 Vgl. Freitag-Wirminghaus, Rainer: Vom Panturkismus zum Pragmatismus: Die Türkei und Zentralasien, in: Osteuropa, 57. Jg., Nr. 8-9, 2007, S. 339-355, hier S. 344 ff.; Öztürk, Asiye: The Domestic Context of Turkey's Changing Foreign Policy towards the Middle East and the Caspian Region, DIE Discussion Paper, Bonn: Deutsches Institut für Entwicklungspolitik, 2009, S. 27 f.

1.10 Die geopolitische Situation in der Kaspischen Region

gewinnen.[182] Inzwischen sind mit der BTC- und Südkaukasus-Pipeline zwei Projekte realisiert worden, die maßgeblich zur Intensivierung der Beziehungen zwischen der Türkei und Aserbaidschan sowie Georgien beigetragen haben.[183]

Durch den Ausbau der Südkaukasus-Pipeline und die Entscheidungen zugunsten der Gaspipelineprojekte TANAP sowie TAP wird die energiepolitische Kooperation zwischen den drei Ländern weiter gefestigt (Kap. 4.4.13.3). Vor diesem Hintergrund besteht eines der zentralen Ziele der Türkei in der Wahrung der Stabilität im Südkaukasus, da die dort schwelenden Konflikte nicht nur jederzeit wieder aufflammen können und somit eine potenzielle Bedrohung der türkischen Sicherheitsinteressen darstellen, sondern auch den Transport von Öl und Gas aus Aserbaidschan über Georgien in bzw. durch die Türkei beinträchtigen und sogar unterbrechen können, wie der Georgien-Krieg im Jahr 2008 gezeigt hat.[184]

Die Beziehungen zu den Staaten Zentralasiens sind aufgrund der geografischen Distanz bei Weitem nicht so intensiv wie zu Georgien und Aserbaidschan. Das Handelsvolumen der Türkei mit diesen Staaten ist vergleichsweise gering, allerdings sind zahlreiche türkische Unternehmen in Zentralasien, insbesondere in Turkmenistan und

---

182 Vgl. Republic of Turkey, Ministry of Foreign Affairs: Turkey's Energy Strategy, http:// www. mfa.gov.tr/turkeys-energy-strategy.en.mfa (Zugriff: 03.02.2014); Winrow, Gareth: Realization of Turkey's Energy Aspirations: Pipe Dreams or Real Projects? Turkey Project Policy Paper, Washington DC: Center on the United States and Europe at Brookings, April 2014, S. 1 f., 11 f.; Kramer, Heinz: Die Türkei als Energiedrehscheibe: Wunschtraum und Wirklichkeit, SWP-Studie, Berlin: Stiftung Wissenschaft und Politik, April 2010, S. 21 f.; Winrow, Gareth M.: Problems and Prospects for the "Fourth Corridor": The positions and role of Turkey in gas transit to Europe, Oxford: Oxford Institute for Energy Studies, June 2009, S. 7 ff. und 18 ff.

183 Die Beziehungen zwischen der Türkei und Armenien sind hingegen von Spannungen gekennzeichnet. Hier bestehen mehrere Konfliktlinien. So forderte die Regierung Armeniens eine Revision der türkisch-armenischen Grenze sowie die Anerkennung des begangenen Völkermordes an den Armeniern im Zeitraum 1915/16. Die Haltung der Türkei bezüglich der Bergkarabach-Frage und die einseitige Unterstützung der aserbaidschanischen Position in diesem Konflikt führte ferner zu einer zusätzlichen Belastung bzw. zum Abbruch der diplomatischen Beziehungen zu Armenien und der Schließung der gemeinsamen Grenze im Jahr 1993 durch die türkische Regierung. Vor diesem Hintergrund vergrößerte sich die strategische Bedeutung der Beziehungen zum Nachbarland Georgien, da ein Transit von Öl und Gas aus Aserbaidschan und möglicherweise Zentralasien durch armenisches Territorium keine Option mehr darstellte. Vgl. Öztürk, Asiye: The Domestic Context of Turkey's Changing Foreign Policy towards the Middle East and the Caspian Region, DIE Discussion Paper, Bonn: Deutsches Institut für Entwicklungspolitik, 2009, S. 27; de Haas, Marcel/Tibold, Andrej/Cillessen, Vincent: Geo-strategy in the South Caucasus: Power Play and Energy Security of States and Organisations, Den Haag: Netherlands Institute of International Relations Clingendael, November 2006, S. 37.

184 Vgl. IEA: Perspectives on Caspian Oil and Gas Development, Paris: IEA/OECD, December 2008, S. 47 f.; Öztürk, Asiye: The Domestic Contextof Turkey's Changing Foreign Policy towards the Middle East and the Caspian Region, DIE Discussion Paper, Bonn: Deutsches Institut für Entwicklungspolitik, 2009, S. 30.

Kasachstan, tätig.[185] Zwar war und ist die Türkei an Erdgasimporten aus Turkmenistan interessiert, doch konnten diese bisher nicht realisiert werden (Kap. 4).

1.10.4.7 Aserbaidschan

Im Zentrum der Außenpolitik Aserbaidschans steht der ungelöste Bergkarabach-Konflikt mit Armenien. Ziel der aserbaidschanischen Regierung ist, die Kontrolle über die Provinz Bergkarabach und die von Armenien besetzten Gebiete zurückzugewinnen.[186]

Der Bergkarabach-Konflikt stellt auch das prägende Element der Beziehungen zu Russland dar. Nach dem Zusammenbruch der Sowjetunion und der Erlangung der Unabhängigkeit war die damalige aserbaidschanische Regierung zunächst an engen Beziehungen zu Russland interessiert. Sie erwartete, dass Russland sich neutral verhalten würde, als Aserbaidschan anstrebte, die Bergkarabach-Frage mit militärischen Mitteln zu seinen Gunsten entscheiden zu wollen. Allerdings gingen Russland und Armenien stattdessen eine strategische Partnerschaft ein, die bis in die Gegenwart andauert und letztendlich die Sicherheit Armeniens garantiert, was wiederum zur Konsequenz hatte, dass Aserbaidschan eine engere Bindung an den Westen anstrebte.[187]

---

185 Vgl. Laruelle, Marlene/Peyrouse, Sebastien: Globalizing Central Asia: Geopolitics and the Challenge of Economic Development, Armonk, N.Y.: M.E. Sharpe, 2013, S. 78 ff.

186 Bereits 1988 kam es zu Aufständen in der autonomen Bergkarabach-Region, die damals zu der Unionsrepublik Aserbaidschan gehörte. Nach dem Zusammenbruch der Sowjetunion entwickelte sich ein offener Konflikt zwischen Aserbaidschan und Armenien. Die kriegerischen Auseinandersetzungen dauerten bis zur Schließung des Waffenstillstandes 1994. Seitdem hält Armenien die umstrittene Provinz Bergkarabach sowie sieben weitere umliegende Provinzen besetzt. Trotz des Waffenstillstandabkommens kommt es immer wieder zu bewaffneten Auseinandersetzungen. Vgl. de Waal, Thomas: The Conflict of Sisyphus - The elusive search for resolution of the Nagorno-Karabakh dispute, in: Friedrich-Ebert-Stiftung: South Caucasus - 20 Years of Independence, Tbilisi: Friedrich-Ebert-Stiftung, 2011, S. 137-150, hier S. 137 und 144; Cordesman, Anthony H./ Gold, Brian/Shelala, Robert/Gibbs, Michael: U.S. and Iranian Strategic Competition: Turkey and the South Caucasus, Wahington, DC: Center for Strategic & International Studies, 2013, S. 71; Shaffer, Brenda: Nagorno-Karabakh after Crimea: How Moscow Keeps the Conflict Alive -- And What to Do About It, in: Foreign Affairs, 03.05.2014, http://www.foreignaffairs.com/articles/141385/brenda-shaffer/nagorno-karabakh-after-crimea (Zugriff: 30.07.2015).

187 Armenien ist im Gegensatz zu Aserbaidschan Mitglied der OVKS und würde vermutlich im Falle eines Angriffes durch Aserbaidschan von russischen Streitkräften unterstützt werden. Gegenwärtig sind mehrere Tausend russische Soldaten in Armenien stationiert. Vgl. Bagirov, Sabit: Azerbaijans strategic choice in the Caspian region, in: Chufrin, Gennady (ed.): The Security of the Caspian Sea Region, Oxford: Oxford University Press, 2001, S. 178-194, hier S. 179; Shaffer, Brenda: Nagorno-Karabakh after Crimea: How Moscow Keeps the Conflict Alive -- And What to Do About It, in: Foreign Affairs, 03.05.2014, http://www.foreignaffairs. com/articles/141385/brenda-shaffer/nagorno-karabakh-after-crimea (Zugriff: 30.07.2015); Blank, Stephen: Azerbaijans's Security and U.S. Interests: Time for a Reassessment, Washington DC: Central Asia-Caucasus Institute and Silk Road Studies Program, December 2013, S. 57.

1.10 Die geopolitische Situation in der Kaspischen Region 99

In diesem Zusammenhang ist zu betonen, dass Russland durchaus über Instrumente zur Destabilisierung des Aliyev-Regimes verfügt. Wie bereits geschildert, dient der ungelöste Bergkarabach-Konflikt den strategischen Interessen Russlands insofern, als dieser es der russischen Regierung ermöglicht, Einfluss auf Aserbaidschan (und Armenien) auszuüben.[188] Außerdem könnte Russland in Aserbaidschan beheimatete ethnische Minderheiten ähnlich wie im Falle Georgiens instrumentalisieren, um die aserbaidschanische Regierung unter Druck zu setzen.[189] Inzwischen unterhält Aserbaidschan nach außen freundschaftliche Beziehungen zu Russland und es zeichnet sich eine weitere Annäherung ab. Im Gegensatz dazu waren die Beziehungen zum Westen aufgrund von Menschenrechtsfragen in jüngerer Vergangenheit zunehmend belastet.[190]

Die Beziehungen Aserbaidschans zu seinem südlichen Nachbarn Iran sind, wie bereits beschrieben, durch Spannungen gekennzeichnet (Kap. 1.10.4.5). Vor diesem Hintergrund verfolgt die aserbaidschanische Regierung mit der angestrebten Westintegration das Ziel, seine Unabhängigkeit gegenüber der Hegemonialmacht Russland bewahren und den Einfluss des Iran beschränken zu können. Insbesondere von

---

188 Vgl. Blank, Stephen: Azerbaijans's Security and U.S. Interests: Time for a Reassessment, Silk Road Paper, Washington DC: Central Asia-Caucasus Institute & Silk Road Studies Program, December 2013, S. 54 ff; Shaffer, Brenda: Nagorno-Karabakh after Crimea: How Moscow Keeps the Conflict Alive – And What to Do About It, in: Foreign Affairs, 03.05.2014, http://www.foreignaffairs.com/articles/141385/brenda-shaffer/nagorno-karabakh-after-crimea (Zugriff: 30.07.2015).

189 So besteht der Verdacht, dass Russland die Lesginen und Awaren nach Bedarf instrumentalisiert, um auf die Regierung Aserbaidschans Druck auszuüben. Nach Angaben der aserbaidschanischen Statistikbehörde (State Statistical Committee of the Republic of Azerbaijan) leben rund 180.000 Lesginen (dies entspricht einem Anteil von zwei Prozent an der gesamten Bevölkerung Aserbaidschans, Stand 2009) und knapp 50.000 Awaren (dies entspricht einem Anteil von 0,6 Prozent an der Gesamtbevölkerung) in Aserbaidschan. Die Anzahl der in Aserbaidschan lebenden ethnischen Russen hat sich seit dem Zusammenbruch der Sowjetunion von rund 392.000 (5,6 Prozent Anteil an der Gesamtbevölkerung) im Jahr 1989 auf knapp 120.000 (dies entspricht einem Anteil von 1,3 Prozent) im Jahr 2009 verringert. Vgl. Bagirov, Sabit: Azerbaijans strategic choice in the Caspian region, in: Chufrin, Gennady (ed.): The Security of the Caspian Sea Region, Oxford: Oxford University Press, 2001, S. 178-194, hier S. 183 ff.; Blank, Stephen: Azerbaijans's Security and U.S. Interests: Time for a Reassessment, Silk Road Paper, Washington DC: Central Asia-Caucasus Institute & Silk Road Studies Program, December 2013, S. 44 f.; The State Statistical Committee of the Republic of Azerbaijan: Population by ethnic groups, http://www.stat.gov.az/source/demoqraphy/en/001_11-12en.xls (Zugriff: 30.07.2015).

190 Vgl. Blank, Stephen: Azerbaijans's Security and U.S. Interests: Time for a Reassessment, Silk Road Paper, Washington DC: Central Asia-Caucasus Institute and Silk Road Studies Program, December 2013, S. 44; o.V.: Azerbaijan reconsiders its foreign ties, in: Stratfor Global Intelligence: Geopolitical Diary, 27.05.2015, https://www.stratfor.com/geopolitical-diary/azerbaijan-reconsiders-its-foreign-ties (Zugriff: 20.02.2016).

den USA erhofft sich die aserbaidschanische Führung Unterstützung.[191] Die Öl- und Gasreserven Aserbaidschans dienen in diesem Zusammenhang als wichtiges Instrument. Die Realisierung der Hauptexportpipelines für Öl und Gas, die BTC- sowie die Südkaukasus-Pipeline, die sowohl russisches als auch iranisches Territorium umgehen, sind Ausdruck dieser Strategie und die Entscheidungen für den Ausbau der Südkaukasus-Pipeline sowie die Umsetzung der Pipelineprojekte TANAP und TAP zum Export der Produktion von Shah Deniz II haben gezeigt, dass Aserbaidschan weiter dieser festhält (Kap. 4.4.13.3).[192]

Hier decken sich die geopolitischen Interessen Aserbaidschans mit denen Georgiens (Kap. 1.10.4.8). Während Aserbaidschan Abhängigkeiten gegenüber Russland und dem Iran durch den Transit von Öl- und Gasexporten verhindern möchte und auch Armenien aufgrund des Bergkarabach-Konfliktes nicht als Transitland infrage kommt, bleibt als einzige Option, die Energierohstoffe via Georgien zu exportieren. Aufgrund dieser Interdependenz und Konvergenz der Interessen haben sich enge Beziehungen zwischen Georgien und Aserbaidschan entwickelt.[193] Gleiches gilt für das Verhältnis zur Türkei, die ebenfalls von den Energierohstoffen Aserbaidschans profitiert und sich als ein wichtiger Verbündeter im Bergkarabach-Konflikt erweist (Kap. 1.10.4.6).

---

191 Der Unterstützung durch die USA waren allerdings zunächst Grenzen gesetzt. Die US-Gesetzgebung, *Section 907 of the Freedom Support Act*, untersagt die offizielle militärische Unterstützung (mit Ausnahmen von Programmen zur Abrüstung) Aserbaidschans, bis dieses die Blockade Armeniens und der Region Bergkarabach nachweislich aufgibt. Nach den Terroranschlägen vom 11. September 2001 wurde das Gesetz ergänzt und Ausnahmen wurden zugelassen. Anschließend erhöhte die Bush-Administration die Unterstützung für Aserbaidschan im Militär- und Sicherheitsbereich. Vgl. Giragosian, Richard: US National Interests and Engagement Strategies in the South Caucasus, in: Friedrich-Ebert-Stiftung: South Caucasus - 20 Years of Independence, Tbilisi: Friedrich-Ebert-Stiftung, 2011, S. 241-258, hier S. 247 f.; Cordesman, Anthony H./Gold, Brian/Shelala, Robert/Gibbs, Michael: U.S. and Iranian Strategic Competition: Turkey and the South Caucasus, Wahington, DC: Center for Strategic and International Studies, 2013, S. 71; Rzayeva, Gulmira/Tsakiris, Theodoros G. R.: Stategic Imperative: Azerbaijani Gas Strategy and the EU's Southern Corridor, Baku: SAM Center for Strategic Studies, 2012, S. 11.
192 Vgl. Rzayeva, Gulmira/Tsakiris, Theodoros G. R.: Strategic Imperative: Azerbaijani Gas Strategy and the EU's Southern Corridor, SAM Review, Baku: SAM Center for Strategic Studies, 2012, S. 10 ff.
193 Vgl. Rzayeva, Gulmira/Tsakiris, Theodoros G. R.: Strategic Imperative: Azerbaijani Gas Strategy and the EU's Southern Corridor, SAM Review, Baku: SAM Center for Strategic Studies, 2012, S. 12.

1.10.4.8 Georgien

Im Zentrum der geopolitischen Interessen Georgiens stehen die Wahrung der Unabhängigkeit gegenüber Russland sowie die weitere Verringerung des russischen Einflusses durch eine engere Westbindung zum Erhalt territorialer Integrität.[194]

Da das Land selbst nicht über umfangreiche Energierohstoffe verfügt, besteht dessen Strategie darin, Georgien als Transitland für Öl- und Gasexporte aus der Kaspischen Region, insbesondere Aserbaidschan, zu positionieren und dadurch an strategischem Gewicht und Bedeutung gegenüber dem Westen zu gewinnen.[195] Zusätzlich verringert sich durch den Import von Öl und Gas aus Aserbaidschan die Abhängigkeit Georgiens von russischen Energielieferungen und stärkt folglich dessen Souveränität gegenüber Russland.[196]

Aufgrund der geostrategischen Lage Georgiens und konvergierender energie- und geopolitischer Interessen des Westens sowie Aserbaidschans wurde das Land in seinen Bestrebungen, sich aus dem Machtbereich Russlands zu entfernen, unterstützt.

---

194 Georgien war in den ersten Jahren der Unabhängigkeit mit internen Machtkämpfen und separatistischen Aufständen in den Landesteilen Abchasien und Süd-Ossetien konfrontiert. Diese separatistischen Bewegungen wurden von Russland politisch und militärisch unterstützt, sodass die georgischen Streitkräfte nicht in der Lage waren, die Kontrolle über die abtrünnigen Provinzen wiederzuerlangen. Erst durch ein von Russland vermitteltes Waffenstillstandsabkommen konnte der Zerfall des Landes verhindert werden. Allerdings forderte die russische Regierung im Gegenzug den Beitritt Georgiens zur GUS und die Stationierung von russischen Friedenstruppen auf georgischem Territorium. Die georgische Regierung musste auf die Forderungen Russlands nach einer langfristigen Militärpräsenz (25 Jahre) eingehen, forderte aber später den Abzug der russischen Friedenstruppen. Im Jahr 2007 erklärte das russische Außenministerium, dass sämtliche Stützpunkte in Georgien geschlossen worden seien. Nach dem Georgien-Krieg im Jahr 2008 wurden allerdings erneut russische Truppen in Abchasien und Süd-Ossetien stationiert. Vgl. Rondeli, Alexander: The choice of independent Georgia, in: Chufrin, Gennady (ed.): The security of the Caspian Sea Region, Oxford: Oxford University Press, 2001, S. 195-211, hier S. 197; Nichol, Jim: Armenia, Azerbaijan, and Georgia: Political Developments and Implications for U.S. Interests, Congressional Research Service, April 2014, S. 12; de Haas, Marcel/ Tibold, Andrej/Cillessen, Vincent: Geo-strategy in the South Caucasus: Power Play and Energy Security of States and Organisations, Den Haag: Netherlands Institute of International Relations Clingendael, November 2006, S. 17 f.
195 Vgl. Tsereteli, Mamuka: Azerbaijan and Georgia: Strategic Partnership for Stability in a volatile Region, Washington DC: Central Asia-Caucasus Institute & Silk Road Studies Program, September 2013, S. 18-27.
196 Inzwischen (Stand 2013) beträgt der Anteil der Öl- und Gasimporte aus Aserbaidschan 48 bzw. 88 Prozent an den gesamten Öl- und Gasimporten. Vgl. de Haas, Marcel/Tibold, Andrej/ Cillessen, Vincent: Geo-strategy in the South Caucasus: Power Play and Energy Security of States and Organisations, Den Haag: Netherlands Institute of International Relations Clingendael, November 2006, S. 18 f.; IEA: Energy Policies Beyond IEA Countries: Eastern Europe, Caucasus and Central Asia, Paris: OECD/IEA: 2015, S. 131.

Inzwischen sind mehrerer Pipelineprojekte umgesetzt worden, mittels derer Erdöl und Erdgas aus Aserbaidschan durch georgisches Territorium exportiert wird.[197]

Parallel zur angestrebten Westintegration durch energiepolitische Verflechtungen verfolgt Georgien das Ziel, Mitglied der NATO zu werden. Bereits 1994 trat es dem NATO-Programm „Partnerschaft für den Frieden" bei[198] und intensivierte nach der Rosenrevolution und dem Amtsantritt Saakaschwilis 2003 seine pro-westliche und anti-russische Politik sowie die Bestrebungen, NATO-Mitglied zu werden.[199] Dieser politische Kurs und die damit einhergehende Verschlechterung der Beziehungen zu Russland gipfelten in einer kriegerischen Auseinandersetzung zwischen beiden Staaten im August 2008, die Russland zu seinen Gunsten entscheiden konnte.[200]

Dieser Krieg löste vorübergehend Bedenken in Bezug auf Georgiens Rolle als Transitland für Erdöl und Erdgas aus. Obwohl die Ölexporte Aserbaidschans durch den Krieg erheblich beeinträchtigt wurden,[201] hatte dieser keine nachhaltigen Auswirkungen auf die Planungen der Pipelineprojekte des „Südlichen Korridors". Inzwischen wurden die Entscheidungen über den Export und die Vermarktung der Gasproduktion von Shah Deniz II gefällt, die neben dem Bau von TAP und TANAP auch die Erweiterung der Südkaukasus Pipeline vorsehen,[202] sodass zukünftig zusätzliche Volumen Erdgas aus Aserbaidschan über Georgien in die Türkei und nach Europa transportiert werden.

---

197 Vgl. Shaffer, Brenda: The Geopolitics of the Caucasus, in: The Brown Journal of World Affairs. Spring/Summer 2009, Volume XV, Issue II S. 131-142, hier S. 131 f.; Tsereteli, Mamuka: Azerbaijan and Georgia: Strategic Partnership for Stability in a volatile Region, Washington DC: Central Asia-Caucasus Institute & Silk Road Studies Program, September 2013, S. 18-27.

198 Vgl. de Haas, Marcel/Tibold, Andrej/Cillessen, Vincent: Geo-strategy in the South Caucasus: Power Play and Energy Security of States and Organisations, Den Haag: Netherlands Institute of International Relations Clingendael, November 2006, S. 17, 55.

199 Georgien unterstützte die von den USA geführten Militärinterventionen im Irak bis zum Ausbruch des Georgien-Kriegs mit vergleichsweise umfangreichen Truppenkontingenten und beteiligte sich auch an der ISAF-Mission in Afghanistan. Vgl. Shaffer, Brenda: The Geopolitics of the Caucasus, in: The Brown Journal of World Affairs. Spring/Summer 2009, Volume XV, Issue II, S. 131-142, hier S. 132; Nichol, Jim: Armenia, Azerbaijan, and Georgia: Political Developments and Implications for U.S. Interests, Congressional Research Service, April 2014, S. 5 f.

200 Als Ergebnis des Georgien-Krieges haben Abchasien und Süd-Ossetien mit der Unterstützung Russlands ihre Unabhängigkeit erklärt, die bisher allerdings nur von Russland und wenigen weiteren Staaten (Venezuela, Nicaragua, Nauru) anerkannt wurde. Vgl. MacFarlane, S. Neil: Two years of the Dream: Georgian Foreign Policy during the Transition, London: The Royal Institute of International Affairs, Chatham House, 2015, S. 3; Kipiani, Marion: Georgien, in: Bundeszentrale für politische Bildung: Internationales: Innerstaatliche Konflikte, 17.12.2015, http://www.bpb.de/internationales/weltweit/innerstaatliche-konflikte/54599/georgien (Zugriff: 21.02.2016).

201 Bereits kurz vor Ausbruch des Krieges wurde ein Anschlag auf die BTC-Ölpipeline verübt, zu dem sich die PKK bekannte. Für Aserbaidschan hatte der Georgien-Krieg durchaus ernste Konsequenzen, da dessen Ölexporte vorübergehend fast vollständig zum Erliegen kamen. Vgl. IEA: Perspectives on Caspian Oil and Gas Development, Paris: IEA/OECD, December 2008, S. 47 f.

202 Vgl. BP Azerbaijan: Operations and Projects: Shah Deniz: The Southern Gas Corridor, http://www.bp.com/en_az/caspian/operationsprojects/Shahdeniz/SouthernCorridor.html (Zugriff: 05.05.2016).

1.10.5 Exkurs zur Außenpolitik Turkmenistans

Die elementaren Interessen turkmenischer Außenpolitik während der Amtszeit Nijasows bestanden in der Wahrung der Machtverhältnisse und der damit verbundenen Stabilität des Regimes durch Abschottung des Landes vor etwaigen externen Bestrebungen zur politischen Liberalisierung sowie in der Sicherung der Einnahmen aus dem Export von Erdgas. Diese sind wiederum wesentliche Voraussetzung für den Erhalt der Machstrukturen, da nur sie die Aufrechterhaltung des Patronage-Systems und die Subventionierung der Bevölkerung ermöglichen (Kap. 1.8).[203]

Zentraler Bestandteil der Außenpolitik Turkmenistans ist der Status permanenter Neutralität, den Präsident Nijasow im März 1995 verfügte und der von den Vereinten Nationen im Dezember 1995 per Beschluss der Generalversammlung anerkannt worden ist.[204] Mittels des Neutralitätsstatus verfolgte die turkmenische Regierung das Ziel, jedwede politische Einflussnahme von außen zu verhindern und die Stabilität des Regimes zu gewährleisten.[205]

---

203 Vgl. Anceschi, Luca: External Conditionality, Domestic Insulation and Energy Security: The International Politics of Post-Niyazov Turkmenistan, in: China and Eurasia Forum Quarterly, Volume 8, No. 3 (2010), S. 93-114, hier S. 94.

204 Turkmenistan befand sich nach Erlangung der Unabhängigkeit in einem schwierigen geopolitischen Umfeld. Die Beziehungen zu Aserbaidschan, Usbekistan und Russland waren angespannt und auch die von der turkmenischen Regierung favorisierte Intensivierung des Verhältnisses zu den südlichen Nachbarn Iran und Afghanistan war schwierig. Afghanistan befand sich nach dem Abzug der sowjetischen Truppen im Bürgerkrieg, in dessen Folge sich das Taliban-Regime 1996 etablieren konnte, während die USA ihre Isolationspolitik gegenüber dem Iran fortsetzten. Der Neutralitätsstatus ermöglichte es Präsident Nijasow, eine Beteiligung Turkmenistans an postsowjetischen Institutionen abzulehnen und eine Verwicklung Turkmenistans in die Spannungen in Bezug auf Iran und Afghanistan zu vermeiden. Vgl. Peyrouse, Sebastien: Turkmenistan: Strategies of Power, Dilemmas of Development, Armonk, N.Y.: M. E. Sharpe, 2012, S. 194 f.

205 Turkmenistan schien in den ersten Jahren der Unabhängigkeit durchaus bereit, auch auf multilateraler Ebene außenpolitisch zu agieren. 1992 trat Turkmenistan der OSZE bei und wurde Mitglied der Vereinten Nationen, woraufhin die Beteiligung an mehreren regionalen sowie internationalen Organisationen und Finanzinstitutionen, wie z. B. EBRD (Beitritt 1992), Economic Cooperation Organisation (1992), FAO (1995), Weltbank (1992), Islamic Development Bank (1994), ILO (1993), IWF (1992) und UNESCO (1993) folgte. Allerdings favorisierte Präsident Nijasow zunehmend die Ausgestaltung der Außenpolitik auf bilateraler Ebene, sodass das Engagement Turkmenistans in und die Kooperation mit regionalen und internationalen Organisationen und Finanzinstitutionen sehr begrenzt blieb, woraufhin diese ihre Tätigkeit in Turkmenistan mit dem fortschreitenden Kurs Nijasows in die Isolation und der zunehmenden Verschlechterung der Menschenrechtssituation ebenfalls stark einschränkten oder vollständig aufgaben. Vgl. Anceschi, Luca: Turkmenistan's foreign policy: Positive Neutrality and the consolidation of the Turkmen regime, London, New York: Routledge 2009, S. 18; Peyrouse, Sebastien: Turkmenistan: Strategies of Power, Dilemmas of Development, Armonk, N.Y.: M.E. Sharpe, 2012, S. 195; Pomfret, Richard: Turkmenistan's Foreign Policy, in: China and Eurasia Forum Quarterly, Volume 6, No. 4, 2008, S. 19-34, hier S. 20 f.; Anceschi, Luca: Analyzing Turkmen Foreign Policy in the Berdymuhammedov Era, in: China and Eurasia Quarterly, Volume 6, No. 4 (2008), S. 35-48, hier S. 38.

Die Politik der permanenten Neutralität wird von Präsident Berdymuchamedow fortgeführt und stellt nach wie vor das prägende Element der Außen- und Sicherheitspolitik Turkmenistans dar, sodass eine Beteiligung an oder Mitgliedschaft in westlichen oder regionalen militärischen Bündnissen weiterhin nicht angestrebt wird.[206]

1.10.5.1 Die Beziehungen zu Russland

Präsident Nijasow verfolgte zunächst einen außenpolitischen Kurs der Abgrenzung und Betonung der eigenen Unabhängigkeit gegenüber Russland und beschränkte die Beteiligung an der von Russland dominierten GUS auf ein Minimum. Zusätzlich verzichtete Turkmenistan auf einen Beitritt zum Vertrag für Kollektive Sicherheit und trat stattdessen im Jahr 1994 dem NATO-Programm „Partnerschaft für den Frieden" bei. Die russische Regierung strebte hingegen an, ihren militärischen und sicherheitspolitischen Einfluss in Turkmenistan aufrechtzuerhalten, wobei die Aufmerksamkeit vor allem der Sicherung der ehemaligen Südgrenze der Sowjetunion zum Iran und zu Afghanistan galt. Zunächst waren noch in großem Umfang russische Truppen in Turkmenistan stationiert, mit fortschreitender Verschlechterung der Beziehungen wurden die Streitkräfte allerdings schrittweise reduziert.[207] Die von Russland verursachten Beschränkungen der Gasexporte Turkmenistans und die Bestrebungen der turkmeni-

---

206 Turkmenistan ist weder der von Russland geführten OVKS noch der von Russland und China dominierten SCO beigetreten, wobei allerdings turkmenische Regierungsvertreter an mehreren Treffen der SCO teilgenommen haben. Eine Mitgliedschaft in Organisationen, die im Rahmen der von Russland vorangetriebenen regionalen wirtschaftlichen Integration gegründet wurden, wie z. B. die Eurasische Wirtschaftsunion, wird seitens der turkmenischen Regierung ebenfalls nicht angestrebt. Im Jahr 1994, also bevor Nijasow den Status der Neutralität verfügte, trat Turkmenistan dem NATO-Programm „Partnerschaft für den Frieden" bei, allerdings ist das Engagement des Landes hier sehr begrenzt; auch als sich in den 1990er-Jahren die GUUAM formierte, zeigte Turkmenistan kein Interesse an einer Beteiligung. Gleiches gilt für andere militärische Bündnisse. Gemäß der im Januar 2009 in Übereinstimmung mit dem Status permanenter Neutralität verabschiedeten Militärdoktrin ist es Turkmenistan untersagt, militärischen Blöcken oder Allianzen beizutreten sowie die Einrichtung ausländischer Militärbasen auf seinem Territorium zu gestatten. Vgl. Peyrouse, Sebastien: Turkmenistan: Strategies of Power, Dilemmas of Development, Armonk, N.Y.: M.E. Sharpe, 2012, S. 195 f.; Pomfret, Richard: Turkmenistan's Foreign Policy, in: China and Eurasia Forum Quarterly, Volume 6, No. 4, 2008, S. 19-34, hier S. 21; Kuchins, Andrew C./Mankoff, Jeffrey/Backes, Oliver: Central Asia in a Reconnecting Eurasia: Turkmenistan's evolving foreign economic and security interests, Washington DC: Center for Strategic & International Studies, June 2015, S. 1 f.; Anceschi, Luca: Turkmenistan's foreign policy: Positive Neutrality and the consolidation of the Turkmen regime, London, New York: Routledge 2009, S. 18.
207 Die letzten verbliebenen russischen Soldaten zur Grenzsicherung verließen 1999 das Land. Vgl. Peyrouse, Sebastien: Turkmenistan: Strategies of Power, Dilemmas of Development, Armonk, N.Y.: M.E. Sharpe, 2012, S. 196 f.

1.10 Die geopolitische Situation in der Kaspischen Region

schen Regierung, Exporte unter Umgehung des russischen Pipelinesystems zu realisieren, trugen sicherlich maßgeblich zur Belastung der Beziehungen zwischen beiden Ländern bei (Kap. 3 u. Kap. 4).[208]

Mit Amtsantritt von Präsident Putin verbesserten sich die Beziehungen zwischen Russland und Turkmenistan, die ihren Ausdruck vor allem in der energiepolitischen Kooperation fanden und den Interessen beider Länder dienten.[209] Gerade in den letzten Jahren der Amtszeit von Präsident Nijasow, die sich durch eine fortschreitende Isolation Turkmenistans auszeichneten, fokussierte sich die Außenpolitik des Landes hauptsächlich auf die Beziehungen zu Russland.[210]

Präsident Berdymuchamedow verfolgte nach seinem Amtsantritt hingegen eine multivektorale Außenpolitik, die eine wirtschaftliche Kooperation mit möglichst vielen verschiedenen Ländern zum Ziel hat. Dennoch räumte er zu Beginn seiner Amtszeit den Beziehungen zu Russland weiterhin höchste Priorität ein. Die turkmenische Regierung war zunächst darauf bedacht, im Rahmen ihrer erweiterten Kooperation mit anderen Staaten nicht entgegen den Interessen Russlands zu handeln, was insbesondere für die Zusammenarbeit mit dem Westen im Energiebereich galt.[211]

Der Gaskonflikt im Jahr 2009 und die anschließenden Auseinandersetzungen über die Ausgestaltung des Gashandels, die mit dem massiven Einbruch der Gasexporte nach Russland einhergingen (Kap. 3.3.7 u. Kap. 3.3.8), führten allerdings zu einer Neubewertung der bilateralen Beziehungen. Als Konsequenz vertiefte Turkmenistan seine bereits bestehende energiepolitische Kooperation mit China und dem Iran. Parallel strebt die turkmenische Regierung zusätzlich den Export von Erdgas in die EU mittels einer transkaspischen Pipeline an, wodurch neue Konfliktlinien mit Russland entstanden sind. In Bezug auf den Bau einer transkaspischen Pipeline und damit verbundene rechtliche Fragen hat die turkmenische Führung nun offen Stellung gegen die Position Russlands bezogen (Kap. 4.4.7 und Kap. 4.4.9). Die deutlich reduzierten Gasexporte nach Russland, die für Turkmenistan mit erheblichen Einnahmeverlusten verbunden sind, stellen ebenfalls nach wie vor ein belastendes Moment

---

208 Vgl. Peyrouse, Sebastien: Turkmenistan: Strategies of Power, Dilemmas of Development, Armonk, N.Y.: M.E. Sharpe, 2012, S. 197.
209 In diesem Zusammenhang ist vor allem der Abschluss des langfristigen Gashandelsabkommen zwischen Turkmenistan und Russland im Jahr 2003 zu nennen (Kap. 3.3.3). Vgl. Peyrouse, Sebastien: Turkmenistan: Strategies of Power, Dilemmas of Development, Armonk, N.Y.: M.E. Sharpe, 2012 S. 197.
210 Vgl. Anceschi, Luca: External Conditionality, Domestic Insulation and Energy Security: The International Politics of Post-Niyazov Turkmenistan, in: China and Eurasia Forum Quarterly, Volume 8, No. 3, 2010, S. 93-114, hier S. 99.
211 Vgl. Anceschi, Luca: External Conditionality, Domestic Insulation and Energy Security: The International Politics of Post-Niyazov Turkmenistan, in: China and Eurasia Forum Quarterly, Volume 8, No. 3, 2010, S. 93-114, hier S. 99 ff.

der russisch-turkmenischen Beziehungen dar. Da Russland zu Beginn des Jahres 2016 angekündigt hat, die Importe aus Turkmenistan vollständig einzustellen (Kap. 2.2.5.1), ist davon auszugehen, dass sich die Beziehungen eher weiter verschlechtern.[212]

1.10.5.2 Die Beziehungen zu den USA

Im Gegensatz zu anderen postsowjetischen Staaten wie Georgien oder Aserbaidschan strebte Präsident Nijasow keine enge Bindung an den Westen an. Die Beteiligung Turkmenistans am NATO-Programm „Partnerschaft für den Frieden" beschränkt sich auf ein Minimum und eine Mitgliedschaft im westlichen Verteidigungsbündnis wird seitens der turkmenischen Führung aufgrund des Neutralitätsstatus nicht beabsichtigt (Kap. 1.10.5).

In den 1990er-Jahren bestimmten Fragen des Erdgasexportes die bilateralen Beziehungen, die insbesondere durch die Anstrengungen der USA, eine Beteiligung des Iran an den Erdgasexporten Turkmenistans zu verhindern, geprägt waren (Kap. 4.2). Während der Amtszeit von Präsident Nijasow entwickelten sich aufgrund dessen Regierungsführung keine engen Beziehungen zwischen beiden Ländern.[213] Ferner wurde mit Hinweis auf den Neutralitätsstatus US- bzw. NATO-Streitkräften die Nutzung von Militärbasen in Turkmenistan für ihre Militäroperation im benachbarten Afghanistan verweigert.[214]

Der Machtwechsel in Turkmenistan führte wieder zu einer Annäherung.[215] Die US-Regierung unterstützt die Pipelineprojekte zum Export von turkmenischem Erdgas. So begrüßen die USA die Anstrengungen der EU-Administration bezüglich der Realisierung des „Südlichen Korridors" und damit verbunden das Vorhaben, Erdgas aus Turkmenistan mittels einer transkaspischen Pipeline nach Europa zu transportieren, um die Abhängigkeit der EU von russischen Gaslieferungen zu begrenzen.[216]

---

212 Vgl. Kuchins, Andrew C./Mankoff, Jeffrey/Backes, Oliver: Central Asia in a Reconnecting Eurasia: Turkmenistan's evolving foreign economic and security interests, Washington DC: Center for Strategic & International Studies, June 2015, S. 15 f.
213 Vgl. Peyrouse, Sebastien: Turkmenistan: Strategies of Power, Dilemmas of Development, Armonk, N.Y.: M.E. Sharpe, 2012, S. 209.
214 Vgl. Peyrouse, Sebastien: Turkmenistan: Strategies of Power, Dilemmas of Development, Armonk, N.Y.: M.E. Sharpe, 2012, S. 210.
215 Vgl. Peyrouse, Sebastien: Turkmenistan: Strategies of Power, Dilemmas of Development, Armonk, N. Y.: M.E. Sharpe, 2012, S. 210.
216 Vgl. Ratner, Michael/Belin, Paul/Nichol, Jim/Woehrel, Steven: Europe's Energy Security: Options and Challenges to Natural Gas Supply Diversification, Congressional Research Service, August 2013, S. 3 f., https://www.fas.org/sgp/crs/row/R42405.pdf (Zugriff: 08.02.2016).

Das Pipelineprojekt TAPI wird von der US-Regierung ebenfalls als Projekt, das die Schaffung von Frieden und Stabilität in der Region fördern und den Bau der Iran-Pakistan-Pipeline verhindern soll, befürwortet.²¹⁷ Inzwischen haben verschiedene US-Energiekonzerne Interesse an dem Pipelineprojekt bekundet und im Rahmen der von Präsident Berdymuchamedow initiierten wirtschaftlichen Öffnung Turkmenistans ihr Engagement im Land ausgedehnt.²¹⁸

1.10.5.3 Die Beziehungen zu China

Von den belasteten Beziehungen zwischen Russland und Turkmenistan profitiert insbesondere China. Die Kooperation im Energiebereich wurde bereits von Nijasow eingeleitet und von Berdymuchamedow fortgeführt und intensiviert (Kap. 2.2.5.3 und Kap. 2.2.8.3).

Zwischen China und Turkmenistan bestehen keine Konfliktlinien, wie etwa territoriale Fragen oder der Umgang mit Minderheiten. Zusätzlich knüpft China die Kooperation nicht an Bedingungen in den Bereichen Demokratisierung, Menschenrechte und gute Regierungsführung. Der Gashandel ist das zentrale Element der Beziehungen zwischen beiden Ländern. China ist auch zunehmend in anderen Wirtschaftsbereichen aktiv und hat umfangreiche Kredite, nicht zuletzt für die Erschließung von Gaslagerstätten, zu vergleichsweise günstigen Konditionen an Turkmenistan vergeben. So bietet das Land im Vergleich zu türkischen oder europäischen Geldgebern größere Summen bei gleichzeitig niedrigeren Zinsen an. Als Ergebnis nimmt China einen zunehmend größeren Stellenwert in der Außenpolitik Turkmenistans ein.²¹⁹

1.10.5.4 Die Beziehungen zur Europäischen Union

Während der Amtszeit von Präsident Nijasow gestalteten sich die Beziehungen zwischen der EU und Turkmenistan ob der sich kontinuierlich verschlechternden Menschenrechtslage als schwierig. Zwar unterzeichneten die EU und Turkmenistan im

---

217 Vgl. Petersen, Alexandros/Barysch, Katinka: Russia, China and the geopolitics of energy in Central Asia, London: Centre for European Reform, November 2011, S. 53 ff.
218 Vgl. Peyrouse, Sebastien: Turkmenistan: Strategies of Power, Dilemmas of Development, Armonk, N. Y.: M.E. Sharpe, 2012, S. 211.
219 Vgl. Peyrouse, Sebastien: Turkmenistan: Strategies of Power, Dilemmas of Development, Armonk, N.Y.: M.E. Sharpe, 2012, S. 208 f.; Petersen, Alexandros/Barysch, Katinka: Russia, China and the geopolitics of energy in Central Asia, London: Centre for European Reform, November 2011, S. 52; Smith Stegen, Karen/Kusznir, Julia: Outcomes and strategies in the 'New Great Game': China and the Caspian states emerge as winners, in: Journal of Eurasian Studies 6 (2015), S. 91-106, hier S. 102.

Mai 1998 ein Partnerschafts- und Kooperationsabkommen, dessen Ratifizierung wurde allerdings von europäischer Seite aufgrund der Menschenrechtssituation in Turkmenistan im Folgejahr ausgesetzt. Bis zum Jahr 2008 hatte die EU-Kommission keine Repräsentanz in Turkmenistan.[220]

Nach dem Amtsantritt von Berdymuchamedow intensivierten sich die diplomatischen Beziehungen. Das Versprechen Berdymuchamedows, weitreichende Reformen durchzuführen, und die eingeleitete wirtschaftliche Öffnung des Landes für ausländische Investoren sind hier u. a. als Ursachen zu nennen. Ein wesentlicher Faktor ist jedoch auch die veränderte energiepolitische Prioritätensetzung der EU-Kommission. Die Frage der zukünftigen Energie- bzw. Gasversorgungssicherheit wurde aus verschiedenen Gründen zunehmend eines der bestimmenden Themen auf der Agenda und aufgrund ihres Interesses an der Realisierung des „Südlichen Korridors" bzw. des von ihr favorisierten Pipelineprojektes Nabucco erfolgte eine Neubewertung der Beziehungen zu Turkmenistan (Kap.4.4).[221]

Nach Einschätzung von Anceschi räumt die EU dem Ziel, Erdgas aus Turkmenistan zu beziehen, inzwischen Vorrang ein und verzichtet darauf, ihre Kooperation an Bedingungen in den Bereichen Menschenrechte, gute Regierungsführung sowie Demokratisierung zu knüpfen. Der zwischen der EU und Turkmenistan eingerichtete Menschenrechtsdialog sei hierbei beiden Seiten von Nutzen, da die turkmenische Regierung Kooperationsbereitschaft signalisieren könne, ohne konkret Maßnahmen oder Reformen durchführen zu müssen, während die EU in der Öffentlichkeit den Eindruck vermitteln könne, tatsächlich zur Verbesserung der Menschenrechtslage in Turkmenistan beitragen zu wollen und somit in der Lage sei, ihre angestrebten energiepolitischen Ziele zu legitimieren.[222]

---

220 Vgl. Peyrouse, Sebastien: Turkmenistan: Strategies of Power, Dilemmas of Development, Armonk, N.Y.: M.E. Sharpe, 2012, S. 212; Laruelle, Marlene/Peyrouse, Sebastien: Globalizing Central Asia: Geopolitics and the Challenge of Economic Development, Armonk, N.Y.: M.E. Sharpe, 2013, S. 65 f.

221 Vgl. Anceschi, Luca: External Conditionality, Domestic Insulation and Energy Security: The International Politics of Post-Niyazov Turkmenistan, in: China and Eurasia Forum Quarterly, Volume 8, No. 3, 2010, S. 93-114, hier S. 103 f., 109, 113.

222 Der Menschenrechtsdialog zwischen Turkmenistan und der EU wurde im Jahr 2008 begonnen. Im Juni 2015 fand die siebte Runde des Dialogs statt. Vgl. Anceschi, Luca: External Conditionality, Domestic Insulation and Energy Security: The International Politics of Post-Niyazov Turkmenistan, in: China and Eurasia Forum Quarterly, Volume 8, No. 3, 2010, S. 93-114, hier S. 105 f. und 113; European Union External Action Service: Press release: EU-Turkmenistan Human Rights Dialogue, 17.06.2015, in: http://eeas.europa.eu/statements-eeas/2015/150617_08_en.htm (Zugriff: 08.02.2016). Zur Frage der Menschenrechte vor dem Hintergrund der angestrebten Energiepartnerschaft zwischen der EU und Turkmenistan siehe auch Boas, Vanessa: Energy and Human Rights: Two Irreconcilable Foreign Policy Goals? The Case of the Trans-Caspian Pipeline in EU-Turkmen Relations, IAI Working Papers 12/07, Rom: Istituto Affari Internazionali, March 2012.

Im Jahr 2008 unterzeichneten beide Seiten ein MoU über die Kooperation im Energiebereich (Kap. 4.4.5). Ferner war die Ratifizierung des Partnerschafts- und Kooperationsabkommens für 2011 vorgesehen, die durch das EU-Parlament damals allerdings erneut verschoben wurde.[223] Trotzdem intensivierte die EU-Kommission ihr diplomatisches Engagement, um Turkmenistan vom Bau einer transkaspischen Pipeline zu überzeugen und Lieferzusagen für den „Südlichen Korridor" zu erhalten (Kap. 4.4).

1.10.5.5 Die Beziehungen zur Türkei und zum Iran

Zwischen Turkmenistan und dem Iran sowie zur Türkei haben sich enge Beziehungen entwickelt, die hauptsächlich auf wirtschaftlicher Kooperation basieren. Beide Staaten sind für Turkmenistan inzwischen wichtige Handelspartner.[224]

Die Zusammenarbeit im Energiebereich ist ein wesentlicher Bestandteil der Beziehungen. Bereits in den 1990er-Jahren kooperierten die drei Staaten, um den Bau einer Erdgaspipeline von Turkmenistan über den Iran in die Türkei zu realisieren. Das Pipelineprojekt scheiterte allerdings aus mehreren Gründen (Kap. 4.2) und auch das im Jahr 1999 unterzeichnete Gashandelsabkommen zwischen der Türkei und Turkmenistan im Zusammenhang mit dem Projekt transkaspische Pipeline konnte aufgrund verschiedener Ursachen nicht implementiert werden (Kap. 4.3.6). Allerdings exportiert Turkmenistan inzwischen Erdgas in den Iran (Kap. 2.2.5.2) und ermöglicht dadurch indirekt iranische Erdgasexporte in die Türkei.[225] Zusätzlich besteht zwischen der Türkei und Turkmenistan eine militärische Kooperation, welche die Ausbildung hochrangiger Offiziere der turkmenischen Streitkräfte in der Türkei im Rahmen des NATO-Programms „Partnerschaft für den Frieden", meist jedoch innerhalb bilateraler Vereinbarungen, beinhaltete.[226] Auch in den turkmenisch-türkischen und turkmenisch-

---

223 Vgl. Anceschi, Luca: External Conditionality, Domestic Insulation and Energy Security: The International Politics of Post-Niyazov Turkmenistan, in: China and Eurasia Forum Quarterly, Volume 8, No. 3, 2010, S. 93-114, hier S. 104, 110; Peyrouse, Sebastien: Turkmenistan: Strategies of Power, Dilemmas of Development, Armonk, N.Y.: M.E. Sharpe, 2012, S. 212.
224 Vgl. Peyrouse, Sebastien: Turkmenistan: Strategies of Power, Dilemmas of Development, Armonk, N.Y.: M.E. Sharpe, 2012, S. 203 f, 205 f.
225 Hier handelt es sich zwar nicht um ein von den drei Ländern abgeschlossenes Swap-Geschäft, aber bei Betrachtung der Erdgasbilanz des Iran wird deutlich, dass sich Eigenproduktion und Verbrauch in etwa die Waage halten, während der Umfang der Erdgasimporte aus Turkmenistan ungefähr den Exportvolumen des Iran in die Türkei entspricht (Abb. 40). Zusätzlich exportiert Turkmenistan inzwischen Elektrizität in den Iran und in die Türkei (Kap. 2.2.3).
226 Viele Turkmenen studieren an Universitäten in der Türkei und durch den Empfang türkischer Programme in Turkmenistan ist die Türkei auch kulturell präsent. Vgl. Peyrouse, Sebastien: Turkmenistan: Strategies of Power, Dilemmas of Development, Armonk, N.Y.: M.E. Sharpe, 2012, S. 203.

iranischen Beziehungen bestanden einige Konfliktlinien, die allerdings für das jeweilige bilaterale Verhältnis keine Belastung darstellen.[227]

1.10.5.6 Die Beziehungen zu Aserbaidschan

Während der Amtszeit von Präsident Nijasow waren die Beziehungen zu Aserbaidschan durch Spannungen gekennzeichnet. Der anhaltende Konflikt zwischen Turkmenistan und Aserbaidschan über die Grenzziehung im Kaspischen Meer und damit verbundene Nutzungsrechte sich im umstrittenen Gebiet befindlicher Öl- und Gaslagerstätten führte im Jahr 2001 zur Schließung der jeweiligen Botschaften. Zusätzlich beschuldigte Nijasow die aserbaidschanische Regierung, am Attentat auf ihn im November 2002 beteiligt gewesen zu sein. Nach Amtsantritt von Präsident Berdymuchamedow haben sich die politischen Beziehungen stabilisiert; im Jahr 2008 wurden die Botschaften in beiden Ländern wieder geöffnet. Außerdem ergriff die turkmenische Regierung Partei für die Position Aserbaidschans im Konflikt um Bergkarabach. Allerdings führt der Konflikt über die Ziehung der Seegrenze nach wie vor immer wieder zu Spannungen zwischen beiden Staaten (Kap. 1.10.3.2 und Kap. 4).[228]

1.11 Zwischenfazit

Die Ausführungen zur staatlichen Verfasstheit Turkmenistans haben gezeigt, dass es sich um einen Rentierstaat handelt. Zwar kann der rein quantitative Nachweis mittels Angaben zur Zusammensetzung des turkmenischen Staatsbudgets aufgrund nicht vorliegender Daten und Intransparenz der Verwendung der Einnahmen aus dem Öl- und Gasexport nicht erbracht werden, dennoch lassen mehrere Kennzeichen die Klassifizierung Turkmenistans als Rentierstaat zu (Kap. 1.8.2).

In Kombination mit den Ausführungen zur Energiesicherheit von Produzentenstaaten, wonach sich diese in erster Linie durch Stabilität von Preis und Nachfrage auszeichnet, wird ferner deutlich, dass, aufgrund der Abhängigkeit der Ökonomie

---

227 Der Türkei wurde mehrfach vorgeworfen, turkmenischen Dissidenten politisches Asyl zu gewähren. Mit dem Iran gab es Konflikte über den Umgang mit der schiitischen Minderheit in Turkmenistan, woraufhin sich auch die Situation der im Iran lebenden turkmenischen Minderheit verschlechterte. Ferner stießen sowohl die Beteiligung Turkmenistans am NATO-Programm „Partnerschaft für den Frieden" als auch dessen enge Beziehungen zum Taliban-Regime während der Amtszeit von Präsident Nijasow auf Vorbehalte des Iran. Vgl. Peyrouse, Sebastien: Turkmenistan: Strategies of Power, Dilemmas of Development, Armonk, N.Y.: M.E. Sharpe, 2012, S. 202 ff.
228 Vgl. Peyrouse, Sebastien: Turkmenistan: Strategies of Power, Dilemmas of Development, Armonk, N.Y.: M.E. Sharpe, 2012, S. 201.

1.11 Zwischenfazit

Turkmenistans von den kontinuierlichen Einnahmen aus dem Erdgasexport, Energiesicherheit aus Perspektive der turkmenischen Regierung auch die Dimension des Machterhalts beinhaltet. Die gewährten Subventionen sowie die Aufrechterhaltung der Sicherheitsstrukturen sind nur durch einen kontinuierlichen Fluss der Exporteinnahmen möglich. Substanzielle Einnahmeeinbußen über einen längeren Zeitraum können somit perspektivisch eine Bedrohung für die Regierung darstellen.

Die Diversifizierung der Absatzmärkte und Exportinfrastruktur als ein Instrument zur Schaffung und zur fortwährenden Gewährleistung von Energie- bzw. Nachfragesicherheit stellt sich aufgrund der geografischen Lage Turkmenistans als schwierig dar. Das Land verfügt nicht über einen direkten Zugang zu den Weltmeeren, was den zwar teureren, aber flexibleren Erdgasexport in Form von LNG als Möglichkeit ausschließt. Es hat keine Absatzmärkte in unmittelbarer Nachbarschaft, sondern ist im Gegenteil von Staaten umgeben, die selbst über Erdgasvorkommen verfügen und diese teilweise auch vermarkten wollen, sodass die Bereitschaft dieser Staaten, als Transitländer für turkmenisches Erdgas zu fungieren, nur eingeschränkt vorhanden ist.

Das geopolitische Umfeld ist als eine weitere Herausforderung zu nennen. Die Kaspische Region ist seit dem Zerfall der Sowjetunion durch ein Geflecht konvergierender sowie konfligierender geopolitischer und energiepolitischer Interessen gekennzeichnet. Darüber hinaus besteht dort eine Vielzahl bisher ungelöster ethnischer Konflikte, die zusätzlich durch unmittelbar beteiligte, aber auch externe Akteure zur Durchsetzung ihrer Interessen instrumentalisiert werden.

Nachdem sich die USA Mitte der 1990er-Jahre im Kaspischen Raum neu positionierten und damit die *Russia-first*-Politik zugunsten der Unterstützung der Nachfolgestaaten der Sowjetunion in ihren Bestrebungen nach größerer Unabhängigkeit gegenüber Russland aufgaben, allerdings auch die russische Führung einen weiteren Machtverlust im postsowjetischen Raum verhindern und ihren Hegemonialstatus zu behaupten suchte, entwickelte sich hier eine Rivalität um Einfluss, die nicht zuletzt im Bereich der Energiepolitik ausgetragen wird. Den Zugang zu den Öl- und Gasvorkommen der Kaspischen Region und die Kontrolle der Exportwege betrachten beide Akteure als wesentliches Instrument der politischen Einflussnahme und zum Erreichen ihrer Ziele. Die Eindämmungs- und Isolationspolitik in Bezug auf den Iran ist ein weiteres prägendes Merkmal der US-Politik im Kaspischen Raum und ebenfalls mit weitreichenden Konsequenzen für den Öl- und Gasexport aus der Region verbunden.

Der Iran und die Türkei sind in ihren Bestrebungen, sich als Regionalmacht in der Kaspischen Region zu etablieren, an engen Beziehungen zu den postsowjetischen Staaten interessiert und bestrebt, die Energieressourcen zu ihrem Vorteil zu nutzen. Während der Iran mit Russland kooperiert, um den Einfluss der USA in der Kaspischen Region zu begrenzen, verfolgt das NATO-Mitglied Türkei das Ziel, sich als

Brücke zwischen dem Westen und der Kaspischen Region zu etablieren, um dadurch an strategischem Gewicht zu gewinnen. Mit China, das sich vorwiegend in Zentralasien engagiert, und der Europäischen Union sind zwei weitere Akteure im Kaspischen Raum zunehmend präsent, die sowohl sicherheitspolitische als auch energiepolitische Ziele verfolgen. China hat sich bereits in Zentralasien etabliert und verfügt inzwischen über eine enge energiepolitische Kooperation mit Kasachstan und Turkmenistan. Ferner kooperiert die Volksrepublik, beispielsweise im Rahmen der SCO, mit Russland, was nicht zuletzt dem Zweck dient, den Einfluss der USA und ihrer westlichen Verbündeten in der Region zu begrenzen. Neben sicherheitspolitischen Themen im Zusammenhang mit dem ISAF-Einsatz in Afghanistan wird die Agenda der EU im Kaspischen Raum von Fragen der zukünftigen Energieversorgungssicherheit bestimmt. Die Realisierung des „Südlichen Korridors", mit dem Gasimporte aus der Kaspischen Region ermöglicht und dadurch ein Beitrag zur Diversifizierung der Energieversorgung geleistet werden soll, ist nach wie vor eines der vorrangigen Ziele der EU.

Die Nachfolgestaaten der Sowjetunion im Kaspischen Raum profitieren von der Präsenz und dem Engagement zusätzlicher Akteure, da ihre Handlungsspielräume gegenüber Russland, das weiterhin seine Hegemonialansprüche in der Region formuliert und durchzusetzen sucht, dadurch erweitert werden. Insbesondere Aserbaidschan und Georgien verfolgen mit ihrem westlich orientierten außenpolitischen Kurs eine *Balancing*-Politik gegenüber Russland.

Die außenpolitische Orientierung Turkmenistans stellt einen Sonderfall in der Region dar. Vor dem Hintergrund der bestehenden Konflikte in der Kaspischen Region und in der Absicht, eine Verwicklung in eben diese zu vermeiden, hat sich Turkmenistans in den 1990er-Jahren für eine Neutralitätspolitik entschieden, die den Kern der außenpolitischen Leitlinien des Landes bildet. Die Wahrung der innenpolitischen Machtverhältnisse und des kontinuierlichen Flusses von Einnahmen aus dem Export von Erdgas bestimmen nach wie vor die außenpolitische Agenda Turkmenistans.

Im Hinblick auf die geopolitischen Rahmenbedingungen ist ferner der ungelöste Status des Kaspischen Meeres zwischen den Anrainerstaaten, der von diesen auch zur Durchsetzung machtpolitischer Ansprüche instrumentalisiert wird, als gewichtiger Faktor in Bezug auf die Exportpläne Turkmenistans in Richtung Türkei und Europa zu nennen. In diesem Zusammenhang sind nicht nur die Interessen der beiden mächtigsten Anrainerstaaten Russland und Iran zu beachten, sondern auch die zwischen Aserbaidschan und Turkmenistan umstrittene Grenzziehung, auf die es im Rahmen der Analyse der verschiedenen Pipelineprojekte zurückzukommen gilt.

Für die nachfolgende Untersuchung ist somit grundsätzlich festzuhalten, dass Turkmenistan in einem regionalen Umfeld agiert, das von einer Vermengung ener-

1.11 Zwischenfazit

gie- und geopolitischer Interessen geprägt ist. Die ob der konträren und korrespondierenden Interessen entstehenden Rivalitäten und Kooperationen sind für die Diversifizierungsbestrebungen Turkmenistans mit weitreichenden Konsequenzen verbunden, denn schließlich bilden diese in Kombination mit bestehenden sowie in der Vergangenheit offen ausgetragenen Konflikten einen wesentlichen Bestandteil der Rahmenbedingungen, die die Exportpläne der turkmenischen Regierung sowie die Umsetzung bzw. Realisierbarkeit von Pipelineprojekten unmittelbar und nachhaltig beeinflussen bzw. beeinflusst haben, wie in Kapitel 4 erläutert wird.

2 Der Erdgassektor Turkmenistans

Die folgenden Ausführungen zum turkmenischen Erdgassektor dienen in erster Linie der Beantwortung sekundärer Fragestellungen. Neben der Darstellung zahlreicher Daten über den Umfang der Gasreserven, der Gasproduktion, des Gasverbrauchs und der Gasexporte gilt es zu klären, inwieweit die Investitionsbedingungen im Erdgassektor ein Hindernis für die Produktions- bzw. Exportpläne der turkmenischen Regierung darstellen. Außerdem wird das wachsende Engagement Chinas in Turkmenistan erläutert. Die in diesem Zusammenhang vorgenommene Analyse leistet einen Beitrag zur Überprüfung von Hypothese 4, worauf im Rahmen der Analyse der verschiedenen Pipelineprojekte noch einmal zurückzukommen sein wird.

Zunächst folgt allerdings eine kurze Abhandlung über die Entwicklung des Erdgassektors in der Sowjetrepublik Turkmenistan. Die Ausführungen dienen zur Illustration der Pfadabhängigkeit[229] in Gestalt der Dependenz turkmenischer Erdgasexporte vom russischen Pipelinesystem nach Erlangung der Unabhängigkeit, die mit weitreichenden Konsequenzen für den Erdgashandel Turkmenistans und die Diversifizierungsbestrebungen der Staatsführung verbunden war bzw. ist, sodass hier bereits Bezüge zur übergeordneten Fragestellung hergestellt werden.

2.1   Der Erdgassektor der Sowjetrepublik Turkmenistan

2.1.1   Reserven

Bis Mitte der 1960er-Jahre betrugen die Erdgasreserven der Sowjetrepublik Turkmenistan nach damaligen Einschätzungen rund 376 Mrd. m³ (Abb. 13).[230] Mit fortschreitenden Explorationsarbeiten wurden weitere Gasvorkommen, etwa in der Karakum-Wüste, entdeckt. Deren Reserven betrugen allerdings lediglich 87 Mrd. m³; darüber hinaus waren die Lagerstätten weit abgelegen. Trotzdem wurde in Betracht gezogen,

---

229   Zur Erläuterung des Begriffs siehe S. 122.
230   Vgl. PetroStudies: Soviet Oil, Gas and Energy Databook, Stavanger: Noroil Publishing House, 1978, S. 45.

dieses Gas zu fördern und nach Zentralrussland zu transportieren. Diese Pläne wurden nicht umgesetzt, da größere und leichter zugängliche Lagerstätten im Nordosten des Landes entdeckt wurden, deren Erschließung Vorrang eingeräumt wurde.[231]

Im Südosten Turkmenistans stieß man auf weitere Erdgaslagerstätten.[232] Hier sind insbesondere die Entdeckung des Feldes Shatlyk mit geschätzten Reserven in Höhe von 876 Mrd. m³ im Jahr 1968 sowie die des bis dahin mit Abstand größten Feldes Dauletabad mit geschätzten Reserven in Höhe von über 1,3 Bill. m³ im Jahr 1974 hervorzuheben. 1982 ging man davon aus, dass sich in der Nähe von Dauletabad

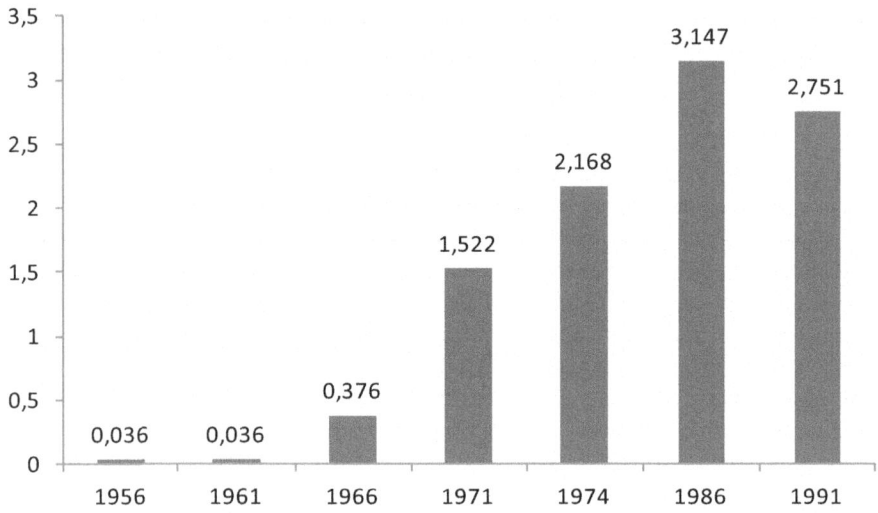

Abbildung 13: Die Erdgasreserven der Sowjetrepublik Turkmenistan (in Bill. m³)

Quelle: Eigene Darstellung nach PetroStudies: Soviet Oil, Gas and Energy Datobook, Stavanger: Noroil Publishing House, 1978, S. 45; Odling-Smee, John et al.: Turkmenistan: Economic Review, Washington DC: International Monetary Fund, May 1992, S. 55; Odling-Smee, John et al.: Turkmenistan: IMF Economic Review, Washington DC: International Monetary Fund, March 1994, S. 53.

---

231 Zu diesen Lagerstätten zählen Achak (Reserven in Höhe von 152 Mrd. m³), Gugurtli (85 Mrd. m³), Nord-Achak (20 Mrd. m³) sowie Naip (170 Mrd. m³). Vgl. Dienes, Leslie/Shabad, Theodore: The Soviet Energy System: Resource Use and Policies, Washington DC: V.H. Winston & Sons, 1979, S. 81 f.
232 Bereits 1962 wurde das Feld Bayram-Ali mit Reserven in Höhe von 52 Mrd. m³ entdeckt. Als Erstes erschlossen wurde jedoch das 1964 entdeckte Feld Mayskoye mit Reserven von 18 Mrd. m³. Ab 1970 diente die Produktion des Feldes der Versorgung der Hauptstadt Aschgabad. Vgl. Dienes, Leslie/Shabad, Theodore: The Soviet Energy System: Resource Use and Policies, Washington DC: V.H. Winston & Sons, 1979, S. 82.

ein weiteres Feld, Sovetabad, mit umfangreichen Reserven befände. Es stellte sich allerdings später heraus, dass Dauletabad und Sovetabad Teil der gleichen Struktur sind.[233] Durch diese und weitere Funde vergrößerten sich die Erdgasreserven der Sowjetrepublik Turkmenistan im Zeitraum von 1956 bis 1986 erheblich (Abb. 13). Wurden die Erdgasreserven 1961 auf lediglich 36 Mrd. m³ veranschlagt, bezifferten sich diese 1986 auf über drei Bill. m³. Im Jahr der Unabhängigkeit, 1991, hatten die Reserven einen Umfang von 2,751 Bill. m³. Parallel zum Anstieg der Reserven verzeichnete die Sowjetrepublik Turkmenistan einen starken Anstieg der Gasförderung.

2.1.2 Die Erdgasproduktion

Die Anfänge der turkmenischen Erdgasproduktion reichen bis in die 1940er-Jahre zurück. Dabei handelte es sich zunächst um assoziiertes Gas, das im Rahmen der Ölförderung im Westen des Landes produziert und lokal konsumiert wurde.[234]

Die Förderung hatte zunächst einen sehr geringen Umfang. Sie betrug im Jahr 1940 neun Mio. m³ und stieg bis 1965 auf rund eine Mrd. m³ pro Jahr an (Tab. 6).

	1940	1945	1950	1955	1960	1965
Gesamte Produktion	0,009	0,015	0,065	0,14	0,23	1,16
Anteil assoziiertes Gas	0,009	0,015	0,065	0,14	0,23	1,05

Tabelle 6: Erdgasproduktion der Sowjetrepublik Turkmenistan bis 1965 (in Mrd. m³)

Quelle: Dienes, Leslie/Shabad, Theodore: The Soviet Energy System: Resource Use and Policies, Washington DC: V.H. Winston & Sons, 1979, S. 71.

Mit der Erschließung der Felder im Nordosten des Landes begann die Ausdehnung der Erdgasförderung. Die Produktion des Feldes Achak wurde 1966 aufgenommen und erreichte ihren Höhepunkt von mehr als zwölf Mrd. m³ pro Jahr Anfang der 1970er-Jahre. Das Feld Naip erreichte 1974 die geplante Produktionskapazität von 15 Mrd. m³

---

233 Vgl. Dienes, Leslie/Shabad, Theodore: The Soviet Energy System: Resource Use and Policies, Washington DC: V.H. Winston & Sons, 1979, S. 82; IEA: Caspian Oil and Gas: The supply potential of Central Asia and Transcaucasia, Paris: OECD/IEA, 1998, S. 253.
234 Das Gas wurde für die Versorgung von Arbeitersiedlungen und der Stadt Nebit Dag (im Westen des Landes) genutzt. Vgl. Hodgkins, Jordan A.: Soviet Power: Energy Resources, Production and Potentials, Englewood Cliffs, N.J.: Prentice-Hall, 1961, S. 144.

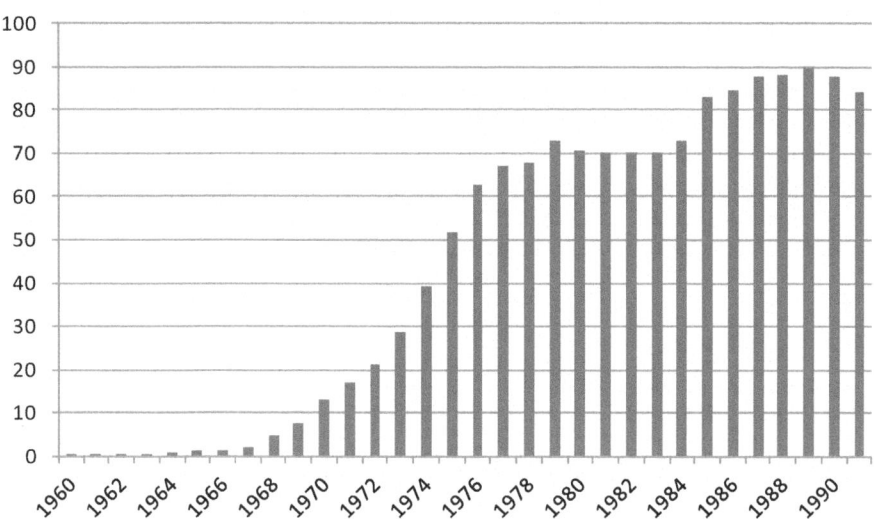

Abbildung 14: Die Erdgasproduktion der Sowjetrepublik Turkmenistan (in Mrd. m³)

Quelle: Eigene Darstellung nach Dienes, Leslie/Shabad, Theodore: The Soviet Energy System: Resource Use and Policies, Washington DC: V.H. Winston & Sons, 1979, S. 71; PetroStudies: Soviet Oil, Gas and Energy Datobook, Stavanger: Noroil Publishing House, 1978, S. 49; Wilson, David: Soviet Oil & Gas to 1990, London: The Economist Intelligence Unit, 1980, S. 20; Wilson, David: Soviet Energy to 2000, London: Economist Intelligence Unit, 1986, S. 60; OECD Statistical Compendium: IEA Natural Gas Information; Odling-Smee, John et al.: Turkmenistan: Economic Review, Washington DC: International Monetary Fund, May 1992, S. 56.

jährlich. Der Förderbeginn von Shatlyk im Südosten des Landes erfolgte 1973 und erreichte 1977 seine geplante Produktionskapazität von 35 Mrd. m³ pro Jahr. Zusätzlich wurden Ende der 1970er-Jahre weitere Felder in Betrieb genommen.[235]

Darüber hinaus stieg auch das jährliche Produktionsvolumen im Westen des Landes. 1977 produzierten die Lagerstätten Okarem, Kuydzhik und Barsa-Gel'mes bereits sieben Mrd. m³. Mit der Erschließung des Feldes Kamyshldzha im Jahr 1979 vergrößerte sich die Produktion erneut und erreichte elf Mrd. m³.[236] Damit vollzog

---

235 Dazu zählen die Felder Sakar und Tedzhen, die im Jahr 1977 die Produktion aufnahmen. In der Wüste Karakum wurden ebenfalls weitere Lagerstätten erschlossen. Die Erdgasproduktion des größten Feldes Kirpichli mit Reserven von 150 Mrd. m³ begann 1978. Vgl. Dienes, Leslie/Shabad, Theodore: The Soviet Energy System: Resource Use and Policies, Washington DC: V.H. Winston & Sons, 1979, S. 81 f.

236 Vgl. Wilson, David: Soviet Oil & Gas to 1990, London: The Economist Intelligence Unit, 1980, S. 20 f.

sich in den 1970er-Jahren ein steiler Anstieg der Erdgasproduktion auf über 70 Mrd. m³ pro Jahr. In den 1980er-Jahren konnte die Förderung noch einmal um weitere 20 Mrd. m³ pro Jahr erhöht werden, was unter anderem auf die Erschließung der Felder Dauletabad und Sovetabad zurückzuführen ist (Abb. 14).[237]

Zusätzlich erfolgte die Inbetriebnahme weiterer Lagerstätten wie Mollaker, Uch Adzhi, Severnyi Balkui, Erdekli, Gugurtli und Samantepe, deren jährliche Produktion einen Umfang von insgesamt mehr als 16 Mrd. m³ pro Jahr hatte.[238] Das Fördermaximum der Sowjetrepublik Turkmenistan in Höhe von knapp 90 Mrd. m³ wurde im Jahr 1989 erzielt und ist bisher noch nicht wieder erreicht worden (Abb. 20). Um die geförderten Volumen dem Bedarf der Sowjetunion zur Verfügung stellen zu können, erfolgte parallel zur Erschließung der Lagerstätten der Ausbau der Pipelineinfrastruktur.

2.1.3 Der Ausbau der Pipelineinfrastruktur

Elementarer Bestandteil der turkmenischen Erdgasexportinfrastruktur ist bis in die Gegenwart das CAC-Pipelinesystem, dessen Bau dem Zweck diente, Erdgas aus den zentralasiatischen Sowjetrepubliken zu den verschiedenen Verbrauchszentren der UdSSR zu transportieren. 1967 wurde der erste Pipelinestrang des CAC-Systems mit einem Verlauf von Gazli (Usbekistan) nach Moskau und einer Länge von 2.694 km in Betrieb genommen.[239] Das rapide Anwachsen der Gasproduktion der Sowjetrepublik Turkmenistan resultierte in der Erweiterung der Pipeline um einen zweiten Strang, dessen Fertigstellung Anfang der 1970er-Jahre erfolgte und wodurch sich die kombinierte Transportkapazität der beiden Pipelinestränge auf 25 Mrd. m³ pro Jahr vergrößerte. Die Erschließung des Feldes Shatlyk führte zum weiteren Ausbau des Pipelinesystems. 1974 wurde eine Pipeline von Shatlyk nach Khiva in Betrieb genommen, wo diese auf das bereits bestehende CAC-Pipelinesystem traf. Die Fertigstellung eines zweiten Stranges erfolgte 1975, sodass die Pipeline Shatlyk-Khiva zusammengenommen eine Transportkapazität von 40 Mrd. m³ pro Jahr aufwies.[240]

---

237 Die erste Erschließungsphase von Dauletabad mit einer Produktion von fünf Mrd. m³ pro Jahr wurde 1983 fertiggestellt und die Produktion von Sovetabad begann Ende des Jahres 1984. Vgl. Wilson, David: Soviet Energy to 2000, London: Economist Intelligence Unit, 1986, S. 66.
238 Vgl. Wilson, David: Soviet Energy to 2000, London: Economist Intelligence Unit, 1986, S. 66 f.
239 Vgl. Dienes, Leslie/Shabad, Theodore: The Soviet Energy System: Resource Use and Policies, Washington DC: V.H. Winston & Sons, 1979, S. 81; PetroStudies: Soviet Oil, Gas and Energy Datobook, Stavanger: Noroil Publishing House, 1978, S. 136.
240 Vgl. Dienes, Leslie/Shabad, Theodor: The Soviet Energy System: Resource Use and Policies, Washington DC: V.H. Winston & Sons, 1979, S. 82.

Nachdem im Westen der Sowjetrepublik Turkmenistan signifikante Gasreserven in Höhe von 150 Mrd. m³ entdeckt worden waren, gab es bereits 1967 Planungen zum Bau eines westlichen Abschnitts des CAC-Pipelinesystems, der entlang der Ostküste des Kaspischen Meeres in Richtung Norden verlaufen sollte, um dann an das bestehende Pipelinenetz angebunden zu werden. Priorität hatte allerdings die Erschließung von Feldern und damit verbunden der Ausbau des Pipelinesystems im Osten der Sowjetrepublik (insbesondere die Anbindung des Feldes Shatlyk), sodass die Arbeiten an dem westlichen Abschnitt erst Ende 1972 begannen. Zunächst wurde der Öldistrikt Mangyshlak im Nordwesten der Sowjetrepublik Kasachstan mit einem damals jährlichen Gasproduktionspotenzial von fünf Mrd. m³ mit der bestehenden Pipelineinfrastruktur verbunden, bevor 1974 der Anschluss der turkmenischen Felder Kotur-Tepe sowie Barsa-Gel'mes und 1976 der Lagerstätten Okarem und Kamyshldzha an die Pipeline erfolgte.[241]

Die vorläufige Fertigstellung des CAC-Pipelinesystems erfolgte Mitte der 1970er-Jahre. Es bestand aus insgesamt vier Pipelinesträngen: Drei verlaufen aus dem Osten sowie einer aus dem Westen des Landes in Richtung Norden, bevor sie in Beineu, im Nordwesten Kasachstans, aufeinandertreffen. Anschließend führt die Route der vier parallelen Pipelinestränge nach Aleksandrov-Gai (im Oblast Saratov), wo sich das Pipelinesystem in Richtung Moskau und in Richtung Westen aufteilt (Abb. 29). Die Transportkapazität betrug zum damaligen Zeitpunkt 68 Mrd. m³ pro Jahr; 1975 wurden damit 49 Mrd. m³ aus der Sowjetrepublik Turkmenistan transportiert.[242] In den 1980er-Jahren erfolgte aufgrund der Erschließung von Dauletabad der Ausbau des CAC-Pipelinesystems. 1984 begannen die Arbeiten an einem weiteren Pipelinestrang von Shatlyk über Khiva und Beineu nach Aleksandrov Gai, der 1985 fertiggestellt wurde.[243]

Bei Betrachtung der Entwicklung des Erdgassektors der Sowjetrepublik Turkmenistan wird deutlich, dass die dort geförderten Volumen nicht unwesentlich zur Versorgung der gesamten Sowjetunion beigetragen haben. In Kombination mit der Förderung Usbekistans ermöglichte die Produktion der Sowjetrepublik Turkmenistan zwischenzeitlich, vor allem in den 1970er-Jahren, die ob der eher geringen Reserven sinkende Förderung in den westlichen Regionen der Sowjetunion (Nordkaukasus/

---

241 Nach Schätzungen für das Jahr 1977 produzierten die Felder im Westen der Sowjetrepublik Turkmenistan neun Mrd. m³ pro Jahr, wovon acht Mrd. m³ in die Pipeline eingespeist wurden. Vgl. Dienes, Leslie/Shabad, Theodore: The Soviet Energy System: Resource Use and Policies, Washington DC: V.H. Winston & Sons, 1979, S. 84.
242 Zusätzlich wurden vier Mrd. m³ aus Mangyshlak-Feldern im Nordwesten Kasachstans sowie drei Mrd. m³ aus Usbekistan in das Pipelinesystem eingespeist. Vgl. Dienes, Leslie/Shabad, Theodore: The Soviet Energy System: Resource Use and Policies, Washington DC: V.H. Winston & Sons, 1979, S. 84.
243 Vgl. Wilson, David: Soviet Energy to 2000, London: The Economist Intelligence Unit, 1986, S. 125.

2.1 Der Erdgassektor der Sowjetrepublik Turkmenistan

	1960	1965	1970	1975	1980	1984
Zentralasien	0,72	17,9	46,0	94	109,5	116
davon Turkmenistan	0,23	1,16	13,1	51,8	70,5	73
Nordkaukasus	13,7	40	47	23	21	11
Ukraine	14,3	39,4	60,9	68,7	56	48
Tyumen Oblast			9,3	35,7	156	322
Sowjetunion gesamt	45,3	128	198	289,3	435,2	587,3

Tabelle 7: Die Erdgasproduktion der Sowjetunion in ausgewählten Regionen (in Mrd. m³)

Quelle: Dienes, Leslie/Shabad, Theodore: The Soviet Energy System: Resource Use and Policies, Washington DC: V.H. Winston & Sons, 1979, S. 70 f; Wilson, David: Soviet Energy to 2000, London: The Economist Intelligence Unit, 1986, S. 60.

Ukraine) auszugleichen, bevor das Produktionspotenzial Westsibiriens verstärkt ausgeschöpft wurde (Tab. 7).[244]

So stieg der Anteil der Gasproduktion der zentralasiatischen Unionsrepubliken an der gesamten Förderung der Sowjetunion auf fast ein Drittel im Jahr 1975 und betrug 1984 noch knapp ein Fünftel, wohingegen sich der Anteil des Nordkaukasus und der Ukraine, der sich in den 1960er-Jahren noch auf über 60 Prozent belief, in den 1970er-Jahren auf rund 30 Prozent verringerte und 1984 lediglich noch zehn Prozent ausmachte.

Der Ausbau der Erdgasförderung in den zentralasiatischen Sowjetrepubliken konzentrierte sich zwar zunächst auf die Sowjetrepublik Usbekistan, doch entwickelte sich die Unionsrepublik Turkmenistan durch die Erschließung neuer Vorkommen, wie beispielsweise Shatlyk, in den 1970er-Jahren zum größten Produzenten in der Region. Die Sowjetrepublik Turkmenistan verzeichnete in den 1980er-Jahren weitere Produktionszuwächse, sodass deren Förderung im Jahr 1989 mit knapp 90 Mrd. m³ ihren Höhepunkt erreichte. Der Ausbau der Erdgasförderung sowie der damit zusammenhängenden Transportinfrastruktur in der Sowjetrepublik Turkmenistan, die auf die Versorgung der Verbrauchszentren innerhalb der Sowjetunion, beispielsweise deren westliche Regionen oder den Großraum Moskau, zielte und nicht zu einer Industrialisierung in der Unionsrepublik führte bzw. genutzt wurde, veranschaulicht das System der Arbeitsteilung in der UdSSR sowie die Zentrum-Peripherie-Beziehung

---

244 Vgl. Dienes, Leslie/Shabad, Theodore: The Soviet Energy System: Resource Use and Policies, Washington DC: V.H. Winston & Sons, 1979, S. 79.

zwischen dem Machtzentrum in Moskau und der abgelegenen zentralasiatischen Sowjetrepublik.[245] Dieses Erbe der sowjetischen Arbeitsteilung hatte für Turkmenistan nach der Unabhängigkeit 1991 weitreichende Konsequenzen. Das bestehende Pipelinesystem, das zur Versorgung der Sowjetunion konzipiert worden war, ermöglichte nach deren Zusammenbruch in erster Linie den Export in deren Nachfolgestaaten. Zwar bestand die Möglichkeit, über die Nutzung des russischen Pipelinesystems turkmenisches Erdgas nach Europa zu exportieren, was in den ersten Jahren nach der Unabhängigkeit mittels einer Exportquote für Turkmenistan auch umgesetzt wurde, doch beanspruchte Russland den europäischen Markt ab 1994 für sich allein, sodass die turkmenischen Exporte ob der gegebenen Infrastruktur zunächst auf den GUS-Raum beschränkt blieben (Kap. 3). Diese in der Sowjetära verankerte Pfadabhängigkeit[246] in Gestalt der Dependenz vom russischen Pipelinesystem zum Erdgasexport ist für die nachfolgende Untersuchung von zentraler Bedeutung, stellt sie doch eine der Determinanten für die Vorgehensweise Turkmenistans dar. Schließlich war und ist dessen Erdgashandel im postsowjetischen Raum mit großen Schwierigkeiten verbunden, woraus sich die verstärkten Anstrengungen zur Diversifizierung der Exportinfrastruktur sowie der Absatzmärkte seitens der turkmenischen Regierung ableiten lassen (Kap. 3 und 4).[247]

---

245 Meißner spricht in diesem Zusammenhang von einer Kolonialwirtschaft, die sich in der stark ausgeprägten Abhängigkeit vom Sowjetmarkt zeigt. Vgl. Meißner, Hannes: Der „Ressourcenfluch" in Aserbaidschan und Turkmenistan und die Perspektiven von Effizienz- und Transparenzinitiativen, Berlin; Münster: LIT Verlag, 2013, S. 218 f.

246 In der Politikwissenschaft bezieht sich der Begriff Pfadabhängigkeit auf die Historizität politischer Prozesse: „In der Vergangenheit getroffene politische Entscheidungen, geschaffene Institutionen und eingebürgerte Denkweisen und Routinen wirken in die Gegenwart hinein: Vergangene Konflikte wirken sich auf gegenwärtige Beziehungen zwischen Staaten aus, in einer früheren historischen Situation gewählte Politiken (>>policy legacies<<) beeinflussen heutige Entscheidungen, und Institutionen, mit denen auf eine vergangene Problemsituation reagiert wurde, stellen auf Grund ihrer Beharrungskraft Restriktionen für gegenwärtiges Problemlösungshandeln dar." (Vgl. Mayntz, Renate: Zur Theoriefähigkeit makro-sozialer Analysen, in: Mayntz, Renate (Hrsg.): Akteure – Mechanismen – Modelle: Zur Theoriefähigkeit makrosozialer Analysen, Frankfurt/Main: Campus Verlag, 2002, S. 7-44, hier S. 27 f.)
Die Entscheidungen über die Nutzung der Gasvorkommen der Sowjetrepublik Turkmenistan für die Gasversorgung der Sowjetunion hatten damit den entsprechenden Ausbau der Gastransportinfrastruktur zur Konsequenz. Dies wiederum stellte nach Erlangung der Unabhängigkeit Turkmenistans weiterhin eine Determinante in Bezug auf seine Gasexportmöglichkeiten dar und beeinflusste folglich dessen Exportpolitik (in Kombination mit dem Handeln Russlands) maßgeblich, indem die Entscheidungsmöglichkeiten über das Ziel der Exporte deutlich eingeschränkt wurden. Die Diversifizierungsbestrebungen der turkmenischen Führung in Bezug auf die Abnehmer und die Exportinfrastruktur sind dementsprechend als intendierte Überwindung dieser Pfadabhängigkeit in Gestalt des geerbten Exportpipelinesystems zu deuten.

247 Ein wesentlicher Teil der Staatseinnahmen Turkmenistans beruhen auf dem Erdgasexport. Schwierigkeiten beim Erdgashandel wirken sich auf die Handlungsfähigkeit der Regierung ausw und können letztendlich eine Bedrohung für deren Machterhalt darstellen (Kap. 1.8).

2.2 Die Entwicklung des Erdgassektors Turkmenistans seit der Unabhängigkeit

2.2.1 Reserven

Inzwischen zählt Turkmenistan zu den Ländern mit den weltweit größten nachgewiesenen Gasreserven. Nach Angaben der BGR belaufen sich diese auf knapp zehn Bill. m³, was einem Anteil von rund fünf Prozent an den globalen konventionellen Erdgasreserven entspricht (Tab. 5). Dementsprechend steht das Land im internationalen Vergleich hinter Russland, dem Iran und Katar an vierter Stelle (Abb. 15).

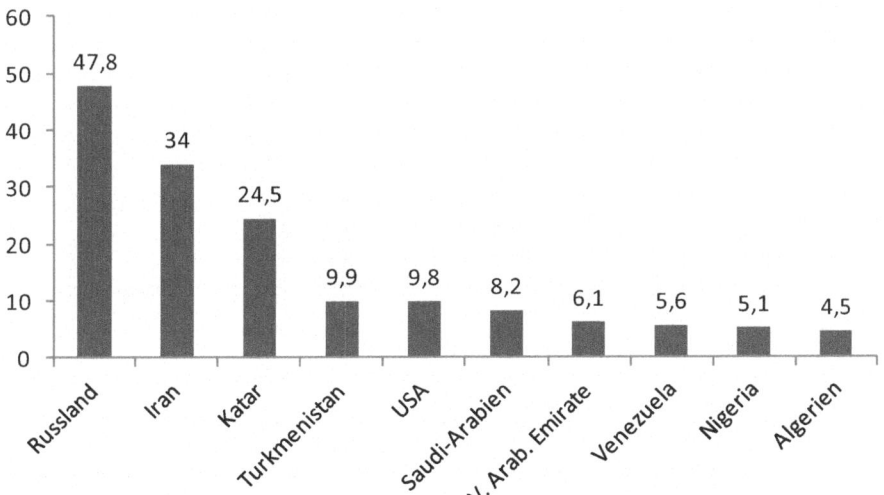

Abbildung 15: Weltweit nachgewiesene Gasreserven (konventionell und nichtkonventionell, in Bill. m³)

Quelle: Eigene Darstellung nach Bundesanstalt für Geowissenschaften und Rohstoffe: Energiestudie 2015. Reserven, Ressourcen und Verfügbarkeit von Energierohstoffen, Hannover: Bundesanstalt für Geowissenschaften und Rohstoffe, 2015, S. 119.

Bei näherer Betrachtung der Gasreserven und -ressourcen in der Kaspischen Region, Iran und Russland ausgenommen, wird deutlich, dass Turkmenistan über die mit Abstand größten Potenziale in Bezug auf die Erdgasförderung verfügt. So kann das Land im Vergleich zu Aserbaidschan, Kasachstan und Usbekistan auf ungleich höhere

Erdgasreserven und -ressourcen zurückgreifen (Abb. 16). Während die Erdgasreserven Aserbaidschans auf knapp 1,2 Bill. m³, die Kasachstans auf knapp zwei Bill. m³ und die Usbekistans auf 1,6 Bill. m³ beziffert werden, betragen die Turkmenistans mit knapp zehn Bill. m³ ein Vielfaches. Bei Berücksichtigung der Ressourcen sowie der verbleibenden Potenziale ergibt sich ein ähnliches Bild. Demgemäß wird das verbleibende Potenzial Turkmenistans auf rund 25 Bill. m³, also rund das Vierfache des Potenzials Kasachstans (6,1 Bill. m³) und sogar das Achtfache Aserbaidschans (drei Bill. m³) sowie Usbekistans (drei Bill m³), geschätzt (Abb. 16).

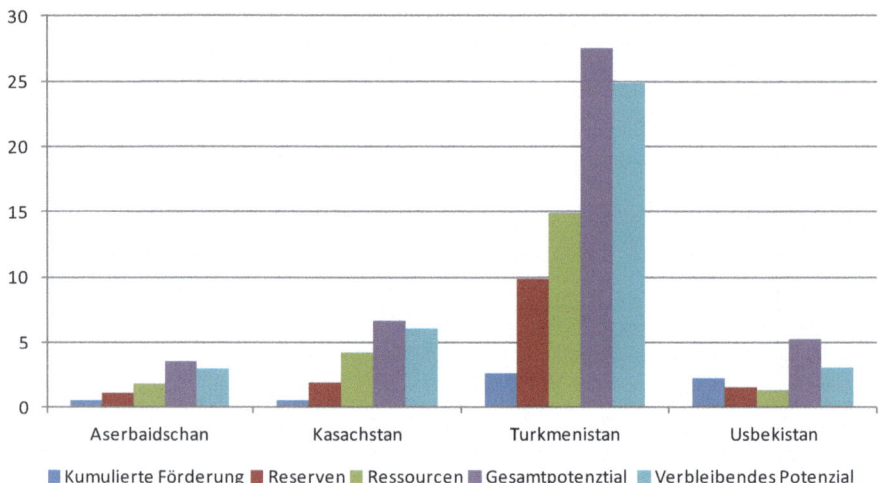

Abbildung 16: Erdgasreserven und -ressourcen in der Kaspischen Region (in Bill. m³)

Quelle: Eigene Darstellung nach Angaben der Bundesanstalt für Geowissenschaften und Rohstoffe: Energiestudie 2015. Reserven, Ressourcen und Verfügbarkeit von Energierohstoffen, Hannover: Bundesanstalt für Geowissenschaften und Rohstoffe, 2015, S. 114.

Dabei sind die Einschätzungen des Umfangs der Erdgasreserven und -ressourcen Turkmenistans in den vergangenen Jahren korrigiert worden. So wurden nach Angaben der BGR für das Jahr 2007 die Erdgasreserven auf drei Bill. m³ und die Erdgasressourcen auf sechs Bill. m³ beziffert, während für das Jahr 2014 von knapp zehn Bill. respektive 15 Bill. m³ ausgegangen wird (Abb. 17). Die Neubewertung des Umfangs der turkmenischen Gasreserven (und -ressourcen) ist auf die Entdeckung und anschließende geologische Untersuchungen der Felder Süd Jolotan und Yashlar zurückzuführen. Das Areal mit den Lagerstätten ist im November 2011 von der turkmenischen Regierung in Galkynysh umbenannt worden.[248]

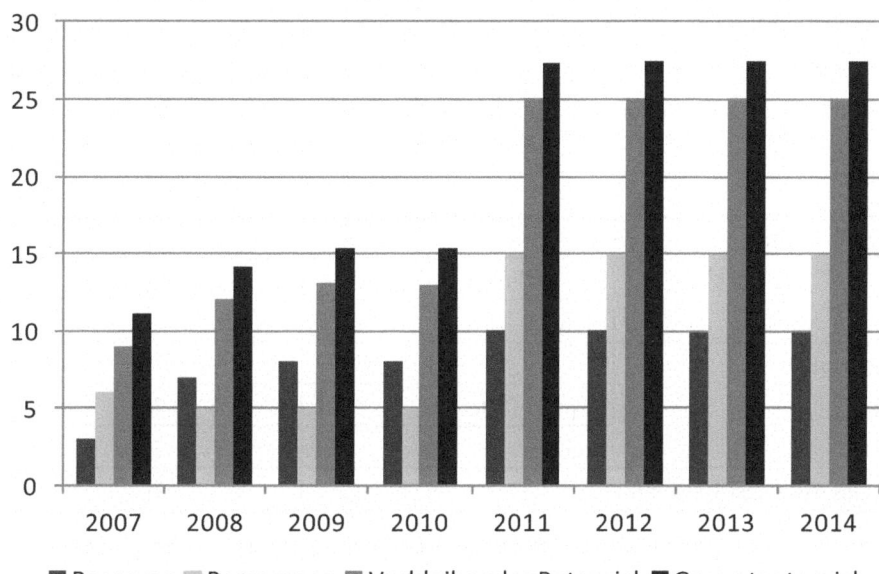

Abbildung 17: Die nachgewiesenen Erdgasreserven und -ressourcen Turkmenistans 2007 – 2014 (in Bill. m³)

Quelle: Eigene Darstellung nach Angaben der Bundesanstalt für Geowissenschaften und Rohstoffe[249]

---

248 Bei Galkynysh handelt es sich um die angrenzenden Felder Süd Jolotan, Osman und Minara sowie das separate Feld Yashlar. Vgl. Pirani, Simon: Central Asian and Caspian Gas Production and the Constraints on Export, Oxford: Oxford Institute for Energy Studies, 2012, S. 27 f.
249 Vgl. BGR: Reserven, Ressourcen und Verfügbarkeit von Energierohstoffen 2007, Hannover: BGR, 2008, S. 48; BGR: Reserven, Ressourcen und Verfügbarkeit von Energierohstoffen - Kurzstudie 2009, Hannover: BGR, 2009, S. 45; BGR: Reserven, Ressourcen und Verfügbarkeit von Energierohstoffen 2010, Hannover: BGR, 2010, S. 46; Deutsche Rohstoffagentur in der BGR: Kurzstudie - Reserven, Ressourcen und Verfügbarkeit von Energierohstoffen 2011, Hannover: Deutsche Rohstoffagentur in der BGR, 2011, S. 48; Deutsche Rohstoffagentur in der BGR: Energiestudie 2012 - Reserven, Ressourcen und Verfügbarkeit von Energierohstoffen, Hannover: Deutsche Rohstoffagentur in der BGR, 2012, S. 50; BGR: Energiestudie 2013. Reserven, Ressourcen und Verfügbarkeit von Energierohstoffen, Hannover: BGR, 2013, S. 66; BGR: Energiestudie 2014. Reserven, Ressourcen und Verfügbarkeit von Energierohstoffen, Hannover: BGR, 2014, S. 80; BGR: Energiestudie 2015. Reserven, Ressourcen und Verfügbarkeit von Energierohstoffen, Hannover: BGR, 2015, S. 114.

Das britische Unternehmen Gaffney Cline & Associates wurde mit der Bewertung von Süd Jolotan sowie Yashlar beauftragt und präsentierte in den Jahren 2008 und 2011 deutlich voneinander abweichende Ergebnisse (Tab. 8): Die Einschätzung wurde deutlich nach oben korrigiert. Die Lagerstätten, 2008 noch auf 4,3 bis 15,5 Bill. m³ beziffert, wurden 2011 auf 14,55 bis 26,2 Bill. m³ geschätzt; der wahrscheinliche Umfang an Reserven wuchs von 6,7 Bill. m³ auf 19,05 Bill. m³ – eine Verdreifachung der erschließbaren Vorkommen im Vergleich zur ursprünglichen Bewertung.

		2008	2011
Süd Jolotan	Low	4	13,1
	Best Estimate	6	16,4
	High	14	21,2
Yashlar	Low	0,3	1,45
	Best Estimate	0,7	2,65
	High	1,5	5,0
Gesamt (Best Estimate)		6,7	19,05

Tabelle 8: Ergebnisse der Bewertung der Felder Süd Jolotan und Yashlar durch das Unternehmen Gaffney Cline & Associates (in Bill. m³)

Quelle: Pirani, Simon: Central Asian and Caspian Gas Production and the Constraints on Export, Oxford Institute for Energy Studies, December 2012, S. 28.

Nicht zuletzt aufgrund der Ungewissheit im Hinblick auf die erschließbaren Vorkommen des Areals Galkynysh bzw. der Felder Süd Jolotan und Yashlar – die Differenz zwischen dem geschätzten Minimum und Maximum beträgt über elf Bill. m³ – bestehen nach wie vor große Unsicherheiten über den tatsächlichen Umfang der gesamten turkmenischen Gasreserven. So bezifferte das Unternehmen BP deren Umfang für das Jahr 2011 mit 24,3 Bill. m³, 2013 mit 17,5 Bill. m³ (Abb. 18).[250] Dennoch

---

250 Für den *BP Statistical Review of World Energy 2013* wurden bei den Ländern der ehemaligen Sowjetunion Korrekturen vorgenommen. Nach Aussagen des Chefvolkswirtes von BP, Christof Rühl, erfolgte die Neubewertung der Erdgasreserven, um diese den westlichen Bewertungsstandards anzupassen. Danach gelten Reserven als solche Vorkommen, die unter technischen und wirtschaftlichen Gesichtspunkten gewinnbar sind, während in der Bewertungspraxis der Nachfolgestaaten der Sowjetunion eher die technischen Möglichkeiten zur Gewinnung als Bewertungsgrundlage herangezogen werden. Vgl. Williams, Selina: BP cuts Russia, Turkmenistan Gas Reserves Estimates, in: Dow Jones Top News & Commentary, 12.06.2013.

2.2 Die Entwicklung des Erdgassektors Turkmenistans seit der Unabhängigkeit

geht das Unternehmen weiterhin von weitaus größeren Gasreserven als die BGR aus (Abb. 18). Während die Angaben der BGR und von BP für den Zeitraum 2007 bis 2010 in etwa übereinstimmen, bestehen für die Jahre 2011 bis 2014 trotz der von BP vorgenommenen Korrektur noch immer beträchtliche Unterschiede bezüglich der Einschätzung der turkmenischen Erdgasreserven. Die Differenz für das Jahr 2011 beträgt 14,3 Bill m³ und verringerte sich auf 7,5 bzw. 7,6 Bill m³ in den Folgejahren.

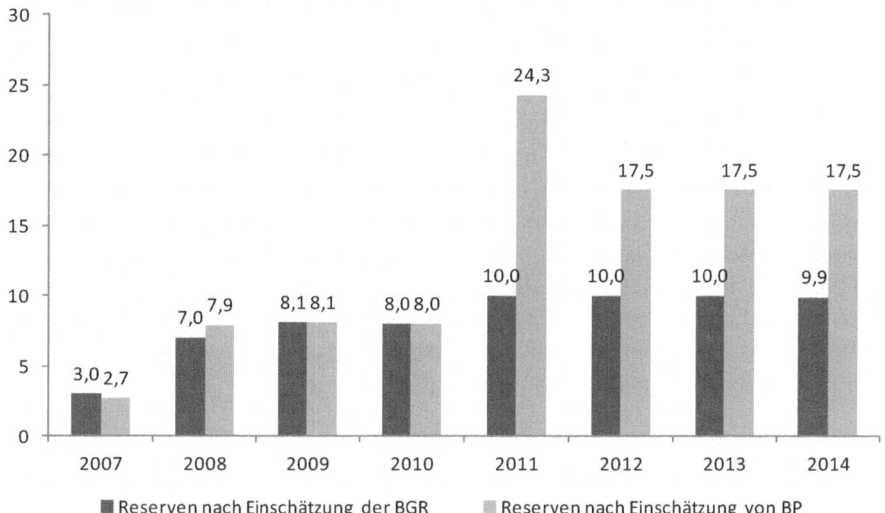

Abbildung 18: Die Erdgasreserven Turkmenistans nach Angaben der BGR und von BP (in Bill. m³)

Quelle: Eigene Darstellung nach Angaben der Bundesanstalt für Geowissenschaften und Rohstoffe und von BP[251]

---

251 Vgl. BGR: Reserven, Ressourcen und Verfügbarkeit von Energierohstoffen 2007, Hannover: BGR, 2008, S. 48; BGR: Reserven, Ressourcen und Verfügbarkeit von Energierohstoffen – Kurzstudie 2009, Hannover: BGR, 2009, S. 45; BGR: Reserven, Ressourcen und Verfügbarkeit von Energierohstoffen 2010, Hannover: BGR, 2010, S. 46; Deutsche Rohstoffagentur in der BGR: Kurzstudie - Reserven, Ressourcen und Verfügbarkeit von Energierohstoffen 2011, Hannover: Deutsche Rohstoffagentur in der BGR 2011, S. 48; Deutsche Rohstoffagentur in der BGR: Energiestudie 2012 - Reserven, Ressourcen und Verfügbarkeit von Energierohstoffen, Hannover: Deutsche Rohstoffagentur in der BGR 2012, S. 50; BGR: Energiestudie 2013. Reserven, Ressourcen und Verfügbarkeit von Energierohstoffen, Hannover: BGR, 2013, S. 66; BGR: Energiestudie 2014. Reserven, Ressourcen und Verfügbarkeit von Energierohstoffen, Hannover: BGR, 2014, S. 80; BGR: Energiestudie 2015. Reserven, Ressourcen und Verfügbarkeit von Energierohstoffen, Hannover: BGR, 2015, S. 114; BP Statistical Review of World Energy, Jahrgänge 2008 – 2015.

Insbesondere in Bezug auf die Einschätzung von Galkynysh bestehen Unsicherheiten, da die Erschließung mit verschiedenen Herausforderungen (hoher Druck, erheblicher Anteil von Sauergasen) verbunden ist. Vor diesem Hintergrund ist fraglich, inwieweit die dort vorhandenen Volumen den Reserven respektive Ressourcen zugerechnet werden können.[252] Ferner ist festzuhalten, dass das Land bisher noch nicht vollständig bzw. nicht unter Verwendung modernster Technologien exploriert worden ist, sodass die Entdeckung weiterer Lagerstätten keineswegs ausgeschlossen erscheint.[253]

Dies gilt insbesondere für den noch verbindlich festzulegenden turkmenischen Sektor des Kaspischen Meeres. Nach turkmenischen Angaben wird der Umfang der Offshore-Vorkommen auf 6,1 Bill m³ geschätzt.[254] Allerdings sind hier bisher kaum umfassende Explorationsarbeiten durchgeführt worden, da bisher nur wenige Unternehmen in den turkmenischen Gewässern des Kaspischen Meeres operieren und die Festlegung der aserbaidschanisch-turkmenischen Seegrenze zwischen beiden Ländern umstritten ist (Kap. 1.10.3.2).[255] Gegenwärtig werden Explorationsarbeiten im Vertragsgebiet vom russischen Unternehmen Itera (Block 21) durchgeführt. Auf Basis seismischer Messdaten werden die Reserven auf rund 800 Mrd. m³ geschätzt.[256] Auch die Deutsche Erdöl AG (DEA, ehemals RWE DEA) hat im Block 23 seismische Messungen durchgeführt, allerdings plant das Unternehmen seinen Rückzug aus Turkmenistan, wobei ein wesentlicher Grund Verzögerungen bei der Genehmigung von Explorationsbohrungen zu sein scheint.[257]

---

252   Vgl. Pirani, Simon: Central Asian and Caspian Gas Production and the Constraints on Export, Oxford Institute for Energy Studies, 2012, S. 28 f.
253   So verkündete Turkmenistan 2015 die Entdeckung eines weiteren vielsprechenden Gasfeldes in der Nähe von Galkynysh. Nach turkmenischen Angaben werden die gesamten potenziellen Erdgasvorkommen auf 50,34 Bill. m³ geschätzt. Vgl. Strohbach, Uwe: Turkmenistan plant neue Projekte in der Öl- und Gasindustrie: Galkynysch-Großprojekt hat oberste Priorität, in Germany Trade & Invest, 14.12.2015, http://www.gtai.de/GTAI/Navigation/DE/Trade/Maerkte/suche, t=turkmenistan-plant-neue-projekte-in-der-oel-und-gasindustrie,did=1369584.html (Zugriff: 12.03.2016); New large gas discovery in Turkmenistan, Platts Energy Economist, 01.09.2015.
254   Vgl. Strohbach, Uwe: Turkmenistan plant neue Projekte in der Öl- und Gasindustrie: Galkynysch-Großprojekt hat oberste Priorität, in Germany Trade & Invest, 14.12.2015, http://www.gtai.de/GTAI/Navigation/DE/Trade/Maerkte/suche,t=turkmenistan-plant-neue-projekte-in-der-oel-und-gasindustrie,did=1369584.html (Zugriff: 12.03.2016).
255   Vgl. Valdez, Maria/Weaver, Kenyon: Turkmenistan Chapter - Oil & Gas Regulation 2013, http://www.iclg.co.uk/practice-areas/oil-and-gas-regulation/oil-and-gas-regulation-2013/turkmenistan (Zugriff: 23.5.2013).
256   Vgl. Hasanov, Huseyn: Itera expands presence in Turkmenistan, in: Trend News Agency, 27.04.2015, http://en.trend.az/business/economy/2388333.html (Zugriff: 01.12.2015).
257   Vgl. Deutsche Erdöl AG: Standorte: Turkmenistan, in: http://www.dea-group.com/de/standorte/turkmenistan (Zugriff: 30.12.2015); Delegation der Deutschen Wirtschaft für Zentralasien: Deutsche Erdöl AG zieht sich aus Turkmenistan zurück, 30.10.2015, http://zentralasien.ahk.de/news/nachrichten-turkmenistan/ahk-zentralasien-news-aus-turkmenistan/artikel/deutsche-erdoel-ag-zieht-sich-aus-turkmenistan-zurueck/?cHash=3c31ba3bf3aa03523394be51c5e610b8 (Zugriff: 30.12.2015).

2.2.2 Lagerstätten und Produktion

Nach Angaben des staatlichen Unternehmens Turkmengeologiya wurden in Turkmenistan bisher 38 Öl-, 82 Gaskondensat- und 153 Gasfelder (142 Onshore, elf Offshore entdeckt).[258] Die Gaslagerstätten befinden sich überwiegend im Osten und Südosten des Landes (Abb. 19). Damit entfällt auf diese Regionen der Hauptanteil der gesamten Gasproduktion.

Die mit Abstand größte Lagerstätte, Galkynysh[259], befindet sich südöstlich von der Provinzhauptstadt Mary. Die Produktion des Feldes startete im September 2013. Im Rahmen der ersten Erschließungsphase ist ein Fördervolumen von 30 Mrd. m³ pro Jahr geplant.[260]

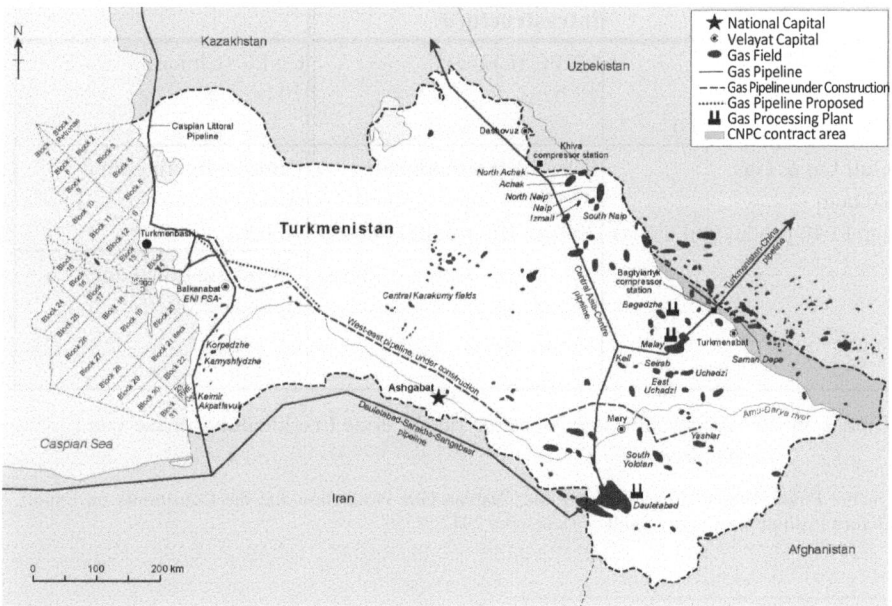

Abbildung 19: Gasinfrastruktur Turkmenistans

Quelle: Pirani, Simon: Central Asian and Caspian Gas Production and the Constraints on Export, Oxford Institute for Energy Studies, December 2012, S. 22.

---

258 Vgl. IV International Gas Congress opens in Turkmenistan, in: Trend News Agency, 21.05.2013.
259 Diese ist in Abbildung 19 noch als „South Yolotan" bezeichnet.
260 Vgl. Rodova, Nadia/Yen Ling, Song: China ups Turkmen supplies, in: International Gas Report, 09.09.2013.

An den Verträgen zur Erschließung von Galkynysh wird das zunehmende Engagement Chinas im Erdgassektor Turkmenistans offensichtlich. China hat Kredite in Höhe von 8,1 Mrd. US-Dollar an Turkmenistan vergeben.[261] Im Gegenzug bekam der chinesische Staatskonzern CNPC umfangreiche Aufträge in Form von Serviceverträgen für die erste Erschließungsphase der Lagerstätte mit einem Volumen von 3,128 Mrd. US-Dollar. Neben diesen Verträgen hat die turkmenische Regierung weitere Serviceverträge mit anderen Unternehmen geschlossen (Tab. 9). Das Gesamtvolumen der Verträge für die erste Erschließungsphase beträgt knapp zehn Mrd. US-Dollar.[262]

Field development	Gas gathering pipeline infrastructure	Gas processing plant
CNCP (China) 10 bcm (28 production wells)	CNPC (China) 10 bcm	CNPC (China) 10 bcm
Gulf Oil & Gas 20 bcm (up to 40 production wells)	Petrofac International (UAE) 20 bcm (four units)	Petrofac International (UAE) 10 bcm
		LG International and Hyundai Eng. (South Korea) 10 bcm

Tabelle 9: Abgeschlossene Verträge für die erste Erschließungsphase von Galkynysh

Quelle: Pirani, Simon: Central Asian and Caspian Gas Production and the Constraints on Export, Oxford Institute for Energy Studies, December 2012, S. 30.

---

261 Die Gewährung des ersten Kredites der China Development Bank an Turkmengaz mit einem Umfang von 4 Mrd. US-Dollar wurde im Jahr 2009 vereinbart, worauf ein weiterer in Höhe von 4,1 Mrd. US-Dollar im April 2011 folgte. Vgl. Pirani, Simon: Central Asian and Caspian Gas Production and the Constraints on Export, Oxford Institute for Energy Studies, December 2012, S. 30.

262 Neben den Abkommen mit CNPC wurden für die erste Erschließungsphase von Galkynysh folgende Verträge geschlossen: Petrofac International (Vertragsvolumen 3,979 Mrd. US-Dollar), Gulf Oil & Gas (1,15 Mrd. US-Dollar), Konsortium bestehend aus LG International und Hyundai Engineering (1,485 Mrd. US-Dollar). Vgl. Pirani, Simon: Central Asian and Caspian Gas Production and the Constraints on Export, Oxford Institute for Energy Studies, December 2012, S. 29.

2.2 Die Entwicklung des Erdgassektors Turkmenistans seit der Unabhängigkeit

Die Serviceverträge zur zweiten Erschließungsphase von Galkynysh, für die ebenfalls eine Plateauproduktion von 30 Mrd. m³ pro Jahr vorgesehen ist, die 2018 erreicht werden soll, wurden im September 2013 ausschließlich an CNPC vergeben, wodurch die dominante Stellung Chinas in Turkmenistans Gassektor weiter gefestigt wird. Da China und Turkmenistan parallel die Ausdehnung des Liefervolumens auf 65 Mrd. pro Jahr vereinbart haben und die China Development Bank Unterstützung bei der Finanzierung für die Durchführung der zweiten Erschließungsphase in Aussicht gestellt hat,[263] kann davon ausgegangen werden, dass die Produktion der zweiten Erschließungsphase hauptsächlich für den Export nach China bestimmt ist.

Neben dem Engagement zur Erschließung von Galkynysh ist China zusätzlich direkt an der Onshore-Förderung in Turkmenistans beteiligt. Das Vertragsgebiet von CNPC, Bagtyiarlyk, erstreckt sich entlang der turkmenisch-usbekischen Grenze (Abb. 19). Die dort vorhandenen Reserven betragen schätzungsweise 1,3 Bill. m³.[264] Die Produktion wurde im Dezember 2009 aufgenommen; bis September 2012 wurden insgesamt rund zwölf Mrd. m³ gefördert.[265] Nach den Plänen des chinesischen Staatskonzerns ist ein Fördermaximum von 13 Mrd. m³ pro Jahr vorgesehen.[266]

Bis zur Entdeckung des Feldkomplexes Galkynysh galt das Feld Dauletabad, das sich im Südosten an der turkmenisch-iranischen Grenze befindet (Abb. 19), als die größte Lagerstätte Turkmenistans. Die Produktion wird gegenwärtig auf ca. 30 Mrd. m³ pro Jahr und der Umfang der verbliebenen Reserven auf 0,9 bis 1,7 Bill. m³ geschätzt. Zu den weiteren produzierenden Feldern zählen beispielsweise Malay und die Uchadzi-Felder im Osten des Landes, deren Produktion ebenfalls nach China exportiert wird, sowie die Naip-Felder im Nordosten Turkmenistans (Abb. 19).[267]

Eine vergleichsweise geringe Anzahl von Produktionsstätten befindet sich im Westen des Landes, so die Felder Korpedzhe, Kamyshlydzha, Keimir, Akpatlavuk und Nebitlidzhe. Dabei handelt es sich teilweise auch um assoziiertes Gas, dessen Produktion im Rahmen der Ölförderung durch das turkmenische Staatsunternehmen Turkmenneft erfolgt. Die Produktion wird auf acht bis zehn Mrd. m³ pro Jahr ge-

---

263 Vgl. Sladkova, Nadezhda/Lee, Dawn/Ritchie, Michael: Turkmenistan launches Galkynysh field as China looks on, in: Nefte Compass, 05.09.2013; Rodova, Nadia/Yen Ling Song: China ups Turkmen supplies, in: International Gas Report, 09.09.2013.
264 Vgl. Pirani, Simon: Central Asian and Caspian Gas Production and the Constraints on Export, Oxford Institute for Energy Studies, December 2012, S. 25 f.
265 Vgl. CNPC: Amu Darya Natural Gas Project Phase I, http://www.cnpc.com.cn/en/Project/Amu_Darya_I.shtml (Zugriff 30.05.2015)
266 Vgl. Pirani, Simon: Central Asian and Caspian Gas Production and the Constraints on Export, Oxford Institute for Energy Studies, December 2012, S. 26.
267 Vgl. Pirani, Simon: Central Asian and Caspian Gas Production and the Constraints on Export, Oxford Institute for Energy Studies, December 2012, S. 24 f.

schätzt, wovon ca. vier bis fünf Mrd. m³ in den Iran exportiert werden. Das restliche Volumen wird zur Deckung des Inlandsbedarfes genutzt.[268]

Neben der Onshore-Produktion wird inzwischen auch in den von Turkmenistan beanspruchten Gewässern des Kaspischen Meeres Erdgas gefördert. Der malaysische Energiekonzern Petronas hat die Produktion in seinem Lizenzgebiet (Block 1) im Jahr 2011 aufgenommen. Die Förderung (teilweise assoziiertes Gas) hat einen geschätzten Umfang von ca. drei Mrd. m³ pro Jahr. Das Gas wird im Onshore-Terminal Kianly aufbereitet und anschließend in die Korpedzhe-Kurt Kui Pipeline eingespeist (Kap. 2.2.8.2).[269] Im Vertragsgebiet des Unternehmens Dragon Oil (Cheleken), befinden sich nach dessen Angaben Erdgasreserven und -ressourcen in Höhe von jeweils ca. 36 Mrd. m³.[270] Im Rahmen der Ölproduktion fördert Dragon Oil ca. 1,5 Mrd. m³ assoziiertes Gas pro Jahr, das teilweise abgefackelt wird (weniger als eine Mrd. m³ pro Jahr). Zusätzlich werden geringere Volumen ohne Aufbereitung für den lokalen Bedarf zur Verfügung gestellt.[271] Vorhandene Absatzmöglichkeiten vorausgesetzt ist eine Ausdehnung der Erdgasförderung von beiden Unternehmen durchaus möglich. Nach Angaben von Petronas kann dessen Produktion auf bis zu zehn Mrd. m³ pro Jahr erweitert werden.[272] Dragon Oil plant den Bau einer Gasaufbereitungsanlage mit einer jährlichen Kapazität von ca. 3,7 Mrd. m³.[273]

Bei Betrachtung der Erdgasproduktion Turkmenistans seit 1991 fällt auf, dass diese starken Schwankungen unterworfen ist. Nach offiziellen Angaben der turkmenischen Behörden hatte die Produktion im Jahr der Unabhängigkeit 1991 einen Umfang von rund 84 Mrd. m³ und lag damit knapp unter dem bisher erzielten Fördermaximum von knapp 90 Mrd. m³ im Jahr 1989 (Abb. 14). Wie aus Abbildung 20 hervorgeht, ist dieses Niveau nach erheblichen Produktionseinbrüchen in den 1990er-Jahren mit einem Tiefpunkt von 13,3 Mrd. m³ im Jahr 1998 noch nicht wieder erreicht worden. Bis zum Jahr 2007 stieg die Produktion auf rund 72 Mrd. m³ an und beläuft sich nach einem erneuten starken Rückgang auf ca. 40 Mrd. m³ im Jahr 2009 inzwischen auf knapp 77 Mrd. m³ (Abb. 20).

---

268 Vgl. Pirani, Simon: Central Asian and Caspian Gas Production and the Constraints on Export, Oxford Institute for Energy Studies, December 2012, S. 25.
269 Vgl. Pirani, Simon: Central Asian and Caspian Gas Production and the Constraints on Export, Oxford Institute for Energy Studies, December 2012, S. 27.
270 Vgl. Dragon Oil: Turkmenistan - the Cheleken Contract Area, http://www.dragonoil.com/our-operations/turkmenistan/ (Zugriff: 01.12.2015)
271 Vgl. Pirani, Simon: Central Asian and Caspian Gas Production and the Constraints on Export, Oxford; Institute for Energy Studies, December 2012, S. 27; UAE's Dragon Oil to build 360,000 Mcf/d gas plant in Turkmenistan: report, in: Platts Commodity News, 27.3.2013.
272 Vgl. Pirani, Simon: Central Asian and Caspian Gas Production and the Constraints on Export, Oxford Institute for Energy Studies, December 2012, S. 27.
273 Vgl. UAE's Dragon Oil to build 360,000 Mcf/d gas plant in Turkmenistan: report, in: Platts Commodity News, 27.03.2013.

2.2 Die Entwicklung des Erdgassektors Turkmenistans seit der Unabhängigkeit   133

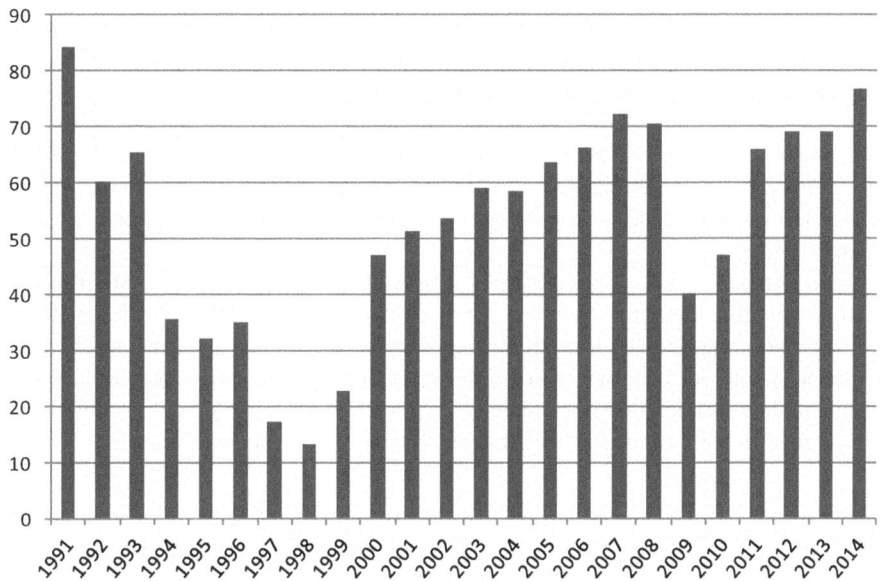

Abbildung 20: Die Erdgasproduktion Turkmenistans (in Mrd. m³)

Quelle: Eigene Darstellung nach o. V.: Turkmenistan: an exporter in transition, in: Pirani, Simon (ed.): Russian and CIS Gas Markets and Their Impact on Europe, Oxford: Oxford University Press, 2009, S. 271-315, hier S. 278; Strohbach, Uwe: Turkmenistans Öl- und Gasbranche wird für mehr als 20 Mrd. US$ ausgebaut: Zahlreiche Erneuerungs- und Ausbauprojekte in der Pipeline, in: Germany Trade & Invest, 20.09.2013, http://www.gtai.de/GTAI/Navigation/DE/Trade/Maerkte/suche,t=turkmenistans-oel-und-gasindustrie-wird-fuer-mehr-als-20-mrd-us$-ausgebaut,did=883230.html (Zugriff: 30.12.2015); Strohbach, Uwe: Turkmenistan plant Großvorhaben in der Öl- und Gasförderung: Galkynysh-Gasprojekt geht in die zweite Phase, in: Germany Trade & Invest, 24.09.2014, http://www.gtai.de/GTAI/Navigation/DE/Trade/Maerkte/suche,t=turkmenistan-plant-grossvorhaben-in-der-oel-und-gasfoerderung,did=1086814.html (Zugriff: 30.12.2015); Strohbach, Uwe: Turkmenistan forciert Ausbau des Gasleitungsnetzes: Start der TAPI-Pipeline steht bevor, in: Germany Trade & Invest, 10.12.2015, http://www.gtai.de/GTAI/Navigation/DE/Trade/Maerkte/suche,t=turkmenistan-forciert-ausbau-des-gasleitungsnetzes,did=1367406.html (Zugriff: 30.12.2015).

Die erheblichen Produktionsschwankungen stehen in direktem Zusammenhang mit den Erdgasexporten Turkmenistans, die dem gleichen Trend folgen (Abb. 25). Die Ursachen für die fluktuierenden Exporte werden ausführlich in Kapitel 3 erläutert; in erster Linie sind dafür Differenzen zwischen Turkmenistan und der Ukraine bzw. Russland in Bezug auf den Gashandel für die Produktionseinbrüche verantwortlich. Die seit 2009 erzielten Produktionszuwächse sind hingegen maßgeblich auf die steigenden Exporte nach China zurückzuführen (Abb. 26).

Die turkmenische Regierung verfolgt ehrgeizige Produktionsziele, wonach die Förderung kurzfristig bis zum Jahr 2016 auf 120,5 Mrd. m³ gesteigert werden soll. Bis zum Jahr 2030 ist ein Anstieg der Produktion auf 230 Mrd. m³/Jahr und der Exporte auf 180 Mrd. m³ pro Jahr geplant.[274] Die IEA geht hingegen in ihren Prognosen von einem moderaten Wachstum der turkmenischen Gasproduktion aus. Sie erwartet einen Anstieg der Förderung auf 110 Mrd. m³ im Jahr 2020 und 159 Mrd. m³ im Jahr 2030. Bis zum Jahr 2040 wird mit einer weiteren Steigerung der Produktion auf 203 Mrd. m³ gerechnet.[275]

Im Hinblick auf die Verwirklichung der Produktionsziele der turkmenischen Regierung sind aus mehreren Gründen durchaus Zweifel angebracht. Für deren Realisierung sind umfangreiche Investitionen Voraussetzung und es erscheint fraglich, ob Turkmenistan in der Lage sein wird, diese selbst zu tätigen bzw. ausländische Investoren ob der bestehenden Beschränkungen anzuwerben (Kap. 2.2.10). Ferner ist offen, ob für die angestrebten Volumen auch Absatzmärkte vorhanden sein werden (Kap. 2.2.7).

2.2.3 Verbrauch

Der Erdgasbedarf Turkmenistans ist seit Erlangung der Unabhängigkeit beträchtlich gewachsen und hat sich von 9,4 Mrd. m³ im Jahr 1991 auf knapp 32 Mrd. m³ im Jahr 2014 gesteigert (Abb. 21). Dabei sind mehrere Faktoren zu berücksichtigen. Grundsätzlich setzt sich die Primärenergieversorgung Turkmenistans inzwischen vollständig aus Erdöl und vor allem Erdgas zusammen (Abb. 22).

Der Erdgasanteil an der Energieversorgung des Landes ist in den letzten Jahren deutlich gewachsen und betrug 75,9 Prozent (Erdöl 24,1 Prozent) im Jahr 2014.[276] Dabei basieren sowohl die Wärme- als auch die Elektrizitätsproduktion vollständig auf Erdgas.[277] Folglich ist der Anstieg des Verbrauchs sicherlich auch auf die steigende Elektrizitätsproduktion zurückzuführen.

---

274 Vgl. Strohbach, Uwe: Turkmenistans Öl- und Gasbranche wird für mehr als 20 Mrd. US$ ausgebaut: Zahlreiche Erneuerungs- und Ausbauprojekte in der Pipeline, in: Germany Trade & Invest, 20.09.2013, http://www.gtai.de/GTAI/Navigation/DE/Trade/Maerkte/suche,t=turkmenistans-oel-und-gasindustrie-wird-fuer-mehr-als-20-mrd-us$-ausgebaut,did=883230.html (Zugriff: 30.12.2015); Business Monitor International: Turkmenistan Oil & Gas Report Q3 2013, London: Business Monitor International, 2013, S. 7.
275 Vgl. IEA: World Energy Outlook 2015, Paris: OECD/IEA, 2015, S. 206.
276 Vgl. IEA: Turkmenistan: Share of total primary energy supply in 2014, http://www.iea.org/stats/WebGraphs/TURKMENIST4.pdf (Zugriff: 05.02.2017).
277 Vgl. IEA: Turkmenistan: Electricity and Heat for 2014, http://www.iea.org/statistics/ statistics-search/report/?country=TURKMENIST&product=ElectricityandHeat&year=2014 (Zugriff: 05.02.2017).

2.2 Die Entwicklung des Erdgassektors Turkmenistans seit der Unabhängigkeit 135

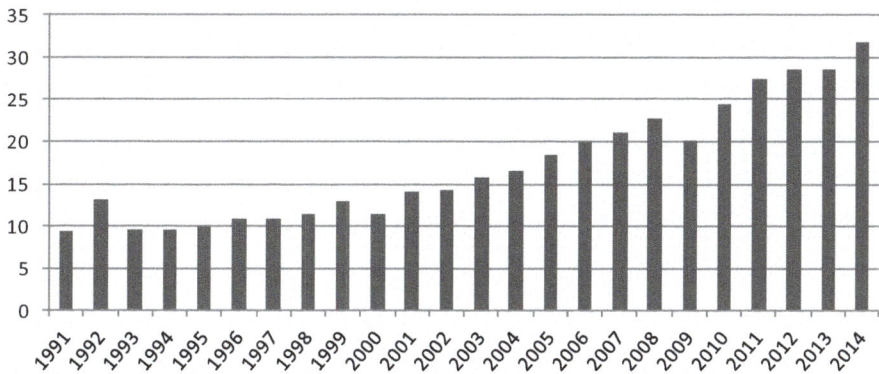

Abbildung 21: Gasverbrauch Turkmenistans (in Mrd. m³)

Quelle: Eigene Darstellung nach o. V.: Turkmenistan: an exporter in transition, in: Pirani, Simon (ed.): Russian and CIS Gas Markets and Their Impact on Europe, Oxford: Oxford University Press, 2009, S. 271-315, hier S. 303; Strohbach, Uwe: Turkmenistan plant neue Projekte in der Öl und Gasindustrie: Galkynysh-Großprojekt hat oberste Priorität, in: Germany Trade & Invest, 14.12.2015, http://www.gtai.de/GTAI/Navigation/DE/Trade/Maerkte/suche,t=turkmenistan-plant-neue-projekte-in-der-oel-und-gasindustrie,did=1369584.html (Zugriff: 30.12.2015); gtai-Recherchen (siehe Anhang).

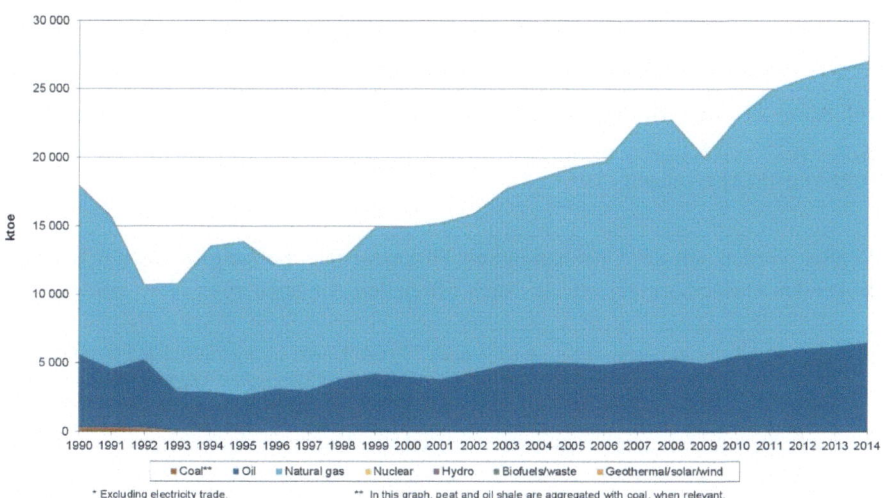

Abbildung 22: Primärenergieversorgung Turkmenistans nach Energieträgern (in ktoe)

Quelle: IEA: Turkmenistan: Total primary energy supply, http://www.iea.org/stats/WebGraphs/TURKMENIST5.pdf (Zugriff: 17.04.2017).

Zwar verringerte sich die Stromproduktion von 14.900 GWh im Jahr 1991 auf 8.860 GWh im Jahr 1999, doch ist seither ein kontinuierlicher Anstieg auf 20.400 GWh im Jahr 2014 zu verzeichnen (Abb. 23).[278] Nach Angaben der IEA betrug der Verbrauch der Kraftwerke 3.732 ktoe Erdgas im Jahr 1999. Dieser Wert steigerte sich auf 7.831 ktoe im Jahr 2013, was rund 39 Prozent des gesamten Gasverbrauchs entspricht.[279]

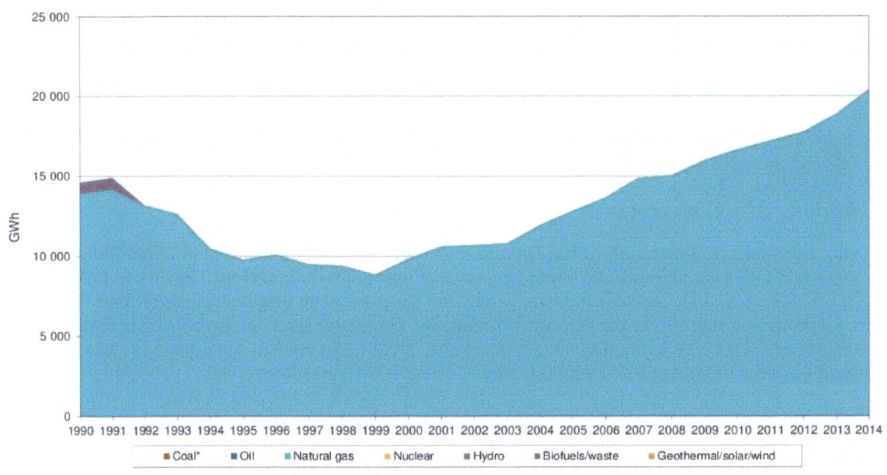

Abbildung 23: Elektrizitätserzeugung Turkmenistans nach Energieträgern (in GWh)

Quelle: IEA: Turkmenistan: Electricity generation by fuel, http://www.iea.org/stats/WebGraphs/TURKMENIST2.pdf (Zugriff 17.04.2017).

Parallel wurden seit der Unabhängigkeit Turkmenistans Fortschritte bei der flächendeckenden Gasversorgung erzielt. Nach offiziellen Angaben stieg diese von 40 Pro-

---

278 Der Anteil von Wasserkraft betrug 1991 noch 700 GWh und verringerte sich auf fünf GWh im Jahr 1999. Inzwischen basiert die Elektrizitätserzeugung vollständig auf Erdgas. Vgl. IEA: Turkmenistan: Electricity and Heat for 1991, http://www.iea.org/statistics/statisticssearch/report/?country=TURKMENIST&product=ElectricityandHeat&year=1991 (Zugriff: 14.12.2014); IEA: Turkmenistan: Electricity and Heat for 1999, http://www.iea.org/statistics/statisticssearch/report/?country=TURKMENIST&product=ElectricityandHeat&year=1999 (Zugriff: 14.12.2014); IEA: Turkmenistan: Electricity and Heat for 2014, http://www.iea.org/statistics/statisticssearch/report/?country=TURKMENIST&product=ElectricityandHeat&year=2014 (Zugriff: 05.02.2017).

279 Vgl. IEA: Turkmenistan: Balances for 1999, http://www.iea.org/statistics/statisticssearch/report/?year=1999&country=TURKMENIST&product=Balances (Zugriff 14.11.2014); IEA: Turkmenistan: Balances for 2013, http://www.iea.org/statistics/statisticssearch/report/?country=TURKMENIST&product=Balances&year=2013 (Zugriff: 01.12.2015).

zent im Jahr 1990 auf mehr als 90 Prozent im Jahr 1999 und mehr als 99 Prozent im Jahr 2003. Ferner wird Erdgas (und zum Teil auch Elektrizität, deren Erzeugung wiederum ausschließlich auf Erdgas basiert) der Bevölkerung teilweise kostenlos und der Industrie zu sehr günstigen Tarifen zur Verfügung gestellt,[280] was vermutlich ebenfalls als Ursache für den Verbrauchsanstieg zu sehen ist. Außerdem sei darauf hingewiesen, dass im Bereich der Energieeffizienz große Defizite in Turkmenistan bestehen.[281] Das Land weist mit 1,41 toe/1.000 US-Dollar BIP eine vergleichsweise hohe Energieintensität auf.[282] Aufgrund der umfangreichen Gasreserven, der damit einhergehend kostengünstigen Verfügbarkeit von Erdgas sowie der erwähnten staatlichen Subventionierung des Energieverbrauchs bestehen bisher kaum Anreize zur effizienten Energienutzung.[283] Zwar hat die turkmenische Führung beschlossen, die Subventionen zu reduzieren;[284] inwieweit diese Maßnahme zu einer effizienteren Energienutzung und Verringerung des Gasbedarfs beiträgt, ist aber nicht absehbar. Gleichzeitig beabsichtigt die turkmenische Regierung, die Elektrizitätserzeugung und die Stromexporte erheblich auszubauen. Nach ihren Plänen sind bis zum Jahr 2020 Investitionen von mehr als fünf Mrd. US-Dollar in den Elektrizitätssektor (Erzeugung und Übertragung) vorgesehen, um eine Verdoppelung der Stromerzeugung und eine Vervierfachung der Stromexporte zu realisieren.[285]

---

280 Vgl. Pirani, Simon: Central Asian and Caspian Gas Production and the Constraints on Export, Oxford Institute for Energy Studies, December 2012, S. 64, siehe auch Kap. 1.8.2.
281 Zur Energieeffizienz Turkmenistans und Einsparpotenzialen siehe: IEA: World Energy Outook 2010, Paris: OECD/IEA, 2010, S. 472 ff.
282 Zum Vergleich sei auf die Energieintensität anderer Öl und Gas produzierender Staaten in der Kaspischen Region hingewiesen (Angabe in toe/1.000 US-Dollar BIP): Aserbaidschan: 0,45, Kasachstan: 0,88, Russland: 0,74, Usbekistan: 1,58. Die Energieintensität der EU-28 beträgt 0,11. Vgl. IEA: (name): Indicators for 2013, http://www.iea.org/statistics/statisticssearch/report/?country=(name)&product=indicators&year=2013; unter (name) einzusetzen: AZERBAIJAN; KAZAKHSTAN; RUSSIA; TURKMENIST; UZBEKISTAN; EU28 (Zugriffe: 01.12.2015).
283 So betrugen z. B. 2013 die Verluste im Elektrizitätssektor 2.385 GWh. Vgl. IEA: Turkmenistan: Electricity and Heat for 2013, http://www.iea.org/statistics/statisticssearch/report/?year=2013&country=TURKMENIST&product=ElectricityandHeat (Zugriff: 01.12.2015).
284 Siehe S. 51 f.
285 In den vergangenen Jahren haben Elektrizitätsexporte deutlich zugenommen. Deren Umfang stieg von 1.290 GWh 2004 auf 2.850 GWh 2013 und hat sich somit mehr als verdoppelt. Zu den Abnehmern zählen der Iran, Afghanistan und die Türkei. Vgl. IEA: Turkmenistan: Electricity and Heat for 2013, http://www.iea.org/statistics/statisticssearch/report/?year=2013&country=TURKMENIST&product=ElectricityandHeat (Zugriff: 01.12.2015); IEA: Turkmenistan: Electricity and Heat for 2004, http://www.iea.org/statistics/statisticssearch/report/?country=TURK MENIST&product=ElectricityandHeat&year=2004 (Zugriff 14.12.2014); Strohbach, Uwe: Turkmenistan plant massiven Ausbau seiner Stromwirtschaft: Projekte für mehr als 5 Mrd. UD$ in der Pipeline, Germany Trade & Invest, 27.06.2013, http://www.gtai.de/GTAI/Navigation/DE/Trade/maerkte,did=833658.html (Zugriff: 19.03.2014).

Projektbezeichnung	Projektwert (Mio. US$)	Projektstand/ Realisierungszeitraum	Anmerkung (Bauherr/ Durchführer; Auftragnehmer)
Gas-to-Liquids (GTL)-Projekt - Produktion von synthetischen Flüssigkraftstoff aus der Verarbeitung von 3,8 Mrd. cbm Erdgas/Jahr nahe Aschgabat	3.890	2015/16 bis 2020/21	Türkmengaz, LG International, Hyundai Engineering
Gaschemiekomplex - Verarbeitung von 5 Mrd. cbm Gas, Produktion von 386.000 t Polyethylen und 81.000 t Polypropylen/Jahr, Kiyanly, Region Balkan	3.432	2014 bis 2018 (1. Phase)	Türkmengaz, japanisch-südkoreanisches Konsortium [1]
Produktion von 600.000 t Benzin/Euro-5-Norm aus 1,79 Mrd. cbm Erdgas/Jahr, Owadandepe (Region Ahal)	1.700	2014 bis 2018	Türkmengaz, japanisch-türkisches Konsortium [2]
Produktion von 1,16 Mio. t Harnstoff und 660.000 t Ammoniak/Jahr, Garabogaz, Region Balkan	1.300	2014 bis 2017/18	Türkmenhimya, Mitsubishi Corporation (Japan), Gap Insaat (Türkei)
Produktion von 1,4 Mio. t Kalidünger/Jahr, Garlyk, Region Lebap [3]	1.000 (1. Etappe)	2011 bis März 2017	Türkmenhimya, OAO Belgorchimprom (Belarus)
Modernisierung der Raffinerie Turkmenbaschi	940	2015 bis 2018	Ölraffineriekomplex Turkmenbaschi, LG International, Hyundai Engineering
GTL-Projekt - Produktion von 2,4 Mio. t Dieselkraftstoff, Kerosin und Nafta/Jahr aus Erdgas	k.A.	in Vorbereitung	Türkmengaz, Group Japan GTL (Japan), Rönesans Türkmen (Türkei)
GTL-Projekt - Produktion von 1,8 Mio. t Dieselkraftstoff, Kerosin und Nafta/Jahr aus Erdgas	k.A.	in Vorbereitung	Türkmengaz, LG International, Hyundai Engineering (Korea/Rep.), Itochu (Japan)

Tabelle 10: Geplante schlüsselfertige Projekte Turkmenistans im Bereich Chemie und Petrochemie
Anmerkungen und Quellen folgen

1) Partner des Konsortiums: Toyo Engineering Corporation (Japan), Hyundai Engineering und LG International Corporation (Korea/Rep.);
2) Partner des Konsortiums: Kawasaki Heavy Industries (Japan) und Rönesans Endüstri Tesisleri (Türkei);
3) Erschließung der landesweit größten Kalisalzlagerstätte Garlyk, Bau eines Bergbau- und Anreicherungskomplexes und Produktion von Fertigdünger

Quellen: Recherchen von Germany Trade & Invest; Pressemeldungen, zit. nach Strohbach, Uwe: Branche kompakt: Turkmenistan - Chemie-, chemische Industrie, Bonn: Germany Trade & Invest Gesellschaft für Außenwirtschaft und Standortmarketing mbH, August 2015, S. 3, http://www.gtai. de/GTAI/Content/DE/Trade/Fachdaten/PUB/2015/11/pub201511198001_20317_branche-kompakt---chemie---chemische-industrie---turkmenistan--2015.pdf?v=1 (Zugriff: 02.12.2015).

Zusätzlich plant die turkmenische Regierung Investitionen in Höhe von ca. zehn Mrd. US-Dollar in die Gasverarbeitung bzw. -veredelung. Dazu wurden mehrere Vereinbarungen mit verschiedenen Unternehmen über den Bau einer Anlage zur Umwandlung von Gas in flüssige Treibstoffe, eines petrochemischen Komplexes zur Produktion von Polyethylen und Polypropylen sowie einer Fabrik zur Harnstoffproduktion unterzeichnet. Bei Umsetzung der Vorhaben und voller Auslastung der Produktionsstätten ergäbe sich ein zusätzlicher Gasbedarf von rund zehn Mrd. m³ pro Jahr (Tab. 10).[286]

2.2.4 Exporte

Bei Turkmenistan handelt es sich um einen der größten Gasexporteure weltweit. Im Jahr 2014 belegte Turkmenistan mit 41,6 Mrd. m³ im internationalen Vergleich den achten Rang (Abb. 24). Dabei sind die Erdgasexporte Turkmenistans aufgrund der Schwierigkeiten des Gashandels mit der Ukraine und Russland durch erhebliche Schwankungen geprägt (Kap. 3).

---

286 Vgl. Strohbach, Uwe: Turkmenistan investiert in Öl- und Gasverarbeitung: Mehrere Gas- und Petrochemiekomplexe in Planung, Germany Trade & Invest, 24.09.2014, http://www.gtai.de/ GTAI/ Navigation/DE/Trade/Maerkte/suche,t=turkmenistan-investiert-in-oel-und-gasverarbeitung,did =1086816.html (Zugriff: 11.7.2015).

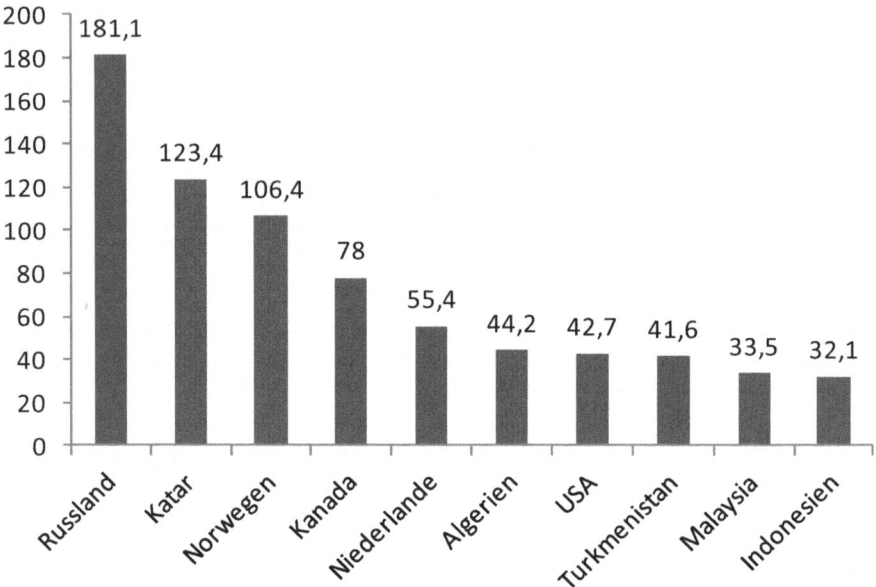

Abbildung 24: Die größten Erdgasexporteure weltweit (Exporte in 2014 in Mrd. m³)

Quelle: Eigene Darstellung nach Bundesanstalt für Geowissenschaften und Rohstoffe: Energiestudie 2015. Reserven, Ressourcen und Verfügbarkeit von Energierohstoffen, Hannover: Bundesanstalt für Geowissenschaften und Rohstoffe, 2015, S. 122.

Im Jahr der Unabhängigkeit, 1991, konnte Turkmenistan noch Exporte in Höhe von knapp 75 Mrd. m³ verbuchen. Durch die auftretenden Probleme beim Gashandel kamen die Exporte im Jahr 1998 mit einem Umfang von 1,7 Mrd. m³ fast vollständig zum Erliegen, bevor sie bis 2007 deutlich anstiegen und ihren vorläufigen Höhepunkt von rund 51 Mrd. m³ erreichten (Abb. 25).

Der Einbruch der Exporte im Jahr 2009 ist auf die verringerten Importe Russlands, dem zum damaligen Zeitpunkt größten Abnehmer turkmenischen Erdgases, zurückzuführen, während der anschließende Anstieg auf über 40 Mrd. m³ im Wesentlichen den wachsenden Liefervolumen nach China geschuldet ist (Abb. 26).

2.2 Die Entwicklung des Erdgassektors Turkmenistans seit der Unabhängigkeit 141

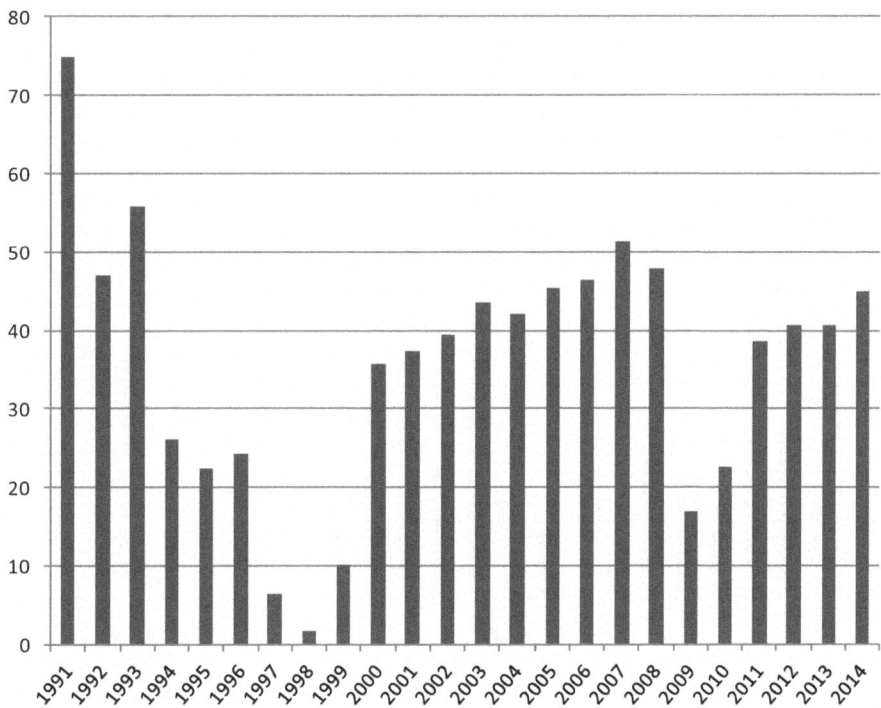

Abbildung 25: Erdgasexporte Turkmenistans (in Mrd. m³)

Quelle: Eigene Darstellung nach o. V.: Turkmenistan: an exporter in transition, in: Pirani, Simon (ed.): Russian and CIS Gas Markets and Their Impact on Europe, Oxford: Oxford University Press, 2009, S. 271-315, hier S. 303; Strohbach, Uwe: Turkmenistan plant neue Projekte in der Öl und Gasindustrie: Galkynysh-Großprojekt hat oberste Priorität, in: Germany Trade & Invest, 14.12.2015, http://www.gtai.de/GTAI/Navigation/DE/Trade/Maerkte/suche,t=turkmenistan-plant-neue-projekte-in-der-oel-und-gasindustrie,did=1369584.html (Zugriff: 30.12.2015); gtai-Recherchen (siehe Anhang)

Im Zeitraum von 1991 bis 2010 setzten sich die Erdgasexporte Turkmenistans hauptsächlich aus Lieferungen an Staaten des postsowjetischen Raumes (im Wesentlichen an die Ukraine und Russland) zusammen. Parallel wurden 1997 die Exporte in den Iran aufgenommen, wobei es sich allerdings um vergleichsweise geringe Volumen handelte, die sich mit Ausnahme des Jahres 2011 auf weniger als zehn Mrd. m³ bezifferten (Abb. 26).

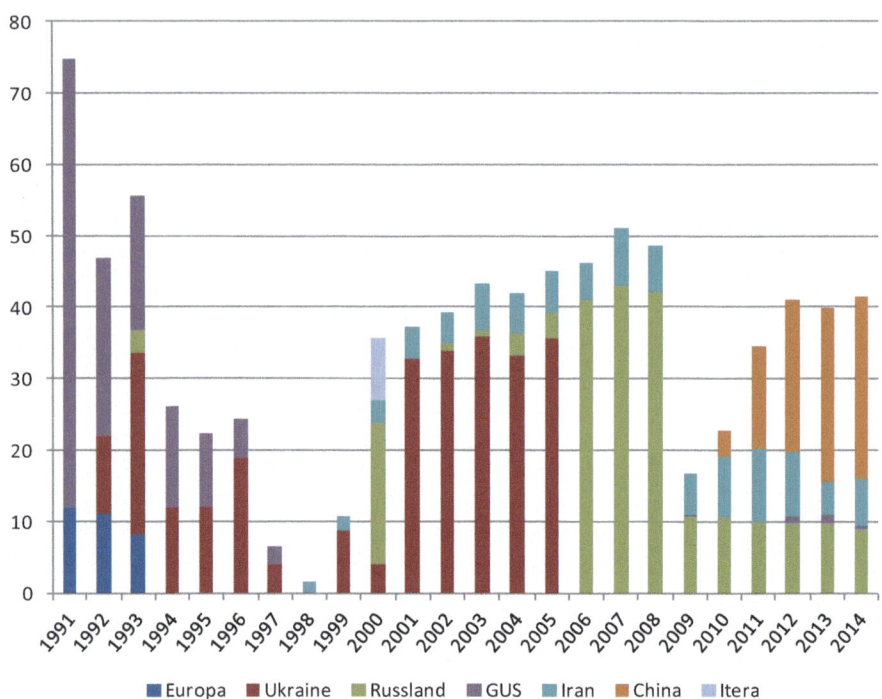

Abbildung 26: Gasexporte Turkmenistans nach Abnehmern (in Mrd. m³)[287]

Quelle: Eigene Darstellung nach Odling-Smee, John et al.: Turkmenistan: IMF Economic Review, Washington DC: International Monetary Fund, March 1994, S. 52; Ukraine-Kazakhstan in Crude Barter Deal, in: Platt's Oilgram News, 07.01.1993; Sagers, Matthew J.: Turkmenistan's Gas Trade: The Case of Exports to Ukraine, in: Post-Soviet Geography and Economics, 1999, 40, No. 2, S. 142-149, hier S. 144; Ukraine names first private gas importers, in: Reuters News, 09.01.1996; Turkmenistan natural gas output 22,8 bcm in 1999-Interfax, in: Dow Jones International News, 05.01.2000; o. V.: Turkmenistan: An exporter in transition, in: Pirani, Simon: Russian and CIS Gas Markets and Their Impact on Europe, Oxford; New York: Oxford University Press, 2009, S. 271-315, hier S. 291, 303; Gazprom: Gas purchases, http://www.gazprom.com/about/production/central-asia/ (Zugriff: 30.03.2016); BP Statistical Review of World Energy 2009; BP Statistical Review of World Energy 2010; BP Statistical Review of World Energy 2012; BP Statistical Review of World Energy 2013; BP Statistical Review of World Energy 2014; BP Statistical Review of World Energy 2015; IEA: Natural Gas Information 2014, Paris: OECD/IEA, 2014, S. II.25.

---

287 Für das Jahr 1991 sind keine konkreten Angaben über die Abnehmer verfügbar, sodass der dargestellte Anteil der Lieferungen an die Staaten der GUS wahrscheinlich auch Exporte in die Ukraine und möglicherweise nach Russland beinhaltet.

2011 hat China Russland als größten Abnehmer turkmenischen Erdgases abgelöst und bezog im Jahr 2014 über 25 Mrd. m³, während die Exporte nach Russland in den vergangenen Jahren einen Umfang von gleichbleibend rund neun bis elf Mrd. m³ hatten. Dieser Trend in Richtung China wird sich in den kommenden Jahren weiter verstärken, wie anhand der bestehenden Lieferverträge näher erläutert wird.

2.2.5 Lieferverträge

Bei den Lieferverträgen Turkmenistans gilt es, zwischen Vereinbarungen, im Rahmen derer bereits Lieferungen erfolgen, und Abkommen, deren Implementierung für die kommenden Jahre vorgesehen ist, zu unterscheiden. In den vergangenen Jahren exportierte Turkmenistan Erdgas nach Russland, China, in den Iran sowie in geringerem Umfang nach Kasachstan. Zusätzlich sollen binnen dieser Dekade die Exporte nach Afghanistan, Pakistan und Indien aufgenommen werden. Außerdem besteht noch ein Liefervertrag mit der Türkei aus dem Jahr 1999 (Kap. 4.3.5.1), der aber aufgrund mangelnder Transportinfrastruktur nicht implementiert worden ist (Kap. 4.3.6).

2.2.5.1 Russland

Die Grundlage für die Exporte Turkmenistans nach Russland bildet das 2003 zwischen beiden Ländern geschlossene Gashandelsabkommen mit einer Laufzeit von 25 Jahren, das ursprünglich die schrittweise Steigerung des Liefervolumens auf 70 – 80 Mrd. m³ pro Jahr bis 2009 vorsah (Tab. 14). Nach einer mehrmonatigen Auseinandersetzung über die Vertragskonditionen verständigten sich beide Seiten im Dezember 2009 auf die Verringerung des Liefervolumens auf bis zu 30 Mrd. m³ pro Jahr (Kap. 3.3.8), was allerdings von Russland bei Weitem nicht ausgeschöpft wird (Abb. 35). Für das Jahr 2015 plante der russische Gaskonzern den Bezug von vier Mrd. m³ aus Turkmenistan[288] und im Januar 2016 kündigte er an, die Erdgasimporte aus Turkmenistan vollständig einzustellen.[289]

Im Jahr 2000 bezifferte sich der Preis auf 36 US-Dollar pro 1.000 m³; er steigerte sich auf 130 bzw. 150 US-Dollar pro 1.000 m³ im Jahr 2008 (Abb. 36). Seit 2009 zahlt Russland einen Preis, der sich an den Preisen auf den europäischen Absatzmärkten

---

288 Vgl. Ritchie, Michael: Turkmenistan rocked as Russia cuts gas imports, in: Nefte Compass, 12.02.2015.
289 Vgl. Russland stoppt Gas-Käufe aus Turkmenistan, 07.01.2016, http://zentralasien.ahk.de/news/einzelansicht-nachrichten/artikel/russland-stoppt-gas-kaeufe-aus-turkmenistan/?cHash=2f398db1bd086110bbdbfbf50d4c4361 (Zugriff: 10.02.2016).

Gazproms (abzüglich der Transportkosten) orientieren soll (Kap. 3.3.6). Konkrete Angaben über die Höhe des Preises werden seither jedoch nicht mehr veröffentlicht.[290] Aufgrund mangelnder Absatzmöglichkeiten, des gestiegenen Preises für turkmenische Gaslieferungen sowie des Anstiegs der Förderung anderer Gasproduzenten in Russland ist nicht davon auszugehen, dass Gazprom in den nächsten Jahren die Importe aus Turkmenistan wieder ausdehnen wird (Kap. 4.4.12.3).

2.2.5.2 Iran

Das Gashandelsabkommen zwischen dem Iran und Turkmenistan wurde im Jahr 1995 geschlossen und sah ursprünglich Exporte von jährlich acht Mrd. m³ vor.[291] Im Juli 2009 verständigten sich beide Seiten auf Ausweitung des Liefervolumens auf bis zu 14 Mrd. m³ pro Jahr.[292] Allerdings wurde das Vertragsvolumen bisher kaum vollständig ausgeschöpft. Mit Ausnahme des Jahres 2007, in dem das Liefervolumen acht Mrd. m³ betrug, hatten die Erdgasexporte Turkmenistans im Zeitraum von 1998 bis 2009 einen Umfang von 1,7 bis 6,5 Mrd. m³ pro Jahr. Im Jahr 2011 erreichten die Lieferungen mit rund zehn Mrd. m³ ihren Höhepunkt, verringerten sich allerdings anschließend auf 6,5 Mrd. m³ im Jahr 2014 (Abb. 26).

Der Preis stieg von 40 US-Dollar pro 1.000 m³ im Jahr 1999 auf 130 bzw. 150 US-Dollar pro 1.000 m³ im Jahr 2008.[293] Seit 2009 wurden keine konkreten Angaben über den Preis der Exporte in den Iran veröffentlicht. Zwischen beiden Ländern traten wiederholt Differenzen über die Höhe des Preises auf, die mehrmals zu einer vorübergehenden Einstellung der Lieferungen führten. Zuletzt haben Verschärfungen der gegen den Iran verhängten Sanktionen den Gashandel zwischen beiden Ländern erschwert. Im Jahr 2012 wurden die Lieferungen zweimal kurzzeitig eingestellt, was anscheinend durch nicht erfolgte Zahlungen des Iran verursacht wurde, der aufgrund der Sanktionsverschärfungen gegen den Finanzsektor zunehmend Schwierigkeiten beim internationalen Zahlungsverkehr hat. Infolgedessen verständigten sich beide

---

290 In den Jahresberichten von Gazprom wird lediglich der durchschnittliche Preis für die Importe aus Aserbaidschan, Kasachstan, Turkmenistan und Usbekistan genannt. 2009: 233,55 US-Dollar/1.000 m³, 2010: 197,2 US-Dollar/1.000 m³, 2011: 244 US-Dollar/1.000 m³, 2012: 278,6 US-Dollar/1.000 m³, 2013: 275,8 US-Dollar/1.000 m³. Vgl. Gazprom: Annual Report 2013, S. 70; Gazprom: Annual Report 2011, S. 80
291 Vgl. Pirani, Simon: Central Asian and Caspian Gas Production and the Constraints on Export, Oxford Institute for Energy Studies, December 2012, S. 92.
292 Vgl. Turkmenistan to boost gas sales to Iran, in: Reuters News, 12.07.2009.
293 Vgl. o. V.: Turkmenistan: an exporter in transition, in: Pirani, Simon (ed.): Russian and CIS Gas Markets and Their Impact on Europe, Oxford: Oxford University Press, 2009, S. 271-315, hier S. 293.

Länder Ende 2012 auf ein Barter-Geschäft; allerdings sind in den vergangenen Jahren weitere Schulden entstanden. Die Schätzungen über den Umfang der Schulden gehen hier weit auseinander und reichen von etwa zwei Mrd. US-Dollar bis hin zu acht Mrd. US-Dollar oder sogar 18 Mrd. US-Dollar.[294]

2.2.5.3 China

China hat sein Engagement in Turkmenistan in den vergangenen Jahren massiv ausgeweitet, was insbesondere an den geschlossenen Gaslieferverträgen deutlich wird. Das im Jahr 2007 zwischen beiden Ländern geschlossene Gashandelsabkommen sah zunächst ein jährliches Liefervolumen von 30 Mrd. m³ über einen Zeitraum von 30 Jahren vor. 2008 wurde die Steigerung des Liefervolumens auf 40 Mrd. m³ pro Jahr vereinbart, worauf im September 2013 die Unterzeichnung eines weiteren Abkommens folgte, wonach die Exporte Turkmenistans nach China auf jährlich 65 Mrd. m³ bis zum Jahr 2020 ansteigen sollen.[295] Die Lieferungen wurden im Dezember 2009 aufgenommen und sind seither deutlich angestiegen (Tab. 11).

	2010	2011	2012	2013	2014
Exporte	3,55	14,3	21,3	24,4	25,5

Tabelle 11: Erdgasexporte Turkmenistans nach China (in Mrd. m³)

Quelle: Eigene Darstellung nach BP Statistical Review of World Energy, Jahrgänge 2011 – 2015

Bezifferten sich die Exporte Turkmenistans nach China im Jahr 2010 noch auf rund 3,5 Mrd. m³, sind diese auf knapp 26 Mrd. m³ angewachsen. Vorausgesetzt, dass keine ernsthaften Konflikte in den turkmenisch-chinesischen Gashandelsbeziehungen auftreten und die Konditionen den Erwartungen der turkmenischen Führung entsprechen, scheint es möglich, dass beide Länder weitere Verträge über die Ausdehnung des Liefervolumens schließen. Dabei ist allerdings einschränkend anzumerken, dass sich durch den Abschluss des russisch-chinesischen Gashandelsabkommens vom Mai

---

294 Vgl. Peterson, Zach: After Standoff, Iran, Turkmenistan make gas deal, in: Radio Free Europe, Radio Liberty, 19.12.2012, http://www.rferl.org/content/turkmenistan-iran-gas-dispute/24802987.html (Zugriff: 07.12.2015); Ritchie, Michael: Iran return a mixed blessing for neighbor Turkmenistan, in: Nefte Compass, 23.07.2015.

295 Vgl. Sladkova, Nadezhda/Lee, Dawn/Ritchie, Michael: Turkmenistan launches Galkynysh field as China looks on, in: Nefte Compass, 05.09.2013; Rodova, Nadia/Yen Ling, Song: China ups Turkmen supplies, in: International Gas Report, 09.09.2013.

2014, wonach 38 Mrd. m³ pro Jahr nach China exportiert werden sollen, die Aussichten auf die Unterzeichnung zusätzlicher Verträge zwischen der Volksrepublik und Turkmenistan verringert haben.[296]

2.2.5.4 Kasachstan

Neben den Exporten nach Russland, China und in den Iran wurden in den vergangenen Jahren geringe Volumen turkmenischen Erdgases nach Kasachstan geliefert. Ende Dezember 2011 schlossen KazMunayGaz und Gazprom ein Abkommen über ein Swap-Geschäft, im Rahmen dessen die Lieferung von bis zu 500 Mio. m³ Erdgas aus Turkmenistan an Kasachstan im Jahr 2012 vorgesehen war. Der Preis für turkmenisches Erdgas betrug 105 US-Dollar pro 1.000 m³.[297] Im Jahr 2014 hat Turkmenistan ebenfalls 500 Mio. m³ Erdgas an Kasachstan geliefert.[298] Grundsätzlich bezieht Kasachstan Erdgas aus Usbekistan, um den Südosten des Landes mit Erdgas zu versorgen. Diese Lieferungen haben sich aber gerade im Winter als unzuverlässig erwiesen, sodass die Importe aus Usbekistan mit Liefervolumen aus Turkmenistan ergänzt werden. Gleichzeitig baut Kasachstan seine Pipelineinfrastruktur aus, um die Abhängigkeit von Importen aus Usbekistan zu verringern.[299]

2.2.5.5 Afghanistan, Indien und Pakistan

Im Rahmen des geplanten Pipelineprojektes TAPI unterzeichnete im Mai 2012 Turkmengaz mit dem pakistanischen Gasunternehmen Inter State Gas Systems sowie dem indischen Gasversorgungsunternehmen GAIL jeweils ein Lieferabkommen mit einer Laufzeit von 30 Jahren und einem Liefervolumen von 38 Mio. m³/Tag bzw. 13,87 Mrd. m³ pro Jahr.[300] Im Juli 2013 folgte der Abschluss des Lieferabkommens mit

---

296 Die Exporte sollen im Jahr 2018 aufgenommen werden und sich schrittweise auf das vorgesehene Volumen von 38 Mrd. m³ pro Jahr erhöhen. Vgl. Turkmenistan's export options narrow, in: World Gas Intelligence, 11.06.2014; Anishchuk, Alexei: As Putin looks east, China and Russia sign $400-billion gas deal, in: Reuters, 21.05.2014, http://www.reuters.com/article/2014/05/21/us-china-russia-gas-idUSBREA4K07K20140521 (Zugriff: 22.02.2015).
297 Vgl. Price of Uzbek gas for Kazakhstan could be rives in H2 2012, in: Interfax: Russia & CIS Business and Financial Newswire, 10.01.2012.
298 BP Statistical Review of World Energy 2015.
299 Vgl. Pirani, Simon: Central Asian and Caspian Gas Production and the Constraints on Export, Oxford Institute for Energy Studies, December 2012, S. 72 f.
300 Vgl. Neff, Andrew: Turkmenistan officially signs gas supply deals with Pakistan, India, in: IHS Globl Insight Daily Analysis, 23.05.2012.

Afghanistan. Der Vertrag mit einer Laufzeit von ebenfalls 30 Jahren sieht binnen der ersten Dekade Lieferungen von 0,5 Mrd. m³ pro Jahr vor. Für die beiden darauf folgenden Dekaden ist ein Anstieg des Volumens auf eine Mrd. m³ bzw. 1,5 Mrd. m³ pro Jahr vorgesehen.[301] Inwieweit diese Lieferverträge tatsächlich realisiert werden, ist jedoch fraglich, da im Hinblick auf den dafür benötigten Bau der Pipeline mehrere Hindernisse bestehen (Kap. 2.2.9.1).

2.2.6 Preisentwicklung

Obwohl die Exporte im Jahr 2009 erneut einbrachen, konnte Turkmenistan trotzdem seither Mehreinnahmen erzielen, da sich der durchschnittliche Preis für die Erdgasexporte in den vergangenen Jahren deutlich erhöht hat (Abb. 27). Betrug der Preis im Zeitraum von 1993 bis 2005 noch zwischen 33 und 50 US-Dollar pro 1.000 m³, erhöhte sich dieser auf rund 140 US-Dollar pro 1.000 m³ im Jahr 2008 und knapp 330 US-Dollar pro 1.000 m³ im Jahr 2012. Im Jahr 2007 hatten die Exporte ein Volumen von rund 51 Mrd. m³, das sich im Folgejahr auf 48 Mrd. m³ verringerte (Abb. 25). Durch den Preisanstieg von 95 US-Dollar auf knapp 140 US-Dollar pro 1.000 m³ wurden jedoch Mehreinnahmen von 1,8 Mrd. US-Dollar erzielt. Als anschließend die Exporte auf rund 16,8 Mrd. m³ im Jahr 2009 und 22,6 Mrd. m³ im Jahr 2010 einbrachen (Abb. 25), betrugen die Einnahmen durch den weiteren Preisanstieg immer noch jeweils über fünf Mrd. US-Dollar und damit mehr als im Jahr 2007, in dem die turkmenischen Gasexportvolumen ihren Höhepunkt seit 1993 erreichten. In den beiden Folgejahren konnten die Exportvolumen auf jeweils rund 40 Mrd. m³ gesteigert werden, während die durchschnittlichen Preise mit 281 US-Dollar pro 1.000 m³ und 329 US-Dollar pro 1.000 m³ ein hohes Niveau aufwiesen, sodass das Land umfangreiche Einnahmen in Höhe von knapp elf respektive rund 13,3 Mrd. US-Dollar erzielen konnte. Im Jahr 2013 verringerten sich der Preis bei konstantem Exportvolumen und damit verbunden die Einnahmen auf knapp 12,6 Mrd. US-Dollar (Abb. 25 und Abb. 27).

---

301 Vgl. Rejepova, Tavus: Turkmenistan and Afghanistan sign Agreement over TAPI gas pipeline, in: The Central Asia-Caucasus Analyst, 09.08.2013, http://www.cacianalyst.org/publications/field-reports/item/12790-turkmenistan-and-afghanistan-sign-agreement-over-tapi-gas-pipeline.html (Zugriff: 15.12.2014).

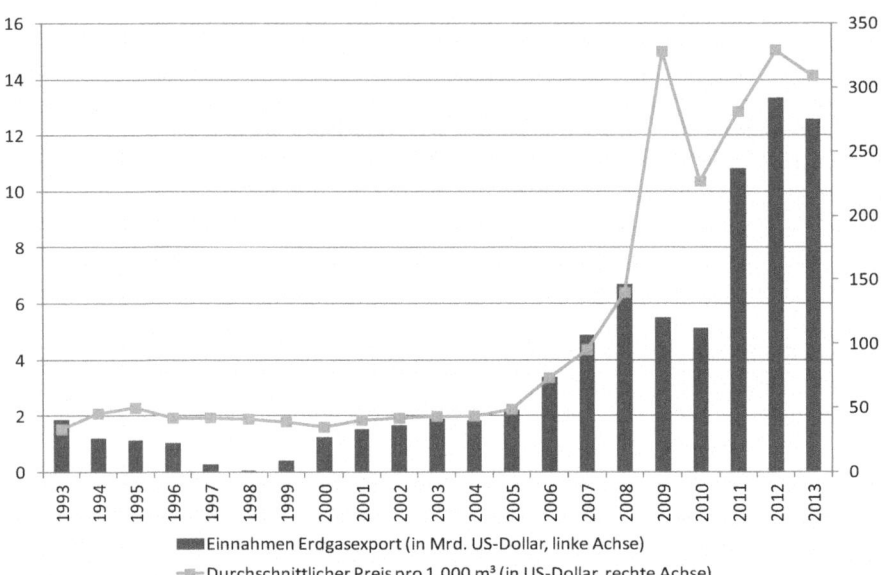

Abbildung 27: Durchschnittlicher Preis für die Erdgasexporte Turkmenistans und gesamte Einnahmen aus dem Erdgasexport

Quelle: Eigene Darstellung bzw. Berechnung nach Angaben von: o. V.: Turkmenistan: an exporter in transition, in: Pirani, Simon (ed.): Russian and CIS Gas Markets and Their Impact on Europe, Oxford; New York: Oxford University Press, 2009, S. 271-315, hier S. 275, 303; Jumayev, Ishanguly: Foreign Trade of Turkmenistan: Trends, Problems and Prospects, Working Paper No. 11, Bishkek: University of Central Asia, Institute of Public Policy and Administration, 2012, S. 18, 25; Strohbach, Jens-Uwe: Wirtschaftsstruktur und -chancen: Turkmenistan, Bonn: Germany Trade & Invest, Januar 2014, S. 8; Strohbach, Uwe: Wirtschaftsstruktur und -chancen - Turkmenistan, Bonn: Germany Trade & Invest, 20.01.2015; gtai-Recherchen (siehe Anhang).

Vor diesem Hintergrund und den beschriebenen Zweifeln an deren Realisierbarkeit argumentiert Pirani, dass ein starker Anstieg der Exporte, wie von der turkmenischen Regierung beabsichtigt, gar nicht notwendig sei, da aufgrund der vergleichsweise kleinen Bevölkerungszahl Turkmenistans die Staatsausgaben durch die bereits vorhandenen Exporteinnahmen, die in den kommenden Jahren aufgrund steigender Lieferungen nach China noch weiter anwachsen dürften, gedeckt werden könnten. Lediglich bei stark sinkenden Liefervolumen oder deutlich geringeren Preisen für die Exporte nach China bestünde eine Bedrohung für die Staatsfinanzen.[302] Allerdings gerät Turkme-

---

302 Vgl. Pirani, Simon: Central Asian and Caspian Gas Production and the Constraints on Export, Oxford Institute for Energy Studies, December 2012, S. 15 f.

nistan in Bezug auf seine Erdgasexporte zunehmend in die Abhängigkeit von China (Kap. 2.2.7). Folglich besteht die Möglichkeit, dass China versuchen könnte, bessere Konditionen durchzusetzen. Außerdem fiel der Ölpreis in den Jahren 2014 und 2015 drastisch, was ebenfalls mit Konsequenzen für die Exporteinnahmen Turkmenistans verbunden ist, die allerdings hier noch nicht statistisch erfasst werden konnten.

2.2.7 Entwicklung der Gasexporte bis zum Jahr 2030

Auf Grundlage der geschilderten Verträge sind in Abbildung 28 die bestehenden Lieferverpflichtungen Turkmenistans bis zum Jahr 2030 zusammengefasst. Bei Betrachtung der Lieferverträge bzw. der Projektion turkmenischer Gasexporte auf Basis geschlossener Verträge ergibt sich ein ambivalentes Bild: Einerseits bestehen scheinbar umfangreiche Potenziale zur Steigerung der Erdgasexporte. Diese könnten von ca. 45 Mrd. m^3 im Jahr 2014 auf knapp 140 Mrd. m^3 bis zum Jahr 2020 ansteigen, bevor aufgrund auslaufender Lieferverträge (Iran und Russland) zunächst ein Rückgang auf rund 120 Mrd. m^3 ab dem Jahr 2025 und ungefähr 90 Mrd. m^3 ab dem Jahr 2029 zu verzeichnen wäre. Folglich ergäbe sich eine vorübergehende Steigerung der Erdgasexporte Turkmenistans um knapp 100 Mrd. m^3 pro Jahr (Abb. 28).

Ein solches Szenario ist allerdings aus verschiedenen Gründen äußerst unwahrscheinlich. Aufgrund der von Gazprom angekündigten Einstellung der Gasimporte aus Turkmenistan (Kap. 2.2.5.1) ist nicht davon auszugehen, das diese kurz- oder mittelfristig wieder aufgenommen werden; auch der Iran wird voraussichtlich das vertraglich vereinbarte Liefervolumen aufgrund steigender Eigenproduktion und des Ausbaus der inneriranischen Infrastruktur nicht voll ausschöpfen.[303] Das Pipelineprojekt TAPI beinhaltet hingegen nach wie vor zahlreiche Risiken, sodass dessen Realisierung, die wiederum die Voraussetzung für turkmenische Erdgaslieferungen an Afghanistan, Pakistan und Indien darstellt, weiterhin ungewiss ist (Kap. 2.2.9.1).

Daher ist eher zu erwarten, dass sich etwaige Zuwächse der Exporte Turkmenistans auf Lieferungen nach China beschränken. In einem solchen Szenario bezifferten sich die gesamten Exporte zunächst auf ca. 45 Mrd. m^3 pro Jahr und erreichten im Zeitraum 2020 – 2024 ihren Höhepunkt von ca. 70 Mrd. m^3 pro Jahr, bevor sich das Gesamtliefervolumen aufgrund des auslaufenden Vertrages mit dem Iran auf 65 Mrd. m^3 pro Jahr verringerte. Dementsprechend droht Turkmenistan, falls die TAPI-Pipeline nicht umgesetzt wird, die Verträge mit Russland und dem Iran nicht erneuert oder verlängert sowie keine neuen Absatzmöglichkeiten gefunden werden, ab 2025

---

303   Vgl. Pirani, Simon: Central Asian and Caspian Gas Production and the Constraints on Export, Oxford Institute for Energy Studies, December 2012, S. 92 f.

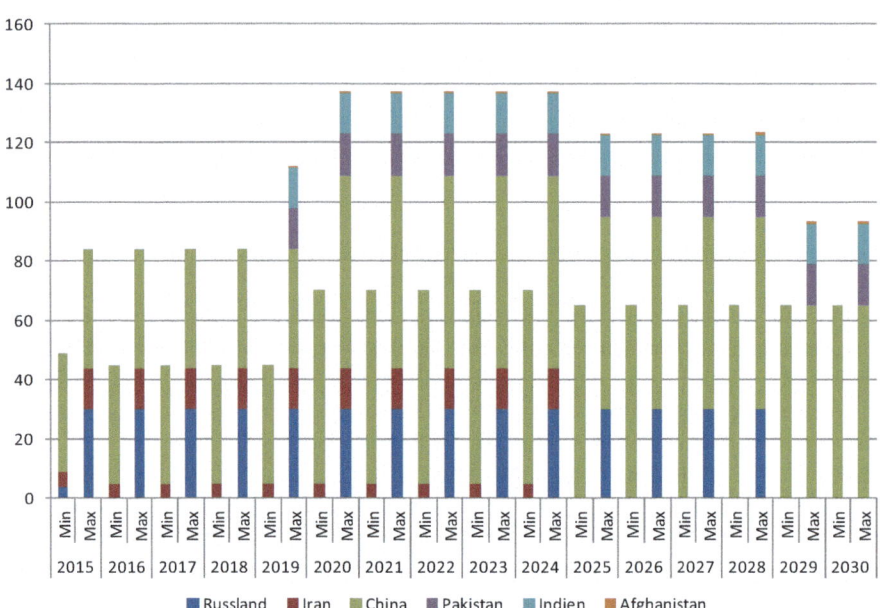

Abbildung 28: Gasexporte Turkmenistans bis zum Jahr 2030 (Minimum und Maximum in Mrd. m³)

Quelle: Eigene Darstellung[304]

---

304 Zur Berechnung der Minimal- und Maximalwerte siehe Anhang. Vgl. Russland stoppt Gas-Käufe aus Turkmenistan, 07.01.2016, http://zentralasien.ahk.de/news/einzelansicht-nachrichten/artikel/russland-stoppt-gas-kaeufe-aus-turkmenistan/?cHash=2f398db1bd086110bbdbfbf50d4c4361 (Zugriff: 10.02.2016); Russia, Turkmenistan agree to resume gas supplies (Interfax News Agency), in: BBC Monitoring Former Soviet Union, 22.12.2009; Turkmenistan to boost gas sales to Iran, in: Reuters News, 12.07.2009; Neff, Andrew: Turkmenistan officially signs gas supply deals with Pakistan, India, in: IHS Global Insight Daily Analysis, 23.05.2012; Rejepova, Tavus: Turkmenistan and Afghanistan sign Agreement over TAPI gas pipeline, in: The Central Asia-Caucasus Analyst, 09.08.2013, http://www.cacianalyst.org/publications/field-reports/item/12790-turkmenistan-and-afghanistan-sign-agreement-over-tapi-gas-pipeline.html (Zugriff: 15.12.2014); Yen Ling, Song: China's december gas pipeline imports hit record high 3.41 bcm, in: Platts, 26.01.2015, http://www.platts.com/latest-news/natural-gas/singapore/chinas-december-gas-pipeline-imports-hit-record-26991967 (Zugriff: 11.02.2016); Strohbach, Uwe: Turkmenistan forciert Ausbau des Gasleitungsnetzes: Start der TAPI-Pipeline steht bevor, in: Germany Trade & Invest, 10.12.2015, http://www.gtai.de/GTAI/Navigation/DE/Trade/Maerkte/suche,t=turkmenistan-forciert-ausbau-des-gasleitungsnetzes,did=1367406.html (Zugriff: 31.12.2015).

oder auch früher, sollte der Iran seine Importe aus Turkmenistan ebenfalls schon vor Ablauf des Vertrages einstellen, die vollständige Abhängigkeit von China in Bezug auf seine Erdgasexporte, der mit Abstand bedeutendsten Einnahmequelle des Staates.

Um die ehrgeizigen Produktions- und Exportziele, die sich die turkmenische Regierung gesetzt hat (Kap. 2.2.2), zu erreichen, müsste sie also zusätzliche umfangreiche Lieferverträge abschließen. Zugleich bestehen schon heute Probleme, Absatzwege für alle vorhandenen Produktionskapazitäten zu finden, wie etwa anhand der Schwierigkeiten von Petronas deutlich wird (Kap. 2.2.10.3). Vor diesem Hintergrund sollte die turkmenische Regierung an der Politik zur Diversifizierung der Absatzmärkte und der Exportinfrastruktur festhalten.

2.2.8 Bestehende Exportpipelineinfrastruktur

Die Erdgasexportinfrastruktur Turkmenistans setzt sich aus Pipelines nach Russland, China und in den Iran zusammen (Abb. 29).

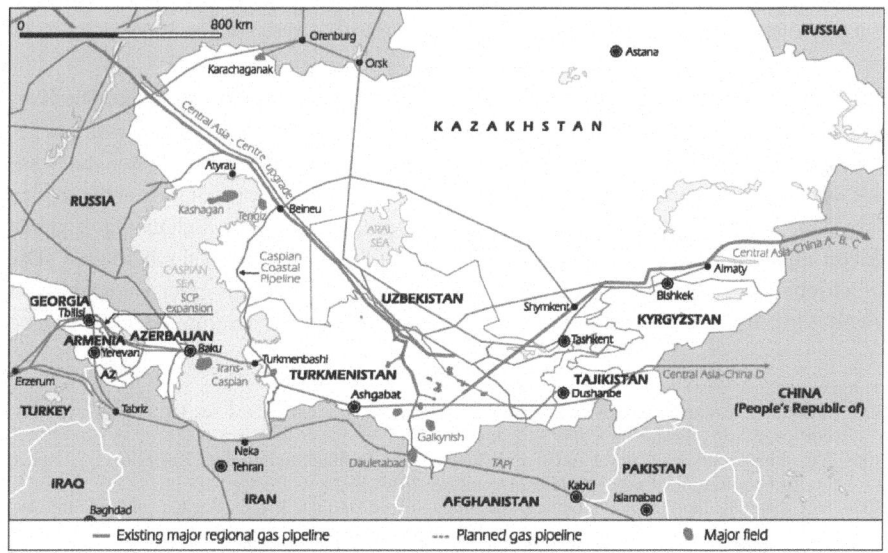

Abbildung 29: Die Erdgasexportinfrastruktur Turkmenistans

Quelle: Vgl. IEA: Medium-Term Gas Market Report 2015: Market Analysis and Forecasts to 2020, Paris: OECD/IEA, 2015, S. 82.

2.2.8.1 Russland

Die Erdgasexporte nach Russland werden über das CAC-Pipelinesystem abgewickelt, das zur Versorgung der Sowjetunion mit Gas aus Zentralasien gebaut wurde (Kap. 2.1.3). Dessen Transportkapazität betrug Ende der 1980er-Jahre 90 Mrd. m^3 pro Jahr. Infolge mangelnder Instandhaltung, verursacht nicht zuletzt durch den fehlenden Bedarf zur Nutzung der vollen Kapazität, verringerte sich die nutzbare Transportkapazität auf ca. 45 Mrd. m^3 pro Jahr.[305] Nach Instandsetzungsarbeiten, in deren Rahmen auch ein kurzer Pipelineabschnitt auf usbekischem Territorium durch einen innerturkmenischen ersetzt worden ist, beträgt dessen Kapazität nach turkmenischen Angaben nun 54 Mrd. m^3 pro Jahr.[306] 2007 verständigten sich Russland, Kasachstan, Usbekistan und Turkmenistan auf die Instandsetzung und den Ausbau des Pipelinesystems, um die zum damaligen Zeitpunkt geplanten Lieferungen auch realisieren zu können.[307] Da Russland den Gasimport aus Turkmenistan seit 2009 massiv gedrosselt hat (Abb. 26), wird die Transportkapazität bei Weitem nicht voll ausgenutzt und es besteht auch nicht mehr der Bedarf für die Instandsetzung und den Ausbau der Infrastruktur.

2.2.8.2 Iran

Die Exportinfrastruktur in den Iran setzt sich aus zwei Pipelines zusammen. Die Korpedzhe-Kurt Kui Pipeline mit einer Länge von 200 km wurde 1997 in Betrieb genommen (Kap. 4.2.5). Sie wird mit Erdgas aus den Lagerstätten im Westen des Landes versorgt und verläuft in Richtung Süden entlang des Kaspischen Meeres in den Iran. Die Kapazität der Pipeline beträgt acht Mrd. m^3 pro Jahr. Schätzungen gehen davon aus, dass die Auslastung ca. vier bis fünf Mrd. m^3 pro Jahr beträgt.[308] Die Inbetriebnahme der Dauletabad-Sarakhs-Khangiran Pipeline mit einer Kapazität von zwölf Mrd. m^3 pro Jahr erfolgte 2010.[309] Damit beträgt die gesamte Exportkapazität

---

305 Vgl. Götz, Roland: Mythos, Diversifizierung: Europa und das Erdgas des Kaspiraums, in: Osteuropa, 57. Jg., 8-9/2007, S. 449-462, hier S. 457.
306 Vgl. Pirani, Simon: Central Asian and Caspian Gas Production and the Constraints on Export, Oxford Institute for Energy Studies, December 2012, S. 24.
307 Vgl. Götz, Roland: Mythos, Diversifizierung: Europa und das Erdgas des Kaspiraums, in: Osteuropa, 57. Jg., 8-9/2007, S. 449-462, hier S. 457.
308 Vgl. Pirani, Simon: Central Asian and Caspian Gas Production and the Constraints on Export, Oxford Institute for Energy Studies, December 2012, S. 25.
309 Vgl. Strohbach, Uwe: Turkmenistan forciert Ausbau des Gasleitungsnetzes: Start der TAPI-Pipeline steht bevor, in: Germany Trade & Invest, 10.12.2015, http://www.gtai.de/GTAI/Navigation/DE/Trade/Maerkte/suche,t=turkmenistan-forciert-ausbau-des-gasleitungsnetzes,did=1367406.html (Zugriff: 10.02.2016).

in den Iran 20 Mrd. m³ pro Jahr. Auch sie wurde in den vergangenen Jahren nicht vollständig genutzt. Das zwischen Turkmenistan und dem Iran vertraglich vereinbarte Liefervolumen beträgt lediglich bis zu 14 Mrd. m³ pro Jahr (Kap. 2.2.2.2), wird jedoch auch nicht zur Gänze in Anspruch genommen (Abb. 26).

2.2.8.3 China

Die Pipelineinfrastruktur zur Realisierung der Erdgasexporte Turkmenistans nach China setzt sich aus mehreren Pipelines zusammen. Die Pipelinestränge A und B mit einer Transportkapazität von insgesamt 30 Mrd. m³ pro Jahr wurden im Dezember 2009 bzw. Oktober 2010 in Betrieb genommen. Die Inbetriebnahme des dritten Pipelinestranges (Linie C) mit einer geplanten Kapazität von 25 Mrd. m³ pro Jahr erfolgte im Mai 2014. Dessen endgültige Fertigstellung ist für Ende 2015 vorgesehen. Die Pipelinestränge A, B und C verlaufen von Turkmenistan über Usbekistan und Kasachstan nach China (Abb. 29).[310]

In Verbindung mit den geschlossenen Abkommen zur Ausdehnung der jährlichen Exporte auf 65 Mrd. m³ (Kap. 2.2.5.3) vereinbarten die Regierungen Chinas und Turkmenistans im September 2013 den Bau einer weiteren Pipeline (Linie D) mit einer geplanten Route von Turkmenistan über Usbekistan, Tadschikistan und Kirgistan nach China. Die Inbetriebnahme der Pipeline mit einer geplanten Kapazität von 30 Mrd. m³ pro Jahr, in der die Produktion von Galkynysh eingespeist werden soll, ist für 2016 vorgesehen.[311]

Die Transportkapazität der Exportinfrastruktur von Zentralasien nach China wird sich somit in den kommenden Jahren auf insgesamt 85 Mrd. m³ pro Jahr erhöhen, wovon 70 Mrd. m³ Erdgasvolumen aus Turkmenistan vorbehalten sind,[312] wobei einschränkend anzumerken ist, dass in dem letzten zwischen Turkmenistan und China geschlossenen Vertrag ein Liefervolumen von 65 Mrd. m³ pro Jahr festgehalten ist.

---

310 Für die Auslastung der Pipelinestränge A und B ist die Produktion CNPCs im Rahmen des PSAs vorgesehen, die 13 Mrd. m³ pro Jahr erreichen soll, während die restlichen 17 Mrd. m³ von Turkmengaz geliefert werden sollen. Für den Pipelinestrang C sind neben zehn Mrd. m³ pro Jahr aus Turkmenistan, zehn Mrd. m³ pro Jahr aus Usbekistan und fünf Mrd. m³ aus Kasachstan vorgesehen. Vgl. CNPC: Flow of Natural Gas from Central Asia, http://www.cnpc.com.cn/en/Flow ofnaturalgasfromCentralAsia/FlowofnaturalgasfromCentralAsia2.shtml (Zugriff: 11.07.2015).
311 Vgl. CNPC: Flow of Natural Gas from Central Asia, http://www.cnpc.com.cn/en/Flowofnatu ralgasfromCentralAsia/FlowofnaturalgasfromCentralAsia2.shtml (Zugriff: 11.07.2015); China starts building fourth Central Asia-China gas line in Tajikistan, in: Platts, 15.09.2014, http:// www.platts.com/latest-news/natural-gas/singapore/china-starts-building-fourth-central-asia-china-26880979 (Zugriff: 04.12.2015).
312 Vgl. CNPC: Flow of Natural Gas from Central Asia, http://www.cnpc.com.cn/en/Flowofnatu ralgasfromCentralAsia/FlowofnaturalgasfromCentralAsia2.shtml (Zugriff: 11.07.2015).

Folglich wird die Transportkapazität von Turkmenistan nach China in Kürze die nutzbaren Kapazitäten der Pipelines von Turkmenistan nach Russland (ca. 54 Mrd. m³ pro Jahr) deutlich übertreffen.

2.2.8.4 Ost-West-Pipeline

Neben den bestehenden Exportpipelines wurde kürzlich noch ein weiteres Pipelineprojekt fertiggestellt. Bei dieser Ost-West-Pipeline handelt es sich um eine innerturkmenische Pipeline, die als Zulieferpipeline fungieren soll. Ursprünglich wurde die Pipeline konzipiert, um Erdgas von den umfangreichen Vorkommen im Osten und Südosten des Landes an die Küste zu transportieren und anschließend in die kaspische Küstenpipeline für den Export nach Russland oder in eine mögliche transkaspische Pipeline einspeisen zu können. Im Dezember 2015 wurde die Pipeline mit einer Länge von 773 km und einer Kapazität von 30 Mrd. m³ pro Jahr in Betrieb genommen. Sie verbindet die Kompressorstationen Shatlyk und Belek miteinander.[313] Infolge der Entwicklungen in Bezug auf den Handel mit Russland (Kap. 2.2.5.1) und der Hindernisse bezüglich der Verlegung einer transkaspischen Pipeline (Kap. 4.4) ist nicht auszuschließen, dass ein Erdgastransport zukünftig in entgegengesetzter Richtung erfolgt. So könnte die zusätzliche Produktion im von Turkmenistan beanspruchten Sektor des Kaspischen Meeres in den Osten des Landes transportiert werden, um sie dort in die Exportpipelines nach China einzuspeisen.[314]

2.2.9 Geplante Pipelineprojekte

Neben den bereits bestehenden Exportpipelines strebt die turkmenische Regierung die Umsetzung weiterer Projekte an; auf ihre Pläne zum Export von Erdgas nach Europa wird ausführlich in Kapitel 4 eingegangen. Die folgenden Ausführungen beschränken sich auf die geplanten Projekte TAPI und kaspische Küstenpipeline.

---

313 Vgl. Elliott, Stuart: Turkmenistan completes east-west gas link, enhances export efficiency, in: Platts, 23.12.2015, http://www.platts.com/latest-news/natural-gas/london/turkmenistan-completes-east-west-gas-link-enhances-26319461 (Zugriff: 31.12.2015); Gurt, Marat: Turkmenistan boosts gas export capacity with East-West link, in: Reuters, 23.12.2015, http://www.reuters.com/article/turkmenistan-pipeline-idUSL8N14C0GT20151223 (Zugriff: 31.12.2015).
314 Vgl. Pirani, Simon: Central Asian and Caspian Gas Production and the Constraints on Export, Oxford Institute for Energy Studies, December 2012, S. 27, 92; Gurt, Marat: Turkmenistan boosts gas export capacity with East-West link, in: Reuters, 23.12.2015, http://www.reuters.com/article/turkmenistan-pipeline-idUSL8N14C0GT20151223 (Zugriff: 31.12.2015).

2.2.9.1 Turkmenistan-Afghanistan-Pakistan-Indien-Pipeline (TAPI)

Pläne für den Bau einer Pipeline von Turkmenistan über Afghanistan nach Pakistan wurden bereits in den 1990er-Jahren entwickelt. Internationale Energieunternehmen wie Bridas oder das US-Unternehmen Unocal engagierten sich für die Umsetzung des Projektes, waren zunächst aber nicht erfolgreich.[315] Die Pläne wurden nach der Militärintervention der NATO und dem Sturz des Taliban-Regimes wieder aufgenommen; seither wird das Projekt von der Asian Development Bank (ADB) unterstützt.[316] Signifikante Fortschritte gibt es erst seit 2010, als die Regierungen Turkmenistans, Afghanistans, Pakistans und Indiens ein Rahmenabkommen über den Bau von TAPI unterzeichneten.[317] Die entsprechenden Gashandelsabkommen wurden im Mai 2012 bzw. Juli 2013 geschlossen (Kap 2.2.5.5), worauf im November 2014 die Gründung der TAPI Pipeline Company Limited (TPCL), bestehend aus den Unternehmen Turkmengaz (Turkmenistan), Afghan Gas Enterprise (Afghanistan), Inter State Gas Systems Limited (Pakistan) sowie GAIL (Indien), zum Bau und Betrieb der Pipeline erfolgte.[318]

Für die geplante Pipeline mit einer Länge von 1.814 km ist eine Transportkapazität von 33 Mrd. m³ pro Jahr vorgesehen. Die Route soll von Galkynysh in Turkmenistan über Herat und Kandahar in Afghanistan sowie Quetta und Multan nach Indien verlaufen (Abb. 30). Die Kosten für den Bau der Pipeline werden unterschiedlich eingeschätzt und reichen von 7,9 Mrd. US-Dollar bis zehn Mrd. US-Dollar.[319]

---

315 Vgl. Olcott, Martha Brill: International Gas Trade in Central Asia: Turkmenistan, Iran, Russia and Afghanistan, Stanford, CA: Stanford University, Stanford Institute for International Studies, May 2004, S. 16-22.
316 Seit 2003 fungiert die ADB als Sekretariat für das Pipelineprojekt, beteiligt sich finanziell, unterstützt bei der Investorensuche und steht als Bürge für Kreditgeber bereit. Vgl. Asian Development Bank: TAPI Steering Committee endorses Turkmengaz as Consortium leader for TAPI Gas Pipeline Project, 07.08.2015, http://www.adb.org/news/tapi-steering-committee-endorses-turkmengaz-consortium-leader-tapi-gas-pipeline-project (Zugriff: 31.12.2015); Strohbach, Uwe: Turkmenistan forciert Ausbau des Gasleitungsnetzes. Start der TAPI-Pipeline steht bevor, in: Germany Trade & Invest, 10.12.2015, http://www.gtai.de/GTAI/Navigation/DE/Trade/Maerkte/suche,t=turkmenistan-forciert-ausbau-des-gasleitungsnetzes,did=1367406.html (Zugriff: 31.12.2015); Vgl. Olcott, Martha Brill: International Gas Trade in Central Asia: Turkmenistan, Iran, Russia and Afghanistan, Stanford, CA: Stanford University, Stanford Institute for International Studies, May 2004, S. 27.
317 Vgl. Pirani, Simon: Central Asian and Caspian Gas Production and the Constraints on Export, Oxford Institute for Energy Studies, December 2012, S. 102.
318 Vgl. Asian Development Bank: New TAPI Pipeline Company holds first board meeting, appoints chairman, 21.11.2014, http://www.adb.org/news/new-tapi-pipeline-company-holds-first-board-meeting-appoints-chairman (Zugriff: 11.07.2015).
319 Vgl. IEA: Medium-Term Gas Market Report 2014: Market Analysis and Forecasts to 2019, Paris: OECD/IEA, 2014, S. 185; Strohbach, Uwe: Turkmenistan forciert Ausbau des Gasleitungsnetzes: Start der TAPI-Pipeline steht bevor, in: Germany Trade & Invest, 10.12.2015, http:/www.gtai.de/GTAI/Navigation/DE/Trade/Maerkte/suche,t=turkmenistan-forciert-ausbau-des-gasleitungsnetzes,did=1367406.html (Zugriff: 31.12.2015).

Allerdings bestehen in Bezug auf die Realisierung des Pipelineprojektes mehrere Hindernisse. Vor allem die nach wie vor angespannte Sicherheitslage in Afghanistan, insbesondere vor dem Hintergrund des Abzugs der ISAF-Truppen, und Pakistan ist hier zu nennen, die sowohl den Bau als auch den Betrieb der Pipeline erschweren könnte. Zusätzlich treten immer wieder Spannungen zwischen Pakistan und Indien auf, die unter Umständen zu einem Rückzug Indiens aus diesem Projekt führen könnten, um eine Abhängigkeit von Pakistan als Transitland für Erdgaslieferungen aus Turkmenistan zu vermeiden.[320]

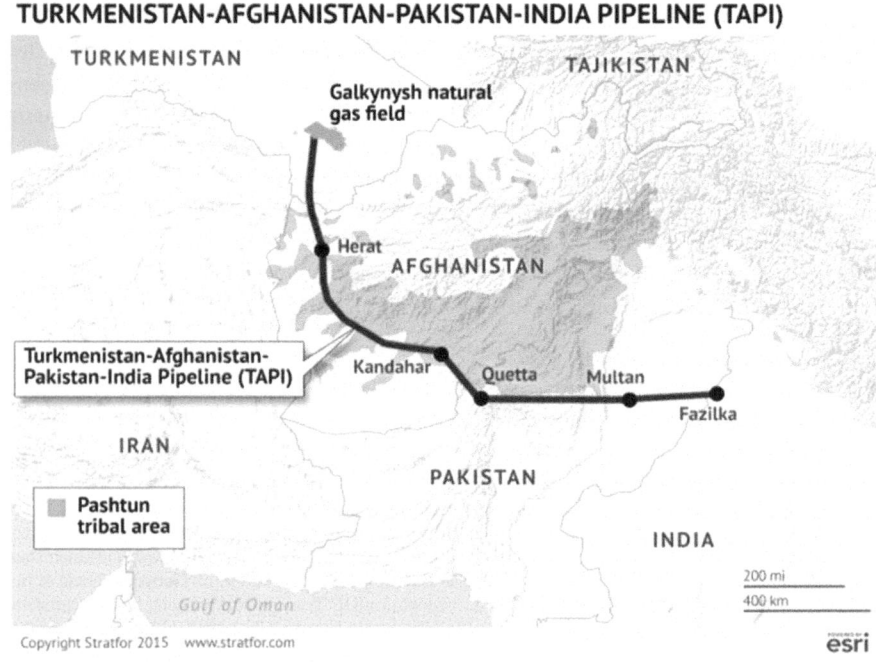

Abbildung 30: Geplanter Verlauf der Turkmenistan-Afghanistan-Pakistan-Indien-Pipeline (TAPI)

Quelle: Security is a priority for the TAPI Pipeline, in: Stratfor, 16.12.2015, https://www.stratfor.com/image/security-priority-tapi-pipeline (Zugriff: 31.12.2015).

---

320 Vgl. IEA: Medium-Term Gas Market Report 2014: Market Analysis and Forecasts to 2019, Paris: OECD/IEA, 2014, S. 185; Ritchie, Michael: Tapi adrift as Turkmen project leader named, in: World Gas Intelligence, 02.09.2015.

Darüber hinaus zögern ausländische Energiekonzerne wie Royal Dutch Shell, Chevron, Exxon Mobil oder Total, in dieses Projekt zu investieren, da ihnen eine Beteiligung an der Onshore-Erdgasproduktion in Turkmenistan nicht gewährt wurde.[321] Somit ist unklar, ob und wann das Pipelineprojekt realisiert werden wird. Aufgrund mangelnder Beteiligung internationaler Konzerne hat inzwischen das turkmenische Staatsunternehmen Turkmengaz die Führung des Pipelinekonsortiums übernommen und hält 51 Prozent der Anteile.[322] Im Dezember 2015 wurde mit dem Bau des turkmenischen Pipelineabschnitts begonnen.[323] Der Bau der Pipeline durch afghanisches und pakistanisches Territorium ist allerdings noch ungeklärt.[324]

2.2.9.2 Kaspische Küstenpipeline

Im Dezember 2007 unterzeichneten Turkmenistan, Kasachstan und Russland die zwischenstaatlichen Verträge zum Bau der kaspischen Küstenpipeline (die *Caspian Coastal Pipeline* in Abbildung 29). Dieses Projekt sollte die Steigerung der Exporte Turkmenistans und Kasachstans nach Russland ermöglichen.[325] Die Inbetriebnahme der Pipeline mit einer geplanten Kapazität von 20 Mrd. m³ pro Jahr, die jeweils zur Hälfte von Turkmenistan und Kasachstan genutzt werden sollte, war für 2010, das Erreichen der vollen Kapazität für die Jahre 2012 und 2013 vorgesehen.[326] Im Juli 2008 vereinbarten Russland und Turkmenistan die Erweiterung der Transportkapazität auf 30 Mrd. m³ pro Jahr (Kap. 3.3.6). Dieses Projekt ist nicht umgesetzt worden, da Russland den Bezug von Erdgas aus Turkmenistan ab 2009 reduziert und inzwischen eingestellt hat; die Pipeline wurde obsolet (Kap. 2.2.5.1 und Kap. 3.3.8).

---

321 Vgl. Ritchie, Michael: Tapi adrift as Turkmen project leader named, in: World Gas Intelligence, 02.09.2015.
322 Vgl. Ritchie, Michael: Tapi adrift as Turkmen project leader named, in: World Gas Intelligence, 02.09.2015; Strohbach, Uwe: Turkmenistan forciert Ausbau des Gasleitungsnetzes: Start der TAPI-Pipeline steht bevor, in: Germany Trade & Invest, 10.12.2015, http://www.gtai.de/GTAI/Navigation/DE/Trade/Maerkte/suche,t=turkmenistan-forciert-ausbau-des-gasleitungsnetzes,did=1367406.html (Zugriff: 31.12.2015).
323 Vgl. o. V.: Turkmenistan: Work starts on TAPI, but will it finish, in: Eurasianet.org, 14.12.2015, http://www.eurasianet.org/node/76536 (Zugriff: 31.12.2015).
324 Vgl. Strohbach, Uwe: Turkmenistan forciert Ausbau des Gasleitungsnetzes: Start der TAPI-Pipeline steht bevor, in: Germany Trade & Invest, 10.12.2015, http://www.gtai.de/GTAI/Navigation/DE/Trade/Maerkte/suche,t=turkmenistan-forciert-ausbau-des-gasleitungsnetzes,did=1367406.html (Zugriff: 10.02.2016).
325 Vgl. Agreement on Pre-Caspian gas pipeline signed in Moscow (Part 2), in: Interfax: Russia & CIS Business and Financial Newswire, 20.12.2007.
326 Vgl. Agreement on Pre-Caspian gas pipeline signed in Moscow (Part 2), in: Interfax: Russia & CIS Business and Financial Newswire, 20.12.2007; Petroleum & gas: Russia-Kazakhstan-Turkmenistan, in: Economist Intelligence Unit - Business Eastern Europe, 24.12.2007.

2.2.10 Investitionsbedingungen und -hürden

2.2.10.1 Allgemeine Investitionsbedingungen

Die turkmenische Regierung hat sich ehrgeizige Ziele im Hinblick auf den Ausbau der Erdgasförderung und der Exporte gesetzt.[327] Um diese zu erreichen, sind umfangreiche Investitionen Voraussetzung, die allerdings nicht allein von Turkmenistan bzw. dessen staatlichen Unternehmen getätigt werden können, sodass ein größeres Engagement ausländischer Investoren notwendig ist.

Allerdings verfügt Turkmenistan über kein günstiges Investitionsklima. Insbesondere das finanzielle Engagement in den Gassektor des Landes ist für ausländische Investoren mit Hürden verbunden.

Trotz der Ankündigungen von Präsident Berdymuchamedow für ein besseres Investitionsumfeld sorgen zu wollen und bereits durchgeführter Reformen ist das Investitionsklima Turkmenistans nach wie vor von Defiziten geprägt. Mangelnde Rechtssicherheit und eine unvollständige oder widersprüchliche Gesetzgebung sowie das Fehlen einer politisch unabhängigen Rechtsprechung, politisch motivierte Entscheidungen bei Vergabeverfahren und die Einmischung staatlicher Behörden in Unternehmensangelegenheiten sind hier als Beispiele zu nennen.[328]

Außerdem wird die Wirtschaft Turkmenistans von Staatsunternehmen dominiert und der Privatsektor ist bisher kaum ausgeprägt, sodass ausländische Investoren in der Regel mit staatlichen Auftraggebern zusammenarbeiten müssen, was wiederum mit besonderen Herausforderungen verbunden sein kann.[329] Allgemein mangelt es an

---

327 Siehe S. 134.
328 Vgl. Strohbach, Uwe: Investitionsklima und -risiken – Turkmenistan: Staatlicher Einfluss und mangelnde Rechtssicherheit erschweren Bearbeitung des wachsenden Absatzmarktes, in Germany Trade & Invest, 31.07.2015, https://www.gtai.de/GTAI/Navigation/DE/Trade/Maerkte/Geschaeftspraxis/investitionsklima-und-risiken, t=investitionsklima-und-risiken--turkmenistan, did=1289700.html (Zugriff: 30.12.2015).
329 So sind nachträgliche Änderungswünsche des Auftraggebers bei abgeschlossenen Verträgen nicht unüblich. Bei Weigerung diesen Forderungen nachzukommen, kann es zu zusätzlichen Steuerprüfungen, Problemen bei der Visa-Vergabe oder bürokratische Hürden kommen. Vgl. Strohbach, Uwe: Kenntnisse der lokalen Mentalität und Spielregeln sind das A und O im Turkmenistan-Geschäft: Prüfung der Identität und Bonität turkmenischer Geschäftspartner mangels Informationen schwierig, Germany Trade & Invest, 15.05.2013, http://www.gtai.de/GTAI/Navigation/DE/Trade/maerkte,did=811794.html (Zugriff: 25.03.2014); Strohbach, Uwe: Investitionsklima und -risiken - Turkmenistan: Staatlicher Einfluss und mangelnde Rechtssicherheit erschweren Bearbeitung des wachsenden Absatzmarktes, in Germany Trade & Invest, 31.07.2015, https://www.gtai.de/GTAI/Navigation/DE/Trade/Maerkte/Geschaeftspraxis/investitionsklima-und-risiken,t=investitionsklima-und-risiken--turkmenistan,did=1289700.html (Zugriff: 30.12.2015).

Transparenz und Korruption ist weit verbreitet. In den Ranglisten der Nichtregierungsorganisation Transparency International belegt Turkmenistan stets einen der hinteren Plätze (Kap. 1.8.2).[330] Gleiches gilt für die Bewertung des allgemeinen Investitionsklimas durch andere Organisationen oder Institutionen.[331]

Nach Angaben des turkmenischen Statistikkomitees betrugen die ausländischen Bruttoanlageinvestitionen (hauptsächlich Direktinvestitionen) im Zeitraum von 2009 bis 2014 durchschnittlich 2,8 Mrd. US-Dollar pro Jahr, mit einem Umfang zwischen 2,6 und 3,0 Mrd. US-Dollar. Der Anteil der ausländischen Investitionen an den gesamten Investitionen verringerte sich im gleichen Zeitraum von 29,9 auf 15,7 Prozent. Die Welthandels- und Entwicklungskonferenz der Vereinten Nationen (UNCTAD) beziffert die ausländischen Direktinvestitionen in der Zeitspanne von 1995 bis 2005 auf durchschnittlich 200 Mio. US-Dollar pro Jahr, für 2006 und 2007 auf jeweils 800 Mio. US-Dollar sowie für 2008 auf 1,3 Mrd. US-Dollar. Für den Zeitraum von 2010 bis 2014 wird ein durchschnittlicher Wert von 3,3 Mrd. US-Dollar pro Jahr angegeben, wobei deren jährlicher Umfang zwischen 3,1 und 3,6 Mrd. US-Dollar betrug. Der höchste Wert wurde mit 4,5 Mrd. US-Dollar im Jahr 2009 erreicht.[332]

---

330 Vgl. Transparency International Deutschland e.V.: Corruption Perception Index 2014: Tabellarisches Ranking, 03.12.2014, http://www.transparency.de/Tabellarisches-Ranking.2574.0.html (Zugriff: 16.12.2014); Strohbach, Uwe: Investitionsklima und -risiken - Turkmenistan: Staatlicher Einfluss und mangelnde Rechtssicherheit erschweren Bearbeitung des wachsenden Absatzmarktes, in Germany Trade & Invest, 31.07.2015, https://www.gtai.de/GTAI/Navigation/DE/Trade/Maerkte/Geschaeftspraxis/investitionsklima-und-risiken,t=investitionsklima-und-risiken--turkmenistan,did=1289700.html (Zugriff: 30.12.2015).

331 Siehe z. B. Index of Economic Freedom der Heritage Foundation. Hier belegt Turkmenistan 2015 Rang 172 von 178 aufgeführten Ländern. Im Ranking der Weltbank (Doing Business) ist Turkmenistan nicht gelistet. Vgl. The Heritage Foundation: 2015 Index of Economic Freedom: Country Rankings, http://www.heritage.org/index/ranking (Zugriff: 30.12.2015); World Bank Group: Doing Business: Economy Rankings, http://www.doingbusiness.org/rankings (Zugriff: 12.02.2016); Strohbach, Uwe: Investitionsklima und -risiken - Turkmenistan: Staatlicher Einfluss und mangelnde Rechtssicherheit erschweren Bearbeitung des wachsenden Absatzmarktes, in Germany Trade & Invest, 31.07.2015, https://www.gtai.de/GTAI/Navigation/DE/Trade/Maerkte/Geschaeftspraxis /investitionsklima-und-risiken,t=investitionsklima-und-risiken--turkmenistan,did=1289700.html (Zugriff: 30.12.2015); U.S. Department of State: Turkmenistan: Investment Climate Statement, May 2015, S. 9, http://www.state.gov/documents/organization/241988.pdf (Zugriff: 01.06.2016).

332 Vgl. Strohbach, Uwe: Investitionsklima und -risiken - Turkmenistan: Staatlicher Einfluss und mangelnde Rechtssicherheit erschweren Bearbeitung des wachsenden Absatzmarktes, in Germany Trade & Invest, 31.07.2015, https://www.gtai.de/GTAI/Navigation/DE/Trade/Maerkte/ Geschaeftspraxis/investitionsklima-und-risiken,t=investitionsklima-und-risiken--turkmenistan, did=1289700.html (Zugriff: 30.12.2015), Strohbach, Uwe: Investitionsklima und -risiken: Turkmenistan, Bonn: Germany Trade & Invest, Mai 2012, https://www.gtai.de/GTAI/Content/DE/ Trade/Fachdaten/PUB/2012/05/pub201205238038_17012_investitionsklima-und--risiken---turk menistan--2012.pdf (Zugriff: 11.7.2015).

	2012	2013	2014
Bruttozufluss ausländischer Direktinvestitionen nach UNCTAD	3,130	3,067	3,164
Kumulativer Bestand nach UNCTAD	19,963	23,039	26,203
Zufluss aller Bruttoanlageinvestitionen laut Statistikkomitee	2,656	2,865	3,036
Anteil am insgesamt im Land investierten Kapital (in %) laut Statistikkomitee	15,6	15,8	15,7

Tabelle 12: Entwicklung ausländischer Investitionen in Turkmenistan (in Mrd. US-Dollar)

Quellen: UNCTAD (Stand: Juni 2015), Staatliches Statistikkomitee Turkmenistans, zit. nach Strohbach, Uwe: Investitionsklima und -risiken - Turkmenistan: Staatlicher Einfluss und mangelnde Rechtssicherheit erschweren Bearbeitung des wachsenden Absatzmarktes, in Germany Trade & Invest, 31.07.2015, https://www.gtai.de/GTAI/Navigation/DE/Trade/Maerkte/Geschaeftspraxis/investitionsklima-und-risiken,t=investitionsklima-und-risiken--turkmenistan,did=1289700.html (Zugriff: 30.12.2015).

Der weitaus größte Anteil (ca. 90 Prozent) der ausländischen Direktinvestitionen fließt in den Öl- und Gassektor Turkmenistans.[333] Hier sind einige Besonderheiten zu berücksichtigen, auf die in den nachstehenden Ausführungen näher eingegangen wird. Zunächst folgen einige Erläuterungen zur Organisation des turkmenischen Energiesektors, bevor bestehende Investitionshemmnisse thematisiert werden.

2.2.10.2 Die Organisation des turkmenischen Energiesektors

Der Öl- und Gassektor Turkmenistans ist staatlich kontrolliert und es ist davon auszugehen, dass dieser Status von der turkmenischen Regierung aufrechterhalten wird. Die Erdöl- und Erdgasexporte sind die wichtigste Einnahmequelle des Staates und bilden somit die Grundlage für die Aufrechterhaltung der Machtstrukturen (Kap. 1.8).[334]

---

333 Vgl. Strohbach, Uwe: Investitionsklima und -risiken - Turkmenistan: Staatlicher Einfluss und mangelnde Rechtssicherheit erschweren Bearbeitung des wachsenden Absatzmarktes, in Germany Trade & Invest, 31.07.2015, https://www.gtai.de/GTAI/Navigation/DE/Trade/Maerkte/Geschaeftspraxis/investitionsklima-und-risiken,t=investitionsklima-und-risiken--turkmenistan, did=1289700.html (Zugriff: 30.12.2015).
334 Vgl. Denison, Michael: Politics and the Energy Sector in Turkmenistan, in: Heinrich, Andreas/ Pleines, Heiko (eds.): Challenges of the Caspian Resource Boom: Domestic Elites and Policy-Making, Houndmills, Basingstoke, Hampshire: Palgrave Macmillan, 2012 S. 143-159, hier S. 151.

2.2 Die Entwicklung des Erdgassektors Turkmenistans seit der Unabhängigkeit

Im Hinblick auf die Entscheidungsstrukturen ist die herausgehobene Stellung des Präsidenten hervorzuheben. Nach Denison unterliegt der Öl- und Gassektor seiner persönlichen Kontrolle.[335] Die Staatliche Agentur für Verwaltung und Nutzung von Kohlenwasserstoffressourcen beim Präsidenten ist in diesem Zusammenhang als Einrichtung mit weitreichenden Befugnissen zu nennen, die als Ansprechpartner für ausländische Investoren fungiert. Ihre Zuständigkeit besteht darin, Verhandlungen mit potenziellen ausländischen Investoren über die Vergabe von Explorations- und Produktionslizenzen zu führen sowie die jeweiligen Lizenzen zu vergeben.[336]

Des Weiteren setzt sich der Öl- und Gassektor Turkmenistans aus den vier Staatsunternehmen Turkmenneft (Ölproduktion, Förderung von Erdgas im Rahmen der Ölproduktion im Westen des Landes), Turkmengaz (Gasproduktion), Turkmengeologiya (Exploration) und Turkmenneftegazstroi (Bauarbeiten im Zusammenhang mit der Produktion und dem Transport von Öl und Gas, etwa der Bau von Pipelines) zusammen.[337]

Persönliche Kontakte zu Regierungsvertretern sind für ausländische Investoren von wesentlicher Bedeutung. Dies gilt insbesondere für Investitionen in den Energie- bzw. Gassektor Turkmenistans. Da es sich hierbei nicht selten um Großprojekte handelt, die der Zustimmung des Präsidenten bedürfen, ist der Zugang zum Staatsoberhaupt von elementarem Wert.[338] Neben dem beschriebenen schwierigen Umfeld für ausländische Investoren in Turkmenistan bestehen für Investitionen in den Gassektor noch einige spezielle Hürden, insbesondere bezüglich des Vertragsregimes, auf das an dieser Stelle genauer eingegangen werden soll.

---

335 Vgl. Denison, Michael: Politics and the Energy Sector in Turkmenistan, in: Heinrich, Andreas/Pleines, Heiko (eds.): Challenges of the Caspian Resource Boom: Domestic Elites and Policy-Making, Houndmills, Basingstoke, Hampshire: Palgrave Macmillan, 2012 S. 143-159, hier S. 154 f.
336 Die Unterzeichnung von PSAs sowie die Entgegennahme von Royalties fallen ebenfalls in den Zuständigkeitsbereich der Behörde, wie auch die Aufsicht über die Einhaltung der in den Lizenzen festgehaltenen Bestimmungen. Vgl. Valdez, Maria/Weaver, Kenyon: Turkmenistan Chapter - Oil & Gas Regulation 2013, http://www.iclg.co.uk/practice-areas/oil-and-gas-regulation/oil-and-gas-regulation-2013/turkmenistan (Zugriff: 23.05.2013); Denison, Michael: Politics and the Energy Sector in Turkmenistan, in: Heinrich, Andreas/Pleines, Heiko (eds.): Challenges of the Caspian Resource Boom: Domestic Elites and Policy-Making, Houndmills, Basingstoke, Hampshire: Palgrave Macmillan, 2012 S. 143-159, hier S. 152 ff.
337 Vgl. Valdez, Maria/Weaver, Kenyon: Turkmenistan Chapter - Oil & Gas Regulation 2013, http://www.iclg.co.uk/practice-areas/oil-and-gas-regulation/oil-and-gas-regulation-2013/turkmenistan (Zugriff: 23.05.2013).
338 Für diese und weitere Ausführungen zu dieser Thematik siehe Denison, Michael: Politics and the Energy Sector in Turkmenistan, in: Heinrich, Andreas/Pleines, Heiko (eds.): Challenges of the Caspian Resource Boom: Domestic Elites and Policy-Making, Houndmills, Basingstoke, Hampshire: Palgrave Macmillan, 2012 S. 143-159, hier S. 155.

2.2.10.3 Das Vertragsregime

Grundsätzlich sieht die Gesetzgebung Turkmenistans verschiedene Vertragsformen vor, in deren Rahmen ausländische Investoren im Gassektor tätig werden können.[339] Die Attraktivität des Landes für ausländische Investoren wird allerdings durch das bestehende Vertragsregime, wonach die Erschließung der lukrativen Onshore-Lagerstätten ausschließlich dem staatlichen Unternehmen Turkmengaz vorbehalten ist, deutlich eingeschränkt. Eine direkte Beteiligung an der Produktion durch Abschluss eines PSA ist für ausländische Unternehmen folglich auf die Offshore-Lagerstätten in dem von Turkmenistan beanspruchten Gebiet des Kaspischen Meeres beschränkt. Wie an der Problematik zur Umsetzung des TAPI-Projektes deutlich wird (Kap. 2.2.9.1), ist nicht davon auszugehen, dass diese Politik in absehbarer Zeit geändert wird.[340] Daher beschränkt sich die Beteiligung ausländischer Unternehmen an der Onshore-Gasförderung in der Praxis auf die Vergabe von Service-Verträgen. Die mit Turkmengaz zu schließenden Vereinbarungen beinhalten Arbeiten im Bereich der Exploration, Erschließung und Produktion von Onshore-Lagerstätten.[341] Ein Beispiel dafür sind die zur Erschließung des Feldkomplexes Galkynysh abgeschlossenen Verträge (Tab. 9).

Während ausländischen Energiekonzernen mit Ausnahme von CNPC eine direkte Beteiligung an der Onshore-Förderung in Form eines PSA verweigert wird, ist die turkmenische Regierung gleichzeitig bestrebt, ausländische Unternehmen für Investitionen in die Offshore-Öl- und Gasförderung zu gewinnen,[342] um von deren Knowhow und verschiedenen Bonuszahlungen zu profitieren.[343]

---

339 Dazu zählen PSA, Royalty Agreements, Joint Operating Agreements, Risk Service Operations Agreements sowie die Kombination aus diesen Vertragsformen. Vgl. Valdez, Maria/Weaver, Kenyon: Turkmenistan Chapter - Oil & Gas Regulation 2013, http://www.iclg.co.uk/practice-areas/oil-and-gas-regulation/oil-and-gas-regulation-2013/turkmenistan (Zugriff: 23.05.2013).
340 Das mit dem chinesischen Staatskonzern CNCP unterzeichnete PSA stellt im Bereich der Gasproduktion die einzige Ausnahme dar. Vgl. Valdez, Maria/Weaver, Kenyon: Turkmenistan Chapter - Oil & Gas Regulation 2013, http://www.iclg.co.uk/practice-areas/oil-and-gas-regulation/oil-and-gas-regulation-2013/turkmenistan (Zugriff: 23.05.2013); Roberts, John: Statoil set to withdraw from Turkmenistan upstream, in: Platts Oilgram News, 27.03.2013.
341 Vgl. Valdez, Maria/Weaver, Kenyon: Turkmenistan Chapter - Oil & Gas Regulation 2013, http://www.iclg.co.uk/practice-areas/oil-and-gas-regulation/oil-and-gas-regulation-2013/turkmenistan (Zugriff: 23.5.2013).
342 So gelten z. B. umfangreiche Steuer- und Zollerleichterungen für ausländische Unternehmen, die im Energiesektor Turkmenistans tätig sind. Vgl. Valdez, Maria/Weaver, Kenyon: Turkmenistan Chapter - Oil & Gas Regulation 2013, http://www.iclg.co.uk/practice-areas/oil-and-gas-regulation/oil-and-gas-regulation-2013/turkmenistan (Zugriff: 23.05.2013).
343 In der Regel werden Bonuszahlungen fällig bei Vertragsunterzeichnung, Entdeckung wirtschaftlich erschließbarer Vorkommen und Erreichen eines bestimmten Produktionsniveaus. Weitere Bonuszahlungen können im Vertrag enthalten sein. Vgl. Valdez, Maria/Weaver, Kenyon: Turkmenistan Chapter - Oil & Gas Regulation 2013, http://www.iclg.co.uk/practice-areas/oil-and-gas-regulation/oil-and-gas-regulation-2013/turkme nistan (Zugriff: 23.05.2013).

Gebiet	Unternehmen	Status	Offshore/ Onshore	Unterzeichnungsjahr
1 Cheleken	Dragon Oil (VAE)	Produktion	Offshore	1999
2 Block I	Petronas Carigali (Malaysia)	Produktion	Offshore	1996
3 Nebit Dag	Burren Energy, Übernahme durch Eni 2007; Verlängerung 2014 (Laufzeit bis 2032), Übertragung von 10 % der Anteile an Turkmenneft	Produktion	Onshore	1996
4 Ost-Cheleken	Turkmenneft (52 %) / Mitro International (48 %) (Österreich)	Produktion	Onshore	2000
5 Block 11, 12	Maersk Oil (36 %, Dänemark), Wintershall (34 %), OMEL (30 %)	Mangels Fund eingestellt	Offshore	2002
6 Bagtyyarlyk	CNPC (China)	Produktion	Onshore	2007
7 Serdar	Buried Hill Serdar Limited (Oman-Kanada)	Exploration, Konflikt um Grenzziehung	Offshore	2007
8 Block 23	RWE Dea	Exploration	Offshore	2009
9 Block 21	Itera (Russland)	Exploration	Offshore	2009

Tabelle 13: Product Sharing Agreements in Turkmenistan

Quelle: Eigene Darstellung nach Angaben von Strohbach, Uwe: Turkmenistans Öl- und Gasbranche wird für mehr als 20 Mrd. US$ ausgebaut: Zahlreiche Erneuerungs- und Ausbauprojekte in der Pipeline, in: Germany Trade & Invest, 20.09.2013, http://www.gtai.de/GTAI/Navigation/DE/Trade/Maerkte/suche,t=turkmenistans-oel-und-gasindustrie-wird-fuer-mehr-als-20-mrd-us$-ausgebaut,did=883230.html (Zugriff: 30.12.2015); Eni signs PSA addendum to extend E&P work in Turkmenistan, in: Oil & Gas Journal, 18.11.2014, http://www.ogj.com/articles/2014/11/eni-signs-psa-addendum-to-extend-e-p-work-in-turkmenistan.html (Zugriff: 16.12.2014); Hines, Jon/Marchenko Alexander: Turkmenistan's E&P project regime: A primer for foreign investors, Morgan Lewis, Turkmenistan Oil & Gas Conference - Ashgabat, 20.11.2013, http://www.summitdownloadportal.com/logos/1385398671-Morgan%20Lewis%20ENG.pdf (Zugriff: 12.02.2016); Bernstein Research: The Caspian: Cradle of Oil Production can rock world's output, January 2011, S. 63.

Die Regierung hat den von ihr beanspruchten Sektor im Kaspischen Meer in verschiedene Blöcke aufgeteilt (Abb. 19), für die der Abschluss von PSAs mit ausländischen Unternehmen vorgesehen ist.[344] Bisher sind allerdings nur vergleichsweise wenige Unternehmen in den von Turkmenistan beanspruchten Gewässern des Kaspischen Meeres tätig, wie in Tabelle 13 dargestellt ist. Die Zurückhaltung ausländischer Unternehmen hat verschiedene Ursachen: Die Potenziale des von Turkmenistan beanspruchten Sektors im Kaspischen Meer sind noch nicht umfassend erhoben worden (Kap. 2.2.1) und die erfolglosen Explorationsarbeiten von Maersk, Wintershall sowie OMEL (Block 11, 12) haben sicherlich dazu beigetragen, dass das Interesse internationaler Energiekonzerne, im Offshore-Bereich tätig zu werden, begrenzt ist. Der ungeklärte rechtliche Status des Kaspischen Meeres und der Konflikt zwischen Aserbaidschan und Turkmenistan über die Grenzziehung bzw. mögliche weitere territoriale Auseinandersetzungen mit anderen Anrainerstaaten sind dabei ebenfalls zu berücksichtigen. Solange keine verbindliche Grenzziehung zwischen Turkmenistan und den anderen Anliegern erfolgt ist, sind die potenziell umstrittenen Gebiete für ausländische Investoren nicht attraktiv. Zwar hat das Unternehmen Buried Hill mit der turkmenischen Regierung im Jahr 2007 ein PSA unterzeichnet, das auch das Feld Serdar beinhaltet; aufgrund der Auseinandersetzung über die Ziehung der Seegrenze (Kap. 1.10.3.2) sind hier allerdings noch keine großen Fortschritte erzielt worden.

Daneben lässt ein weiterer gewichtiger Faktor die Investitionen in den Gassektor Turkmenistans aus der Perspektive ausländischer Energiekonzerne unattraktiv erscheinen: Der Gashandel und der Gasexport werden vom turkmenischen Staat kontrolliert, sodass eine eigenständige Vermarktung der Produktion von ausländischen Unternehmen, obwohl in der Gesetzgebung vorgesehen, nicht erfolgt.[345] Turkmengaz kauft beispielsweise das von Petronas produzierte Gas auf, um es selbst zu vermarkten und sein Exportmonopol aufrechtzuerhalten. Gegenwärtig produziert Petronas geschätzt drei Mrd. m³ pro Jahr und könnte nach eigenen Angaben die Produktion auf bis zu zehn Mrd. m³ pro Jahr steigern, sollten die Rahmenbedin-

---

344 Gemäß der turkmenischen Gesetzgebung können Explorations- und Produktionslizenzen sowie eine Kombination aus beiden Lizenzformen vergeben werden, wobei die Vergabe durch offene Ausschreibungen oder direkte Verhandlungen erfolgen kann. Die Gültigkeitsdauer einer Explorationslizenz beträgt sechs Jahre und kann zweimal um zwei Jahre verlängert werden, die einer Produktionslizenz 20 Jahre, sie kann einmalig um fünf Jahre verlängert werden. Bei einer Kombination aus Explorations- und Produktionslizenz ergibt sich die Gültigkeitsdauer aus den beschriebenen Zeitspannen der jeweiligen Lizenzen. Vgl. Valdez, Maria/Weaver, Kenyon: Turkmenistan Chapter - Oil & Gas Regulation 2013, http://www.iclg.co.uk/practice-areas/oil-and-gas-regulation/oil-and-gas-regulation-2013/turkmenistan (Zugriff: 23.05.2013).

345 Vgl. Pirani, Simon: Central Asian and Caspian Gas Production and the Constraints on Export, Oxford Institute for Energy Studies, December 2012, S. 21, 27; Valdez, Maria/Weaver, Kenyon: Turkmenistan Chapter - Oil & Gas Regulation 2013, http://www.iclg.co.uk/practice-areas/oil-and-gas-regulation/oil-and-gas-regulation-2013/turkmenistan (Zugriff: 23.05.2013).

gungen stimmen.[346] Auch Dragon Oil könnte im Rahmen seiner Ölförderung im Kaspischen Meer zusätzliche Volumen Erdgas fördern, jedoch ist es dem Unternehmen bisher nicht gelungen, einen diesbezüglichen Vertrag mit der turkmenischen Regierung bzw. Turkmengaz zu schließen.[347] Turkmengaz hat wiederum gegenwärtig kein Interesse daran, größere Volumen von Petronas oder Dragon Oil zu beziehen, da es derzeit keinen Absatzmarkt für dieses Gas gibt. Für die Exporte in den Iran und für die Deckung des lokalen Bedarfs im Westen des Landes werden keine umfangreichen zusätzlichen Volumen benötigt. Für den etwaigen Export nach China mangelt es noch an der notwendigen Infrastruktur und weitere Absatzmärkte sind nicht vorhanden. Folglich verzichtet Turkmengaz auf den Ankauf zusätzlicher Volumen, da dies nur weitere Kosten verursachen würde, wohingegen deren Absatz zurzeit nicht möglich ist.[348] Da die turkmenische Regierung nicht gewillt ist, die Kontrolle über die Erdgasexporte aufzugeben, ist davon auszugehen, dass an der geschilderten Verfahrensweise weiter festgehalten wird.

Im Hinblick auf die Exportpolitik gilt es, einen weiteren Aspekt zu berücksichtigen. Die turkmenische Regierung insistiert nach wie vor darauf, das zu exportierende Gas lediglich an die Landesgrenze zu liefern, wo es vom Käufer abgenommen werden muss, der infolgedessen selbst für den weiteren Transport zum Verbrauchspunkt verantwortlich ist und damit verbundene Risiken trägt. Eine Beteiligung Turkmenistans an internationalen Pipelineprojekten ist bisher nicht erfolgt und wurde bisher von der turkmenischen Regierung nicht in Erwägung gezogen, was wiederum für potenzielle Exporte nach Europa ein Hindernis darstellt (Kap. 4.4). Möglicherweise deutet sich hier ein Kurswechsel der turkmenischen Regierung an, da der staatliche Gaskonzern Turkmengaz an dem Konsortium zum Bau und Betrieb der TAPI-Pipeline beteiligt ist (Kap. 2.2.9.1).

2.3 Zwischenfazit

Bei Betrachtung des turkmenischen Erdgassektors sind folgende Resultate festzuhalten: Die in der Sowjetära getroffenen Entscheidungen in Bezug auf die Erschließung der Erdgasvorkommen der Sowjetrepublik Turkmenistan und der damit in Verbindung stehende Ausbau der Pipelineinfrastruktur mit weitreichenden Auswirkungen

---

346 Vgl. Pirani, Simon: Central Asian and Caspian Gas Production and the Constraints on Export, Oxford Institute for Energy Studies, December 2012, S. 27.
347 Vgl. Pirani, Simon: Central Asian and Caspian Gas Production and the Constraints on Export, Oxford Institute for Energy Studies, December 2012, S. 27.
348 Vgl. Pirani, Simon: Central Asian and Caspian Gas Production and the Constraints on Export, Oxford Institute for Energy Studies, December 2012, S. 27.

auf den Erdgashandel prägen bis in die Gegenwart den Erdgassektor des Landes, sodass an dieser Stelle eine Pfadabhängigkeit festzustellen ist. Die dargestellten Schwankungen der Exporte und damit verbunden der Produktion seit der Unabhängigkeit des Landes im Jahr 1991 haben ihre Ursache in dieser Abhängigkeit, worauf im folgenden Kapitel näher eingegangen wird.

Erst durch das umfangreiche Engagement Chinas wird es Turkmenistan ermöglicht, die Abhängigkeit von der in der Sowjetära installierten Pipelineinfrastruktur maßgeblich zu verringern. China hat sich binnen einer Dekade als der bedeutendste ausländische Akteur in Bezug auf die Erschließung der turkmenischen Erdgasvorkommen und des Erdgashandels etabliert. Neben der Eigenproduktion im Vertragsgebiet Bagtyyarlyk wurde der chinesische Staatskonzern CNPC mit der Durchführung der zweiten Erschließungsphase von Galkynysh mit einer angestrebten Produktion von 30 Mrd. m^3 pro Jahr beauftragt und ist auch an der ersten Erschließungsphase beteiligt. Zusätzlich ist China seit 2011 der größte Abnehmer von turkmenischem Erdgas. Die Erdgasexporte Turkmenistans in die Volksrepublik hatten 2014 einen Umfang von rund 25,5 Mrd. m^3 und damit bereits einen Anteil von rund 61 Prozent. Bis zum Jahr 2020 ist ein Anstieg der Lieferungen auf 65 Mrd. m^3 pro Jahr geplant. Da Russland erklärt hat, den Bezug von turkmenischem Erdgas einzustellen und der Iran den Import von Erdgas aller Voraussicht nach parallel nicht wesentlich steigern wird, wird sich der Anteil der Exporte nach China somit perspektivisch weiter vergrößern.

Bei Betrachtung der Erdgasvorkommen Turkmenistans wurde deutlich, dass diese zu den größten weltweit zählen. Nach der als konservativ geltenden Einschätzung der BGR beziffern sich die nachgewiesenen Reserven des Landes auf rund zehn Bill. m^3 und sind damit die viertgrößten weltweit. Lediglich der Iran, Russland und Katar verfügen über umfangreichere Reserven. In diesem Zusammenhang ist zu betonen, dass noch große Unsicherheiten über den Umfang der Erdgasreserven Turkmenistans bestehen und die jeweiligen Angaben signifikant voneinander abweichen. So werden beispielsweise die Reserven nach Einschätzung von BP, die ebenfalls als konservativ gelten, mit 17,5 Bill. m^3 angegeben. Die Unsicherheiten beruhen auf dem Umstand, dass Turkmenistan noch nicht vollständig unter Nutzung modernster Technologien exploriert worden ist und auch in den von Turkmenistan beanspruchten Gewässern des Kaspischen Meeres bisher nur vereinzelt genaue Explorationsarbeiten durchgeführt worden sind. Zusätzlich sind die Untersuchungen des Feldkomplexes Galkynysh noch nicht abgeschlossen, sodass die Angaben zum minimalen und maximalen förderbaren Volumen eine große Bandbreite aufweisen. Es ist nicht auszuschließen, dass die Einschätzungen der turkmenischen Erdgasreserven in den kommenden Jahren weiter nach oben korrigiert werden. Trotz der geschilderten Unsicherheiten kann

2.3 Zwischenfazit

als gesichert gelten, dass Turkmenistan über umfangreiche Gasreserven verfügt, die es in die Lage versetzen, bestehende und zukünftige Lieferverpflichtungen zu erfüllen, und darüber hinaus den Abschluss zusätzlicher Gaslieferverträge ermöglichen würden.

Ferner hat die Analyse des Erdgassektors gezeigt, dass sich der Verbrauch Turkmenistans seit der Unabhängigkeit deutlich gesteigert hat. Die Ausweitung der Elektrizitätserzeugung, die ausschließlich auf Erdgas basiert, ist dabei ein Faktor. an dieser Stelle als ein Faktor zu nennen. Außerdem wird Gas der Bevölkerung und der Industrie kostenlos bzw. zu sehr günstigen Konditionen zur Verfügung gestellt, sodass keine Anreize für Energieeffizienzmaßnahmen bestehen. Des Weiteren ist in Bezug auf den Erdgasbedarf des Landes festzuhalten, dass die turkmenische Regierung mehrere Verträge für den Bau petrochemischer Anlagen mit ausländischen Unternehmen geschlossen hat und darüber hinaus die Ausweitung der Elektrizitätsproduktion durch den Bau neuer Gaskraftwerke plant, mittels derer auch eine Steigerung der Stromexporte ermöglicht werden soll. Folglich wird der Verbrauch in den nächsten Jahren voraussichtlich weiter ansteigen.

Bei Betrachtung der Exporte und der Produktion seit der Unabhängigkeit ist auffällig, dass diese großen Schwankungen unterworfen sind, die im Zusammenhang mit dem Erdgashandel Turkmenistans im postsowjetischen Raum, insbesondere mit Russland und der Ukraine, stehen, wie in Kapitel 3 detailliert erläutert wird. Inzwischen haben sich die Exporte auf einem Niveau von 40 Mrd. m³ stabilisiert, sodass Turkmenistan bereits gegenwärtig zu den führenden Exporteuren weltweit zählt. Bei planmäßiger Realisierung der Exporte nach China wird das Exportvolumen in den nächsten Jahren weiter ansteigen, obwohl Russland inzwischen angekündigt hat, die Importe aus Turkmenistan einzustellen. Zusätzlich hat Turkmenistan in den vergangenen Jahren wachsende Einnahmen durch den Erdgasexport verzeichnen können, was insbesondere durch eine Erhöhung der Exportpreise möglich wurde. Die Folgen sinkender Ölpreise und die erwähnte Einstellung der Exporte nach Russland können aufgrund noch nicht vorliegender Daten in dieser Untersuchung nicht berücksichtigt werden. Allerdings liegt die Vermutung nahe, dass sich die Einnahmen aus dem Gas- und auch Ölexport in den Jahren 2014 und 2015 deutlich verringert haben dürften.

Die Darstellung der bestehenden Lieferverträge und Pipelineprojekte hat ferner offenbart, dass Turkmenistan unter Umständen in Bezug auf seine Erdgasexporte eine vollständige Abhängigkeit von China droht. Die Lieferverträge mit dem Iran und Russland laufen 2024 bzw. 2028 aus. Russland hat die Importe aus Turkmenistan, wie bereits erwähnt, inzwischen eingestellt und auch im Hinblick auf den Iran ist nicht auszuschließen, dass der Vertrag aufgrund mangelnden Bedarfs nicht verlängert wird bzw. die Importe ebenfalls vor dessen Ablauf eingestellt werden. Die Implementierung der mit Afghanistan, Pakistan und Indien geschlossenen Gaslieferverträge ist keinesfalls gewährleistet, da in Bezug auf den dafür notwendigen Bau der TAPI-Pipeline zahlreiche Hürden, wie beispielsweise die Sicherheitslage in Pakistan und Afghanistan, bestehen.

Zu diesen Hürden zählen auch die in Turkmenistan vorherrschenden Investitionsbedingungen. Insbesondere für Investitionen in den Gassektor bestehen weitreichende Beschränkungen, die das Anwerben von ausländischen Investoren in der Vergangenheit erschwert haben. Die Weigerung der turkmenischen Regierung, ausländische Unternehmen direkt an der Onshore-Produktion, beispielsweise in Form eines PSA, zu beteiligen, stellt ein schwerwiegendes Hindernis für die Exportpläne dar, wie anhand der Problematik zur Realisierung der TAPI-Pipeline deutlich wird. Zu nennen sind hier außerdem die Ablehnung, sich an internationalen Pipelineprojekten direkt zu beteiligen – wobei sich im Rahmen des TAPI-Projektes ein Kurswechsel anbahnen könnte –, und der Umstand, dass Turkmenistan nur Erdgas an die Landesgrenze liefert, wo es vom Käufer abgenommen werden muss, sodass dieser anschließend für den Weitertransport selbst verantwortlich ist. Auf diesen Aspekt wird im Rahmen der Analyse der verschiedenen Pipelineprojekte zum Export von turkmenischem Erdgas in die Türkei und nach Europa noch einmal zurückzukommen sein.

3 Der Gashandel Turkmenistans nach der Unabhängigkeit

Die vorigen Ausführungen zum Erdgassektor Turkmenistans haben bereits gezeigt, dass die Erdgasexporte Turkmenistans seit der Unabhängigkeit durch umfangreiche Schwankungen gekennzeichnet sind. Die mit dem Zusammenbruch der Sowjetunion verbundenen Umwälzungen auf politischer und wirtschaftlicher Ebene sind dabei wesentliche Faktoren, denn schließlich löste sich mit der Sowjetunion auch deren zentralisiertes und auf Arbeitsteilung zwischen den Sowjetrepubliken beruhendes Wirtschaftssystem auf. Folglich sahen sich ihre Nachfolgestaaten mit der Herausforderung der Neustrukturierung ihrer Ökonomien konfrontiert. Auch für Turkmenistan hatte der Umbruch weitreichende Konsequenzen. Die turkmenische Regierung stand nun vor der Aufgabe, ihre Erdgasproduktion selbstständig zu vermarkten und in Kombination damit nach Absatzmöglichkeiten innerhalb und außerhalb der ehemaligen Sowjetunion zu suchen sowie Verträge über Erdgaslieferungen abzuschließen. Schließlich produzierte Turkmenistan zu diesem Zeitpunkt über 80 Mrd. m³ pro Jahr, wovon es nur geringe Volumen für den Eigenbedarf benötigte (Abb. 20 und Abb. 21).

Im Rahmen der vorbereitenden Recherchen für die vorliegende Dissertation stellte sich recht schnell heraus, dass Turkmenistan mit Schwierigkeiten in Bezug auf seinen Gashandel konfrontiert war bzw. ist. Dieser Umstand wurde bei der Entwicklung und Erstellung des Forschungsdesigns berücksichtigt. Dementsprechend beruht das Erkenntnisinteresse dieser Dissertation auch darauf, zu überprüfen, ob und inwieweit ein Zusammenhang zwischen dem Erdgashandel Turkmenistans im postsowjetischen Raum und den Bestrebungen der turkmenischen Regierung, die Exporte in Richtung Türkei und Europa zu diversifizieren, besteht. Die Aufarbeitung des Gashandels bildet demgemäß die Grundlage zur Überprüfung von Hypothese 2, die von der Annahme ausgeht, dass sich die Bereitschaft der turkmenischen Regierung, Erdgas nach Europa und in die Türkei zu exportieren, vergrößert, wenn sie mit Schwierigkeiten beim Gashandel im postsowjetischen Raum konfrontiert ist (und umgekehrt). Die in diesem Kapitel erzielten Resultate werden in die Analyse der jeweiligen Pipelineprojekte (Kapitel vier) miteinbezogen, um zu demonstrieren, warum sich die turkmenische Regierung zu einem gegebenen Zeitpunkt für die Umsetzung eines bestimmten Pipelineprojektes entschieden bzw. wieder davon Abstand genommen hat.

Die Untersuchung des Erdgashandels beschränkt sich auf die Handelsbeziehungen Turkmenistans mit der Ukraine und Russland, da diese bis zum Jahr 2009 die größten Abnehmer turkmenischen Erdgases waren (Abb. 26).

3.1 Die Abschaffung der Exportquote für turkmenische Lieferungen an Länder außerhalb der GUS

Für das Jahr 1992 bekam Turkmenistan, das für seine Erdgasexporte zum damaligen Zeitpunkt vollständig vom russischen Pipelinesystem abhängig war, eine Exportquote für Lieferungen außerhalb der ehemaligen Sowjetunion in Höhe von 11,3 Mrd. m³ von Russland zugeteilt. Die Berechnung der Quote basierte auf dem Anteil der turkmenischen Gasproduktion an der gesamten sowjetischen Produktion, der im Jahr 1991 elf Prozent betrug.[349] Die turkmenische Regierung beanspruchte jedoch einen höheren Anteil und präferierte ein anderes Modell, um die Exportquote zu bestimmen. Sie forderte deren Festlegung auf Basis des Anteils der turkmenischen Exporte an den gesamten Gasexporten, anstatt die Produktion als Berechnungsgrundlage heranzuziehen. Dementsprechend wäre ein Anteil von 27 Prozent bzw. eine Exportquote von 27 Mrd. m³ auf Basis der im Jahr 1991 erfolgten Exporte auf Turkmenistan entfallen. Die Forderung nach einer Erhöhung der Exportquote für Lieferungen nach Europa wurde jedoch von Gazprom abgelehnt.[350] Folglich exportierte Turkmenistan im Rahmen eines Gas-Swaps mit russischem Gas in den Jahren 1992 und 1993 lediglich 11,2 Mrd. m³ bzw. 8,2 Mrd. m³ in Staaten außerhalb der ehemaligen Sowjetunion.[351]

Allerdings hatte Russland kein Interesse an der Fortführung dieser Vereinbarung, denn schließlich war es auch von der einsetzenden Wirtschaftskrise im postsowjetischen Raum betroffen und folglich nicht bereit, auf einen Teil der Gasexporte nach Europa und damit verbundene dringend benötigte Devisen aus dem Ausland zu verzichten.[352] Daher entschied sich Russland für die einseitige Abschaffung der Exportquote; stattdessen wurde Turkmenistan ab 1994 lediglich die Nutzung des russi-

---

349 Vgl. Müller, Helga W.: Turkmenistan. A World Bank country study, Washington DC: The International Bank for Reconstruction and Development/The World Bank, 1994, S. 152.
350 Vgl. Müller, Helga W.: Turkmenistan. A World Bank country study, Washington DC: The International Bank for Reconstruction and Development/The World Bank, 1994, S. 153.
351 Vgl. Sagers, Matthew J.: Turkmenistan's Gas Trade: The Case of Exports to Ukraine, in: Post-Soviet Geography and Economics, 1999, 40, No. 2, S. 142-149, hier S. 144; IEA: Caspian oil and gas: the supply potential of Central Asia and Transcaucasia, Paris: OECD/IEA, 1998, S. 260.
352 Vgl. Fueg, Jean Christophe: The gas industry of the southern FSU. (Former Soviet Union) (Special Report: Gas in the Former Soviet Union), in: Gas World International, 01.10.1994; Sagers, Matthew J.: Russia and the CIS face unfamiliar problems. (Commonwealth of Independent States) (gas production), in: Gas World International, 01.12.1994.

schen Pipelinesystems für Exporte innerhalb des GUS-Raums gewährt, die sich im Vergleich zu den Absatzmärkten in Europa aufgrund niedrigerer Preise und unverlässlicher Zahlungen als deutlich unattraktiver erwiesen.[353] Somit profitierte Russland in doppelter Hinsicht von seiner Kontrolle über die Pipelines, da Turkmenistan als Konkurrent vom europäischen Markt ferngehalten werden konnte und sich auf die Versorgung der GUS-Staaten beschränken musste, während es Gazprom dadurch ermöglicht wurde, größere Kapazitäten für den lukrativen Export nach Europa zur Verfügung zu stellen, da das Unternehmen geringere Volumen zur Versorgung der GUS-Republiken benötigte.[354] Diese Entscheidung Russlands war mit weitreichenden Konsequenzen für den Erdgashandel Turkmenistans verbunden, wie anhand folgender Darstellung veranschaulicht wird.

3.2 Der Gashandel mit der Ukraine

3.2.1 Die Entstehung der Schuldenproblematik

Nachdem Turkmenistan im Herbst 1991 seine Unabhängigkeit erklärt hatte, schloss es zu Beginn des Folgejahres Lieferverträge in Höhe von insgesamt 63,8 Mrd. m³ für das Jahr 1992, wovon der weitaus größte Anteil mit 28 Mrd. m³ auf die Ukraine entfiel.[355] Das Land verfügt zwar über eine Eigenproduktion von knapp 20 Mrd. m³ pro Jahr, der Verbrauch ist jedoch weitaus größer, obwohl dieser seit 1991 deutlich abgenommen hat (Abb. 31). Folglich war die Ukraine auf umfangreiche Importe zur Deckung des Gasbedarfs angewiesen, wobei aufgrund der geografischen Lage und des

---

353 Auch geplante turkmenische Gasexporte nach Deutschland wurden blockiert. Das deutsche Gasunternehmen VNG (Verbundnetz Gas AG) und Turkmenistan hatten einen kurzfristigen Liefervertrag mit einer Laufzeit von zwei Jahren und einem Volumen von jeweils bis zu einer Mrd. m³ abgeschlossen. Russland verweigerte allerdings die Genehmigung zum Transport des Gases durch das russische Pipelinesystem nach Deutschland. Vgl. VNG still thwarted on Turkmen gas - passage through Russia is problematic, in: Platt's Oilgram News, 11.06.1994. Vgl. IEA: Caspian oil and gas: the supply potential of Central Asia and Transcaucasia, Paris: OECD/IEA, 1998, S. 260.
354 Vgl. Fueg, Jean Christophe: The gas industry of the southern FSU. (former Soviet Union) (Special Report: Gas in the Former Soviet Union), in: Gas World International, 01.10.1994; Sagers, Matthew J.: Russia and the CIS face unfamiliar problems. (Commonwealth of Independent States) (gas production), in: Gas World International, 01.12.1994.
355 Darüber hinaus wurden folgende Lieferverträge geschlossen: Aserbaidschan (4,2 Mrd. m³), Georgien (5,2 Mrd. m³), Usbekistan (2,9 Mrd. m³), Kasachstan (6,7 Mrd. m³), Kirgistan (0,4 Mrd). m³ und Armenien (5,2 Mrd. m³). Ferner sollten 11,3 Mrd. m³ an Staaten außerhalb der GUS geliefert werden. Vgl. Gas exports to CIS and elsewhere (Interfax, Izvestiya), in: BBC Monitoring Service: Former USSR, 21.02.1992.

vorhandenen Pipelinesystems nur Lieferungen aus dem postsowjetischen Raum infrage kamen.[356] Vor diesem Hintergrund stellte Turkmenistan neben Russland bis zum Jahr 2005 das zentrale Lieferland für die Gasversorgung der Ukraine dar.[357]

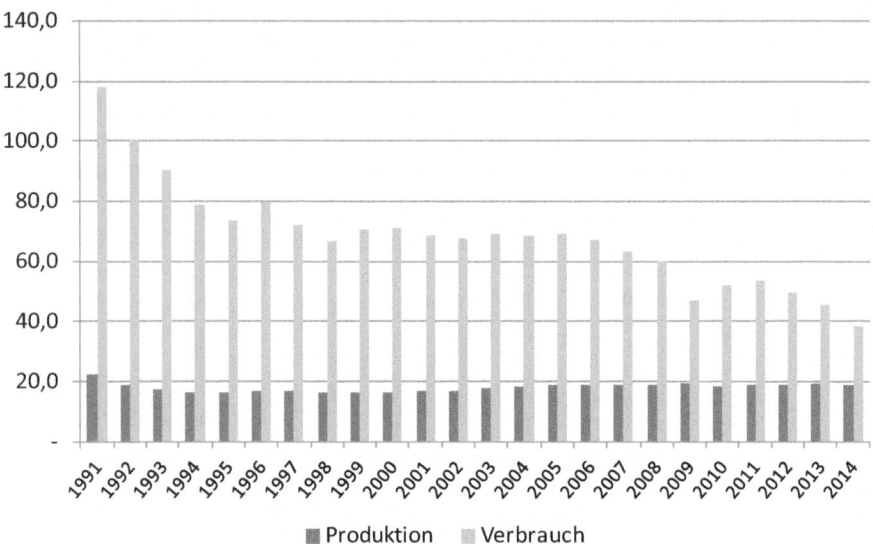

Abbildung 31: Gasproduktion und -verbrauch der Ukraine (in Mrd. m³)

Quelle: BP Statistical Review of World Energy 2015.

---

356 Die Ukraine verfolgt inzwischen verschiedene Projekte bzw. zieht Maßnahmen in Erwägung, um die Abhängigkeit von russischen Lieferungen zu verringern. Dazu zählt beispielsweise der Reverse-Flow von Volumen aus Europa und der Türkei, was inzwischen teilweise realisiert wurde. Ferner plant die Ukraine den Bau eines LNG-Terminals und hat sich in der Vergangenheit für die Umsetzung des Pipelineprojektes White Stream, mittels dessen Erdgas aus dem Kaspischen Raum unter Umgehung des russischen Pipelinesystems durch das Schwarze Meer in die Ukraine transportiert werden sollte, eingesetzt. Aufgrund der Annexion der Krim durch Russland im Jahr 2014 erscheint eine Realisierung des Pipelineprojektes allerdings nicht mehr möglich. Vgl. IEA: Ukraine 2012. Energy Policies beyond IEA Countries, Paris: OECD/IEA, 2012, S. 108 f.; Lewis, Barbara: UPDATE 1-EU reverse gas flow capacity to Ukraine to rise to 40 mcm/day, in: Reuters, 23.01.2015, http://www.reuters.com/article/2015/01/23/ukraine-crisis-gas-eu-idUSL6N0V21RT20150123 (Zugriff: 28.01.2015); Gutschker, Thomas: Das Sprungbrett ins Mittelmeer, in: Frankfurter Allgemeine Zeitung, 09.03.2014, http://www.faz.net/aktuell/politik/ausland/krim-krise-angst-vor-spaltung-der-ukraine-12837819.html (Zugriff: 01.01.2016). IEA: Medium-Term Gas Market Report 2014: Market Analysis and Forecasts to 2019, Paris: OECD/IEA, 2014, S. 140.

357 Mit Ablauf des Jahres 2005 endeten die direkten Gashandelsbeziehungen zwischen der Ukraine und Turkmenistan (Kap. 3.2.9).

3.2 Der Gashandel mit der Ukraine

Die Gasexporte Turkmenistans in die Ukraine waren allerdings durch ein hohes Maß an Instabilität gekennzeichnet. Nachdem zu Beginn des Jahres 1992 ein Vertrag über die Lieferung von 28 Mrd. m³ unterzeichnet wurde, setzte Turkmenistan bereits zum Monatswechsel Februar/März die Erdgaslieferungen an die Ukraine aufgrund von Differenzen über den zu zahlenden Preis aus. Die ukrainische Seite warf der turkmenischen Regierung vor, den Preis um das Fünfzigfache angehoben zu haben und weigerte sich, diesen zu zahlen, woraufhin Turkmenistan die Lieferungen stoppte.[358] Die Ursache dieses Konfliktes bestand in der Auslegung des Liefervertrages. Der Preis sollte 800 Rubel (damals 8,88 US-Dollar) pro 1.000 m³ betragen. Die Ukraine bestand darauf, dass die Transportkosten darin enthalten seien, was von der turkmenischen Führung mit dem Hinweis darauf, dass sich diese allein auf 770 Rubel pro 1.000 m³ belaufen würden und folglich nur 30 Rubel übrig blieben, abgelehnt wurde.[359]

Eine Einigung zwischen beiden Ländern konnte erst ein halbes Jahr später erzielt werden. Im September 1992 schlossen Turkmenistan und die Ukraine ein Abkommen, wonach vorgesehen war, dass Turkmenistan acht Mrd. m³ im letzten Quartal 1992 an die Ukraine liefert. Für 1993 wurden Exporte in Höhe von 28,4 Mrd. m³ vereinbart. Der Eingangspreis für die Lieferungen im 4. Quartal 1992 wurde auf 3.000 Rubel (damals 12 US-Dollar) pro 1.000 m³ festgelegt. Der Preis galt zunächst nur für den Oktober, danach waren Änderungen möglich und die Transportkosten waren nicht im Preis enthalten.[360]

Nachdem Turkmenistan und die Ukraine ihre Auseinandersetzung über die Lieferkonditionen beilegen konnten, versuchte Turkmenistan 1993 weiterhin, höhere Preise und bessere Zahlungsbedingungen für seine Erdgasexporte zu erzielen. Ab Juni 1993 veranschlagte Turkmenistan einen Preis von 38.500 Rubel (damals 35 US-Dollar) pro 1.000 m³ für die Nachfolgestaaten der Sowjetunion, was einer Verdopplung im Vergleich zu den bis dahin geltenden Preisen entsprach.[361] Ferner wollte die turkmenische Regierung ab Oktober 1993 Exporte ausschließlich zu Weltmarktpreisen durch-

---

358 Vgl. Government to resume gas supplies to Ukraine at "international prices." (Channel 1 TV), in: BBC Monitoring Service: Former USSR, 18.03.1992; Morrison, John: Turkmenistan cuts off gas supplies to Ukraine in price row, in: Reuters News, 02.03.1992.
359 Vgl. Ukraine threatens to close gas pipeline over price dispute, in: Dow Jones News Service - Ticker, 04.03.1992.
360 Im Oktober wurde das Abkommen noch einmal modifiziert. Danach war vorgesehen, dass Turkmenistan in den Monaten November und Dezember 4,7 Mrd. m³ an die Ukraine liefert. Der Preis betrug ebenfalls 3.000 Rubel für 1.000 m³. Die Liefermenge von 28,4 Mrd. m³ für das Jahr 1993 wurde bestätigt. Der dafür zu zahlende Preis sollte 60 Prozent des Weltmarktpreises betragen. Vgl. Turkmens to get free power, sell gas to Ukraine, in: Reuters News, 27.09.1992; Ukraine hobbled by oil, gas shortfall, in: The Oil and Gas Journal, 26.10.1992; Gas deliveries to Ukraine resumed, in: Ecotass, 19.10.1992; Ukraine and Turkmenistan resolve gas price dispute (Interfax News Agency), in: BBC Monitoring Service: Former USSR, 16.10.1992.
361 Vgl. Turkmenistan doubles gas price to ex-Soviet states, in: Reuters News, 07.06.1993.

setzen.[362] Doch bereits in der ersten Oktoberwoche ließ der damalige turkmenische Präsident Nijasow verlautbaren, dass die Berechnung von Weltmarktpreisen für turkmenische Gaslieferungen an die GUS-Staaten auf unbestimmte Zeit verschoben werde. Diese Entscheidung wurde vermutlich in der Einsicht getroffen, dass die ehemaligen Sowjetrepubliken finanziell nicht in der Lage waren, Weltmarktpreise für ihre Erdgasimporte zu bezahlen.[363] Schließlich befanden sich die Nachfolgestaaten der Sowjetunion in einer Wirtschaftskrise und hatten zunehmend Schwierigkeiten, ihre Energieimporte zu finanzieren, sodass mehrere Staaten, insbesondere die Ukraine, zu diesem Zeitpunkt bereits umfangreiche Schulden für turkmenische Gaslieferungen angehäuft hatten, die sich als große Belastung für den Gashandel mit Turkmenistan erwiesen.[364]

Im Oktober 1993 vereinbarten die Ukraine und Turkmenistan die Zahlung von 300 Mio. US-Dollar, wodurch ein Teil der ukrainischen Schulden getilgt werden sollte.[365] Allerdings verschärfte sich die Schuldensituation der Ukraine weiter und die Forderungen Turkmenistans beliefen sich Anfang 1994 auf 727 Mio. US-Dollar. Beide Seiten konnten sich im Januar 1994 zunächst auf eine Vereinbarung zur Zahlung der Schulden verständigen. Danach wurde der zu zahlende Gesamtbetrag von 727 Mio. US-Dollar auf 693,2 Mio. US-Dollar reduziert. Ferner war vorgesehen, dass die Ukraine diese Summe über einen Zeitraum von zwei Jahren in acht Raten zurückzahlen würde.[366] Parallel vereinbarten Turkmenistan und die Ukraine Erdgaslieferungen mit einem Volumen von 28 Mrd. m³ für das Jahr 1994. Der Preis wurde auf 50 US-Dollar pro 1.000 m³ exklusive Transportkosten festgelegt. Außerdem sollten die Zahlungen seitens der Ukraine für das gelieferte Erdgas alle zehn Tage erfolgen.[367]

---

362 Vgl. Turkmenistan to sell gas at world prices - Interfax, in: Reuters News, 19.08.1993.
363 Vgl. News Briefs: International Turkmenistan, in: Platt's Oilgram News, 07.10.1993.
364 Bereits Anfang 1993 waren die Gespräche zwischen der Ukraine und Turkmenistan über turkmenische Gaslieferungen schwierig, da sich die Schulden der Ukraine für Gasimporte im Zeitraum Oktober/November 1992 auf acht Mrd. Rubel beliefen. Es konnte jedoch eine Einigung zwischen beiden Seiten erzielt werden. Darüber hinaus bezifferten sich die Schulden Georgiens auf 85 Mio. US-Dollar und die Aserbaidschans auf 6,5 Mio. US-Dollar für erfolgte Erdgaslieferungen aus Turkmenistan. Vgl. Ukrainian agreement on oil and gas supplies from Kazakhstan and Turkmenistan (Radio Ukraine World Service, Kiev Report), in: BBC Monitoring Service: Former USSR, 15.01.1993; Turkmenistan to sell gas at world prices - Interfax, in: Reuters News, 19.08.1993; Turkmenistan cuts gas supplies to Azerbaijan - Tass, in: Reuters News, 10.08.1993.
365 Über die Gesamtschulden der Ukraine gegenüber Turkmenistan wurden zu diesem Zeitpunkt keine Angaben gemacht. Nach dem Abkommen war vorgesehen, die Hälfte der Summe in harter Währung und die andere Hälfte in Form von Waren zu zahlen. Vgl. Ukraine to pay Turkmenistan $300 mln in gas debt, in: Reuters News, 31.10.1993.
366 Bei verspäteten Quartalszahlungen würden Strafzinsen fällig und mit der Rückzahlung sollte unverzüglich begonnen werden. Vgl. Ukraine agrees to repay Turkmen gas debt, in: Reuters News, 17.01.1994.
367 Vgl. Turkmenistan to supply natural gas to Ukraine, in: Reuters News, 13.01.1994; Ukraine agrees to repay Turkmen gas debt, in: Reuters News, 17.01.1994.

Im Februar 1994 sah sich Turkmenistan allerdings erneut gezwungen, die Lieferungen an die Ukraine zu reduzieren, um sie dann schließlich einzustellen. Verursacht wurde der Lieferstopp durch ausbleibende Zahlungen der Ukraine, die zwar drei Mrd. m³ Erdgas im Wert von 154 Mio. US-Dollar aus Turkmenistan importierte, aber nur 3,4 Mio. US-Dollar zahlte.[368]

Nachdem im April 1994 eine Einigung zwischen dem damaligen ukrainischen Präsidenten Kravchuk und Präsident Nijasow über die Rückzahlung der ukrainischen Schulden erzielt werden konnte, wurden die Lieferungen Anfang Mai wieder aufgenommen.[369] Zur Lösung der Schuldenproblematik und Sicherung der zukünftigen Erdgasversorgung entschied sich die ukrainische Regierung, die Gasimporte aus Turkmenistan mittels Zwischenhändlern abzuwickeln, was allerdings zu weiteren Problemen führte, wie in den folgenden Ausführungen näher erläutert wird.

3.2.2 Der Zwischenhändler Respublika

Im April 1994 wurde das Unternehmen Respublika von der ukrainischen Regierung beauftragt, die Schulden durch Barter-Geschäfte zu begleichen. Außerdem erhielt das Unternehmen eine Lizenz von der ukrainischen Regierung zum Import von turkmenischem Erdgas. Erwähnenswert ist in diesem Zusammenhang, dass sowohl die Rückzahlung der Schulden als auch die Gasimporte staatlichen Garantien unterlagen. Somit trug Respublika keinerlei finanzielles Risiko.[370] Im September 1994 konnte eine weitere Vereinbarung zwischen Turkmenistan und der Ukraine über die ausstehenden Zahlungen erzielt werden und das Unternehmen Respublika wurde mit dem Ausgleich der Schulden beauftragt. Danach waren die Zahlung von 225,58 Mio. US-

---

368 Turkmenistan stellte der Ukraine ein Ultimatum bis zum 21. Februar, um den Fehlbetrag zu begleichen. Allerdings zahlte diese nur einen geringfügigen Teil der Schulden, sodass Turkmenistan die Lieferungen stoppte. Vgl. Turkmenistan threatens to cut gas supplies to Ukraine, in: Reuters News, 17.02.1994; Turkmenistan begins to cut off gas to Ukraine, in: Reuters News, 21.02.1994; Turkmenistan to cut off Gas supplies to Ukraine, in: BBC Monitoring Service: Former USSR, 25.02.1994.
369 Nach der Vereinbarung war eine vierteljährliche Zahlung von 78 Mio. US-Dollar sowie die ebenfalls vierteljährliche Lieferung von Waren im Wert von 200 Mio. US-Dollar an Turkmenistan vorgesehen. Vgl. Killen, Brian: Turkmenistan resumes gas supplies to Ukraine, in: Reuters News, 15.04.1994; Turkmenistan resumes gas deliveries to Ukraine, in: Reuters News, 06.05.1994.
370 Vgl. Fujimori, Shinkichi: Ukrainian gas traders, domestic clans and Russian factors: A test case for meso-mega area dynamics, in: Matsuzato, Kimitaka (ed.): Emerging Meso-Areas in the Former Socialist Countries: Histories Revived or Improvised? Sapporo: Slavic Research Center, Hokkaido University, 2005, S. 113-136, hier S. 121.

Dollar und die Lieferung von Waren im Wert von insgesamt rund 675 Mio. US-Dollar vorgesehen.[371] Die Beauftragung Respublikas trug allerdings nicht zur Entspannung des turkmenisch-ukrainischen Gashandels bei, sondern bewirkte eine Verschärfung der Situation, da das Unternehmen seinen Verpflichtungen nicht nachkam, sodass es schließlich aus dem Gasmarkt ausgeschlossen wurde.[372] Der später erschienene Bericht der eingesetzten Untersuchungskommission, die die Tätigkeit von Respublika überprüfen sollte, kam zu dem Ergebnis, dass das Unternehmen seine Hauptaufgabe, die Rückzahlung der Schulden für turkmenische Gaslieferungen, nicht erfüllt habe und sich durch das Handeln von einzelnen Angehörigen des Unternehmens diese sogar vergrößert hätten. Die Vorwürfe wurden seitens des Unternehmens zurückgewiesen; allerdings konnte eine vollständige Untersuchung der Tätigkeit nicht durchgeführt werden, da die relevanten Unterlagen durch ein Feuer in den Geschäftsräumen von Respublika im Jahr 1995 zerstört worden sein sollen.[373]

Für Turkmenistan war diese Form des Gashandels mit mehreren Nachteilen verbunden. So waren die Waren, die im Rahmen der Barter-Geschäfte von Respublika an Turkmenistan geliefert wurden, nutzlos und/oder überteuert;[374] bestehende Schulden wurden nicht bezahlt bzw. erhöhten sich noch, sodass sich die Präsidenten Turkmenistans und der Ukraine erneut auf eine Umschuldung verständigen mussten. Bereits

---

371 Zur Tilgung der Schulden verständigten sich beide Seiten auf folgenden Zeitplan: 50 Mio. US-Dollar im September 1994, jeweils 58,53 Mio. US-Dollar im Oktober und November 1994 sowie 58,52 Mio. US-Dollar im Dezember 1994. Ferner waren Warenlieferungen in folgendem Umfang vorgesehen: 142,4 Mio. US-Dollar im September 1994, 185,2 Mio. US-Dollar bzw. 185,24 im Oktober und November 1994 sowie 162,3 Mio. US-Dollar im Dezember 1994. Vgl. Ukraine and Turkmenistan agree on payment of gas debt (UNIAN News Agency), in: BBC Monitoring Service: Former USSR, 23.09.1994; Ukraine to repay gas debt to Turkmenistan in cash and kind (Segodnya), in: BBC Monitoring Service: Former USSR 07.10.1994.
372 Vgl. Fredholm, Michael: Natural-Gas Trade between Russia, Turkmenistan, and Ukraine: Agreements and Disputes. Stockholm: Stockholm University, 2008, S. 13; Fujimori, Shinkichi: Ukrainian gas traders, domestic clans and Russian factors: A test case for meso-mega area dynamics, in: Matsuzato, Kimitaka (ed.): Emerging Meso-Areas in the Former Socialist Countries: Histories Revived or Improvised? Sapporo: Slavic Research Center, Hokkaido University, 2005, S. 113-136, hier S. 121.
373 Vgl. Ukraine Company mediating Turkmen gas deals could go bust (UNIAR News Agency), in: BBC Monitoring Service: Former USSR, 09.06.1995; Global Witness: It's a Gas - Funny Business in the Turkmen-Ukraine Gas Trade, Washington DC: Global Witness Publishing, April 2006, S. 33.
374 So erklärte der damalige ukrainische Präsident Kuchma im Rahmen einer Pressekonferenz, dass beispielsweise überteuerte Fernsehgeräte durch Respublika an Turkmenistan geliefert wurden. Absurd erscheint die Lieferung von zwölf Mio. Paaren Gummistiefeln durch das Unternehmen, denn schließlich hatte Turkmenistan zum damaligen Zeitpunkt lediglich rund vier Mio. Einwohner und darüber hinaus besteht das Land zu großen Teilen aus Wüste. Vgl. Global Witness: It's a Gas - Funny Business in the Turkmen-Ukraine Gas Trade, Washington DC: Global Witness Publishing, April 2006, S. 26 f. u. 33.

im November 1994 wurde eine Übereinkunft getroffen. Danach wurde die Rückzahlung von Schulden für Erdgaslieferungen in den Jahren 1992 bis 1993 in Höhe von 713,5 Mio. US-Dollar über einen Zeitraum von sieben Jahren festgelegt. Darüber hinaus sollte die Ukraine Schulden in Höhe von 300 Mio. US-Dollar in mehreren Raten vom 20. November bis 10. Dezember 1994 abbezahlen.[375]

Auch dieses Abkommen führte nicht zur gewünschten Stabilität des Gashandels zwischen beiden Ländern, da die Ukraine es versäumte, für erfolgte Gaslieferungen zu bezahlen und fristgerecht mit der Tilgung der Schulden zu beginnen. Turkmenistan setzte die Gaslieferungen bereits Mitte November erneut aus.[376] Im Dezember konnte zunächst keine Einigung erzielt werden;[377] erst am 19. Januar 1995 verständigten sich Präsident Kuchma und Präsident Nijasow über die Zahlung der ukrainischen Schulden und die Wiederaufnahme der Gaslieferungen,[378] wonach die Ukraine 1995 insgesamt 20 Mrd. m³ beziehen und der Preis zwischen 50 und 60 US-Dollar pro 1.000 m³ betragen sollte, sowie auf einen Barter-Anteil von 60 Prozent.[379]

---

375 Vgl. Turkmenistan defers Ukrainian gas debts, in: Reuters News, 05.11.1994; Turkmenistan to defer Ukrainian gas debts for seven years (Interfax News Agency), in: BBC Monitoring Service: Former USSR, 11.11.1994.

376 Vgl. Ukraine reportedly fails to make Turkmen gas debt payment (UNIAN News Agency), in: BBC Monitoring Service: Former USSR, 25.11.1994; Ukraine-Turkmenistan gas debt talks said "difficult" (Interfax News Agency), in: BBC Monitoring Service: Former USSR, 23.12.1994.

377 Zwischenzeitlich zahlte die Ukraine einen Teil ihrer Schulden und Präsident Kuchma feuerte den Vorsitzenden des staatlichen Öl- und Gaskomitees, Mykhailo Kovalko, der für die Versäumnisse bei der Schuldentilgung verantwortlich gemacht wurde. Vgl. Ukraine-Turkmenistan gas debt talks said "difficult" (Interfax News Agency), in: BBC Monitoring Service: Former USSR, 23.12.1994; Ukraine pays quarter of its Turkmen gas bill (ITAR TASS News Agency), in: BBC Monitoring Service: Former USSR, 09.12.1994; Kuchma fires Ukrainian gas official and two others, in: Reuters News vom 12.12.1994.

378 So wurde das Abkommen bezüglich der ukrainischen Zahlungsrückstände vom November 1994 in seiner Gültigkeit bestätigt und darüber hinaus die Zahlung von Schulden in Höhe von 176,7 Mio. US-Dollar (ohne Strafzahlungen) für den Import von Gas aus Turkmenistan (für das Jahr 1994) geregelt. Danach sollte die Ukraine im folgenden Februar und März Agrarprodukte im Wert von 40 Mio. US-Dollar an Turkmenistan liefern und die restlichen 136 Mio. US-Dollar zwischen März und September 1995 in harter Währung zahlen. Vgl. Ukraine secures Turkmen gas supplies (Interfax News Agency), in: BBC Monitoring Service: Former USSR, 27.01.1995; Turkmenistan, Ukraine agree gas supplies, debts, in: Reuters News, 19.01.1995.

379 Anscheinend verabredeten beide Seiten einen schrittweisen Preisanstieg von 50 auf 60 US-Dollar pro 1.000 m³ für das Jahr 1995. Nach turkmenischen Regierungsangaben betrug der Preis pro 1.000 m³ für das erste und zweite Quartal 50, für das dritte Quartal 55 und für das vierte Quartal 60 US-Dollar. Offenbar enthielt der Liefervertrag zusätzlich eine Klausel, wonach von dem gesamten Liefervolumen in Höhe von 20 Mrd. m³ elf Mrd. m³ durch zwischenstaatliche Kanäle und die verbleibenden neun Mrd. m³ mittels direkter Abkommen mit anderen Abnehmern in der Ukraine geliefert werden sollten. Vgl. Ukraine secures Turkmen gas supplies (Interfax News Agency), in: BBC Monitoring Service: Former USSR, 27.01.1995; Turkmenistan, Ukraine agree gas supplies, debts, in: Reuters News, 19.01.1995; Ukraine owes Turkmenistan 195M Dollars for gas (Interfax News Agency), in: BBC Monitoring Service: Former USSR, 15.09.1995.

Das zwischen Turkmenistan und der Ukraine geschlossene Gashandelsabkommen erwies sich jedoch erneut als nicht tragfähig. Zwischen dem 1. und dem 10. Juni 1995 setzte Turkmenistan die Erdgasexporte in die Ukraine vollständig aus, nahm die Lieferungen an ukrainische Unternehmen außerhalb des staatlichen Sektors jedoch anschließend wieder auf, während die staatliche Gesellschaft Ukrresursy weiterhin kein Gas aus Turkmenistan bezog.[380] Die ungelöste Schuldenfrage dürfte in diesem Zusammenhang erneut von Bedeutung gewesen sein. Schließlich wuchsen die Schulden der Ukraine weiter an und summierten sich auf insgesamt 195 Mio. US-Dollar für erfolgte Gaslieferungen in den Jahren 1994 und 1995.[381]

Ende des Jahres 1995 wurde ein neuer Anlauf in Form der Gründung eines Joint Ventures unternommen, um die turkmenischen Gasexporte zu stabilisieren. Dies wurde allerdings ebenfalls den Erwartungen der turkmenischen Regierung nicht gerecht, wie im folgenden Abschnitt dargestellt wird.

3.2.3 Das Joint Venture Turkmenrosgaz

Im November 1995 verständigten sich Turkmenistan und Russland auf die Neugestaltung des Gashandels und gründeten das Joint Venture Turkmenrosgaz, mit dem die gesamten turkmenischen Gasexporte in Länder der GUS abgewickelt werden sollten.[382]

---

380 Nach Angaben von Vertretern des ukrainischen staatlichen Komitees für Öl und Gas boten die privaten Unternehmen bessere Handels- und Zahlungsbedingungen. Die Gründung von Ukrresursy wurde per Dekret des ukrainischen Präsidenten Kuchma im Dezember 1994 beschlossen. Das Unternehmen sollte ab Januar 1995 im Rahmen der zwischen Turkmenistan und der Ukraine geschlossenen Verträge u. a. die Versorgung der Ukraine mit Erdgas gewährleisten. Vgl. Ukrainian president sets up company to deal with payments for fuel (UNIAN News Agency), in: BBC Monitoring Service: Former USSR, 06.01.1995; Turkmen gas deliveries to Ukraine suspended indefinitely (Ukrinform News Agency), in: BBC Monitoring Service: Former USSR, 30.06.1995.
381 Die Schulden der Ukraine für Gasimporte aus Turkmenistan betrugen 115 Mio. US-Dollar für das Jahr 1994 und 80 Mio. US-Dollar für Lieferungen in den ersten acht Monaten des Jahres 1995. In den ersten acht Monaten des Jahres 1995 exportierte Turkmenistan insgesamt 7,648 Mrd. m³ in die Ukraine, davon 3,928 Mrd. m³ im Rahmen zwischenstaatlicher Verträge. Vgl. Ukraine owes Turkmenistan 195M Dollars for gas (Interfax News Agency), in: BBC Monitoring Service: Former USSR, 15.09.1995.
382 Nach einer Umstrukturierung des Joint Ventures im August 1996 erhöhte sich der Anteil Turkmenistans von 49 auf 51 Prozent und anstelle des Öl- und Gasministeriums wurde das Land von dem staatlichen Unternehmen Turkmenneftegaz vertreten. Auf Gazprom und Itera entfielen 45 bzw. vier Prozent der Anteile an Turkmenrosgaz. Vgl. Turkmen-Gazprom firm to do all Turkmen gas exports, in: Reuters News, 22.11.1995; Details of Russian-Turkmen gas accord (Turkmen Press News Agency), in: BBC Monitoring Service: Former USSR, 16.08.1996; Stern, Jonathan P.: The Future of Russian Gas and Gazprom, Oxford: Oxford University Press, 2005, S. 72.

3.2 Der Gashandel mit der Ukraine

Im Rahmen des Joint Ventures war vorgesehen, dass Turkmenistan das zu liefernde Gas an die turkmenisch-usbekische Grenze transportiert, wo es zu einem Preis von 42 US-Dollar pro 1.000 m³ abgenommen wurde. Kasachstan und Russland stellten ihr Pipelinesystem für den Transport zur Verfügung, während Itera unter anderem für den Vertrieb des turkmenischen Gases in der Ukraine zuständig war. Zusätzlich schlossen Turkmenistan und Russland ein Kooperationsabkommen für die Durchführung gemeinsamer Projekte zur Erschließung (von der Erkundung bis zur Produktion) turkmenischer Erdgasvorkommen.[383]

Die turkmenische Regierung verfolgte mit dem Joint Venture insbesondere das Ziel, verlässliche Einnahmen aus dem Erdgasexport zu generieren. Schließlich verzeichnete das Land aufgrund der schwierigen Handelsbeziehungen mit der Ukraine, aber auch mit anderen Abnehmern im postsowjetischen Raum – wie Aserbaidschan, Armenien und Georgien –, deren Schulden ebenfalls einen erheblichen Umfang hatten, massive Einbrüche der Erdgasexporte, die die bedeutendste Einnahmequelle des Staates darstellen.[384]

In diesem Zusammenhang ist ferner zu betonen, dass Turkmenistan zu diesem Zeitpunkt noch vollständig vom russischen Pipelinesystem zur Realisierung seiner Erdgasexporte abhängig war. Das Projekt Turkmenistan-Iran-Türkei-Europa-Pipeline schien aufgrund des Widerstandes der USA nicht umsetzbar (Kap. 4.2.4) und andere Pipelineprojekte, beispielsweise der Bau von Pipelines nach China oder Pakistan, befanden sich noch in einem sehr frühen Planungsstadium.[385] Vor diesem Hintergrund hatte die turkmenische Regierung keine andere Wahl, als die Kooperation mit Russland bzw. Gazprom zu suchen. Für Russland hatte die Versorgung der Ukraine

---

383 Für den Transport erhob Gazprom eine Transitgebühr von 1,1 US-Dollar pro 1.000 m³ und 100 km. Vgl. Turkmen-Gazprom firm to do all Turkmen gas exports, in: Reuters News, 22.11. 1995; Preyger, David/Omelchenko, Vladimir: Problems of Turkmen Gas Export: View from Ukraine, in: Central Asia and the Caucasus No. 1 (43), 2007, S. 120-133, hier S. 124; Turkmenistan and Russia agree gas cooperation (Interfax News Agency), in: BBC Monitoring Service: Former USSR, 17.11.1995.
384 Das Exportvolumen reduzierte sich von 74,9 Mrd. m³ im Jahr 1991 auf 22,3 Mrd. m³ im Jahr 1995. Die Einnahmen aus dem Erdgasexport bezifferten sich im Jahr 1993 auf knapp 1,9 Mrd. US-Dollar und verringerten sich in den beiden Folgejahren auf 1,2 bzw. 1,1 Mrd. US-Dollar (Abb. 25 und Abb. 27). Die Schulden Georgiens beliefen sich Ende des Jahres 1995 auf 473 Mio. US-Dollar, die von Armenien auf 48,6 Mio. US-Dollar. Die verbliebenen Schulden Aserbaidschans hatten im Februar 1996 einen Umfang von 50 Mio. US-Dollar. Vgl. Turkmenistan ready to revisit settlement of Georgian gas debt (Interfax News Agency), in: BBC Monitoring Service: Former USSR, 05.01.1996; Turkmenistan may cut off gas to Armenia (Interfax News Agency), in: BBC Monitoring Service: Former USSR, 07.12.1995; Azerbaijan to pay for Turkmen gas in kind (Interfax News Agency), in: BBC Monitoring Service: Former USSR, 16.02. 1996; Russia's Gazprom, Turkmenistan form gas venture, in: Reuters News, 15.11.1995.
385 Vgl. Russia's Gazprom, Turkmenistan form gas venture, in: Reuters News, 15.11.1995.

und der Länder des Südkaukasus mit turkmenischem Erdgas den bereits erwähnten Vorteil, dass diese im Vergleich eher wenig profitablen Märkte nicht vollständig von Gazprom beliefert werden mussten und sich der russische Gaskonzern auf das einträgliche Europa-Geschäft konzentrieren konnte.[386]

Ebenfalls im November des Jahres 1995 verständigten sich Turkmenistan und die Ukraine auf die Zahlung ukrainischer Schulden für erfolgte Lieferungen im Jahr 1995 und vereinbarten für das Jahr 1996 ein Liefervolumen in Höhe von 20 bis 23 Mrd. m³ zu einem Preis von 42 US-Dollar pro 1.000 m³. Der Barter-Anteil betrug 60 Prozent.[387]

3.2.4 Die Auflösung von Turkmenrosgaz und die Gaskrise von 1997/98

Nachdem die Abwicklung der Gasexporte Turkmenistans über Turkmenrozgas zunächst zur Stabilisierung des turkmenischen Gashandels beitrug und sich Gazprom im November 1996 sogar dazu bereit erklärte, im Jahr 1997 turkmenisches Erdgas über das Pipelinesystem des Unternehmens nach Westeuropa zu liefern[388] sowie eine

---

386 In diesem Zusammenhang sei erwähnt, dass die Ukraine nicht nur gegenüber Turkmenistan Schulden akkumulierte, sondern auch Russland mit Zahlungsausfällen für erfolgte Erdgasexporte in die Ukraine konfrontiert war. Die Schulden der Ukraine gegenüber Russland beliefen sich Ende des Jahres 1994 nach offiziellen ukrainischen Angaben auf 1,477 Mrd. US-Dollar und erhöhten sich bis Ende des Jahres 1995 um weitere 187,2 Mio. US-Dollar. Vgl. Ukraine to pay Gazprom $239 mln in 1997 for debt, in: Reuters News 31.10.1996; Busvine, Douglas: Feature - Virtual reality rules in Turkmen pipeline game, in: Reuters News, 28.03.1996.

387 Die Ukraine sollte ihre Zahlungsrückstände für das Jahr 1995 in Höhe von 60 Mio. US-Dollar bis zum Jahresende durch Zahlungen in harter Währung sowie durch die Lieferung von Konsumgütern, Nahrungsmitteln und Arzneimitteln ausgleichen. Außerdem trafen beide Seiten eine Übereinkunft, wonach die ukrainischen Firmen, die das Gas verbrauchen, selbst – anstelle der ukrainischen Regierung – für dessen Bezahlung verantwortlich sein sollten. Vgl. Ukraine clinches deal for 1996 Turkmen gas, in: Reuters News, 18.11.1995; Turkmenistan, Ukraine reach gas debt agreement, in: Reuters News, 22.11.1995; Turkmenistan to increase gas supplies to Ukraine in 1996 (Interfax News Agency), in: BBC Monitoring Service: Former USSR, 24.11.1995; Turkmen-Gazprom firm to do all Turkmen gas exports, in: Reuters News, 22.11.1995.

388 Zunächst wurden keine Angaben über das Liefervolumen gemacht. Allerdings erklärte Präsident Nijasow im Dezember 1996, dass Turkmenistan 20 Mrd. m³ im Jahr 1997 nach Europa und 20 Mrd. m³ in die Ukraine sowie in die Länder des Südkaukasus exportieren würde. Vgl. Gazprom agrees to pipe Turkmen gas, in: Reuters News, 11.11.1996; Turkmens to export 40 bln cubic metres gas in '97, in: Reuters News, 18.12.1996.

Beteiligung an der geplanten Turkmenistan-Afghanistan-Pakistan-Pipeline in Erwägung zog,[389] verschärfte sich allerdings wieder die Situation.

Im März 1997 stoppte Turkmenistan die Gaslieferungen an die Ukraine erneut aufgrund von aufgelaufenen Schulden.[390] Präsident Nijasow wollte die Situation durch den Abschluss eines neuen zwischenstaatlichen Gasliefervertrages mit der Ukraine lösen. Vor diesem Hintergrund verständigten sich Turkmenistan und die Ukraine im April auf ein Liefervolumen von jeweils 20 Mrd. m³ für die Jahre 1997 und 1998. Der Preis wurde auf 42 US-Dollar pro 1.000 m³ und der Barter-Anteil auf 53 Prozent festgelegt, während für die verbleibenden 47 Prozent Vorauszahlungen in harter Währung vorgesehen waren. Zusätzlich trafen beide Seiten eine Übereinkunft, wonach die Ukraine das Gas an der turkmenisch-usbekischen Grenze beziehen und der Transport durch Usbekistan, Kasachstan und Russland in die Ukraine durch das ukrainische Staatsunternehmen Ukrgaz erfolgen sollte. Die Abwicklung des Geschäftes durch Turkmenrosgaz war folglich nicht mehr vorgesehen. Der Vertrag sollte im Rahmen eines geplanten Staatsbesuches des ukrainischen Präsidenten Kuchma in Aschgabad im Mai 1997 unterzeichnet werden. Allerdings wurde dieser Besuch verschoben, da sich beide Seiten nicht auf die Begleichung aufgelaufener Schulden einigen konnten.

---

389 Im August 1996 unterzeichneten die turkmenische Regierung, das Joint Venture Turkmenrozgas, Gazprom und das US-Unternehmen Unocal ein MoU über die Bildung eines Konsortiums zum Bau der Pipeline, worauf im Oktober 1997 dessen Gründung (Central Asia Gas Pipeline Ltd., abgekürzt CentGas) erfolgte. Das Konsortium setzte sich zunächst wie folgt zusammen: Unocal Corporation 46,5 Prozent, Delta Oil Company Ltd. (Saudi-Arabien) 15 Prozent, Regierung Turkmenistans sieben Prozent, Indonesia Petroleum Ltd. (INPEX, Japan) 6,5 Prozent, ITOCHU Oil Exploration Co Ltd. (Japan) 6,5 Prozent, Hyundai Engineering and Construction Co Ltd. (Süd Korea) fünf Prozent sowie Crescent Group (Pakistan) 3,5 Prozent. Für Gazprom, das dem Konsortium zunächst nicht beitrat, war ein Anteil von zehn Prozent vorgesehen. Anscheinend erfolgte der Beitritt zu einem späteren Zeitpunkt, denn 1998 zog sich Gazprom mit der Begründung des damaligen Vorsitzenden Vyakhirev, dass auch von Pakistan keine zuverlässige Bezahlung der Gaslieferungen zu erwarten sei, aus dem Projekt zurück. Die parallel anhaltende Auseinandersetzung zwischen Turkmenistan und Russland über die Wiederaufnahme der turkmenischen Exporte bzw. deren Konditionen (siehe folgende Seiten) dürfte dabei ebenfalls von Bedeutung gewesen sein. So soll Turkmenistan einseitig Gazprom die Anteile entzogen haben. Diese wurden von Unocal (sieben Prozent) sowie INPEX, Itochu, Hyundai und der Crescent Group (drei Prozent) übernommen. Das Pipelineprojekt wurde bisher nicht realisiert (Kap. 2.2.9.1). Vgl. Gazprom, Unocal sign up for Turkmen gas pipeline project, in: Reuters News, 08.08.1996; Johnston, Tim: Pipeline consortium needs peace in Afghanistan, in: Reuters News, 27.10.1997; Russia's Gazprom sells stake in Pipeline Project - Interfax, in: Dow Jones International News, 03.02.1998; Alison, Sebastian: Russia's Gazprom, Ukraine in uneasy peace, in: Reuters News, 27.02.1998; Gankin, Leonid: Turkmenistan throttles one of Gazprom's lifelines, in: Kommersant Daily, 06.02.1998.

390 Die Zahlungsrückstände des Unternehmens Itera, das für den Vertrieb des turkmenisches Gases in der Ukraine zuständig war, beliefen sich nach ukrainischen Regierungsangaben auf 205 Mio. US-Dollar für Gaslieferungen im Jahr 1996. Vgl. Turkmenistan cuts gas supplies to Ukraine - Interfax, in: Reuters News 28.03.1997; Ukrainian president postpones Turkmen visit over gas debt (Interfax News Agency), in: BBC Monitoring Service: Former USSR, 09.05.1997.

Die ukrainische Regierung lehnte die Verantwortung für die Schulden für turkmenische Gaslieferungen aus dem Jahr 1996 mit der Begründung ab, dass Itera diese verursacht habe.[391] Im Oktober 1997 schlossen beide Seiten erneut ein Abkommen, wonach die Ukraine bis Ende des Jahres bis zu drei Mrd. m³ und 20 Mrd. m³ im Jahr 1998 beziehen sollte.[392]

Allerdings wurde auch dieses Abkommen nicht realisiert, da bereits im Juni 1997 Präsident Nijasow ein Dekret zur Auflösung von Turkmenrosgaz erließ und ein lang anhaltender Konflikt mit Russland über die Konditionen turkmenischer Erdgasexporte bzw. zur Nutzung des russischen Pipelinesystems folgte.[393] Nijasow begründete die einseitige Auflösung des Joint Ventures mit dessen mangelhafter Geschäftstätigkeit. Zu diesem Zeitpunkt beliefen sich die Schulden von Itera auf über 400 Mio. US-Dollar.[394]

Nijasow hatte neben den erneut auftretenden Zahlungsrückständen allerdings noch andere Gründe, die Abwicklung des Erdgasexports durch Turkmenrosgaz zu beenden. Gazprom hielt die Zusage in Bezug auf die turkmenischen Gasexporte nach Europa nicht ein, sodass stattdessen wie zuvor das Gas ausschließlich an Abnehmer innerhalb der GUS geliefert wurde.[395] Darüber hinaus tätigte Gazprom nur sehr zögerlich die versprochenen Investitionen in die Erschließung von Gaslagerstätten sowie in die Sanierung des turkmenischen Abschnitts des CAC-Pipelinesystems und stellte diese schließlich vollständig ein; hier ist zu erwähnen, dass die turkmenischen Behörden wiederholt gegen Eigentumsrechte des russischen Gaskonzerns verstoßen haben sollen, sodass dieser kein Interesse haben konnte, sich diesbezüglich weiter zu engagieren. Vor dem Hintergrund des fehlenden Zugangs zu den Absatzmärkten Europas, ausbleibender Investitionen in den Erdgassektor Turkmenistans sowie aus-

---

391 Vgl. Turkmenistan to sell natural gas to Ukraine for wheat, in: Reuters News, 21.04.1997; Ukrainian president postpones Turkmen visit over gas debt (Interfax News Agency), in: BBC Monitoring Service: Former USSR, 09.05.1997; Turkmenistan to sell 40 bn cubic metres of gas to Ukraine in 1997-98 (ITAR-TASS News Agency), in: BBC Monitoring Service: Former USSR, 18.04.1997.
392 Vgl. Turkmenistan, Ukraine sign gas deal (Interfax News Agency), in: BBC Monitoring Service: Former USSR, 01.11.1997.
393 Vgl. Stern, Jonathan P.: The Future of Russian Gas and Gazprom, Oxford: Oxford University Press, 2005, S. 73; Turkmen head disbands Turkmen-Russian gas venture, in: Reuters News, 25.06.1997; Sagers, Matthew J.: Turkmenistan's Gas Trade: The Case of Exports to Ukraine, in: Post-Soviet Geography and Economics, 1999, 40, No. 2, S. 142-149, hier S. 145.
394 Nach Angaben des damaligen ukrainischen Botschafters in Turkmenistan, Vadim Chuprun, beliefen sich die Schulden Iteras auf rund 200 Mio. US-Dollar für das Jahr 1996 sowie 237 Mio. US-Dollar, 120 Mio. US-Dollar in harter Währung und 117 Mio. US-Dollar in Form von Warenlieferungen, für das Jahr 1997. Vgl. Turkmen head disbands Turkmen-Russian gas venture, in: Reuters News, 25.06.1997.
395 Vgl. Turkmenistan struggles with lack of gas exports, in: FT Energy Newsletters - East European Energy Report, 01.07.1997.

stehender Zahlungen für erfolgte Gaslieferungen sah Präsident Nijasow keinen Nutzen mehr in dem Fortbestand des Joint Ventures und löste es schließlich einseitig auf.[396]

Im August 1997 verständigten sich Russland und Turkmenistan zwar auf eine Neugestaltung des Erdgashandels, bei der anstelle von Turkmenrosgaz ein neues Unternehmen für die Gasexporte Turkmenistans gegründet werden sollte. Der Forderung des turkmenischen Präsidenten nach Versorgung der europäischen Märkte wurde von russischer Seite allerdings nicht nachgegeben. Russland bot stattdessen lediglich erneut den Transit von turkmenischen Gas zur Versorgung von Staaten der GUS an.[397]

Substanzielle Verhandlungen über die Neugestaltung des turkmenischen Gashandels unter Beteiligung Russlands, der Ukraine und Turkmenistans fanden erst wieder zu Beginn des Jahres 1998 statt. Sie führten aber zunächst zu keiner Einigung, da sich die Interessen der beteiligten Akteure als unvereinbar erwiesen. Die turkmenische Regierung forderte weiterhin die Nutzung des russischen Pipelinesystems für Erdgasexporte nach Europa. Russland war hingegen nicht bereit, in dieser Hinsicht Zugeständnisse zu machen, und wollte seine lukrativen Absatzmärkte in Europa vor konkurrierendem turkmenischen Erdgas schützen.[398]

Im Januar 1998 bot Russland an, den Großteil des turkmenischen Gases abzunehmen, um es anschließend selbst an die Ukraine weiterzuverkaufen, anstatt für den Transport durch das russische Pipelinesystem Transitgebühren zu erheben. Russland bot zunächst einen Preis von 32 US-Dollar pro 1.000 m³, Turkmenistan verlangte hingegen 42 US-Dollar pro 1.000 m³ und bestand auch weiterhin auf seiner Forderung, als Russland das Angebot auf 36 US-Dollar pro 1.000 m³ erhöhte.[399] Darüber hinaus lehnte Präsident Nijasow die von Gazprom angebotenen Zahlungskonditionen ab, da diese einen vergleichsweise hohen Barter-Anteil von 70 Prozent beinhalten sollten.[400]

---

396 Vgl. Russia ousts Turkmenia from CIS gas market (Nezavisimaya Gazeta), in: Russian Press Digest, 07.08.1997; Preyger, David/Omelchenko, Vladimir: Problems of Turkmen Gas Export: View from Ukraine, in: Central Asia and the Caucasus No. 1 (43), 2007, S. 120-133, hier S. 124; Russia, Turkmenistan fail to strike gas-export deal (Interfax News Agency), in: BBC Monitoring Service: Former USSR, 15.08.1997.
397 Die Verhandlungen zwischen Turkmenistan und Russland bzw. Gazprom über die Ausgestaltung des turkmenischen Gashandels waren von Spannungen geprägt. Im Vorfeld der Gespräche im August drohte der damalige Gazprom-Vorsitzende Rem Vyakhirev der turkmenischen Regierung mit dem Ende der Geschäftsbeziehungen bzw. dem Ausschluss Turkmenistans aus dem Gashandel mit der Ukraine, da deren Gasbedarf durch den russischen Gaskonzern selbst gedeckt werden könne. Vgl. Russia's Gazprom has harsh words for Turkmenistan, in: Reuters News, 01.08.1997; Browning, Lynnley: Russia's Gazprom says in Turkmen gas venture, in: Reuters News, 07.08.1997; Russia, Turkmenistan fail to reach gas-export agreement (Interfax News Agency), in: BBC Monitoring Service: Former USSR, 09.08.1997.
398 Vgl. Lelyveld, Michael S.: Turkmenistan, Russia, Ukraine reach gas deal, in: The Journal of Commerce, 12.01.1999.
399 Vgl. Turkmen Niyazov says still no Russian gas deal, in: Reuters News, 14.01.1998.
400 Vgl. Reducing dependence on mother Russia, in: Petroleum Economist, 31.05.1998.

Stattdessen verständigten sich Präsident Nijasow und der ukrainische Präsident Kuchma Ende Januar 1998 auf ein neues zwischenstaatliches Abkommen über die Lieferung von 15 Mrd. m³ Erdgas. Das Abkommen beinhaltete ferner die Option, das Liefervolumen auf bis zu 20 Mrd. m³ zu erweitern. Offen blieb in diesem Zusammenhang die Frage des Transports mittels russischer Pipelines, die Präsident Kuchma im Rahmen eines Treffens mit dem damaligen russischen Präsidenten Jelzin am 30. Januar klären sollte.[401]

Allerdings wurde weder im Januar 1998 noch in den Folgemonaten eine Einigung bezüglich der Transitkonditionen erzielt, sodass die Erdgaslieferungen von Turkmenistan an die Ukraine nicht wieder aufgenommen werden konnten, obwohl beide Seiten erneut ein Lieferabkommen geschlossen hatten.

Gazprom bestand auf einer Transitgebühr von 1,75 US-Dollar pro 1.000 m³ pro 100 km durch russisches Territorium, wohingegen die Ukraine und Turkmenistan günstigere Konditionen forderten, da Russland für seine Exporte durch ukrainisches Territorium nach Europa 1,09 US-Dollar pro 1.000 m³ pro 100 km zahlte.[402] Ferner wollte Gazprom eine Transportroute mit einer Länge von 1.500 km durchsetzen, die turkmenische und ukrainische Regierung bestanden jedoch auf der Nutzung der kürzesten Route mit einer Länge von ca. 600 km.[403] Auf Basis der russischen Forderungen hätten sich die Kosten allein für den Transport des turkmenischen Erdgases durch russisches Territorium an die ukrainische Grenze auf über 26 US-Dollar pro 1.000 m³ summiert.

3.2.5. *Die Einigung zwischen Turkmenistan, der Ukraine und Russland*

Die Differenzen bezüglich der Konditionen konnten zunächst nicht beigelegt werden. Erst nach langwierigen Verhandlungen schlossen die Ukraine und Turkmenistan im Dezember 1998 ein neues Lieferabkommen, worauf im Januar 1999 eine Einigung mit Russland über den Transit des turkmenischen Gases folgte. Das vertraglich vereinbarte Liefervolumen hatte einen Umfang von 20 Mrd. m³ zu einem Preis von 36

---

401 Vgl. Agreement reached on resumption of gas supplies to Ukraine (Interfax News Agency), in: BBC Monitoring Service: Former USSR, 30.01.1998.
402 Vgl. Alison, Sebastian: Turkmenistan says Gazprom gas talks still stuck, in: Reuters News, 12.03.1998; Turkmen-Ukrainian gas deal dramatizes dependence on Russia for transit, in: The Jamestown Foundation, Monitor Volume: 4, Issue 20, 30.01.1998 http://www.jamestown.org/single/?tx_ttnews[tt_news]=13543&tx_ttnews[backPid]=212&no_cache=1#.Vof4v1JT2kk (Zugriff: 02.01.2016).
403 Vgl. Turkmen-Ukrainian gas deal dramatizes dependence on Russia for transit, in: The Jamestown Foundation, Monitor Volume: 4, Issue 20, 30.01.1998 http://www.jamestown.org/single/?tx_ttnews[tt_news]=13543&tx_ttnews[backPid]=212&no_cache=1#.Vof4v1JT2kk (Zugriff: 02.01.2016).

US-Dollar pro 1.000 m³ an der turkmenisch-usbekischen Grenze. Der Barter-Anteil betrug 60 Prozent.[404]

Ferner wurde das Unternehmen Itera, das bereits in dem von Nijasow aufgelösten Joint Venture Turkmenrosgaz für den Vertrieb des turkmenischen Gases in der Ukraine zuständig war, mit dem Transport durch Usbekistan, Kasachstan und Russland beauftragt. Für seine Leistungen sollte Itera mit Gas vergütet werden; es war vorgesehen, dass das Unternehmen dieses Gas anschließend verkaufen würde, um mit dem Erlös Gazprom für die Nutzung seiner Pipelines zu bezahlen.[405]

Bei Betrachtung der geschlossenen Abkommen wird deutlich, dass weder Turkmenistan noch die Ukraine ihre Interessen durchsetzen konnten. Für den Transport des turkmenischen Gases in die Ukraine wurde zwar nicht die von Gazprom geforderte Route von 1.500 km durch russisches Territorium gewählt, aber auch nicht die von der Ukraine und Turkmenistan favorisierte kürzeste Strecke mit einer Länge von ca. 600 km. Stattdessen hatte der Transitabschnitt durch russisches Territorium eine Länge von ca. 1.050 km.[406] Unter Berücksichtigung der geschätzten Transiteinnahmen Gazproms in Höhe von 367 Mio. US-Dollar[407] ergibt sich ferner eine Transitgebühr von 1,75 US-Dollar pro 1.000 m³ pro 100 km, sodass Russland auch in diesem Punkt die Bedingungen diktieren konnte.[408]

Die kompromisslose Haltung Russlands, die durch die Kontrolle des Pipelinesystems ermöglicht wurde, ist sicherlich auch im Zusammenhang mit dem Verfall des Ölpreises in diesem Zeitraum sowie der einsetzenden russischen Wirtschaftskrise zu sehen.[409] Vor dem Hintergrund der sinkenden Einnahmen aus dem Öl- und Gas-

---

404 Vgl. Turkmenistan, Ukraine agree on 1999 gas deliveries, in: Reuters News, 24.12.1998; Deal reached on delivery of Turkmen gas to Ukraine, in: Reuters News, 05.01.1999.
405 Vgl. Deal reached on delivery of Turkmen gas to Ukraine, in: Reuters News, 05.01.1999.
406 Vgl. Lelyveld, Michael S.: Turkmenistan, Russia, Ukraine reach gas deal, in: The Journal of Commerce, 12.01.1999.
407 Vgl. Lelyveld, Michael S.: Turkmenistan, Russia, Ukraine reach gas deal, in: The Journal of commerce, 12.01.1999.
408 Eine andere Quelle gibt eine Route von 840 km an, sodass die Transitgebühr sogar 2,20 US-Dollar pro 1.000 m³ pro 100 km betragen hätte. Vgl. Eastern news - Turkmenistan and Russia revive their transit agreement, in: European Gas Markets, 14.01.1999.
409 Der Ölpreis fiel im Jahr 1998 um rund ein Drittel im Vergleich zum Vorjahr. Infolgedessen verringerte sich aufgrund der Ölpreisbindung auch der Preis für die russischen Erdgasexporte nach Europa. Der Preis für russisches Gas an der deutschen Grenze betrug Mitte des Jahres 1997, also bei Beginn der russisch-turkmenischen Gaskrise, knapp 100 US-Dollar pro 1.000 m³. Bis Ende 1998 sank dieser auf knapp 70 US-Dollar pro 1.000 m³, was ebenfalls einem Preisrückgang von rund einem Drittel entspricht. Vgl. Mineralölwirtschaftsverband: Statistiken-Preise: http://www.mwv.de/index.php/daten/statistikenpreise/?loc=4 (Zugriff: 15.12.2015); IMF: Natural Gas, Russian Natural Gas border price in Germany, US$ per thousands of cubic meters of gas zit. nach Wikiposit.org, http://wikiposit.org/w?filter=Finance/Commodities/IMF%20Primary%20Commodity%20Prices/ (Zugriff: 04.08.2011).

export erhöhte die russische Regierung den Druck auf Unternehmen wie Gazprom, ihre Steuern zu zahlen, woraufhin Gazprom umso aggressiver seine Märkte schützte und die Begleichung von Zahlungsrückständen seiner Abnehmer im postsowjetischen Raum einforderte.[410]

Die turkmenische Regierung musste hingegen neben der erneuten Beteiligung Iteras einen Preis von 36 US-Dollar pro 1.000 m³ akzeptieren – was letztendlich dem Angebot entsprach, das Gazprom bereits Anfang 1998 unterbreitet hatte. Zusätzlich verzeichnete Turkmenistan aufgrund des ausgesetzten Erdgashandels im Jahr 1998, in dem kein turkmenisches Gas mittels des russischen Pipelinesystems exportiert wurde, signifikante Einnahmeeinbußen, die bei Annahme des Angebots von Gazprom hätten vermieden werden können. Nach Schätzungen des IWF und der Weltbank bezifferten sich die durch den Lieferausfall entstandenen Verluste auf insgesamt 1,8 Mrd. US-Dollar.[411]

Letztendlich hatte die turkmenische Regierung keine andere Wahl, als die geschilderten Konditionen anzunehmen. Mit Fortdauer der Exportausfälle bzw. der damit verbundenen Einnahmen verschlechterte sich ihre Verhandlungsposition. Schließlich bedeutete der massive Einbruch der Exporteinnahmen eine ernsthafte Bedrohung für die Aufrechterhaltung der Machtstrukturen, da die Versorgung der Bevölkerung bei noch längerer Fortdauer des Konfliktes möglicherweise gefährdet gewesen wäre, was wiederum Unruhen oder Forderungen nach einem Regierungswechsel hätte verursachen können.[412] Diese Erfahrung hatte unmittelbare Auswirkungen auf das Handeln der turkmenischen Regierung in Bezug auf die Diversifizierung der Exportinfrastruktur. Parallel zur Gaskrise von 1997/98 intensivierte diese ihre Diversifizierungsanstrengungen, im Rahmen derer die Umsetzung verschiedener Pipelineprojekte, wie die Turkmenistan-Iran-Türkei-Europa-Pipeline, die Turkmenistan-Afghanistan-Pakistan-Pipeline sowie die transkaspische Pipeline, in Erwägung gezogen wurde. Aus

---

410 Vgl. Page, Mary Michael: A little sizzle in the region's expectations, in: Petroleum Economist, 22.09.1998.
411 In einer anderen Quelle werden die Verluste auf 1,2 Mrd. US-Dollar geschätzt. Vgl. State to resume gas shipments to Ukraine, in: IPR Strategic Information Database, 12.01.1999; Lelyveld, Michael S.: Turkmenistan, Russia, Ukraine reach gas deal, in: The Journal of Commerce, 12.01.1999.
412 Die Einnahmen aus dem Erdgasexport hatten im Jahr 1998 lediglich einen Umfang von 70 Mio. US-Dollar, während sich die gesamten Exporteinnahmen von knapp 1,7 Mrd. US-Dollar im Jahr 1996 auf rund 750 Mio. US-Dollar im Jahr 1997 und knapp 600 Mio. US-Dollar im Jahr 1998 verringerten (Abb. 1). Vor diesem Hintergrund unternahm die turkmenische Regierung im August 1998 einen neuen Versuch, die Erdgasproduktion des Landes zu vermarkten, wonach das Gas für 35 US-Dollar pro 1.000 m³ an der turkmenisch-usbekischen Grenze an ausländische Unternehmen verkauft werden und der Käufer selbst für den anschließenden Transport verantwortlich sein sollte. Vgl. Gurt, Marat: Turkmens seek new ways of getting gas to market, in: Reuters News, 12.08.1998.

Mangel an Alternativen und wegen der anhaltenden Schwierigkeiten mit dem Gashandel im postsowjetischen Raum entschied sich Präsident Nijasow sogar schließlich für eine Annäherung an die USA und die Umsetzung der von ihr propagierten transkaspischen Pipeline (Kap. 4.2 und Kap. 4.3).

Die vereinbarten Vertragsbedingungen waren für die Ukraine ebenfalls mit Nachteilen verbunden. Aufgrund der festgelegten Transitkonditionen erhielt die Ukraine nur die Hälfte des zu liefernden turkmenischen Gases, da die andere Hälfte an Itera für den Transit abgeführt werden musste.[413] Wie bereits geschildert, wurden die Einnahmen Gazproms auf 367 Mio. US-Dollar für den Transit geschätzt. Bei Nutzung der kürzesten Route für den Transit des turkmenischen Gases durch russisches Territorium hätten sich die Gebühren lediglich auf ca. 210 Mio. US-Dollar belaufen. Wäre es der ukrainischen Regierung darüber hinaus gelungen, analog zum Tarif für die Durchleitung russischen Gases durch die Ukraine, eine Transitgebühr von 1,09 US-Dollar pro 1.000 m³ und 100 km durchzusetzen, hätte die Summe sogar nur rund 130 Mio. US-Dollar betragen. Für Gazprom bedeutete das Abkommen also Mehreinnahmen von fast einer Viertelmilliarde US-Dollar.

3.2.6 Differenzen zwischen Turkmenistan und der Ukraine

Allerdings erwiesen sich die geschlossenen Abkommen als nicht nachhaltig und die Erdgasexporte in die Ukraine wurden im Mai 1999 erneut ausgesetzt.[414] Die turkmenische Regierung machte die Wiederaufnahme der Gaslieferungen von der Begleichung aufgelaufener Schulden abhängig.[415] Eine Einigung zwischen der Ukraine und Turkmenistan über die Wiederaufnahme der turkmenischen Gaslieferungen konnte bis zum Jahresende nicht erzielt werden.

Als Vorbedingung für Verhandlungen im Dezember 1999 bestand Turkmenistan auf der Zahlung von 30 Mio. US-Dollar, die offenbar seitens der Ukraine nicht geleistet wurde, da die geplanten Gespräche verschoben und binnen Jahresfrist nicht

---

413 Vgl. Lelyveld, Michael S.: Turkmenistan, Russia, Ukraine reach gas deal, in: The Journal of Commerce, 12.01.1999.
414 Vgl. Turkmenistan halts gas deliveries to Ukraine, in: Reuters News, 21.05.1999.
415 Nach turkmenischen Angaben wurden 8,76 Mrd. m³ an die Ukraine mit einem Wert von rund 315,5 Mio. US-Dollar geliefert, wovon aber nur 8,5 Mio. US-Dollar in harter Währung, 11,5 Mio. US-Dollar in Form von Waren und 11,2 Mio. US-Dollar in Form von Bauleistungen bezahlt worden seien. Vgl. Turkmenistan talks tough over Ukraine's gas debt (Interfax News Agency), in: BBC Monitoring Former Soviet Union - Economic, 12.08.1999; Oil and gas - Turkmenistan will resume gas deliveries to Ukraine only after payment of existing debt, in: Ukrainian News, 15.08.1999.

wieder aufgenommen wurden.[416] Turkmenistan befand sich zu diesem Zeitpunkt gegenüber der Ukraine in einer vorteilhaften Position, da es ebenfalls im Dezember 1999 ein Lieferabkommen mit Russland unterzeichnete und aufgrund dessen nicht unmittelbar von einer neuen Übereinkunft mit der Ukraine bezüglich der Gasexporte abhängig war (Kap. 3.3.1).

Während sich die Gashandelsbeziehungen zwischen Turkmenistan und Russland intensivierten – beide Seiten arbeiteten an der Realisierung eines langfristigen Lieferabkommens (Kap. 3.3.3) –, fanden substanzielle Verhandlungen über die Wiederaufnahme der Lieferungen an die Ukraine erst im Juli 2000 statt. Ein von Julia Timoschenko, damals stellvertretende ukrainische Ministerpräsidentin, ausgehandeltes vorläufiges Abkommen wurde allerdings von Präsident Kuchma mit der Begründung, dass dieses mit zu hohen Kosten für die Ukraine verbunden sei, abgelehnt.[417]

Anschließende Verhandlungen im September über die Lieferung von 10 Mrd. m³ für das letzte Quartal 2000 führten ebenfalls zu keinem Ergebnis, da Turkmenistan weiterhin auf einem Preis von 42 US-Dollar pro 1.000 m³ bestand, der von der Ukraine jedoch als zu hoch abgelehnt wurde.[418]

---

416 Wie bereits erwähnt, forderte Turkmenistan die Zahlung von 315,5 Mio. US-Dollar für erfolgte Gaslieferungen an die Ukraine im Zeitraum Januar bis Mai 1999. Bis zum ersten Dezember hatte die Ukraine davon lediglich 130 Mio. US-Dollar bezahlt (8,7 Mio. US-Dollar in harter Währung, 77,2 Mio. US-Dollar in Form von Waren und 44,5 Mio. US-Dollar in Form von Bauleistungen). Vgl. Oil and Gas - Negotiations with Turkmenistan postponed due to non-payment of gas debts, in: Ukrainian News, 15.12.1999; Ukraine, Turkmenistan to begin gas talks, in: Interfax: Companies & Commodities, 16.12.1999; Turkmen minister says gas deal up to Ukraine (Interfax), in: BBC Monitoring Former Soviet Union - Economic, 24.12.1999.

417 Nach dem vorläufigen Abkommen, das von den jeweiligen stellvertretenden Ministerpräsidenten unterzeichnet wurde, sollte die Ukraine 20 Mrd. m³ Erdgas im Jahr 2000 zu einem Preis von 42 US-Dollar pro 1.000 m³ an der turkmenischen Grenze beziehen. Festgelegt wurde ein Barter-Anteil von 50 Prozent. Für den Zeitraum von 2001 bis 2010 war die Erhöhung der Liefermenge auf 50 Mrd. m³ pro Jahr vorgesehen. Ferner sollte die Ukraine die Verantwortung für den Transport durch Usbekistan, Kasachstan und Russland übernehmen. Darüber hinaus wurde eine Einigung über die Rückzahlung der ukrainischen Schulden erzielt, wonach vorgesehen war, die Frist für die Rückzahlung von Schulden aus den Jahren 1993 und 1994 noch einmal um zwei Jahre zu verlängern. Außerdem sollte die Ukraine bis zum Jahresende 27 Mio. US-Dollar an Turkmenistan für Lieferungen an Naftogaz aus dem Jahr 1999 bezahlen. Vgl. Turkmenistan to resume gas exports to Ukraine, in: Interfax Daily Petroleum Report, 26.07.2000; Stern, Jonathan P.: The Future of Russian Gas and Gazprom, Oxford: Oxford University Press, 2005, S. 75; Turkmenistan reschedules Ukraine's gas debt payment, in: Interfax Daily News Bulletin, 26.07.2000; Ukraine's President casts doubt on gas deal with Turkmenistan, in: Dow Jones International News, 27.07.2000.

418 Der von Turkmenistan geforderte Preis in Höhe von 42 US-Dollar pro 1.000 m³ war bereits Gegenstand des von Präsident Kuchma abgelehnten vorläufigen Abkommens vom Juli 2000. Über die Preisvorstellungen der Ukraine wurden dabei keine Angaben gemacht. Vgl. Ukraine, Turkmenistan fail to conclude gas deal - government source (UNIAN News Agency), in: BBC Monitoring Former Soviet Union - Economic, 15.09.2000; Turkmenistan insists on a price of USD 42 per one thousand meters for gas, in: Ukrainian News, 18.09.2000.

3.2 Der Gashandel mit der Ukraine

Obwohl die turkmenische Regierung einen höheren Preis gegenüber der Ukraine durchsetzen wollte, war sie offensichtlich doch zu Zugeständnissen bereit, wie das im Oktober 2000 geschlossene Abkommen verdeutlicht, woraufhin die Lieferungen im darauffolgenden November wieder aufgenommen wurden. Danach war vorgesehen, dass die Ukraine fünf Mrd. m³ bis Ende des Jahres 2000 aus Turkmenistan bezieht. Beide Seiten verständigten sich auf einen Preis von 38 US-Dollar pro 1.000 m³. Der Barter-Anteil betrug 60 Prozent. Für das Jahr 2001 wurde ein Liefervolumen in Höhe von 30 Mrd. m³ zu einem Preis von 40 US-Dollar pro 1.000 m³ (Barter-Anteil 50 Prozent) vereinbart.[419]

Nach dem Abschluss des Abkommens setzte eine Phase der Stabilität in den turkmenisch-ukrainischen Gashandelsbeziehungen ein, im Rahmen derer größere Volumen geliefert wurden und Turkmenistan sukzessiv höhere Preis für Erdgasexporte in die Ukraine erzielen konnte, wie im folgenden Abschnitt näher ausgeführt wird.

3.2.7 Die Stabilisierung des turkmenisch-ukrainischen Gashandels

3.2.7.1 Der Abschluss des Fünf-Jahres-Vertrages

Im Mai 2001 unterzeichneten Präsident Nijasow und Präsident Kuchma ein bilaterales Gashandelsabkommen, wonach Turkmenistan im Zeitraum von 2002 bis 2006 insgesamt 250 Mrd. m³ Erdgas an die Ukraine liefern sollte. Für das Jahr 2002 wurde eine Liefermenge von 40 Mrd. m³ zu einem Preis von 42 US-Dollar pro 1.000 m³ vereinbart. Ferner sah die Übereinkunft einen Anstieg des Liefervolumens auf 50 Mrd. m³ im Jahr 2003 und anschließend dessen weitere Steigerung bis zum Jahr 2006 vor. Der Barter-Anteil betrug 50 Prozent.[420] Die zwischen der Ukraine und Turkmenistan vereinbarten Liefervolumen wurden allerdings in den folgenden Jahren nicht vollständig realisiert. Im Januar 2002 verständigten sich beide Seiten auf ein Liefer-

---

[419] Des Weiteren sollte die Ukraine wöchentliche Vorauszahlungen in Höhe von sieben Mio. US-Dollar und neun Mio. US-Dollar in Form von Waren leisten, um die wöchentlichen Lieferungen in Höhe von 240 – 250 Mio. m³ zu decken. Ferner wurde eine Übereinkunft getroffen, die die Möglichkeit der Erhöhung des Liefervolumens beinhaltete, falls die Ukraine den vereinbarten Zahlungsplan bis zum Mai 2001 einhalten würde. Vgl. Turkmenistan to deliver Ukraine 35 bcm gas 2000/1, in: Reuters News, 04.10.2000; Stern, Jonathan P.: The Future of Russian Gas and Gazprom, Oxford: Oxford University Press, 2005, S. 75; Ukraine to give up purchase of gas from Gazprom, in: WPS Russian Oil & Gas Report (Izvestia), 11.10.2000; Turkmenistan resumes gas supplies to Ukraine, in: Interfax Daily Petroleum Report, 03.11.2000.

[420] Vgl. Turkmenistan to supply 250 billion cubic meters of gas to Ukraine in 2002-2006, in: Interfax: Daily Petroleum Report, 14.05.2001.

volumen von 34 Mrd. m³;[421] die im Oktober 2002 festgelegten Lieferkonditionen für das Jahr 2003 sahen turkmenische Gasexporte von 36 Mrd. m³ in die Ukraine vor. Allerdings wurde der Preis auf 44 US-Dollar pro 1.000 m³ bei einem gleichbleibenden Barter-Anteil von 50 Prozent angehoben.[422] Für das Jahr 2004 vereinbarten beide Seiten die gleichen Konditionen.[423] In diesem Zusammenhang sei angemerkt, dass die Exportinfrastruktur Turkmenistans zur Realisierung der Erdgasexporte in die Ukraine, das CAC-Pipelinesystem, zum damaligen Zeitpunkt nicht über die Kapazität verfügte, um Lieferungen in der Größenordnung von 50 Mrd. m³ pro Jahr zu ermöglichen. Das Pipelinesystem hatte zwar ursprünglich eine weitaus größere Kapazität, infolge mangelnder Wartung und Sanierung aufgrund des Einbruchs der turkmenischen Gasexporte in den 1990er-Jahren war aber die vollständige Auslastung der Pipeline nicht notwendig bzw. möglich; dadurch verringerte sich die Transportkapazität auf ca. 45 Mrd. m³ pro Jahr (Kap. 2.2.8.1).

Das Unternehmen Itera fungierte im Rahmen des turkmenisch-ukrainischen Gashandelsabkommens zunächst erneut als Zwischenhändler und unterzeichnete die diesbezüglichen Abkommen mit dem ukrainischen Energiekonzern Naftogaz Ukrainy, Gazprom sowie den Pipelinebetreibern in Kasachstan und Usbekistan.[424] Die Abwicklung der Exporte gestaltete sich folgendermaßen: Naftogaz Ukrainy kaufte das Gas von Turkmenistan an dessen Landesgrenze, um es anschließend an Itera zu verkaufen. Das Unternehmen transportierte das Gas in die Ukraine und verkaufte es zu demselben Preis wieder an diese, wobei es allerdings 42 Prozent des Gases als Transitgebühr einbehielt und dieses nicht nur an Naftogaz, sondern auch an andere Abnehmer in der Ukraine weiterverkaufte.[425]

Im Rahmen des zwischen der Ukraine und Turkmenistan geschlossenen Fünf-Jahres-Vertrages wurden die Zwischenhändler mehrmals ausgetauscht, worauf im Folgenden kurz eingegangen wird.[426]

---

421 Vgl. Platt's - Turkmenistan to supply 34-bil cu m of gas to Ukraine, in: Platts Commodity News, 15.01.2002.
422 Vgl. Turkmens to sell 36 bcm natgas to Ukraine in '03, in: Reuters News, 02.10.2002.
423 Vgl. Platts - Ukraine, Turkmenistan sign 2004 gas supply deal - terms unchanged, in: Platts Commodity News, 11.07.2003.
424 Vgl. Russian gas firm agrees to pump Turkmen gas to Ukraine (Interfax), in: BBC Monitoring Former Soviet Union - Economic vom 03.01.2002.
425 Der Preis betrug 70 bis 80 US-Dollar pro 1.000 m³. Für das Jahr 2001 wurden der Gewinn Iteras auf eine halbe Mrd. US-Dollar geschätzt. Vgl. Itera may lose Ukrainian market (Vedomosti), in: Russian Oil & Gas Report, 05.11.2001.
426 Für eine detaillierte Darstellung der Tätigkeiten und Beteiligungsstrukturen der verschiedenen Zwischenhändler siehe Global Witness: It's a Gas: Funny Business in the Turkmen-Ukraine Gas Trade, Washington DC: Global Witness Publishing, April 2006.

3.2.7.2 Die Zwischenhändler

Am 10. Dezember 2002 unterzeichneten Gazprom und Naftogaz Ukrainy ein Abkommen über den direkten Transit von turkmenischem Erdgas in die Ukraine durch Gazprom, sodass die Firma Itera diesen Geschäftszweig verlor.[427] Die Ukraine profitierte insofern von dem Abkommen, als sich die Kosten für den Transport des turkmenischen Gases verringerten. Von dem für das Jahr 2003 geplanten Liefervolumen in Höhe von 36 Mrd. m³ sollten 13,68 Mrd. m³ (38 Prozent) an Gazprom für den Transport gezahlt werden, während Itera 14,76 Mrd. m³ (41 Prozent) von der Ukraine forderte.[428] Über die Motive Gazproms, Itera aus dem Gashandel zwischen Turkmenistan und der Ukraine zu verdrängen, kann an dieser Stelle nur spekuliert werden. Grundsätzlich erscheint diese Vorgehensweise plausibel. Schließlich hatte Präsident Putin nach seinem Amtsantritt erklärt, den Einfluss Russlands im postsowjetischen Raum auch durch ein größeres Engagement russischer Energiekonzerne in der Region wiederherstellen zu wollen (Kap. 3.3.1), was wiederum mit der Übernahme des Transits von turkmenischem Gas in die Ukraine durch Gazprom in Einklang stünde.

Außerdem liegt die Schlussfolgerung nahe, dass Gazprom Geschäftsfelder bzw. Märkte im GUS-Raum, die aus Perspektive des Unternehmens ob mangelnder Solvenz und damit verbundener Zahlungsschwierigkeiten (siehe Beispiel Ukraine) als unprofitabel erschienen und die es infolgedessen in den 1990er-Jahren Itera überlassen hatte, nun wieder für sich beanspruchte, da diese aufgrund steigender Gaspreise und verbesserter Zahlungsdisziplin der Abnehmer zusätzliche Profite versprachen.[429]

---

427 Vgl. Ukrainian, Russian gas giants sign expansion agreements (Interfax-Ukraine News Agency), in: BBC Monitoring Former Soviet Union, 10.12.2002; Platts - Gazprom replaces Itera from Ukraine natural gas market, in: Platts Commodity News, 11.12.2002; Oil and Gas - Gazprom to ensure transit of Turkmen gas in Ukraine in 2003, in: Ukrainian News, 11.12.2002.

428 Zusätzlich profitierte die Ukraine auch insofern vom Ausschluss Iteras aus dem Gashandel, als Gazprom ihr dafür als Zugeständnis den Export von fünf Mrd. m³ turkmenischen Erdgases 2003 nach Europa gewährte. Vgl. Ukrainian, Russian gas giants sign expansion agreements (Interfax-Ukraine News Agency), in: BBC Monitoring Former Soviet Union, 10.12.2002; Platts - Gazprom replaces Itera from Ukraine natural gas market, in: Platts Commodity News, 11.12.2002; Platts - Ukraine boosts natural gas exports to Europe, in: Platts Commodity News, 04.03.2003.

429 Es gab – unbewiesene – Vermutungen, wonach Itera vom vorigen Gazprom-Management gegründet worden sei, um sich auf Kosten Gazproms zu bereichern. Nach Schätzungen verlor der russische Gaskonzern durch die Versorgung der GUS-Staaten durch Itera jährlich Einnahmen in Höhe von einer Mrd. US-Dollar vor Steuern. Bezüglich der Einnahmen Iteras durch die Abwicklung des turkmenisch-ukrainischen Gashandels gibt es sehr unterschiedliche Angaben. Die Schätzungen reichen von jährlichen Einnahmen in Höhe von 200 Mio. US-Dollar (Nettoeinnahmen), über 400 Mio. US-Dollar bis zu 700 Mio. US-Dollar (vor Steuern). Vgl. Belton, Catherine: State wants a tighter grip on Gazprom, in: The Moscw Times, 21.01.2003; Gorst, Isabel: Gazprom furher limits Itera's gas trading, in: Platts Oilgram News, 05.12.2002; Gazprom limited gas supplies to Ukraine, in: WPS: Russian Oil & Gas Report (Newsru.com), 27.11.2002; Gazprom excluded Itera from supplies of Turkmen Gas to Ukraine, in: WPS: Russian Oil & Gas Report (Vedomosti), 16.12.2002.

Gegen diese Annahmen spricht indes der Umstand, dass Gazprom den Transport des turkmenischen Gases in die Ukraine anschließend nicht etwa selbst durchführte, sondern mit dessen Abwicklung das Unternehmen Eural Trans Gas (ETG) beauftragte. ETG, das im Dezember des Jahres 2002 gegründet wurde und seinen Sitz in Ungarn hatte, sollte wie zuvor Itera als Zwischenhändler im Rahmen des turkmenisch-ukrainischen Gashandels fungieren. Ein entsprechender Vertrag wurde vom damaligen Vize-Vorsitzenden Gazproms, Alexander Ryazanov, ebenfalls im Dezember des Jahres 2002 unterzeichnet, wonach der Transport von 36 Mrd. m³ turkmenischen Gases pro Jahr in die Ukraine vorgesehen war. Naftogaz bezog das Gas an der Grenze Turkmenistans, wo es unmittelbar an ETG weiterverkauft wurde, um es anschließend an der ukrainisch-russischen Grenze zurückzukaufen.[430] ETG sollte jährlich Transitgebühren in Höhe von 470 Mio. US-Dollar an Gazprom für die Nutzung der Pipelines entrichten, während das Unternehmen für seine Transportleistungen von der Ukraine in Form von Gas bezahlt wurde. Danach behielt ETG 13,7 Mrd. m³ (bzw. 38 Prozent, siehe vorige Seite) von den 36 Mrd. m³ für den Transport ein. Teile dieser Volumen wurden in der Ukraine verkauft, andere nach Europa exportiert. Der Anteil von 13,7 Mrd. m³ hatte zum damaligen Zeitpunkt einen Marktwert von rund 600 Mio. US-Dollar auf den Märkten der GUS und bis zu 1,5 Mrd. US-Dollar auf den Märkten in Europa. Folglich beliefen sich die Einnahmen ETGs auf mindestens 130 Mio. US-Dollar pro Jahr.[431]

Gazprom begründete die Vergabe des Transportes an ETG damit, der Ukraine einen Anreiz bieten zu wollen, Itera aus dem Geschäft auszuschließen, denn schließlich sahen die ursprünglichen Pläne vor, dass die Anteile von ETG nach einer Umstrukturierung zukünftig im Rahmen eines Joint Ventures zu jeweils 50 Prozent von Gazprom und Naftogaz gehalten und dessen erwirtschaftete Profite zwischen ihnen aufgeteilt werden sollten.[432] Die erwähnte Umstrukturierung fand allerdings nicht statt und weder Gazprom noch Naftogaz hielten Anteile an ETG.[433] Aus welchen Gründen die geplante Umstrukturierung nicht vollzogen wurde, kann an dieser Stelle

---

430 Die Volumen, die nicht von Naftogaz Ukrainy zurückgekauft wurden, verblieben im Besitz von ETG und wurden in den Gasspeichern von Naftogaz eingelagert. Naftogaz behielt das Vorkaufsrecht, um den Bedarf in Zeiten hoher Nachfrage decken zu können, während ETG das Risiko von Verlusten durch Leckagen übernahm. Vgl. Pirani, Simon: Ukraine's Gas Sector, Oxford: Oxford Institute for Energy Studies, June 2007, S. 31 f.; Global Witness: It's a Gas - Funny Business in the Turkmen-Ukraine Gas Trade, Washington DC: Global Witness Publishing, April 2006, S. 37; Belton, Catherine: The mob, an Actress and a pipe of cash, in: The Moscow Times, 27.11.2003.
431 Vgl. Belton, Catherine: Gazprom cedes sales to obscure firm, in: The Moscow Times, 28.02.2003.
432 Vgl. Belton, Catherine: Gazprom cedes sales to obscure firm, in: The Moscow Times, 28.02.2003.
433 Vgl. Global Witness: It's a Gas - Funny Business in the Turkmen-Ukraine Gas Trade, Washington DC: Global Witness Publishing, April 2006, S. 39.

3.2 Der Gashandel mit der Ukraine

nicht abschließend geklärt werden. Gazprom erklärte in diesem Zusammenhang, dass eine Beteiligung an ETG nicht profitabel sei.[434] Allerdings sind die nicht erfolgte Beteiligung Gazproms an ETG in Verbindung mit den erzielten umfangreichen Profiten des Zwischenhändlers, die vom russischen Gaskonzern selbst hätten erwirtschaftet werden können, das Bestreben Gazproms, wieder die Kontrolle über den Gashandel im GUS-Raum zu erlangen sowie die Aktivitäten von ETG im europäischen Gasmarkt, die faktisch einen Bruch des Exportmonopols Gazproms für Lieferungen nach Europa bedeuteten, als wesentliche Ursachen für die erneute Auswechslung des Zwischenhändlers zu sehen.[435]

Vor diesem Hintergrund gründeten Gazprom und die österreichische Raiffeisen Zentralbank Österreich AG (RZB) Mitte des Jahres 2004 ein neues Joint Venture namens RosUkrEnergo, das ab dem Jahr 2005 den Gastransport von Turkmenistan in die Ukraine übernahm.[436]

Allerdings ist wie schon im Falle der Vergabe des Transitgeschäftes an ETG ungeklärt, warum Gazprom dieses Geschäft nicht selbst abwickelte, sondern zu diesem Zweck ein Joint Venture gründete. Als ein Grund wird die Haltung der Ukraine angegeben, die die vollständige Kontrolle RosUkrEnergos durch Gazprom ablehnte, sodass als Kompromiss die RZB hinzugezogen wurde, die wiederum bei der Finanzierung für den erforderlichen Ausbau der Pipelineinfrastruktur mit geschätzten Kosten von zwei Mrd. US-Dollar unterstützend tätig sein sollte.[437]

---

434 Ferner schienen auch Differenzen über die Aufteilung der Anteile von ETG von nicht unwesentlicher Bedeutung gewesen zu sein. Gazprom forderte einen Anteil von mindestens 50 Prozent an ETG, während die ukrainische Seite einen Vorschlag unterbreitete, wonach Gazprom und Naftogaz jeweils 40 Prozent der Anteile halten und die verbliebenen 20 Prozent anderweitig vergeben werden sollten, was wiederum von Gazprom abgelehnt wurde. Vgl. Global Witness: It's a Gas - Funny Business in the Turkmen-Ukraine Gas Trade, Washington DC: Global Witness Publishing, April 2006, S. 39; Gazprom's new Turkmen-Ukraine partner, in: World Gas Intelligence, 03.08.2004; Gazprom loses part of Ukrainian market, in: WPS: Russian Oil & Gas Report (Vedomosti), 25.06.2003.
435 Nach Schätzungen entgingen Gazprom durch die Geschäftstätigkeit ETGs Profite in Höhe von 760 Mio. US-Dollar im Jahr 2003. Ferner hatte ETG begonnen, Erdgas an Polen und Ungarn zu liefern. Vgl. Global Witness: It's a Gas - Funny Business in the Turkmen-Ukraine Gas Trade, Washington DC: Global Witness Publishing, April 2006, S. 48; Stern, Jonathan P.: The Future of Russian Gas and Gazprom, Oxford: Oxford University Press, 2005, S. 95; Gazprom's new Turkmen-Ukraine partner, in: World Gas Intelligence, 03.08.2004.
436 Vgl. UPDATE 1-Gazprom, RZB set up firm to ship gas to Ukraine, in: Reuters News, 29.07.2004; RUE's transit terms cleared, in: Platts Energy in East Europe, 18.02.2005.
437 Bemerkenswert ist allerdings in diesem Zusammenhang, dass, wie sich später herausstellte, es anscheinend durchaus Kontinuitäten in Bezug auf die Eigentümerstruktur und das Management von ETG und RosUkrEnergo gab. Vgl. Gazprom's new Turkmen-Ukraine partner, in: World Gas Intelligence, 03.08.2004; Global Witness: It's a Gas - Funny Business in the Turkmen-Ukraine Gas Trade, Washington DC: Global Witness Publishing, April 2006, S. 49-59; Pirani, Simon: Ukraine's Gas Sector, Oxford: Oxford Institute for Energy Studies, June 2007, S. 33.

Dennoch ist die Gründung von RosUkrEnergo als eine Maßnahme Gazproms bzw. der russischen Regierung zu sehen, zunehmend die Kontrolle über den turkmenisch-ukrainischen Gashandel zu erreichen. Die Ukraine akzeptierte mit der Zustimmung zur Abwicklung des Gashandels durch RosUkrEnergo, ab dem Jahr 2007 keine direkten Vertragsbeziehungen mit Turkmenistan mehr zu unterhalten. Dies hätte das Ende der dreiseitigen Gashandelsbeziehungen und die Stärkung der Machtposition Russlands bedeutet, da sowohl die Ukraine als auch Turkmenistan zukünftig ihre Verträge mit Gazprom würden schließen müssen. Diese Umstrukturierung des Gashandels hatte aus Perspektive Russlands folgende Vorteile: Die Ukraine würde sich aufgrund von eingestellten oder gekürzten Lieferungen aus Turkmenistan, verursacht durch Zahlungsrückstände, nicht mehr an Russland für eine kurzfristige Erweiterung des Liefervolumens wenden. Darüber hinaus würde es der Ukraine nicht mehr ermöglicht, Turkmenistan und Russland gegeneinander auszuspielen. Gleiches gilt für Turkmenistan in Bezug auf Russland und die Ukraine.[438]

Für die Gasexporte Turkmenistans hatte dieser erneute Austausch des Zwischenhändlers somit zwar perspektivisch Konsequenzen, unmittelbar allerdings nicht, da das Handelsschema beibehalten wurde. Naftogaz bezog weiterhin das Erdgas aus Turkmenistan an dessen Grenze, wo es direkt an RosUkrEnergo weiterverkauft wurde, das anschließend den Transport abwickelte.[439] Bevor RosUkrEnergo den turkmenisch-ukrainischen Gashandel übernahm, kam es allerdings zum Jahreswechsel 2004/05 erneut zu einer Auseinandersetzung zwischen Turkmenistan und der Ukraine (und auch Russland, siehe Kap. 3.3.4), wie im folgenden Abschnitt dargestellt wird.

3.2.8 Der Gaskonflikt 2004/2005

Nachdem sich die Gasexporte Turkmenistans in die Ukraine im Zeitraum von 2001 bis einschließlich 2004 im Vergleich zu den 1990er-Jahren trotz des Austausches der Zwischenhändler sowie der damit zusammenhängenden undurchsichtigen Strukturen und Geschäftspraktiken als außerordentlich stabil erwiesen, erfolgte zum Jahreswechsel 2004/2005 eine erneute Unterbrechung der Lieferungen. Ursache war zum wiederholten Male ein Konflikt über die Preisgestaltung. Anfang Dezember 2004

---

438 Die dreiseitigen Gashandelsbeziehungen endeten jedoch bereits mit Ablauf des Jahres 2005 (Kap. 3.2.9). Vgl. Pirani, Simon: Ukraine's Gas Sector, Oxford: Oxford Institute for Energy Studies, June 2007, S. 32 ff.

439 Vgl. Pirani, Simon: Ukraine's Gas Sector, Oxford: Oxford Institute for Energy Studies, June 2007, S. 33.

3.2 Der Gashandel mit der Ukraine

erklärte Turkmengaz, den Preis für Erdgasexporte in die Ukraine (und nach Russland) ab dem Jahr 2005 von 44 US-Dollar auf 60 US-Dollar pro 1.000 m³ erhöhen zu wollen.[440]

Die angekündigte Preiserhöhung wurde von der ukrainischen Regierung umgehend abgelehnt. Stattdessen forderte sie, die bestehenden Vertragskonditionen, die einen Preis von 44 US-Dollar pro 1.000 m³ beinhalteten, auch für das Jahr 2005 beizubehalten und begründete dies mit den zwischen Turkmenistan und Russland vereinbarten Konditionen, die für den Zeitraum von 2004 bis 2006 ebenfalls einen Preis von 44 US-Dollar pro 1.000 m³ vorsahen. Dabei muss an dieser Stelle darauf hingewiesen werden, dass die turkmenische Führung auch gegenüber Russland den höheren Preis von 60 US-Dollar durchsetzen wollte (Kap.3.3.4).[441]

Für die Ukraine kam die geforderte Preiserhöhung zu einem sehr ungünstigen Zeitpunkt. Abgesehen von dem jahreszeitlich bedingten höheren Gasbedarf befand sich die Ukraine finanziell und politisch in einer angespannten Situation. Außerdem stellte das turkmenische Erdgas zum damaligen Zeitpunkt eine zusätzliche Einnahmequelle für die Ukraine dar, da sie kleinere Volumen zu höheren Preisen in verschiedene Absatzmärkte Europas re-exportierte. Ein Aussetzen der Gaslieferungen Turkmenistans hätte somit nicht nur die Binnenversorgung der Ukraine gefährdet, sondern auch den Verlust von zusätzlichen Einnahmen aus dem Re-Export bedeutet. In diesem Zusammenhang gab es auch Vermutungen, wonach die turkmenische Regierung durch die Preiserhöhung versuchte, dieses Zusatzgeschäft der Ukraine zu behindern, denn schließlich insistierte Turkmenistan seit dem Wegfall der Export-

---

440 Mehrere Gründe wurden für den geplanten Preisanstieg angeführt. Es wurde auf den niedrigen Preis für turkmenische Erdgaslieferungen im Vergleich zu dem durchschnittlichen Preis auf dem Weltmarkt verwiesen. Zusätzlich seien die Preise für die Waren und Güter, die Turkmenistan im Austausch für seine Gaslieferungen erhielt, um das bis zu Zehnfache angestiegen. An dieser Stelle ist anzumerken, dass der Anteil der Barter-Geschäfte zum damaligen Zeitpunkt noch 50 Prozent betrug. Im Rahmen des Barter-Handels wurden beispielsweise Rohre, Chemikalien und sonstige Ausstattung an Turkmenistan geliefert. Anscheinend hat die Ukraine von diesen Barter-Geschäften zusätzlich profitiert. Nach Einschätzungen von US-Diplomaten verringerte sich dadurch der Preis von 44 US-Dollar pro 1.000 m³ auf lediglich 31 US-Dollar pro 1.000 m³. Vgl. Roberts, John: Energy problems await new Ukraine head; Yushchenko must deal with gas threat, Odessa-Brody line, in: Platts Oilgram News, 29.12.2004; Turkmenistan to raise natural gas price (Turkmen Foreign Ministry Press Release), in: BBC Monitoring Central Asia, 04.12.2004; Turkmenistan raises gas price for Russia and Ukraine, in: Associated Press Newswires, 03.12.2004.

441 Vgl. Platts - Ukraine, Turkmenistan in dispute over natural gas price, in: Platts Commodity News, 03.12.2004; Naftohaz chief to negotiate gas prices in Turkmenistan, in: Interfax Central Asia News, 03.12.2004; Naftohaz Ukrainy insists on extension of term of Turkmen gas supplies for 2005, in: Ukrainian News, 07.12.2004; Naftogaz Ukrainy wants $44 Turkmen gas in 2005, in: Interfax Energy News Service, 07.12.2004; Platts - Ukraine, Turkmenistan deadlocked on natural gas prices, in: Platts Commodity News, 08.12.2004.

quote im Jahr 1994 ohne Erfolg auf einen direkten Zugang zu den lukrativen Märkten in Europa, um selbst höhere Verkaufserlöse erzielen zu können.[442] Nachdem die Forderungen Turkmenistans seitens der Ukraine abgelehnt worden waren und anschließend keine Einigung erzielt werden konnte, wurden die Exporte zum Jahreswechsel 2004/2005 eingestellt.[443]

Bereits am 3. Januar unterzeichneten Präsident Nijasow und der damalige Vorsitzende von Naftogaz Ukrainy, Yuriy Boyko, einen einjährigen Vertrag über die Lieferung von 36 Mrd. m³ Erdgas, woraufhin die Lieferungen wieder aufgenommen wurden. Beide Seiten vereinbarten für das Volumen von 31,5 Mrd. m³ einen Preis von 58 US-Dollar pro 1.000 m³ und einen Barter-Anteil von 50 Prozent.[444] Dementsprechend schien die turkmenische Regierung ihre Forderungen weitestgehend durchgesetzt zu haben; allerdings versuchte die Ukraine anschließend, das Abkommen

---

442 In diesem Zusammenhang ist noch ein weiterer interessanter Aspekt erwähnenswert. Während im Allgemeinen davon ausgegangen wurde, dass Turkmenistan mit seiner Forderung nach einem höheren Preis lediglich größere Profite erzielen wollte, legen einige Presseberichte eine andere Interpretation nahe. Wie bereits dargelegt, begründete die turkmenische Seite die Preiserhöhung unter anderem damit, dass die Preise für die Waren, die Turkmenistan im Gegenzug zu seinen Erdgaslieferungen bezog, um das Fünf- bis Zehnfache gestiegen seien. In der Tat hatte die Ukraine im Spätsommer die Preise für die im Rahmen der Barter-Geschäfte zu liefernden Waren erhöht. Allerdings stellte sich heraus, dass die Preise von ukrainischen Unternehmen erhöht wurden, die in Verbindung mit einem der engsten Vertrauten des damaligen ukrainischen Oppositionsführers, Viktor Yushchenko, standen. Die besagten Unternehmen profitierten jedoch anscheinend nicht von dem Preisanstieg. Stattdessen sollen diese zusätzlichen Profite genutzt worden sein, um die Orangene Revolution finanziell zu unterstützen. Als Präsident Nijasow davon in Kenntnis gesetzt wurde, veranlasste dieser umgehend die Preiserhöhung mit dem Hinweis, dass seine Entscheidung endgültig sei. Vgl. Neff, Andrew: Naftogaz Ukrainy insists on maintaining current prices for Turkmen gas imports, in: WMRC Daily Analysis, 09.12.2004; He is the leader of Turkmenistan Turkmenistan will charge Ukraine more for natural gas from 2005, in: WPS: What the Papers Say (Vremya Novostei), 23.12.2004; Platts - Ukraine, Turkmenistan deadlocked on natural gas prices, in: Platts Commodity News, 08.12.2004.

443 Vgl. Turkmenistan cuts off gas supplies to Russia, Ukraine (Turkmen Foreign Ministry Press Release), in: BBC Monitoring Newsfile, 01.01.2005.

444 Bei den restlichen 4,5 Mrd. m³ handelte es sich um sogenanntes *Investment Gas*, das zu einem Preis von rund 20 US-Dollar pro 1.000 m³ aus Turkmenistan importiert werden sollte. Präsident Nijasow erklärte im Rahmen der Vertragsunterzeichnung, dass Turkmenistan der Ukraine einen Rabatt von 2 US-Dollar gewährt habe, der Preis aber im Jahr darauf auf 60 US-Dollar steigen ansolle. Außerdem ließ Nijasow verlautbaren, dass der Gaspreis steigen werde, sollte die Ukraine den Preis für die im Rahmen der Barter-Geschäfte zu liefernden Metallwaren (z. B. Rohre) erhöhen und kündigte an, dass die mit der Ukraine ausgehandelten Konditionen auch in den Verhandlungen mit Gazprom angewendet würden. Vgl. Turkmenistan, Ukraine agree on price (ITAR-TASS News Agency), in: BBC Monitoring Newsfile, 03.01.2005; Turkmenistan to resume Ukraine gas deliveries after agreement, in: Agence France Presse, 03.01.2005; Bellaby, Mara D.: Ukraine's top gas official defends deal with Turkmenistan that hikes prices, in: Associated Press Newswires, 06.01.2005; Turkmenistan resumes gas supplies to Ukraine, in: Interfax News Service, 04.01.2005.

vom Januar 2005 zu revidieren und bessere Lieferkonditionen zu erzielen, was jedoch von der turkmenischen Seite abgelehnt wurde.[445]

Die Schulden (in Form von Waren) der Ukraine gegenüber Turkmenistan erhöhten sich in der ersten Jahreshälfte auf über 560 Mio. US-Dollar. Zusätzlich warf Präsident Nijasow der Ukraine vor, einen höheren Preis für die im Rahmen der Barter-Geschäfte an Turkmenistan zu liefernden Waren angesetzt zu haben, als vorher vereinbart worden sei, woraufhin im Juni ein neues Abkommen zwischen beiden Ländern geschlossen wurde, das am 1. Juli 2005 in Kraft trat und auch das Jahr 2006 abdecken sollte.[446] Wesentlicher Bestandteil des Vertrages war die Abschaffung des Barter-Anteils, sodass die Bezahlung vollständig in harter Währung erfolgte. Im Gegenzug verringerte sich der Preis von 58 US-Dollar pro 1.000 m³ auf 44 US-Dollar pro 1.000 m³. Vom 1. Juli bis zum 31. Dezember 2005 waren Gaslieferungen in Höhe von 15,5 Mrd. m³ im Wert von 682 Mio. US-Dollar vorgesehen, während für das Jahr 2006 ein Anstieg des Liefervolumens auf 33 Mrd. m³ im Wert von 1,452 Mrd. US-Dollar vereinbart wurde.[447]

Die turkmenische Regierung akzeptierte folglich vordergründig eine deutliche Reduzierung des Preises. Die Abschaffung des Barter-Handels stellte jedoch gleichzeitig zusätzliche Einnahmen in Aussicht. Nach Angaben eines Vertreters des Energiekomitees des ukrainischen Parlamentes betrug der Preis für die Ukraine unter Be-

---

445 Die angestrebte Revision wurde seitens der Ukraine mit dem Umstand begründet, dass der Vorsitzende von Naftogaz Ukrainy nicht autorisiert gewesen sei, den Vertrag zu unterzeichnen. Vgl. Ukraine wants to revise gas deal with Turkmenistan (Prime-TASS News Agency), in: BBC Monitoring Ukraine & Baltics, 09.02.2005; Turkmenistan refuses to cut gas price for Ukraine (Interfax Ukraine News Agency), in: BBC Monitoring Ukraine & Baltics, 23.03.2005.

446 Die Rückstände für das Jahr 2004 betrugen 61,7 Mio. US-Dollar, während die Schulden für die ersten fünf Monate des Jahres 2005 ca. einen Umfang von 500 Mio. US-Dollar hatten. Vgl. Ukraine and Turkmenistan may soon sign gas contract, develop new pipeline, in: Associated Press Newswires, 20.6.2005; (Corr) Turkmenistan says Ukraine fails to pay for gas on time (UNIAN News Agency), in: BBC Monitoring Ukraine & Baltics, 21.06.2005; Turkmenistan accuses Ukraine of "fraud" on Turkmen gas exports, in: Prime-TASS Energy Service (Russia), 21.06.2005; Ukraine to pay cash for Turkmen gas from July 1, in: Interfax Energy News Service, 24.06.2005.

447 Darüber hinaus wurde die Lieferung von sogenanntem *Investment Gas* vereinbart, mit dem ukrainische Unternehmen für die Umsetzung von Großprojekten in Turkmenistan vergütet wurden. Das Volumen sollte von 4,5 Mrd. m³ auf fünf Mrd. m³ im Jahr 2005 und auf sechs Mrd. m³ im Jahr 2006 erhöht werden. Auch über die ausstehenden Schulden wurde eine Einigung erzielt. Die Ukraine sollte danach Waren zum durchschnittlichen Weltmarktpreis und ohne Preissteigerungen an Turkmenistan bis zur vollständigen Tilgung der Schulden liefern. Vgl. Ukraine to pay for Turkmen gas at old price, in hard currency only (Turkmen Foreign Ministry Press Release), in: BBC Monitoring Newsfile, 24.06.2005; Ukraine to move from Barter to cash for Turkmen gas from 1 July 2005 (UNIAN News Agency), in: BBC Monitoring Ukraine & Baltics, 24.06.2005; Ukraine to pay cash for Turkmen gas from July 1, in: Interfax Energy News Service, 24.06.2005; Turkmenistan, Ukraine sign 2bn-dollar gas deal (ITAR TASS News Agency), in: BBC Monitoring Newsfile, 25.06.2005.

rücksichtigung der Barter-Geschäfte und der damit verbundenen Lieferung überteuerter Waren lediglich 30 bis 32 US-Dollar pro 1.000 m³ anstatt, wie zu Beginn des Jahres vereinbart, 58 US-Dollar pro 1.000 m³. Demnach bedeutete das Abkommen vom Juni 2005 eine Preiserhöhung um 12 bis 14 US-Dollar pro 1.000 m³.[448]

In diesem Zusammenhang sei erwähnt, dass die Ukraine in dieser Zeit aufgrund innenpolitischer Geschehnisse, der Orangenen Revolution und des Amtsantritts einer pro-westlichen Regierung, umso mehr danach strebte, die Gashandelsbeziehungen zu Turkmenistan aufrechtzuerhalten und zu intensivieren. Russland sah aufgrund des prowestlichen Kurses der damaligen ukrainischen Regierung keine Veranlassung mehr, die Ukraine durch einen vergünstigten Gaspreis zu unterstützen bzw. die Regierung zu subventionieren, und kündigte eine Preiserhöhung auf 160 US-Dollar pro 1.000 m³ an, was in etwa dem damaligen Preisniveau auf den europäischen Absatzmärkten Gazproms entsprach.[449]

Zusätzlich drohte der Ukraine bei den Gasimporten die vollständige Abhängigkeit von Russland, denn schließlich sah das turkmenisch-russische Gashandelsabkommen aus dem Jahr 2003 mit Beginn des Jahres 2007, also nach Ablauf des turkmenisch-ukrainischen Gashandelsabkommens vom Mai 2001, eine umfangreiche Steigerung des Liefervolumens auf 60 bis 70 Mrd. m³ vor. Darüber hinaus hatte die ukrainische Vorgängerregierung im Rahmen der Beauftragung des Joint Ventures RosUkrEnergo zur Abwicklung der Gasimporte aus Turkmenistan faktisch akzeptiert, ab dem Jahr 2007 keine direkten Gashandelsbeziehungen mehr mit Turkmenistan zu unterhalten (Kap. 3.2.7.2 und Kap. 3.3.3). Die Nachfolgeregierung suchte diesen politischen Kurs zu revidieren und verfolgte schon vor der Ankündigung Gazproms, den Preis erhöhen zu wollen, das Interesse, mit Turkmenistan ein langfristiges Gashandelsabkommen mit einer Laufzeit von 30 Jahren und mit einem jährlichen Liefervolumen von 60 Mrd. m³ zu schließen.[450] Dies hätte die Unabhängigkeit von russischen Gaslieferun-

---

448 Vgl. The Russian Oil and Gas Report (Kommersant), in: WPS: Russian Oil & Gas Report, 29.06.2005.
449 Nach dem Abkommen zwischen Turkmenistan und der Ukraine kostete das turkmenische Gas 60 US-Dollar pro 1.000 m³ an der ukrainischen Grenze, während die Ukraine zu diesem Zeitpunkt noch Gas aus Russland zu einem Preis von 50 US-Dollar pro 1.000 m³ an der Grenze bezog. Somit war das turkmenische Gas zu diesem Zeitpunkt zwar teurer, aber in Anbetracht der angekündigten Preiserhöhung Gazproms perspektivisch deutlich günstiger. Vgl. Platts - Ukraine looks to import extra 8-bil cu m of natural gas in 2005, in: Platts Commodity News, 09.06.2005; Platts - Ukrainian PM calls to clear debt for Turkmenistan gas imports, in: Platts Commodity News, 27.09.2005; Pirani, Simon: Ukraine's Gas Sector, Oxford: Oxford Institute for Energy Studies, June 2007, S. 9; Talacko, Valerie/Neff, Andrew/Wiegert, Ralf: Impact of Russian gas dispute could reverberate throughout Ukraine, in: Global Insight Daily Analysis, 07.07.2005; Selling diversification, in: Petroleum Economist, 02.08.2005.
450 Vgl. On September 6, CEO of Naftogaz Ukrainy, Alexei Ivchenko, announced that in... (Kommersant), in: WPS: Russian Oil & Gas Report, 09.09.2005.

3.2 Der Gashandel mit der Ukraine

gen ermöglicht, wobei einschränkend anzumerken ist, dass die Ukraine vom russischen Pipelinesystem abhängig geblieben wäre. Aber auch Russland war und ist umgekehrt, wenn auch in zunehmend geringerem Umfang, zur Realisierung seiner Erdgasexporte nach Europa vom Transit durch ukrainisches Territorium abhängig.[451]

Turkmenistan wäre jedoch nicht in der Lage gewesen, sowohl die Ukraine als auch Russland im Rahmen langfristiger Verträge mit jeweils umfangreichen Liefervolumen zu versorgen. Einerseits reichte die damals bestehende Transportkapazität des CAC-Pipelinesystems bei Weitem nicht aus, sodass umfangreiche Investitionen in dessen Sanierung und Ausbau hätten getätigt werden müssen (Kap. 2.2.8.1 und Kap. 3.3.5). Andererseits verfügte Turkmenistan nicht über die Produktions- bzw. Exportkapazitäten, die für die Einhaltung derartiger Lieferverträge nötig gewesen wären.[452]

Die turkmenische Regierung nutzte die entgegengesetzten Interessen Russlands, das die Kontrolle über den Gashandel im postsowjetischen Raum anstrebte, und der Ukraine, die die größtmögliche Unabhängigkeit von russischen Gaslieferungen erreichen wollte, um einen höheren Gaspreis zu erzielen, der allerdings vergleichsweise immer noch sehr niedrig war (Abb. 34 und Abb. 36).[453] Im Rahmen einer Regierungssitzung im November 2005 erklärte Präsident Nijasow, dass der Exportpreis für turkmenisches Erdgas im Jahr 2006 von 44 US-Dollar pro 1.000 m³ auf 60 US-Dollar pro 1.000 m³ ansteigen solle. Dieser Preis wurde von der ukrainischen Seite unter Verweis auf den bestehenden Vertrag abgelehnt.[454]

Zwar unterzeichneten beide Länder im Dezember einen Liefervertrag für das Jahr 2006, wonach Turkmenistan 40 Mrd. m³ zu einem Preis von 50 US-Dollar pro 1.000 m³ in der ersten und 60 US-Dollar pro 1.000 m³ in der zweiten Jahreshälfte an die Ukraine liefern sollte,[455] doch wurde dieses Abkommen aufgrund mehrerer Faktoren nicht umgesetzt.

---

451 Vgl. IEA: Medium-Term Gas Market Report 2015: Market Analysis and Forecasts to 2020, Paris: OECD/IEA, 2015, S. 104 ff.
452 Im Jahr 2004 betrug die Produktion Turkmenistans 58,6 Mrd. m³ und stieg im darauffolgenden Jahr auf 63,6 Mrd. m³ an (Abb. 20). Für die Exporte nach Russland, in die Ukraine und in den Iran sowie zur Deckung der Binnennachfrage hätte Turkmenistan seine Produktion binnen weniger Jahre verdoppeln müssen. Vgl. On September 6, CEO of Naftogaz Ukrainy, Alexei Ivchenko, announced that in... (Kommersant), in: WPS: Russian Oil & Gas Report, 09.09.2005.
453 Vgl. On September 6, CEO of Naftogaz Ukrainy, Alexei Ivchenko, announced that in... (Kommersant), in: WPS: Russian Oil & Gas Report, 09.09.2005.
454 Vgl. Turkmen leader vows to raise gas price (Turkmen TV First Channel), in: BBC Monitoring Central Asia, 18.11.2005; Ukraine says Turkmen gas price fixed for 2006 (UNIAN News Agency), in: BBC Monitoring Service Ukraine & Baltics, 19.11.2005.
455 Vgl. Niyazov confirms gas deal with Ukraine for 2006, in: Interfax Central Asia News, 30.12.2005; Turkmen Pres demands Ukraine pay debts for gas deliveries, in: Dow Jones International News, 17.02.2006.

3.2.9 Das Ende der direkten turkmenisch-ukrainischen Erdgashandelsbeziehungen

Wesentlich für die nicht erfolgte Implementierung der erwähnten Vereinbarung ist das zwischen Turkmenistan und Russland kurz vor dem Jahreswechsel unterzeichnete Abkommen (Kap. 3.3.4), wodurch das CAC-Pipelinesystem mit dem Transport des Liefervolumens für Gazprom voll ausgelastet war, sodass keine Pipelinekapazitäten mehr für Exporte in die Ukraine zur Verfügung standen und diese folglich ab dem 1. Januar 2006 auch nicht beliefert wurde. Die turkmenische Regierung hatte indes aufgrund der bestehenden Vertragskonditionen kein Interesse, die Lieferungen an Gazprom zugunsten der Ukraine zu kürzen, da der russische Energiekonzern schließlich 65 US-Dollar pro 1.000 m³ bezahlte (Kap. 3.3.4), während für die Exporte in die Ukraine im ersten Halbjahr 2006 nur ein Preis von 50 US-Dollar pro 1.000 m³ vorgesehen war.

Zusätzlich bahnte sich bereits zuvor ein Gaskonflikt zwischen der Ukraine und Russland an, der in der Gaskrise vom Januar 2006 mündete[456] und im Rahmen derer Gazprom die Exporte in die Ukraine für mehrere Tage unterbrach.[457] Am 4. Januar

---

456 Der Gaskonflikt zwischen der Ukraine und Russland wurde unter anderem durch Differenzen über den zu zahlenden Preis für russische Erdgaslieferungen an die Ukraine verursacht. Russland forderte ab 2006 einen Preis, der dem Niveau auf den europäischen Absatzmärkten Gazproms, damals 160 bis 230 US-Dollar pro 1.000 m³, entsprach. Die Ukraine war lediglich bereit, einen Preis von maximal 80 US-Dollar pro 1.000 m³ zu zahlen; sie lehnte sowohl diese massive Preiserhöhung als auch ein Angebot Russlands, die Kredite zu erweitern, um damit die Gaslieferungen Gazproms zu dem höheren Preis bezahlen zu können, ab. Ferner räumte Präsident Putin der Ukraine die Möglichkeit ein, die Preiserhöhung für drei Monate auszusetzen, sofern sie sich im Gegenzug bereit erklärt, den neuen Preis zu akzeptieren. Auch dieses Angebot wurde von der Ukraine nicht akzeptiert. Vgl. Stern, Jonathan: The Russian-Ukrainian gas crisis of January 2006, Oxford: Oxford Institute for Energy Studies, January 2006, S. 6 f.

457 Russland beschuldigte die Ukraine, Gas, das eigentlich für den Export nach Europa vorgesehen war, unerlaubt zu entnehmen. Die Ukraine bestritt diese Anschuldigungen mit dem Hinweis, dass es sich dabei um turkmenisches Gas handelte, das im Rahmen des turkmenisch-ukrainischen Abkommens vom Dezember 2005 an die Ukraine geliefert werden sollte. Allerdings hatte Gazprom bereits am 1. Januar 2006 erklärt, dass es der Ukraine turkmenische Gaslieferungen nicht vorenthalte, da diese nicht in das Pipelinesystem eingespeist worden seien (die Pipelinekapazitäten ließen eine parallele Belieferung von Russland und der Ukraine durch Turkmenistan nicht zu) und bestand auch anschließend darauf, dass das von Turkmenistan exportierte Gas Gazprom gehöre. Vgl. Stern, Jonathan: The Russian-Ukrainian gas crisis of January 2006, Oxford: Oxford Institute for Energy Studies, January 2006, S. 8 f.; Russia, Ukraine disagree on Turkmen gas (Ekho Moskvy Radio), in: BBC Monitoring Former Soviet Union, 03.01.2006; Gazprom denies taking Turkmen gas destined for Ukraine (Interfax News Agency), in: BBC Monitoring Newsfile, 01.01.2006; Gazprom receiving all Turkmen gas exports - Kupriyanov (Part 2), in: Interfax News Service, 01.01.2006; Gazprom stays aloof from Ukraine-Turkmenistan gas deal, in: ITAR-TASS World Service, 01.01.2006; Russia blocking Turkmen gas transit to Ukraine: Gazprom, in: Agence France Presse, 02.01.2006; Gazprom owns gas coming from Turkmenistan for transit to Europe – Khristenko (Part 2), in: Interfax News Service, 03.01.2006; Naftogaz Ukrainy denies unauthorized use of transit gas, in: Interfax News Service, 02.01.2006.

konnte eine Einigung zwischen Russland und der Ukraine erzielt werden, die auch indirekt Auswirkungen auf die Gasexporte Turkmenistans hatte. Naftogaz und Gazprom schlossen einen Vertrag mit einer Laufzeit von fünf Jahren, wonach die Ukraine ihr Gas von RosUkrEnergo anstatt von Gazprom beziehen sollte. Ferner war die Gründung eines Joint Ventures zwischen Naftogaz und RosUkrEnergo für den Vertrieb des Gases in der Ukraine vorgesehen. Für die erste Jahreshälfte wurde ein Preis von 95 US-Dollar pro 1.000 m³ vereinbart. Insbesondere Gasvolumen aus Turkmenistan sollten von der Gazprom-Tochter Gazexport zu einem vergleichsweise niedrigen Preis aufgekauft und anschließend an RosUkrEnergo weiterverkauft werden.[458] Durch dieses Abkommen wurde es Gazprom ermöglicht, die Ukraine weiterhin zu einem vergleichsweise günstigen Preis mit Erdgas zu versorgen und damit den Transit der russischen Gasexporte nach Europa mittels des ukrainischen Pipelinesystems sicherzustellen.[459]

Die ukrainische Regierung verfolgte hingegen weiterhin das Interesse, einen langfristigen Liefervertrag mit Turkmenistan zu schließen. Bei Realisierung des beabsichtigten Abkommens mit einer Laufzeit von 2007 bis 2031 sowie einem jährlichen Liefervolumen von bis zu 60 Mrd. m³ wäre der Importbedarf der Ukraine weitestgehend gedeckt und diese folglich nicht mehr oder nur in geringem Umfang auf Lieferungen des Unternehmens RosUkrEnergo angewiesen gewesen.[460]

Diesbezügliche Gespräche wurden allerdings von verschiedenen Differenzen überlagert und führten zu keinem Ergebnis. Präsident Nijasow bestand auf der Tilgung ausstehender Schulden als Vorbedingung für weitere Gaslieferungen, wohingegen die Ukraine bestritt, im Zahlungsrückstand zu sein.[461] Zwar konnte diese Auseinandersetzung zeitnah beigelegt werden,[462] doch trat bei anschließenden Verhandlungen im Juni 2006 ein neuer Konflikt über die Lieferkonditionen auf. Die turkmenische Regierung vertrat den Standpunkt, dass der im Dezember 2005 geschlossene Vertrag

---

458 Die Gasbalance RosUkrEnergos sollte neben 41 Mrd. m³ aus Turkmenistan auch noch bis zu sieben Mrd. m³ aus Usbekistan, bis zu acht Mrd. m³ aus Kasachstan und bis zu 17 Mrd. m³ aus Russland beinhalten. Vgl. Stern, Jonathan: The Russian-Ukrainian gas crisis of January 2006, Oxford: Oxford Institute for Energy Studies, January 2006, S. 9 f.
459 Zum damaligen Zeitpunkt wurden rund 80 Prozent der Gasexporte Gazproms nach Europa durch den Transit durch ukrainisches Territorium realisiert. Vgl. Belton, Catherine: Turkmens may seek new deal, in: The Moscow Times, 16.01.2006.
460 Vgl. Ukraine, Turkmenistan to sign 25-year gas supply deal in March, in: Platts Commodity News, 24.01.2006.
461 Vgl. Turkmen Pres demands Ukraine pay debts for gas deliveries, in: Dow Jones International News, 17.02.2006; No more gas deals until debts paid, Turkmen leader tells Ukraine (Turkmen TV First Channel) in: BBC Monitoring Central Asia, 18.02.2006; Turkmenistan urges Ukraine to clear natural gas debts, in: Platts Commodity News, 20.02.2006; Lisova, Natasha: Ukraine denies that it owes Turkmenistan for gas supplies, in: Associated Press Newswires, 21.02.2006.
462 Vgl. Ukraine, Turkmenistan settle gas differences, in: RIA Novosti, 31.03.2006.

zwischen der Ukraine und Turkmenistan überholt sei, da Gazprom im Anschluss keine Genehmigung für den Transport des Gases durch Russland in die Ukraine erteilt habe. Aufgrund dessen schlug Turkmenistan der Ukraine einen neuen Vertrag über die Lieferung von Erdgas im vierten Quartal zu einem Preis von 100 US-Dollar pro 1.000 m³ vor. Dies wurde von der ukrainischen Seite abgelehnt. Sie bestand auf der Gültigkeit des im Dezember 2005 geschlossenen Abkommens, das Lieferungen zu einem Preis von 60 US-Dollar vorsah.[463]

Parallel führte Turkmenistan mit Russland Verhandlungen, die allerdings aufgrund von Preisdifferenzen zunächst nicht zum Erfolg führten (Kap. 3.3.4). Stattdessen verständigten sich Russland und die Ukraine im August 2006 darauf, eine gemeinsame Position gegenüber Turkmenistan im Rahmen der Verhandlungen über Gaslieferungen einzunehmen und ihr Handeln miteinander abzustimmen, wodurch der Preis auf dem bisherigen Niveau gehalten werden sollte, damit die Ukraine auch weiterhin Gas zu einem Preis von 95 US-Dollar pro 1.000 m³ von RosUkrEnergo würde beziehen können.[464]

Allerdings hielt sich Russland nicht an diese Übereinkunft, da es bereits Anfang September ein neues Abkommen mit Turkmenistan schloss, das nicht nur die Steigerung des Liefervolumens für das laufende Jahr um zwölf Mrd. m³ bzw. für den Zeitraum von 2007 bis 2009 Lieferungen in Höhe von jährlich 50 Mrd. m³, sondern auch eine Erhöhung des Preises auf 100 US-Dollar pro 1.000 m³ vorsah (Kap. 3.3.4).

Durch diesen Liefervertrag waren die Transportkapazitäten des CAC-Pipelinesystems für die kommenden Jahre vollständig ausgelastet, sodass der Abschluss eines etwaigen neuen Liefervertrages zwischen der Ukraine und Turkmenistan keine Option mehr darstellte. Die turkmenische Regierung konnte ihre Forderungen durchsetzen und es bestand die Aussicht auf die Ausweitung der Exporte zu besseren Konditionen, denn schließlich sah das Abkommen mit Russland im Zeitraum von 2007 bis 2009 Lieferungen in Höhe von 150 Mrd. m³ zu deutlich höheren Preisen vor. Gazprom dürfte es hingegen nicht schwer gefallen sein, den Forderungen Turkmenistans nachzugeben, da die Preiserhöhung an die Ukraine weitergegeben wurde, sodass sich der Importpreis auf insgesamt 130 US-Dollar pro 1.000 m³ erhöhte. Für die Ukraine bedeutete das Abkommen hingegen die vollständige Abhängigkeit von Russland, da die Lieferungen aus Turkmenistan über Gazprom bzw. RosUkrEnergo

---

463 Vgl. Vershinin, Alexander: Turkmenistan says gas contract with Ukraine invalid, Ukraine denies it, in: Associated Press Newswires, 30.06.2006.
464 Vgl. Ukrainian PM says Russia, Ukraine team up over Turkmen gas export price, in: Prime-TASS Energy Service (Russia), 17.08.2006; Elliot, Stuart: Ukraine, Russia to act jointly on Turkmenistan; PM Yanukovych and President Putin want coordinated action on gas, in: Platts Oilgram News, 18.08.2006.

abgewickelt wurden, was allerdings mit Beginn des Jahres 2007 ohnehin vorgesehen war (Kap. 3.2.7.2).[465]

In den Folgejahren bemühte sich die Ukraine vergeblich wiederholt um einen direkten Liefervertrag mit Turkmenistan.[466] Stattdessen etablierte sich Russland als größter Importeur von turkmenischem Erdgas,[467] wie im Folgenden dargestellt wird.

3.3 Der Gashandel zwischen Turkmenistan und Russland

3.3.1 Die Anfänge des turkmenisch-russischen Gashandels

Wie bereits im Rahmen der Analyse des turkmenisch-ukrainischen Gashandels dargestellt, waren die Energiebeziehungen zwischen Turkmenistan und Russland in den 1990er-Jahren aufgrund der Schwierigkeiten Turkmenistans in Bezug auf seinen Gashandel im postsowjetischen Raum (und darüber hinaus) von Spannungen geprägt. Mit Übernahme der Regierungsgeschäfte durch Präsident Putin veränderte sich die Situation grundlegend. Eines seiner erklärten Ziele bestand bzw. besteht darin, den Prozess des fortschreitenden schwindenden Einflusses Russlands im postsowjetischen Raum zu stoppen und dessen Machtposition wiederherzustellen. Zur Stärkung der Machtstellung Russlands in energiepolitischen Fragen und zur Durchsetzung von Interessen den Transport von Öl und Gas aus der Kaspischen Region betreffend forderte er –, nicht zuletzt auch, um den Einfluss des Westens bzw. westlicher Energiekonzerne zu begrenzen –, ein aktiveres Engagement russischer Energiekonzerne im Kaspischen Raum (Kap. 1.10.4.1).[468]

---

465 Vgl. Gazprom will pay more for gas from Turkmenistan (Nezavisimaya Gazeta), in: WPS: What the papers say, 06.09.2006; Petroleum & gas. Russia, in: Economist Intelligence Unit - Business Eastern Europe, 11.09.2006; Korchagina, Valeria: Turkmen Gas to be hiked by 50%, in: The Moscow Times, 06.09.2006; Turkmen deal threatens Ukraine, in: Platts Energy in East Europe, 15.09.2006; Ukraine confirms 55 Gm3 of gas to be delivered in 2007 at $130/Km³, in: European Spot Gas Markets, 24.10.2006; 130 per thousand cubic meters of gas Ukraine makes political concessions in exchange for lower gas prices (Kommersant), in: WPS: What the Papers Say, 25.10.2006.
466 Siehe z. B.: Ukraine eyes Turkmen gas, in: International Oil Daily, 14.03.2012; Gurt, Marat: Ukraine Turkmenistan talk on reviving gas supply, in: Reuters, 13.02.2013, http://www.reuters.com/article/turkmenistan-ukraine-gas-idUSL5N0BD71620130213 (Zugriff: 14.03.2016); Powell, William: Ukrainian president returns with no news of Turkmenistan gas deal, in: Platts Commodity News, 17.09.2009.
467 Inzwischen ist China an die Stelle Russlands als größter Abnehmer turkmenischen Erdgases getreten (Kap. 2.2.5).
468 Vgl. Jonson, Lena: The new geopolitical situation in the Caspian region, in: Chufrin, Gennady (ed.): The Security of the Caspian Sea Region, New York: Oxford University Press, 2001, S. 11-32, hier S. 15.

Vor diesem Hintergrund ist das im Dezember 1999 zwischen Russland und Turkmenistan unterzeichnete Abkommen über die Lieferung von 20 Mrd. m³ für das Jahr 2000 zu sehen. Der Preis betrug 36 US-Dollar pro 1.000 m³ an der turkmenisch-usbekischen Grenze und es wurde ein Barter-Anteil von 60 Prozent vereinbart. Die Abwicklung des Geschäftes erfolgte durch das Unternehmen Itera.[469] Zwar begründete der damalige Gazprom-Vorsitzende diesen Schritt des Unternehmens mit der unerlaubten Gasentnahme durch die Ukraine, wodurch Gazprom nicht mehr ausreichend Gas zur Verfügung stehen würde, um sowohl den heimischen Markt versorgen als auch seinen Exportverpflichtungen nachkommen zu können,[470] allerdings ist davon auszugehen, dass die parallel geführten Verhandlungen über den Bau einer trans-

---

469 Anschließend unterzeichneten Turkmenistan und Itera im August 2000 ein zusätzliches Lieferabkommen mit einem Volumen von zehn Mrd. m³ zu einem Preis von 38 US-Dollar pro 1.000 m³. 40 Prozent sollten in harter Währung und 60 Prozent in Form von Waren und Dienstleistungen gezahlt werden. Für 2001 konnte zunächst kein Liefervertrag geschlossen werden, nicht zuletzt wegen der Übereinkunft zwischen Turkmenistan und der Ukraine. Da das zuvor geschlossene turkmenisch-ukrainische Abkommen unter anderem die Lieferung von 30 Mrd. m³ zu einem Preis von 40 US-Dollar pro 1.000 m³ vorsah (Kap. 3.2.6), forderte die turkmenische Regierung bei Verhandlungen mit Itera, das 30 bis 40 Mrd. m³ im Jahr 2001 aus Turkmenistan beziehen wollte – was wegen der Lieferverpflichtungen Turkmenistans gegenüber der Ukraine sowie der damals bestehenden Transportkapazitäten nicht umsetzbar war – ebenfalls einen Preis von 40 US-Dollar pro 1.000 m³ (Barter-Anteil 50 Prozent). Itera wollte hingegen an den Konditionen des bestehenden Abkommens festhalten, da sich nach Auffassung des Unterernehmens der Abnehmer im postsowjetischen Raum eine solche Preiserhöhung nicht würden leisten können. Itera erklärte außerdem, dass von den vertraglich vereinbarten zehn Mrd. m³ bis zum Jahresende lediglich sechs Mrd. m³ geliefert worden seien, und schlug die Fortführung der Lieferungen zu den ursprünglichen Konditionen im ersten Quartal 2001 vor. Nach dem Scheitern der Verhandlungen wurden die Erdgaslieferungen zum Jahreswechsel eingestellt. Die turkmenische Regierung begründete diesen Schritt mit dem Fehlen rechtsgültiger Dokumente für Gaslieferungen im Jahr 2001. Eine Einigung zwischen Russland und Turkmenistan wurde im Februar 2001 erzielt. Danach war vorgesehen, dass Itera zehn Mrd. m³ zu einem Preis von 40 US-Dollar pro 1.000 m³ von Turkmenistan an der usbekisch-turkmenischen Grenze bezieht. Die Bezahlung sollte je zur Hälfte in harter Währung und in Form von Waren erfolgen. Anfang März wurden die Lieferungen nach Russland wieder aufgenommen. Vgl. Turkmenistan to sell gas to Russia in 2000, in: Interfax Companies & Commodities, 18.12.1999; Turkmenistan resumes gas supplies to Ukraine, in: Interfax Petroleum Report, 22.11.2000; Kurbanova, Anna: Turkmen leader, Itera chief discuss gas contract for 2001, in: ITAR Tass, 12.12.2000; Itera/Turkmenistan fail to agree. (Brief Article), in: FRBSF Economic Letter, 15.12.2000; Turkmenistan to cut gas to Russia on new year's eve (Interfax News Agency), in: BBC Monitoring Newsfile, 31.12.2000; Turkmenistan cuts off gas deliveries to Russia, in: Reuters News, 01.01.2001; Turkmenistan set to halt natural gas supplies to Russia, in: Interfax Central Asia News, 01.01.2001; Turkmens, Itera agree 10bcm '01 Russia gas supplies, in: Reuters News, 16.02.2001; Itera plans to continue talks with Turkmenistan on gas supplies in 2001, in Interfax Daily Petroleum Report, 03.01.2001; Baturin, Andrei: New Turkmen gas price unaffordable for CIS countries, in: ITAR TASS: COMTEX, 03.01.2001; Turkmenistan has started to supply natural gas to Russia under contract with Itera, in: Interfax: Daily Petroleum Report, 05.03.2001.

470 Vgl. Russia blames Ukraine for need to import Turkmen gas (ITAR-TASS News Agency), in: BBC Monitoring Former Soviet Union - Economic, 18.12.1999; Turkmenistan agrees gas sales to Russia, but not Ukraine, in: Interfax Petroleum Report, 05.01.2000.

kaspischen Pipeline (I), die den Export von turkmenischem Erdgas in die Türkei und nach Europa unter Umgehung des russischen Territoriums ermöglicht hätte, in diesem Zusammenhang ebenfalls von Bedeutung war. Schließlich bot Gazprom parallel die Unterzeichnung eines langfristigen Gashandelsabkommens mit einem umfangreichen jährlichen Liefervolumen an, das sicherlich nicht zuletzt auch dem Zweck diente, die turkmenische Regierung davon zu überzeugen, Abstand von dem US-gestützten Pipelineprojekt zu nehmen (Kap. 4.3),[471] was zu den Interessen Russlands in Bezug auf die Erdgasimporte aus Turkmenistan überleitet.

3.3.2 Die Interessen Russlands in Bezug auf die Erdgasimporte aus Turkmenistan

Neben dem Interesse, die Umsetzung von Pipelineprojekten zum Export von turkmenischem Erdgas in die Türkei und nach Europa unter Umgehung russischen Territoriums durch eine Intensivierung des Erdgashandels mit Turkmenistan zu verhindern – ein Aspekt, der auch in Bezug auf die Frage turkmenischer Gaslieferungen für den „Südlichen Korridor" von Bedeutung ist (Kap. 4.4) –, verfolgte Gazprom durch den Import von turkmenischem Erdgas weitere Ziele, wobei an dieser Stelle insbesondere der Ausgleich der Gasbilanz des russischen Energiekonzerns zu erwähnen ist.

Grundsätzlich zeichneten sich potenzielle Probleme des Unternehmens in Bezug auf die Versorgung des russischen Marktes und die Einhaltung der eingegangenen Exportverpflichtungen ab, da sich der Gasbedarf Russlands vergrößerte und auch die Exporte ansteigen sollten[472], während wesentliche in Betrieb befindliche Felder des

---

471 Schon vor der Unterzeichnung des Abkommens unterbreitete der Gazprom-Chef Vyakhirev dem turkmenischen Präsidenten ein Kooperationsangebot. Danach würde Gazprom 20 bis 50 Mrd. m³ Erdgas jährlich von Turkmenistan zu einem Preis von 30 bis 32 US-Dollar pro 1.000 m³ kaufen. 30 Prozent sollten in harter Währung, 70 Prozent in Form von Waren bezahlt werden. Somit entsprachen die in diesem Vorschlag enthaltenen Konditionen weitestgehend denen, die bereits im Rahmen der Gaskrise 1997/98 Turkmenistan angeboten und von Präsident Nijasow als unzureichend abgelehnt worden waren (Kap. 3.2.4). Folglich lehnte die turkmenische Regierung auch dieses Angebot ab. Präsident Nijasow erklärte aber in diesem Zusammenhang, dass Turkmenistan bereit sei, Gas zu einem Preis von 42 US-Dollar pro 1.000 m³ zu verkaufen, wobei die Bezahlung zu 50 Prozent in harter Währung erfolgen solle. Vgl. Peterplesnin, Mikhail: Vyakhirev ready for compromise, in: Nezavisimaya Gazeta, 18.12.1999; Stern, Jonathan P.: The Future of Russian Gas and Gazprom, Oxford: Oxford University Press, 2005, S. 73 f.
472 Die Exporte nach Europa sollten von 130 Mrd. m³ auf 180 Mrd. m³/Jahr bis zum Jahr 2008 ansteigen. Vgl. Gazprom turns to Turkmenistan to meet gas shortfall, in: European Gas Markets, 01.01.2000; UPDATE 1-Russia Gazprom signs 25-yr Turkmen gas import deal, in: Reuters News, 10.04.2003.

russischen Gaskonzerns Produktionsrückgänge verzeichneten.[473] Zur Aufrechterhaltung bzw. Ausweitung der Produktion bestand umfangreicher Investitionsbedarf in die Erschließung neuer Lagerstätten, über die Gazprom zwar verfügt, deren Erschließung jedoch aufgrund ihrer Lage technisch kompliziert und somit äußerst kosten- und zeitintensiv ist. Dabei war Gazprom nicht zuletzt durch seine Verpflichtungen zur Versorgung des russischen Absatzmarktes mit seinen immensen Zahlungsausfällen verschuldet.[474] Der Import von umfangreichen Volumen aus Turkmenistan war damit eine attraktive Alternative, denn schließlich konnten so notwendige Investitionen in die Erschließung und die Produktion hinausgezögert und trotzdem die bestehenden bzw. zukünftigen Lieferverpflichtungen eingehalten werden.[475]

Außerdem konnte Gazprom turkmenisches Erdgas zu im Vergleich zu den Preisen auf den europäischen Absatzmärkten sehr günstigen Konditionen beziehen (Abb. 36). Darüber hinaus wurde es Russland ermöglicht, die Exportkapazitäten Turkmenistans an sich zu binden, sodass Pipelineprojekte, die mit der Zielsetzung konzipiert wurden, turkmenisches Erdgas unter Umgehungen des russischen Territoriums in die Türkei und nach Europa zu transportieren, kaum Aussicht auf Realisierung hatten (Kap. 4). Aufgrund dieser Faktoren strebte Russland den Abschluss eines langfristigen Liefervertrages mit Turkmenistan an, der nach langwierigen Verhandlungen im April 2003 unterzeichnet wurde, wie in den folgenden Ausführungen erläutert wird.

3.3.3 Der Abschluss des langfristigen Liefervertrages zwischen Turkmenistan und Russland

Im Frühjahr des Jahres 2000 wurde eine Kommission bestehend aus Gazprom, Itera und dem stellvertretenden Ministerpräsidenten Turkmenistans gegründet, um ein langfristiges Gashandelsabkommen zwischen Russland und Turkmenistan zu konzipie-

---

473 Die jährliche Produktion der russischen Gasfelder Urengoi und Jamburg verringerte sich von insgesamt 418,7 Mrd. m³ im Jahr 1996 auf 361,3 im Jahr 2000 und 286,9 Mrd. m³ im Jahr 2004. Zusätzlich wurde ein weiterer Rückgang der Produktion erwartet. Vgl. Stern, Jonathan P.: The Future of Russian Gas and Gazprom, Oxford: Oxford University Press, 2005, S. 9, 32.
474 Der Gasverbrauch in Russland wurde subventioniert und darüber hinaus kam es auch hier zu Zahlungsausfällen. 1999 wurden z. B. nur ca. 40 Prozent der Gaslieferungen Gazproms an Abnehmer in Russland bezahlt. Trotzdem war das Unternehmen verpflichtet, die meisten der säumigen Kunden weiterhin zu beliefern. Vgl. Gazprom turns to Turkmenistan to meet gas shortfall, in: European Gas Markets, 01.01.2000; Neff, Andrew: FSU Regional-Russia, Turkmenistan sign massive gas deal, in: WMRC Daily Analysis, 11.04.2003.
475 Vgl. Gazprom and Turkmenistan sign 25-year supply deal, in: European Spot Gas Markets, 15.04.2003; Russia, Turkmenistan Axis, in: World Gas Intelligence, 16.04.2003; Neff, Andrew: FSU Regional-Russia, Turkmenistan sign massive gas deal, in: WMRC Daily Analysis, 11.04.2003.

3.3 Der Gashandel zwischen Turkmenistan und Russland

ren.[476] Im Mai des Jahres 2000 schienen sich die Gespräche weiter zu konkretisieren und nach dem zum damaligen Zeitpunkt konzipierten Liefervertrag war der Import von 30 Mrd. m³ im Jahr 2001 sowie 40 Mrd. m³ im Jahr 2002 aus Turkmenistan vorgesehen. Anschließend sollte das Liefervolumen auf 50 bis 60 Mrd. m³ pro Jahr ansteigen. Ein verbindlicher Vertrag konnte allerdings aufgrund von Differenzen über den Preis zunächst nicht unterzeichnet werden.[477] Durch die fortwährenden unterschiedlichen Auffassungen in Bezug auf die Frage der Preisgestaltung[478] wurde erst im April 2003 ein zwischenstaatliches Gaskooperationsabkommen mit einer Laufzeit von 25 Jahren geschlossen, das den Rahmen für den weiteren Gashandel zwischen beiden Ländern bildete. Als wesentlicher Bestandteil des Kooperationsabkommens ist der zwischen Turkmenneftegaz und Gazexport geschlossene langfristige Liefervertrag mit einer Laufzeit von ebenfalls 25 Jahren, vom 1. Januar 2004 bis zum 31. Dezember 2028, zu sehen, wonach eine deutliche Steigerung des Exportvolumens ab dem Jahr 2007 auf 60 Mrd. m³ bzw. ab 2009 auf 70 Mrd. m³ vorgesehen war (Tab. 14).[479]

---

476 Es handelte sich zunächst um geplante Liefervolumen von jährlich bis zu 50 Mrd. m³ über einen Zeitraum von 30 Jahren. Vgl. Stern, Jonathan P.: The Future of Russian Gas and Gazprom, Oxford: Oxford University Press, 2005, S. 74.
477 Turkmenistan forderte 42 US-Dollar pro 1.000 m³ an der turkmenisch-usbekischen Grenze, während Russland nur 36 US-Dollar pro 1.000 m³ anbot. Vgl. Stern, Jonathan P.: The Future of Russian Gas and Gazprom, Oxford: Oxford University Press, 2005, S. 74; Russia to import more gas from Turkmenistan, in: Interfax Petroleum Report, 07.06.2000.
478 Im Januar 2002 bestand Turkmenistan auf einem Preis von 40 US-Dollar pro 1.000 m³, den Russland mit dem Verweis auf den Preis von 16 US-Dollar pro 1.000 m³ auf dem russischen Markt ablehnte, da das turkmenische Gas für die Versorgung des einheimischen Marktes vorgesehen war. Im weiteren Verlauf des Jahres erhöhte Turkmenistan seine Forderungen auf zunächst 42 US-Dollar pro 1.000 m³. Anscheinend ging die turkmenische Seite davon aus, dass Gazprom nicht genügend Gas für das Blue Stream-Projekt (Kap. 4.3.6.3.2) zur Verfügung haben würde und so einem Preis von 42 US-Dollar pro 1.000 m³ zustimmen müsse. Anschließend forderte Turkmenistan 44 bis 45 US-Dollar pro 1.000 m³. Russland war hingegen nur bereit, einen Preis von 32 bis 33 US-Dollar pro 1.000 m³ zu bezahlen. Vgl. Paper looks at reasons for Russia's failure to strike gas deal with Turkmenistan (Nezavisimaya Gazeta), in: BBC Monitoring Former Soviet Union - Economic, 22.01.2002; Kazakhstan and Uzbekistan to compete against Turkmenistan for right to ship gas to Russia (Rusenergy.com), in: Russian Oil & Gas Report, 19.04.2002; Turkmenistan plans to increase gas prices for Russia, Interfax Daily Petroleum Report, 21.08.2002.
479 Vgl. Gazprom and Turkmenistan sign 25-year supply deal, in: European Spot Gas Markets, 15.04.2003; Russia, Turkmenistan Axis, in: World Gas Intelligence, 16.04.2003; Neff, Andrew: FSU Regional-Russia, Turkmenistan sign massive gas deal, in: WMRC Daily Analysis, 11.04.2003.

Jahr	Liefervolumen	Jahr	Liefervolumen
2004	5 – 6 Mrd. m³	2007	60 – 70 Mrd. m³
2005	6 – 7 Mrd. m³	2008	63 – 73 Mrd. m³
2006	bis zu 10 Mrd. m³	ab 2009	70 – 80 Mrd. m³

Tabelle 14: Geplante Erdgasexporte Turkmenistans nach Russland

Quelle: Eigene Darstellung nach Gazprom and Turkmenistan sign 25-year supply deal, in: European Spot Gas Markets, 15.04.2003.

Ferner vereinbarten beide Seiten einen Preis von 44 US-Dollar pro 1.000 m³ (Barter-Anteil 50 Prozent) ab dem Jahr 2004, was den damaligen Konditionen entsprach, zu denen die Ukraine Erdgas aus Turkmenistan bezog (Kap. 3.2.7.1).[480]

Nach Angaben von Gazprom war zusätzlich vorgesehen, den Preis ab 2007 nach einer Formel zu bilden, die auch im Rahmen von Verträgen zwischen Gazprom und seinen europäischen Abnehmern verwendet wurde und sich an dem Preis von Ölprodukten orientieren sollte, was allerdings nicht vertraglich festgelegt wurde. Darüber hinaus waren im Rahmen des Kooperationsabkommens der Ausbau bestehender und der Bau neuer Gaspipelines, ein Technologieaustausch, gemeinsame Anstrengungen zur Versorgung internationaler Märkte und die Beteiligung Russlands an der Erschließung neuer Gasfelder in Turkmenistan geplant.[481]

Zur Durchsetzung übergeordneter Interessen war die russische Regierung offensichtlich zu Zugeständnissen gegenüber Turkmenistan bereit, denn letztendlich akzeptierte sie einen Preis von 44 US-Dollar pro 1.000 m³, obwohl zuvor lediglich ein Preis von 32 bis 33 US-Dollar pro 1.000 m³ geboten wurde,[482] und stellte zusätzlich die Anpassung des Preisniveaus auf das der Absatzmärkte Gazproms in Europa in Aussicht.

Für die russische Regierung bedeutete das Gaskooperationsabkommen einen wichtigen Schritt hin zur vollständigen Kontrolle des Gashandels im postsowjetischen Raum, wie der deutliche Anstieg des geplanten Liefervolumens ab 2007, also nach Ablauf des turkmenisch-ukrainischen Gashandelsabkommens vom Mai 2001 mit einer Laufzeit bis einschließlich 2006 (Kap. 3.2.7.1), verdeutlicht. Eine Steigerung der

---

480 Vgl. Russia, Turkmenistan Axis, in: World Gas Intelligence, 16.04.2003; Gazprom and Turkmenistan sign 25-year supply deal, in: European Spot Gas Markets, 15.04.2003.
481 Vgl. Stern, Jonathan P.: The Future of Russian Gas and Gazprom, Oxford: Oxford University Press, 2005, S. 77; Putin, Niyazov sign deal on long-term supplies of Turkmen gas, in: Prime-TASS Energy Service (Russia), 10.04.2003; Gazprom and Turkmenistan sign 25-year supply deal, in: European Spot Gas Markets, 15.04.2003; Russia, Turkmenistan Axis, in: World Gas Intelligence, 16.04.2003.
482 Siehe S. 207.

3.3 Der Gashandel zwischen Turkmenistan und Russland

Exportkapazitäten Turkmenistans, die parallel ab dem Jahr 2007 eine Versorgung der Ukraine ermöglicht hätte, schien nicht realistisch. Zusätzlich ließ die Transportkapazität des CAC-Pipelinesystem nur turkmenische Exporte in Höhe von rund 45 Mrd. m³ pro Jahr zu (Kap. 2.2.8.1), sodass ein Ausbau bzw. eine Instandsetzung des Pipelinesystems hätte erfolgen müssen, um allein die Exporte nach Russland ermöglichen zu können.[483] Somit liegt der Schluss nahe, dass Russland mit Ablauf des turkmenisch-ukrainischen Handelsabkommens die Versorgung der Ukraine, wenn auch gegebenenfalls mit turkmenischem Erdgas, selbst übernehmen wollte.[484] Ferner ist zu berücksichtigen, dass durch die Abnahme des turkmenischen Gases durch Gazprom die Exportkapazitäten Turkmenistans weitestgehend an Russland gebunden waren. Folglich schien aus russischer Perspektive gewährleistet, dass der Export von turkmenischem Erdgas unter Umgehung Russlands in die Türkei und nach Europa keine Option mehr sei, was zum damaligen Zeitpunkt nicht unbedeutend war, da die EU-Kommission begann, die Realisierung des „Südlichen Korridors" voranzutreiben, über den gegebenenfalls auch Erdgas aus Turkmenistan nach Europa transportiert werden sollte (Kap. 4.4).[485] Dementsprechend schien Russland nicht nur die Kontrolle über die Erdgasexporte Turkmenistans im postsowjetischen Raum zu übernehmen, sondern zusätzlich zu verhindern, dass turkmenisches Erdgas auf dem für Russland bedeutendsten Absatzmarkt Europa mit russischem Erdgas in Konkurrenz treten würde.[486]

Gazprom profitierte von dem Abkommen in mehrfacher Hinsicht. Zwar argumentierte der russische Gaskonzern im Rahmen der Verhandlungen, dass die Gasimporte aus Turkmenistan zur Deckung des Binnenbedarfs genutzt werden sollten und folglich die turkmenische Regierung ihre Preisforderungen senken müsse, da der Preis auf dem russischen Binnenmarkt zum damaligen Zeitpunkt 21,5 US-Dollar pro 1.000 m³ betrug. Allerdings standen durch die turkmenischen Lieferungen größere Volumen für den Export nach Europa zur Verfügung, die das etwaige Verlustgeschäft mit dem Absatz des turkmenischen Gases auf dem russischen Markt mehr als ausgeglichen haben dürften. Die Differenz zwischen dem Preis auf dem russischen Markt und dem Preis für turkmenisches Gas bezifferte sich zum damaligen Zeitpunkt auf 22,5 US-Dollar pro 1.000 m³, wohingegen sich die Differenz zwischen dem Preis

---

483 Zwar verständigten sich Russland, Kasachstan und Turkmenistan im Jahr 2007 auf den Ausbau des CAC-Pipelinesystems (Kap 3.3.5), die Realisierung erfolgte allerdings nicht, da Gazprom ab 2009 die Importe aus Turkmenistan drastisch reduzierte (Abb. 26).
484 Vgl. Stern, Jonathan P.: The Future of Russian Gas and Gazprom, Oxford: Oxford University Press, 2005, S. 77.
485 Vgl. UPDATE 1-Russia Gazprom signs 25-yr Turkmen gas import deal, in: Reuters News, 10.04.2003; Raff, Anna: Russian gas deal keeps Turkmenistan arm's length from EU, in: Dow Jones International News, 11.04.2003.
486 Vgl. Neff, Andrew: FSU Regional-Russia, Turkmenistan sign massive gas deal, in: WMRC Daily Analysis, 11.04.2003.

für russisches Gas an der deutschen Grenze und dem Preis für turkmenisches Gas zum Zeitpunkt der Vertragsunterzeichnung auf über 70 US-Dollar pro 1.000 m³ bezifferte. Ferner bestand für Gazprom die Möglichkeit, das turkmenische Gas gewinnbringend nach Europa zu re-exportieren. Bei einem Bezugspreis von 44 US-Dollar pro 1.000 m³ bliebe Gazprom trotz der Transportkosten eine erhebliche Gewinnspanne (Abb. 36).[487]

Die turkmenische Regierung vollzog mit der Unterzeichnung des langfristigen Kooperationsabkommens endgültig eine Kehrtwende in Bezug auf ihre Diversifizierungsbestrebungen in Richtung Westen. Nachdem sie insbesondere in den 1990er-Jahren eine Diversifizierung der Gasexporte bzw. Exportinfrastruktur anstrebte, um die Abhängigkeit von Russland und dem russischen Pipelinesystem zu verringern (Kap. 4.2 und Kap 4.3), bedeutete das Kooperationsabkommen eine Festlegung auf Russland als strategischen Partner im Energiebereich (Kap. 1.10.5.1).

Aus der Perspektive Turkmenistans bestanden trotz damit verbundener Abhängigkeiten gewichtige Gründe, die Energiepartnerschaft mit Russland einzugehen. Die angestrebte Diversifizierung der Erdgasexporte Turkmenistans hatte zum damaligen Zeitpunkt kaum Fortschritte erzielen können.[488] Das US-gestützte Projekt transkaspische Pipeline (I) war zu diesem Zeitpunkt bereits gescheitert, Pipelineprojekte für den Export nach China waren noch nicht weit fortgeschritten und die bereits in den 1990er-Jahren geplante Pipeline via Afghanistan nach Pakistan erschien zwar nach der Intervention in Afghanistan wieder als eine mögliche Option, befand sich aber noch im Anfangsstadium.[489] Dementsprechend stellte der Export nach Russland bzw. der mittels des russischen Pipelinesystems die einzige vorhandene Möglichkeit zur Vermarktung umfangreicher Volumen turkmenischen Erdgases dar.

Das Abkommen nutzte Turkmenistan, da so der langfristige Absatz umfangreicher Volumen und damit stabile Einnahmen aus dem Gasexport gesichert schienen. Mit der Aussicht auf eine Preisanpassung ab 2007, die sich an dem Preis für russisches Gas auf den europäischen Märkten orientieren sollte, verringerte sich aus der Perspektive der turkmenischen Regierung auch die Notwendigkeit, Erdgas über das russische Pipelinesystem oder unter dessen Umgehung nach Europa zu exportieren. Außerdem verbesserte sich durch die Vereinbarung mit Russland die Verhandlungsposition Turkmenistans gegenüber anderen bestehenden und potenziellen Abnehmern.

---

487 Vgl. UPDATE 1-Russia Gazprom signs 25-yr Turkmen gas import deal, in: Reuters News, 10.04.2003; IMF: Natural Gas, Russian Natural Gas border price in Germany, US$ per thousands of cubic meters of gas zit. nach Wikiposit.org, http://wikiposit.org/w?filter=Finance/Commodities/IMF%20Primary%20Commodity%20Prices/ (Zugriff: 04.08.2011).
488 Lediglich der Iran bezog vergleichsweise geringe Volumen aus Turkmenistan zur Versorgung der nordöstlichen Regionen des Landes (Kap. 4.2.5).
489 Vgl. Olcott, Martha Brill: International Gas Trade in Central Asia: Turkmenistan, Iran, Russia and Afghanistan, Stanford, CA: Stanford University, Stanford Institute for International Studies, May 2004, S. 27.

Insbesondere die ukrainische Regierung, die ebenfalls ein langfristiges Gashandelsabkommen mit Turkmenistan anstrebte, hegte Bedenken, da bei Umsetzung des russisch-turkmenischen Abkommens Turkmenistan aller Wahrscheinlichkeit nach nicht über die Export- und Transportkapazitäten ab 2007 verfügen würde, um auch die Ukraine parallel versorgen zu können, sodass die vollständige Abhängigkeit von Importen aus Russland drohte (Kap. 3.2.8).

Die Gashandelsbeziehungen zwischen Turkmenistan und Russland waren nach Abschluss des langfristigen Liefervertrages nicht frei von Konflikten, da Präsident Nijasow auch gegenüber Russland einen höheren Preis durchsetzen wollte, wie die folgenden Ausführungen verdeutlichen.

3.3.4 Differenzen über die Preisgestaltung

Nach der Unterzeichnung des Abkommens intensivierten sich zwar die turkmenisch-russischen Gashandelsbeziehungen, doch waren diese zunächst durch den bereits im Zusammenhang mit der Ukraine geschilderten Gaskonflikt 2004/05 einer kurzzeitigen Belastung ausgesetzt.

Wie gegenüber der Ukraine forderte Präsident Nijasow auch von Russland eine Erhöhung des Preises auf 60 US-Dollar pro 1.000 m³ ab 2005, was jedoch Gazprom mit dem Verweis auf den bestehenden Vertrag zwischen Gazexport und Turkmengaz, der Erdgaslieferungen im Zeitraum von 2004 bis 2006 zu einem Preis von 44 US-Dollar pro 1.000 m³ vorsah, ablehnte.[490]

Da anschließend keine Einigung über den Preis erzielt werden konnte, stellte Turkmenistan die Exporte nach Russland ebenfalls ein, begründete dies allerdings nicht, wie im Falle der Ukraine, mit einem fehlenden gültigen Liefervertrag, sondern mit Wartungsarbeiten an der Exportpipeline.[491] Infolge des Vertragsabschlusses mit der Ukraine vom Januar 2005 forderte Turkmenistan auch gegenüber Gazprom anschließend einen Preis von 58 US-Dollar pro 1.000 m³, während die russische Seite weiterhin auf der Einhaltung besagter Vertragskonditionen bestand.[492]

---

490 Vgl. Paper says Russia likely to pay more for Turkmen gas (Gazeta), in: BBC Monitoring Central Asia, 11.01.2005.
491 Vgl. Turkmenistan cuts gas to Russia, Ukraine; seeks price hike, in: Dow Jones International News, 01.01.2005; UPDATE 1-Turkmenistan to halt gas to Ukraine from Jan 1, in: Reuters News, 30.12.2004.
492 Auf diesen Preis verständigten sich zuvor die Ukraine und Turkmenistan (Kap. 3.2.8). Vgl. Turkmenistan halts gas exports to Russia from 1 Jan - Russian agency (Prime-TASS News Agency), in: BBC Monitoring Central Asia, 09.02.2005; No price deal in Turkmen-Gazprom gas talks-official, in: Reuters News, 11.02.2005; Turkmenistan rejects Russia's gas prices, in: Interfax Daily Business Report, 11.02.2005.

Eine Einigung konnte erst im April 2005 erzielt werden, woraufhin die Exporte ab Mai wieder aufgenommen wurden. Nach der im Rahmen des bestehenden langfristigen Gaskooperationsabkommens getroffenen Vereinbarung wurde der Preis von 44 US-Dollar pro 1.000 m³ beibehalten, womit Turkmenistan seine Forderungen nicht durchsetzen konnte. Allerdings verständigten sich beide Seiten im Gegenzug auf die Abschaffung des Barter-Anteils, sodass Turkmenistan für seine Gasexporte vollständig in harter Währung bezahlt wurde.[493]

Ende 2005 unternahm die turkmenische Regierung erneut den Versuch, einen höheren Preis gegenüber Russland (und der Ukraine) durchzusetzen. Im Rahmen von Verhandlungen Mitte Dezember bestand Turkmenistan auf einem Preis von 60 US-Dollar pro 1.000 m³ für das Jahr 2006, was aber von Gazprom abgelehnt wurde.[494]

Präsident Nijasow und der Gazprom-Vorsitzende Miller schlossen kurz vor dem Jahreswechsel eine Vereinbarung, die nicht nur eine umfangreiche Steigerung des Liefervolumens auf 30 Mrd. m³ für das Jahr 2006, sondern auch eine Steigerung des Preises auf 65 US-Dollar pro 1.000 m³ beinhaltete. Somit akzeptierte Gazprom einen höheren Preis als kurz zuvor von der turkmenischen Regierung gefordert, was mit höheren Preisen auf den Energiemärkten sowie Preisanstiegen für Material und Ausstattung für den Öl- und Gassektor begründet wurde.[495]

Die Zugeständnisse Gazproms gegenüber Turkmenistan sind allerdings eher im Zusammenhang mit der sich zum damaligen Zeitpunkt parallel anbahnenden russisch-ukrainischen Gaskrise zu sehen, denn das Abkommen zwischen Russland und Turkmenistan enthielt eine Klausel, wonach 15 Mrd. m³ im ersten Quartal des Jahres 2006 geliefert werden sollten. Dadurch war die Transportkapazität der turkmenischen Exportpipelines vollständig ausgelastet und eine parallele Versorgung der Ukraine folglich nicht möglich.[496] Zusätzlich überbot Gazprom den Preis, auf den sich zuvor die Ukraine und Turkmenistan verständigt hatten, sodass die turkmenische Regierung kein Interesse hatte, die Ukraine parallel zu versorgen; dies legt den Schluss nahe, dass die

---

493 Für das Jahr 2005 war ein Liefervolumen von vier Mrd. m³ vorgesehen, das im Folgejahr auf sieben Mrd. m³ ansteigen sollte. Ferner bestätigten beide Seiten, dass sich der Gaspreis ab dem Jahr 2007 an den Weltmarktpreisen für Öl orientieren solle. Vgl. Neff, Andrew: Gazprom, Turkmenistan resolve gas price dispute, in: WMRC Daily Analysis, 18.04.2005; Turkmenistan, Russia sign deal on gas deliveries, in: Agence France Presse, 21.04.2005.
494 Vgl. Turkmenistan, Russia fail to resolve natural gas price dispute, in: Associated Press Newswires, 12.12.2005.
495 Vgl. Gazprom and Turkmenistan reach deal on gas sales, in: Agence France Presse, 29.12.2005; Russia's Gazprom, Turkmenistan agree new gas prices for 2006 (ITAR-TASS News Agency), in: BBC Monitoring Former Soviet Union, 29.12.2005.
496 Vgl. Russia's Gazprom, Turkmenistan agree new gas prices for 2006 (ITAR-TASS News Agency), in: BBC Monitoring Former Soviet Union, 29.12.2005; Gazprom denies taking Turkmen gas destined for Ukraine (Interfax News Agency), in: BBC Monitoring Newsfile, 01.01. 2006.

3.3 Der Gashandel zwischen Turkmenistan und Russland 213

russische Regierung die vollständige Kontrolle über die ukrainischen Erdgasimporte übernehmen wollte, um ihre Verhandlungsposition zur Durchsetzung ihrer Interessen zu verbessern. Dieses Ziel wurde durch den Abschluss des Abkommens durch Turkmenistan erreicht, denn es führte letztendlich zur Beendigung der direkten Gashandelsbeziehungen zwischen der Ukraine und Turkmenistan (Kap. 3.2.8 und Kap. 3.2.9).

Da sich Russland und die Ukraine im weiteren Verlauf des Jahres 2006 um neue Gaslieferverträge mit Turkmenistan bemühten, versuchte die turkmenische Regierung, einen Vorteil aus dieser Situation zu ziehen und einen höheren Preis zu erzielen. Vor diesem Hintergrund sind die Ankündigungen Nijasows zu sehen, den Preis auf 100 US-Dollar pro 1.000 m³ anheben zu wollen, während Gazprom den Preis von 65 US-Dollar pro 1.000 m³ beibehalten wollte. Nachdem im Rahmen von Verhandlungen keine Einigung erzielt werden konnte, stellte die turkmenische Führung Gazprom ein Ultimatum, wonach sie drohte, die Lieferungen an Gazprom ab September auszusetzen (dann wäre die Lieferung der vereinbarten 30 Mrd. m³ erfolgt und es bestünde laut Argumentation der turkmenischen Regierung kein Vertrag für zusätzliche Lieferungen im Jahr 2006), sollte bis dahin keine Vereinbarung getroffen worden sein.[497]

Obwohl die Ukraine und Russland kurz zuvor eine Übereinkunft trafen, gegenüber Turkmenistan eine gemeinsame Position zur Abwendung der Preiserhöhung zu vertreten, erzielten Turkmenistan und Gazprom eine Einigung, die eine Erweiterung des Liefervolumens für das Jahr 2006 um zwölf Mrd. m³, also eine Steigerung des Gesamtvolumens auf 42 Mrd. m³, beinhaltete und Lieferungen im Zeitraum von 2007 bis 2009 von jeweils 50 Mrd. m³ pro Jahr vorsah. Als Preis für diese Lieferungen wurde der seitens der turkmenischen Regierung geforderte Preis in Höhe von 100 US-Dollar pro 1.000 m³ vereinbart. Vordergründig konnte Turkmenistan also seine Forderungen durchsetzen. Dabei ist zu erwähnen, dass trotz der im Rahmen des Gashandelsabkommens aus dem Jahr 2003 gemachten Ankündigungen Gazproms, wonach sich der Preis für turkmenische Erdgasexporte nach Russland ab 2007 an dem Preis für russische Gaslieferungen nach Europa orientieren sollte, beide Seiten einen Preis von 100 US-Dollar pro 1.000 m³ bis einschließlich 2009 vereinbarten. Verhandlungen über eine Preisanpassung waren ebenfalls für das Jahr 2009 vorgesehen.[498] Darüber hinaus sah das Abkommen aus dem Jahr 2003 eine Steigerung des Liefervolumens auf jährlich über 60 Mrd. m³ in den Jahren 2007 sowie 2008 und auf über 70 Mrd. m³ pro Jahr ab 2009 (Tab. 14) anstatt der nun beschlossenen 50 Mrd. m³ pro Jahr vor, sodass die turk-

---

497 Vgl. DJ UPDATE. Turkmenistan warns of Russia gas supply cut off, in: Dow Jones Commodities Service, 29.06.2006.
498 Das zusätzliche Volumen von zwölf Mrd. m³ war nach Angaben von Gazprom zur Versorgung der Ukraine durch RosUkrEnergo vorgesehen. Vgl. UPDATE: Gazprom agrees to 54% rise in Turkmen gas prices, in: Platts Commodity News, 05.09.2006; Gazprom agrees 50% increase for Turkmen 2007-2009 gas supplies, in: RIA Novosti, 05.09.2006.

menische Regierung eine Reduzierung des ursprünglich geplanten Liefervolumens akzeptierte. Dabei ist anzumerken, dass zum damaligen Zeitpunkt noch keine Maßnahmen zur Erweiterung der Transportinfrastruktur getroffen worden waren (Kap. 3.3.5), sodass ein Festhalten an dem Abkommen nicht den Realitäten entsprochen hätte. Nachdem die Ukraine keine direkten Gashandelsbeziehungen mehr mit Turkmenistan unterhielt bzw. unterhalten konnte, etablierte sich Russland vorübergehend als größter Abnehmer von turkmenischem Erdgas und beide Länder intensivierten ihre bilaterale Kooperation im Energiebereich. Zwar gab es nach dem Ableben von Präsident Nijasow im Dezember 2006 zunächst Befürchtungen, dass ein Wechsel an der Spitze des Landes unmittelbare Auswirkungen auf die Gashandelsbeziehungen zwischen Turkmenistan und Russland haben könnte, doch bewahrheiteten sich diese nicht.[499] Der im Februar 2007 offiziell gewählte Präsident Berdymuchamedow bestätigte bei einem Treffen mit dem damaligen russischen Premierminister Fradkov die bestehenden Abkommen und beide Seiten einigten sich darauf, die Beziehungen im Energiebereich weiter auszubauen.[500]

3.3.5 Die geplante Erweiterung der Infrastruktur

Ein Schwerpunkt der Kooperation lag zunächst auf der Erweiterung der Transportinfrastruktur, die schließlich notwendig war, um die geplanten Exportvolumen auch tatsächlich realisieren zu können.[501] Dazu vereinbarten die Präsidenten Russlands, Kasachstans und Turkmenistans im Mai 2007 den Bau der kaspischen Küstenpipeline, worauf im Dezember 2007 die Unterzeichnung der zwischenstaatlichen Verträge erfolgte (Kap. 2.2.9.2).[502]

---

499 Vgl. Neff, Andrew: Official says Turkmenistan still living up to gas export commitments, in: Global Insight Daily Analysis, 03.01.2007.
500 Vgl. Golovnina, Maria: UPDATE 1-Russia and Turkmenistan cement energy ties, in: Reuters News, 15.02.2007; Shiryaevskaya, Anna: Russia, Turkmenistan vow to respect gas supply contracts, in: Platts Commodity News, 15.02.2007.
501 Die jährliche Transportkapazität des CAC-Pipelinesystems betrug zum damaligen Zeitpunkt rund 45 Mrd. m³, wohingegen das turkmenisch-russische Gashandelsabkommen aus dem Jahr 2003 eine schrittweise Steigerung des Liefervolumens auf über 70 Mrd. m³ beinhaltete (Tab. 14). Auch die für den Zeitraum von 2007 bis 2009 vereinbarten Exporte Turkmenistans nach Russland mit einem Volumen von 50 Mrd. m³ pro Jahr überstiegen dessen Transportkapazitäten. Vgl. Götz, Roland: Mythos, Diversifizierung: Europa und das Erdgas des Kaspiraums, in: Osteuropa, 57. Jg., 8-9/2007, S. 449-462, hier S. 457.
502 Vgl. Agreement on Pre-Caspian gas pipeline signed in Moscow (Part 2), in: Interfax: Russia & CIS Business and Financial Newswire, 20.12.2007; Russia, Kazakhstan, Turkmenistan agree on Caspian pipe, in: RIA Novosti, 12.05.2007.

3.3 Der Gashandel zwischen Turkmenistan und Russland

Die Unterzeichnung der zwischenstaatlichen Verträge war ursprünglich für September 2007 geplant, doch kam es zu Verzögerungen des Verhandlungsprozesses, die allem Anschein nach in Verbindung mit einer erneuten Forderung der turkmenischen Regierung nach einer Erhöhung des Gaspreises standen.[503] Turkmenistan wollte zunächst ab dem 1. Januar 2008 einen Preisanstieg auf 150 US-Dollar pro 1.000 m³ gegenüber Russland durchsetzen, bevor es seine Ansprüche reduzierte und im November 2007 einen Preisanstieg von mindestens 30 Prozent (also auf 130 US-Dollar pro 1.000 m³) verlangte, obwohl der bestehende Vertrag Lieferungen im Zeitraum von 2007 bis 2009 zu einem Preis von 100 US-Dollar pro 1.000 m³ vorsah (Kap. 3.3.4).[504]

Die Forderungen Turkmenistans wurden von Gazprom abgelehnt. Zwar war davon auszugehen, dass ein höherer Preis für turkmenisches Gas erneut an die Ukraine weitergegeben würde, aber der russische Gaskonzern müsste diesen Preis gegenüber der Ukraine abermals verhandeln bzw. durchsetzen. Darüber hinaus musste Gazprom einkalkulieren, dass auch Kasachstan und Usbekistan einen höheren Preis für Exporte nach Russland fordern würden, sollte den Forderungen der turkmenischen Regierung nachgegeben werden, was wiederum zulasten der Gewinne des Unternehmens gegangen wäre.[505]

Kurz darauf erzielten beide Seiten jedoch eine Einigung und es wurde ein Zusatz des bestehenden Liefervertrages unterzeichnet, wonach der Preis für turkmenisches

---

503 Aus Kreisen Gazproms hieß es, dass die Fortschritte in Bezug auf das Pipelineprojekt erst durch die Einigung über den Preis ermöglicht worden sind. Vgl. Turkmen gas price for Russia could jump 30% in 2008 – Gazprom, in: RIA Novosti, 23.11.2007; Caspian gas pipeline accord was signed in Moscow (Vedomosti), in: WPS: What the Papers Say, 21.12.2007; Glazov, Andrei/Smedley, Mark: Gazprom targets Europe, ties up Turkmen supplies, in: Nefte Compass, 29.11.2007; Russia/Turkmenistan industry: Gas deal, in: Economist Intelligence Unit - ViewsWire, 04.12.2007.

504 Vgl. Gazprom might have to pay more for Turkmen gas, in: Kommersant International, 27.09.2007; Neff, Andrew/Leshenko, Natalia: Turkmen president threatens Russia with increased gas prices; Ukraine is a potential victim, in: Global Insight Daily, 27.09.2007; Gurt, Marat: UPDATE 2-Turkmenistan wants to hike gas export price – Gazprom, in: Reuters News, 23.11.2007.

505 Der Gazprom-Vorsitzende Miller machte Repräsentanten der EU-Kommission und der US-Administration für die Preisforderungen Turkmenistans verantwortlich, da diese gegenüber der turkmenischen Regierung argumentiert hätten, dass der Preis für turkmenisches Gas vor dem Hintergrund der Marktsituation in Europa sehr gering sei; der Preis für russisches Erdgas an der deutschen Grenze betrug im Verlauf des Jahres 2007 zwischen 280 und 310 US-Dollar pro 1.000 m³. Vgl. Gazprom might have to pay more for Turkmen gas, in: Kommersant International, 27.09.2007; Neff, Andrew/Leshenko, Natalia: Turkmen president threatens Russia with increased gas prices; Ukraine is a potential victim, in: Global Insight Daily, 27.09.2007; Gazprom: Turkmenistan seeks more for gas it sells to Russia-FT, in: Dow Jones International News, 23.11.2007; Turkmenistan proposes at least 30% increase in gas price for Gazprom in 2008 - Miller, in: Interfax Central Asia General Newswire, 23.11.2007; IMF: Natural Gas, Russian Natural Gas border price in Germany, US$ per thousands of cubic meters of gas zit. nach Wikiposit.org, http://wikiposit.org/w?filter=Finance/Commodities/IMF%20Primary%20Commodity%20Prices/ (Zugriff: 04.08.2011).

Erdgas 130 US-Dollar pro 1.000 m³ im ersten Halbjahr 2008 und in der zweiten Jahreshälfte 150 US-Dollar pro 1.000 m³ betragen sollte.[506]

Gazprom machte zwar gegenüber Turkmenistan Zugeständnisse, um weiterhin Gas beziehen zu können, das es nach wie vor für die eigene Gasbilanz benötigte. Doch war dessen Preis für das Unternehmen relativ gering: Einerseits wurde die Preiserhöhung an die Ukraine weitergegeben, andererseits kalkulierte es mit einem weiteren Anstieg der Gaspreise auf den europäischen Absatzmärkten, sodass Gazprom zumindest 2008 weiterhin von der Differenz zwischen Abnahmepreis für turkmenisches Erdgas und dem europäischen Preisniveau profitieren konnte (Abb. 36).[507]

Präsident Berdymuchamedow profitierte sicherlich von dem Umstand, dass mit China und der EU zwei weitere Akteure zunehmend Präsenz zeigten und ihr Engagement verstärkten, den Zugang zu den turkmenischen Erdgasreserven zu erhalten. Parallel zu den Verhandlungen zwischen Russland und Turkmenistan unterzeichnete die turkmenische Regierung im Juli 2007 das erste umfassende Abkommen mit China, das sowohl ein Exportvolumen von 30 Mrd. m³ pro Jahr für einen Zeitraum von 30 Jahren (Kap. 2.2.5.3) als auch den Abschluss eines Onshore-PSA beinhaltete (Kap. 2.2.2). Zusätzlich engagierte sich die EU-Kommission verstärkt, um Turkmenistan von einer Beteiligung in Form von Gaslieferungen an der geplanten Nabucco-Pipeline zu überzeugen (Kap. 4.4.5). Nichtsdestotrotz war der von Turkmenistan erzielte Preis im Vergleich zum Preis für russisches Erdgas an der deutschen Grenze sehr niedrig (Abb. 36).[508]

Die Abkommen über den Bau der kaspischen Küstenpipeline und die Erhöhung des Preises wurden weithin als Erfolg für Gazprom und Rückschritt der Bemühungen auf europäischer Seite, Turkmenistan für zukünftige Exporte nach Europa zu gewinnen, interpretiert, da Russland mit dem geplanten Ausbau der Pipelineinfrastruktur und der damit geplanten Steigerung des Liefervolumens die Exporte turkmenischen Erdgases

---

506 Erwartungsgemäß hatte die Ukraine die Konsequenzen des Abkommens zu tragen, da die zwischen Gazprom und Turkmenistan vereinbarte Preiserhöhung an diese weitergegeben wurde und sich der Preis für die Ukraine von 130 US-Dollar pro 1.000 m³ auf 179,5 US-Dollar pro 1.000 m³ erhöhte. Vgl. Ukraine to receive gas in 2008 at $179,5 per 1,000 cu m (Part 2), in: Interfax: Russia & CIS Business and Financial Newswire, 04.12.2007; Gazprom accepts higher price for Turkmen gas, in: Interfax Central Asia General Newswire, 27.11.2007.

507 Gazprom rechnete für das Jahr 2008 mit einem Preisanstieg auf 354 US-Dollar pro 1.000 m³. Tatsächlich stieg der Preis für russisches Erdgas an der deutschen Grenze von 308 US-Dollar pro 1.000 m³ im Dezember 2007 auf rund 370 US-Dollar pro 1.000 m³ im Januar 2008 und im weiteren Verlauf des Jahres auf knapp 580 US-Dollar pro 1.000 m³. Vgl. Gazprom accepts higher price for Turkmen gas (Part 2), in: Interfax: Russia & CIS Business and Financial Newswire, 28.11.2007, IMF: Natural Gas, Russian Natural Gas border price in Germany, US$ per thousands of cubic meters of gas, zit. nach Wikiposit.org, http://wikiposit.org/w?filter= Finance/Commodities/IMF%20Primary%20Commodity%20Prices/ (Zugriff: 04.08.2011).

508 Vgl. IMF: Natural Gas, Russian Natural Gas border price in Germany, US$ per thousands of cubic meters of gas, zit. nach Wikiposit.org, http://wikiposit.org/w?filter=Finance/Commodities/ IMF%20Primary%20Commodity%20Prices/ (Zugriff: 04.08.2011).

3.3 Der Gashandel zwischen Turkmenistan und Russland   217

weiterhin kontrollieren konnte, was wiederum als ein Hindernis für die Umsetzung einer transkaspischen bzw. der geplanten Nabucco-Pipeline gewertet wurde.[509] Dabei ist jedoch zu betonen, dass im Rahmen der 2007 zwischen Russland und Turkmenistan geschlossenen Abkommen keine Verträge über zusätzliche Lieferungen unterzeichnet worden sind. Das Pipelineabkommen stellte lediglich eine Voraussetzung für die Implementierung des 2003 vereinbarten Gashandelsabkommens mit einer geplanten Steigerung des Liefervolumens auf über 70 Mrd. m^3 pro Jahr dar (Kap. 3.3.3).[510]

3.3.6 Die Einigung über den Preisbildungsmechanismus und die Intensivierung des Engagements von Gazprom

Nach Unterzeichnung des Pipelineabkommens und der vereinbarten Preiserhöhung bestimmten zunächst die Verhandlungen über die zukünftige Höhe des Preises für Gasexporte nach Russland bzw. über die Preisbildung die turkmenisch-russischen Gashandelsbeziehungen.[511] Im Juli 2008 verständigten sich die turkmenische Regierung und Gazprom auf Grundlagen zur Preisbildung,[512] worauf Gazprom im Januar 2009

---

509 Vgl. Glazov, Andrei/Smedley, Mark: Gazprom targets Europe, ties up Turkmen supplies, in: Nefte Compass, 29.11.2007; Russia/Turkmenistan industry: Gas deal, in: Economist Intelligence Unit - ViewsWire, 04.12.2007; Leshchenko, Natalia: Turkmenistan raises gas prices for Russia, Ukraine to take the blow, in: Global Insight Daily Analysis, 28.11.2007; Ritchie, Michael: Deals tighten Russian grip on Central Asia, in: International Oil Daily, 21.12.2007; Dempsey, Judy: Russia signs deal for gas pipeline along Caspian sea, in: The New York Times, 21.12.2007.
510 Die Transportkapazität des CAC-Pipelinesystems betrug ca. 45 Mrd. m^3 pro Jahr (Kap. 2.2.8.1). Vgl. Turkmenistan's export options still open, in: Platts Energy in East Europe, 25.05.2007.
511 Im März 2008 erklärte Gazprom erneut seine Bereitschaft, Gas zu einem Preis aus Turkmenistan zu importieren, den es seinen europäischen Kunden berechnen würde (abzüglich Transportkosten und anderer Kosten), wobei das Unternehmen kurz darauf betonte, dass es sich hierbei lediglich um eine Absichtserklärung handele und nichts unterschrieben sei. Gleiches gilt für Usbekistan und Kasachstan. Zu diesem Zeitpunkt betrug der Preis für Gazproms Abnehmer in Europa rund 378 US-Dollar pro 1.000 m^3. Vgl. UPDATE 1-C. Asia gas prices at Euro levels from '09 - Gazprom, in: Reuters News, 11.03.2008; Central Asian suppliers to charge "European prices" from 2009 - Gazprom, in: European Spot Gas Markets, 11.03.2008.
512 Nach einem Bericht der Zeitung Kommersant wurden zwei Varianten zur Ermittlung des Preises in Erwägung gezogen. Entweder bestünde der Basispreis aus einer Kombination, die sich zu gleichen Teilen aus dem durchschnittlichen Großhandelspreis in Europa und den Preisen auf dem ukrainischen Markt sowie in Südrußland für die vorigen sechs Monate zusammensetzt, oder es würden die Preise in Europa und in der Ukraine zu jeweils 50 Prozent zur Preisbildung herangezogen. Von dem ermittelten Basispreis würden die Transportkosten abgezogen und verschiedene Koeffizienten einberechnet. Auf dieser Basis wurde geschätzt, dass bei einem damaligen Preis von 410 US-Dollar pro 1.000 m^3 in der EU der Abnahmepreis für turkmenisches Gas je nach Formel zwischen 225 und 295 US-Dollar pro 1.000 m^3 betragen würde. Danach hätte Gazprom im Vergleich zum Jahr 2008 9,45 bis 12,4 Mrd. US-Dollar mehr für den Import turkmenischen Gases ausgeben müssen. Vgl. Treaty is a Treaty, in: Kommersant International, 28.07.2008.

erklärte, dass es mit Turkmenistan ein Abkommen für Lieferungen im Jahr 2009 unterzeichnet habe, wonach eine Preisformel angewendet würde, die sich an den europäischen Gaspreisen orientiere.[513]

Ebenfalls im Juli 2008 vereinbarten beide Seiten eine umfangreiche Kooperation im Gassektor, was unter anderem die Erweiterung der Kapazität des turkmenischen Abschnitts der geplanten kaspischen Küstenpipeline auf 30 Mrd. m³ pro Jahr, den Ausbau der innerturkmenischen Pipelineinfrastruktur sowie den Aufbau von Produktionsinfrastruktur beinhaltete.[514]

Aus der Perspektive Russlands sollten die geschlossenen Abkommen mit Turkmenistan dem Zweck dienen, die eigene Dominanz bzw. die Kontrolle der turkmenischen Erdgasexporte aufrechtzuerhalten. Denn parallel setzte die EU-Kommission ihre Anstrengungen fort, Turkmenistan von einer Kooperation im Energiebereich zu überzeugen, und schien durch die Unterzeichnung des MoU im Mai 2008 sowie die Erklärung Berdymuchamedows, wonach Turkmenistan zehn Mrd. m³ für den Export nach Europa bereitstellen könne, Fortschritte zu erzielen (Kap. 4.4.5).

Das zwischen Gazprom und der turkmenischen Regierung geschlossene Abkommen über den Preisbildungsmechanismus führte mit Beginn des Jahres 2009 zu einem erheblichen Anstieg des Preises für Erdgaslieferungen Turkmenistans an den russischen Gaskonzern. Allerdings wurden keine konkreten offiziellen Angaben über dessen Höhe veröffentlicht, sodass an dieser Stelle auf verschiedene Einschätzungen zurückgegriffen werden muss, die jedoch stark voneinander abweichen. Die turkmenische Regierung ging im Jahr 2008 noch davon aus, dass der Preis mindestens 260 US-Dollar pro 1.000 m³ betragen werde. Andere Einschätzungen rangierten im Bereich von 250 bis 300 US-Dollar bzw. mehr als 301 US-Dollar pro 1.000 m³, während in der Financial Times sogar ein Preis von 365 US-Dollar pro 1.000 m³ genannt wurde. Der damalige russische Ministerpräsident Putin erklärte, dass Gazprom im Durchschnitt 340 US-Dollar pro 1.000 m³ für Erdgas aus Zentralasien bezahlen würde.[515]

---

513 Vgl. Neff, Andrew: Gazprom reaches 2009 gas supply price deals with Turkmenistan, Uzbekistan, in: Global Insight Daily Analysis, 02.01.2009.
514 Vgl. Treaty is a Treaty, in: Kommersant International, 28.07.2008; Gronholt-Pedersen, Jacob: Gazprom signs investment projects with Turkmenistan, in: Dow Jones International News, 25.07.2008; Turkmenistan optimistic about cooperation with Gazprom, in: Interfax: Russia & CIS Energy Newswire, 25.07.2008; Gazprom to take part in gas projects in Turkmenistan, in: Interfax: Russia & CIS General Newswire, 25.07.2008.
515 Vgl. Gazprom signs gas contracts with three Central Asian countries, in: Platts Commodity News, 31.12.2008; Neff, Andrew: Gazprom reaches 2009 gas supply price deals with Turkmenistan, Uzbekistan, in: Global Insight Daily Analysis, 02.01.2009; Russia Central Asia industry: Gazprom signs contracts with Uzbekistan, Turkmenistan and Kazakhstan, in: Economist Intelligence Unit - Viewswire, 08.01.2009; Roberts, John: Turkmenistan fears Russia will cut price for purchased gas: source, in: Platts Commodity News, 14.01.2009; Crooks, Ed: Gazprom battles to restore reputation, in: Financial Times, 07.01.2009.

Ungeachtet der erheblichen Differenzen zwischen den Einschätzungen kann festgehalten werden, dass die turkmenische Regierung ihr seit der Unabhängigkeit verfolgtes Ziel, einen Preis für die Erdgasexporte des Landes zu erzielen, der sich an dem Preisniveau auf den europäischen Märkten orientiert, erreicht hatte. Folglich konnte das Land mit umfangreichen Mehreinnahmen rechnen, denn selbst im Falle eines Preises von 250 US-Dollar pro 1.000 m³ ergab sich ein Preisanstieg um 100 US-Dollar pro 1.000 m³ im Vergleich zum Jahr 2008. Allerdings konnte Turkmenistan nur über einen kurzen Zeitraum davon profitieren. Die bereits Mitte des Jahres 2008 einsetzende Finanz- und Wirtschaftskrise war mit weitreichenden Konsequenzen für den turkmenisch-russischen Gashandel verbunden, die in der Gaskrise des Jahres 2009 mündeten, wie im folgenden Abschnitt dargestellt wird.

3.3.7 Die turkmenisch-russische Gaskrise im Jahr 2009

Im Frühjahr 2009 zeichnete sich ein Konflikt zwischen Russland und Turkmenistan über die Umsetzung der kaspischen Küstenpipeline und der innerturkmenischen Ost-West-Pipeline ab. Im Rahmen der Verhandlungen über die Realisierung der Ost-West-Pipeline bestand Präsident Berdymuchamedow auf der Übernahme der Baukosten durch Gazprom und der Übergabe an Turkmenistan nach deren Fertigstellung, wofür Gazprom mit turkmenischem Gas bezahlt werden sollte. Allerdings weigerte sich der turkmenische Präsident, eine Klausel in den Vertrag aufzunehmen, wonach die Verbindung der geplanten Ost-West-Pipeline mit der geplanten kaspischen Küstenpipeline garantiert würde.[516]

Aufgrund der Weigerung der turkmenischen Regierung, derartige Garantien zu gewähren, war das Projekt aus der Perspektive Gazproms bzw. Russlands mit erheblichen Risiken verbunden, da nicht auszuschließen war, dass die Pipeline zu einem anderen Zweck genutzt werden würde. Wie in Kapitel vier näher erläutert wird, intensivierten das Nabucco-Konsortium und die EU-Kommission parallel ihre Anstrengungen, Turkmenistan zu überzeugen, Gasvolumen für den „Südlichen Korridor" bereitzustellen, die mittels einer transkaspischen Pipeline in die Türkei transportiert und dort in die geplante Nabucco-Pipeline eingespeist werden sollten (Kap. 4.4). Folglich hätte gegebenenfalls die Möglichkeit bestanden, die Ost-West-Pipeline als Zulieferpipeline für eine transkaspische Pipeline zu verwenden. Dementsprechend bestand aus Perspektive Gazproms die Gefahr, dass das Unternehmen unter Umständen eine Pipeline finanzieren würde, die möglicherweise dazu genutzt werden sollte,

---

516 Vgl. Is another gas war, Russian-Turkmen for a change, in the offing? (Kommersant), in: WPS: What the Papers Say, 10.04.2009.

turkmenisches Erdgas nach Europa zu liefern, wo es mit russischem Erdgas in Konkurrenz stünde.[517]

Nach ergebnislosen Gesprächen zwischen den Präsidenten beider Länder im März 2009 über die Pipelineprojekte wies Berdymuchamedow seine Regierung an, Konzeption und Bau der Ost-West-Pipeline international auszuschreiben, obwohl ursprünglich Gazprom mit der Umsetzung des Pipelineprojektes beauftragt werden sollte.[518]

Kurz danach kam es zu einem Zwischenfall, der zu einer dauerhaften Belastung des turkmenisch-russischen Verhältnisses im Allgemeinen und der Gashandelsbeziehungen im Besonderen führte. Vom 8. auf den 9. April 2009 ereignete sich eine Explosion im turkmenischen Sektor des CAC-Pipelinesystems, wodurch die Erdgasexporte Turkmenistans nach Russland unterbrochen wurden.[519] Beide Länder machten sich gegenseitig für die Explosion verantwortlich: Die turkmenische Regierung war der Auffassung, dass das Tochterunternehmen von Gazprom, Gazexport, das die Importe aus Turkmenistan abwickelt, das Importvolumen und damit die Entnahme von turkmenischem Gas aus der Pipeline massiv (um 90 Prozent) gedrosselt habe, ohne die turkmenischen Verantwortlichen rechtzeitig zu informieren; da die Einspeisung deshalb nicht reduziert werden konnte, führte der zu hohe Druck in der Pipeline zur Explosion.[520] Vertreter von Gazprom bestritten dies; nach ihren Aussagen seien die turkmenischen Verantwortlichen am 8. April und damit rechtzeitig per Telegramm über die Reduzierung des Importvolumens informiert worden, doch habe die turkmenische Seite das darin vorgeschlagene Reduktionsschema nicht umgesetzt.[521] Die turkmenische Regierung beharrte weiter auf ihrem Standpunkt und forderte von Gazprom die Bezahlung der Reparaturen.[522]

---

517 Vgl. The East-West gas pipeline may allow for Turkmen gas export bypassing Russia (Vremya Novostei), in: WPS: What the Papers Say, 26.03.2009.

518 Vgl. Turkmenistan to announce intl tender to build East-West gas pipeline in its territory, in: Interfax: Rusia & CIS Energy Newswire, 27.03.2009; Is another gas war, Russian-Turkmen for a change, in the offing? (Kommersant), in: WPS: What the Papers Say, 10.04.2009; Shiryaevskaya, Anna/Rodova, Nadia: UPDATE: Russia, Turkmenistan eye new gas projects, pipeline deal, in: Platts Commodity News, 25.03.2009.

519 Vgl. Turkmenistan pipeline blast cuts gas supply to Russia: Gazprom, in: Agence France Presse, 09.04.2009; Russia is only prepared to accept 10% of Turkmenistan's gas Russia cuts purchases of natural gas from Turkmenistan (Kommersant), in: WPS: What the Papers Say, 13.04.2009.

520 Vgl. Russia is only prepared to accept 10% of Turkmenistan's gas Russia cuts purchases of natural gas from Turkmenistan (Kommersant), in: WPS: What the Papers Say, 13.04.2009; Turkmenistan may seek damages over pipeline blast: ministry, in: Agence France Presse, 13.04.2009; Vershinin, Alexander: Turkmen leader: Russia must pay for pipeline blast, in: Associated Press Newswires, 13.04.2009.

521 Vgl. Russia's Gazprom rejects Turkmen accusations over gas pipeline accident (RIA Novosti News Agency), in: BBC Monitoring Newsfile, 09.04.2009.

522 Vgl. Vershinin, Alexander: Turkmen leader: Russia must pay for pipeline blast, in: Associated Press Newswires, 13.04.2009.

3.3 Der Gashandel zwischen Turkmenistan und Russland

Die Reparaturarbeiten an der beschädigten Pipeline wurden zwar nach wenigen Tagen abgeschlossen,[523] doch die Verhandlungen über die Wiederaufnahme der Erdgaslieferungen gestalteten sich im weiteren Verlauf des Jahres 2009 als äußerst langwierig, sodass diese erst mit Beginn des Jahres 2010 erfolgte (Kap. 3.3.8).

Gazprom war zwar grundsätzlich bereit, die Erdgasimporte aus Turkmenistan im Rahmen bestehender Verträge wieder aufzunehmen, aber nur unter der Bedingung, dass entweder der Preis für das turkmenische Erdgas oder das Liefervolumen gesenkt werde.[524] Der russische Gaskonzern begründete seine Forderung nach einer Senkung des Importvolumens mit dem Umstand, dass der Verbrauch auf dem Hauptabsatzmarkt für turkmenisches Erdgas, der Ukraine, um 40 Prozent zurückgegangen sei. Ein Weiterverkauf des turkmenischen Gases zu dem bisherigen Preis auf dem europäischen Markt sei zudem für das Unternehmen nicht rentabel, da auch dort die Nachfrage und die Preise eingebrochen seien. Zusätzlich sei Gazprom, wie auch andere russische Gasproduzenten, aufgrund der gesunkenen Nachfrage gezwungen, die eigene Produktion zu drosseln.[525]

Die im Jahr 2008 einsetzende Finanz- und Wirtschaftskrise sowie parallel auftretende Veränderungen auf den internationalen bzw. europäischen Gasmärkten hatten tatsächlich beträchtliche Auswirkungen auf die Exportpreise und den Gasabsatz Gazproms. Mit Beginn des Jahres 2009 begann der Preis für russische Gaslieferungen rapide zu fallen (Abb. 32).

Der Preis für russisches Erdgas an der deutschen Grenze betrug im Januar 2009 noch über 570 US-Dollar pro 1.000 m³, verringerte sich im März jedoch auf rund 412 US-Dollar pro 1.000 m³ und in den Folgemonaten sogar auf rund 230 US-Dollar pro 1.000 m³. Der durchschnittliche Preis für Exporte ins ferne Ausland,[526] die Haupteinnahmequelle Gazproms, verringerte sich von 303 US-Dollar pro 1.000 m³ im Jahr 2008 auf 235 US-Dollar pro 1.000 m³ im Jahr 2009. Die Exporte Gazproms in die ehemaligen Sowjetrepubliken und in das ferne Ausland nahmen 2009 im Vergleich zum Vorjahr um knapp 50 Mrd. m³ ab. Auf dem wichtigsten Absatzmarkt Gazproms, der Europäischen Union, sank der Absatz um rund zwölf Mrd. m³. Zusätzlich reduzierte sich auch der Gasabsatz in Russland, wie aus Tabelle 15 hervorgeht.

---

523 Vgl. Rodova, Nadia: Turkmen gas line fixed, unclear when supplies to resume: sources, in: Platts Commodity News, 14.04.2009.
524 Vgl. Turkmenistan still has not renewed gas imports to Russia - Gazprom, in: Interfax: Russia & CIS Energy Newswire, 19.05.2009; Russia demands Turkmenistan cut price of gas, in: Reuters News, 01.06.2009.
525 Vgl. Shiryaevskaya, Anna: Russia's Gazprom seeks cut in Turkmen gas price/volumes: report, in: Platts Commodity News, 01.06.2009; Gazprom seeks lower volumes, price for Turkmen gas, in: Interfax: Russia & CIS Energy Newswire, 01.06.2009.
526 Fernes Ausland meint in den Exportstatistiken Gazproms Lieferungen an Länder, die nicht der Sowjetunion angehörten. Vgl. Gazprom, Annual Report 2014, S. 136.

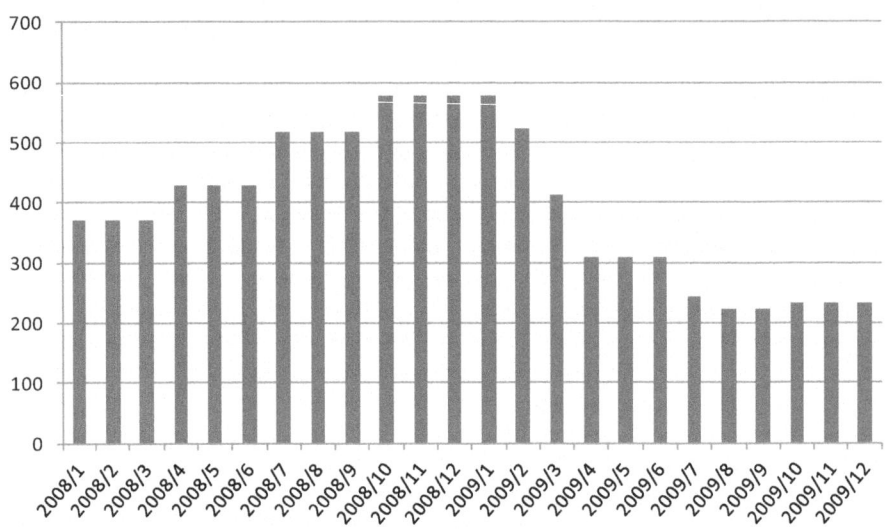

Abbildung 32: Preis für russisches Erdgas an der deutschen Grenze (in US-Dollar/1.000 m³)

Quelle: IMF: Natural Gas, Russian Natural Gas border price in Germany, US$ per thousands of cubic meters of gas zit. nach Wikiposit.org, http://wikiposit.org/w?filter=Finance/Commodities/IMF%20Primary%20Commodity%20Prices/ (Zugriff: 04.08.2011).

	2007	2008	2009	2010	2011	2012	2013
Absatz in Russland	307	287	262,6	262,1	265,3	249,7	228,1
Absatz ehemalige Sowjetunion	100,9	96,5	67,7	70,2	81,7	66,1	59,4
Absatz fernes Ausland	168,5	167,6	148,3	148,1	156,6	151	174,3
Absatz EU	147	144,4	132,4	129,2	132,1	124,8	146,9

Tabelle 15: Vermarktete Gasvolumen von Gazprom (in Mrd. m³)

Quelle: Eigene Darstellung nach Angaben von Gazprom in Figures 2007-2011 Factbook, S. 61 f.; Gazprom: Factbook "Gazprom in Figures 2010-2014", S. 82; Martinez, Miguel/Paletar, Martin/Hecking, Harald: The 2014 Ukrainian crisis: Europe's increased security position: Natural gas network assessment and scenario simulations, Köln: Energiewirtschaftliches Institut an der Universität zu Köln, 2015, S. 115.

Die geringeren Absatzvolumen in Kombination mit sinkenden Preisen führten zu erheblichen Einnahmeverlusten des russischen Gaskonzerns. Im Vergleich zu 2008 verringerten sich die Einnahmen aus dem Export ins ferne Ausland um rund 16 Mrd. US-Dollar und stiegen auch im Folgejahr nur um knapp 1,3 Mrd. US-Dollar wieder an.[527] Parallel verlor Gazprom weitere Marktanteile in der EU an andere Exporteure, wie beispielsweise Norwegen, die aufgrund des Überangebots auf dem europäischen Gasmarkt Preisanpassungen vornahmen und attraktivere Konditionen anboten (Kap. 4.4.12.3). Zusammengefasst sah sich Gazprom also mit einer Verringerung des Exportvolumens, fallenden Preisen und dem Verlust von Marktanteilen konfrontiert, sodass der Konzern die eigene Produktion drosseln musste.

Vor diesem Hintergrund befanden sich Gazprom und die russische Regierung in einem Interessenkonflikt. Einerseits wollte man durch den Import von Erdgas aus Zentralasien verhindern, dass perspektivisch Pipelineprojekte für dessen Export nach Europa unter Umgehung Russland umgesetzt werden und es mit russischem Gas auf dem europäischen Markt konkurrieren würde. Gleichzeitig verringerten sich aufgrund der sinkenden Nachfrage, verursacht durch die Wirtschaftskrise, die Absatzmöglichkeiten, sodass Gazprom selbst die Produktion verringerte und dementsprechend kein Interesse hatte, weiterhin umfangreiche oder sogar noch zusätzliche Volumen auf Basis des neuen Preisbildungsmechanismus aus Turkmenistan zu beziehen, die es nicht absetzen konnte, bzw. in die dafür notwendige Infrastruktur zu investieren. Die turkmenische Regierung hingegen war noch Anfang 2009 bestrebt, die geplante Kapazität des turkmenischen Sektors der kaspischen Küstenpipeline weiter zu erhöhen.[528]

Für Turkmenistan hatte der Lieferstopp dramatische Auswirkungen, denn Gazprom war zum damaligen Zeitpunkt der weitaus größte Abnehmer von turkmenischem Erdgas, sodass das Land umfangreiche Einnahmeverluste – Schätzungen gehen von bis zu einer Mrd. US-Dollar pro Monat aus – verbuchen musste. Infolgedessen war die turkmenische Regierung an einer zügigen Wiederaufnahme der Lieferungen interessiert; allerdings konnten sich beide Seiten nicht auf die Konditionen einigen.[529]

---

527 Allerdings waren die Einnahmen zuvor deutlich – von rund 34 Mrd. US-Dollar 2007 auf knapp 50 Mrd. US-Dollar 2008 – aufgrund stark steigender Preise (von 202,7 auf knapp 303 US-Dollar pro 1.000 m³) angewachsen. Da auch die Absatzvolumen im russischen Markt und die Exporte in die Länder der ehemaligen Sowjetunion abnahmen, verringerten sich die geamten Einnahmen 2009 um 22 Mrd. US-Dollar im Vergleich zum Vorjahr. Die Einnahmen aus dem Export ins ferne Ausland erreichten 2011 wieder das Niveau von 2008. Vgl. Gazprom: Gazprom in Figures 2007-2011: Factbook, S. 60 f.
528 Vgl. Russian-Turkmen cooperation creeps forward, in: Nefte Compass, 26.03.2009.
529 Vgl. Ritchie, Michael: Russia, Turkmenistan reach end to gas crisis, in: Nefte Compass vom 06.08.2009; Dyomkin, Denis: UPDATE 2-Russian, Turkmen leaders fail to reach new gas deal, in: Reuters News, 13.09.2009; Neff, Andrew: Russian and Turkmen Presidents disagree about gas supply, in: IHS Global Insight Daily Analysis, 14.09.2009.

Gazprom forderte ein geringeres Liefervolumen als vertraglich vereinbart und bot darüber hinaus einen Preis von 220 US-Dollar pro 1.000 m³ für das dritte und 160 US-Dollar pro 1.000 m³ für das vierte Quartal 2009, wohingegen die turkmenische Regierung auf einem Preis von mindestens 250 US-Dollar pro 1.000 m³ bestand. Der Preis für russisches Erdgas an der deutschen Grenze betrug dabei im dritten Quartal 2009 ca. 220 US-Dollar pro 1.000 m³ und im vierten Quartal rund 230 US-Dollar pro 1.000 m³ (Abb. 32), sodass Gazprom umfangreiche Verluste gedroht hätten, wäre es auf die Forderungen der turkmenischen Regierung eingegangen.[530]

3.3.8 Das Abkommen vom Dezember 2009

Eine Einigung zwischen Turkmenistan und Russland wurde erst im Dezember 2009 mit einer Novellierung des Gaslieferabkommens vom April 2003 erzielt, die nun ein Liefervolumen von bis zu 30 Mrd. m³ pro Jahr vorsah. Der Preis sollte auf Basis einer Formel, die die Konditionen auf dem europäischen Gasmarkt abbildet, festgelegt werden. Dessen tatsächliche Höhe wurden erneut nicht konkret angegeben.[531]

Außerdem unterzeichneten beide Länder eine Kooperationsvereinbarung. Dabei wurde die Zusammenarbeit zum Bau der geplanten kaspischen Küstenpipeline und der innerturkmenischen Ost-West-Pipeline sowie bei der Exploration und Erschließung von Lagerstätten im Kaspischen Meer in Aussicht gestellt.[532] Am 9. Januar wurden die Gaslieferungen nach Russland mit einem Volumen von 30 Mio. m³ pro Tag, entsprechend einer jährlichen Liefermenge von ca. zehn Mrd. m³, wieder aufgenommen.[533]

---

530 Vgl. Ritchie, Michael: Russia, Turkmenistan see end to gas crisis, in: Nefte Compass, 06.08. 2009; IMF: Natural Gas, Russian Natural Gas border price in Germany, US$ per thousands of cubic meters of gas, zit. nach Wikiposit.org, http://wikiposit.org/w?filter=Finance/Commodities/ IMF%20Primary%20Commodity%20Prices/ (Zugriff: 04.08.2011).
531 Es gab Berichte, wonach der Preis 190 US-Dollar pro 1.000 m³ betragen würde, was aber von Gazprom umgehend bestritten wurde. Gazprom erklärte, dass der Preis für Gaslieferungen aus Turkmenistan auf einer Preisformel basiere, die den gegenwärtigen Konditionen auf dem europäischen Gasmarkt entspreche, wovon allerdings die Kosten für den Transport durch Usbekistan, Kasachstan, Russland, die Ukraine und die EU-Länder abgezogen würden. Vgl. Russia's Gazprom denies media reports on Turkmen gas price, in: Prime-TASS Energy Service, 25.12.2009; Gazprom says gas purchases prices from C Asia comparable, in: ITAR-TASS World Service, 25.12.2009; Turkmenistan to resume gas supplies to Russia: Gazprom, in: Agence France Presse, 22.12.2009; Russia, Turkmenistan agree to resume gas supplies (Interfax News Agency), in: BBC Monitoring Former Soviet Union, 22.12.2009;
532 Vgl. Rodova, Nadia: UPDATE: Gazprom to resume Turmen gas imports Jan at 30 bcm/year, in: Platts Commodity News, 22.12.2009.
533 Vgl. Turkmenistan resumes gas deliveries to Russia, in: Reuters News, 09.01.2010; Rodova, Nadia: Turkmenistan resumes gas exports to Russia at 10 Bcm/year, in: Platts Commodity News, 11.01.2010.

Allerdings sind die Gashandelsbeziehungen zwischen Turkmenistan und Russland seither von Stagnation gekennzeichnet. Aus Perspektive Gazproms ist die Erhöhung der Erdgasexporte aus Turkmenistan unter ökonomischen Gesichtspunkten nicht in Erwägung zu ziehen, da keine Absatzmöglichkeiten für zusätzliche Volumen bestehen. Nach dem durch die Wirtschaftskrise verursachten Einbruch der Exporte nach Europa stiegen diese zwar wieder an, insgesamt hat sich der Gasabsatz des russischen Gaskonzerns im Vergleich zum Vorkrisenjahr 2007 aber deutlich verringert. Dies ist auch auf geringere Exporte in Länder der ehemaligen Sowjetunion, aber insbesondere auf einen abnehmenden Gasabsatz in Russland zurückzuführen, der wiederum mit der steigenden Produktion von anderen russischen Gasproduzenten in Zusammenhang steht.[534]

Daher hat Gazprom weder Interesse an einer Ausdehnung des Liefervolumens noch an Investitionen in die Pipelineinfrastruktur zum Import von turkmenischem Erdgas. Dies führte im Herbst 2010 zu erneuten Spannungen zwischen Turkmenistan und Russland. Forderungen der turkmenischen Regierung nach einer Erhöhung des Liefervolumens wurden von russischer Seite ignoriert.[535] Auch wurden keine Fortschritte bei der Umsetzung der kaspischen Küstenpipeline erzielt. Die russische Seite erklärte zwar im Oktober 2010, dass das Projekt nicht aufgegeben worden sei, machte aber deutlich, dass Russland aufgrund der Nachfrage in Europa gegenwärtig nicht daran interessiert sei, in die Pipeline zu investieren. Daraufhin erklärte die turkmenische Regierung, dass Turkmenistan seinen Teil der Vereinbarungen in Bezug auf das Pipelineprojekt einhalte und bereits mit den Arbeiten an der Ost-West-Pipeline begonnen habe. Ferner warf die turkmenische Regierung Russland vor, dass es sich nicht an die Vereinbarungen halte oder nicht halten wolle.[536]

---

534 2007 hatte der Gasabsatz Gazproms (Russland, Länder der ehemaligen Sowjetunion und fernes Ausland) einen Umfang von 576,4 Mrd. m^3. 2014 betrug dieses Volumen lediglich 424,7 Mrd. m^3. Die Exporte in die Länder der ehemaligen Sowjetunion verringerten sich im gleichen Zeitraum von rund 100,9 Mrd. m^3 auf 48,1 Mrd. m^3. Der Absatz Gazproms in Russland reduzierte sich von 307 Mrd. m^3 2007 auf 217,2 Mrd. m^3 2014, während der Verbrauch weitestgehend stabil blieb und zwischen 458 und 473 Mrd. m^3 betrug. Lediglich 2009 war ein Rückgang des Verbrauchs auf rund 432 Mrd. m^3 zu verzeichnen. Allerdings haben sich die Gesamteinnahmen Gazproms nach Einbrüchen in den Jahren 2009 und 2010 inzwischen wieder stabilisiert. Vgl. Gazprom: Gazprom in Figures 2007-2011. Factbook, S. 60 ff-; Gazprom: Factbook "Gazprom in Figures 2010-2014", S. 80 ff; IEA: Medium-Term Gas Market Report 2014: Market Analysis and Forecasts to 2019, Paris: OECD/IEA, 2014, S. 96 ff.

535 Nach einem Bericht soll Turkmenistan die Steigerung des Liefervolumens auf 18 Mrd. m^3 gefordert haben. Vgl. Ritchie, Michael: Turkmenistan accuses Russia of spreading confusion, in: Nefte Compass, 04.11.2010; Turkmenistan accuses Russia of attempting to disrupt its energy links - paper (Vremya Novostey), in: BBC Monitoring Service Former Soviet Union, 01.11.2010.

536 Vgl. Sharushkina, Nelli: Russian leaders put Turkmen gas pipeline plans on back burner, in: International Oil Daily, 25.10.2010; Ritchie, Michael: Turkmenistan accuses Russia of spreading confusion, in: Nefte Compass, 04.11.2010.

Seit 2009 haben sich die Erdgasexporte Turkmenistans nach Russland im Vergleich zum Zeitraum von 2006 bis 2008 (ca. 40 Mrd. m³ pro Jahr) deutlich verringert (Abb. 26). Nach Angaben von Gazprom hatten diese im Zeitraum von 2009 bis 2013 einen Umfang von 10,7 bis 11,8 Mrd. m³.[537] BP bezifferte die Erdgasexporte Turkmenistans nach Russland für das Jahr 2014 auf neun Mrd. m³.[538] Somit wurden weder die im Gashandelsabkommen aus dem Jahr 2003 festgehaltenen Volumen von über 70 Mrd. m³ pro Jahr noch die im ergänzenden Abkommen vom Dezember 2009 vereinbarten Liefervolumen von bis zu 30 Mrd. m³ pro Jahr ausgeschöpft. Inzwischen hat Gazprom angekündigt, den Erdgasimport aus Turkmenistan vollständig einzustellen (Kap. 2.2.5.1).

3.4 Zwischenfazit

Bei Betrachtung der turkmenischen Erdgasexporte in die Ukraine und nach Russland wird offensichtlich, dass diese zu großen Teilen nicht den Erfordernissen von Energie- bzw. Nachfragesicherheit – fortwährende stabile Energieexporte zu angemessenen Preisen (Kap. 1.9.1) – gerecht werden.

Nachdem Russland die Gewährung einer Quote für Exporte nach Europa verweigerte, beschränkten sich die Exportmöglichkeiten Turkmenistans zunächst ausschließlich auf den postsowjetischen Raum. Aufgrund ausbleibender Zahlungen für erfolgte Lieferungen und der daraus entstehenden Schuldenproblematik sah sich die turkmenische Regierung in den 1990er-Jahren wiederholt veranlasst, die Lieferungen an die Ukraine zu unterbrechen. Die Beteiligung von Zwischenhändlern trug noch zu einer Verschärfung der Situation bei. Nach Auflösung des Joint Ventures Turkmenrozgaz kamen die Erdgasexporte Turkmenistans im postsowjetischen Raum vollständig zum Erliegen. Im Zeitraum von 1992 bis Ende 2000 konnten dementsprechend die zwischen beiden Ländern ursprünglich vereinbarten Liefervolumen zu großen Teilen nicht realisiert werden (Abb. 33).

Im Zeitraum von 2001 bis 2005 stabilisierten sich die Exporte und die Ukraine bezog umfangreiche Volumen aus Turkmenistan, bis Russland mit Beginn des Jahres 2006 durch Bindung der Exportkapazitäten die Kontrolle über die turkmenischen Erdgaslieferungen übernahm.

Bei Betrachtung des turkmenisch-ukrainischen Gashandels wird darüber hinaus deutlich, dass Turkmenistan hier einen vergleichsweise niedrigen Preis erzielte. Wäh-

---

537 Vgl. Gazprom: Gas purchases, http://www.gazprom.com/about/production/central-asia/ (Zugriff: 30.03.2016)
538 Vgl. BP Statistical Review of World Energy 2015.

3.4 Zwischenfazit

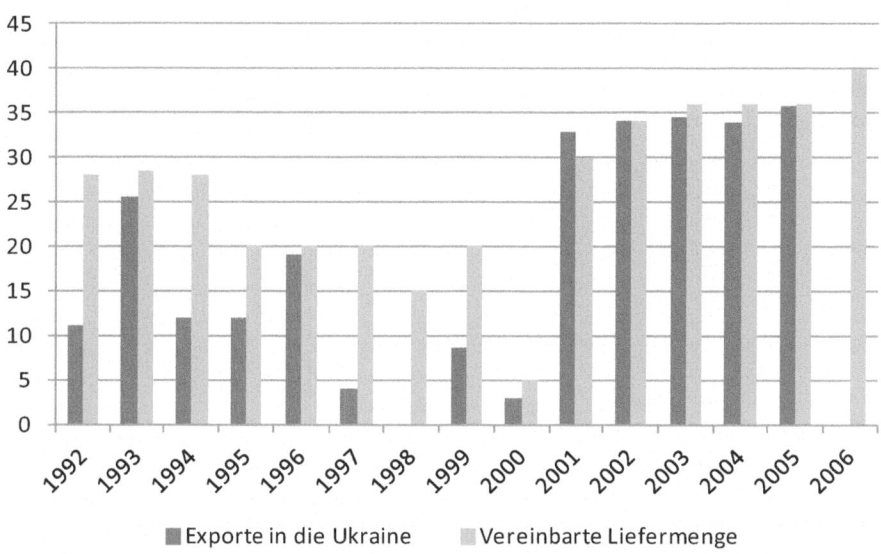

Abbildung 33: Die Gasexporte Turkmenistans in die Ukraine (in Mrd. m³)

Quelle: Eigene Darstellung nach Gas exports to CIS and elsewhere (Interfax, Izvestiya), in: BBC Monitoring Service: Former USSR, 21.02.1992; Ukraine and Turkmenistan resolve gas price dispute (Interfax News Agency), in: BBC Monitoring Service: Former USSR, 16.10.1992; Turkmenistan to supply natural gas to Ukraine, in: Reuters News, 13.01.1994; Turkmenistan, Ukraine agree gas supplies, debts, in: Reuters News, 19.1.1995; Turkmenistan, Ukraine reach gas debt agreement, in: Reuters News, 22.11.1995; Turkmenistan to sell natural gas to Ukraine for wheat, in: Reuters News, 21.04.1997; Agreement reached on resumption of gas supplies to Ukraine (Interfax News Agency), in: BBC Monitoring Service: Former USSR, 30.01.1998; Turkmenistan, Ukraine agree on 1999 gas deliveries, in: Reuters News, 24.12.1998; Turkmenistan to deliver Ukraine 35 bcm gas 2000/1, in: Reuters News, 04.10.2000; Platt's - Turkmenistan to supply 34-bil cu m of gas to Ukraine, in: Platts Commodity News, 15.01.2002; Turkmens to sell 36 bcm natgas to Ukraine in '03, in: Reuters News, 02.10.2002; Platts - Ukraine, Turkmenistan sign 2004 gas supply deal - terms unchanged, in: Platts Commodity News, 11.07.2003; Turkmenistan, Ukraine agree on price (ITAR-TASS News Agency), in: BBC Monitoring Newsfile, 03.01.2005; Niyazov confirms gas deal with Ukraine for 2006, in: Interfax Central Asia News, 30.12.2005; Ukraine-Kazakhstan in Crude Barter Deal, in: Platt's Oilgram News, 07.01.1993; Sagers, Matthew J.: Turkmenistan's Gas Trade: The Case of Exports to Ukraine, in: Post-Soviet Geography and Economics, 1999, 40, No. 2, S. 142-149, hier S. 144; Ukraine names first private gas importers, in: Reuters News, 09.01.1996; Turkmenistan natural gas output 22,8 bcm in 1999-Interfax, in: Dow Jones International News, 05.01.2000; UPDATE 1-Turkmenistan doubles '00 natgas output to 47 bcm, in: Reuters News, 08.01.2001; o. V.: Turkmenistan: an exporter in transition, in: Pirani, Simon (ed.): Russian and CIS Gas Markets and Their Impact on Europe, Oxford: Oxford University Press, 2009, S. 271-315, hier S. 291; Ukraine's 2003 gas transit up 6.5% on year to 129.3 bcm, in: Prime-TASS Energy Service (Russia), 22.01.2004; Platts - Ukraine's 2004 natural gas imports up 11,8% on year, in: Platts Commodity News, 19.01.2005.

rend das Preisniveau für turkmenische Lieferungen an die Ukraine nahezu unverändert blieb, verzeichneten die Exporte Russlands nach Europa, insbesondere ab dem Jahr 2000, deutliche Preisanstiege. Zuletzt betrug die Preisdifferenz rund 190 US-Dollar pro 1.000 m³ (Abb. 34).[539]

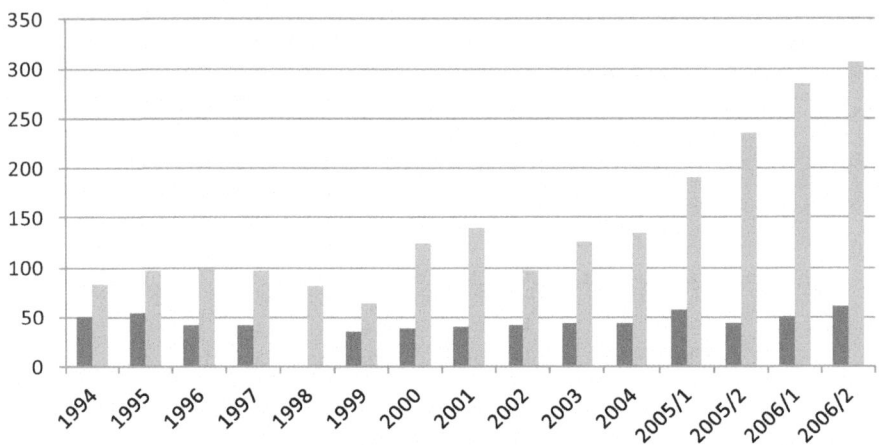

■ Preis für Erdgasexporte Turkmenistans in die Ukraine an der turkmenischen Grenze

▨ DurchschnittlicherPreis für russisches Gas an der deutschen Grenze

Abbildung 34: Preis für turkmenische Gasexporte in die Ukraine und durchschnittlicher Preis für russisches Erdgas an der deutschen Grenze (in US-Dollar pro 1.000 m³)[540]

Quelle: Eigene Darstellung nach Turkmenistan to supply natural gas to Ukraine, in: Reuters News, 13.1.1994; Ukraine owes Turkmenistan 195M Dollars for gas (Interfax News Agency), in: BBC Monitoring Service: Former USSR, 15.09.1995; Turkmen-Gazprom firm to do all Turkmen gas exports, in: Reuters News, 22.11.1995; Turkmenistan to sell natural gas to Ukraine for wheat, in: Reuters News, 21.04.1997; Turkmenistan, Ukraine agree on 1999 gas deliveries, in: Reuters News, 24.12.1998; Turkmen Pres demands Ukraine pay debts for gas deliveries, in: Dow Jones International News, 17.02. 2006; o. V.: Turkmenistan: an exporter in transition, in: Pirani, Simon (ed.): Russian and CIS Gas Markets and Their Impact on Europe, Oxford: Oxford University Press, 2009, S. 271-315, hier S. 293; IMF: Natural Gas, Russian Natural Gas border price in Germany, US$ per thousands of cubic meters of gas zit. nach Wikiposit.org, http://wikiposit.org/w?filter=Finance/Commodities/IMF%20Primary %20Commodity%20Prices/ (Zugriff: 04.08.2011).

---

539 Diese Angabe bezieht sich auf die zweite Hälfte des Jahres 2005. Die zunächst für das Jahr 2006 vorgesehenen Lieferungen an die Ukraine wurden nicht mehr realisiert.

540 Turkmenistan und die Ukraine vereinbarten zwar für 1998 Gaslieferungen, diese wurden aber nicht realisiert und es liegen keine Informationen über den Preis vor (Kap. 3.2.4).

3.4 Zwischenfazit

Weiter ist zu berücksichtigen, dass die vereinbarten Lieferkonditionen bis Mitte 2005 einen Barter-Anteil von 50 bis 60 Prozent enthielten, wobei davon auszugehen ist, dass die Preise für die gelieferten Waren nicht dem tatsächlichen Warenwert entsprachen und zu hoch angesetzt wurden. Folglich dürfte der von Turkmenistan tatsächlich erzielte Preis unter dem vertraglich vereinbarten Preis gelegen haben.

Bei Betrachtung des Gashandels zwischen Turkmenistan und Russland im Zeitraum von 2005 bis 2014 werden Parallelen zum turkmenisch-ukrainischen Erdgashandel deutlich. Zwar bezifferten sich die Exportvolumen im Zeitraum 2006 bis 2008 auf über 40 Mrd. m³ pro Jahr, der in dem Gashandelsabkommen aus dem Jahr 2003 enthaltene geplante Anstieg des Liefervolumens auf über 70 Mrd. m³ pro Jahr sowie das im Jahr 2006 vereinbarte Exportvolumen von 50 Mrd. m³ pro Jahr für den Zeitraum von 2007 bis 2009, wurden jedoch nicht realisiert (Abb. 35).

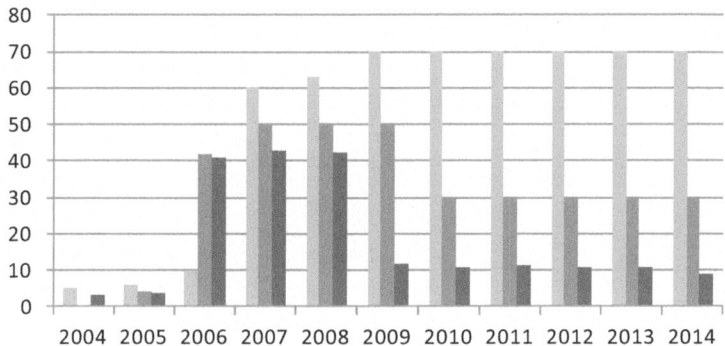

■ Turkmenische Gaslieferungen an Gazprom nach dem Abkommen aus dem Jahr 2003 (Minimum)

■ Turkmenische Gaslieferungen an Gazprom auf Basis ausgehandelter Verträge

■ Tätsächliche Lieferungen Turkmenistans an Gazprom

Abbildung 35: Die Gasexporte Turkmenistans nach Russland (in Mrd. m³)

Quelle: Eigene Darstellung nach Gazprom and Turkmenistan sign 25-year supply deal, in: European Spot Gas Markets, 15.04.2003; Turkmenistan, Russia sign deal on gas deliveries, in: Agence France Press, 21.04.2005; Gazprom and Turkmenistan reach deal on gas sales, in: Agence France Presse, 29.12.2005; UPDATE: Gazprom agrees to 54% rise in Turkmen gas prices, in: Platts Commodity News, 05.09.2006; Turkmenistan to resume gas supplies to Russia: Gazprom, in: Agence France Presse, 22.12.2009; o. V.: Turkmenistan: an exporter in transition, in: Pirani, Simon (ed.): Russian and CIS Gas Markets and Their Impact on Europe, Oxford: Oxford University Press, 2009, S. 271-315, hier S. 293; BP Statistical Review of World Energy 2015; Gazprom: Gas Purchases, http://www.gazprom.com/about/production/central-asia/ (Zugriff: 30.03.2016).

Aufgrund der Wirtschaftskrise und der daraus resultierenden mangelnden Absatzmöglichkeiten im Ausland sowie des deutlichen Anstiegs der Gasförderung von Produzenten, die nicht zum Gazprom-Konzern gehören, hat Gazprom den Import von turkmenischem Erdgas seit 2009 drastisch reduziert. Anstatt des ursprünglich geplanten Liefervolumens von 70 Mrd. m³ pro Jahr hatten die Importe seit 2009 lediglich einen Umfang von ca. neun bis zwölf Mrd. m³ pro Jahr. Folglich wird auch das im Abkommen vom Dezember 2009 festgelegte Liefervolumen von bis 30 Mrd. m³ pro Jahr bei Weitem nicht ausgeschöpft (Abb. 35).

Der turkmenischen Regierung gelang es zwar, für Erdgasexporte nach Russland schrittweise einen höheren Preis zu erzielen, dieser ist aber im Vergleich zu dem Preis für russisches Erdgas an der deutschen Grenze weitaus geringer (Abb. 36).

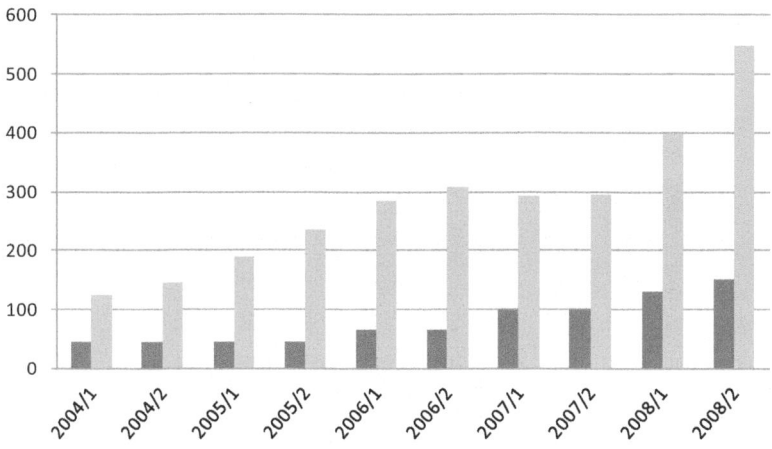

Abbildung 36: Preis für turkmenische Gasexporte nach Russland und Preis für russisches Erdgas an der deutschen Grenze[541]

Quelle: Eigene Darstellung nach o. V.: Turkmenistan: an exporter in transition, in: Pirani, Simon (ed.): Russian and CIS Gas Markets and Their Impact on Europe, Oxford: Oxford University Press, 2009, S. 271-315, hier S. 293; Turkmenistan, Russia sign deal on gas deliveries, in: Agence France Presse, 21.04.2005; IMF: Natural Gas, Russian Natural Gas border price in Germany, US$ per thousands of cubic meters of gas, zit. nach Wikiposit.org, http://wikiposit.org/w?filter=Finance/Commodities/IMF%20Primary%20Commodity%20Prices/ (Zugriff: 04.08.2011).

---

541 Da ab 2009 offizielle Angaben fehlen und nur stark voneinander abweichende Einschätzungen vorliegen, können zur weiteren Preisentwicklung keine belastbaren Aussagen getroffen werden.

3.4 Zwischenfazit

Die Preisentwicklung zeigt ferner, dass Russland von einem stark steigenden Preis für seine Exporte nach Europa profitierte, während die Preiserhöhungen für die Importe aus Turkmenistan vergleichsweise moderat ausfielen. Die Differenz zwischen beiden Preisen betrug im ersten Halbjahr 2004 noch knapp 80 US-Dollar pro 1.000 m³ und stieg bis Ende 2008 auf fast 400 US-Dollar pro 1.000 m³ an. Auch der Gashandel mit Russland enthielt bis einschließlich 2004 einen umfangreichen Barter-Anteil, sodass der von Turkmenistan tatsächlich erzielte Preis noch geringer gewesen sein dürfte.

Zusammengefasst lassen sich drei Phasen der Erdgasexporte Turkmenistans in die Ukraine und nach Russland identifizieren. Die erste Phase reicht von der Unabhängigkeit Turkmenistans im Jahr 1991 bis einschließlich 1999, in der das Land umfangreiche Einnahmeeinbußen zu verzeichnen hatte. Hierfür sind einerseits die Weigerung Russlands, Turkmenistan weiterhin eine Quote für Exporte nach Europa zu gewähren, und andererseits die geschilderten Schwierigkeiten in Bezug auf die Exporte in die Ukraine zu nennen.

Im Zeitraum von 2000 bis 2008 wurden die mit der Ukraine und Russland geschlossenen Lieferverträge zu großen Teilen realisiert, sodass sich die Exporte auf einem Niveau von 30 bis 40 Mrd. m³ pro Jahr stabilisierten. Mit Beginn des Jahres 2006 etablierte sich Russland als größter Abnehmer von turkmenischem Gas und übernahm die Kontrolle der Versorgung der Ukraine, sodass zwischen der Ukraine und Turkmenistan seither keine direkten Gashandelsbeziehungen mehr bestehen. Neben dem kontinuierlichen Absatz umfangreicher Volumen erzielte Turkmenistan auch schrittweise höhere Preise und mit Abschaffung des Barter-Anteils bessere Konditionen für seine Exporte, wobei sich allerdings die Differenz zu den Preisen auf den von Gazprom belieferten Absatzmärkten in Europa deutlich erhöhte.

Seit 2009 wird der Preis nach einer Formel gebildet, die sich an dem europäischen Preisniveau orientieren soll. Allerdings hat Gazprom aufgrund fehlender Absatzmöglichkeiten den Bezug von turkmenischem Erdgas seither zunächst deutlich reduziert und mit Beginn des Jahres 2016 vollständig eingestellt, sodass Turkmenistan erneut mit umfangreichen Einnahmeverlusten konfrontiert ist.

Die Ausführungen zur Rentierstaatlichkeit und Energiesicherheit aus der Perspektive von Produzentenstaaten haben verdeutlicht, dass ein längerfristiges Ausbleiben der Exporteinnahmen eine Gefährdung für die Ökonomie und die Aufrechterhaltung der Machtstrukturen darstellen kann. Vor diesem Hintergrund hat Turkmenistan seine Diversifizierungsbestrebungen zur Realisierung von Exporten in die Türkei und nach Europa verstärkt, wie anhand des folgenden Kapitels dargestellt wird.

4 Analyse der gescheiterten Pipelineprojekte zum Export von turkmenischem Gas in die Türkei und nach Europa

Aufgrund der beschriebenen Schwierigkeiten beim Erdgashandel im postsowjetischen Raum bei gleichzeitigem Mangel an alternativen Absatzmärkten und Exportwegen unternahm die turkmenische Regierung bereits unmittelbar nach Erlangung der Unabhängigkeit verstärkt Anstrengungen, die Infrastruktur zum Export von Erdgas zu diversifizieren. Dabei strebt die turkmenische Regierung auch den Export von Erdgas in die Türkei und nach Europa unter Umgehung des russischen Pipelinesystems an, was allerdings aufgrund verschiedener Faktoren mit erheblichen Herausforderungen verbunden ist. Dies wird anhand der Analyse folgender Pipelineprojekte verdeutlicht:

1. Turkmenistan-Iran-Türkei-Europa-Pipeline
2. transkaspische Pipeline (I)
3. transkaspische Pipeline (II)

Dazu werden die Pipelineprojekte, die Interessen der beteiligten Akteure sowie die Rahmenbedingungen einer umfassenden Analyse unterzogen und die Gründe für deren Scheitern herausgearbeitet. Zur besseren Nachvollziehbarkeit und als Strukturierungshilfe werden der Analyse einige grundsätzliche Bemerkungen zur Umsetzung von Pipelineprojekten vorangestellt und es wird kurz erläutert, welche Voraussetzungen für deren erfolgreiche Realisierung erfüllt sein müssen.

4.1 Voraussetzungen für die Umsetzung von Pipelineprojekten

Erste Grundvoraussetzung ist ein Produzent, der über entsprechende Gasreserven sowie Lizenzen für Produktion und Verkauf verfügt. Es muss sichergestellt sein, dass die für das Pipelineprojekt vorgesehenen Gasreserven ausreichen, um die Pipeline nach deren Fertigstellung über einen längeren Zeitraum versorgen zu können. Pipelines werden aufgrund der hohen Anfangsinvestitionskosten für eine Laufzeit von mindestens 20 Jahren ausgelegt. Folglich benötigt beispielsweise eine Pipeline mit einer vergleichsweise geringen Transportkapazität von zehn Mrd. m^3 pro Jahr zur

Verfügung stehende nachgewiesene Reserven in Höhe von mindestens 200 Mrd. m³.[542] Von Bedeutung ist ferner, ob der Verkäufer die Reserven oder Teile davon bereits anderen Abnehmern zugesagt hat. Es sollten keine anderen bestehenden oder günstigeren Transportalternativen vorhanden sein und es muss sich aus der Perspektive des Verkäufers lohnen, die Volumen in das vorgeschlagene Pipelineprojekt einzuspeisen. Meistens werden Pipelineprojekte von den Produzenten selbst vorgeschlagen und vorangetrieben, sodass diese Aspekte normalerweise kein Hindernis darstellen.[543]

Die zweite Grundvoraussetzung ist das Vorhandensein eines Absatzmarktes mit entsprechendem Bedarf an Liefervolumen und Transportkapazitäten sowie eines Käufers bzw. mehrerer Abnehmer, die für die Lieferungen bezahlen und über die entsprechenden Finanzmittel und Infrastrukturen zur Nutzung des Gases verfügen sollten.[544]

Es werden in der Regel Take-or-Pay-Verträge geschlossen, um die Abnahme und die Bezahlung des zu liefernden Gas zu garantieren, auch wenn dieses nicht vom Käufer benötigt bzw. abgenommen wird. Auf diesem Wege wird ein Minimum an Einkommen garantiert; daher sollte es sich bei dem Käufer um ein größeres Unternehmen mit entsprechender Bilanz und hoher Kreditwürdigkeit handeln. Sowohl Verkäufer als auch Käufer sollten verlässlich sein. Sie schließen das Gashandelsabkommen, das zentraler Bestandteil und wesentliche Voraussetzung für die Umsetzung von Pipelineprojekten bzw. für den Bau von Pipelines ist.[545]

Erscheint das Pipelineprojekt umsetzbar, wird mit der technischen Planung und der Erstellung von Machbarkeitsstudien begonnen, deren Kosten im Vergleich zu den Gesamtinvestitionen für den Bau einer Pipeline zu vernachlässigen sind. Die Studien ergeben belastbare Informationen zu Pipelineroute, Länge, Transportkapazität etc. Ferner werden Parameter einbezogen wie der Preis für die Gaslieferungen (Produktionskosten plus Steuern), die Transportkosten sowie der erwartete Verkaufspreis auf dem Zielmarkt. Der Verkaufspreis hängt beispielsweise davon ab, ob sich am Ende der zu bauenden Pipeline ein liquider Markt, ein einzelner Abnehmer oder weitere

---

542 Vgl. Guillet, Jérôme: How to get a pipeline built: myth and reality, in: Dellecker, Adrian/Gomart, Thomas (eds.): Russian energy security and foreign policy, New York: Routledge, 2011, S. 58-73, hier S. 62.
543 Vgl. Guillet, Jérôme: How to get a pipeline built: myth and reality, in: Dellecker, Adrian/Gomart, Thomas (eds.): Russian energy security and foreign policy, New York: Routledge, 2011, S. 58-73, hier S. 68.
544 Grob zusammengefasst kann zwischen drei Arten von Abnehmern unterschieden werden: Gasversorger mit entsprechenden Vertriebsnetzen, Stromproduzenten sowie Großkunden aus der Industrie (z. B. Stahl- und Aluminiumindustrie oder Petrochemie) Vgl. Guillet, Jérôme: How to get a pipeline built: myth and reality, in: Dellecker, Adrian/Gomart, Thomas (eds.): Russian energy security and foreign policy, New York: Routledge, 2011, S. 58-73, hier S. 69.
545 Vgl. Guillet, Jérôme: How to get a pipeline built: myth and reality, in: Dellecker, Adrian/Gomart, Thomas (eds.): Russian energy security and foreign policy, New York: Routledge, 2011, S. 58-73, hier S. 63, 65, 69 f.

4.1 Voraussetzungen für die Umsetzung von Pipelineprojekten 235

Transporteinrichtungen, wie beispielsweise ein LNG-Terminal oder Anschlusspipelines, befinden. Im letztgenannten Fall entstünden weitere Transportkosten, bevor das Gas tatsächlich verkauft wird.[546] Für den Käufer ergibt sich die Wirtschaftlichkeit des Projektes aus dem Gaspreis und den Transportkosten. Sind diese niedriger als bei potenziellen Versorgungsalternativen bzw. niedrig genug, damit sich die Nutzung der Gaslieferungen unter wirtschaftlichen Gesichtspunkten lohnt, ist die Wirtschaftlichkeit gegeben. Für den Verkäufer ist der Ausgangspunkt der zu erwartende Preis auf dem Zielmarkt. Abzüglich der Transport- und sonstiger Kosten ergibt sich der Netback-Preis am Ort der Produktion. Dieser muss höher sein als die Produktionskosten, damit sich Investitionen in den Aufbau neuer Produktionskapazitäten lohnen. Lassen die Basisdaten auf die Wirtschaftlichkeit des Pipelineprojektes schließen, werden weitere detaillierte Studien durchgeführt, um genauere Erkenntnisse über die potenziellen Kosten der Pipeline und die Volumen, die für den wirtschaftlichen Betrieb notwendig sind, zu gewinnen, wobei es die geografischen Rahmenbedingungen, Steuerregelungen und Marktbedingungen zu berücksichtigen gilt.[547]

Wird die Wirtschaftlichkeit des Projektes bescheinigt, folgt eine weitere detaillierte Analyse, in der untersucht wird, ob die Pipeline in der Lage ist, Einnahmen unter Berücksichtigung vorhersehbarer Risiken und steuerlicher Aspekte zu generieren. Zu den Risiken zählen beispielsweise eine geringere Produktion, geringere Transportkapazitäten oder niedrigere Preise auf dem Zielmarkt als prognostiziert, Änderungen im Steuersystem, Insolvenz beteiligter Akteure oder Verzögerungen bei der Projektumsetzung.[548]

Des Weiteren sind ein oder mehrere Unternehmen notwendig, um das Pipelineprojekt zu realisieren bzw. nach Fertigstellung die Pipeline zu betreiben. Für das Projekt ist es von Vorteil, wenn ein in der Branche anerkanntes Unternehmen, das ein direktes Interesse an der Umsetzung hat (in der Regel ein großer Gasproduzent oder Gasimporteur), sich für dessen Realisierung einsetzt, es vorantreibt und die Projekt-

---

546 In der Regel werden die Transportkosten grob mit zwei US-Dollar pro 1.000 m³ pro 100 km kalkuliert. Vgl. Guillet, Jérôme: How to get a pipeline built: myth and reality, in: Dellecker, Adrian/Gomart, Thomas (eds.): Russian energy security and foreign policy, New York: Routledge, 2011, S. 58-73, hier S. 61, 66.
547 Vgl. Guillet, Jérôme: How to get a pipeline built: myth and reality, in: Dellecker, Adrian/Gomart, Thomas (eds.): Russian energy security and foreign policy, New York: Routledge, 2011, S. 58-73, hier S. 66.
548 Der Käufer trägt aufgrund des in der Regel abgeschlossenen Take-or-Pay-Vertrages das Volumenrisiko. Das Preisrisiko liegt hingegen beim Verkäufer, da sich der Preis nach den Marktbedingungen richtet, es sei denn, es wurde ein Festpreis vereinbart. Vgl. Guillet, Jérôme: How to get a pipeline built: myth and reality, in: Dellecker, Adrian/Gomart, Thomas (eds.): Russian energy security and foreign policy, New York: Routledge, 2011, S. 58-73, hier S. 70 f.

führung übernimmt. Das Unternehmen sollte in der Lage sein, die anderen Akteure davon zu überzeugen, dass das Pipelineprojekt umgesetzt wird, damit diese ihrerseits ihre verbindlichen Verpflichtungen eingehen.[549]

Das Unternehmen, das die Pipeline betreibt, ist zentraler Ansprechpartner für die anderen Akteure, die an dem Projekt beteiligt sind, insbesondere für den Verkäufer und den Käufer. Im einfachsten Fall handelt es sich bei dem Pipelinebetreiber um einen Anbieter von technischen Dienstleistungen für den Betrieb, die Wartung und die Sicherheit der Pipeline. Er gewährleistet die Bereitstellung der benötigten Kapazitäten und übernimmt die Messung der Volumen bei Einspeisung und Entnahme. In diesem Fall ist der Pipelinebetreiber nicht Teil des Gashandelsabkommens und wird mit einer entsprechenden Gebühr für die Dienstleistungen vergütet. In anderen Fällen kann der Pipelinebetreiber Partei des geschlossenen Handelsabkommens und beispielsweise an der Finanzierung des Projektes beteiligt sein, wofür er entsprechende Transittarife bekommt.[550]

Zusätzlich ist es für die Umsetzung von Pipelineprojekten Voraussetzung, dass die verantwortlichen Regierungen und zuständigen Behörden die notwendigen Genehmigungen erteilen. Eine einzelne Behörde ist in der Lage, ein Pipelineprojekt zu blockieren. In diesem Zusammenhang ist es notwendig, dass entsprechende Verfahren vorhanden sind bzw. bei Bedarf weitere Vereinbarungen getroffen werden können. Bei grenzüberschreitenden Pipelineprojekten mit entsprechend ansteigender Anzahl der Akteure aus Politik und Verwaltung vergrößert sich der Aufwand, die jeweiligen Genehmigungen zu erhalten, wobei die Motive, ein Projekt zu befürworten oder abzulehnen, unterschiedlich sein können. Folglich muss das Projekt für alle beteiligten Akteure von Vorteil sein; bilaterale Projekte sind dementsprechend einfacher umzusetzen als solche mit mehreren beteiligten Ländern.[551]

Zusammengefasst müssen also folgende Voraussetzungen erfüllt sein, damit ein Pipelineprojekt realisiert werden kann:[552]

---

549 Vgl. Guillet, Jérôme: How to get a pipeline built: myth and reality, in: Dellecker, Adrian/Gomart, Thomas (eds.): Russian energy security and foreign policy, New York: Routledge, 2011, S. 58-73, hier S. 67.
550 Vgl. Guillet, Jérôme: How to get a pipeline built: myth and reality, in: Dellecker, Adrian/Gomart, Thomas (eds.): Russian energy security and foreign policy, New York: Routledge, 2011, S. 58-73, hier S. 68.
551 Mögliche Motive sind z. B. die Einnahmen aus Transitgebühren, die Förderung der Entwicklung bestimmter Regionen, die Förderung eigener Unternehmen oder auch Fragen des Umweltschutzes. Vgl. Guillet, Jérôme: How to get a pipeline built: myth and reality, in: Dellecker, Adrian/Gomart, Thomas (eds.): Russian energy security and foreign policy, New York: Routledge, 2011, S. 58-73, hier S. 70.
552 Vgl. Guillet, Jérôme: How to get a pipeline built: myth and reality, in: Dellecker, Adrian/Gomart, Thomas (eds.): Russian energy security and foreign policy, New York: Routledge, 2011, S. 58-73, hier S. 60.

- zur Verfügung stehende Gasreserven;
- Verkäufer, Lieferant;
- Absatzmarkt;
- Abnehmer;
- Pipelineroute und technisches Konzept;
- Pipelinebetreiber;
- Transitvereinbarungen mit den Regierungen der beteiligten Länder;
- Vereinbarung über den Preis für das zu liefernde Gas;
- Vereinbarung über den Preis für dessen Transport;
- ein Unternehmen oder ein Unternehmenskonsortium, das die Pipeline baut;
- Investoren.

Bei der Analyse der Pipelineprojekte wird chronologisch vorgegangen. Daher wird mit dem Projekt Turkmenistan-Iran-Türkei-Europa-Pipeline begonnen.

4.2 Die Turkmenistan-Iran-Türkei-Europa-Pipeline

4.2.1 Die Entstehung des Pipelineprojektes

Bereits kurz nach der Unabhängigkeit Turkmenistans im Oktober 1991 begann die Regierung des Landes, alternative Erdgasexportwege in Erwägung zu ziehen, und erklärte zu Beginn des Jahres 1992, die Türkei über den Iran mit Erdgas beliefern bzw. eine Pipeline von Turkmenistan durch den Iran in die Türkei und anschließend nach Westeuropa bauen zu wollen.[553]

Anschließend getroffene vorläufige Vereinbarungen zwischen Turkmenistan und dem Iran hatten allerdings keinen verbindlichen Charakter. Im August 1992 schlossen Präsident Nijasow und der damalige iranische Präsident Rafsanjani beispielsweise ein vorläufiges Abkommen über den Bau einer Gaspipeline von Turkmenistan durch den Iran in die Türkei und nach Europa. Nach turkmenischen Angaben sollte die geplante Kapazität der Pipeline 28 Mrd. m³ pro Jahr betragen.[554] Außerdem unterzeichneten beide Präsidenten im Oktober 1993 eine Absichtserklärung über den

---

553 Vgl. Turkmenistan plans pipe, gas and rail projects, in: Reuters News, 20.02.1992; Shchedrov, Oleg: Turkmenistan dreams of natural gas bonanza, in: Reuters News, 16.06.1992.
554 Vgl. Iran plans to pipe Turkmenistan gas West, in: Reuters News, 26.08.1992; Gas pipeline to be built to link Turkmenistan, Iran and Turkey (Interfax News Agency), in: BBC Monitoring Service: Former USSR, 04.09.1992; Turkmenistan to Europe gas pipeline planned, in: Middle East Economic Digest, 04.09.1992.

Transit von turkmenischem Gas durch den Iran, wonach der Transport von bis zu 31 Mrd. m³ pro Jahr mittels einer Pipeline durch den Nordiran über einen Zeitraum von 25 Jahren vorgesehen war.[555]

Während die turkmenische Regierung eine Route durch den Iran zur Realisierung von Erdgasexporten in die Türkei und nach Europa präferierte,[556] erwog die Türkei zunächst auch andere Optionen bezüglich der Streckenführung. Der staatliche türkische Energiekonzern Botas zog drei mögliche Pipelinerouten in Betracht:

1. Turkmenistan-Aserbaidschan-Georgien-Türkei-Europa-Gaspipeline
   Die Pipeline mit einer Gesamtlänge von ca. 5.100 km sollte über Krasnovodsk (heutiges Turkmenbaschi) in Turkmenistan durch das Kaspische Meer nach Baku und anschließend durch Georgien in die Türkei verlaufen, dann Bulgarien, Rumänien sowie Ungarn passieren und in Österreich enden.
2. Turkmenistan-Iran-Türkei-Europa-Gaspipeline
   Die Planungen sahen eine Route durch den Iran in die Türkei vor. Die Pipeline sollte die türkische Grenze bei Gurbulak passieren und anschließend der unter 1. beschriebenen Route durch Südosteuropa folgen. Für diese Streckenführung wurde eine Gesamtlänge von ca. 5.300 km angegeben.
3. Turkmenistan-Aserbaidschan-Armenien-Nakhichevan-Türkei-Europa-Gaspipeline
   Wie in der ersten Option sollte die Pipeline über Krasnovodsk durch das Kaspische Meer nach Baku verlaufen, um anschließend Armenien und Nakhichevan zu durchqueren und die türkische Grenze bei Doğubeyazit zu passieren. Mit einer Länge von ca. 4.800 km war diese Streckenführung die kürzeste Route.[557]

Das Unternehmen favorisierte die dritte Option und plante den Bau einer Pipeline, die aus zwei Pipelinesträngen mit einer Transportkapazität von insgesamt 40 Mrd. m³ pro Jahr bestehen sollte. Die Kosten für den ersten Strang wurden auf 8,5 Mrd. US-

---

555 Vgl. Iran in Turkmen deal, in: Platt's Oilgram News, 28.10.1993.
556 Bereits im Oktober 1992 erklärte Präsident Nijasow, dass eine Route durch den Iran in die Türkei vergleichsweise kostengünstig sein würde. Vgl. Turkmenistan and U.S. firm discuss gas pipeline, in: Reuters News, 18.10.1992; News Briefs: International Turkmenistan, in: Platt's Oilgram News, 26.10.1992.
557 Aufgrund des damaligen Jugoslawien-Krieges schien eine Route von der Türkei über den Balkan nach Westeuropa nicht umsetzbar, sodass stattdessen eine Streckenführung über Bulgarien, Rumänien und Ungarn nach Österreich in Betracht gezogen wurde. Vgl. Turkey's Botas sees a bigger "bridge", in: Platt's Oilgram News, 15.12.1992; Cranfield, John: Walking the tightrope between east and west - pipelines hold key to energy needs, in: Petroleum Economist, 26.09.1993.

4.2 Die Turkmenistan-Iran-Türkei-Europa-Pipeline

Dollar, für den zweiten auf ca. fünf Mrd. US-Dollar geschätzt.[558] Allerdings konkretisierten sich diese Pläne nicht; stattdessen zeichnete sich eine Festlegung auf die Route durch den Iran ab.[559]

Im Dezember 1993 unterzeichneten Turkmenistan und die Türkei ein Protokoll, das den Bau einer Pipeline vom Gasfeld Dauletabad nach Europa zum Gegenstand hatte und wonach die Türkei im Jahr 1995 zwei Mrd. m³ Erdgas aus Turkmenistan beziehen sollte. Ferner war ein Anstieg des Liefervolumens auf 15 Mrd. m³ bis zum Jahr 2010 vorgesehen.[560] Im April 1994 wurde ein zwischenstaatlicher Rat, bestehend aus den damaligen Öl- und Gas- bzw. Energieministern Turkmenistans, Russlands, der Türkei sowie des Iran, gegründet, dessen Vorsitz Präsident Nijasow führte. Im Rahmen des ersten Treffens verabschiedete der zwischenstaatliche Rat einen Entwurf der Turkmenistan-Iran-Türkei-Europa-Gaspipeline. Danach sollte die Pipeline mit einer geplanten Kapazität von zunächst 15 Mrd. m³ pro Jahr entlang der Ostküste des Kaspischen Meeres in den Iran und anschließend südlich von Teheran in Richtung Westen zur türkischen Grenze verlaufen (Abb. 37).[561] Folglich hatten sich sowohl die turkmenische als auch die türkische Regierung für eine Route durch den Iran entschieden.[562]

Die Entscheidung zugunsten der Streckenführung durch den Iran anstelle einer ursprünglich von der Türkei favorisierten Pipelineroute durch den Südkaukasus ist mehreren Faktoren geschuldet. Der Südkaukasus ist nach wie vor Schauplatz mehrerer ungelöster Konflikte, im Rahmen derer es zu Beginn der 1990er-Jahre zu Kampfhandlungen zwischen den verfeindeten Parteien kam. Aserbaidschan und Armenien befanden sich in einer kriegerischen Auseinandersetzung um das Gebiet Bergkarabach. Dabei wurden die Erdgaspipelines in der Region wiederholt gesprengt. Ein Waffen-

---

558 Vgl. Knott, David: Turkey's pivotal role is C.I.S. exports. (Commonwealth of Independent States), in: The Oil and Gas Journal, 22.03.1993; Turkey-Turkmenistan gas line in last planning, in: Platt's Oilgram News, 14.06.1993.
559 Vgl. Five eye Turkmen gasline, in: International Gas Report, 25.06.1993.
560 Vgl. Yildirim, Servet: Turkey asks Russia for more natural gas, in: Reuters News, 17.01.1994.
561 Später sollte die Transportkapazität der Pipeline auf 30 Mrd. m³ pro Jahr ausgebaut werden. Vgl. Turkmen energy council set up; agreements signed with Iran, Russia (ITAR TASS News Agency), in: BBC Monitoring Service: Former USSR, 15.04.1994; Iran-Turkey route set for Turkmen gas line, in: Platt's Oilgram News, 07.04.1994.
562 Bemerkenswerterweise schien die russische Regierung das Pipelineprojekt nicht offen abzulehnen bzw. zu blockieren, obwohl Russland und Turkmenistan um den türkischen Gasmarkt konkurrierten und die Verlängerung der Pipeline perspektivisch den Wettbewerb zwischen turkmenischem und russischem Erdgas auf dem europäischen Markt bedeutet hätte. Möglicherweise spekulierte die russische Regierung darauf, dass dieses Projekt aufgrund der Weigerung des Westens, für eine Pipeline durch den Iran Kapital zur Verfügung zu stellen, nicht umgesetzt werden würde. Vgl. Russia, Turkmenistan battle for Turkish gas market, in: Reuters News, 14.04.1994; Winrow, Gareth: Turkey in Post-Soviet Central-Asia, London: The Royal Institute of International Affairs, 1995, S. 46.

stillstand wurde erst 1994 geschlossen. Darüber hinaus war die politische Lage in Georgien instabil. Die Bestrebungen der Regionen Abchasien und Südossetien nach größerer Autonomie führten zu Kampfhandlungen zwischen verschiedenen ethnischen Gruppierungen. Vor diesem Hintergrund schien die Sicherheit von Pipelines mit einem Verlauf durch den Südkaukasus nicht gewährleistet zu sein.[563]

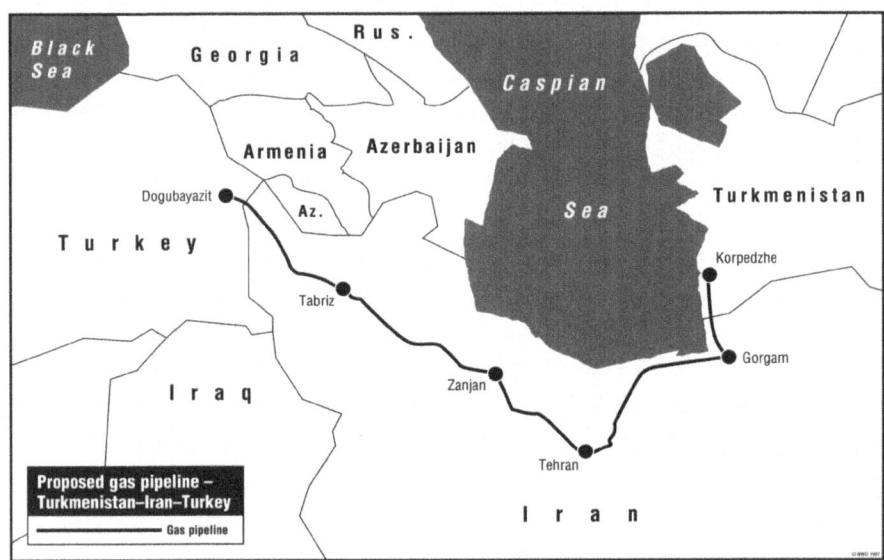

Abbildung 37: Geplanter Verlauf der Turkmenistan-Iran-Türkei-Europa Pipeline

Quelle: Ebel, Robert E.: Energy Choices in the Near Abroad: The Haves and Have-nots Face the Future, Washington DC: Center for Strategic and International Studies, 1997, S. 136.

---

563 So wurden die Gaslieferungen Turkmenistans an Armenien 1992 unterbrochen, da die Pipeline während des Bergkarabach-Konfliktes wiederholt gesprengt wurde. Allerdings war auch die Verlegung einer Pipeline durch den Iran in die Türkei mit Sicherheitsrisiken verbunden, da diese Route durch die Kurdengebiete im Osten der Türkei führt, wo es Anfang der 1990er-Jahre zu schweren Auseinandersetzungen zwischen türkischen Sicherheitskräften und Kämpfern der Arbeiterpartei Kurdistans (PKK) kam, die sich für die politische Autonomie der Kurdengebiete einsetzt. Bezüglich der Pläne, Öl- und Gaspipelines durch die Türkei zu verlegen, drohte die PKK offen damit, diese sprengen zu wollen. Vgl. Roberts, John: Caspian Pipelines, London: The Royal Institute of International Affairs, 1996, S. 11, 18 f., 22 f., 62; Pope, Hugh: Turkey plans Iran connection on gas, in: The Independent - London, 18.01.1994; Additional supply sought to serve a huge demand. (natural gas supply to Turkey), in: Gas World International, 01.04.1994; Turkmenistan - regional trade, in: APS Diplomat operations in oil diplomacy Arab press service organisation, 16.08.1993.

Des Weiteren verbesserten sich die Beziehungen zwischen der Türkei und dem Iran, die zwar insbesondere zu Beginn der 1990e-Jahre von Rivalitäten in der Kaspischen Region geprägt waren, aber zunehmend einem pragmatischen Ansatz folgten, sodass beide Staaten begannen, in einigen Bereichen, wie beispielsweise beim Transport von turkmenischem Gas, zu kooperieren,[564] was zu den Interessen der unmittelbar beteiligten Akteure überleitet.

4.2.2 Die Interessen der beteiligten Akteure

4.2.2.1 Turkmenistan

Grundsätzlich bestand das Interesse der turkmenischen Regierung darin, die Erdgasexporte des Landes insgesamt auszuweiten, um höhere Einnahmen erzielen zu können. Dafür war allerdings die Erschließung neuer Absatzmärkte und damit verbunden der Ausbau der Exportinfrastruktur erforderlich. Aufgrund der geografischen Nähe und des prognostizierten stark steigenden Gasbedarfs stellte die Türkei einen vielversprechenden Absatzmarkt für turkmenisches Erdgas dar (Kap. 4.2.2.3).

Außerdem zeigte sich bereits in den ersten Jahren nach der Unabhängigkeit, dass die fortwährende Abhängigkeit turkmenischer Gasexporte vom russischen Pipelinesystem zu gravierenden Einnahmeverlusten Turkmenistans führte, sodass die turkmenische Regierung zunehmend an einer Diversifizierung sowohl seiner Abnehmer als auch der Gasexportinfrastruktur interessiert war.[565] Es gab Differenzen zwischen der turkmenischen Regierung und Gazprom über die Festlegung der Quote für turkmenische Gasexporte nach Europa. Diese wurden mit Beginn des Jahres 1994 komplett verweigert. Damit konnte turkmenisches Erdgas nur noch in die Staaten der GUS exportiert werden, was mit ungünstigen Konditionen sowie Zahlungsausfällen verbunden war. Die Erdgasexporte Turkmenistans brachen daraufhin massiv ein, was

---

564 Vgl. Winrow, Gareth: Turkey in Post-Soviet Central-Asia, London: The Royal Institute of International Affairs, Russia and CIS Programme, 1995, S. 46 ff.; Herzig, Edmund: Iran and the Former Soviet South, London: The Royal Institute of International Affairs, 1995, S. 12; Pope, Hugh: Turkey plans Iran connection on gas, in: The Independent - London, 18.01.1994.
565 Bereits 1992 setzte Turkmenistan die Lieferungen an die Ukraine wegen Streitigkeiten über den zu zahlenden Preis aus (Kap. 3.2.1). Turkmenische Vertreter erklärten, dass durch Gasexporte mittels einer Pipeline über den Iran in die Türkei Verluste durch nicht erfolgte Lieferungen an die Ukraine mehr als ausgeglichen werden könnten. Vgl. Dispute between Turkmenistan, Ukraine over gas still perking, in: The Oil and Gas Journal, 13.04.1992.

wiederum zu umfangreichen Einnahmeverlusten führte (Kap. 3).[566] Bei etwaigen Exporten nach Westeuropa konnte Turkmenistan hingegen mit deutlich besseren Konditionen, wie beispielsweise Zahlung höherer Preise und zuverlässige Bezahlung der Lieferungen in harter Währung, rechnen.[567]

4.2.2.2 Iran

Die Umsetzung der Turkmenistan-Iran-Türkei-Europa-Pipeline deckte sich auch mit den Interessen des Iran. Als Transitland für turkmenische Gaslieferungen an die Türkei und perspektivisch an Absatzmärkte in Europa standen dem Iran bei Betrieb der Pipeline Transitgebühren in Aussicht.[568] Ferner strebte der Iran an, seinen Einfluss zu erweitern und die politischen, kulturellen und wirtschaftlichen Bindungen zu den Staaten der Kaspischen Region zu vertiefen, um die internationale Isolation zu verringern. Dafür stellte die Kooperation in Bezug auf die Öl- und Gasexporte aus der Region aus Sicht der iranischen Regierung ein geeignetes Instrument dar (Kap. 1.10.4.5).

Als weiterer Aspekt ist zu berücksichtigen, dass die Gasreserven des Iran zu den größten weltweit zählen. Da die US-Regierung bestrebt war, den Iran politisch und wirtschaftlich zu isolieren, bestand die Absicht der iranischen Regierung möglicherweise darin, die turkmenischen Gaslieferungen in die Türkei und nach Europa zu nutzen, um perspektivisch selbst in den Gashandel integriert zu werden.[569]

Folglich erklärte der Iran von Beginn an seine Bereitschaft, als Transitland für turkmenische Gaslieferungen an die Türkei zur Verfügung zu stehen und eine Pipeline durch sein Staatsgebiet zu bauen und zu betreiben.[570]

---

566 Die kriegerischen Auseinandersetzungen im Südkaukasus und damit verbundene Anschläge auf die Pipelineinfrastruktur führten ebenfalls zu Unterbrechungen der Lieferungen an Armenien. Vgl. Turkmenistan - regional trade, in: APS Diplomat operations in oil diplomacy Arab press service organisation, 16.08.1993.
567 Vgl. Turkmen pipe routing, in: European Energy report, 02.09.1994.
568 Vgl. Iran, Turkmenistan sign gas pipeline deal, in: Reuters News, 24.08.1994.
569 Vgl. Roberts, John: Caspian Pipelines, London: The Royal Institute of International Affairs, 1996, S. 62.
570 Vgl. Oil and gas cooperation with Turkmenistan and Kazakhstan (Voice of the Islamic Republic of Iran), in: BBC Monitoring Service: Middle East, 25.02.1992; Cooperation with Turkmenistan in transport and oil and gas (Turkmenskaya Iskra), in: BBC Monitoring Service: Former USSR, 28.02.1992; Turkmenistan, Iran set two oil deals, in: Platt's Oilgram News, 20.4.1992; Iran/Turkmenistan talks continuing on gas deal, in: Platt's Oilgram News, 15.04.1992.

4.2.2.3 Die Türkei

Die Türkei verfolgte in Bezug auf die Turkmenistan-Iran-Türkei-Europa-Pipeline mehrere Interessen. Neben ihren panturkistischen Ambitionen (Kap. 1.10.4.6) waren insbesondere energiesicherheitspolitische Erwägungen wesentlich. Nach den Plänen der türkischen Regierung sollte der zukünftige Energiebedarf des Landes zunehmend durch Erdgas gedeckt werden.[571] Allerdings verfügt die Türkei nur über sehr geringe Reserven[572], sodass der Eigenproduktion sehr enge Grenzen gesetzt sind und sie folglich auf Importe zum Ausgleich ihrer Gasbilanz angewiesen ist (Abb. 38).

Des Weiteren kalkulierte die türkische Regierung Anfang der 1990er-Jahre mit einem starken Anstieg des Gasbedarfs. Betrug der Verbrauch im Jahr 1991 lediglich 4,2 Mrd. m³ (Abb. 38) wurde eine Steigerung des Bedarfs auf 29 Mrd. m³ bis zum Jahr 2010 erwartet.[573]

Vor diesem Hintergrund bestand das Ziel der Türkei, die ihre Gaslieferungen Anfang der 1990er-Jahre ausschließlich aus Russland bezog (Abb. 38), darin, das Volumen der Gasimporte zu erhöhen, aber diese auch gleichzeitig zu diversifizieren und somit weitere Gasexporteure wie beispielsweise Turkmenistan an sich zu binden, um die zukünftige Gasversorgungssicherheit des Landes zu gewährleisten.[574]

---

[571] Angesichts der Luftverschmutzung, verursacht durch den Einsatz von Kohle zur Energiegewinnung, strebte die Türkei an, zunehmend Erdgas zur Deckung ihres zusätzlichen Energiebedarfs einzusetzen. Der Anteil von Erdgas an der Primärenergieversorgung der Türkei stieg von 5,4 Prozent im Jahr 1990 auf 32,4 Prozent im Jahr 2013 an. Vgl. Cranfield, John: Walking the tightrope between east and west - pipelines hold key to energy needs, in: Petroleum Economist, 26.09.1993; Central Asia - Part 3C - Turkey's energy resources, in: APS Diplomat operations in oil diplomacy Arab press service Organisation, 09.11.1992; IEA: Turkey: Share of total primary energy supply in 2013, http://www.iea.org/stats/WebGraphs/TURKEY4.pdf (Zugriff: 06.01.2015); IEA: Turkey: Balances for 1990, http://www.iea.org/statistics/statisticssearch/report/?country=TURKEY&product=Balances&year=1990 (Zugriff: 06.01.2016).

[572] Nach Angaben der BGR (Datenstand 2014) haben die Reserven der Türkei einem Umfang von sechs Mrd. m³. Vgl. BGR: Energiestudie 2015. Reserven, Ressourcen und Verfügbarkeit von Energierohstoffen, Hannover: BGR, 2015, S. 114.

[573] Vgl. Turkey's gas needs to rise five-fold by 2010, in: Reuters News, 04.10.1993.

[574] Zur Deckung ihres Gasbedarfs begann die Türkei bereits 1987, Erdgas aus der damaligen Sowjetunion zu beziehen. Die Importe erfolgten Anfang der 1990er-Jahre ausschließlich mittels einer Pipeline, die von Russland durch die Ukraine über Rumänien und Bulgarien in die Türkei verläuft (Abb. 41). Der damals bestehende Vertrag mit Russland deckte nur ein Drittel des erwarteten Bedarfs im Jahr 2010. Vgl. Additional supply sought to serve a huge demand. (natural gas supply to Turkey), in: Gas World International, 01.04.1994; Turks seek more Russian gas, in: International Gas Report, 21.01.1994; Turkish gas demand rising, in: APS Review Gas Market Trends Arab press service organisation, 05.07.1993; Transmission network crosses new frontiers. (Gas in Europe: Pipeline Construction), in: Gas World International, 01.03.1994; Turks seek more Russian gas, in: International Gas Report, 21.01.1994; Central Asia - Part 3C - Turkey's energy resources, in: APS Diplomat operations in oil diplomacy Arab press service Organisation, 09.11.1992.

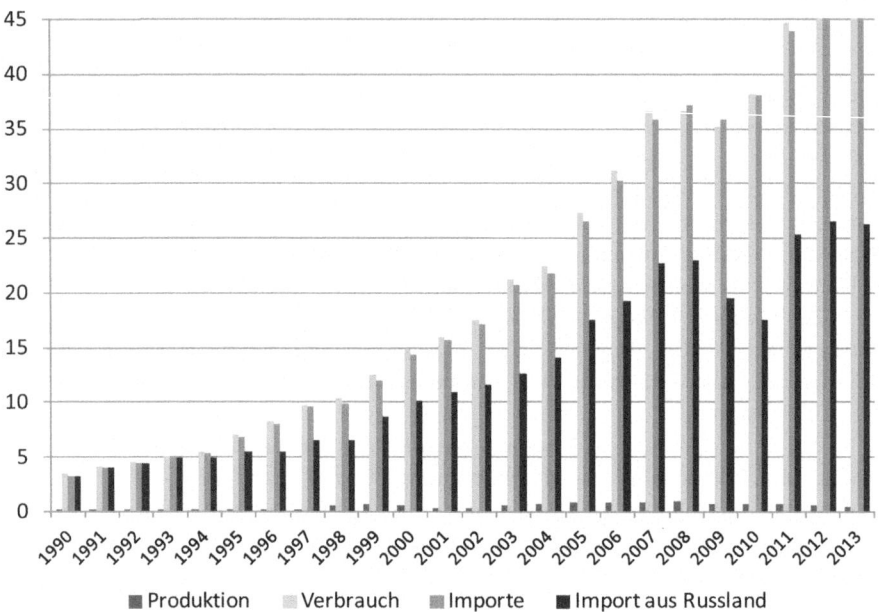

Abbildung 38: Erdgasbilanz der Türkei (in Mrd. m³)

Quelle: IEA: OECD - Natural gas supply and consumption, IEA Natural Gas Information Statistics (database), http://stats.oecd.org/BrandedView.aspx?oecd_bv_id=naturgas-data-en&doi=data-00481-en# (Zugriff: 19.08.2012); IEA: OECD - Natural gas imports by origin, IEA Natural Gas Information Statistics (database), http://stats.oecd.org/BrandedView.aspx?oecd_bv_id=naturgas-data-en&doi=data-00480-en# (Zugriff: 19.08.2012); IEA: Natural Gas Information 2014, Paris: OECD/IEA, 2014, S. II.4, II.8, II.16, II.27, II.31, II.35.

Zusätzlich verfolgte die Türkei das Interesse, nicht nur Gas zu beziehen bzw. als Transitland für Lieferungen nach Europa zu agieren und dadurch Transitgebühren einzunehmen, sondern darüber hinaus perspektivisch als zentraler Handelsplatz (Hub) für Erdgas zu fungieren.[575] Die türkische Regierung beabsichtigte schon damals, die Türkei als Brücke für den Transport von Erdgas und Erdöl aus dem Kaspischen Raum nach Europa zu etablieren, um dadurch die strategische Bedeutung des Landes zu erhöhen und ihm mehr außenpolitisches Gewicht zu verleihen.[576]

---

575 Vgl. Additional supply sought to serve a huge demand. (natural gas supply to Turkey), in: Gas World International, 01.04.1994; Ankara seeks oil and gas export role - Links formed with Azerbaijan and Turkmenistan, in: Petroleum Economist, 31.05.1992.
576 Vgl. Zaman, Amberin: Turkey's Botas sees a bigger "bridge", in: Platt's Oilgram News, 15.12.1992; Turkey - Gas Pipelines, in: APS Review Gas Market Trends, 10.06.1996.

4.2.3 Abkommen zur Realisierung des Projektes

Im August 1994 unterzeichneten Präsident Rafsanjani und Präsident Nijasow eine weitere Vereinbarung zum Bau der Turkmenistan-Iran-Türkei-Europa-Pipeline. Die Laufzeit des Pipelineabkommens betrug nach Angaben des damaligen iranischen Ölministers, Gholamreza Aqazadeh, 25 Jahre. Anschließend sollte der iranische Pipelineabschnitt in den Besitz des Iran übergehen. Der Iran beabsichtigte ferner, die Hälfte der Kosten für den iranischen Pipelineabschnitt selbst zu finanzieren.[577]

Obwohl das Abkommen verbindlichen Charakter aufwies,[578] waren wesentliche Fragen der Umsetzung noch nicht abschließend geklärt. Als zentrales Hindernis für die Realisierung des Pipelineprojektes erwies sich die Finanzierung, da weder Turkmenistan noch der Iran über die notwendigen finanziellen Mittel bzw. den Zugang zu Krediten verfügten und sich die Türkei in einer Wirtschaftskrise befand.[579]

Nach Schätzungen von Pennspen Economics aus dem Jahr 1993 würden sich die Kosten für die Verlegung einer 54-inch Pipeline von Turkmenistan durch den Iran und die Türkei zur bulgarischen Grenze mit einer Länge von ca. 3.700 km und einer Kapazität von 28 Mrd. m^3 pro Jahr auf neun Mrd. US-Dollar belaufen; deren Verlängerung um weitere 1.000 km wurde auf 2,5 Mrd. US-Dollar geschätzt.[580]

Im Januar 1995 wurden bei einem Treffen des zwischenstaatlichen Rates weitere Schritte zur Realisierung des Pipelineprojektes bzw. dessen Finanzierung unternommen und die Gründung von drei Unternehmen vereinbart: Turkmen Transcontinental Pipeline (TTP) sollte für den Bau der Pipeline verantwortlich sein, Turkmen Gas Export Company (TEC) für die Gasversorgung der Pipeline, das dritte Unternehmen für die Beschaffung von Kapital.[581] 60 Prozent der Anteile sollten von TTP Banken oder Konsortien zum Kauf angeboten werden, die übrigen 40 Prozent im Besitz von Turkmenistan, dem Iran und der Türkei verbleiben. Offen blieb, wie die drei Staaten ihre Anteile in Höhe von 40 Prozent an TTP finanzieren würden. Im März 1995 ordnete Präsident Nijasow schließlich die Gründung von TTP an.[582]

---

577 Vgl. Iran, Turkmenistan sign gas pipeline deal, in: Reuters News, 24.08.1994.
578 Im Rahmen der Unterzeichnung gab es den symbolischen Spatenstich zum Baustart. Vgl. Zargham, Mohammad: Iran, Turkmenistan launch gas pipeline project, in: Reuters News, 24.08.1994.
579 Vgl. Roberts, John: Caspian Pipelines, London: The Royal Institute of International Affairs, 1996, S. 64; Debts surround Turkmenistan/Iran oil pipeline financing, in: International Trade Finance, 26.08.1994.
580 Vgl. Roberts, John: Caspian Pipelines, London: The Royal Institute of International Affairs, 1996, S. 65.
581 Vgl. Turkey's eastern gas pipe dream edges nearer but unease remains, in: European Energy Report, 20.01.1995.
582 Vgl. Yildirim, Servet: No formal accord seen on Turkmen pipeline finances, in: Reuters News, 20.01.1995; Turkmen decree on Turkmen-Turkish gas pipeline (ITAR-TASS, Turkmen Press), in: BBC Monitoring Service: Former USSR, 10.03.1995.

4.2.4 Die vorläufige Einstellung des Pipelineprojektes

Die Ablehnung des Pipelineprojektes seitens der US-Regierung und die damit verbundenen Schwierigkeiten in Bezug auf dessen Finanzierung führten dazu, dass die Umsetzung des geschlossenen Finanzierungsabkommens nicht vollzogen wurde und das Pipelineprojekt zunächst keine weiteren Fortschritte erzielte. Die USA strebten danach, den Iran wirtschaftlich sowie politisch zu isolieren und deshalb eine Beteiligung des Landes an internationalen Pipelineprojekten zu verhindern (Kap. 1.10.4.2). Damit waren die Aussichten für die Finanzierung des Projektes durch westliche Banken sehr gering. In diesem Zusammenhang sei erwähnt, dass die US-Regierung nach der US-Gesetzgebung dazu verpflichtet war, sich bei der Weltbank, der Europäischen Bank für Wiederaufbau und Entwicklung sowie anderen internationalen Finanzinstitutionen gegen Projekte einzusetzen, die den Iran mit einbeziehen.[583]

Damit befand sich die US-Regierung in einem Zielkonflikt: Einerseits erschwerten der US-Kongress und die Clinton-Administration den Zugang des Iran zu Krediten von internationalen Finanzinstitutionen, andererseits befürwortete die US-Regierung die Bestrebungen der ehemaligen Sowjetrepubliken, ihre Exporte von Energierohstoffen unter Umgehung russischen Territoriums auszuweiten, so auch im Falle Turkmenistans (Kap. 1.10.4.2).[584] Allerdings hatte die Isolation des Iran Priorität und die Realisierung des Pipelineprojekts wurde seitens der USA blockiert.[585]

Zusätzlich schien Präsident Nijasow infolge der aufgetretenen Probleme vorübergehend eine andere Route zum Transport von turkmenischem Erdgas in die Türkei zu bevorzugen. Im Februar 1996 wurde ein MoU zwischen Turkmenistan und der Türkei geschlossen, wonach die Exporte in die Türkei 1998 mit einem Volumen von zwei

---

583 Vgl. Lines on a map, in: Energy Economist, 01.04.1995.
584 Vgl. Sonali, Paul: Pipeline plan puts US goals on CIS, Iran at odds, in: Reuters News, 23.01.1995.
585 Der ehemalige US-Außenminister und damalige Berater von Präsident Nijasow, Alexander Haig, vertrat die Auffassung, dass die US-Politik gegenüber dem Iran einen Fortschritt des Pipelineprojektes blockieren würde. Auch der damalige Botschafter Turkmenistans in den USA, Halil Ugur, erklärte im Mai 1995, dass der US-Widerstand gegen die Verlegung der Pipeline durch den Iran die Option wirksam ruiniert habe. Die Clinton-Administration verschärfte im Mai 1995 die Maßnahmen gegen den Iran und erließ ein Wirtschaftsembargo, wonach es verboten war, mit Waren oder Dienstleistungen iranischer Herkunft zu handeln bzw. in den Iran zu exportieren. Allerdings konnten trotz des Embargos noch Swap-Geschäfte mit iranischem bzw. kaspischem Rohöl durchgeführt werden, wodurch Energieprojekte in Kasachstan, Aserbaidschan sowie Turkmenistan und letztlich auch in der Region tätige US-Unternehmen unterstützt werden sollten. Vgl. US opposition to Turkmen gas pipeline through Iran, in: International Gas Report, 28.04.1995; Russia to help build Turkmenistan-Pakistan pipe, in: East European Energy Report, 22.05.1995; Sonali, Paul: Pipeline plan puts US goals on CIS, Iran at odds, in: Reuters News, 23.01.1995; Clinton/Iran Sanctions-3-: Reexportation prohibited, in: Dow Jones News Service, 08.05.1995; Corzine, Robert: Caspian swaps offer loophole in US oil ban, in: Financial Times, 10.05.1995.

4.2 Die Turkmenistan-Iran-Türkei-Europa-Pipeline

Mrd. m³ pro Jahr aufgenommen werden sollten. Bis 2004 sollte das Liefervolumen auf fünf Mrd. m³, bis 2010 auf zehn Mrd. m³ und bis 2020 auf 15 Mrd. m³ pro Jahr ansteigen. Bemerkenswert ist in diesem Zusammenhang die Vereinbarung beider Seiten über den Transport des Erdgases durch bestehende Pipelines in Kasachstan, Russland und Georgien anstatt mittels einer zu bauenden Pipeline durch den Iran. Die Planungen sahen ferner vor, das zu liefernde Erdgas von Georgien aus entweder weiter durch georgisches Territorium oder mittels einer Pipeline durch Armenien in die Türkei zu befördern. Das bestehende Pipelinesystem mit einer Kapazität von zehn Mrd. m³ pro Jahr hätte lediglich eine Verlängerung von entweder 160 km durch Georgien oder 15 km durch Armenien bis zur türkischen Grenze benötigt.[586]

Zur Erklärung dieses Positionswechsels der turkmenischen Regierung sind mehrere Faktoren zu berücksichtigen. Einerseits ist davon auszugehen, dass Präsident Nijasow aufgrund der Blockadehaltung der USA gegenüber dem Bau der Turkmenistan-Iran-Türkei-Europa-Pipeline sowie des damit verbundenen mangelnden Fortschritts des Projektes zunehmend an dessen Umsetzbarkeit zweifelte.[587] Andererseits zeichnete sich parallel eine Verbesserung der Beziehungen zwischen Russland und Turkmenistan in Bezug auf den Gashandel ab. Im November 1995 wurde das Joint Venture Turkmenrozgas gegründet (Kap. 3.2.3). Dies war für die Vereinbarung zwischen der Türkei und Turkmenistan von Bedeutung, da die turkmenische Regierung davon ausging, im Rahmen des Joint Ventures Erdgas auch an Länder außerhalb der GUS durch die Nutzung des russischen Pipelinesystems liefern zu können. Infolgedessen schien die turkmenische Regierung zum damaligen Zeitpunkt zu erwarten, mittels des Joint Ventures Erdgasexporte in die Türkei unter Benutzung des russischen Pipelinesystems einfacher verwirklichen zu können. Bei tatsächlicher Umsetzung dieses Abkommens hätte zunächst keine unmittelbare Notwendigkeit mehr bestanden, die

---

586 Vgl. Ersoy, Ercan: Turkey signs gas deal with Turkmenistan, in: Reuters News, 12.02.1996; The Economist Intelligence Unit: Country Report: Kyrgyz Republic, Tajikistan, Turkmenistan, Uzbekistan: 2nd quarter 1996, London: The Economist Intelligence Unit, 1996, S. 39; Memorandum signed for Turkmen gas, in: Middle East Economic Digest, 19.02.1996.

587 Im Rahmen von Gesprächen zwischen Präsident Nijasow und der damaligen türkischen Premierministerin Ciller im September 1995 ist die erwähnte Route durch u. a. russisches Territorium bereits in Erwägung gezogen worden. Präsident Nijasow erklärte in diesem Zusammenhang, dass Komplikationen bezüglich der Umsetzung des Turkmenistan-Iran-Türkei-Europa-Pipelineprojektes aufgetaucht seien. An dieser Stelle sei ferner ergänzt, dass sich zum damaligen Zeitpunkt die Beziehungen zwischen der Türkei und dem Iran verschlechterten. Die türkische Regierung beschuldigte den Iran, islamistische Extremisten und kurdische Separatisten in der Türkei zu unterstützen, während die iranische Regierung die Türkei für ein mit Israel geschlossenes Verteidigungsabkommen stark kritisierte. Vgl. Turkmenistan, Turkey discuss gas pipeline - agency, in: Reuters News, 18.08.1995; Thornhill, John/Barham, John: News - International - Railway revives Iran silk road links, in: Financial Times, 14.05.1996; Olcott, Martha Brill: International Gas Trade in Central Asia: Turkmenistan, Iran, Russia and Afghanistan, Stanford, CA: Stanford University, Stanford Institute for International Studies, May 2004, S. 12.

Pipelineroute durch den Iran umzusetzen, da die vereinbarten Liefervolumina zumindest bis 2010 über diese alternative Route hätten transportiert werden können.[588] Dementsprechend wurden die Pläne zum Bau der Turkmenistan-Iran-Türkei-Europa-Pipeline vorübergehend zurückgestellt. Stattdessen verständigten sich Turkmenistan und der Iran auf den Bau der Korpedzhe-Kurt Kui Pipeline, wie im folgenden Abschnitt geschildert wird.

4.2.5 Die Korpedzhe-Kurt Kui Pipeline

Da die Umsetzung der geplanten Turkmenistan-Iran-Türkei-Europa-Pipeline keine Fortschritte erzielte, vereinbarten Turkmenistan und der Iran 1995 die Verlegung einer Gaspipeline vom Gasfeld Korpedzhe im Westen Turkmenistans in den Norden des Iran (Abb. 29).[589] Die Pipeline mit einer Länge von 200 km und einer Transportkapazität von acht Mrd. m³ pro Jahr wurde im Dezember 1997 von Präsident Nijasow und dem damaligen iranischen Präsidenten Khatami eröffnet.[590]

Für Turkmenistan bedeutete der Bau der Pipeline einen ersten, wenn auch, gemessen an ihrer geplanten Kapazität, kleinen Schritt zur Diversifizierung der Exportinfrastruktur. In den ersten Jahren des Betriebs der Pipeline konnten aufgrund verschiedener Faktoren jedoch nicht die erwünschten Liefervolumen realisiert werden,

---

588 Präsident Nijasow erklärte Ende 1996, dass Turkmenistan 1997 umfangreiche Volumen nach Europa exportieren werde (Kap. 3.2.4).
589 Vgl. Olcott, Martha Brill: International Gas Trade in Central Asia: Turkmenistan, Iran, Russia and Afghanistan, Stanford, CA: Stanford University, Stanford Institute for International Studies, May 2004, S. 12; Vgl. Roberts, John: Caspian Pipelines, London: The Royal Institute of International Affairs, 1996, S. 66.
590 Die Kosten von insgesamt 190 Mio. Dollar wurden folgendermaßen aufgeteilt: Der Iran übernahm die Finanzierung von 80 Prozent der Gesamtsumme, also 152 Mio. US-Dollar. Auf Turkmenistan entfielen damit zunächst 38 Mio. US-Dollar. Darüber hinaus beteiligte sich Turkmenistan an den Kosten des Iran, da der weitaus größere Pipelineabschnitt (140 km) auf turkmenischem Territorium verläuft. Dies war in Form von Gaslieferungen während der ersten drei Jahre des Betriebs der Pipeline vorgesehen. So war geplant, dass der Iran für 65 Prozent der erfolgten Lieferungen Zahlungen leisten würde, während die restlichen 35 Prozent zur Rückzahlung der Ausgaben für den Bau der Pipeline verwendet werden sollten. Später wurde der Zeitraum, in dem die Rückzahlung der Schulden Turkmenistans durch Erdgaslieferungen vorgesehen war, um zwei bis drei Jahre erweitert. Ferner vereinbarten die turkmenische und die iranische Regierung einen Preis von zunächst 40 US-Dollar pro 1.000 m³ und der Iran garantierte die Abnahme des turkmenischen Gases über einen Zeitraum von 25 Jahren. Vgl. Turkmens, Iran to finish gas pipeline by end-Oct, in: Reuters News, 03.10.1997; First Turkmen gas reaches Iran through new pipeline (ITAR-TASS News Agency), in: BBC Monitoring Service: Middle East, 10.03.1998; Olcott, Martha Brill: International Gas Trade in Central Asia: Turkmenistan, Iran, Russia and Afghanistan, Stanford, CA: Stanford University, Stanford Institute for International Studies, May 2004, S. 13; Jones, Gareth: Focus-Iran-Turkmen pipeline opens to big fanfare, in: Reuters News, 29.12.1997.

sodass zunächst nur vergleichsweise geringe Volumen über die Korpedzhe-Kurt Kui Pipeline exportiert wurden (Abb. 39).[591]

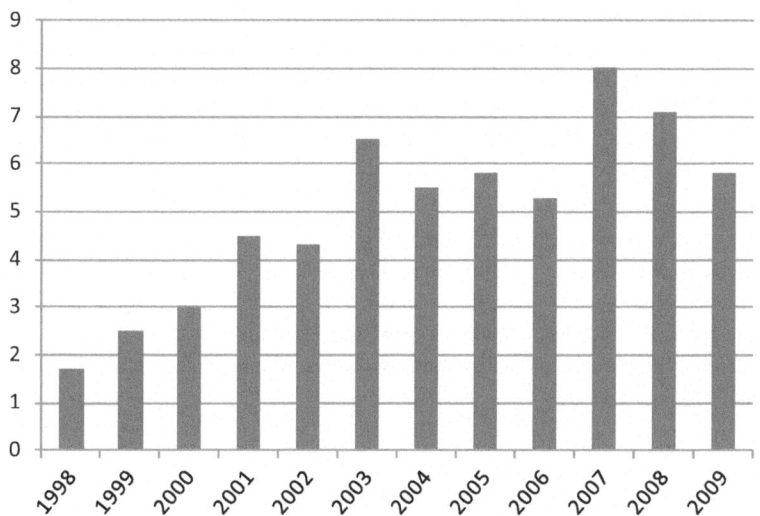

Abbildung 39: Erfolgte Gaslieferungen Turkmenistans an den Iran mittels der Korpedzhe-Kurt Kui Pipeline (in Mrd. m³)

Quelle: Eigene Darstellung nach o. V.: Turkmenistan: an exporter in transition, in: Pirani, Simon (ed.): Russian and CIS Gas Markets and Their Impact on Europe, Oxford; New York: Oxford University Press, 2009, S. 271-315, hier S. 291; IEA: Natural Gas Information 2011, Paris: OECD/IEA, 2011, S. II.45, II.49.

---

591 Bereits kurz nach Inbetriebnahme der Pipeline kam es aufgrund von Lieferschwankungen zu Problemen bei der iranischen Elektrizitätsversorgung. 1999 lieferte Turkmenistan lediglich 2,5 Mrd. m³ anstatt wie geplant vier Mrd. m³ Erdgas in den Iran, da die Produktion des Gasfeldes Korpedzhe nicht im ursprünglich vorgesehenen Umfang gesteigert werden konnte. Zusätzlich gab es Auseinandersetzungen über den Preis. Bei Verhandlungen über eine etwaige Ausweitung der Gaslieferungen auf bis zu 13 Mrd. m³ pro Jahr forderte die iranische Regierung einen Preis von 28 US-Dollar pro 1.000 m³, der von Präsident Nijasow abgelehnt wurde. Aufgrund der Differenzen über den Preis reduzierte der Iran ab April 2000 die Importe um die Hälfte. Vgl. Gas supplies from Turkmenistan becoming erratic, in: Petroleum Economist, 24.03.1998; Turkmen 1999 plan to increase oil and gas output (Turkmen Press News Agency), in: BBC Monitoring Central Asia, 23.01.1999; Turkmenistan - Iran pushes for new terms on gas supplies, in: Nefte Compass, 18.05.2000; Iran plans to boost Turkmen gas imports, in: Interfax Companies & Commodities, 14.03.2000; Iran halves gas imports from Turkmenistan because of price row (IRNA News Agency), in: BBC Monitoring Middle East - Economic, 11.05.2000.

Der Iran profitierte ebenfalls von der Inbetriebnahme der Pipeline. Sie ermöglichte die Gasversorgung der nordöstlichen Landesteile, die noch nicht ausreichend mit dem bestehenden Pipelinesystem verbunden waren, ohne dass ein Ausbau der inneriranischen Gasinfrastruktur notwendig war, wodurch wiederum Kosten eingespart wurden.[592] Ein weiterer Vorteil der Korpedzhe-Kurt Kui Pipeline bestand in der Option, einen Swap-Handel zwischen Turkmenistan, dem Iran und der Türkei einzurichten, sollte das Turkmenistan-Iran-Türkei-Europa-Pipelineprojekt nicht umgesetzt werden, da der Iran zu diesem Zeitpunkt bereits mit dem Bau einer Pipeline von Tabriz bis zur Grenze der Türkei begonnen hatte.[593] Diese Importe aus Turkmenistan ermöglichen dem Iran nicht nur die Deckung des Binnenbedarfs, sondern darüber hinaus die Bereitstellung von Liefervolumen für den Export in die Türkei, sodass tatsächlich eine Art Swap-Geschäft besteht.[594] Allerdings sahen die damaligen Planungen nicht vor, die geplante Pipeline von Turkmenistan in die Türkei durch die Korpedzhe-Kurt Kui Pipeline zu ersetzen.[595] Bereits Ende 1996 wurde ein neuer Anlauf zum Bau der Turkmenistan-Iran-Türkei-Europa-Pipeline unternommen, wie im folgenden Abschnitt dargestellt wird.

4.2.6 Die Wiederaufnahme des Pipelineprojektes

Nachdem die Realisierung der geplanten Turkmenistan-Iran-Türkei-Europa-Pipeline zunächst unwahrscheinlich erschien (Kap. 4.2.4), zeichnete sich im Dezember 1996 die Fortführung des Projektes ab. Turkmenistan, der Iran und die Türkei schlossen ein vorläufiges Abkommen, das den Transport von turkmenischem Gas durch den Iran in die Türkei und nach Europa vorsah. Nach Angaben des damaligen türkischen

---

592 Darüber hinaus erwartete die iranische Regierung, dass durch den Import von turkmenischem Erdgas zusätzliche Kapazitäten für den Export von Ölprodukten geschaffen und dadurch zusätzliche Einnahmen für den Iran generiert werden würden. Vgl. Oil minister explains gas deal signed with Turkmenistan (Vision of the Islamic Republic of Iran Network 1), in: BBC Monitoring Service: Middle East, 11.07.1995; Olcott, Martha Brill: International Gas Trade in Central Asia: Turkmenistan, Iran, Russia and Afghanistan, Stanford, CA: Stanford University, Stanford Institute for International Studies, May 2004, S. 13.
593 1996 hatten der Iran und die Türkei trotz des Widerstandes der USA ein Gashandelsabkommen geschlossen und den Bau einer Pipeline vom Iran in die Türkei vereinbart (Kap. 4.3.6.3.1). Vgl. Turkmen gas pipeline being upgraded, in: Middle East Economic Digest, 09.03.1998.
594 Aus Abbildung 40 geht hervor, dass die Volumen der iranischen Gasimporte aus Turkmenistan in etwa den Exportvolumen des Iran in die Türkei entsprechen, während sich dessen Produktion und Verbrauch ungefähr die Waage halten. Vgl. Olcott, Martha Brill: International Gas Trade in Central Asia: Turkmenistan, Iran, Russia and Afghanistan, Stanford, CA: Stanford University, Stanford Institute for International Studies, May 2004, S. 13 f.
595 Vgl. Foreign ministry gives details of pipeline deal with Iran (ITAR-TASS, Interfax) in: BBC Monitoring Service: Former USSR, 08.07.1995.

Energieministers Kutan plante die Türkei, ab dem Jahr 2000 jährlich acht Mrd. m³ Erdgas aus Turkmenistan zu beziehen. Das Erdgas sollte von Turkmenistan nach Tabriz transportiert und anschließend über eine noch zu bauende Pipeline von Tabriz nach Erzurum befördert werden.[596] Im Mai 1997 unterzeichneten die Präsidenten Turkmenistans, der Türkei und des Iran ein Memorandum über den Transport von jährlich bis zu 30 Mrd. m³ Erdgas aus Turkmenistan durch den Iran in die Türkei.[597]

Das Projekt wurde aus mehreren Gründen fortgeführt, wobei erneut auftretende Probleme beim Gashandel Turkmenistans von Bedeutung sind. Zum damaligen Zeitpunkt wurden die Erdgasexporte Turkmenistans im Rahmen des Joint Ventures Turkmenrozgas abgewickelt. Zwar erklärte Präsident Nijasow noch im Dezember 1996, dass Turkmenistan im Folgejahr Erdgas nach Europa exportieren würde, allerdings traten bereits im März 1997 Probleme auf, die schließlich zur Auflösung des Joint Ventures und zu der Blockade turkmenischer Erdgasexporte führten (Kap. 3.2.4). Vor diesem Hintergrund erschienen Erdgasexporte Turkmenistans nach Europa und auch in die Türkei unter Benutzung des russischen Pipelinesystems als zunehmend unrealistisch, sodass die turkmenische Regierung ihre Diversifizierungsbestrebungen in Bezug auf die Exportpipelineinfrastruktur wieder verstärkte.

Der Iran war weiterhin an der Umsetzung des Pipelineprojektes interessiert, um perspektivisch in den Gashandel integriert zu werden. Da sich seine Beziehungen zur Türkei mit dem Amtsantritt von Premierminister Erbakan deutlich verbessert hatten,[598] schien die türkische Regierung wieder eine Route durch den Iran zum Import von turkmenischem Erdgas zu bevorzugen, was allerdings erneut auf die Ablehnung der USA stieß.

4.2.7 Die Position der USA

Die US-Regierung hielt zunächst an ihrer Position gegenüber dem Pipelineprojekt fest. Die USA hatten im August 1996 umfangreiche Sanktionen gegen den Iran verhängt (Iran-Libya-Sanctions Act, ILSA) und verfolgten weiterhin das Ziel, den Iran wirtschaftlich und politisch zu isolieren. Folglich galt es aus Perspektive der USA,

---

596 Vgl. Ersoy, Ercan: Turkey agrees gas purchases from Turkmenistan, in: Reuters News, 30.12. 1996; Turkey, Iraq to hold talks on gas pipeline, in: The Wall Street Journal Europe, 30.12. 1996; Iran-Turkey ties includes Caspian line Ankara presses desire to be primary Caspian route, in: Platt's Oilgram News, 06.01.1997.
597 Vgl. Turkmenistan signs gas memorandum with Iran, Turkey, in: Reuters News, 14.05.1997.
598 Vgl. The Economist Intelligence Unit: Country Report: Kyrgyz Republic, Tajikistan, Turkmenistan 3rd quarter 1997, London: The Economist Intelligence Unit, 1997, S. 48; Iran-Turkey ties includes Caspian line Ankara presses desire to be primary Caspian route, in: Platt's Oilgram News, 06.01.1997.

eine Beteiligung des Iran am Erdgashandel in der Region zu verhindern. Die US-Regierung versuchte, die Türkei davon zu überzeugen, von dem mit dem Iran geschlossenen Gasliefervertrag Abstand zu nehmen.[599]

Allerdings signalisierte die US-Regierung im Juli 1997, dass die gegen den Iran verhängten Sanktionen möglicherweise nicht auf das Pipelineprojekt angewendet würden, sofern die Türkei ausschließlich turkmenisches Gas und kein iranisches Gas mittels dieser Pipeline beziehen würde. Somit erweckte die US-Administration vorübergehend den Anschein, ihren Widerstand gegen das Pipelineprojekt aufzugeben, und erhoffte sich von ihrem Zugeständnis, dass die türkische Regierung von dem Gashandelsabkommen mit dem Iran aus dem Jahr 1996 zurücktreten würde.[600]

Kurz darauf erklärte die US-Regierung aber, dass die Äußerungen vom Juli missinterpretiert worden seien, und machte deutlich, dass sie den Bau der Pipeline nicht unterstützen werde. Darüber hinaus stellte sie die Möglichkeit in Aussicht, Sanktionen zu verhängen, sollte der Iran von dem Geschäft profitieren.[601] Stattdessen bevorzugte die US-Regierung eine alternative Pipelineroute durch das Kaspische Meer, mittels derer die Umgehung des Iran ermöglicht werden sollte (Kap. 4.3).[602]

4.2.8   Der Einstieg von Shell in das Pipelineprojekt

Die Wiederaufnahme des Pipelineprojektes wurde zusätzlich dadurch begünstigt, dass mit Royal Dutch Shell ein internationaler Energiekonzern Interesse an einer Beteiligung bekundete. Bereits im Januar 1997 unterbreitete das Unternehmen der Türkei das Angebot, eine Partnerschaft für dieses Projekt einzugehen. Danach würde Shell die Investitionen tätigen, um im Gegenzug das Recht zu erhalten, das Gas selbst vermarkten zu können.[603] Ende 1997 erhielt der Konzern vom turkmenischen Präsidenten das Angebot, ein internationales Konsortium zum Bau der Pipeline zu führen.[604]

---

599 Vgl. Ersoy, Ercan: Turkey continues Iran gas bid despite row, US, in: Reuters News, 28.02.1997.
600 Die türkische Regierung vertrat die Position, dass die Verlegung der Pipeline durch iranisches Territorium nicht unter die Sanktionen falle, da der Iran diesen Abschnitt auf seinem Territorium selbst bauen würde, und versicherte, nur turkmenisches Gas über diese Pipeline beziehen zu wollen. Vgl. U.S. sees sanctions chilling investment in Iran, in: Reuters News, 23.07.1997; Shell, Italy, France plan Turkmen gas line, in: Reuters News, 15.05.1997; Myers, Steven Lee: White House says Iran pipeline won't violate sanctions act, in: The New York Times, 28.07.1997.
601 Vgl. U.S. sanctions might apply to Turkey pipeline, in: Reuters News, 23.10.1997
602 Vgl. U.S. opposes any pipeline through Iran, in: Dow Jones News Service, 23.10.1997.
603 Vgl. Shell offers Turkey gas pipeline, Euro sales deal - Report, in: Dow Jones Newswires. Dow Jones Telerate Energy Service, 20.01.1997.
604 Vgl. Gurt, Marat: Turkmens offer Royal Dutch/Shell gas project lead, in: Reuters News, 02.12.1997.

4.2 Die Turkmenistan-Iran-Türkei-Europa-Pipeline

Darüber hinaus beauftragten im Dezember 1997 die Energieminister Turkmenistans, der Türkei und des Iran das Unternehmen Shell mit der Erstellung einer Machbarkeitsstudie für den Bau einer Pipeline von Turkmenistan durch den Iran in die Türkei.[605] Die Transportkapazität der Pipeline mit einer Länge von ca. 3.800 km sollte bis zu 30 Mrd. m³ pro Jahr betragen. Turkmenistan und Shell unterzeichneten im Februar 1998 ein MoU, wonach Shell das exklusive Recht übertragen wurde, das Projekt voranzutreiben.[606]

Der Energiekonzern versprach sich durch sein Engagement eine bessere Ausgangsposition für etwaige zukünftige Geschäfte mit dem Iran, wo weitaus größere unerschlossene Gasreserven lagern,[607] prüfte aber im Rahmen der Machbarkeitsstudie neben einer Streckenführung durch den Iran auch Pipelinerouten durch das Kaspische Meer. Shell betonte, dass für die Verlegung einer Pipeline durch das Kaspische Meer der Iran sein Einverständnis geben müsse. Somit hielt sich Shell zunächst alle Optionen offen und versuchte durch diese Vorgehensweise, eine Belastung der Beziehungen zu den USA und zum Iran zu verhindern.[608]

Zur Umsetzung des Pipelineprojektes wurden nach der Beauftragung Shells zur Erstellung der Machbarkeitsstudie keine weiteren Schritte vollzogen. Präsident Nijasow entschied sich stattdessen für den Bau einer transkaspischen Pipeline, wie in den folgenden Abschnitten näher erläutert wird.

4.2.9 Das Scheitern des Projektes

Auf die fortwährenden Bemühungen der US-Administration, die Regierung Turkmenistans vom Bau einer transkaspischen Pipeline zu überzeugen, um die Umsetzung des Turkmenistan-Iran-Türkei-Europa-Pipelineprojektes zu verhindern, reagierte die turkmenische Regierung zunächst zurückhaltend. Sie hatte sich zu diesem Zeitpunkt auf die Route durch den Iran festgelegt und lehnte den Vorschlag der US-Regierung, eine Pipeline durch das Kaspische Meer und anschließend durch Aserbaidschan und Georgien zu verlegen, mit der Begründung ab, dass die Route durch den Iran wirtschaftlicher wäre.[609] Ferner erklärte Präsident Nijasow, dass eine Pipeline durch das

---

605 Vgl. Jones, Gareth: Shell makes study for gas pipeline to Turkey, in: Reuters News, 28.12. 1997.
606 Vgl. Gurt, Marat: Turkmen president, Shell sign MOU on gas pipeline, in: Reuters News, 24.02.1998; Iran figures in both Shell routes for Turkmen gas, in: Platt's Oilgram News, 16.03.1998.
607 Vgl. Olcott, Martha Brill: International Gas Trade in Central Asia: Turkmenistan, Iran, Russia and Afghanistan, Stanford, CA: Stanford University, May 2004, S. 15.
608 Vgl. Iran figures in both Shell routes for Turkmen gas, in: Platt's Oilgram News, 16.03.1998.
609 Vgl. Caspian Sea: Turkmenistan aims for foreign investment, in: Daily Energy Briefing, 16.03. 1998.

Kaspische Meer nicht gebaut werden könne, solange sich Aserbaidschan und Turkmenistan noch im Konflikt über Eigentumsrechte von Ölfeldern im Kaspischen Meer befänden.[610] Die iranische Regierung stützte Turkmenistans Position und verwies darauf, dass eine Pipeline durch das Kaspische Meer mindestens eine Mrd. US-Dollar mehr kosten würde.[611] Ferner vertrat sie die Auffassung, dass Shell etwaige Sanktionen der USA vermeiden könnte, wenn einheimische Unternehmen den iranischen Pipelineabschnitt finanzieren, bauen und betreiben würden.[612]

Neben der Ablehnung der USA gegenüber der Turkmenistan-Iran-Türkei-Europa-Pipeline war die Realisierung des Pipelineprojektes mit weiteren Hindernissen verbunden. Grundsätzlich stellten sich die Rahmenbedingungen für dessen Umsetzung als ungünstig dar, da sich Ende der 1990er-Jahre die Gaspreise auf einem relativ niedrigen Niveau befanden. Aufgrund der Entfernung zum türkischen Markt und der daraus resultierenden Pipelinelänge von Turkmenistan bis nach Dogubeyazit rechnete man zusätzlich mit hohen Transportkosten. Bei kalkulierten Transitgebühren von 1,5 US-Dollar pro 1.000 m³ pro 100 km hätten sich allein diese auf insgesamt 19,5 US-Dollar pro 1.000 m³ summiert, sodass Turkmenistan unter Berücksichtigung des damaligen Preisniveaus mit nur vergleichsweise geringen Einnahmen rechnen konnte.[613] Vor diesem Hintergrund und angesichts der hohen Kosten für den Bau der Pipeline schien auch die Rentabilität des Projektes fraglich, da die drei beteiligten Länder keine Subventionen für den Bau der Pipeline in Aussicht stellten. Nach einer im Januar 1998 veröffentlichten Machbarkeitsstudie von Sofregaz wurden die Kosten für den Bau einer Pipeline mit einer jährlichen Transportkapazität von 15 Mrd. m³ vom Gasfeld Shatlyk in Turkmenistan bis Dogubeyazit im Osten der Türkei auf 3,1 Mrd. US-Dollar geschätzt.[614] Shell veranschlagte die Kosten nach der selbst erstellten Machbarkeitsstudie für den Bau einer Pipeline von Turkmenistan durch den Iran in die Türkei mit einer Transportkapazität von 30 Mrd. m³ pro Jahr auf 3,8 bis vier Mrd. US-Dollar.[615]

---

610 Vgl. Turkmen-Azeri Caspian dispute threatens Transcaspian pipeline (ITAR-TASS News Agency), in: BBC Monitoring Service: Former USSR, 30.07.1998.
611 Vgl. Iran figures in both Shell routes for Turkmen gas, in: Platt's Oilgram News, 16.03.1998.
612 Vgl. Iran confident of gas exports to Pakistan, Europe, in: Reuters News, 17.03.1998.
613 Vgl. The Economist Intelligence Unit: Country Report: Turkmenistan: 2nd quarter 1998, London: The Economist Intelligence Unit, 1998, S. 26.
614 Vgl. The Economist Intelligence Unit: Country Report: Turkmenistan: 2nd quarter 1998, London: The Economist Intelligence Unit, 1998, S. 26 f.
615 Vgl. Collett-White, Mike: Analysis-US-scores Turkmen hit in Caspian gas game, in: Reuters News, 12.02.1999; Gurt, Marat: Turkmen-Turkey gas line may cost $2.5 bln - Enron, in: Reuters News, 19.11.1998.

4.2 Die Turkmenistan-Iran-Türkei-Europa-Pipeline

Ursprungsland und Transportroute	Produktionskosten	Transportkosten[1]	Transitkosten	Gesamtkosten (frei EU-Grenze)
Niederlande: Groningen[2]	0,10	0,15	0,00	0,25
Algerien: Transmed – Italien	0,50	0,45	0,11	1,06
Norwegen: Ekofisk – Emden	1,0	0,34	0,00	1,34
Algerien: Maghreb – Spanien	0,50	0,75	0,14	1,39
Norwegen: Troll – Emden	1,20	0,76	0,00	1,96
UK: Interconnector – Seebrügge	1,50	0,60	0,00	2,10
Rußland: Westsibirien – Deutschland	0,50	1,88	0,84	3,22
Rußland: Jamal – Deutschland[3]	0,75	1,98	0,64	3,37
Turkmenistan: Pipeline durch Türkei[3]	0,50	1,88	2,00	4,38
Turkmenistan: Pipeline Russland – Deutschland	0,50	1,99	2,00	4,49

1) Bei interner Verzinsung von 10 %
2) Frei Grenze zum Nachbarland
3) In Planung

Tabelle 16: Kosten für Gaslieferungen nach Westeuropa (in US-Dollar/Mbtu)[616]

Quelle: IEA: Oil, Gas, Coal Supply Outlook, Paris 1996 zit. nach Engerer, Hella/von Hirschhausen, Christian: Die Energiewirtschaft am Kaspischen Meer: Enttäuschte Erwartungen - unsichere Perspektiven, Berlin: Deutsches Institut für Wirtschaftsforschung, Diskussionspapier Nr. 171, Juli 1998, S. 21.

Für die von Turkmenistan angestrebten Erdgasexporte nach Westeuropa waren die Rahmenbedingungen ähnlich schwierig. Die Wettbewerbsfähigkeit von turkmenischem Erdgas schien auf den Absatzmärkten Westeuropas nicht gegeben zu sein. Zumindest musste die turkmenische Regierung damit rechnen, dass sie aufgrund der langen Transportwege einen vergleichsweise niedrigen Netback-Preis erzielen würde,[617] denn nach damaligen Berechnungen der IEA waren die Kosten für die Erdgaslieferungen Turkmenistans nach Westeuropa im Vergleich zu den Erdgasexporten anderer Produzenten relativ hoch, wie Tabelle 16 zu entnehmen ist. Außerdem be-

---

616 1Mbtu (Million British Thermal Units) entspricht 25 kg Rohöläquivalent
617 Vgl. Alison, Sebastian: Turkmens to push gas potential at annual gathering, in: Reuters News, 10.03.1998.

stand in Westeuropa kein unmittelbarer Bedarf an zusätzlichen Lieferungen aus Turkmenistan (Kap. 4.3.3).[618]

Diese Faktoren sind aber als Ursachen für das Scheitern des Pipelineprojektes zu vernachlässigen, denn schließlich wurde weiter an der Umsetzung des Pipelineprojektes gearbeitet, nachdem die US-Regierung erneut ihre deutliche Ablehnung gegenüber der Turkmenistan-Iran-Türkei-Europa-Pipeline zum Ausdruck gebracht hatte. Außerdem erklärte Shell nach Fertigstellung der Machbarkeitsstudie im Oktober 1998, dass das Projekt aus technischer und ökonomischer Sicht durchführbar sei.[619]

Allerdings zog sich Shell Ende 1998 aus dem Projekt zurück, was nach dessen Angaben aber nicht den gegen den Iran verhängten Sanktionen der US-Regierung geschuldet war, sondern der Absicht der iranischen Regierung, das Pipelineprojekt selbst fertigstellen und eigenes Gas einspeisen zu wollen.[620] Nicht ganz eindeutig ist allerdings, ob der Iran tatsächlich eigenes anstelle von turkmenischem Gas in die Türkei exportieren[621] oder turkmenisches als iranisches Gas weiterverkaufen wollte.[622] Für letztere Variante spricht, dass sich Turkmenistan und der Iran im August 1998 nicht über den Preis für turkmenische Erdgaslieferungen, die für den Weitertransport vorgesehen waren, einigen konnten. Das Angebot des Iran in Höhe von 32 US-Dollar pro 1.000 m³ wurde von Präsident Nijasow als zu niedrig abgelehnt.[623]

---

618 Einige Länder Südosteuropas bekundeten Interesse an dem Bezug von Erdgas aus Turkmenistan bzw. an der Beteiligung an der Turkmenistan-Iran-Türkei-Europa-Pipeline. Im September 1998 unterzeichneten das Energiekomitee Bulgariens, das bulgarische Gasunternehmen Bulgargas und Shell ein MoU über die Durchführung einer Machbarkeitsstudie über den bulgarischen Pipelineabschnitt der Turkmenistan-Iran-Türkei-Europa-Pipeline. Ein weiteres MoU wurde zwischen Shell und der griechischen staatlichen Gasgesellschaft DEPA im Oktober 1998 geschlossen, das die potenzielle Versorgung Griechenlands mit turkmenischem Erdgas und dessen Transit durch Griechenland zum Gegenstand hatte. Im November folgte eine Vereinbarung zwischen Shell und dem rumänischen Gasunternehmen Romgaz zur Durchführung einer Machbarkeitsstudie über die Versorgung Rumäniens mit Gas aus der Kaspischen Region. Vgl. Bulgaria, Shell to study Turkmen gas pipe project, in: Reuters News, 08.09.1998; Platt's - Shell, Greece's DEPA sign MoU on Turkmen gas transit, in: Platts Commodity News, 15.10.1998; Romania's Romgaz, Shell to study Caspian gas route, in: Reuters News, 20.11.1998; IEA: Caspian Oil and Gas: The supply potential of Central Asia and Transcaucasia, Paris: OECD/IEA, 1998, S. 107.
619 Vgl. Gurt, Marat: Shell says Turkmen gas pipeline via Iran feasible, in: Reuters News, 23.10.1998.
620 Vgl. Lelyveld, Michael S.: Shell drops plans for pipeline across Iran - decision removes challenges to US sanctions policy, in: The Journal of Commerce, 11.12.1998; Turkmen president advocates construction of Turkmenistan-Iran-Turkey gas pipeline (rusenergy.com), in: Russian Oil & Gas Report, 30.04.2001.
621 Vgl. Lelyveld, Michael S.: Shell drops plans for pipeline across Iran - decision removes challenges to US sanctions policy, in: The Journal of Commerce, 11.12.1998.
622 Vgl. Turkmen president advocates construction of Turkmenistan-Iran-Turkey gas pipeline (rusenergy.com), in: Russian Oil & Gas Report, 30.04.2001.
623 Vgl. Turkmenistan, Iran talks on gas transportation break down, in: Dow Jones International News, 13.08.1998.

Dabei scheint sicher, dass sich der Iran nicht auf die Rolle des Transitlandes beschränken wollte, sondern stattdessen anstrebte, zusätzliche Gewinne zu erzielen, die letztendlich zulasten Turkmenistans generiert worden wären. Damit verlor das Pipelineprojekt für Präsident Nijasow an Attraktivität, der sich, wie im folgenden Kapitel dargestellt wird, für den Bau einer transkaspischen Pipeline entschied, was das endgültige Scheitern der Turkmenistan-Iran-Türkei-Europa-Pipeline bedeutete.

4.3   Die transkaspische Pipeline (I)

4.3.1   Die Entstehung des Pipelineprojektes

Nachdem bereits zu Beginn der 1990er-Jahre der Bau einer Pipeline durch das Kaspische Meer zum Export von turkmenischem Erdgas in Erwägung gezogen, aber nicht konkretisiert wurde (Kap 4.2.1), versuchte die US-Regierung, die turkmenische Regierung vom Bau einer transkaspischen Pipeline als Alternative zur geplanten Turkmenistan-Iran-Türkei-Europa-Pipeline zu überzeugen. Bei einem Besuch von Präsident Nijasow in Washington im April 1998 intensivierte die US-Regierung ihre Bemühungen. Die US-Trade Development Agency stellte 750.000 US-Dollar zur Finanzierung einer Machbarkeitsstudie zur Verfügung, woraufhin das US-Unternehmen Enron von der turkmenischen Regierung mit deren Erstellung beauftragt wurde.[624] Zusätzlich stellte die US-Regierung umfangreiche Hilfen bei der Finanzierung des Pipelineprojektes, so durch die U.S. Eximbank, in Aussicht.[625] Präsident Nijasow reagierte darauf zurückhaltend und hielt an der Pipelineroute durch den Iran fest (Kap. 4.2.9).

Allerdings zeichnete sich im Herbst 1998 eine Prioritätenverschiebung der turkmenischen Regierung ab. Anfang Oktober unterzeichneten Turkmenistan und die Türkei ein Protokoll über die Lieferung von turkmenischem Erdgas an die Türkei und über die Umsetzung einer Turkmenistan-Türkei-Europa-Pipeline mit einem Verlauf durch das Kaspische Meer.[626] Ende Oktober folgte die Unterzeichnung einer Rahmenvereinbarung von Präsident Nijasow und dem damaligen türkischen Präsidenten Demirel mit einer Laufzeit von 30 Jahren. Danach sollte die Türkei 16 Mrd. m³ Erdgas pro Jahr aus Turkmenistan beziehen; vorgesehen waren eine spätere Steigerung des Volumens

---

624   Vgl. Doggett, Tom: U.S. to pay for Turkmenistan pipeline study, in: Reuters News, 22.04.1998; Platt's - Enron to conduct Caspian gas pipeline feasibility study, in: Platt's Commodity News, 29.07.1998.
625   Vgl. Gurt, Marat: Italy's Snam leads feasibility study for Turkmenistan, in: Reuters News, 29.05.1998.
626   Vgl. Turkish-Turkmen natural gas pipeline protocol signed, in: Anadolu News Agency, 05.10.1998.

auf 30 Mrd. m³ pro Jahr sowie Exporte nach Europa.[627] Im November 1998 gab Enron vorläufige Ergebnisse der Machbarkeitsstudie bekannt. Danach wurden die Kosten für den Bau einer Pipeline durch das Kaspische Meer in die Türkei mit einer Länge von ungefähr 2.000 km auf ca. 2,5 Mrd. US-Dollar und die Bauzeit auf zwei bis drei Jahre geschätzt.[628] Die US-Regierung stellte weitere 595.000 US-Dollar für die Machbarkeitsstudie zur Verfügung, deren endgültige Ergebnisse im Januar 1999 präsentiert wurden und die die technische Umsetzbarkeit sowie die Wirtschaftlichkeit des Projekte bescheinigte; die Kosten sollten ca. zwei Mrd. US-Dollar, die Bauzeit etwa zwei Jahre betragen.[629] Die Ergebnisse von Enron und Shell zeigten, dass der Bau einer transkaspischen Pipeline weitaus kostengünstiger war als der einer Pipeline durch den Iran.[630] Im Dezember 1998 entschied sich Präsident Nijasow für den Bau einer transkaspischen Pipeline,[631] was wohl nicht zuletzt auch an den Ambitionen des Iran lag (Kap. 4.2.9).

4.3.2 Die Vergabe des Pipelineprojektes an PSG International und die Beteiligung von Shell

Im Februar 1999 wurde die Führung des Konsortiums zum Bau der transkaspischen Pipeline an das 1998 gegründete Joint Venture PSG International, bestehend aus den US-Unternehmen General Electric Capital und Bechtel, vergeben.[632]

---

627 Vgl. Ersoy, Ercan: Turkey, Turkmenistan sign deal for gas, pipeline, in: Reuters News, 29.10.1998.
628 Vgl. Gurt, Marat: Turkmen-Turkey gas line may cost $2.5 bln - Enron, in: Reuters News, 19.11.1998.
629 Vgl. U.S. gives Turkmenistan Caspian gas project grant, in: Reuters News, 17.12.1998; Turkmen trans-Caspian gas link seen costing $2 bln, in: Reuters News, 27.01.1999.
630 Shell schätzte die Kosten für den Bau der Turkmenistan-Iran-Türkei-Pipeline auf 3,8 bis vier Mrd. US-Dollar (Kap. 4.2.9).
631 Vgl. Turkmen president favoured US backed Eurasian corridor for pipeline route, in: Anadolu News Agency, 14.12.1998.
632 PSG International gründete 1998 mit dem US-Energieunternehmen Amoco ein Konsortium zum Bau einer Pipeline durch das Kaspische Meer zum Transport von turkmenischem Erdgas in die Türkei. Die Kosten für den Bau der Pipeline mit einer Länge von 1.200 km wurden auf 2,4 Mrd. US-Dollar geschätzt. Sie sollte von Turkmenbaschi durch das Kaspische Meer nach Baku und weiter via Aserbaidschan und Georgien nach Erzurum in der Türkei verlaufen und dort mit dem türkischen Pipelinesystem verbunden werden. Zunächst war eine Transportkapazität von zehn Mrd. m³ pro Jahr vorgesehen; erwogen wurde eine Erweiterung auf 35 Mrd. m³ pro Jahr zur Versorgung der Türkei und von Märkten in Europa. Amoco zog sich nach der Fusion mit BP 1998 aus dem Projekt zurück, da BP Geschäftsinteressen im Iran verfolgte. Vgl. Collett-White, Mike: Turkmens name US group leader of $2.0 bln gas line, in: Reuters News, 11.02.1999; Three looks one gas line too many to Turkey, in: Petroleum Intelligence Weekly, 22.02.1999; Iran warns Turkmens over Caspian Route to Ankara, in: World Gas Intelligence, 25.02.1999; GE, Bechtel form giant pipeline company, in: Reuters News, 28.07.1998; Platt's - GE Capital, Bechtel in JV to build, own pipelines, in: Platt's Commodity News, 28.07.1998; Amoco in natural gas pipeline development, in: Reuters News, 29.06.1998; Amoco venture plans $2.4 bn gas pipeline to Turkey, in: Petroleum Economist, 22.09.1998.

4.3 Die transkaspische Pipeline (I)

Nach dem zwischen der turkmenischen Regierung und PSG International geschlossenen Abkommen sollte das Unternehmen für die Finanzierung, den Bau und Betrieb der Pipeline zuständig sein. Bechtel oblag die Verantwortung für den Bau, während GE Capital mit den Fragen der Finanzierung beauftragt wurde.[633]

Für die Entscheidung zugunsten von PSG waren politische Erwägungen der turkmenischen Regierung von Bedeutung. Andere Mitbewerber, wie beispielsweise Shell, hatten zwar Zugang zu Kapital, aber die turkmenische Regierung ging davon aus, dass für die Umsetzung des Pipelineprojektes auch politische Unterstützung notwendig sein würde. Schließlich ist der Status des Kaspischen Meeres unter den Anrainern noch nicht geklärt und darüber hinaus lehnen Russland und der Iran bis in die Gegenwart den Bau einer transkaspischen Pipeline entschieden ab, da diese ihren Interessen zuwiderläuft (Kap. 1.10.3.3, Kap. 4.3.4.2 und Kap. 4.3.4.4). Die US-Regierung, die mit der Umsetzung des Eurasischen Energiekorridors strategische Interessen in der Region verfolgte (Kap. 1.10.4.2), war indes bereit, durch verschiedene Maßnahmen das Pipelineprojekt auch auf politischer Ebene zu unterstützen (Kap. 4.3.4.3). Infolgedessen entschied sich die turkmenische Regierung für das aus zwei US-Konzernen bestehende Joint Venture, das die Unterstützung der US-Regierung hatte. Somit schien aus Sicht der turkmenischen Regierung die politische Flankierung des Projektes durch die Clinton-Administration gesichert. Darüber hinaus erklärte sich PSG International bereit, eine Vorauszahlung in unbekannter Höhe zu leisten.[634]

Gleichwohl bedeutete die Vergabe des Projektes an PSG International nicht den Ausschluss von Shell, das von Beginn an Interesse an einer Beteiligung geäußert hatte. Im August 1999 unterzeichneten Shell und PSG International eine Absichtserklärung über den Beitritt Shells zum Pipelinekonsortium, woraufhin der Einstieg des Öl- und Gaskonzerns in das Pipelineprojekt folgte und er anschließend 50 Prozent der Anteile am Pipelinekonsortium hielt.[635]

Zusätzlich unterzeichneten das Unternehmen und die turkmenische Regierung ein Abkommen, das die Gründung einer strategischen Allianz zum Gegenstand hatte. Im Rahmen dieser strategischen Allianz war eine Kooperation zwischen Shell und der turkmenischen Regierung in Bezug auf die Exploration von Öl- und Gasfeldern sowie deren Erschließung vorgesehen. Shell sollte mit den turkmenischen Staatsun-

---

633 Vgl. PSG Intl/TransCaspian - 2: Signing deal Fri with Turkmen govt, in: Dow Jones Energy Service, 19.02.1999.
634 Vgl. Collett-White, Mike: Analysis-US scores Turkmen hit in Caspian gas game, in: Reuters News, 12.02.1999; Dorsey, James M.: Turkmenian gas project awarded to U.S. group, in: The Globe and Mail, 15.02.1999.
635 Vgl. Shell in upstream alliance with Turkmen govt>RD, in: Dow Jones International News, 06.08.1999; Trans-Caspian pipeline agreements signed in Ashgabat, in: Interfax Daily News Bulletin, 07.08.1999; Shell completes evaluation of gas reserves at Turkmen field, in: Interfax Daily Petroleum Report, 21.12.1999.

ternehmen Turkmengaz und Turkmenneft ein Konsortium bilden und anschließend über ein PSA für Gebiete in West-, Zentral- und Ostturkmenistan verhandeln. Das Konsortium hatte zur Aufgabe, geeignete Gasfelder zur Versorgung der transkaspischen Pipeline zu bestimmen.[636]

Die anschließenden Verhandlungen zwischen Shell und der turkmenischen Regierung über den Abschluss eines PSA hatten fünf Lagerstätten zum Gegenstand. Dabei handelte es sich um die Felder Malai (verbleibende Reserven zum damaligen Zeitpunkt 165 Mrd. m^3), Shatlyk (450 Mrd. m^3) und Naip (35 Mrd. m^3) im Osten Turkmenistans sowie um das Feld Ekerem (vier Mrd. m^3) im Westen des Landes und die Lagerstätte Garadzhaoblak nahe Aschgabat mit geschätzten Reserven von 230 Mrd. m^3. Die Unterzeichnung des PSA wurde allerdings verschoben, ohne dass dafür Gründe genannt wurden.[637]

Der Einstieg von Shell in das Pipelineprojekt ist von Bedeutung, da die potenziellen Geldgeber die Beteiligung eines Öl- und Gaskonzerns an dem Pipelineprojekt forderten, damit aus ihrer Sicht die spätere Versorgung der Pipeline sichergestellt würde. Durch den Einstieg von Shell erhöhten sich somit die Chancen auf eine Finanzierung des Projektes, die zu 70 Prozent durch Kredite erfolgen sollte (Kap. 4.3.3). Bei Abschluss des PSA hätte Shell den Zugang zu Reserven in Höhe von über 880 Mrd. m³ bekommen, sodass die Versorgung der geplanten transkaspischen Pipeline gewährleistet schien.

---

636 Vgl. Shell in upstream alliance with Turkmen govt>RD, in: Dow Jones International News, 06.08.1999; Trans-Caspian pipeline agreements signed in Ashgabat, in: Interfax Daily News Bulletin, 07.08.1999.
637 Möglicherweise war ein Grund, dass Shell die Hälfte des an die Türkei zu liefernden Gases selbst verkaufen wollte. Shell befand sich damals mit dem US-Konzern Bechtel, der über PSG International auch an dem Konsortium zum Bau der transkaspischen Pipeline beteiligt war, in einem Joint Venture namens Intergen. Intergen hatte im Oktober 1998 die Ausschreibungen zum Bau und Betrieb von drei Gaskraftwerken in der Türkei gewonnen. Der dort produzierte Strom sollte von Intergen an den staatlichen Stromversorger TEAS verkauft werden. Es liegt nahe, dass Shell mit der angestrebten Beteiligung an der turkmenischen Gasproduktion und dem Bau der transkaspischen Pipeline die Versorgung dieser Kraftwerke gewährleisten wollte. Shell engagierte sich auch an dem Turkmenistan-Iran-Türkei-Pipelineprojekt, um seine Chancen zu erhöhen, an der Gasförderung im Iran beteiligt zu werden (Kap. 4.2.8). Das Pipelineprojekt scheiterte (Kap. 4.2.9) und auch die Beteiligung an der Gasförderung im Iran machte kaum Fortschritte, da der Iran Shells Forderung nach eigener Vermarktung des selbst geförderten Gases abgelehnte. Für Shell war es somit vermutlich nicht mehr notwendig, auf die Interessen des Iran, der den Bau der transkaspischen Pipeline vehement ablehnte (Kap. 4.3.4.4), Rücksicht zu nehmen, sodass sich Shell auf die Produktion und den Transport von turkmenischem Gas konzentrierte. Vgl. Shell begins talks with Turkmenistan on PSA, in: Interfax Companies & Commodities, 23.11.1999; Shell completes evaluation of gas reserves at Turkmen field, in: Interfax Daily Petroleum Report, 21.12. 1999; Turkmenistan, Shell PSA postponed, in: Interfax Companies & Commodities, 08.02.2000; Shell keeps TCGP flame burning. (Trans-Caspian gas pipeline)(Brief article), in: FRBSF Economic Letter, 22.09.2000; Goktas, Hidir: PM says Turkey signs revolutionary energy deals, in: Reuters News, 08.10.1998.

4.3.3 Rahmenbedingungen

Trotz der Unterstützung der US-Regierung und der Beteiligung von mehreren Großkonzernen an dem Pipelineprojekt war der Bau der transkaspischen Pipeline mit Herausforderungen verbunden. Mit Beginn des Jahres 1999 zeichnete sich ein Wettlauf um die Versorgung des türkischen Marktes zwischen Turkmenistan (transkaspische Pipeline) und Russland (Blue Stream-Pipeline) ab.[638] Zwar wurde seitens der Türkei stets betont, dass aufgrund des zu erwartenden hohen Gasverbrauchs zur Versorgung des türkischen Marktes mehrere Pipelines und Lieferanten notwendig seien (Kap. 4.3.4.5), doch setzte sich bei den anderen beteiligten Akteuren zunehmend die Auffassung durch, dass zur Deckung des Gasbedarfs des Landes zunächst nur eine der beiden Pipelines benötigt werden würde.[639]

Neben der Konkurrenz in Bezug auf die Erdgasversorgung der Türkei erschien zusätzlich zweifelhaft, ob die von der turkmenischen Regierung angestrebten Lieferungen nach Europa angesichts der dortigen Versorgungssituation würden realisiert werden können. Die europäischen Staaten waren zum damaligen Zeitpunkt mit Gas aus Russland, Norwegen, Algerien und den Niederlanden ausreichend versorgt. Auch wurde 1998 die britische Interconnector-Pipeline in Betrieb genommen, was die Versorgungslage zusätzlich verbesserte, sodass kein unmittelbarer Bedarf in Westeuropa bestand, Erdgas aus der Kaspischen Region im Allgemeinen und Turkmenistan im Besonderen zu importieren.[640] Nach damaligen Prognosen der IEA würden die Märkte Westeuropas mindestens bis zum Jahr 2005 ausreichend versorgt sein. Ferner ging

---

638 Zur Blue Stream Pipline siehe auch Kap. 4.3.6.3.2.
639 Der Geschäftsführer von PSG International, Edward Smith, teilte diese Auffassung und vertrat die Ansicht, dass, sobald ein Projekt (Blue Stream oder transkaspische Pipeline) erfolgreich finanziert worden ist, von einer Verzögerung des anderen Projektes um fünf bis zehn Jahre auszugehen sei. Auch das US-Energieunternehmen Enron, das eine Machbarkeitsstudie zum Bau der transkaspischen Pipeline erstellte (Kap. 4.3.1), ging davon aus, dass der erwartete türkische Gasbedarf zum damaligen Zeitpunkt zunächst nur den Bau einer Pipeline rechtfertigen würde. Vgl. No room now for two C. Asian gas pipelines - Enron, in: Reuters News, 01.02.1999; Orgill, Margaret: Gazprom/ENI Turkey pipeline seen bad news for Turkmenistan, in: Reuters News, 05.02.1999; Turkmenistan gears up for Turkish Challenge, in: World Gas Intelligence, 25.03.1999.
640 Die Interconnector-Pipeline hat eine Länge von 235 km und verläuft vom an der britischen Küste gelegenen Bacton nach Zeebrügge in Belgien. Inzwischen beträgt die Kapazität rund 25 Mrd. m³ pro Jahr. Vgl. Interconnector (UK) Limited: About Us: How we got here: Company Timeline, http://www.interconnector.com/about-us/how-we-got-here/company-timeline/ (Zugriff: 25.06. 2015); Interconnector (UK) Limited: About Us: How we got here: Construction Project, http:// www.interconnector.com/about-us/how-we-got-here/construction-project/ (Zugriff: 25.06.2015); Alison, Sebastian: Turkmens to push gas potential at annual gathering, in: Reuters News, 10.03.1998; IEA: Caspian Oil and Gas: The supply potential of Central Asia and Transcaucasia, Paris: OECD/IEA, 1998, S. 106 f.

die IEA davon aus, dass auch danach der notwendige Bedarf durch die Verlängerung bestehender Verträge mit den bereits vorhandenen Versorgern und mittels anderer Lieferanten gedeckt werden würde. Erdgas aus dem Kaspischen Raum erschien hingegen vergleichsweise teuer, sodass nach Auffassung der IEA die Staaten Westeuropas aller Voraussicht nach zunächst nicht die Erdgasreserven der Kaspischen Region zur Deckung ihres Erdgasbedarfs in Betracht ziehen würden.[641]

Die hohen Transportkosten sind als ein wesentliches Hindernis zu sehen. Während turkmenisches Erdgas vergleichsweise günstig produziert wird, erfordert der Bau von neuen Exportpipelines aus Turkmenistan umfangreiche Investitionen, sodass das Erdgas unter Berücksichtigung der zusätzlich anfallenden Transitgebühren auf den Märkten Westeuropas zumindest zum damaligen Zeitpunkt keine günstige Alternative dargestellt hätte (Tab.16).[642]

Vor diesem Hintergrund schien die Umsetzbarkeit von Erdgasexporten Turkmenistans nach Europa fraglich und ein Ausweichen auf die Märkte Europas keine realistische Option, sollte das von Gazprom vorangetriebene Pipelineprojekt Blue Stream schneller die notwendigen Schritte zur Umsetzung vollziehen können und infolgedessen die Türkei keine weiteren Pipelines zur Deckung des Gasbedarfs benötigen. In einem solchen Szenario drohte der von der turkmenischen Regierung favorisierten transkaspischen Pipeline zumindest das vorläufige Ende. Dementsprechend

---

641 Rumänien und Bulgarien stellten nach Auffassung der IEA aufgrund ihrer geografischen Lage die aussichtsreichsten Absatzmärkte für Exporte aus der Kaspischen Region nach Ost- und Mitteleuropa dar. Im März 1999 vereinbarten das ungarische Gasunternehmen MOL und Shell die Durchführung einer Machbarkeitsstudie über Erdgasexporte aus Turkmenistan bzw. der Kaspischen Region nach Ungarn und Westeuropa. Im Rahmen des Projektes Turkmenistan-Iran-Türkei-Europa-Pipeline hatten auch Bulgarien, Rumänien und Griechenland Interesse an Erdgaslieferungen aus Turkmenistan bzw. der Kaspischen Region bekundet (Kap. 4.2.9). Vgl. Shell, Hungary's MOL to study Caspian-Europe gas delivery, in: Dow Jones International News, 11.03.1999; IEA: Caspian Oil and Gas: The supply potential of Central Asia and Transcaucasia, Paris: OECD/IEA, 1998, S. 106 f.

642 Die EU hatte bereits Programme wie INOGATE oder TRACECA gestartet (Kap. 1.10.4.4), um die Nachfolgestaaten der Sowjetunion stärker wirtschaftlich an sich zu binden und auch Zugang zu den Energievorkommen der Kaspischen Region zu erhalten. Die EU erklärte zwar, dass sie die Diversifizierung von Energieversorgungsrouten unterstütze und plane, die Ausbeutung kaspischer Ölreserven zu fördern und die Interessen dort tätiger europäischer Unternehmen wahren zu wollen, allerdings lässt die Quellenlage nicht darauf schließen, dass sich die EU oder deren Mitgliedstaaten in Bezug auf den Bau einer transkaspischen Pipeline aktiv engagiert haben. Aus diesem Grund wird in diesem Fallbeispiel die EU bei der Analyse der Interessen der beteiligten Akteure nicht berücksichtigt (Kap. 4.3.4). Die EU verstärkte ihr Engagement zum Bezug von Erdgas aus der Kaspischen Region erst Anfang des folgenden Jahrzehnts (Kap. 4.4). Vgl. IEA: Caspian Oil and Gas: The supply potential of Central Asia and Transcaucasia, Paris: OECD/IEA, 1998, S. 106 f; EU supports diversification of pipeline routes, in: Interfax Companies & Commodities, 23.11.1999; EU says it will back Caspian fields, pipelines, in: Reuters News, 27.04.1998.

4.3 Die transkaspische Pipeline (I)

waren zügige Fortschritte des Pipelineprojektes notwendig, um der konkurrierenden Blue Stream-Pipeline zuvorkommen zu können. Eine zu überwindende Hürde bestand in der Finanzierung des Projektes, wie folgende Ausführungen verdeutlichen.

Die für den 15. Juli 1999 geplante Unterzeichnung eines vorläufigen Abkommens zwischen PSG International und der turkmenischen Regierung über den Bau der transkaspischen Pipeline wurde verschoben, wobei die Finanzierung nach Angaben der turkmenischen Regierung das größte Hindernis darstellte. Sie sollte zu 30 Prozent durch die Anteilseigner und zu 70 Prozent durch Kredite erfolgen.[643] Turkmenistan befand sich in einer wirtschaftlich schwierigen Situation: Das BIP halbierte sich im Zeitraum von 1993 bis 1997 und stieg im Jahr 1998 nur leicht an (Abb. 1). Ferner hatte das Land durch die Blockade der Erdgasexporte seitens Gazprom 1998 hohe Einnahmeverluste zu verzeichnen (Kap. 3.2.4 und Kap. 3.2.5), sodass es weitere Kredite aufnehmen musste. Aufgrund der wachsenden Außenstände Turkmenistans sowie von Zahlungsrückständen bei bestehenden Schulden waren potenzielle Geldgeber zurückhaltend bei der Finanzierung des Pipelineprojektes und die ungelöste Schuldenproblematik drohte, dieses ernsthaft zu gefährden.[644]

Finanzinstitutionen wie die U.S. Eximbank stellten zwar Unterstützung für die Finanzierung des Pipelineprojektes in Aussicht, bestanden aber darauf, einen großen Gaskonzern mit der Erdgasproduktion zu beauftragen,[645] um die kontinuierliche Versorgung und Auslastung der Pipeline sicherstellen.[646] Die Finanzierungsschwierigkeiten, verbunden mit den Schuldenproblemen Turkmenistans, und die daraus resultierenden Verzögerungen beim Abschluss notwendiger Abkommen zum Bau der transkaspischen Pipeline gefährdeten das Projekt in Gänze, da das konkurrierende Pipelineprojekt Blue Stream parallel weitere Fortschritte verzeichnete und der Umsetzung näher war (Kap. 4.3.6.3.2). Schließlich boten Shell und PSG der turkmenischen Regierung an, das Projekt selbst zu finanzieren, was jedoch von Präsident Nijasow mit der Begründung abgelehnt wurde, dass die Verzinsung zu hoch sei.[647] Zusätzlich gab es bereits weitere schwerwiegende Probleme (Kap. 4.3.6).

---

643 Vgl. Turkmenistan's Trans-Caspian gas pipeline delayed by funding problems (Interfax News Agency), in: BBC Monitoring Former Soviet Union - Economic, 16.06.1999; Tomsk Region tenders two sections - Slavneft wins three others, in: Interfax Petroleum Report, 04.08.1999.
644 Vgl. Collett-White, Mike: Views differ on Turkmen-Turkey gas pipeline funding, in: Reuters News, 23.03.1999; Ives, George Jr.: Deal breaker? (Turkmenistan's late payment of its foreign debt imperils trans-Caspian pipe line project)(Editorial), in: Pipe Line & Gas Industry, 01.05.1999.
645 Vgl. Shell wades into Caspian with Turkmen gas deal, in: Energy Compass, 13.08.1999; Tomsk Region tenders two sections - Slavneft wins three others, in: Interfax Petroleum Report, 04.08.1999; Turkmenistan's deal with gas project operator postponed, in: Interfax Central Asia news, 16.07.1999.
646 Siehe dazu auch Kap. 4.1.
647 Vgl. Question of financing Trans-Caspian pipeline still open - Niyazov, in: TASS Energy Service, 29.03.2000.

4.3.4 Die Interessen der Akteure in Bezug auf die Umsetzung der transkaspischen Pipeline

4.3.4.1 Turkmenistan

Grundsätzlich bestand das wesentliche Interesse der turkmenischen Regierung darin, möglichst zügig Erdgasexporte unter Umgehung des russischen Pipelinesystems realisieren und neue Absatzmärkte außerhalb der GUS erschließen zu können. Denn Turkmenistan bzw. die turkmenische Regierung befand sich Ende der 1990er-Jahre in einer schwierigen Lage. Durch die Blockade der Erdgasexporte Turkmenistans durch Gazprom 1997/1998 entstanden dem Staat beträchtliche Einnahmeverluste (Kap. 3.2.4 und Kap. 3.2.5) und das Land befand sich in einer schweren Wirtschaftskrise, die zu einer Verringerung des Lebensstandards der Bevölkerung führte.[648]

Zwar wurde nicht mit einem unmittelbaren Sturz der Regierung von Präsident Nijasow gerechnet,[649] dennoch bedeutete die Krise perspektivisch eine Bedrohung für die Aufrechterhaltung der Machtstrukturen und das politische Überleben Nijasows. Entsprechend den Ausführungen zur Energiesicherheit des Rentierstaates Turkmenistan (Kap. 1.8 und Kap. 1.9) verfolgte die turkmenische Regierung umso mehr das Ziel, die Abhängigkeit vom russischen Pipelinesystem zu minimieren und die Diversifizierung der Exportinfrastruktur und Absatzmärkte schnellstmöglich voranzutreiben, um kontinuierliche Einnahmen aus dem Erdgasexport gewährleisten, dadurch die Ökonomie stärken und den Machterhalt sichern zu können. Dabei hatte die turkmenische Regierung kaum eine Alternative dazu, sich für den Bau der transkaspischen Pipeline zu engagieren, da die Realisierung anderer potenzieller Pipelineprojekte zum damaligen Zeitpunkt höchst unwahrscheinlich erschien. Vom Projekt Turkmenistan-Iran-Türkei-Europa-Pipeline hatte die turkmenische Regierung aufgrund der Ambitionen des Iran Abstand genommen (Kap. 4.2.9). Parallel zu den Bestrebungen, Erdgas in die Türkei und nach Europa zu exportieren, wurden bei einem weiteren Pipelineprojekt, der Turkmenistan-Afghanistan-Pakistan-Pipeline, zwar zunächst Fortschritte erzielt,[650] allerdings führte die Verschärfung der Sicherheitslage in Afghanistan Ende der 1990er-Jahre zu einem vorläufigen Abbruch des Projek-

---

648 Vgl. The Economist Intelligence Unit: Country Report: Turkmenistan: 1st quarter 1999, London: The Economist Intelligence Unit, 1999, S. 6.
649 Vgl. The Economist Intelligence Unit: Country Report: Turkmenistan: 1st quarter 1999, London: The Economist Intelligence Unit, 1999, S. 6.
650 Vgl. Olcott, Martha Brill: International Gas Trade in Central Asia: Turkmenistan, Iran, Russia and Afghanistan, Stanford, CA: Stanford University, Stanford Institute for International Studies, May 2004, S. 16 ff.

tes.[651] Der Bau einer Pipeline nach China bzw. deren Verlängerung nach Japan (oder ggf. die Versorgung Japans mit Gas aus Turkmenistan in Form von LNG) wurde bereits seit Mitte der 1990er-Jahre in Erwägung gezogen, aber aufgrund der hohen Kosten von geschätzt zwölf Mrd. US-Dollar und der Komplexität des Projektes konkretisierte sich dieses zum damaligen Zeitpunkt nicht.[652] Dementsprechend hatte die turkmenische Regierung in ihren Bestrebungen zur Diversifizierung der Exportpipelineinfrastruktur und zur Erschließung neuer Märkte nach ihrem Rückzug aus dem Turkmenistan-Iran-Türkei-Europa-Pipelineprojekt keine Alternative zur transkaspischen Pipeline und fokussierte sich auf diese Exportoption.

4.3.4.2 Russland

Russland lehnte den Bau der transkaspischen Pipeline aus verschiedenen Gründen ab. Offiziell begründete die russische Regierung ihre Position mit dem ungelösten Status des Kaspischen Meeres und möglichen Gefahren für dessen Ökosystem.[653] Doch kann die russische Haltung auch über andere, grundlegende Interessen erklärt werden: Die russische Regierung sah in der transkaspischen Gaspipeline in Verbindung mit der parallel geplanten BTC-Ölpipeline Instrumente der USA zur Verfolgung strategischer Interessen im Kaspischen Raum und fürchtete, dass diese ihren Einfluss zulasten Russlands vergrößern könnten. Dies bedrohte aus der Sicht Russlands dessen Hegemonialstellung in der Kaspischen Region (Kap. 1.10.4.1 und Kap. 1.10.4.2). Somit galt es, eine Bindung Turkmenistans an den Westen mittels der geplanten transkaspischen Pipeline zu verhindern, da dies den Verlust von Macht und Einfluss in unmittelbarer geografischer Nähe bedeutet hätte. Mit der fortwährenden Abhängigkeit Turkmenistans vom russischen Pipelinesystem zur Realisierung seiner Erdgasexporte stand hingegen ein Instrument zur Verfügung, die turkmenische Regierung auch weiterhin an Russland zu binden (Kap. 3.3.1 und Kap. 3.3.2).

---

651 Vgl. The Economist Intelligence Unit: Country Report: Turkmenistan: 1st quarter 1999, London: The Economist Intelligence Unit, 1999, S. 25.
652 Vgl. IÉA: Caspian Oil and Gas: The supply potential of Central Asia and Transcaucasia, Paris: OECD/IEA, 1998, S. 259 f.
653 Der ungeklärte rechtliche Status des Kaspischen Meeres war für die russische Regierung ein nützliches Instrument für ihre Argumentation gegen das Pipelineprojekt. Sie erklärte, dass es nicht möglich sei, eine Pipeline durch das Kaspische Meer zu verlegen und zu betreiben, solange sowohl der rechtliche Status als auch Wege zur Kompensation für Schäden an der Umwelt durch vom Menschen verursachte Katastrophen beim Bau und Betrieb von Pipelines nicht geklärt worden seien. Vgl. Foreign ministry official lays out position on pipelines, in: Interfax Daily Petroleum Report, 19.11.1999; Russia raises objections to Caspian gas pipeline project (Interfax News Agency), in: BBC Monitoring Former Soviet Union - Political, 19.03.1999.

Die Wahrung der Interessen des russischen Gaskonzerns Gazprom sind in diesem Zusammenhang ebenfalls von Bedeutung. Während die turkmenische Regierung den Bau der transkaspischen Pipeline anstrebte, beabsichtigte Gazprom parallel, seine Exporte in die Türkei mittels der geplanten Blue Stream-Pipeline, die russisches Erdgas durch das Schwarze Meer in die Türkei transportieren sollte, auszuweiten und damit seine dominante Position auf dem türkischen Gasmarkt zu sichern.[654] Während Botas von einem stark ansteigenden Gasbedarf der Türkei ausging, der Importe mittels sowohl der geplanten Blue Stream-Pipeline als auch der transkaspischen Pipeline abdecken würde (Kap. 4.3.4.5), vertraten die russische Regierung und Gazprom die Auffassung, dass der türkische Absatzmarkt nur den Bau einer weiteren größeren Pipeline rechtfertigen würde und betrachteten infolgedessen die geplante transkaspische Pipeline und damit verbundene Erdgasexporte Turkmenistans in die Türkei als direkte Konkurrenz zur Blue Stream-Pipeline.[655] Zusätzlich zeichnete sich zum damaligen Zeitpunkt bereits ab, dass die Gasbilanz Gazproms aufgrund wachsender Nachfrage in Russland bei gleichzeitig sinkender Produktion und steigenden Exportverpflichtungen perspektivisch ein Defizit aufweisen würde, sollte das Unternehmen nicht umfangreiche Investitionen in die Erschließung neuer Felder tätigen. Gazprom selbst verfügte jedoch nicht über die nötigen finanziellen Mittel, um solche Großprojekte zu finanzieren. Im Jahr der Russlandkrise, 1998, verzeichnete der russische Gaskonzern Gewinneinbrüche. Um die Investitionen hinauszögern zu können, beabsichtigte das Unternehmen, Gas aus Turkmenistan zu beziehen, da dies eine kostengünstige Alternative darstellte. Infolgedessen bemühte sich Gazprom verstärkt um den Abschluss eines Liefervertrages mit Turkmenistan (Kap. 3.3.2 und Kap. 3.3.3).[656]

---

[654] Die Türkei bezog zum damaligen Zeitpunkt ihr Gas fast ausschließlich aus Russland (Abb. 38). Darüber hinaus waren Gazprom und die türkische Regierung auch an einer Diversifizierung der Pipelineinfrastruktur interessiert, da der Transit durch die Ukraine und Bulgarien mit Schwierigkeiten verbunden war. So soll die Ukraine Gas aus dem Pipelinesystem entnommen haben, das eigentlich für die Türkei vorgesehen war. Vgl. Turkey economy - Blackouts highlight Turkish power dilemma, in: Economist Intelligence Unit - ViewsWire, 02.02.2000; Stern, Jonathan P.: The Future of Russian Gas and Gazprom, Oxford: Oxford University Press, 2005, S. 124.

[655] Der damalige stellvertretende Energieminister Gennady Ustyuzhanin und der damalige Vorstandsvorsitzende von Gazprom, Rem Vyakhirev, erklärten in diesem Zusammenhang, dass derjenige, der zuerst mit dem Bau beginne, gewinnen würde, und dass sich beide Pipelineprojekte gegenseitig ausschließen würden. Vgl. Blue Stream, Trans-Caspian pipelines cannot coexist - Russian official, in: Interfax Daily News Bulletin, 16.11.1999; Blue Stream becoming foreign policy priority, in: Interfax Petroleum Report, 06.10.1999.

[656] Vgl. Gazprom chief to dicuss gas issues with Turkmenistan, in: Interfax Companies & Commodities, 17.12.1999; Gazprom turns to Turkmenistan to meet gas shortfall, in: European Gas Markets, 01.01.2000; Europe - Gazprom signs Dutch deal, resumes Turkmen imports, in: World Gas Intelligence, 13.01.2000; Gazproms's half year results reflect Russia's economic woes, in: European Gas Markets, 29.01.1999.

Zur Durchsetzung ihrer Interessen bediente sich die russische Regierung verschiedener Instrumente. Einerseits versuchte sie, Anreize zu setzen, um die turkmenische Regierung davon zu überzeugen, vom Bau der transkaspischen Pipeline Abstand zu nehmen. So stellte der damalige russische Energieminister Kalyuzhny die Nutzung des russischen Pipelinesystems für turkmenische Gasexporte nach Europa in Aussicht, sodass in Kombination mit den angestrebten Gasimporten aus Turkmenistan der Bau neuer Exportpipelineinfrastruktur und die damit verbundene Erschließung neuer Märkte nicht mehr erforderlich sein und damit letztendlich der Bau der transkaspischen Pipeline überflüssig würde.[657] Die turkmenische Regierung verfolgte hingegen zunächst weiterhin den Bau der transkaspischen Pipeline. Schließlich wurde die Blockade turkmenischer Gasexporte mittels des russischen Pipelinesystems erst Anfang 1999 aufgehoben (Kap. 3.2.5). Es ist davon auszugehen, dass das Misstrauen der turkmenischen Regierung zunächst noch zu ausgeprägt war, als dass sie auf diese Angebote hätte eingehen wollen. Mit den auftretenden Komplikationen des Pipelineprojektes, der Forderung Aserbaidschans zur Aufteilung der Transportkapazität und der Auseinandersetzung zwischen Präsident Nijasow und dem Pipelinekonsortium über die Konditionen des zu schließenden Vertrages (Kap. 4.3.6.1 und Kap. 4.3.6.2), wandelte sich die Haltung der turkmenischen Regierung. Sie schloss im Dezember 1999 einen Liefervertrag mit Russland für das Jahr 2000 (Kap. 3.3.1). Zudem begannen beide Seiten, über einen langfristigen Liefervertrag zu verhandeln (Kap. 3.3.3).[658]

Neben den Anreizen artikulierte die russische Regierung sehr deutlich ihre Ablehnung gegenüber dem Pipelineprojekt und versuchte, dieses nach Unterzeichnung der Istanbul-Erklärung zu diskreditieren (Kap. 4.3.5.2).

4.3.4.3 USA

Die US-Regierung verfolgte das Ziel, die turkmenische Regierung vom Bau der transkaspischen Pipeline als Alternative zur Route durch den Iran zu überzeugen (Kap. 4.3.1). Der geplante Eurasische Energiekorridor, bestehend aus transkaspischer Erdgaspipeline und BTC-Ölpipeline, stellte aus Sicht der USA ein geeignetes Instru-

---

657 Vgl. Energy Press Digest - Russia/CIS - Oil & Gas industry (Part 1), October 14, 1999, in: Russian Energy Digest, 14.10.1999; Russia interested in shipping Turkmen gas, in: Interfax Central Asia News, 14.10.1999; Russia, Turkmenistan should join forces to ship gas - Kalyuzhny, in: Interfax Daily Petroleum Report, 19.10.1999; Russian fuel min says Caspian oil/gas lines unviable, in: Reuters News, 18.11.1999.
658 Vgl. Turkmen head, Russian Gasprom boss sign gas deal for 2000 (Turkmen Television First Channel), in: BBC Monitoring Central Asia, 17.12.1999; Gazprom's Vyakhirev headed to Turkmenistan for talks, in: Interfax Companies & Commodities, 15.02.2000; Gurt, Marat: FOCUS - Turkmens, Russia to talk higher gas supply, in: Reuters News: 18.02.2000.

ment zur Verwirklichung ihrer strategischen Interessen in der Kaspischen Region dar, denn schließlich ging die Clinton-Administration davon aus, dass durch Realisierung der Pipelineprojekte die Souveränität der Staaten im Südkaukasus und Zentralasien gegenüber Russland gestärkt und der Einfluss des Iran in Grenzen gehalten würde (Kap. 1.10.4.2).

Angesichts ihrer erklärten Ziele in Bezug auf die Kaspische Region versuchte die US-Regierung mit verschiedenen Maßnahmen den Bau der Transkaspischen Pipeline zu fördern bzw. zu beschleunigen, um dem konkurrierenden Blue Stream-Projekt zuvorzukommen.[659] Die US-Regierung stellte 1,345 Mio. US-Dollar für die Anfertigung der Machbarkeitsstudie zur Verfügung (Kap. 4.3.1). Diese Summe wurde durch weitere 150.000 US-Dollar für die Ausarbeitung von Projektdetails ergänzt.[660] Außerdem stellte die Clinton-Administration Hilfen bei der Finanzierung des Projektes durch US-Finanzinstitutionen in Aussicht.[661]

Zusätzlich übten die USA auch Druck auf die Türkei in Bezug auf das Blue Stream-Projekt aus und drängten die türkische Regierung, das Projekt aufzugeben. So erklärten US-Regierungsvertreter wiederholt, dass der Bau der Blue Stream-Pipeline ob des türkischen Gasbedarfs nicht mit dem Bau der transkaspischen Pipeline vereinbar sei und somit letztendlich auch der Bau der BTC-Pipeline gefährdet wäre.[662] Ferner verfolgte die US-Regierung das Ziel, die Türkei dazu zu bewegen, vom 1996 geschlossenen Gashandelsabkommen mit dem Iran Abstand zu nehmen, und versuchte, den Bau der Iran-Türkei-Pipeline zu behindern (Kap. 4.3.6.3).[663]

---

659 Im Vorfeld der Vergabe des Pipelineprojektes an PSG International drängte die US-Administration die turkmenische Regierung zu einer möglichst schnellen Entscheidung, da Anfang Februar 1999 Gazprom und ENI ein MoU über den Bau der Blue Stream-Pipeline geschlossen hatten. Die US-Regierung befürchtete, dass Gazprom und ENI früher als PSG International mit dem Bau der Pipeline beginnen könnten, was das Ende der transkaspischen Pipeline hätte bedeuten können (damit schien auch die Umsetzung des Eurasischen Energiekorridors gefährdet), da davon ausgegangen wurde, dass der zukünftige Gasbedarf der Türkei nur den Bau einer neuen Pipeline rechtfertigen würde (Kap. 4.3.3). Vgl. Dorsey, James M.: Turkmenian gas project awarded to U.S. group, in: The Globe and Mail, 15.02.1999.

660 Vgl. US energy secretary in Transcaspian pipeline talks with Turkmen head (Turkmen Television First Channel), in: BBC Monitoring Former Soviet Union - Economic, 19.08.1999; Turkmenistan gets third US tranche for gas pipeline project (ITAR-TASS), in: BBC Monitoring Former Soviet Union - Economic, 19.08.1999.

661 Vgl. Sampson, Paul: Turkmenistan - Strange bedfellows, in: Energy Compass, 26.02.1999.

662 Der US-Regierung wurde seitens des russischen Außenministeriums vorgeworfen, das konkurrierenden Blue Stream-Projekt zu diskreditieren und dessen Umsetzung zu behindern. Danach soll die US-Regierung versucht haben, das italienische Unternehmen ENI während der Verhandlungen mit Gazprom über den Bau der Blue Stream-Pipeline dazu zu bewegen, sich aus dem Projekt zurückzuziehen. Vgl. US envoy slams AIOC over pipeline fandango, in: Energy Compass, 24.09.1999; US envoy cites harmony with Turkey on Caspian projects, in: Dow Jones International News, 20.09.1999.

663 Vgl. Sampson, Paul: Turkmenistan - Strange bedfellows, in: Energy Compass, 26.02.1999.

Um das Pipelineprojekt politisch zu flankieren, bezog die US-Regierung auch Stellung bezüglich des ungeklärten Status des Kaspischen Meeres und erklärte, dass, entgegen der Auffassung Russlands und des Iran, wonach vor Klärung des rechtlichen Status keine Pipeline durch das Kaspische Meer verlegt werden könne, die Entscheidung über den Bau einer transkaspischen Pipeline lediglich den Anrainerstaaten vorbehalten sei, durch deren Territorien die Pipeline verlaufen würde.[664] Ferner waren die USA bestrebt, zwischen Aserbaidschan und Turkmenistan bei der Grenzziehung und den Eigentumsrechten von Ölfeldern im Kaspischen Meer zu vermitteln. Die US-Regierung machte Vorschläge zur Grenzziehung im Kaspischen Meer, die allerdings nicht zur Lösung des Konfliktes führten (Kap. 4.3.6.3.3).[665]

4.3.4.4 Iran

Die iranische Regierung lehnte den Bau der transkaspischen Pipeline vor allem aus strategischen Erwägungen heraus ab, obwohl sie vordergründig ihre Position mit den auch von Russland genutzten Argumenten begründete. Sie berief sich auf den ungelösten Status des Kaspischen Meeres, äußerte ökologische Bedenken und erklärte, dass Tätigkeiten im Kaspischen Meer ohne Zustimmung aller Anrainer ungültig und ungesetzlich seien.[666] Während die US-Regierung weiterhin das Ziel verfolgte, den Iran politisch und ökonomisch zu isolieren (Kap. 1.10.4.2), strebte die iranische Regierung an, das Land als Regionalmacht zu etablieren und seinen Einfluss in der Kaspischen Region auszuweiten. Dabei wurde der Transit von Erdöl- und Erdgasexporten aus Zentralasien und dem Südkaukasus durch iranisches Territorium als ein geeignetes Mittel zur Verwirklichung dieser Interessen angesehen (Kap. 1.10.4.5).[667] Die Umsetzung des von den USA unterstützten Projektes transkaspische Pipeline war vor diesem Hintergrund nicht mit den regionalen Ambitionen des Iran vereinbar, da es eine stärkere Bindung Turkmenistans an die USA, eine größere Präsenz von US-

---

664 Vgl. Asgabat. Aug 19 (Interfax)- U.S. energy secretary Bill Richardson swift..., in: Interfax Daily Petroleum Report, 20.08.1999.
665 Vgl. U.S. offers proposal on border, in: The Oil Daily, 14.05.1999; Azeri, Turkmen sides close to talks on oil dispute (Interfax News Agency), in: BBC Monitoring Former Soviet Union - Economic, 20.05.1999.
666 Vgl. Iran says Turkmen Caspian pipeline "unacceptable", in: Reuters News, 20.02.1999; Iran criticizes pipeline deal by Turkmenistan, U.S. group, in: Dow Jones International News, 20.02. 1999; Collett-White, Mike: Iran slams Turkmenistan's trans-Caspian gas plans, in: Reuters News, 11.03.1999.
667 Vgl. Entessar, Nader: Iran: Geopolitical Challenges and the Caspian Region, in: Croissant, Michael P./Aras, Bülent (eds.): Oil and Geopolitics in the Caspian Sea Region, Westport, CT: Praeger, 1999, S. 155-180, hier S. 170 ff.

Unternehmen in der Region sowie die Umgehung des Iran in Bezug auf die Erdgasexporte Turkmenistans bedeutet hätte (Kap. 1.10.4.5 u. Kap. 1.10.3.2).[668]

Um den Bau der transkaspischen Pipeline zu verhindern, bediente sich der Iran ähnlicher Instrumente wie Russland und setzte Anreize, um die turkmenische Regierung dazu zu bewegen, von dem Pipelineprojekt Abstand zu nehmen und stattdessen eine Pipelineroute durch den Iran zu wählen. So argumentierte die iranische Regierung, dass nach einer Machbarkeitsstudie von Shell eine Pipeline von Turkmenistan durch den Iran mit geschätzten Kosten von 3,5 Mrd. US-Dollar die günstigere Route im Vergleich zur transkaspischen Pipeline mit geschätzten Kosten von 4,2 Mrd. US-Dollar sei[669] – wobei nach der Machbarkeitsstudie von Enron Kosten in Höhe von ca. zwei bis 2,5 Mrd. US-Dollar bei der transkaspischen Pipeline kalkuliert wurden und diese damit als deutlich günstigere Option erschien (Kap. 4.3.1).

Es ist allerdings zweifelhaft, ob die iranische Regierung tatsächlich an einer Wiederaufnahme des Turkmenistan-Iran-Türkei-Pipelineprojektes bzw. an dem Transit von turkmenischem Erdgas interessiert war; der Iran schien sich nicht auf den Transit von turkmenischem Erdgas beschränken zu wollen. Vielmehr liegt die Vermutung nahe, dass das Interesse des Iran darin bestand, Gas aus Turkmenistan zu vergleichsweise niedrigen Preisen zu beziehen, dieses zur Versorgung der nördlichen Landesteile zu nutzen und dadurch eigene Exportkapazitäten zu schaffen, um selbst die Türkei zu höheren Preisen beliefern zu können, bzw. gegebenenfalls turkmenisches Gas zu höheren Preisen in die Türkei zu re-exportieren (Kap. 4.2.9).[670] Zwar verzeichnete die Erdgasproduktion des Iran ein kontinuierliches Wachstum, doch stieg parallel auch der Binnenverbrauch an, sodass keine Exportkapazitäten zur Verfügung standen (Abb. 40).[671] Die Türkei und der Iran schlossen 1996 ein Lieferabkommen, wonach der Iran drei Mrd. m³ Erdgas im Jahr 2000 an die Türkei liefern sollte und ein Anstieg des Liefervolumens auf zehn Mrd. m³ bis zum Jahr 2005 vorgesehen

---

668 Vgl. Heinrich, Andreas: Der ungeklärte rechtliche Status des Kaspischen Meeres, in: Osteuropa, 49 (7), Juli 1999, S. 671-683, hier S. 674, 681.
669 Vgl. Iran/Caspian Pipelines -2: Turkey, Turkmenistan in gas talks, in: Dow Jones International News, 11.03.1999; Collett-White, Mike: Iran slams Turkmenistan's trans-Caspian plans, in: Reuters News, 11.03.1999.
670 Vgl. Iran delays Turk sales, in: World Gas Intelligence, 29.06.1999.
671 Ursache für den stetig wachsenden Binnenbedarf sind u. a. ein hohes Bevölkerungswachstum samt Verbrauchsanstieg der Haushalte sowie der Industrie. Außerdem wurde die Elektrizitätserzeugung ausgebaut, die überwiegend auf Erdgas basiert. Zusätzlich wird zunehmend Erdgas benötigt, um das Produktionsniveau der iranischen Ölfelder aufrechterhalten bzw. steigern zu können. 1995 betrug das injizierte Volumen 54,6 Mio. m³/Tag. Dieses stieg auf 67,4 Mio. m³/Tag im Jahr 1998 und 71 Mio. m³/Tag im Jahr 2000. Vgl. Hassanzadeh, Elham: Iran's Natural Gas Industry in the Post-Revolutionary Period: Optimism, Scepticism, and Potential, Oxford: Oxford University Press, 2014, S. 32, 35, 135; IEA: Electricity Generation by fuel: Islamic Republic of Iran, https://www.iea.org/stats/WebGraphs/IRAN2.pdf (Zugriff: 12.01.2016).

war. Bei Vertragsabschluss wurde davon ausgegangen, dass es sich bei den geplanten Gasexporten des Iran anfangs um re-exportiertes turkmenisches Gas handeln würde und es erschien fraglich, ob der Iran die Türkei mit den vertraglich vorgesehenen Volumen würde beliefern können.[672]

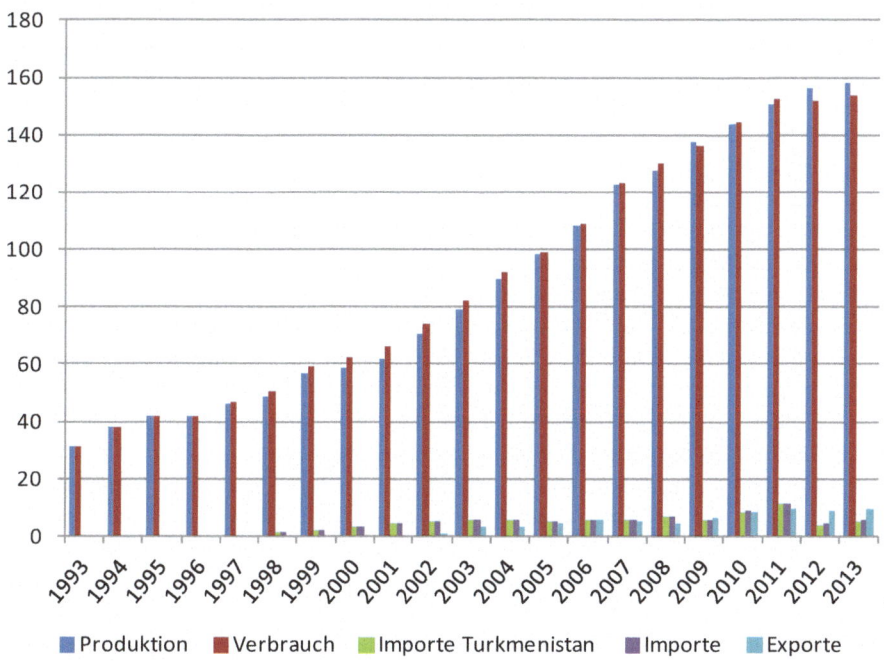

Abbildung 40: Erdgasbilanz des Iran (in Mrd. m³)[673]

Quelle: IEA Natural Gas Information Statistics: World Natural Gas Statistics, http://www.oecd-ilibrary.org/energy/data/iea-natural-gas-information-statistics/world-natural-gas-statistics_data-00482-en, (Zugriff: 24.12.2012): IEA: Natural Gas Information 2014, Paris: OECD/IEA, 2014, S. II.5, II.9, II.20, II.25, II.29, II.32; IEA: Natural Gas Information 2015, Paris: OECD/IEA, 2015, S. II.3, II.7, II.28, II.31, II.35.

---

672 Vgl. Iran warns Turkmens over Caspian Route to Ankara, in: World Gas Intelligence, 25.02.1999.
673 Neben den Lieferungen aus Turkmenistan importiert das Land im Rahmen eines Swap-Geschäftes zusätzlich Gas aus Aserbaidschan, wofür die aserbaidschanische Exklave Nakhichevan mit iranischem Erdgas versorgt wird. Vgl. Hassanzadeh, Elham: Iran's Natural Gas Industry in the Post-Revolutionary Period: Optimism, Scepticism, and Potential, Oxford: Oxford University Press, 2014, S. 39.

Trotz der mangelnden Exportkapazitäten strebte der Iran an, zukünftig selbst Erdgas zu exportieren und folglich galt es aus Perspektive der iranischen Regierung, die Konkurrenz von turkmenischem Gas auf dem türkischen Markt zu verhindern.[674] Aufgrund dieser Interessen verurteilte die iranische Regierung das im Februar 1999 geschlossene Abkommen zwischen der turkmenischen Regierung und PSG International bezüglich der transkaspischen Pipeline als „inakzeptabel".[675]

4.3.4.5 Die Türkei

Die Türkei verfolgte in Bezug auf das Projekt transkaspische Pipeline mehrere Ziele. Bedeutender Aspekt war die zukünftige Gasversorgungssicherheit des Landes, da die türkische Regierung mit einem stark wachsenden Gasverbrauch rechnete.[676] Deswegen hatte die Türkei bereits mehrere Lieferabkommen geschlossen, die einen Anstieg des jährlichen Importvolumens auf über 45 Mrd. m³ vorsahen (Tab. 17).

Trotz dieser Lieferabkommen rechnete Botas weiterhin mit einem stark wachsenden Versorgungsdefizit der Türkei. Nach damaligen Prognosen des Unternehmens, in denen etwaige Lieferungen aus Turkmenistan nicht enthalten waren, würde die Gasbilanz im Jahr 2010 ein Defizit von über neun Mrd. m³ aufweisen und dieses bis zum Jahr 2020 auf knapp 37 Mrd. m³ ansteigen (Tab. 18).

Aufgrund dieser Kalkulationen vertrat Botas die Ansicht, dass die transkaspische Pipeline nicht mit der Blue Stream Pipeline konkurrieren würde, da beide Pipelines zur Versorgung der Türkei benötigt würden.[677] Die Angaben in Tabelle 18 zeigen allerdings auch, dass andere Einschätzungen, etwa von Wood Mackenzie oder Cambridge Energy Research Associates (CERA), einen deutlich geringeren Anstieg des Gasbedarfs der Türkei bis zum Jahr 2010 prognostizierten, sodass der Bau einer Pipeline, entweder Blue Stream oder transkaspische Pipeline, für die Versorgung der Türkei ausreichen würde, was sich letztendlich auch bestätigte (Kap. 4.3.6.4).[678]

---

674 Vgl. Iran delays Turk sales, in: World Gas Intelligence, 29.06.1999.
675 Vgl. Iran says Turkmen Caspian pipeline "unacceptable", in: Reuters News, 20.02.1999.
676 Kurz vor der Unterzeichnung der Rahmenvereinbarung zwischen der Türkei und Turkmenistan im Oktober 1998, wonach 16 Mrd. m³ pro Jahr an die Türkei geliefert werden sollten (Kap. 4.3.1), hatte die türkische Regierung den Bau von vier Gaskraftwerken mit einer Leistung von insgesamt 4.530 Megawatt und einem geschätzten Gasbedarf von jährlich 6,5 Mrd. m³, der durch Importe aus Russland und Turkmenistan gedeckt werden sollte, beschlossen. Vgl. Turkey signs $3 billion in contracts for four gas-fired power plants, in: Dow Jones Online News, 08.10.1998; Goktas, Hidir: PM says Turkey signs revolutionary energy deals, in: Reuters News, 08.10.1998.
677 Vgl. The great game - Gas export route, in: European Gas Markets, 12.03.1999.
678 Vgl. Three looks like one gas line too many to Turkey, in: Petroleum Intelligence Weekly, 22.02.1999.

4.3 Die transkaspische Pipeline (I)

	Produktion Türkei	Russland Blue Stream	Russland via Balkan	Iran	LNG Algerien	LNG Nigeria	Gesamt
1999	0,7	0,0	9,0	0	4	0,25	13,95
2000	0,7	0,5	10,5	3	4	1,20	19,9
2001	0	4,0	13,0	5	4	1,20	27,2
2002	0	8,0	14,0	5	4	1,20	32,2
2003	0	10,0	14,0	7	4	1,20	36,2
2004	0	12,0	14,0	9	4	1,20	40,2
2005	0	12,0	14,0	10	4	1,20	41,2
2006	0	14,0	14,0	10	4	1,20	43,2
2007	0	16,0	14,0	10	4	1,20	45,2
2008	0	16,0	14,0	10	4	1,20	45,2
2009	0	16,0	14,0	10	4	1,20	45,2
2010	0	16,0	14,0	10	4	1,20	45,2

Tabelle 17: Gasimporte der Türkei bis zum Jahr 2010 (Stand 1999, in Mrd. m^3)

Quelle: Eigene Darstellung nach Angaben von Botas, zit. nach: Turkmenistan gears up for Turkish challenge, in: World Gas Intelligence, 25.03.1999.

Als Verbündeter der USA unterstützte die türkische Regierung darüber hinaus die Einrichtung des von der US-Regierung propagierten Eurasischen Energiekorridors, bestehend aus transkaspischer Gaspipeline und BTC-Ölpipeline, mittels dessen Energierohstoffe aus der Kaspischen Region unter Umgehung Russlands und des Iran zu den Absatzmärkten des Westens transportiert werden sollten, denn neben der Einnahme von Transitgebühren würden die Versorgung des türkischen Marktes mit Öl und Gas gesichert, eine weitere Zunahme des Tankerverkehrs am Bosporus verhindert und die strategische und außenpolitische Bedeutung der Türkei als Transitland von Energieexporten aus der Kaspischen Region weiter gestärkt.[679]

---

679 Vgl. Turgut, Pelin: Turkish insistence on Turkmen gas political-analysts, in: Reuters News, 03.03.1999; President Demirel receives Richard Morningstar, Clinton's special representative to Caspian Region, in: Anadolu News Agency, 13.04.1999; Lelyveld, Michael S.: Turkey confirms gas pipeline plan, in: The Journal of Commerce, 13.11.1998; Gaining a seal of approval from Uncle Sam, in: Petroleum Economist, 31.05.1998; Atalay, Selim: Turkish Min: Key agreements on Baku-Ceyhan line due thu, in: Dow Jones International News, 15.11.1999.

	2000	2005	2010	2020
Umfang der bestehenden Lieferverträge (Botas)	19,9	41,2	45,2	45,2
Gasbedarf der Türkei (Botas)	19,9	45,6	54,5	82,1
Defizit der Gasversorgung		-4,4	-9,3	-36,9
Gasbedarf der Türkei min. (CERA, 1999)			32,1	
Gasbedarf der Türkei max. (CERA, 1999)			42,9	
Gasbedarf der Türkei (Wood Mackenzie, Ende 1998)			19,1	

Tabelle 18: Gasbilanz der Türkei bis zum Jahr 2020 (Stand 1999, in Mrd. m³)[680]

Quelle: Eigene Darstellung nach Angaben von Botas, CERA, Wood Mackenzie, zit. nach: Turkmenistan gears up for Turkish challenge, in: World Gas Intelligence, 25.03.1999; The great game - Gas export route, in: European Gas Markets, 12.03.1999; Three looks like one gas line too many to Turkey, in: Petroleum Intelligence Weekly, 22.02.1999.

Trotz ihrer Unterstützung für die transkaspische Pipeline hielt sich die türkische Regierung alle Optionen zum Import von Erdgas offen und trieb parallel zu den Verhandlungen zu deren Bau auch die Umsetzung weiterer Pipelineprojekte, wie die Blue Stream-Pipeline oder die Iran-Türkei-Pipeline, weiter voran,[681] die schließlich im Gegensatz zur transkaspischen Pipeline auch realisiert worden sind (Kap. 4.3.6.3).

---

680 Umrechnung der von CERA und Wood Mackenzie angegebenen Werte von 100 mmcf/Tag in m³/Jahr (Umrechnungsfaktor: 100 mmcf/Tag = 1,034 x 10^9 m³/Jahr). Vgl. International Gas Union: Natural Gas Conversion Guide, Oslo: International Gas Union, 2012, S. 29, http://members.igu.org/old/IGU%20Events/wgc/wgc-2012/wgc-2012-proceedings/publications/igu-publications/natural-gas-conversion-guide/@@download/download (Zugriff: 20.03.2016).

681 Während der damalige US-Sondergesandte für die Kaspische Region, John Wulf, im September 1999 Gespräche in der Türkei über die Umsetzung des Eurasischen Energiekorridors führte, sprachen der türkische Energieminister Ersumer und Premierminister Yilmaz in Moskau mit Gazprom über die Umsetzung des Blue Stream-Projektes. Bereits 1996 hatte die Türkei ein Gashandelsabkommen mit dem Iran geschlossen, doch wurde dieses von der nachfolgenden säkularen Regierung verschoben, um die Beziehungen der Türkei zu den USA nicht zu belasten. Innerhalb der Türkei wurde an einer Pipeline von Erzurum nach Ankara gearbeitet, was die US-Regierung kritisierte, da sie vermutete, dass die Pipeline letztlich zum Import von iranischem Gas genutzt werden könnte. Die türkische Regierung verwies darauf, dass die Pipeline auch für den Import von turkmenischem Erdgas mittels der transkaspischen Pipeline genutzt werden könne und dies auch bevorzugt werde, machte aber auch deutlich, dass sie Gas aus dem Iran importieren werde, wenn es keine Alternativen dazu gäbe, da die Türkei dringend Gas benötige. Vgl. Energy and commodities in brief, in: The Journal of Commerce, 10.11.1998; Lelyveld, Michael S.: Turkey confirms gas pipeline plan, in: The Journal of Commerce, 13.11. 1998; Zaman, Amberin: Turkey revives $20-bil plan to buy Iranian gas, in: Platt's Oilgram News, 22.05.1998; Ersoy, Ercan: Turkey to seek delivery extension in Iran gas deal, in: Reuters News, 16.12.1999; US envoy cites harmony with Turkey on Caspian projects, in: Dow Jones International News, 20.09.1999.

4.3.4.6 Aserbaidschan

Der aserbaidschanische Präsident Alijev erklärte bereits kurz nach der Vergabe des Projektes an PSG International seine grundsätzliche Zustimmung zum Bau der transkaspischen Pipeline.[682] Die aserbaidschanische Regierung verfolgte mit ihrer Unterstützung des Pipelineprojektes verschiedene Interessen. Neben der Aussicht auf Einnahmen durch Transitgebühren für den Transport von turkmenischem Erdgas durch aserbaidschanisches Territorium hätte die Gasversorgung Aserbaidschans durch den Bau der Pipeline unabhängig vom russischen Pipelinesystem erfolgen können und es hätte perspektivisch die Möglichkeit bestanden, in Aserbaidschan produziertes Erdgas für den Export in die transkaspische Pipeline einzuspeisen.[683]

Außerdem ist nicht auszuschließen, dass sich die aserbaidschanische Regierung eine vorteilhafte Verhandlungsposition gegenüber Turkmenistan ob dessen Abhängigkeit von der Zustimmung Aserbaidschans zum Bau der transkaspischen Pipeline in Bezug auf die Grenzziehung im Kaspischen Meer erhoffte.[684] Allerdings erklärte sich die Regierung Aserbaidschans bereit, die Umsetzung der transkaspischen Pipeline von der Frage der Grenzziehung zu entkoppeln – sicherlich auch, weil erwartet wurde, dass mit dem Bau der transkaspischen Pipeline auch die Umsetzungschancen der BTC-Ölpipeline aufgrund von Synergieeffekten durch den über weite Strecken geplanten parallelen Pipelineverlauf steigen würden.[685] Folglich bezweckte die aserbaidschanische Regierung mit ihrer Unterstützung für die Verlegung der transkaspischen Pipeline, den Bau der BTC-Ölpipeline zu flankieren. Zusätzlich sah sie die Pipelineprojekte des Eurasischen Energiekorridors als nützlich an, um die angestrebte Bindung des Landes an den Westen voranzutreiben (Kap. 1.10.4.7).

Nach der Entdeckung des Gasfeldes Shah Deniz war Aserbaidschan allerdings zunehmend daran interessiert, selbst Gas in die Türkei zu exportieren, und wollte sich nicht mehr nur auf die Rolle des Transitland beschränken.[686] Die aserbaidschanische Regierung unterstützte zwar weiterhin den Bau der transkaspischen Pipeline, forderte

---

682 Vgl. Williams, Selina: Azeri president approves trans-Caspian gas line, in: Reuters News, 17.02.1999.
683 Die Erdgasproduktion Aserbaidschans reichte zum damaligen Zeitpunkt noch nicht aus, um den Bedarf zu decken. Erst im Jahr 2007 wurde Aserbaidschan zum Nettoexporteur von Erdgas (Abb. 60). Vgl. Ritchie, Michael: Tapping into Turkey, in: Energy Compass, 19.03.1999.
684 Vgl. The Economist Intelligence Unit: Country Report Turkmenistan: 4th quarter 1999, London: The Economist Intelligence Unit, 1999, S. 21.
685 Shell schätzte das Einsparungspotenzial auf 10 bis15 Prozent bzw. 500 Mio. US-Dollar. Vgl. Ritchie, Michael: Tapping into Turkey, in: Energy Compass, 19.03.1999.
686 Vgl. Williams, Selina: Azerbaijan develops plan to export gas to Turkey, in: Reuters News, 04.06.1999; Gazprom says will be competetive in Turk gas supply, in: Reuters News, 21.06.1999; Williams, Selina: Interview-New Azeri gas plan linked to Shakh Deniz, in: Reuters News, 02.07.1999.

aber die Hälfte der geplanten Transportkapazität zum Export der Produktion von Shah Deniz, was zu Konflikten mit der turkmenischen Regierung führte und maßgeblich zum Scheitern des Pipelineprojektes beitrug (Kap. 4.3.6).

4.3.4.7 Georgien

Die Interessen Georgiens in Bezug auf den geplanten Bau der transkaspischen Pipeline leiten sich aus dessen strategischen Erwägungen ab. Die georgische Regierung sah in dem geplanten Eurasischen Energiekorridor ein wichtiges Instrument, um die angestrebte engere Bindung an den Westen zu erreichen (Kap. 1.10.4.8). Des Weiteren bestand Aussicht auf nicht unerhebliche Staatseinnahmen durch Transitgebühren. Darüber hinaus erwartete die georgische Regierung, dass sich bei Umsetzung der geplanten Öl- und Gaspipelines die Energieversorgungssicherheit Georgiens erhöhen, dessen strategische Bedeutung steigern[687] und die Abhängigkeit von Russland bei der Versorgung mit fossilen Energieträgern verringern würde (Kap. 1.10.4.8).

Im Rahmen der Verhandlungen über die abschließenden Abkommen zum Bau der transkaspischen Pipeline forderte Georgien allerdings höhere Transitgebühren und hatte darüber hinaus Bestrebungen, den Investor für den Bau des Pipelineabschnitts auf georgischem Territorium selbst zu bestimmen.[688] Diese Forderungen hatten auf die Umsetzung des Projektes allerdings keinen Einfluss, da der Bau der Pipeline aus anderen Gründen scheiterte (Kap. 4.3.6).

4.3.5 Abkommen zur Umsetzung des Pipelineprojektes

4.3.5.1 Das Gashandelsabkommen zwischen Turkmenistan und der Türkei

Im März 1999 unterzeichneten Turkmenistan und die Türkei eine Rahmenvereinbarung über turkmenische Gaslieferungen an die Türkei. Danach war der Beginn turkmenischer Gasexporte in die Türkei im Jahr 2002 mit einem Volumen von fünf

---

687 Vgl. Ritchie, Michael: Tapping into Turkey, in: Energy Compass, 19.03.1999; Gorst, Isabel: At the Caspian crossroads, in: Petroleum Economist, 29.10.1999; Georgia ready for Trans-Caspian gas pipeline project, in: Interfax Petroleum Report, 18.08.1999; Ostrovsky, Arkady: Survey - Georgia - Corridor for the supply of energy to Caspian region - oil and gas, in: Financial Times, 22.11.1999.
688 Vgl. Perkins, Robert: Trans-Caspian partners aiming to wrap up deals, in: Platt's Oilgram News, 03.02.2000; Another round of TCP talks will begin in London, in: Azer Press, 07.02.2000.

4.3 Die transkaspische Pipeline (I)

Mrd. m³ pro Jahr geplant. Ab dem Jahr 2010 sollte das Liefervolumen 16 Mrd. m³ pro Jahr betragen.[689] Auf Basis dieser Rahmenvereinbarung schlossen die Türkei und Turkmenistan im Mai 1999 ein Gashandelsabkommen mit einer Laufzeit von 30 Jahren, wonach die Erdgaslieferungen frühestens im Jahr 2002 und spätestens im Jahr 2004 aufgenommen und anschließend schrittweise bis zum Erreichen des maximalen jährlichen Liefervolumen in Höhe von 16 Mrd. m³ ab dem Jahr 2013 erhöht werden sollten (Tab. 19). Ferner verabredeten beide Seiten, dass der Take-or-Pay-Vertrag seine Gültigkeit verliert, sollte im Zeitraum von 2002 bis 2004 kein turkmenisches Gas zur Verfügung stehen.[690]

Die Türkei sagte zu, den Pipelineabschnitt auf türkischem Gebiet, also von der georgisch-türkischen Grenze bis Erzurum, zu bauen, während Turkmenistan bzw. das Pipelinekonsortium für den Bau der Pipeline bis zur türkisch-georgischen Grenze zuständig sein sollte.[691] Der Preis für das zu liefernde turkmenische Gas wurde mit 78 US-Dollar pro 1.000 m³ angegeben. Außerdem wurde vereinbart, dass zusätzlich zu den 16 Mrd. m³ an die Türkei weitere 14 Mrd. m³ pro Jahr durch die transkaspische Pipeline an Abnehmer in Europa geliefert werden sollten.[692] Mit Unterzeichnung des Gashandelsabkommens wurde eine der wesentlichsten Bedingungen für die Realisierung des Pipelineprojektes erfüllt.[693]

	2003	2005	2008	2011	2013
Geplantes Liefervolumen (in Mrd. m³)	7,2	8,2	10,2	14,2	16

Tabelle 19: Geplante turkmenische Erdgaslieferungen an die Türkei (in Mrd. m³)

Quelle: Bekdil, Burak: Turkey's Botas in gas sale talks with Austria, France, in: Dow Jones International News, 20.07.1999.

---

689 Vgl. Munter, Paivi: Turkmenistan, Turkey sign initial deal on gas deliveries, in: Dow Jones International News, 12.03.1999.
690 Es wurde allerdings kein Mindestvolumen genannt, das die Türkei im Rahmen des Take-or-Pay-Vertrages hätte abnehmen müssen, ohne dass Strafzahlungen fällig würden. Vgl. Bekdil, Burak: Turkey's Botas in gas sale talks with Austria, France, in: Dow Jones International News, 20.07.1999; Doubts over Turkmen deal with Botas, in: World Gas Intelligence, 28.05.1999; Natural gas trade agreement signed between Turkey and Turkmenistan, in: Anadolu News Agency, 21.05.1999.
691 Vgl. Doubts over Turkmen deal with Botas, in: World Gas Intelligence, 28.05.1999.
692 Vgl. Turkmenistan signs gas supply contract with Turkey, in: Interfax Daily Financial Service: Headlines, 22.05.1999.
693 Siehe dazu auch Kap. 4.1

4.3.5.2 Die Unterzeichnung der Istanbul-Erklärung

Im November 1999 unterzeichneten die Präsidenten Turkmenistans, Aserbaidschans, Georgiens und der Türkei während eines OSZE-Gipfels eine Erklärung über den Bau der transkaspischen Pipeline. Es wurde vereinbart, die notwendigen zwischenstaatlichen Verträge zum Bau der Pipeline bis März 2000 abschließend auszuarbeiten.[694] Ferner wurde ein Komitee aus Vertretern Turkmenistans, Aserbaidschans, Georgiens, der Türkei und der USA gegründet, um die Umsetzung des Pipelineprojektes zu beschleunigen und die gemeinsamen Anstrengungen zu koordinieren.[695]

Die beteiligten Parteien verständigten sich darauf, dass die mit der Unterzeichnung der Istanbul-Erklärung verbundenen Verpflichtungen der Vertragspartner unabhängig von bestehenden oder zukünftigen Grenz- und Gebietskonflikten sowie sich daraus ableitenden Gebietsansprüchen in Kraft bleiben sollten. Diese Klausel sollte sicherstellen, dass der Konflikt zwischen Aserbaidschan und Turkmenistan über die Eigentumsrechte von Ölfeldern im Kaspischen Meer das Projekt nicht behindern würde.[696] Ursprünglich war die Unterzeichnung von bindenden Abkommen anstelle einer Erklärung zum Bau der transkaspischen Pipeline vorgesehen, was jedoch aufgrund von auftretenden Unstimmigkeiten zwischen Aserbaidschan und Turkmenistan über die Nutzung der zu bauenden Pipeline verhindert wurde.[697]

Als Reaktion auf die Unterzeichnung der Istanbul-Erklärung gaben die iranische und russische Regierung eine gemeinsame Erklärung heraus, in der beide Staaten ihre kategorische Ablehnung des Pipelineprojektes ausdrückten. Sie beriefen sich auf

---

694 Dies beinhaltete u. a. Abkommen zwischen den Transitländern und Investoren. Dabei galt es z. B. die Landnutzungsrechte, Fragen der Besteuerung und andere Zahlungsverpflichtungen bezüglich des Baus und des Betriebes der Pipeline zu regeln. Vgl. Trans-Caspian pipeline agreement to be drawn up by March 2000, in: Interfax Companies & Commodities, 20.11.1999.
695 Vgl. Trans-Caspian pipeline agreement to be drawn up by March 2000, in: Interfax Companies & Commodities, 20.11.1999.
696 Vgl. Trans-Caspian pipeline agreement to be drawn up by March 2000, in: Interfax Companies & Commodities, 20.11.1999.
697 Nach dem Fund des Gasfeldes Shah Deniz beabsichtigte Aserbaidschan, mittels der transkaspischen Pipeline selbst Gas zu exportieren (Kap. 4.3.6.1). Bemerkenswert ist dabei, dass Aserbaidschan, Georgien und die Türkei im Rahmen des Gipfels ein MoU über die Vermarktung von aserbaidschanischem Gas unterzeichneten. Es sah u. a. die enge Kooperation zum Transport von aserbaidschanischem Gas in die Türkei und zu anderen Absatzmärkten vor. Vor dem Hintergrund unterschiedlicher Auffassungen der turkmenischen und der aserbaidschanischen Regierung über die Aufteilung der Kapazität wurde dies als Versuch Aserbaidschans gewertet, sich gegen mögliche Komplikationen bei den Verhandlungen mit Turkmenistan über den Bau der transkaspischen Pipeline abzusichern. Vgl. PSG, Shell hail Trans-Caspian pipeline accord, in: Interfax Companies & Commodities, 23.11.1999; Turkey says energy agreements "positive results"(Anatolia News Agency), in: BBC Monitoring European - Economic, 18.11.1999; The opinions of MEP Baku-Ceyhan and TCP gas project, in: Azer Press, 18.11.1999.

4.3 Die transkaspische Pipeline (I)

den ungelösten rechtlichen Status des Kaspischen Meeres und forderten, dass für die Realisierung von Pipelineprojekten der Abschluss endgültiger Abkommen zwischen allen Anrainerstaaten über eben diesen Voraussetzung sei. Ferner verlangten Russland und der Iran in diesem Zusammenhang Garantien für die Sicherheit der Umwelt.[698]

Zusätzlich äußerten die russische Regierung und Gazprom Zweifel an der Realisierbarkeit der transkaspischen Pipeline, in dem sie die deren Wirtschaftlichkeit sowie den Umfang der turkmenischen Gasreserven infrage stellten, was von der turkmenischen Regierung zurückgewiesen wurde.[699] Trotz dieser Auseinandersetzung schlossen Russland und Turkmenistan im Dezember 1999 einen Vertrag über die Lieferung von turkmenischem Erdgas für das Jahr 2000 und beide Seiten zogen den Abschluss eines langfristigen Gashandelsabkommens in Betracht (Kap. 3.3.1 und Kap. 3.3.3). Die Ursachen für diesen sich vollziehenden Kurswechsel Turkmenistans werden in dem folgenden Kapitel über das Scheitern des Pipelineprojektes erläutert.

---

698 Die aserbaidschanische Regierung wies die Einwände mit der Begründung ab, dass die Verlegung der transkaspischen Pipeline ausschließlich eine Angelegenheit von Turkmenistan und Aserbaidschan sei und die ungelöste Frage des rechtlichen Status des Kaspischen Meeres in diesem Zusammenhang keine Bedeutung habe. Ferner äußerte die aserbaidschanische Regierung Unverständnis über die von Russland angeführten ökologischen Bedenken, da Russland selbst die Verlegung einer Pipeline durch das Schwarze Meer (Blue Stream-Pipeline) plane. Vgl. Williams, Selina: Azeris dismiss Russian, Iranian protests on Caspian, in: Reuters News, 02.12.1999.

699 Die russische Regierung vertrat die Auffassung, dass die transkaspische Pipeline keine Konkurrenz für die geplante Blue Stream-Pipeline darstelle, da Letztere viel früher fertiggestellt werden würde. Der damalige stellvertretende russische Außenminister Ivanov erklärte, dass die Gaslieferungen mittels der Blue Stream-Pipeline an die Türkei bereits 2001 aufgenommen werden könnten, während die transkaspische Pipeline nicht vor 2005 betriebsbereit sein würde. Ein Vorstandsmitglied von Gazprom erklärte außerdem, dass turkmenisches Gas im Vergleich zu russischem Gas nicht konkurrenzfähig sei, da seit dem Zusammenbruch der Sowjetunion nur unzureichend in die Produktion investiert worden sei, die Transportkosten für turkmenisches Gas sehr hoch seien und dieses außerdem einen sehr hohen Schwefelgehalt aufweise. Auch der damalige Vorstandsvorsitzende von Gazprom stellte die Wirtschaftlichkeit und den Umfang der turkmenischen Gasreserven infrage. Der damalige turkmenische Öl- und Gasminister wies die verschiedenen Äußerungen mit Verweis auf die nachgewiesenen Gasreserven Turkmenistans in Höhe von 23 Billionen m³ zurück und erklärte, dass der Preis für turkmenisches Gas an der Grenze Turkmenistans weitaus günstiger sei als der Preis für russisches Gas an der russisch-ukrainischen Grenze. Er räumte zwar ein, dass das in Turkmenistan geförderte Gas teilweise einen hohen Schwefelanteil aufweise, dessen Anteil aber nur 20 Prozent an der gesamten Produktion betrage und dieses nicht für den Export bestimmt sei. Außerdem vertrat er mit dem Hinweis auf die von Enron durchgeführten Studien die Auffassung, dass die transkaspische Pipeline innerhalb von zwei Jahren gebaut werden könne. Vgl. Foreign ministry official lays out position on pipelines, in: Interfax Daily Petroleum Report, 19.11.1999; Russian gas chief casts doubt on Caspian pipeline project (Interfax News Agency), in: BBC Monitoring Former Soviet Union - Economic, 21.11.1999; Turkmenistan to conclude production-sharing agreement with Shell, in: Interfax Daily News Bulletin, 05.12.1999; Turkmenistan blasts Chernomyrdin for Trans-Caspian pipeline comments, in: Interfax Daily Petroleum Report, 25.11.1999; Turkmen gas exports no competition for gazprom - official, Interfax Companies & Commodities, 04.12.1999.

4.3.6 Die Ursachen für das Scheitern des transkaspischen Pipelineprojektes

4.3.6.1 Die Auseinandersetzung zwischen Turkmenistan und Aserbaidschan über die Aufteilung der geplanten Transportkapazität der transkaspischen Pipeline

Die Differenzen zwischen der turkmenischen und der aserbaidschanischen Regierung über die Aufteilung der Transportkapazität der geplanten transkaspischen Pipeline sind eine der Hauptursachen für das Scheitern des Pipelineprojektes. Nach dem Fund des Gasfeldes Shah Deniz stellte die aserbaidschanische Regierung Forderungen in Bezug auf die Nutzung der transkaspischen Pipeline und verlangte eine Quote von 50 Prozent der geplanten Transportkapazität für den Export von aserbaidschanischem Erdgas. Die turkmenische Regierung war hingegen lediglich bereit, Aserbaidschan ein Kontingent von maximal fünf Mrd. m³ pro Jahr einzuräumen,[700] denn schließlich wäre eine Aufteilung der Nutzungskapazität zu jeweils 50 Prozent mit umfangreichen Einnahmeverlusten für Turkmenistan verbunden gewesen.[701]

Parallel zu der Auseinandersetzung über die Aufteilung der Transportkapazität schlossen Russland und Turkmenistan für das Jahr 2000 ein Lieferabkommen und nahmen Verhandlungen zum Abschluss eines langfristigen Gashandelsabkommens auf (Kap. 3.3.1 und Kap. 3.3.3). Hier besteht ein direkter Zusammenhang zwischen dem Gashandel Turkmenistans und den Diversifizierungsbestrebungen der turkmenischen Regierung, die binnen der ersten sechs Monate des Jahres 2000 zunehmend Abstand von der transkaspischen Pipeline nahm. Präsident Nijasow erklärte offen, dass Turkmenistan nicht wieder Verhandlungen mit Gazprom aufgenommen hätte, wenn alle Vereinbarungen bezüglich der transkaspischen Pipeline eingehalten und pünktlich umgesetzt worden wären.[702] Zusätzlich beabsichtigte der Iran die Ausweitung der Gasimporte aus Turkmenistan auf bis zu 13 Mrd. m³ pro Jahr.[703] Den zügigen

---

[700] Turkmenistan bot zunächst eine Quote von drei Mrd. m³ pro Jahr an, was Aserbaidschan ablehnte. Vgl. PSG, Shell hail Trans-Caspian pipeline accord, in: Interfax Companies & Commodities, 23.11.1999; Azerbaijan said to want 50-per-cent quota from Transcaspian gas pipeline (Turan News Agency), in: BBC Monitoring Former Soviet Union - Economic, 16.02.2000; Gurt, Marat: Turkmen leader says U.S. politicising gas pipeline, in: Reuters News, 25.02.2000.
[701] Vgl. The Economist Intelligence Unit: Country Report Turkmenistan: June 2000, London: The Economist Intelligence Unit, 2000, S. 22.
[702] Vgl. Turkmenistan, USA at loggerheads over gas pipeline (Interfax News Agency), in: BBC Monitoring Former Soviet Union - Economic, 25.02.2000.
[703] Vgl. Iran ready to buy 13bn cu m of Turkmen gas (ITAR-TASS), in: BBC Monitoring Former Soviet Union - Economic, 21.04.2000; Iran plans to boost Turkmen gas imports, in: Interfax Companies & Commodities, 14.03.2000.

und erfolgreichen Abschluss der Verhandlungen vorausgesetzt, hätte dies schwerwiegende Konsequenzen für den Bau der transkaspischen Pipeline bedeutet, da ein Großteil der turkmenischen Exportkapazitäten an Russland sowie an den Iran gebunden worden wären, sodass fraglich erscheint, ob Turkmenistan darüber hinaus auch noch die transkaspische Pipeline hätte versorgen können.[704] Außerdem bestand die Möglichkeit, dass sich die turkmenische Regierung aus dem Projekt transkaspische Pipeline zurückziehen würde, da der Bedarf nach einer neuen Pipeline nicht mehr unmittelbar gegeben gewesen wäre und die Umsetzung des Projektes aufgrund von Differenzen über die Konditionen mit weiteren Schwierigkeiten verbunden war (Kap. 4.3.6.2). Ferner ist davon auszugehen, dass Turkmenistan, den Abschluss eines langfristigen Liefervertrages mit Russland vorausgesetzt, Rücksicht auf die Interessen der russischen Regierung und somit Abstand vom Bau der transkaspischen Pipeline genommen hätte. Gleiches hätte für eine etwaige Steigerung der Gaslieferungen Turkmenistans an den Iran gegolten.

Die USA wollten vor dem Hintergrund ihrer strategischen Ziele in der Kaspischen Region eine mögliche Bindung der turkmenischen Gasexporte an Russland bzw. an den Iran verhindern (Kap. 1.10.4.2). Das Vorgehen der US-Regierung wirkte aber kontraproduktiv, da sie die Forderungen der aserbaidschanischen Regierung befürwortete, die Präsident Nijasow weiterhin strikt ablehnte.[705] Die Forderungen der USA und Aserbaidschans nach einer Quote von 50 Prozent wurden von der turkmenischen Regierung als ein Bruch der Istanbul-Erklärung angesehen, da Aserbaidschan und Georgien in dem Dokument als Transitländer deklariert worden seien.[706] Zusätzlich schlug das Shah-Deniz-Konsortium ein eigenes Pipelineprojekt vor, das mit geschätzten Kosten von 1,3 Mrd. US-Dollar im Vergleich zur transkaspischen Pipeline mit kalkulierten Kosten von mindestens zwei Mrd. US-Dollar deutlich günstiger schien. Damit war Aserbaidschan in der vorteilhaften Position, weiterhin auf seinen Forderungen bestehen zu können.[707] Die Auseinandersetzungen zwischen Turkmenistan und Aserbaidschan über die Aufteilung der geplanten Transportkapazität trugen maßgeblich zum Misserfolg des Pipelineprojektes bei. Zwar erklärte Präsident Nijasow im März 2000, dass eine Einigung mit Aserbaidschan erfolgt sei und die aserbaidschanische Regierung einer Quote von fünf Mrd. m³ pro Jahr zugestimmt

---

704 Vgl. Hemming, Jon: Turkmens say to sell gas to Turkey no matter what, in: Reuters News, 29.03.2000; Collett-White, Mike: Russian president Vladimir Putin and his Turkmen ....., in: Reuters News, 19.05.2000.
705 Vgl. Turkmenistan says US is threatening gas pipeline project, in: Dow Jones International News, 25.02.2000; Gurt, Marat: Turkmen leader says U.S. politicising gas pipeline, in: Reuters News, 25.02.2000.
706 Vgl. Politics obstructs Trans-Caspian project - Turkmen minister, in: Interfax Companies & Commodities, 01.03.2000.
707 Vgl. Trans-Caspian best option for Turkmen gas - Shell, in: Reuters News, 16.03.2000.

habe[708], doch lässt die Quellenlage nicht den Schluss zu, dass es sich hierbei um eine verbindliche Einigung zwischen beiden Ländern handelte.

4.3.6.2 Die Differenzen über die Vertragskonditionen

Neben der Auseinandersetzung über die Aufteilung der Transportkapazität zwischen Aserbaidschan und Turkmenistan traten zusätzlich Differenzen zwischen der turkmenischen Regierung und dem Pipelinekonsortium über die Konditionen auf. Die vom Pipelinekonsortium vorgelegten Vertragsentwürfe wurden von Präsident Nijasow abgelehnt bzw. nicht beantwortet.[709] Vor dem Hintergrund des sich abzeichnenden Stillstandes des Pipelineprojektes, dem Fortschritt der konkurrierenden Blue Stream-Pipeline und den beschriebenen Ambitionen der USA in der Kaspischen Region versuchte die US-Regierung, Turkmenistan von der Annahme des Angebotes zu überzeugen. Es wurden jedoch keine weiteren Fortschritte in Bezug auf die Vertragskonditionen erzielt.[710] Die umstrittenen Vertragskonditionen beinhalteten mehrere Aspekte des Vertragswerkes.[711] Entscheidend für das Scheitern der Verhandlungen über die Vertragskonditionen war allerdings die Forderung Nijasows nach einer Vorauszahlung bzw. nach einem Vorfinanzierungskredit in Höhe von 500

---

708 Vgl. Gurt, Marat: Turkmen leader says Azeris agree gas pipeline terms, in: Reuters News, 10.03.2000.

709 Vgl. Niyazov doubts swift start to Trans-Caspian pipeline, in: Interfax Companies & Commodities, 23.03.2000; Analysis - Turkmenistan-Russia doesn't like the competition, in: Petroleum Economist, 01.04.2000; Sampson, Paul: Blue Moon - Turkmen gas pipeline hangs by a thread, in: Nefte Compass, 25.05.2000; The consortium hoping to build a gas pipeline, in: Reuters News, 22.05.2000.

710 John Wulf, der damalige Sondergesandte der Clinton-Administration für die Kaspische Region, erklärte, dass der Vorschlag von PSG International und Shell ein gutes Angebot und besser als die Offerten von Russland und dem Iran sei, da die Bezahlung des durch die transkaspische Pipeline zu exportierenden turkmenischen Gases ausschließlich in Form von harter Währung erfolgen sollte und Turkmenistan sichere Einnahmen für einen Zeitraum von 30 Jahren verbuchen könne. Der Gashandel zwischen Russland und Turkmenistan wurde zu diesem Zeitpunkt noch teilweise durch Barter-Geschäfte abgewickelt (Kap. 3.3.1). Vgl. Munter, Paivi: Exclusive: Turkmenistan risks loosing Turkey gas export-US, in: Dow Jones International News, 13.04.2000.

711 Die vom Konsortium vorgeschlagene Aufteilung der Einnahmen wurde von Präsident Nijasow abgelehnt; nach seiner Auffassung waren die Gewinnspannen für den Pipelinebetreiber PSG International zu hoch. Ferner wies er einen Vorschlag des Konsortiums zurück, wonach Turkmenistan zunächst nur die Hälfte des vereinbarten Preises für Gaslieferungen in die Türkei bekommen sollte, und lehnte dessen Pläne ab, die Einnahmen auf einem Treuhandkonto zu deponieren. Er forderte stattdessen, dass diese auf ein Konto einer turkmenischen Bank eingezahlt werden sollen. Vgl. Gurt, Marat: UPDATE 1-Turkmen leader sees trans-Caspian gas link delayed, in: Reuters News, 17.05.2000; Sampson, Paul: Blue Moon - Turkmen gas pipeline hangs by a thread, in: Nefte Compass, 25.05.2000; Gurt, Marat: UPDATE 1-Turkmen price stance clouds Caspian gas line future, in: Reuters News, 02.06.2000.

4.3 Die transkaspische Pipeline (I)

Mio. US-Dollar.[712] Das Pipelinekonsortium verweigerte die Zahlung und auch die US-Regierung, an die sich die turkmenische Regierung anschließend wandte, war nicht dazu bereit.[713]

Im Mai 2000 erklärte Präsident Nijasow, dass Turkmenistan das Pipelineprojekt bis zur Lösung der strittigen Fragen zurückstellen könne.[714] Gleichzeitig schien sich der anvisierte langfristige turkmenisch-russische Gashandelsvertrag zu konkretisieren und kurz vor dem Abschluss zu stehen, wonach die Erdgasexporte Turkmenistans nach Russland von 30 Mrd. m³ im Jahr 2001 auf 40 Mrd. m³ im Jahr 2002 und anschließend auf 50 bis 60 Mrd. m³ pro Jahr ansteigen sollten (Kap. 3.3.3).[715] Parallel zog sich PSG International schrittweise aus dem Projekt zurück. Ebenfalls im Mai kündigte das Joint Venture an, die Ausgaben und die Belegschaft für das Pipelineprojekt bis zur Erneuerung des Mandates zu dessen Durchführung zu reduzieren.[716] Die Schließung der Büros in Turkmenistan erfolgte im Herbst 2000. Ferner wurde die Projektleitung von PSG International an Shell übergeben.[717]

Während sich PSG International aus dem Pipelineprojekt zurückzog, hielt Shell weiter an dem Bau der transkaspischen Pipeline fest und strebte auch die Unterzeichnung des geplanten PSA in Turkmenistan an.[718] Im Juli 2000 unterbreitete der Energiekonzern dem turkmenischen Präsidenten ein neues Angebot, das nach Angaben des Unternehmens bessere Konditionen für die turkmenische Seite beinhaltete.[719] Allerdings führten auch die Bemühungen von Shell zu keinem Ergebnis und im Oktober 2001 erklärte das Unternehmen, dass das Projekt keine Fortschritte mehr

---

712 In einer anderen Quelle wird ein Unterzeichnungsbonus in Höhe von einer Mrd. US-Dollar genannt. Vgl. The Economist Intelligence Unit: Country Report Turkmenistan: June 2000, London: The Economist Intelligence Unit, 2000, S. 22; Sampson, Paul: Blue Moon - Turkmen gas pipeline hangs by a thread, in: Nefte Compass, 25.05.2000.
713 Vgl. Sampson, Paul: Blue Moon - Turkmen gas pipeline hangs by a thread, in: Nefte Compass, 25.05.2000.
714 Vgl. Turkmen leader sees trans-Caspian gas link delayed, in: Reuters News, 17.05.2000.
715 Eine Einigung wurde aber aufgrund unterschiedlicher Preisvorstellungen nicht erzielt. Vgl. Stern, Jonathan P.: The Future of Russian Gas and Gazprom, Oxford: Oxford University Press, 2005, S. 74; Russia to import more gas from Turkmenistan, in: Interfax Petroleum Report, 07.06.2000.
716 Vgl. The consortium hoping to build a gas pipeline, in: Reuters News, 22.05.2000; Gorst, Isabel/Zaman, Amberin: Partners halt work on Caspian gas line Shell led group wants mandate from Turkmens, in: Platt's Oilgram News, 23.05.2000.
717 Vgl. The U.S. consortium involved in the Trans-Caspian pipeline project to ship Turkmen gas to Turkey..., in: Reuters News, 18.09.2000.
718 Shell befand sich in dem Joint Venture Intergen, das den Zuschlag für den Bau und den Betrieb mehrerer Gaskraftwerke in der Türkei bekommen hatte, die Shell mit turkmenischen Gas versorgen wollte (Kap. 4.3.2). Vgl. Shell keeps TCGP flame burning. (Trans-Caspian gas pipeline)(Brief article): in: FRBSF Economic Letter, 22.09.2000.
719 Vgl. Sultanova, Aida/Ryan, John: Shell makes new gas pipeline offer to Turkmenistan, in: Dow Jones International News, 31.07.2000.

mache und zum Stillstand gekommen sei.[720] An dieser Stelle sei ebenfalls auf parallele Entwicklungen in Bezug auf den Gashandel hingewiesen und angemerkt, dass Turkmenistan in der Zwischenzeit einen umfangreichen Liefervertrag mit der Ukraine geschlossen hatte (Kap. 3.2.7.1).

Das Handeln Präsident Nijasows bzw. seine Forderung nach einer umfangreichen Vorauszahlung wird neben den turkmenisch-aserbaidschanischen Differenzen über die Nutzung der geplanten transkaspischen Pipeline als eine der Hauptursachen für das Scheitern des Projektes genannt.[721] Dabei ist anzumerken, dass Nijasow möglicherweise beabsichtigte, sich gegen etwaige unerwünschte Konsequenzen des Pipelinebaus abzusichern. Die russische Regierung hatte ihre Ablehnung gegenüber dem Pipelineprojektes mehrfach deutlich zum Ausdruck gebracht und Nijasow musste mit Konsequenzen rechnen, beispielsweise mit einer erneuten Blockade turkmenischer Erdgasexporte mittels des russischen Pipelinesystems, wäre tatsächlich mit dem Bau der transkaspischen Pipeline begonnen worden.[722] Nach der Blockade der turkmenischen Gasexporte in den Jahren 1997 und 1998 (Kap. 3.2.4) waren solche Befürchtungen nicht unbegründet. Folglich kann an dieser Stelle argumentiert werden, dass Präsident Nijasow mittels einer umfangreichen Vorauszahlung die finanzielle Handlungsfähigkeit der turkmenischen Regierung und damit die Aufrechterhaltung der Systemstabilität für den Fall einer erneuten Blockade der Erdgasexporte gewährleisten wollte. Schließlich hätte das Regime in einem solchen Szenario auf substanzielle Einnahmen verzichten müssen, während bis zur Inbetriebnahme der transkaspischen Pipeline mindestens zwei Jahre vergangen wären.[723]

4.3.6.3 Der Fortschritt konkurrierender Pipelineprojekte

Inzwischen wurden mehrere Erdgaspipelines zur Versorgung der Türkei in Betrieb genommen (Abb. 41).

---

720 Vgl. Shell urges Turkmens to reassure pipeline investors, in: Reuters News, 13.09.2000; TCP talks are progressing to slow to Shell's taste, in: Azer Press, 07.09.2000; Shell still waits Aschkhabad to speak up on TCP, in: Azer Press, 15.11.2000; Platt's - Shell's Watts says no progress on Trans-Caspian pipeline, in: Platt's Commodity News, 15.10.2001.

721 Siehe z. B. Roberts, John: Caspian Oil and Gas: How far have we come and where we are going?, in: Cummings, Sally N. (ed.): Oil, Transition and Security in Central Asia, London; New York: RoutledgeCurzon, 2003, S.143-160, hier S. 156 f.; Anceschi, Luca: Turkmenistan's Foreign Policy: Positive Neutrality and the consolidation of the Turkmen regime, London; New York: Routledge, 2009, S. 90 f.

722 Vgl. Shell's vice-president is sure TCP has good prospects, in: Azer Press, 22.11.2000; Zaman, Amberin: Botas claims Turkey-Azeri-Deal on tap part of Turkey's plan to diversify gas supply, in: Platt's Oilgram News, 21.12.2000.

723 Vgl. Shell's vice-president is sure TCP has good prospects, in: Azer Press, 22.11.2000.

4.3 Die transkaspische Pipeline (I)

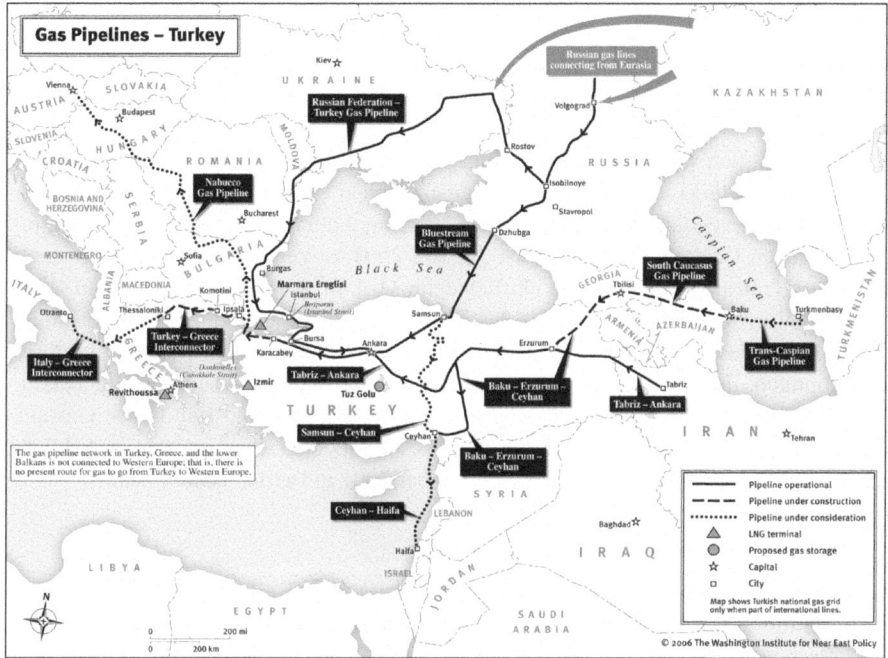

Abbildung 41: Gaspipelines zur Versorgung der Türkei

Quelle: Barysch, Katinka: Should the Nabucco Pipeline Projects be shelved? Transatlantic Academy Paper Series, Washington DC: Transatlantic Academy, 2010, S. 19.

Das Projekt transkaspische Pipeline verzögerte sich bzw. kam schließlich zum Stillstand und die turkmenische Regierung schloss parallel neue Lieferverträge mit Russland sowie der Ukraine. Infolgedessen erschien es zunehmend als fraglich, ob Turkmenistan die notwendigen Exportkapazitäten für die Belieferung der Türkei hätte bereitstellen können. Währenddessen kam es durch die Inbetriebnahme der Iran-Türkei-Pipeline, der Blue Stream-Pipeline sowie der Südkaukasus-Pipeline (Abb. 41) zusätzlich zu einer Überversorgung des türkischen Marktes, wie anhand folgender Ausführungen dargestellt wird.

Iran-Türkei-Pipeline

Im August 1996 unterzeichneten der Iran und die Türkei ein Gashandelsabkommen mit einer Laufzeit von 23 Jahren und beschlossen den Bau einer Pipeline von Tabriz nach Ankara.[724]

Ursprünglich war die Inbetriebnahme der Iran-Türkei-Pipeline für 1999 geplant, doch wurde der türkische Abschnitt bis zur iranischen Grenze nicht rechtzeitig fertiggestellt. Daher verständigten sich beide Seiten im Januar 2000 darauf, den Beginn der iranischen Gaslieferungen auf den 30. Juli 2001 zu verschieben. Die Auslastung der vollen Transportkapazität von jährlich zehn Mrd. m³ sollte ab 2007 erfolgen.[725]

Die Verzögerungen beim Bau des türkischen Pipelineabschnitts wurden nicht zuletzt durch das Handeln der US-Regierung verursacht. Vor dem Hintergrund ihrer Bestrebungen, den Iran zu isolieren, drängte die Clinton-Administration die Türkei, die Pläne für den Import von Gas aus dem Iran aufzugeben und stattdessen Gas aus Turkmenistan mittels der geplanten transkaspischen Pipeline zu importieren.[726] Schließlich wurde die Iran-Türkei-Pipeline im Dezember 2001 in Betrieb genommen.[727]

Blue Stream-Pipeline

Neben der Iran-Türkei-Pipeline konnte auch die von Russland geplante Blue Stream-Pipeline, die in direkter Konkurrenz zur transkaspischen Pipeline stand (Kap. 4.3.3), die entscheidenden Schritte zur Umsetzung vollziehen, während die Realisierung Letzterer stagnierte.

---

724 Vgl. Petrossian, Vahe: Turkey-Iran-Gas pipeline alarms US, in: Middle East Economic Digest, 19.08.1996.
725 Vgl. Turkey says agreed with Iran for gas by mid-2001, in: Reuters News, 14.01.2000; Iran gears up for mid-2001 exports to Turkey, in: World Gas Intelligence, 27.01.2000.
726 Zusätzlich verweigerte die US-Regierung die Genehmigung für die Auslieferung einer notwendigen Kompressorstation der US-Firma Caterpillar bzw. stellte Bedingungen für deren Freigabe. Während die Türkei beabsichtigte, die Kompressorstation nahe der iranischen Grenze zu installieren, machte die US-Regierung bzw. eine Abteilung des US-Finanzministeriums, zuständig für die Durchsetzung der Sanktionsgesetze, die Verlegung des Installationsortes zur Bedingung für die Freigabe. Danach sollte die Kompressorstation 200 km weiter westlich, nahe Erzurum, am Anschlusspunkt der geplanten transkaspischen Pipeline, installiert werden. Die US-Regierung wollte durch diese Maßnahme sicherstellen, dass die Anlage nicht ausschließlich zum Transport von iranischem, sondern auch von turkmenischem bzw. aserbaidschanischem Gas genutzt werden würde. Botas beauftragte infolgedessen die deutsche MAN-Gruppe mit der Installation der Kompressorstation. Vgl. Gorvett, Jon: Pipeline problems plague Turkey. (Statistical Data included), in: The Middle East, 01.04.2000; Junnola, Jill: US/Iran/Turkey - America's mixed-up gas policy, in: Energy Compass, 14.04.2000; Zaman, Amberin: Botas claims Turkey-Azeri-Deal on tap part of Turkey's plan to diversify gas supply, in: Platt's Oilgram News, 21.12.2000; Turkey says Clinton urged abandoning Iran gas plans, in: Reuters News, 03.03.1999.
727 Vgl. Iranian gas flows to Turkey at last, in: World Gas Intelligence, 12.12.2001.

4.3 Die transkaspische Pipeline (I)

Im Dezember 1997 unterzeichneten die Türkei und Russland ein zwischenstaatliches Abkommen, in dessen Rahmen Gazprom und Botas einen Vertrag zum Bau der Blue Stream-Pipeline mit einer Kapazität von 16 Mrd. m³ pro Jahr schlossen. Ursprünglich sollten die Lieferungen im Jahr 2000 mit einem Volumen von drei Mrd. m³ aufgenommen und bis 2010 auf 16 Mrd. m³ jährlich gesteigert werden.[728]

Die Partnerschaft zwischen Gazprom und dem italienischen Energiekonzern ENI markierte den Durchbruch bei der Umsetzung des Pipelineprojektes.[729] Im Februar 1999 unterzeichneten beide Unternehmen ein MoU über den Bau der Blue Stream-Pipeline, worauf die Gründung des Joint Ventures im November 1999, kurz nach der Unterzeichnung der Istanbul-Erklärung zum Bau der transkaspischen Pipeline, folgte. Zusätzlich gewährte die russische Regierung dem Projekt umfangreiche Steuererleichterungen, um dessen Implementierung zu beschleunigen und damit der konkurrierenden transkaspischen Pipeline zuvorzukommen bzw. deren Bau zu verhindern.[730] Die Fertigstellung der Blue Stream Pipeline erfolgte im Jahr 2002.[731]

Südkaukasus Pipeline

Zusätzliche Konkurrenz für die transkaspische Pipeline stellten die Ambitionen Aserbaidschans dar, das nach dem Fund des Gasfeldes Shah Deniz ebenfalls anstrebte, Gas in die Türkei zu exportieren. Im Mai 2000, kurz nachdem Präsident Nijasow erklärte, den Bau der transkaspischen Pipeline zurückzustellen, und PSG International begann, sich schrittweise aus dem Projekt zurückzuziehen (Kap. 4.3.6.2), wurden erste Verhandlungen zwischen der türkischen und aserbaidschanischen Regierung über den Abschluss eines Gashandelsabkommens geführt.[732] Mit dem Rückzug von PSG International aus dem Pipelineprojekt erschien der Bau der transkaspischen Pipeline in absehbarer Zukunft zunehmend unwahrscheinlich und aufgrund des sich abzeichnenden Scheiterns des Projektes intensivierte die Türkei ihre Bemühungen, Erdgas aus Aserbaidschan zu beziehen.[733]

---

728 Vgl. "Blue Stream" agreement with Russia signed, in: Middle East Economic Digest, 29.12.1997.
729 Gazprom war auf die Partnerschaft mit ENI zur Finanzierung des Projektes angewiesen. Vgl. Halliwell, Nick/Smedley, Mark: Blue-Stream - Good for ENI, bad for Turkmens, in: Petroleum Intelligence Weekly, 08.02.1999; Stern, Jonathan P.: The Future of Russian Gas and Gazprom, Oxford: Oxford University Press, 2005, S. 124.
730 Vgl. Eni eyes Gazprom stake, Russian Blue Stream gas pipeline JV project, in: Platt's Oilgram News, 04.02.1999; Russia oks tax break for pipe, in: The Oil Daily, 30.11.1999.
731 Vgl. Stern, Jonathan P.: The Future of Russian Gas and Gazprom, Oxford: Oxford University Press, 2005, S. 124 f.
732 Vgl. Williams, Selina: Turkey, Azerbaijan begin natural gas sales talks, in: Reuters News, 29.05.2000.
733 Vgl. Turkey prioritises Azeri gas, in: FRBSF Economic Letter, 24.11.2000; Gorst, Isabel: Turkey says gas deal with Azerbaijan near, in: Platt's Oilgram News, 30.11.2000.

Im März 2001 unterzeichneten die Türkei und Aserbaidschan einen Liefervertrag mit einer Laufzeit von 15 Jahren. Danach war der Beginn der Gasexporte in die Türkei ab 2004 mit einem Volumen von 2,2 Mrd. m³ pro Jahr vorgesehen. Die maximale Liefermenge sollte 6,6 Mrd. m³ pro Jahr betragen und ab dem Jahr 2007 in die Türkei exportiert werden.[734]

Der Vorsitzende des aserbaidschanischen Energiekonzerns SOCAR erklärte im Herbst des Jahres 2001, dass die transkaspische Pipeline, sollte sie tatsächlich gebaut werden, nicht mit der geplanten Südkaukasus-Pipeline, mit der die Exporte Aserbaidschans in die Türkei realisiert werden sollten, verbunden werden würde.[735] In diesem Zusammenhang ist zu erwähnen, dass sich die Beziehungen zwischen Turkmenistan und Aserbaidschan nach dem Scheitern der transkaspischen Pipeline verschlechterten. Der Konflikt über Eigentumsrechte an Ölfeldern im Kaspischen Meer trat wieder offen zutage und die turkmenische Regierung zog infolgedessen das Botschaftspersonal aus Aserbaidschan ab. Darüber hinaus forderte sie die Begleichung von Gasschulden Aserbaidschans aus den 1990er-Jahren.[736]

Im Jahr 2007 wurden die Erdgaslieferungen Aserbaidschans an die Türkei aufgenommen. Die Südkaukasus-Pipeline mit einer Länge von 691 km und einer Transportkapazität von sieben Mrd. m³ pro Jahr verläuft von Baku über Tbilisi nach Erzurum und somit über weite Strecken parallel zur BTC-Ölpipeline.[737]

4.3.6.4 Die Überversorgung des türkischen Marktes

Bei Betrachtung der Gaslieferverträge der Türkei wird deutlich, dass ein umfangreicher Anstieg der Gasimporte, im Vergleich zu 2002 sogar eine Verdoppelung bis zum Jahr 2009, vorgesehen war (Tab. 20).

---

734 Vgl. Turkey industry - Azerbaijan agreement gives Turkey excess supply, in: Economist Intelligence Unit -ViewsWire, 19.03.2001.
735 SOCAR ging zum damaligen Zeitpunkt allerdings nicht mehr von der Umsetzung des Projektes transkaspische Pipeline aus. Vgl. Trans-Caspian project will be unrelated to South-Caucasus gas pipeline, in: Azer Press, 01.10.2001; No hope for Trans-Caspian gas pipe-Azeri oil boss, in: Reuters News, 08.10.2001; Trans-Caspian gas pipeline project will not be implemented - SOCAR president, in: Interfax Daily Petroleum Report, 08.10.2001.
736 Vgl. Buchan, David/Stern, David: International Economy - Turkmenistan recalls envoys, in: Financial Times, 12.06.2001; Azeri deputy premier rejects Turkmen gas debt figures (ANS TV), in: BBC Monitoring Former Soviet Union - Economic, 12.07.2001.
737 Vgl. Pirani, Simon: Central Asian and Caspian Gas Production and the Constraints on Export, Oxford Institute for Energy Studies, December 2012, S. 95; BP Azerbaijan: South Caucasus Pipeline, http://www.bp.com/en_az/caspian/operationsprojects/pipelines/SCP.html (Zugriff: 29.03.2016).

4.3 Die transkaspische Pipeline (I)

	Russland Blue Stream	Russland sonstige	Iran	Aserbaidschan	LNG Algerien	LNG Nigeria	Gesamt
2002	2,0	14,0	4,0	0	4	1,20	25,2
2003	4,0	14,0	5,0	0	4	1,20	28,2
2004	6,0	14,0	6,0	0	4	1,20	31,2
2005	8,0	14,0	7,0	2	4	1,20	36,2
2006	10,0	14,0	9,0	3	4	1,20	41,2
2007	12,0	14,0	10,0	5	4	1,20	46,2
2008	14,0	14,0	10,0	6,6	4	1,20	49,8
2009	16,0	14,0	10,0	6,6	4	1,20	51,8
2010	16,0	14,0	10,0	6,6	4	1,20	51,8
2015	16,0	8,0	10,0	6,6	0	1,20	41,8
2020	16,0	8,0	10,0	6,6	0	1,20	41,8

Tabelle 20: Gaslieferverträge der Türkei bis 2020 (Stand 2002, in Mrd. m³/Jahr)[738]

Quelle: Eigene Darstellung nach Angaben von: Smedley, Mark/Dracheva, Marina: Endorsements for Turkey in role of Caspian gas corridor, in: World Gas Intelligence, 12.06.2002; Table-Turkey sees 2002 gas demand up 37 pct to 20 bcm, in: Reuters News, 08.01.2002.

Gemessen an dem Verbrauch von 17,6 Mrd. m³ im Jahr 2002 (Tab. 21) hätte sich der Bedarf bis zum Jahr 2009 verdreifachen müssen, um die vereinbarten Liefervolumen vollständig abnehmen zu können. Zwar stieg der Gasverbrauch der Türkei weiter kontinuierlich an, dennoch blieb der tatsächliche Gasbedarf deutlich hinter den Erwartungen zurück. Während Botas für das Jahr 2000 einen Bedarf von 19,9 Mrd. m³ erwartete, betrug dieser lediglich knapp 15 Mrd. m³ (Abb. 38).[739] Dieser Trend setzte sich in den Folgejahren weiter fort, sodass Botas seine Prognosen in Bezug auf den kurzfristigen Gasbedarf im Juli 2002 deutlich nach unten korrigierte (Tab. 21).

---

738 Der Liefervertrag mit Turkmenistan (Kap. 4.3.5.1) wird hier nicht berücksichtigt.
739 Der Gasbedarf blieb hinter den Erwartungen zurück, wofür mehrere Ursachen zu nennen sind. So ist davon auszugehen, dass die Türkei den Anstieg ihres Gasbedarfs zu hoch eingeschätzt hatte, um ihre Verhandlungsposition beim Abschluss neuer Lieferverträge zu verbessern. Außerdem wurde der industrielle Nordwesten des Landes 1999 von einem schweren Erdbeben getroffen und auch die Wirtschaftskrisen in Asien sowie Russland und der Türkei wirkten sich aus. Vgl. Turkey industry - Azerbaijan agreement gives Turkey excess supply, in: Economist Intelligence Unit -ViewsWire, 19.03.2001.

	Vertragliches Liefervolumen	Geschätzter Verbrauch Botas, Januar 2002	Geschätzter Verbrauch Botas, Juli 2002	Realer Verbrauch
2002	25,2	20,0		17,6
2003	28,2	31,6	27,3	21,2
2004	31,2	37,6	30,8	22,4
2005	36,2	44	32,2	27,4
2006	41,2	46		31,2
2007	46,2	47,9		36,6
2008	49,8	49,5		36,6
2009	51,8	52,2		35,1
2010	51,8	55,1	55,1	38,1
2015	41,8	67,3	67,3	
2020	41,8	82,8	82,8	

Tabelle 21: Geschätzter Gasbedarf der Türkei bis zum Jahr 2020 (in Mrd. m^3)

Quelle: Eigene Darstellung nach: Smedley, Mark/Dracheva, Marina: Endorsements for Turkey in role of Caspian gas corridor, in: World Gas Intelligence, 12.06.2002; Table-Turkey sees 2002 gas demand up 37 pct to 20 bcm, in: Reuters News, 08.01.2002; Table-Turkey's Botas cuts 2003-2005 gas demand forecasts, in: Reuters News, 22.07.2002; Quelle: IEA: OECD - Natural gas supply and consumption, IEA Natural Gas Information Statistics (database), http://stats.oecd.org/BrandedView.aspx?oecd_bv_id=naturgas-data-en&doi=data-00481-en# (Zugriff: 19.08.2012).

Ende der 1990er-Jahre kam es zu einer Überversorgung des türkischen Marktes (Abb. 42). Folglich waren etwaige Gasexporte Turkmenistans in die Türkei durch die Fertigstellung und Inbetriebnahme der Iran-Türkei-Pipeline, der Blue Stream-Pipeline und später der Südkaukasus-Pipeline sowie damit verbundene Lieferverträge faktisch blockiert, sodass eine Wiederaufnahme des Projektes mit dem Ziel, die Türkei zu versorgen, mittelfristig äußerst unwahrscheinlich erschien.

Bei Betrachtung der geplanten und tatsächlich erfolgten Liefermengen, die mittels der Iran-Türkei-Pipeline, der Blue Stream-Pipeline und der Südkaukasus-Pipeline in die Türkei transportiert werden sollten bzw. wurden, wird deutlich, dass die angestrebten Liefervolumen in allen drei Fällen nicht vollständig ausgeschöpft wurden.

4.3 Die transkaspische Pipeline (I)

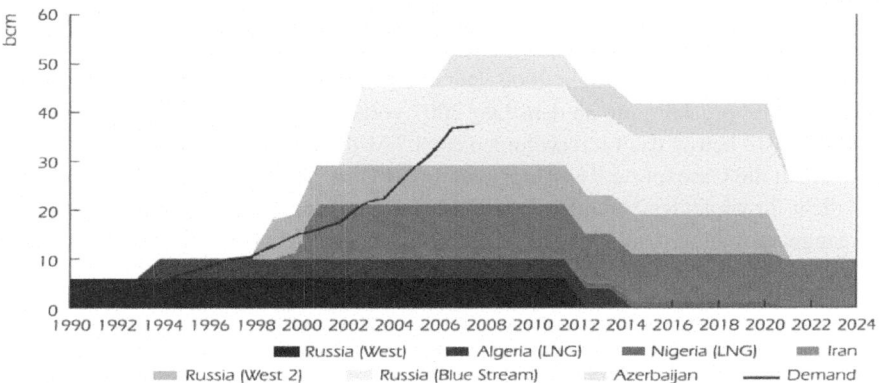

Abbildung 42: Langzeitverträge der Türkei und tatsächlicher Gasbedarf

Quelle: IEA: Natural Gas Market Review 2009, Paris: OECD/IEA, 2009, S. 170.

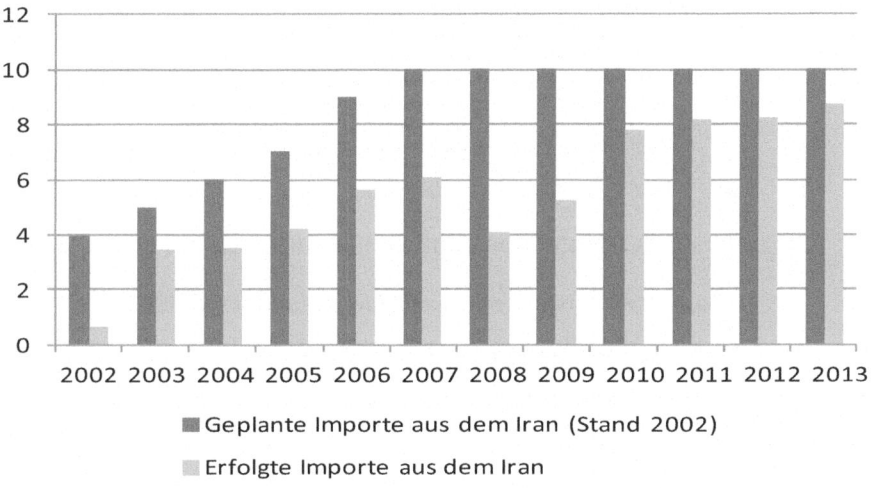

Abbildung 43: Geplante Gaslieferungen mittels der Iran-Türkei-Pipeline in die Türkei und realisierte Liefervolumen (in Mrd. m³)

Quelle: Eigene Darstellung nach Smedley, Mark/Dracheva, Marina: Endorsements for Turkey in role of caspian gas corridor, in: World Gas Intelligence, 12.06.2002; IEA: Natural Gas Information 2015, Paris: OECD/IEA, 2015, S. II.21, II.25, II.29; IEA: Natural Gas Information 2012, Paris: OECD/IEA, 2012, S. II.23, II.27, II.31; IEA: Natural Gas Information 2010, Paris: OECD/IEA, 2010, S. II.23, II.27; IEA: Natural Gas Information 2008, Paris: OECD/IEA, 2008, S. II.22; II.24, IEA: Natural Gas Information 2006, Paris: OECD/IEA, 2006, S. IV.338, IEA: Natural Gas Information 2005, Paris: OECD/IEA, 2005, S. IV.339.

Während die Gasimporte aus dem Iran nach dem im Jahr 1996 geschlossenen Vertrag ursprünglich bereits im Jahr 1999 aufgenommen werden sollten (Kap. 4.3.6.3.1), erfolgten diese erst ab dem Jahr 2002. Die volle Auslastung der Pipelinekapazität von zehn Mrd. m³ pro Jahr, die ab dem Jahr 2007 vorgesehen war, ist noch nicht erreicht worden. 2013 betrug das Liefervolumen ca. 8,7 Mrd. m³ (Abb. 43).

Auch die Gasexporte Russlands mittels der Blue Stream-Pipeline erreichten bisher nicht ihr geplantes Volumen von 16 Mrd. m³ pro Jahr, konnten allerdings in den vergangenen Jahren deutliche Zuwächse verzeichnen. Bis 2010 betrugen die Gaslieferungen mittels der Blue Stream-Pipeline lediglich bis zu zehn Mrd. m³ (Abb. 44).

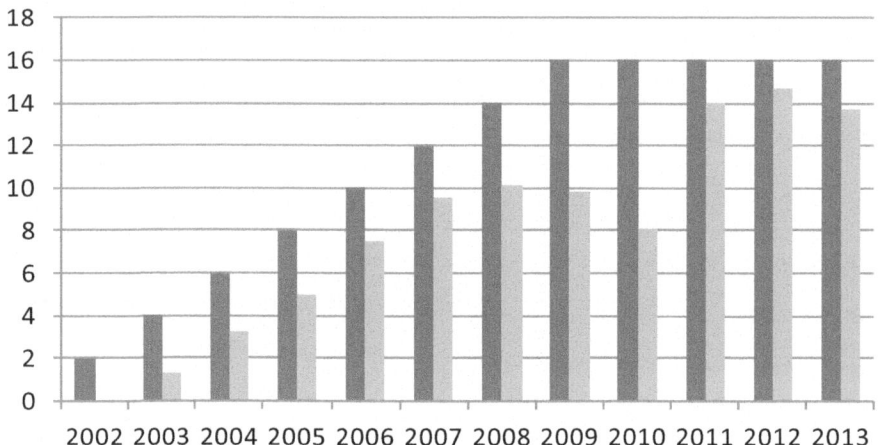

■ Geplante Lieferungen durch Blue Strean (Stand 2002)

■ Erfolgte Lieferungen durch Blue Stream

Abbildung 44: Geplante Gaslieferungen mittels der Blue Stream-Pipeline in die Türkei und erfolgte Liefervolumen

Quelle: Eigene Darstellung nach Smedley, Mark/Dracheva, Marina: Endorsements for Turkey in role of caspian gas corridor, in: World Gas Intelligence, 12.6.2002; Gazprom: Gazprom and Botas ink Memorandum on Cooperation deepening in gas sector, http://www.gazprom.com/press/news/2004/december/article63023/ (Zugriff: 10.12.2015); Gazprom: Gazrom's delegation visits Turkey, http://www.gazprom.com/press/news/2006/february/article88163/ (Zugriff: 10.12.2015); Gazprom: Blue Stream, http://www.gazprom.com/about/production/projects/pipelines/active/blue-stream/ (Zugriff: 26.05.2016).

4.3 Die transkaspische Pipeline (I) 293

Auch die Gaslieferungen aus Aserbaidschan mittels der Südkaukasus-Pipeline blieben hinter den Erwartungen zurück. Der im Jahr 2001 geschlossene Vertrag zwischen der Türkei und Aserbaidschan sah die Aufnahme der Lieferungen bereits für das Jahr 2004 vor. Tatsächlich wurden diese erst im Jahr 2007 aufgenommen (Kap. 4.3.6.3.3). Außerdem wird das im Liefervertrag festgehaltene Liefervolumen nicht voll ausgeschöpft. Im Jahr 2013 bezifferten sich die Gasexporte Aserbaidschans in die Türkei auf rund 4,2 Mrd. m³ anstatt der ursprünglich geplanten 6,6 Mrd. m³. Das größte Liefervolumen mit knapp fünf Mrd. m³ wurde im Jahr 2009 erreicht (Abb. 45).

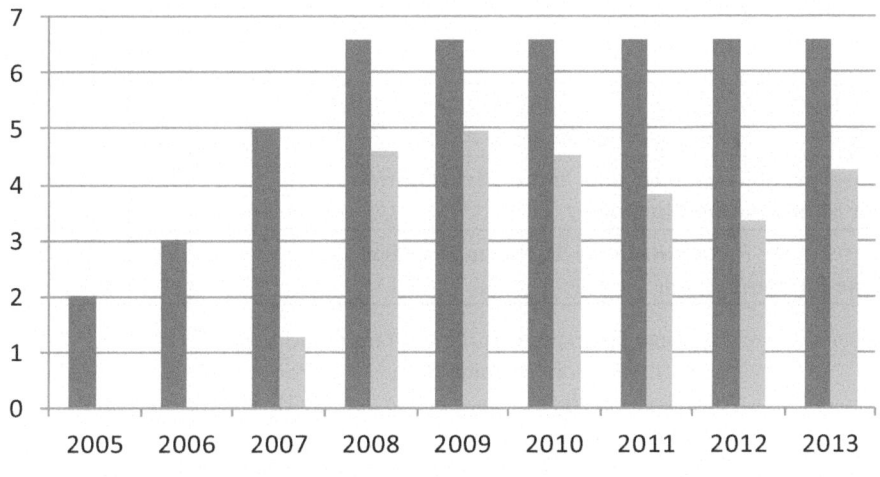

Abbildung 45: Geplante Gaslieferungen mittels der Südkaukasus-Pipeline in die Türkei und real erfolgte Liefermengen

Quelle: Eigene Darstellung nach Smedley, Mark/Dracheva, Marina: Endorsements for Turkey in role of Caspian gas corridor, in: World Gas Intelligence, 12.06.2002; IEA: Natural Gas Information 2015, Paris: OECD/IEA, 2015, S. IV.386, IEA: Natural Gas Information 2013, Paris: OECD/IEA, 2013, S. IV.386; IEA: Natural Gas Information 2011, Paris: OECD/IEA, 2011, S. IV.380; IEA: Natural Gas Information 2010, Paris: OECD/IEA, 2010, S. IV.338.

Bei Berücksichtigung dieser Daten wird deutlich, dass mit der Inbetriebnahme der Iran-Türkei-Pipeline und der Blue Stream-Pipeline der Bedarf an turkmenischen Gasexporten in die Türkei nicht mehr gegeben war. Unter der Annahme, dass die transkaspische Pipeline tatsächlich gebaut worden und ihre Nutzung ausschließlich Turkmenistan vorbehalten wäre, ist davon auszugehen, dass auch turkmenische Gasexporte in die Türkei nicht den gewünschten Umfang erzielt hätten. Vergleicht man beispielsweise die Liefervolumen, die zwischen der turkmenischen und der türkischen Regierung im Jahr 1999 vereinbart worden sind, mit den erfolgten Gaslieferungen Aserbaidschans, wird deutlich, dass Turkmenistan vermutlich unter den gegebenen Voraussetzungen – gesetzt den Fall, nicht aserbaidschanisches, sondern turkmenisches Gas wäre in die Türkei exportiert worden – nur geringe Volumen in die Türkei hätte liefern können (Tab. 22).

	2002	2005	2008	2011	2013
Geplante Gasexporte Turkmenistans in die Türkei mittels der transkaspischen Pipeline	7,2	8,2	10,2	14,2	16
Gasexporte Aserbaidschans in die Türkei mittels der Südkaukasus-Pipeline	0	0	4,58	3,8	4,2
Gasexporte Russlands in die Türkei mittels der Blue Stream-Pipeline	0	5	10,1	14	13,7

Tabelle 22: Geplante Gasexporte Turkmenistans in die Türkei
und erfolgte türkische Importe
mittels der Südkaukasus-Pipeline und der Blue Stream-Pipeline

Quelle: Eigene Darstellung nach Bekdil, Burak: Turkey's Botas in gas sale talks with Austria, France, in: Dow Jones International News, 20.07.1999; Gazprom: Gazrom's delegation visits Turkey, http://www.gazprom.com/press/news/2006/february/article88163/ (Zugriff: 10.12.2015); Gazprom: Blue Stream, http://www.gazprom.com/about/production/projects/pipelines/active/blue-stream/ (Zugriff: 26.05.2016); IEA: Natural Gas Information 2015, Paris: OECD/IEA, 2015, S. IV.386; IEA: Natural Gas Information 2013, Paris: OECD/IEA, 2013, S. IV.386; IEA: Natural Gas Information 2011, Paris: OECD/IEA, 2011, S. IV.380.

Aserbaidschan forderte darüber hinaus die Aufteilung der geplanten Transportkapazität, sodass die Liefervolumen Turkmenistans noch geringer gewesen wären. Folglich hätte sich die transkaspische Pipeline für Turkmenistan vermutlich nur rentiert, wenn weder die Blue Stream-Pipeline noch die Südkaukasus-Pipeline realisiert worden wären. Vor dem Hintergrund schwer einschätzbarer Risiken des Projektes bzw. der zu erwartenden Reaktion Russlands und des Iran war es also aus turkmenischer Perspektive durchaus sinnvoll, sich aus dem Projekt transkaspische Pipeline zurückzuziehen, nachdem sich abzeichnete, dass das Pipelineprojekt Blue Stream realisiert werden würde.

4.4 Turkmenistan und der „Südliche Gaskorridor"

4.4.1 Der „Südliche Gaskorridor"

Die Frage der zukünftigen Energieversorgungssicherheit entwickelte sich vor dem Hintergrund einer antizipierten Zunahme der Importabhängigkeit bei fossilen Energieträgern sowie den zwischen Russland und der Ukraine auftretenden Gaskonflikten in den vergangenen 15 Jahren zu einem bestimmenden Thema auf der energiepolitischen Agenda der EU-Kommission (Kap. 4.4.12.2).[740] Zur Gewährleistung der künftigen Erdgasversorgungssicherheit fokussierte sich die EU zunehmend auf die Diversifizierung der Erdgasimporte, was sowohl die Diversifizierung der Bezugsquellen bzw. der Lieferländer als auch die Diversifizierung der Importinfrastruktur beinhaltet. Diese Diversifizierungsbestrebungen finden ihren Ausdruck in verschiedenen EU-Dokumenten. Bereits im Jahr 2003 legte die EU Leitlinien für die transeuropäischen Energienetze fest, die im Jahr 2006 aufgrund der Osterweiterung der EU und damit zusammenhängender notwendiger Anpassungen modifiziert wurden.[741] Von Bedeutung ist in diesem Zusammenhang das von der EU bereits im Jahr 2003 als vorrangig eingestufte und 2006 modifizierte Vorhaben zum Bau von Erdgasfernleitungsnetzen zum Anschluss neuer Vorkommen in der Kaspischen Region und dem Mittleren Osten an die Europäische Union einschließlich der Erdgasfernleitungen Türkei-Griechenland, Griechenland-Italien, Türkei-

---

740 Bereits im Jahr 2001 veröffentlichte die Europäische Kommission das Grünbuch „Hin zu einer europäischen Strategie für Energieversorgungssicherheit", das vor dem Hintergrund einer möglichen Steigerung der Importabhängigkeit bei Erdgas von 40 auf 70 Prozent im Jahr 2030 u. a. die Empfehlung enthält, „der Entwicklung der Erdöl- und Erdgasreserven der Länder des kaspischen Beckens Aufmerksamkeit zu widmen, insbesondere den Transitstrecken, die diese Erdöl-/Erdgasförderstätten erschließen sollen". In dem 2006 verabschiedeten Grünbuch „Eine europäische Strategie für nachhaltige, wettbewerbsfähige und sichere Energie" wird „ein klares politisches Konzept für die Sicherung und Diversifizierung der Energieversorgung" gefordert und u. a. die unabhängige Gasversorgung durch Erdgaspipelines aus der Kaspischen Region bis in das Zentrum der EU vorgeschlagen. Vgl. Europäische Kommission: Grünbuch: Hin zu einer europäischen Strategie für Energieversorgungssicherheit, Luxemburg: Amt für Veröffentlichungen der Europäischen Gemeinschaften, 2001, S. 23 f., 83; Europäische Kommission: Grünbuch: Eine europäische Strategie für nachhaltige, wettbewerbsfähige und sichere Energie, KOM(2006) 105, Brüssel, 08.03.2006, S. 17.

741 Vgl. Amtsblatt der Europäischen Union (Hrsg.): Entscheidung Nr. 1364/2006/EG des Europäischen Parlaments und des Rates vom 6. September 2006 zur Festlegung von Leitlinien für die transeuropäischen Energienetze und zur Aufhebung der Entscheidung 96/391/EG und der Entscheidung Nr. 1229/2003/EG, S. L 262/1.

Österreich und Griechenland-Slowenien-Österreich (über die westlichen Balkanstaaten).[742]

Im Jahr 2008 forderte die EU-Kommission in ihrem EU-Aktionsplan für Energieversorgungssicherheit und Solidarität die Einrichtung eines südlichen Gaskorridors für die Versorgung mit Erdgas aus der Kaspischen Region und dem Nahen Osten und erklärte dies zu einer „der höchsten Prioritäten der EU auf dem Gebiet der Versorgungssicherheit"[743]. Dabei meint der Begriff „Südlicher Gaskorridor" (in den folgenden Ausführungen als „Südlicher Korridor" bezeichnet) nicht notwendigerweise die Umsetzung eines einzelnen Pipelineprojektes, sondern vielmehr ein System verschiedener Pipelines zum Transport von Erdgas aus der Kaspischen Region und dem Nahen Osten in die Staaten der Europäischen Union. Binnen der letzten Dekade wurden verschiedene Pipelineprojekte konzipiert, die dem „Südlichen Korridor" zuzuordnen sind und sich maßgeblich hinsichtlich ihrer geplanten Transportkapazitäten, des Pipelineverlaufs, der angestrebten Zielmärkte und der geschätzten Kosten unterscheiden (Abb. 46 und Tab. 23).

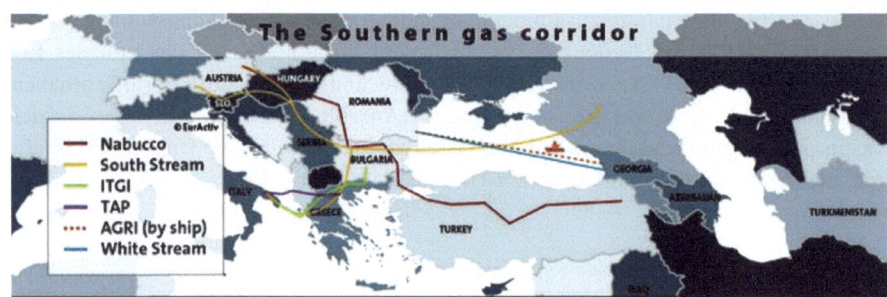

Abbildung 46: Pipelineprojekte des „Südlichen Korridors"

Quelle: EurActive: Pipelines: Nabucco und TAP im Finale um Shah Deniz II, http://www.euractiv.de/energie-und-klimaschutz/artikel/gas-pipelines-nabucco-und-tap-im-finale-007164 (Zugriff: 07.12.2015).

---

742 Vgl. Amtsblatt der Europäischen Union (Hrsg.): Entscheidung Nr. 1229/2003/EG des Europäischen Parlaments und des Rates vom 26. Juni 2003 über eine Reihe von Leitlinien betreffend die transeuropäischen Netze im Energiebereich und zur Aufhebung der Entscheidung Nr. 1254/96/EG, S. L 176/16; Amtsblatt der Europäischen Union (Hrsg.): Entscheidung Nr. 1364/2006/EG des Europäischen Parlaments und des Rates vom 6. September 2006 zur Festlegung von Leitlinien für die transeuropäischen Energienetze und zur Aufhebung der Entscheidung 96/391/EG und der Entscheidung Nr. 1229/2003/EG, S. L 262/10.

743 Vgl. Kommission der Europäischen Gemeinschaften: Mitteilung der Kommission an das Europäische Parlament, den Rat, den Europäischen Wirtschafts- und Sozialausschuss und den Ausschuss der Regionen: Zweite Überprüfung der Energiestrategie: EU-Aktionsplan für Energieversorgungssicherheit und -solidarität, KOM(2008) 781, Brüssel, 13.11.2008, S. 5.

Hervorzuheben ist hier das Pipelineprojekt Nabucco, dessen Anfänge bis ins Jahr 2002 zurückreichen und das zum bevorzugten Projekt der EU-Kommission wurde.[744]

4.4.2 Die Priorisierung des Nabucco-Projektes seitens der EU-Kommission

Aus der Perspektive der EU-Kommission sprachen mehrere Aspekte für die Unterstützung der Nabucco-Pipeline. Sie strebte zur Sicherung der zukünftigen Erdgasversorgung nach einer stärkeren Diversifizierung sowohl der Bezugsquellen als auch der Importinfrastruktur. Beide Kriterien wurden vom Nabucco-Projekt am ehesten erfüllt.

Im Vergleich zu den Pipelineprojekten TAP, Interconnector Turkey-Greece-Italy (ITGI), Azerbaijan-Georgia-Romania Interconncetor (AGRI) und White Stream, die jeweils eine Transportkapazität in Höhe von acht bis zehn Mrd. m³ pro Jahr vorsahen, war das Nabucco-Projekt mit 31 Mrd. m³ pro Jahr deutlich höher veranschlagt (Tab. 23), was bei einem antizipierten starken Anstieg der Importabhängigkeit am ehesten den Erfordernissen Europas aus Sicht der EU-Kommission entsprach. Lediglich das Pipelineprojekt South Stream sah mit geplanten 63 Mrd. m³ pro Jahr eine noch deutlich höhere Transportkapazität vor. Allerdings strebte die EU-Kommission vor allem auch eine Verringerung oder zumindest keine Steigerung der Abhängigkeit von Erdgasimporten aus Russland an (Kap. 4.4.12.2). Das Nabucco-Projekt zielte hingegen vor allem auf potenzielle Lieferländer, aus denen die EU-Mitgliedstaaten noch kein Gas bezogen. Vor diesem Hintergrund favorisierte die EU-Kommission die Realisierung des Nabucco-Projektes gegenüber den anderen Pipelineprojekten. Bereits im Jahr 2003 gewährte die EU finanzielle Zuschüsse, womit die Hälfte der Kosten für eine erste Machbarkeitsstudie gedeckt werden sollten.[745]

---

744 2002 unterzeichneten die Unternehmen OMV (Österreich), Botas (Türkei), MOL (Ungarn), Transgaz (Rumänien) und Bulgargaz (Bulgarien) eine Vereinbarung über die Erstellung einer Machbarkeitsstudie zum Bau einer Pipeline, die Erdgas aus der Kaspischen Region und dem Iran nach Europa transportieren sollte. Nach Fertigstellung der Studie unterzeichneten die Unternehmen im Juni 2005 eine Joint-Venture-Vereinbarung für das Nabucco-Projekt, die die rechtlichen Angelegenheiten zwischen ihnen regeln sollte. Die 2004 gegründete Nabucco Company Pipeline Study GmbH wurde in Nabucco Gas Pipeline International GmbH umbenannt. Zunächst hielten OMV, MOL, Transgas, Bulgargaz und Botas jeweils 20 Prozent der Anteile. Nach dem Einstieg von RWE in das Pipelinekonsortium hatten die beteiligten Unternehmen einen Anteil von jeweils 16,67 Prozent. Vgl. Gas Companies of Bulgaria, Austria, Romania, Turkey, Hungary sign Protocol on construction of Gas ..., in: Bulgarian News Agency, 03.12.2002; Five Nations - Alliance to study Turkey-Austria gas line, in: Nefte Compass, 05.12.2002; Nabucco takes next step, in: International Oil Daily, 30.06.2005; RWE confirmed as sixth Nabucco partner, in: European Spot Gas Markets, 05.02.2008; Region: Pipeline conncections, in: Economist Intelligence Unit - Business Middle East, 16.07.2005.

745 Vgl. Barysch, Katinka: Should the Nabucco pipeline project be shelved? Transatlantic Academy Paper Series, Washington DC: Transatlantic Academy, May 2010, S. 5.

Projekt	Konsortium	Pipelineverlauf	Kapazität	Kosten	Gasquellen
Nabucco	OMV, MOL, RWE, Bulgargaz, Transgaz, Botas	Türkei, Bulgarien, Rumänien, Ungarn, Österreich	31 Mrd. m³/Jahr	7,9 Mrd. EUR	Aserbaidschan, Irak, Turkmenistan
South Stream	Gazprom, ENI, Wintershall Holding, EDF	Russland, Bulgarien, Griechenland, Serbien, Ungarn, Slowenien, Kroatien, Österreich	63 Mrd. m³/Jahr	Geschätzt ca. 40 Mrd. EUR	Russland
ITGI	Edison, DEPA, Botas	Türkei, Griechenland, Italien	10 Mrd. m³/Jahr	1,25 Mrd. EUR	Aserbaidschan
TAP	EGL, Statoil, EON Ruhrgas	Griechenland, Albanien, Italien	10 – 20 Mrd. m³/Jahr	1,5 Mrd. EUR	Aserbaidschan
AGRI	SOCAR, Romgaz, Georgian Oil & Gas Corporation, MVM	Aserbaidschan, Georgien, Rumänien, Ungarn	Je nach Variante 2; 5; 8 Mrd. m³/Jahr	Je nach Variante geschätzt 1,2 Mrd. €; 2,8 Mrd. €; 4,5 Mrd.€	Aserbaidschan
White Stream	White Stream Pipeline Company, GUEU	Georgien, Rumänien, Ukraine	8 – 32 Mrd. m³/Jahr	Ca. 6 Mrd. US-Dollar	Aserbaidschan

Tabelle 23: Pipelineprojekte des „Südlichen Korridors"

Quelle: Eigene Darstellung nach Gloystein, Henning/Lewis, Barbara/Westall, Sylvia/Soldatkin, Vladmir/ Kahn, Michael: Factbox-Pipeline projects competing for Azeri gas, in: Reuters News, 19.1.2012; Stern, Jonathan/Pirani, Simon/Yafimava, Katja: Does the cancellation of South Stream signal a fundamental reorientation of Russian gas export policy? Oxford Energy Comment, Oxford: Oxford Institute for Energy Studies, January 2015, S. 2; AGRI: Projects Shareholders, http://www.agrilng.com/agrilng/Home/Parten eri?Length=4 (Zugriff: 10.07.2015); AGRI: Project Overview, http://www.agrilng.com/agrilng/Home/ DescriereProiect (Zugriff: 10.07.2015); AGRI: Azerbaijan-Georgia-Romania-Hungary Interconnector or the necessary LNG project within the Southern Corridor, http://www.agrilng.com/agrilng/Home/Istoric (Zugriff: 10.07.2015); Gloystein, Henning: White Stream, Nabucco should be jointly built-WS, in Reuters, 29.11.2011, http://uk.reuters.com/article/2011/11/29/energy-pipelines-idUKL5E7MT5K320111129 (Zugriff: 10.07.2015); Industry News - Revised Nabucco Revives Southern Corridor Competetion, in: BMI Industry Insights - Oil & Gas, Emerging Europe, 21.03.2012.

Im *Priority Interconnection Plan* der EU-Kommission wurde die Diversifizierung der damaligen Gaslieferungen (überwiegend aus Norwegen, Russland, Nordafrika, Tab. 24) durch einen „vierten Korridor" empfohlen. Dieser sollte nach ihrer Auffassung aus einer Pipeline mit einer Kapazität von 30 Mrd. m³ pro Jahr bestehen und Gas aus der Kaspischen Region, Zentralasien und dem Nahen Osten in die EU transportieren. In diesem Plan wurde neben anderen Projekten dem Bau der Nabucco-Pipeline Priorität eingeräumt und die Ernennung eines Koordinators empfohlen.[746]

Die vergleichsweise hohe Transportkapazität der geplanten Nabucco-Pipeline ist allerdings auch mit der Herausforderung verbunden, verschiedene Lieferländer für das Projekt zu gewinnen. Im folgenden Abschnitt werden die damit verbundenen Schwierigkeiten ebenso geschildert wie die Motive, aus denen EU-Kommission und Nabucco-Konsortium zunehmend Interesse an turkmenischen Gaslieferungen zeigten.

4.4.3 Potenzielle Lieferländer für das Nabucco-Pipelineprojekt

4.4.3.1 Iran

Die Gasvorkommen des Iran standen ursprünglich im Zentrum der Planungen des Nabucco-Konsortiums. Schließlich verfügt das Land über Reserven in Höhe von mehr als 34 Bill. m³[747] und zusätzlich besteht bereits eine Pipelineverbindung in die Türkei (Kap. 4.3.6.3.1).

Das Konsortium führte mit dem Iran Gespräche über ein jährliches Liefervolumen von 10 bis 26 Mrd. m³.[748] Allerdings war die Versorgung der Nabucco-Pipeline mit Erdgas aus dem Iran mit mehreren Schwierigkeiten verbunden. Trotz stetig wachsender Produktion verfügt der Iran nicht über signifikante Exportkapazitäten.[749]

---

746 Vgl. European Commission: Communication from the Commission to the council and the European Parliament: Priority Interconnection Plan, COM(2006) 846, Brussels, 10.01.2007, S. 10 f.
747 Vgl. BGR: Energiestudie 2015. Reserven, Ressourcen und Verfügbarkeit von Energierohstoffen, Hannover: BGR, 2015, S. 116.
748 Vgl. Region: Pipeline connections, in: Economist Intelligence Unit - Business Middle East, 16.07.2005.
749 Die steigende Gasproduktion wird zur Deckung des wachsenden Inlandsbedarfs benötigt und es werden umfangreiche Volumen zur Elektrizitätsproduktion eingesetzt. Der Verbrauch zur Stromerzeugung erhöhte sich von rund 35 Mrd. m³ 2005 auf knapp 45 Mrd. m³ 2010. Zusätzlich werden beträchtliche Volumen zur Reinjektion in Ölfelder genutzt, um deren Produktionsniveau aufrechtzuerhalten (Kap.4.3.4.4). Vgl. Hassanzadeh, Elham: Iran's Natural Gas Industry in the Post-Revolutionary Period: Optimism, Scepticism, and Potential, Oxford: Oxford University Press, 2014, S. 32, 35; EIA: Iran, 19.06.2015, http://www.eia.gov/beta/international/analysis.cfm?iso =IRN (Zugriff: 06.07.2015).

Die Erdgasexporte in die Türkei wurden in der Vergangenheit hauptsächlich durch die Importe aus Turkmenistan ermöglicht; die jeweiligen Volumen sind in etwa ausgeglichen (Abb. 40).

Die fehlenden Produktions- bzw. Exportkapazitäten erwiesen sich zum Jahreswechsel 2008/09 als durchaus ernstes Problem und ließen an der Verlässlichkeit iranischer Gaslieferungen Zweifel aufkommen. Nachdem Turkmenistan einen höheren Preis vom Iran forderte – den es zuvor erfolgreich gegenüber Russland durchgesetzt hatte – und der Iran diesen Preisforderungen nicht nachkommen wollte, stoppte Turkmenistan die Gaslieferungen. Der Iran konnte diesen temporären Stopp der turkmenischen Gasimporte nicht durch die Produktion zusätzlicher Volumen ausgleichen und stellte die Lieferungen an die Türkei ein, die wiederum ihre Exporte nach Griechenland stoppte.[750] Diese Kettenreaktion trug sicherlich nicht dazu bei, das Vertrauen in die Verlässlichkeit möglicher iranischer Gasexporte nach Europa zu erhöhen; das Nabucco-Projekt wurde schließlich seitens der EU nicht zuletzt aus dem Grund so massiv gefördert, um solche Situationen, wie sie zuvor im Rahmen der Auseinandersetzungen zwischen Russland und der Ukraine auftraten, zu vermeiden.[751]

Das wesentliche Hindernis für iranische Gasexporte nach Europa bestand aber in dem sich damals zuspitzenden Konflikt über das iranische Atomprogramm und den damit verbundenen gegen den Iran verhängten Sanktionen seitens der USA, der Vereinten Nationen und der Europäischen Union, die umfangreiche Investitionen ausländischer Unternehmen in den iranischen Öl- und Gassektor ausschlossen.[752] Nachdem die Sanktionen gegen den Iran erneut verschärft wurden, entschied sich das Nabucco-Konsortium gegen eine Beteiligung des Iran, wie an der Entscheidung im August 2010 über die Zulieferpipelines deutlich wird, wonach kein Abzweig zur türkisch-iranischen Grenze, sondern lediglich eine Zulieferpipeline an die türkisch-georgische und türkisch-irakische Grenze vorgesehen war (Kap. 4.4.4).[753]

---

750 Vgl. Turkmenistan cuts exports causing domino effect in region, in: European Gas Markets, 15.01.2008; Turkmenistan-Iran spat spreads westward, in: Platts Energy in East Europe, 18.01.2008.
751 Vgl. Mudeva, Anna/Grove, Thomas: Analysis-Caspian uncertainty biggest threat to EU gas scheme, in: Reuters News, 22.01.2008.
752 Vgl. Barysch, Katinka: Should the Nabucco pipeline project be shelved? Transatlantic Academy Paper Series, Washington DC: Transatlantic Academy, May 2010, S. 19; Bergin, Tom: UPDATE 2-Interview-OMV says a challenge to find gas for Nabucco, in: Reuters News, 27.02.2008; Sweeney, Conor: Interview-US still opposes Iran as Nabucco gas supplier, in Reuters News, 05.06.2008.
753 Vgl. Elliott, Stuart: Nabucco group agrees links with Georgia, Iraq, but not Iran, in: Platts Commodity News, 23.08.2010; Nabucco consortium ditches Iranian supply plans, in: European Spot Gas Markets, 24.08.2010; Neff, Andrew: Nabucco pipeline consortium scratches plan to source gas from Iran, in: IHS Global Insight Daily Analysis, 24.08.2010; Baker, Luke/Brunnstrom, David: UPDATE 2-EU imposes tougher sanctions on Iran oil and gas, in: Reuters News, 17.06.2010.

4.4.3.2 Aserbaidschan

Da Gaslieferungen aus dem Iran zur Versorgung der Nabucco-Pipeline zunehmend unrealistisch erschienen, konzentrierten sich die Bestrebungen des Nabucco-Konsortiums und der EU-Kommission darauf, Aserbaidschan als Hauptlieferland für das Pipelineprojekt zu gewinnen. Zwar verfügt das Land mit knapp 1,2 Bill. m³ über vergleichsweise moderate Reserven,[754] doch soll das im Rahmen der zweiten Erschließungsphase von Shah Deniz mit einer geplanten Produktion von 16 Mrd. m³ pro Jahr zu fördernde Gas für den Export in die Türkei und nach Europa zur Verfügung stehen. Die aserbaidschanische Regierung ist bestrebt, Erdgas nach Europa zu exportieren, und erklärte wiederholt die Bereitschaft, als Lieferland für den „Südlichen Korridor" bzw. für die geplante Nabucco-Pipeline zu fungieren.[755] Im Januar 2011 unterzeichneten der damalige EU-Kommissionspräsident Barroso und der aserbaidschanische Präsident Aliyev eine Erklärung mit der Zusage Aserbaidschans, umfangreiche Gasvolumen für den „Südlichen Korridor" zur Verfügung zu stellen (Kap. 4.4.9).[756] Allerdings legte sich die aserbaidschanische Regierung nicht auf die Unterstützung des Nabucco-Projektes fest und zog auch andere Pipelineprojekte, deren Konsortien sich ebenfalls um Lieferzusagen für die Produktion von Shah Deniz II bewarben, zum Erdgasexport in Erwägung (Kap. 4.4.12.5). Somit waren Erdgaslieferungen für die Nabucco-Pipeline aus Aserbaidschan keineswegs garantiert; die aserbaidschanische Regierung und das Shah-Deniz-Konsortium entschieden sich schließlich für eine andere Transportoption (4.4.13.3).

4.4.3.3 Irak

Neben Aserbaidschan galt auch der Irak mit Reserven von knapp 3,6 Bill. m³ als potenzielles Lieferland für die Nabucco-Pipeline.[757] Irakische Regierungsvertreter erklärten wiederholt, Gas für das Nabucco-Projekt kurzfristig zur Verfügung stellen zu

---

754 Vgl. BGR: Energiestudie 2015. Reserven, Ressourcen und Verfügbarkeit von Energierohstoffen, Hannover: BGR, 2015, S. 114.
755 2006 unterzeichneten die EU-Kommission und Aserbaidschan ein MoU über die Zusammenarbeit im Energiebereich. Vgl. International - Policy: EU and Azerbaijan sign energy accord, in: Gas Matters Today, 08.11.2006; Yevgrashina, Lada: Caspian energy powers split at anti-Russian summit, in: Reuters News, 15.11.2008; Sampson, Paul: EU makes Headway on Nabucco Pipeline, in: International Oil Daily, 11.05.2009.
756 Vgl. European Commission: Press Release Database: Kommission und Aserbaidschan unterzeichnen strategisches Gasabkommen, 13.01.2011, http://europa.eu/rapid/press-release_IP-11-30_de.htm (Zugriff: 06.07.2015).
757 Vgl. BGR: Energiestudie 2015. Reserven, Ressourcen und Verfügbarkeit von Energierohstoffen, Hannover: BGR, 2015, S. 116.

können.[758] Vor diesem Hintergrund verstärkten auch die Nabucco-Anteilseigner ihr Engagement im Irak, um dort Gas zu produzieren und in die geplante Nabucco-Pipeline einspeisen zu können.[759]

Allerdings sind in diesem Zusammenhang mehrere Faktoren zu berücksichtigen, die umfangreiche Erdgasexporte aus dem Irak als eher unwahrscheinlich erscheinen lassen. Die Erdgasförderung bewegt sich noch auf einem sehr geringen Niveau und betrug in der vergangenen Dekade lediglich 0,6 – 1,9 Mrd. m³ pro Jahr.[760] Da etwaige Produktionszuwächse zunächst für die Deckung des Binnenbedarfs benötigt werden, ist nicht davon auszugehen, dass kurzfristig umfangreiche Volumen für den Export zur Verfügung stehen. Nach Einschätzungen der IEA werden bis zum Jahr 2020 keine Kapazitäten für den Export vorhanden sein. Im Zeitraum von 2020 bis 2035 könnten hingegen Volumen von zehn bis 17 Mrd. m³ pro Jahr für den Export zur Verfügung stehen.[761] Dabei bestehen viele Unsicherheitsfaktoren im Hinblick auf die zukünftige Entwicklung der irakischen Erdgasproduktion: Neben der ungeklärten Rechtslage in Bezug auf die Nutzung der Öl- und Gasvorkommen ist auch die Sicherheitslage zu nennen. Zusätzlich wurden weite Teile der Energieinfrastruktur des Landes durch die Kriege der vergangenen Dekaden zerstört oder massiv beschädigt.[762]

---

758 Nach Gesprächen mit dem irakischen Ölminister im April 2008 erklärte der damalige EU-Energiekommissar Piebalgs, dass der Irak ein Liefervolumen von fünf Mrd. m³ pro Jahr für den Export nach Europa zugesichert habe. Das Gas aus der Lagerstätte Akkas sollte binnen zwei bis drei Jahren zur Verfügung stehen und via einer geplanten Erweiterung der Arab Gas Pipeline (Kap.4.4.3.5) über Syrien in die Türkei transportiert werden. Im Juli 2009 erklärte der irakische Premierminister Nuri al-Maliki, dass, obwohl zum damaligen Zeitpunkt kein Gas für die Nabucco-Pipeline zur Verfügung stünde, er erwarte, dass bereits im Jahr 2015 über 15 Mrd. m³ pro Jahr für den Export verfügbar sein würden. Vgl. John, Mark: UPDATE 4-EU says close to Iraq energy pact, wins gas pledge, in: Reuters News, 16.04.2008; Hall, Siobhan: EU looks to Iraq, Egypt to boost natural gas imports, in: Platts Oilgram News, 07.05.2008; Nabucco supply remains unclear, in: EU Energy, 17.07.2009.
759 OMV und MOL beteiligten sich im Jahr 2009 an der Erschließung der Gasfelder Khor-Mor und Chemchemal. RWE schloss im Jahr 2010 ein Kooperationsabkommen mit der kurdischen Regionalregierung, wonach u. a. die Unterstützung von RWE beim Aufbau des Gasnetzes vorgesehen war. Dieses Abkommen stieß allerdings auf Widerstand der Zentralregierung in Bagdad. Vgl. King, Geoff/Powell, William/Elliott, Stuart: OMV and MOL ink major Kurdish gas deal; $8 billion agreement to see surplus used in Nabucco pipeline, in: Platts Oilgram News, 19.05.2009; Hafidh, Hassan: Irak nennt RWE-Gasabkommen „illegal", in: Dow Jones, 30.08.2010.
760 Vgl. BP Statistical Review of World Energy 2015.
761 Vgl. IEA: World Energy Outlook 2012, Paris: OECD/IEA, 2012, S. 493 f.
762 Vgl. Barysch, Katinka: Should the Nabucco pipeline project be shelved? Transatlantic Academy Paper Series, Washington DC: Transatlantic Academy, May 2010, S. 12 f.; Bilgin, Mert: Geopolitics of European natural gas demand: Supplies from Russia, Caspian and the Middle East, in: Energy Policy, Vol. 37, No. 11, 2009, S. 4482-4492, hier S. 4489; IEA: World Energy Outlook 2012, Paris: OECD/IEA, 2012, S. 411.

Trotz dieser Hindernisse hielt das Nabucco-Konsortium am Irak als potenziellem Lieferland fest, wie an der Entscheidung bezüglich der Zulieferpipelines im Jahr 2010 deutlich wird. Das seitens des Konsortiums verabschiedete Konzept sah neben einem Abzweig an die türkisch-georgische Grenze auch eine Zulieferpipeline an die türkisch-irakische Grenze vor. Somit bezogen die Planungen des Konsortiums zukünftige Lieferungen aus den kurdischen Gebieten des Irak mit ein (Abb. 48).

4.4.3.4 Kasachstan

Zusätzlich wurden auch Erdgaslieferungen aus Kasachstan zur Versorgung der EU in Erwägung gezogen.[763] Kasachstan verfügt mit knapp zwei Bill. m³ über vergleichsweise moderate Reserven.[764] Da das Land einen Großteil der Produktion zur Deckung des Binnenbedarfs benötigt, bestehen nur geringe Exportkapazitäten. Diese wiederum sind an Russland und gegebenenfalls zukünftig an China gebunden, sodass perspektivisch keine umfangreichen Volumen für den Export nach Europa zur Verfügung stehen.[765] Außerdem bestünde hier das gleiche Transportproblem wie für turkmenisches Erdgas, denn auch für den Transport von Erdgas aus Kasachstan in die Türkei ist keine Infrastruktur vorhanden. Ein Transit durch Russland oder den Iran erschien ausgeschlossen, sodass der Bau einer transkaspischen Pipeline Voraussetzung gewesen wäre; diese wiederum wird vom Iran und von Russland kategorisch abgelehnt. Da Kasachstan beim Export von Erdöl zu großen Teilen von Russland abhängig ist, hat das Land kein Interesse, die Beziehungen zu Russland durch die Unterstützung einer transkaspischen Pipeline zu belasten.[766]

---

763 Die EU und Kasachstan unterzeichneten ebenfalls ein MoU über die Zusammenarbeit im Energiebereich. Vgl. Paxton, Robin: UPDATE 1-EU, wary of Gazprom, looks to Kazakhstan for gas, in Reuters News, 30.11.2006; Europe - Supply: EU signs energy cooperation MoU with Kazakhstan, in: Gas Matters Today, 04.12.2006.
764 Vgl. BGR: Energiestudie 2015. Reserven, Ressourcen und Verfügbarkeit von Energierohstoffen, Hannover: BGR, 2015, S. 114.
765 Vgl. IEA: World Energy Outlook 2010, Paris: OECD/IEA, 2010, S. 531 ff.; Bilgin, Mert: Geopolitics of European natural gas demand: Supplies from Russia, Caspian and the Middle East, in: Energy Policy (37) 2009, S. 4482-4492, hier S. 4486.
766 Vgl. Champion, Marc: Politics & Economics: EU pacts with Kazakhstan aim to ease reliance on Russia for gas, in: The Wall Street Journal, 04.12.2006.

4.4.3.5 Ägypten

Auch Erdgasimporte aus Ägypten mittels der geplanten Nabucco-Pipeline wurden seitens der EU-Kommission und des Pipelinekonsortiums in Erwägung gezogen. Die Erdgasreserven des Landes betragen knapp 2,2 Bill. m³ und es wurde bereits Erdgas in Form von LNG nach Europa exportiert.[767] Das potenzielle Liefervolumen Ägyptens für die Nabucco-Pipeline wurde auf zwei bis vier Mrd. m³ pro Jahr geschätzt. Das Gas sollte mittels einer Erweiterung der bereits bestehenden Arab Gas Pipeline (Abb. 57) in die Türkei transportiert werden, um es dort in die geplante Nabucco-Pipeline einspeisen zu können.

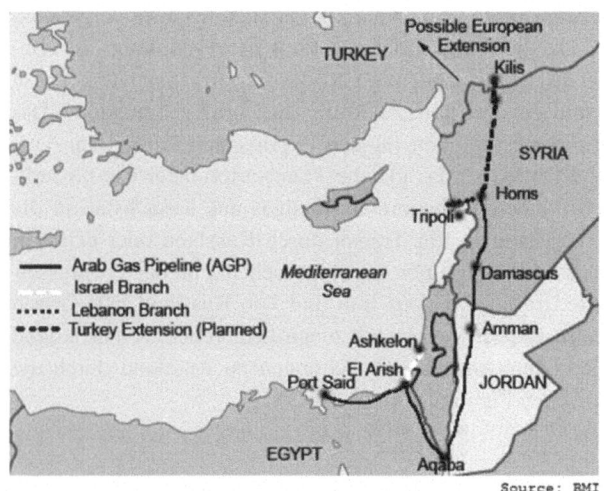

Abbildung 47: Die Arab Gas Pipeline

Quelle: Pipelines International: Gazprom may join Arab Gas Pipeline, 12.05.2010, http://pipelines international.com/news/gazprom_may_join_arabian_gas_pipeline/040698/ (Zugriff: 29.6.2015).

Zu diesem Zweck schlossen die EU, Ägypten, Jordanien, Syrien und der Libanon im Jahr 2008 eine Vereinbarung, wonach die Arab Gas Pipeline bis zum Jahr 2011 mit dem türkischen Leitungsnetz verbunden werden sollte.[768]

---

767 Vgl. BGR: Energiestudie 2015. Reserven, Ressourcen und Verfügbarkeit von Energierohstoffen, Hannover: BGR, 2015, S. 114; BP Statistical Review of World Energy 2013.
768 Vgl. Kramer, Heinz: Die Türkei als Energiedrehscheibe: Wunschtraum und Wirklichkeit, SWP Studie, Berlin: Stiftung Wissenschaft und Politik, April 2010, S. 29.

Allerdings ergaben sich Zweifel, ob Ägypten überhaupt Erdgas für das Nabucco-Projekt würde bereitstellen können, da die ägyptische Regierung dem Export von LNG Priorität einzuräumen schien und zusätzlich zunehmend Erdgas für die Deckung des Binnenbedarfs benötigt.[769] Außerdem erscheint aufgrund der instabilen Sicherheitslage in der Region und dem anhaltenden Bürgerkrieg in Syrien der Export von ägyptischem Erdgas nach Europa mittels einer erweiterten Arab Gas Pipeline nicht mehr als realistische Option.

4.4.4 Die Entscheidung des Nabucco-Konsortiums über die Zulieferpipelines

Mit dem Ausfall des Iran als möglichem Lieferanten war die Versorgung der geplanten Nabucco-Pipeline bzw. der Abschluss konkreter Lieferverträge mit großen Hindernissen verbunden. Mit der Entscheidung im August 2010 über die geplanten Zulieferpipelines an die türkisch-georgische und türkisch-irakische Grenze (Abb. 48) setzte das Konsortium Prioritäten.[770]

Das Ziel sowohl des Pipelinekonsortiums als auch der EU-Kommission bestand nun darin, nicht nur Lieferungen aus Aserbaidschan und den Kurdengebieten im Nordirak zu sichern, sondern auch die turkmenische Regierung davon zu überzeugen, Liefervolumen für die Pipeline zur Verfügung zu stellen. Schließlich stellte turkmenisches Erdgas eine der wenigen verbleibenden Optionen dar, die ursprünglich aus dem Iran geplanten Gaslieferungen zu ersetzen. Es war offensichtlich, dass aserbaidschanische Exportkapazitäten für die Auslastung und den wirtschaftlichen Betrieb der Pipeline nicht ausreichen würden, und zusätzlich war fraglich, wann und in welchem Umfang Liefervolumen aus dem Irak für das Nabucco-Projekt vorhanden sein würden.[771]

---

769 Vgl. Kramer, Heinz: Die Türkei als Energiedrehscheibe: Wunschtraum und Wirklichkeit, SWP Studie, Berlin: Stiftung Wissenschaft und Politik, April 2010, S. 29; Bilgin, Mert: Geopolitics of European natural gas demand: Supplies from Russia, Caspian and the Middle East, in: Energy Policy, Vol. 37, No. 11, 2009, S. 4482-4492, hier S. 4490 f.; BP Statistical Review of World Energy 2015; Nabucco consortium ditches Iranian supply plans, in: European Spot Gas Markets 24.08.2010.

770 Vgl. Elliott, Stuart: Nabucco group agrees links with Georgia, Iraq, but not Iran, in: Platts Commodity News 23.08.2010; Nabucco consortium ditches Iranian supply plans, in: European Spot Gas Markets 24.08.2010; Neff, Andrew: Nabucco pipeline consortium scratches plan to source gas from Iran, in: IHS Global Insight Daily Analysis, 24.08.2010.

771 Nach damaligen Schätzungen würden die Kosten für die Erweiterung der Transportkapazität der Nabucco-Pipeline von zunächst acht Mrd. m³ pro Jahr auf die angestrebten 25-31 Mrd. m³ pro Jahr nur ca. 15 Prozent der gesamten Investitionen (damals geschätzt 10,1 Mrd. US-Dollar) betragen. Vgl. IEA: World Energy Outlook 2010, Paris: OECD/IEA, 2010, S. 530.

306 4 Analyse der gescheiterten Pipelineprojekte zum Export von turkmenischem Gas

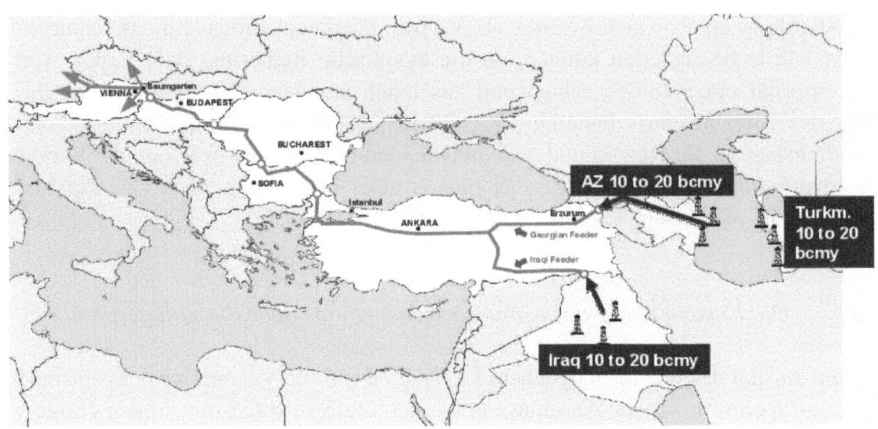

Expected volumes to be transported by Nabucco

Abbildung 48: Das Nabucco-Pipelineprojekt mit Zulieferpipelines

Quelle: Mitschek, Reinhard: Nabucco - The European flagship project in the Southern Corridor, 10.11.2011, http://arc.eppgroup.eu/press/peve11/docs/111110presentation-mitschek.pdf (Zugriff: 01.06.2016)

Damit zeichnete sich ab, dass turkmenische Erdgaslieferungen notwendig sein würden, um die Nabucco-Pipeline realisieren zu können. Allerdings dauerte es mehrere Jahre, bis die EU-Kommission und die turkmenische Regierung Gespräche aufnahmen.

Während der Präsidentschaft Nijasows wurden keine substanziellen Verhandlungen über die Versorgung der geplanten Nabucco-Pipeline mit Erdgas aus Turkmenistan geführt. Dessen Regierung setzte nach der gescheiterten Realisierung der transkaspischen Pipeline (I) andere Prioritäten, so die Fortführung bzw. Ausweitung des Erdgashandels mit Russland und der Ukraine (Kap. 3) und die Umsetzung anderer Pipelineprojekte. Nach dem Sturz des Taliban-Regimes in Afghanistan und vermeintlichen ersten Erfolgen zur Stabilisierung des Landes schien die Durchführung des bereits in den 1990er-Jahren angestrebten Pipelineprojektes Turkmenistan-Afghanistan-Pakistan-Pipeline wieder möglich.[772] Ferner wurden in der Amtszeit Nijasows bereits die Grundlagen für die Kooperation mit China geschaffen. Im April 2006 unterzeichneten beide Länder eine Rahmenvereinbarung über Erdgaslieferungen Turkmenistans nach China und den Bau einer Pipeline zu deren Transport.[773]

---

772 Vgl. Olcott, Martha Brill: International Gas Trade in Central Asia: Turkmenistan, Iran, Russia and Afghanistan, Stanford, CA: Stanford University, Stanford Institute for International Studies, May 2004, S. 27.
773 Vgl. Text of Turkmen-China gas pipeline deal (Neytralnyy Turkmenistan), in: BBC Monitoring Central Asia, 04.04.2006.

Außerdem zog das Nabucco-Konsortium eine Beteiligung Turkmenistans im Anfangsstadium der Planungen nicht unmittelbar in Betracht. Die Bestrebungen des Konsortiums konzentrierten sich zu Beginn in erster Linie auf Gaslieferungen aus dem Iran, dem Irak und Aserbaidschan, sodass über die Wiederaufnahme des Projektes transkaspische Pipeline zunächst keine Gespräche mit der turkmenischen Regierung geführt wurden.[774]

Nach der Gaskrise zwischen und Russland der Ukraine im Januar 2006 begann die EU-Kommission, zunehmend bei der Regierung Turkmenistans um zukünftige Exporte nach Europa zu werben. Bereits im Februar 2006 wurden Gespräche zwischen EU-Vertretern und Präsident Nijasow geführt. Nijasow erklärte zwar die Bereitschaft zu einer verstärkten Energiekooperation mit der EU, allerdings stellte er lediglich die Möglichkeit in Aussicht, turkmenisches Erdgas via Russland oder durch den Iran in die Türkei und nach Europa zu exportieren.[775] Diese Optionen waren aus Sicht der EU nicht attraktiv. Schließlich verfolgte sie das Ziel, nicht nur die Abhängigkeit von russischen Lieferungen, sondern auch von der russischen Pipelineinfrastruktur zu verringern. Gleichzeitig hatte Russland im Hinblick auf die Wahrung eigener Interessen keinen Grund, als Transitland für turkmenische Gaslieferungen nach Europa fungieren zu wollen (Kap. 4.4.12.3). Vor dem Hintergrund des sich zuspitzenden Konfliktes über das Atomprogramm des Iran war dessen Beteiligung ebenfalls zunehmend politisch unerwünscht (Kap. 4.4.8.1).

Nach der Übernahme der Regierungsgeschäfte durch Präsident Berdymuchamedow[776] vollzog sich eine erste Annäherung zwischen Turkmenistan und der EU, wie im folgenden Abschnitt geschildert wird.

---

774 Vgl. Elliot, Stuart: Austrian OMV mulls expansion in Iraq, Iran: CEO, in: Platts Commodity News, 06.03.2007; Fisher, Ted: Nabucco, LNG and storage: Austria expands; OMV has a new gas head, Werner Auli. He spoke to Platts about the progress of two big plans to increase Austria's role as a gas hub. It is promising two projects, one pipeline and one LNG, that could collectively bring over 30 billion cubic meters/year more gas to Austria in the next five years. In: International Gas Report, 12.03.2007.
775 Vgl. EU official, Turkmen president discuss possible gas supplies, in: Associated Press Newswires, 06.02.2006.
776 Präsident Nijasow verstarb im Dezember 2006 und Berdymuchamedow übernahm unmittelbar danach die Amtsgeschäfte. Die offizielle Präsidentschaftswahl, aus der Berdymuchamedow als deutlicher Sieger hervorging, fand im Februar 2007 statt. Für weitere Hintergründe zum Machtwechsel siehe: Schmitz, Andrea: Eine Frage des Geldes: Turkmenistan nach dem Führungswechsel, SWP-Aktuell, Berlin: Stiftung Wissenschaft und Politik, März 2007; Horák, Slavomír/Šír, Jan: Dismantling Totalitarianism? Turkmenistan under Berdimuhamedow, Washington DC: Central Asia-Caucasus Institute & Silk Road Studies Program, March 2009, S. 16-22.

4.4.5 Der Beginn der Kooperation zwischen Turkmenistan und der EU im Energiebereich

Nach dem Amtsantritt von Präsident Berdymuchamedow zeichnete sich eine vorsichtige Neuausrichtung der Politik zur Nutzung der Erdöl- und Erdgasreserven ab. Die turkmenische Regierung strebte verstärkt danach, ausländische Investoren anzuwerben, und im Mai 2007 stellte der damalige Vorsitzende von Turkmengaz, Yashygeldi Kakayev, im Rahmen des Eurasian Economic Summit in Istanbul die Leitlinien der turkmenischen Energiestrategie vor. Diese bestanden einerseits in einer Fortführung der bisherigen Exportpolitik und der Erfüllung der Lieferzusagen gegenüber Russland. Andererseits verfolgte Turkmenistan in Bezug auf zukünftige zusätzliche Erdgasexporte nun eine multivektorale Pipelinepolitik, in deren Rahmen der Bau einer Pipeline nach China und die Umsetzung des TAPI-Projektes vorgesehen waren. Ferner erklärte Kakayev, dass Turkmenistan auch den Bau einer transkaspischen Pipeline zum Export von turkmenischem Erdgas nach Europa in Betracht ziehen würde.[777]

Die EU erhoffte sich Fortschritte in ihren Bestrebungen, Zugang zu den turkmenischen Erdgasreserven zu erhalten bzw. das Projekt zum Bau einer transkaspischen Pipeline wiederbeleben zu können, und verstärkte diesbezüglich ihre diplomatischen Anstrengungen. Im Oktober 2007 reiste der damalige EU-Beauftragte für Außen- und Sicherheitspolitik, Javier Solana, nach Turkmenistan und führte Gespräche mit Berdymuchamedow über den etwaigen Bau einer transkaspischen Pipeline als Teil des Nabucco-Projektes.[778] Anschließende Gespräche zwischen Präsident Berdymuchamedow und EU-Energiekommissar Piebalgs in Aschgabat und Brüssel im November 2007 hatten den Abschluss eines Energieabkommens zwischen Turkmenistan und der EU zum Gegenstand. Der turkmenische Präsident erklärte die Bereitschaft, verschiedene Optionen zum Export von turkmenischem Erdgas nach Europa in Betracht zu ziehen, während Energiekommissar Piebalgs einen höheren Preis für Gaslieferungen Turkmenistans nach Europa in Aussicht stellte als Russland zum damaligen Zeitpunkt für turkmenisches Gas zahlte.[779]

Im April 2008 erklärte Berdymuchamedow, dass Turkmenistan ab 2009 zehn Mrd. m³ pro Jahr für den Export in die EU bereitstellen könne.[780] Kurz darauf unter-

---

777 Vgl. Roberts, John: Turkmenistan gas chief calls for foreign energy investment, in: Platts Commodity News, 02.05.2007.
778 Vgl. Gurt, Marat: EU in talks with Turkmenistan on Nabucco project, in: Reuters News, 09.10. 2007.
779 Vgl. EU, Turkmenistan discuss closer energy ties, in: Reuters News, 06.11.2007; (EÙ) EU/ Energy: Reinforcement of energy links between EU and Turkmenistan to take shape very soon, in: Agence Europe, 08.11.2007; Central Asia and the Caucasus - Trade: EU stakes its claim for a slice of Turkmen action, in: Gas Matters Today, 15.11.2007.
780 Vgl. EU/Turkmenistan economy: Warm sentiments and hot air, in: Economist Intelligence Unit - ViewsWire, 14.04.2008.

4.4 Turkmenistan und der „Südliche Gaskorridor"

zeichneten EU-Energiekommissar Piebalgs und Präsident Berdymuchamedow ein MoU über eine Kooperation im Energiebereich zwischen der EU und Turkmenistan, das die Bereiche Investitionen, Produktion, Technologie, Energieeffizienz, Erneuerbare Energien sowie den Transport und den Handel von Energieprodukten beinhaltete.[781]

Trotz dieser Annäherung an die EU ist fraglich, inwieweit die turkmenische Regierung zum damaligen Zeitpunkt tatsächlich in Erwägung zog, Erdgas für den „Südlichen Korridor" zur Verfügung zu stellen.[782] Ihr erklärtes Ziel bestand zwar in der Umsetzung einer multivektoralen Pipelinepolitik, also einer Diversifizierung der Exportinfrastruktur und der Absatzmärkte, unmittelbare Priorität hatten allerdings einerseits die Ausweitung der Erdgasexporte nach Russland und andererseits der Abschluss eines Liefervertrages mit China. Bereits im Mai 2007 vereinbarten Turkmenistan, Russland und Kasachstan den Bau der kaspischen Küstenpipeline, die die geplante Steigerung der turkmenischen Erdgasexporte nach Russland ermöglichen sollte (Kap. 3.3.3 und Kap. 3.3.5). Im Juli 2007 unterzeichneten der chinesische Staatskonzern CNPC und die turkmenische Staatliche Agentur für Verwaltung und Nutzung von Kohlenwasserstoffressourcen ein PSA über die Exploration und Erschließung von Gasfeldern entlang des Flusses Amu Darja. Zusätzlich schlossen CNPC und Turkmengaz einen Liefervertrag, der den Export von 30 Mrd. m³ pro Jahr für einen Zeitraum von 30 Jahren nach China vorsah.[783]

Zwar blieb Russland der bestimmende Vektor in der Erdgasexportpolitik Turkmenistans, doch erfüllte die Annäherung an die EU für die turkmenische Regierung einen wichtigen Zweck: Es gelang ihr dadurch, bessere Konditionen für Erdgaslieferungen nach Russland zu erzielen. Aufgrund von Forderungen der turkmenischen Regierung nach einem höheren Preis für Erdgaslieferungen 2008 verzögerte sich der Abschluss des verbindlichen Abkommens zum Bau der kaspischen Küstenpipeline. Es wurde erst unterzeichnet, nachdem Russland den Forderungen der turkmenischen Regierung nachgegeben hatte (Kap. 3.3.5). Zusätzlich zeichnete sich ab, dass Russland ab 2009 deutlich höhere Preise, die sich an dem Preisniveau in Europa orientieren sollten, für Importe aus Turkmenistan zahlen würde (Kap. 3.3.6). Mit Aussicht auf wachsende Exporte nach Russland zu steigenden Preisen bestand für die turkmenische Regierung zum damaligen Zeitpunkt somit keine Veranlassung, die Be-

---

781 Vgl. EU signs energy memorandum of understanding with Turkmenistan, in: Platts Commodity News, 26.05.2008.
782 Dabei war die Transportfrage des Erdgases keineswegs gelöst. Es gab weder einen finale Investitionsentscheidung für die Nabucco-Pipeline noch die Infrastruktur, die nötig gewesen wäre, um turkmenisches Erdgas in die Türkei zu transportieren. Vgl. EU/Turkmenistan economy: Warm sentiments and hot air, in: Economist Intelligence Unit - ViewsWire, 14.04.2008.
783 Vgl. CNPC: CNPC in Turkmenistan, http://www.cnpc.com.cn/en/Turkmenistan/country_index. shtml (Zugriff: 29.06.2015).

ziehungen zu Russland durch etwaige Gaslieferungen nach Europa nachhaltig zu belasten. Zwar erklärte Berdymuchamedow nach der getroffenen Vereinbarung zum Bau der kaspischen Küstenpipeline im Mai 2007, dass Turkmenistan Pläne zum Bau einer transkaspischen Pipeline nicht vollständig verworfen habe,[784] doch wurde die Abschlusserklärung des Baku-Gipfels vom November 2008 zur Verbesserung der europäischen Energieversorgungssicherheit nicht von Turkmenistan unterzeichnet. Dies ist als ein weiteres Indiz zu werten, dass Turkmenistan zwar an einer Kooperation mit der EU im Energiesektor Interesse zeigte, aber damals vor allem noch darauf bedacht war, dadurch die Beziehungen zu Russland nicht zu gefährden.[785]

Inwieweit dabei der Georgien-Krieg im August 2008 von Bedeutung ist, kann hier nicht abschließend beurteilt werden. Dieser Krieg hat allerdings verdeutlicht, dass eine mangelnde Berücksichtigung russischer Interessen ernsthafte Konsequenzen nach sich ziehen kann. Da der Westen Georgien im Verlauf des Krieges keine militärische Unterstützung gewährte, musste die turkmenische Regierung davon ausgehen, dass sie im Zweifel selbst die Konsequenzen zu tragen hätte, sollte sie die Interessen Russlands in der Region, zum Beispiel durch den Bau einer transkaspischen Pipeline, ignorieren (Kap. 4.4.13.1).

Darüber hinaus erschien vorübergehend zweifelhaft, ob Turkmenistan vor dem Hintergrund des geschätzten Umfangs der nachgewiesenen Erdgasreserven und der eingegangenen Lieferverpflichtungen in der Lage sein würde, diese oder potenzielle weitere Lieferverträge, beispielsweise mit Käufern in Europa, erfüllen zu können.

4.4.6   Die Lieferverpflichtungen Turkmenistans und dessen fragliche Fähigkeit, Volumen für den Export nach Europa bereitstellen zu können

Ende 2007 stellten sich die Lieferverpflichtungen Turkmenistans folgendermaßen dar: Turkmenistan und China hatten 2007 einen Vertrag unterzeichnet, der Gaslieferungen mit einem jährlichen Volumen von 30 Mrd. m³ über einen Zeitraum von 30 Jahren

---

784 Vgl. Rival Caspian pipeline not dropped - Turkmenistan, in: Reuters News, 12.05.2007.
785 Auch die Abschlusserklärung des Prag-Gipfels im Mai 2009 über den „Südlichen Korridor" wurde nicht von Turkmenistan unterzeichnet. Russland und Turkmenistan befanden sich damals in einer ernsten Auseinandersetzung, nachdem die Exporte im April 2009 unterbrochen worden waren (Kapitel. 3.3.7), und es ist nicht auszuschließen, dass die turkmenische Regierung die Verhandlungen mit Russland über die Wiederaufnahme der Gaslieferungen nicht durch die Unterzeichnung der Erklärung zusätzlich belasten wollte. Vgl. Neff, Andrew: Will Baku Energy Summit result in any change to the status quo?, in: IHS Global Insight Daily Analysis, 17.11.2008; Yevgrashina, Lada: Caspian energy powers split at anti-Russian summit, in: Reuters News, 15.11.2008; Sampson, Paul: EU makes headway on Nabucco Pipeline, in International Oil Daily, 11.05.2009.

4.4 Turkmenistan und der „Südliche Gaskorridor"   311

vorsah (Kap. 2.2.5.3). Daraus ergibt sich ein Gesamtvolumen von 900 Mrd. m³. Das zwischen Turkmenistan und Russland unterzeichnete Abkommen aus dem Jahr 2003 sah eine Steigerung des jährlichen Liefervolumens auf 70 bis 80 Mrd. m³ ab 2009 vor (Tab. 14). Daraus ergibt sich bei Berücksichtigung der Laufzeit des Abkommens bis zum Jahr 2028 ein verbleibendes Gesamtvolumen von 1,4 bis 1,6 Bill. m³. Des Weiteren sind die Exportverpflichtungen gegenüber dem Iran und der Binnenbedarf zu berücksichtigen. Selbst bei einem konstanten damaligen Verbrauch von ca. 20 Mrd. m³ pro Jahr (Abb. 21) würde der Gesamtbedarf binnen zweier Dekaden weitere 400 Mrd. m³ umfassen. Zusätzlich kann von einem Gesamtvolumen von rund 100 Mrd. m³ ausgegangen werden, das für den Iran bestimmt war (Kap. 2.2.5.2). Aus den Liefervereinbarungen und dem geschätzten Binnenbedarf ergibt sich somit ein Volumen von insgesamt ca. 2,8 bis 3 Bill. m³.

Nach damaligen Einschätzungen von BP und der BGR hatten die nachgewiesenen Reserven einen Umfang von 2,7 bzw. drei Bill. m³ (Abb. 18). Dementsprechend schienen die turkmenischen Gasreserven fast vollständig durch bestehende Lieferzusagen und den Binnenbedarf gebunden zu sein; je nach Einschätzung bestand die Möglichkeit, dass Turkmenistan mehr Gas zugesichert hatte, als hätte exportiert werden können. Zwar beinhaltete die Einschätzung der turkmenischen Gasvorkommen, die die BGR vornahm, neben den nachgewiesenen Reserven auch umfangreiche Ressourcen,[786] doch war nicht absehbar, unter welchen technischen und ökonomischen Bedingungen diese erschlossen werden könnten. Daher erschien zweifelhaft, ob Turkmenistan in der Lage sein würde, wie von Präsident Berdymuchamedow angekündigt, zehn Mrd. m³ pro Jahr für den Export nach Europa bereitzustellen (Kap. 4.4.5).[787]

Des Weiteren ist zu berücksichtigen, dass selbst bei ausreichenden Gasvorkommen der kurzfristige Export von zusätzlich zehn Mrd. m³ pro Jahr nach Europa nicht nur wegen der mangelnden Transportinfrastruktur, sondern auch wegen der bestehenden Lieferverträge unrealistisch erschien.[788] Vorgesehen war, die Exporte nach Russland ab 2009 auf jährlich 70 bis 80 Mrd. m³ zu steigern. Ebenfalls im Jahr 2009 sollten die Exporte nach China aufgenommen werden,[789] sodass das zum damaligen Zeitpunkt vertraglich vereinbarte jährliche Liefervolumen von 30 Mrd. m³ vermutlich bis Mitte der darauf folgenden Dekade erreicht werden würde. Bei einem konstanten

---

786 Nach damaliger Einschätzung der BGR (Stand Ende 2007) hatten die Erdgasressourcen Turkmenistans einen Umfang von sechs Bill. m³. Vgl. BGR: Reserven, Ressourcen und Verfügbarkeit von Energierohstoffen 2007, Hannover: BGR, 2008, S. 48.
787 Vgl. Turkmen gas export to soar, in: Platts Energy in East Europe, 06.06.2008; Ford, Neil: Central Asian gas takes off, in: Power in Asia, 14.02.2008; Industry News - Gurbanguly promises yet more gas exports, in: BMI Industry Insights - Oil & Gas, Emerging Europe, 15.04.2008.
788 Vgl. Industry News - Gurbanguly promises yet more gas exports, in: BMI Industry Insights - Oil & Gas, Emerging Europe, 15.04.2008.
789 Vgl. Turkmenistan: work starts on gas pipeline to China, in: Reuters News, 30.08.2007.

Verbrauch von rund 20 Mrd. m³ pro Jahr und Lieferungen in den Iran mit einem jährlichen Volumen von sechs bis acht Mrd. m³ hätte sich für das Jahr 2015 (oder ggf. schon früher) ein Bedarf von insgesamt 126 bis 138 Mrd. m³ ergeben. Unter Berücksichtigung der von Berdymuchamedow in Aussicht gestellten Lieferungen von zehn Mrd. m³ pro Jahr nach Europa (Kap. 4.4.5) und dem Fördervolumen von rund 72 Mrd. m³ im Jahr 2007 (Abb. 20) hätte sich die Produktion binnen weniger Jahren verdoppeln müssen. Bei Realisierung des TAPI-Projektes (Kap. 2.2.9.1) hätte die Produktion zusätzlich deutlich ansteigen müssen.

Turkmenistan hatte sich ehrgeizige Ziele in Bezug auf die Steigerung der Erdgasförderung gesetzt. Danach war vorgesehen, die jährliche Produktion bis 2030 auf 250 Mrd. m³ auszudehnen. Davon sollten 200 Mrd. m³ für den Export zur Verfügung stehen, (Abb. 49) und die turkmenische Regierung erklärte, dass Turkmenistan alle eingegangenen und potenziellen zukünftigen Lieferverpflichtungen einhalten könne.[790]

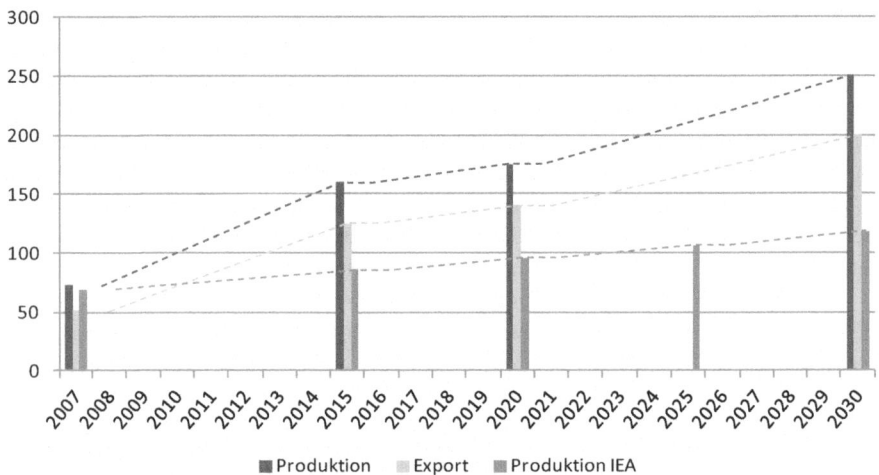

Abbildung 49: Produktions- und Exportziele der turkmenischen Regierung (in Mrd. m³)

Quelle: Eigene Darstellung nach IEA: World Energy Outlook 2009, Paris: OECD/IEA, 2009, S. 429; Turkmen gas export to soar, in: Platts Energy in East Europe, 06.06.2008; o. V.: Turkmenistan: an exporter in transition, in: Pirani, Simon (ed.): Russian and CIS Gas Markets and Their Impact on Europe, Oxford: Oxford University Press, 2009, S. 271-315, hier S. 303.

---

790 Vgl. Turkmen upstream talks abound, in: Platts Energy in East Europe, 28.09.2007; Turkmen gas export to soar, in: Platts Energy in East Europe, 06.06.2008.

4.4 Turkmenistan und der „Südliche Gaskorridor"

Den Investitionsaufwand zum Erreichen der von der turkmenischen Regierung gesetzten Ziele schätzte die IEA auf insgesamt 100 Mrd. US-Dollar bzw. auf durchschnittlich 4,5 Mrd. US-Dollar pro Jahr im Zeitraum von 2009 bis 2030. Die Einnahmen Turkmenistans aus dem Export von Erdgas betrugen im Jahr 2007 lediglich 4,9 Mrd. US-Dollar (Abb. 1), wobei zu beachten ist, dass die öffentlichen Ausgaben hauptsächlich durch die Einnahmen aus dem Erdgasexport gedeckt werden.[791] Folglich verfügt das Land nicht über die notwendigen finanziellen Mittel, um diese Investitionen selbst tätigen zu können, sodass es auf Kredite und ausländische Direktinvestitionen angewiesen ist.[792]

Die IEA ging von einem weitaus geringeren Wachstum der turkmenischen Gasproduktion aus. Nach ihrer damaligen Prognose sollte die Förderung auf 86 Mrd. m^3 im Jahr 2015 und 118 Mrd. m^3 im Jahr 2030 ansteigen (Abb. 49).[793] Auf Basis dieser Einschätzung würde die Produktion bei Weitem nicht ausreichen, um alle Lieferverträge erfüllen und den Binnenbedarf decken zu können. Die kurzfristige Bereitstellung von zusätzlichen Exportkapazitäten für Europa erschien somit mehr als fraglich.

Die Zweifel über den ausreichenden Umfang der turkmenischen Gasreserven konnten allerdings bald darauf ausgeräumt werden. Im Dezember 2007 kündigte Präsident Berdymuchamedow eine Prüfung der Öl- und Gaslagerstätten Turkmenistans an. Im darauffolgenden März beauftragte die turkmenische Regierung das britische Unternehmen Gaffney, Cline and Associates, die größten Felder des Landes einschließlich der Lagerstätte Süd Jolotan einer Überprüfung zu unterziehen. Nach Bekanntgabe der Prüfungsergebnisse im Oktober 2008 wurden die Einschätzungen in Bezug auf die turkmenischen Erdgasreserven deutlich nach oben korrigiert (Abb. 18).[794] Außerdem kam es im Jahr 2009 zu der schweren Krise in den turkmenisch-russischen Gashandelsbeziehungen mit nachhaltigen Folgen für die Erdgasexporte Turkmenistans (Kap. 3.3.7 und Kap. 3.3.8), sodass ursprünglich für Russland bestimmte Exportkapazitäten nun für andere Abnehmer zur Verfügung zu stehen schienen und die turkmenische Regierung ihre Diversifizierungsbestrebungen allgemein, aber auch bezüglich möglicher Exporte nach Europa, verstärkte.

---

791 Vgl. IEA: World Energy Outlook 2009, Paris: OECD/IEA, 2009, S. 473.
792 Siehe dazu auch Kap. 2.2.10.
793 Vgl. IEA: World Energy Outlook 2009, Paris: OECD/IEA, 2009, S. 429.
794 Vgl. Turkmenistan plans new gas deposit audit, in: Reuters News, 27.12.2007; UPDATE: UK auditor pegs Turkmen field reserves at 4.14 Tcm, in Platts Commodity News, 14.10.2008.

4.4.7 Der turkmenisch-russische Gaskonflikt als Auslöser neuer Diversifizierungsbestrebungen der turkmenischen Regierung

Gasexporte Turkmenistans nach Europa hatten aufgrund der starken Bindung des Landes an Russland zunächst keine große Aussicht auf Realisierung. Die Rahmenbedingungen änderten sich allerdings im Frühjahr 2009. Die Differenzen über den Bau der innerturkmenischen Ost-West-Pipeline, die Ursachen der Explosion der Exportpipeline sowie über die Konditionen zur Wiederaufnahme der Gaslieferungen (Kap. 3.3.7) führten zu einer Prioritätenverschiebung der turkmenischen Regierung. Wie schon Ende der 1990er-Jahre hatte die Abhängigkeit Turkmenistans vom russischen Pipelinesystem bzw. von Russland als mit Abstand größtem Importeur von turkmenischem Gas schwerwiegende Konsequenzen. Schließlich hatte das Land Einnahmeverluste von mehreren Mrd. US-Dollar zu verzeichnen (Kap. 3.3.7). Infolgedessen verstärkte die turkmenische Regierung ihre Diversifizierungsbestrebungen.

Parallel zu der Auseinandersetzung mit Russland unterzeichnete Turkmenistan ein Abkommen mit dem Iran, das die Ausweitung des jährlichen Liefervolumens vorsah (Kap. 2.2.5.2).[795] Zusätzlich verfolgte die turkmenische Regierung nun zunehmend die Absicht, Erdgas nach Europa zu exportieren. Dies deckte sich mit den Interessen der EU-Kommission, da es durch die russisch-ukrainische Gaskrise im Januar 2009 erneut zu Lieferausfällen und zu Versorgungsengpässen in mehreren EU-Mitgliedstaaten kam, sodass das Thema der Diversifizierung der Erdgasimporte die energiepolitische Agenda der EU bestimmte (Kap. 4.4.12.2).

Im April 2009 unterzeichneten die turkmenische Regierung und das Unternehmen RWE, das Teil des Nabucco-Konsortiums war, ein Memorandum über die Kooperation im Energiebereich, das schließlich in der Unterzeichnung des PSAs im Juli 2009 mündete.[796] Darüber hinaus konkretisierten sich die Aussagen der turkmenischen Regierung hinsichtlich möglicher Gaslieferungen nach Europa. So erklärte Präsident Berdymuchamedow ebenfalls im Juli 2009, dass Turkmenistan Gas für die Nabucco-Pipeline bereitstellen könne. Allerdings wurden seitens der turkmenischen Regierung keine konkreten oder verbindlichen Lieferzusagen zur Versorgung des „Südlichen Korridors" bzw. der Nabucco-Pipeline getätigt. Grund für die Zurückhaltung ist sicherlich, dass Turkmenistan im weiteren Verlauf des Jahres 2009 noch mit Russland über die Konditionen zur Wiederaufnahme der Gaslieferungen verhandelte. Vor diesem Hintergrund dienten die Aussagen nicht zuletzt dem Zweck, den Druck

---

795 Vgl. Contract News - Iran to increase gas imports from Turkmenistan, in: BMI Industry Insights - Oil & Gas, Emerging Europe, 13.07.2009.
796 Vgl. Neff, Andrew: RWE signs gas co-operation agreement with Turkmenistan, boosting Nabucco's chances, in Global Insight Daily Analysis, 17.04.2009; RWE's Turkmen upstream progress, in: World Gas Intelligence, 22.07.2009.

auf Russland zu erhöhen, während keine konkreten Zusagen gemacht wurden, um den Verhandlungsprozess über die zukünftige Ausgestaltung des Gashandels nicht zu sehr zu belasten.[797]

Der Erdgashandel zwischen Turkmenistan und Russland erfüllte allerdings nicht mehr die Erwartungen der turkmenischen Regierung. Das nach langwierigen Verhandlungen geschlossene Abkommen vom Dezember 2009 sah lediglich ein Liefervolumen von bis zu 30 Mrd. m³ pro Jahr vor (Kap. 3.3.8). Bereits im Frühjahr 2010 erklärte Gazprom, dass es im laufenden Jahr nur ca. zehn Mrd. m³ aus Turkmenistan importieren werde.[798] Vor diesem Hintergrund stellte sich der Erdgasexport nach Europa zunehmend als attraktive Option dar und die turkmenische Regierung zog verschiedene Optionen zum Transport von Erdgas in die Türkei und nach Europa in Betracht.

4.4.8 Optionen zum Transport von turkmenischem Erdgas in die Türkei und nach Europa

Prinzipiell sind verschiedene Möglichkeiten zum Transport von turkmenischem Erdgas nach Europa denkbar: die Nutzung des bestehenden russischen und ukrainischen Pipelinesystems, der Export mittels der zum damaligen Zeitpunkt von Russland geplanten South Stream-Pipeline (Abb. 46), eine Route durch den Südkaukasus in die Türkei und anschließend durch Südosteuropa oder der Transit durch den Iran.

Die Einbeziehung Russlands stellte jedoch aus mehreren Gründen keine Option dar. Einerseits weigerte sich Russland, das eigene Gaspipelinenetzwerk für den Transit von turkmenischem Erdgas zur Verfügung zu stellen (Kap. 1.9.3) und andererseits war Russlands Beteiligung seitens der EU-Kommission nicht gewollt, denn schließlich bestand ihr Ziel insbesondere nach der erneuten Gaskrise im Januar 2009 in der Verringerung der Abhängigkeit vom russischen und ukrainischen Pipelinesystem (Kap. 4.4.12.2). Folglich bestand die einzig verbleibende Option darin, Gas aus Turkmenistan für den Export nach Europa in die Türkei zu transportieren. Nach Einschätzungen der IEA handelte es sich dabei auch um die kostengünstigere Option (Abb. 50).[799]

---

797 Vgl. Turkmen support for Nabucco seen as attempt to pressure Russia's Gazprom (Gazeta.ru), in: BBC Monitoring Former Soviet Union, 19.07.2009; Turkmenistan ready to join Nabucco pipeline: president, in: Agence France Presse, 10.07.2009.
798 Vgl. Gazprom won't buy more than 10 Bln cubic meters of gas from Turkmenistan in 2010, in: Interfax: Russia & CIS General Newswire, 28.04.2010.
799 Eine mögliche Transitroute durch den Iran ist in diesem Beispiel nicht berechnet worden.

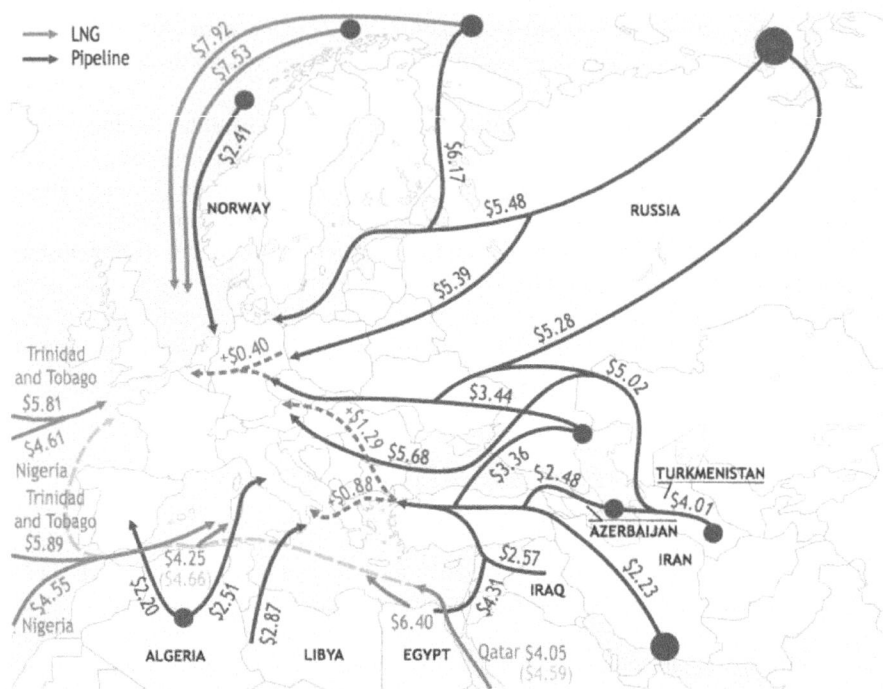

Abbildung 50: Kosten für den Transport von turkmenischem Erdgas nach Europa (in US-Dollar/MBtu)

Quelle: IEA: World Energy Outlook 2009, Paris: OECD/IEA, 2009, S. 482.

Die verschiedenen Möglichkeiten zum Transport von Erdgas aus Turkmenistan in die Türkei (Abb. 51) werden in den folgenden Ausführungen näher erläutert.

4.4 Turkmenistan und der „Südliche Gaskorridor"   317

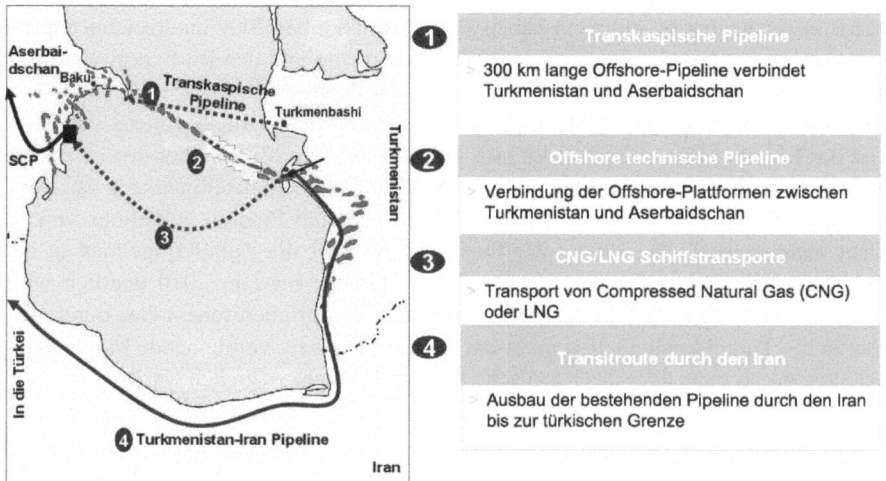

Abbildung 51: Optionen zum Transport von Erdgas aus Turkmenistan in die Türkei

Quelle: RWE Supply & Trading GmbH: Die Gas-Pipeline Nabucco – „der vierte Korridor nach Europa", 11.09.2009, https://www.rwe.com/app/Pressecenter/Download.aspx?pmid=4003975&datei =2 (Zugriff: 10.07.2015).

4.4.8.1 Transit durch den Iran

Ursprünglich war vorgesehen, die geplante Nabucco-Pipeline mit Erdgas aus dem Iran zu versorgen (Kap. 4.4.3.1). Grundsätzlich besteht zusätzlich die Möglichkeit, turkmenisches Erdgas über den Iran in die Türkei und anschließend nach Europa zu transportieren. Pläne für ein solches Projekt wurden bereits in den 1990er-Jahren entwickelt, aber aus verschiedenen Gründen nicht umgesetzt (Kap. 4.2).

Die Türkei, deren staatliches Unternehmen Botas am Nabucco-Projekt beteiligt war, zeigte Interesse daran, das Pipelineprojekt wieder aufzugreifen. Im Juli 2007 unterzeichneten die Türkei und der Iran ein MoU, das den Transport von Gas aus dem Iran nach Europa durch die Türkei zum Gegenstand hatte. Zusätzlich schlossen beide Seiten eine Grundsatzvereinbarung über den Transit von turkmenischem Gas durch den Iran, um es in die Türkei zu transportieren. Letztere wurde von Turkmenistan nicht kommentiert, allerdings soll dieser ein unveröffentlichtes Abkommen vorausgegangen sein, das der damalige türkische Energieminister Hilmi Guler einen Monat zuvor in Aschgabat geschlossen haben soll.[800] Im Oktober 2009 unterzeichneten der Iran und die Türkei eine Vereinbarung über den Bezug und den Re-Export von turkmenischem Erdgas mittels der geplanten Nabucco-Pipeline.[801]

Vor dem Hintergrund des zunehmenden politischen Drucks seitens der USA und der EU, den Iran aufgrund des sich zuspitzenden Konfliktes über dessen Atomprogramm nicht an der Versorgung der Nabucco-Pipeline zu beteiligen, zog das Konsortium etwaige iranische Lieferungen für die geplante Pipeline allerdings vorerst nicht mehr in Betracht, wie an der Entscheidung über die Zulieferpipelines an die türkisch-georgische und die türkisch-irakische Grenze im Jahr 2010 deutlich wird (Kap. 4.4.4). Folglich stellte auch der Transport von turkmenischem Gas durch den Iran in die Türkei keine Option mehr dar, sodass als einzig verbleibende Möglichkeit der Weg durch bzw. über das Kaspische Meer in Betracht zu ziehen war.

4.4.8.2 CNG/LNG

Die Möglichkeit, turkmenisches Erdgas in Form von Compressed Natural Gas (CNG) per Tanker über das Kaspische Meer zu transportieren, um es anschließend per Pipeline via Aserbaidschan und Georgien in die Türkei und anschließend nach Europa liefern zu können, wurde von dem italienischen Energiekonzern Eni vorangetrieben.[802] Das Konzept von Eni sah ein jährliches Transportvolumen von drei bis vier Mrd. m³ vor.[803]

---

800 Vgl. Turkey, Iran confirm historic deal for gas transit to Europe, in: Platts Commodity News, 16.07.2007; Turkey and Iran seek to fill the hole in Nabucco's supplies with surprise MoU, in: European Spot Gas Markets, 16.07.2007.
801 Vgl. O'Byrne, David: Turkey in talks to bring Turkmen gas to Europe via Iran in: Platts Commodity News, 05.01.2010.
802 Eni hatte 2007 das in Turkmenistan tätige Unternehmen Burren Energy übernommen, das 1996 ein PSA mit der turkmenischen Regierung über den Block Nebit Dag im Westen des Landes, nahe an der Küste des Kaspischen Meeres, geschlossen hatte (Tab. 13). Im Rahmen der Übernahme von Burren Energy im Dezember 2007 hatte es der italienische Konzern im Vorfeld versäumt, die Regierung Turkmenistan darüber zu informieren, woraufhin keine Visa mehr für die Mitarbeiter von Eni ausgestellt wurden. Vor diesem Hintergrund diente die Initiative Enis sicherlich nicht zuletzt dem Zweck, die belasteten Beziehungen zur turkmenischen Regierung zu verbessern. Als Partner für das CNG-Projekt hatte Eni das belgische Unternehmen Enex gewählt, das wiederum sehr enge Beziehungen zur turkmenischen Regierung pflegte. Vgl. Perkins, Robert/Roberts, John: UPDATE: Eni in Baku talks over Turkmen gas, upstream projects, in: Platts Commodity News, 20.07.2010; Ritchie, Michael: Turkmenistan mulls CNG option for Trans-Caspian exports, in: Nefte Compass, 25.02.2010.
803 Vgl. Roberts, John: Eni to ship Turkmen CNG to Europe by 2013: CEO Scaroni, in: Platts Commodity News, 29.09.2010.

4.4 Turkmenistan und der „Südliche Gaskorridor"

Die turkmenische Regierung unterstützte anfangs die Pläne des italienischen Energiekonzerns. Zu diesem Zeitpunkt waren die Beziehungen zwischen Russland und Turkmenistan aufgrund der Auseinandersetzung über die Konditionen des Erdgashandels angespannt und es ist davon auszugehen, dass die turkmenische Regierung noch auf eine Steigerung der Exporte nach Russland hoffte. Ein Engagement Turkmenistans für den Bau der von der EU-Kommission favorisierten transkaspischen Pipeline, der weiterhin kategorisch von Russland und dem Iran abgelehnt wurde, hätte jedoch sowohl die laufenden Verhandlungen über die Konditionen des Gashandels mit Russland als auch die allgemeinen Beziehungen zusätzlich schwer belastet.[804] Eni hatte indes bereits mit Gazprom ein Abkommen über den Bau der South Stream-Pipeline, die als Konkurrenz zur geplanten Nabucco-Pipeline gesehen wurde, geschlossen und beide Unternehmen standen in enger Kooperation. Daher nahm Eni ebenfalls Rücksicht auf die Interessen Gazproms bzw. der russischen Regierung, um die Kooperation nicht zu gefährden.[805]

Der Transport von Erdgas in Form von CNG hat den Nachteil, dass nur relativ geringe Volumen zu vergleichsweise hohen Kosten transportiert werden können. Nach Schätzungen von RWE, das nach eigenen Angaben den Transport von turkmenischem Erdgas in Form von CNG über das Kaspische Meer geprüft hatte, würden die Kosten im Vergleich zum Pipelinetransport 2,5 mal so hoch sein.[806]

Der Transport von Erdgas in Form von LNG ist ebenfalls mit hohen Kosten verbunden. Die IEA schätzte die Transportkosten von turkmenischem Erdgas mittels einer transkaspischen Pipeline mit einer jährlichen Transportkapazität von zwölf Mrd. m³ auf 0,70 bis 0,80 US-Dollar pro MBtu, unter Berücksichtigung der Kosten von zwei Mrd. US-Dollar für den Bau sowie laufenden Ausgaben für den Betrieb der Pipeline. Die Kosten für den Transport von fünf Mrd. m³ pro Jahr in Form von CNG wurden auf 1,40 bis 2,00 US-Dollar pro MBtu veranschlagt. Für die Einrichtung eines LNG-Kreislaufs (Verflüssigungsanlagen an der turkmenischen Küste, Anlagen zur Regasifizierung an der aserbaidschanischen Küste sowie die notwendige Anzahl von LNG-Tankern zur

---

804 Vgl. Ritchie, Michael: Turkmenistan tells EU to face up to Caspian realities, in: Nefte Compass, 23.09.2010.
805 Vgl. Ritchie, Michael: Eni to press Turkmenistan over Caspian gas export scheme, in: International Oil Daily, 02.08.2010; Ritchie, Michael: Turkmenistan mulls CNG option for Trans-Caspian exports, in: Nefte Compass, 25.02.2010
806 Andere Schätzungen beliefen sich auf bis zu viermal so hohe Kosten. Außerdem setzte der Transport von CNG die Verfügbarkeit von speziellen CNG-Tankern voraus, die in Werften am Kaspischen Meer hätten gebaut oder über die russischen Wasserstraßen ins Kaspische Meer hätten gebracht werden müssen. Vgl. Perkins, Robert/Roberts, John: UPDATE: Eni in Baku talks over Turkmen gas, upstream projects, in: Platts Commodity News, 20.07.2010; Ritchie, Michael: Turkmens urged to send gas to Europe, in: International Oil Daily, 19.11.2010; Market Focus - When will Turkmen gas supply Europe? In: European Gas Markets, 30.11.2010.

Realisierung einer jährlichen Transportkapazität von fünf Mio. t. LNG (ca. 6,8 Mrd. m³ Erdgas) wurden die Kosten auf fünf Mrd. US-Dollar geschätzt. Daraus ergeben sich Transportkosten von über drei US-Dollar pro MBtu. Damit betrügen die Kosten für den Transport von turkmenischem Gas in Form von LNG ungefähr das Vierfache derjenigen per Pipeline.[807] Nachdem die turkmenische Regierung zunächst den Transport in Form von CNG in Erwägung zu ziehen schien, zeichnete sich zunehmend eine Priorisierung des Exportes mittels einer transkaspischen Pipeline ab.

4.4.9 Die Entscheidung zugunsten einer transkaspischen Pipeline

Die turkmenische Regierung übte zunächst Zurückhaltung im Hinblick auf den möglichen Bau einer transkaspischen Pipeline und lehnte insbesondere eine direkte Beteiligung an einem solchen Pipelineprojekt ab. RWE versuchte, die turkmenische Regierung vom Bau einer transkaspischen Pipeline zu überzeugen. Das Unternehmen plante im Rahmen eines Turkmenistan-Besuches des damaligen Vorstandsvorsitzenden Grossmann im April 2010, einen langfristigen Liefervertrag mit Turkmenistan über die Lieferung von zehn Mrd. m³ pro Jahr für die geplante Nabucco-Pipeline zu unterzeichnen. Allerdings erklärte die turkmenische Regierung wenige Tage vor der geplanten Vertragsunterzeichnung gegenüber hochrangigen Vertretern von RWE und des Nabucco-Konsortiums, dass sie die volle Verantwortung für den Transport des Gases zu tragen hätten und sie diesbezüglich keine Unterstützung seitens Turkmenistans erwarten dürften.[808] Eine kurz darauf herausgegebene Erklärung des turkmenischen Außenministeriums bekräftigte diese Position. Danach bestehe die Exportpolitik des Landes darin, das zu exportierende Gas an der Landesgrenze zu verkaufen. Einer Beteiligung an internationalen Pipelineprojekten (und damit auch an einer transkaspischen Pipeline) wurde eine deutliche Absage erteilt.[809] Da RWE bzw. das Nabucco-Konsortium von der turkmenischen Regierung politische Unterstützung für den Bau einer transkaspischen Pipeline einforderte, kam es nicht zur Unterzeichnung des Liefervertrages. Die Zustimmung zu der von der turkmenischen Regierung geforderten

---

807 1 Mio. t LNG entspricht hier 1,36 Mrd. m³ Erdgas. Vgl. BP: Conversion factors, http://www.bp.com/content/dam/bp/excel/energy-economics/statistical-review-2015/bp-stats-review-conversion-factors.xlsx (Zugriff: 05.05.2016); IEA: World Energy Outlook 2010, Paris: OECD/IEA, 2010, S. 542.
808 Vgl. Sampson, Paul: Turkmens drop bombshell on Trans-Caspian hopes, in: Nefte Compass 22.04.2010.
809 Vgl. Turkmen foreign ministry denies energy contracts politicized - website (Turkmenistan.ru), in: BBC Monitoring Central Asia, 07.05.2010; Gevorgyan, Lilit: Turkmen foreign ministry denies political motives behind energy contracts, in: IHS Global Insight Daily Analysis, 07.05.2010.

Vorgehensweise hätte für das Konsortium weitreichende Konsequenzen bedeutet, da der Bau einer transkaspischen Pipeline zwei wesentliche politische Herausforderungen beinhaltete: einerseits den ungelösten territorialen Konflikt zwischen Aserbaidschan und Turkmenistan über die Ziehung der Seegrenze und andererseits die ablehnende Haltung Russlands und des Iran gegenüber dem Pipelineprojekt.[810]

Die turkmenische Regierung wollte dagegen zum damaligen Zeitpunkt noch den Eindruck vermeiden, den Bau einer transkaspischen Pipeline offen zu unterstützen, um die ohnehin schon angespannten Beziehungen zu Russland nicht zusätzlich zu belasten. Außerdem war sie nicht bereit, das Risiko etwaiger Konsequenzen allein zu tragen. Schließlich hatte die Intervention Russlands in Georgien im August 2008 gezeigt, dass die russische Regierung bereit ist, ihre Interessen im postsowjetischen Raum notfalls auch mit militärischen Mitteln durchzusetzen, wohingegen sich die turkmenische Regierung in einer Krisensituation nicht auf die Unterstützung der EU verlassen konnte. Infolgedessen suchte sie noch nicht die offene Konfrontation, die ein aktives Engagement für den Bau einer transkaspischen Pipeline bedeutet hätte, sondern favorisierte zunächst noch den Export von Erdgas nach Europa in Form von CNG (Kap. 4.4.8.2).

In den Folgemonaten zeichnete sich allerdings ein Positionswechsel der turkmenischen Regierung ab. Die Differenzen Turkmenistans und Russlands über die weitere Ausgestaltung des bilateralen Gashandels waren hierfür wesentlich. Russland lehnte eine Steigerung der Erdgasimporte aus Turkmenistan weiterhin ab und verschob auch die Realisierung der kaspischen Küstenpipeline auf unbestimmte Zeit (Kap. 3.3.8). Als Reaktion kündigte die turkmenische Regierung eine verstärkte Kooperation mit Europa im Energiebereich an.[811]

Im November 2010 erklärte Präsident Berdymuchamedow im Rahmen eines Gipfeltreffens der Anrainerstaaten des Kaspischen Meeres, dass die Verlegung von Pipelines durch das Kaspische Meer ausschließlich Angelegenheit der Anrainerstaaten sei, durch deren Territorium die jeweiligen Pipelines verlaufen würden. Der etwaige Bau einer transkaspischen Pipeline zum Transport von turkmenischem Gas nach Aserbaidschan wäre diesen Äußerungen des turkmenischen Präsidenten zufolge lediglich eine Angelegenheit der Regierungen Aserbaidschans und Turkmenistans.[812] Ebenfalls im November 2010 erklärte der stellvertretende Premierminister Hoja-

---

810 Vgl. Sampson, Paul: Turkmens drop bombshell on Trans-Caspian hopes, in: Nefte Compass 22.04.2010.
811 Vgl. Vershinin, Alexander: Turkmenistan, Russia embroiled in new energy row over sale of natural gas to Europe, in: Associated Press Newswires, 28.10.2010.
812 Vgl. Russia asserts Caspian status, in Energy Economist, 01.12.2010; Roberts, John: Turkmenistan, Russia clash over approvals for transCaspian pipelines, in: Platts Commodity News, 18.11.2010.

muhammedov, dass Turkmenistan bis zu 40 Mrd. m³ pro Jahr für den Export nach Europa bereitstellen könne.[813]

Die turkmenische Regierung schien also das Ziel zu verfolgen, größere Volumen als die ursprünglich angekündigten zehn Mrd. m³ pro Jahr (Kap. 4.4.5) nach Europa zu exportieren, was eine geeignete Infrastruktur voraussetzt. Damit entfiel sowohl die Option des Transports in Form von CNG oder LNG (Kap. 4.4.8.2) als auch die einer „technischen Pipeline" als Verbindung von Offshore-Plattformen in Aserbaidschan und Turkmenistan, da mittels einer technischen Pipeline nur Volumen von rund zehn Mrd. m³ pro Jahr hätten realisiert werden können (Kap. 4.4.13.3).

Folglich zog die turkmenische Regierung den Bau einer transkaspischen Pipeline zunehmend in Erwägung, während die EU-Kommission mit Beginn des Jahres 2011 ihr diplomatisches Engagement deutlich verstärkte, da sich das von ihr nach wie vor priorisierte Nabucco-Projekt unter Zeitdruck befand. Die aserbaidschanische Regierung und das Shah-Deniz-Konsortium drängten auf die finalen Investitionsentscheidungen für die zweite Erschließungsphase von Shah Deniz, was wiederum Entscheidungen über die Absatzmärkte und die damit verbundene Exportinfrastruktur voraussetzte.[814] Schließlich konkurrierten bereits die Pipelineprojekte TAP und ITGI, die mit vergleichsweise moderaten Volumen von zehn Mrd. m³ pro Jahr wirtschaftlich zu betreiben wären und für die die erwarteten Exportkapazitäten von Shah Deniz II ausreichen würden, mit dem Nabucco-Projekt. Zudem wurde von Russland das Konkurrenzprojekt South Stream vorangetrieben, das auf die Versorgung derselben Absatzmärkte abzielte. Damit drohten die Chancen auf die Umsetzung des Nabucco-Projektes bei weiteren Verzögerungen zu schwinden.[815]

---

813 Die 40 Mrd. m³ setzten sich aus zehn Mrd. m³ aus der geplanten Offshore-Produktion und 30 Mrd. m³ aus der Onshore-Produktion im Osten des Landes zusammen, die mittels der damals geplanten und inzwischen fertiggestellten innerturkmenischen Ost-Westpipeline (Kap. 2.2.8.4) an die Küste transportiert werden sollten. Vgl. Ritchie, Michael: Turkmenistan raises hopes over Trans-Caspian, in: Nefte Compass, 24.11.2010; Paxton, Robin/Gurt, Marat: UPDATE 1- Turkmenistan says wins backing for gas to Europe in: Reuters News, 19.11.2010.

814 Vgl. Neff, Andrew: South Stream supporters aim rhetorical fire at Nabucco Pipeline as critical investment decisions approaches, in: IHS Global Insight Daily Analysis, 12.01.2011; Schmidt, Tobias: dda (dapd - Analyse) EU vor bedeutendem Etappensieg gegen Russland im Ringen um kaspisches Gas am Donnerstag Abkommen mit Aserbaidschan über Lieferungen für südlichen Korridor - Bald Grünes Licht für Nabucco?, in: AP German Worldstream, 11.01.2011.

815 Außerdem drohten vom Nabucco-Konsortium abrufbare Mittel aus dem Brüsseler Konjunkturprogramm in Höhe von 200 Mio. Euro ohne rechtzeitige Investitionsentscheidung zu verfallen. Vgl. Dunmore, Charlie: UPDATE 1-EU opens talks on Caspian gas pipeline, in: Reuters News, 12.09.2011; Schmidt, Tobias: dda(dapd - Analyse) EU vor bedeutendem Etappensieg gegen Russland im Ringen um kaspisches Gas am Donnerstag Abkommen mit Aserbaidschan über Lieferungen für südlichen Korridor - Bald Grünes Licht für Nabucco?, in: AP German Worldstream, 11.01.2011; Neff, Andrew: South Stream supporters aim rhetorical fire at Nabucco Pipeline as critical investment decisions approaches, in: IHS Global Insight Daily Analysis, 12.01.2011.

4.4 Turkmenistan und der „Südliche Gaskorridor" 323

Im Januar 2011 reisten EU-Kommissionspräsident Barroso und Energiekommissar Oettinger mit dem Ziel nach Aserbaidschan und Turkmenistan, beide Regierungen von einer Beteiligung am Pipelineprojekt Nabucco zu überzeugen.[816] Doch waren sowohl die Regierung Aserbaidschans als auch Turkmenistans nicht bereit, konkrete Lieferzusagen zu geben. Zwar unterzeichneten Barroso und der aserbaidschanische Präsident Aliyev eine gemeinsame Erklärung, wonach Aserbaidschan Europa langfristig mit substanziellen Mengen Gas versorgen würde, aber es wurden weder konkrete Vereinbarungen in Bezug auf den Umfang des Liefervolumens noch auf die zukünftige Exportpipeline für aserbaidschanisches Erdgas getroffen.[817]

Auch von der turkmenischen Regierung gab es keine konkreten Zusagen für die Versorgung der geplanten Nabucco-Pipeline. Allerdings erklärte Präsident Berdymuchamedow, dass für Turkmenistan der Bau einer transkaspischen Pipeline die attraktivste Option sei, wobei er die zuvor von ihm bevorzugte CNG-Lösung weiterhin in Betracht zog. Ferner erklärte er erneut die Bereitschaft Turkmenistans, Erdgas an Europa zu liefern, und dass die Partnerschaft mit Europa im Gassektor Priorität habe.[818]

Mit der Vergabe des Mandates an die EU-Kommission durch die EU-Mitgliedstaaten im September 2009, Verhandlungen mit Aserbaidschan und Turkmenistan über den Bau einer transkaspischen Pipeline zu führen, wurde ein Präzedenzfall geschaffen, da die EU erstmalig beabsichtigte, einen Vertrag zur Unterstützung eines Infrastrukturprojektes zu schließen.[819]

Die folgenden Verhandlungen hatten die rechtlichen Verpflichtungen der EU, Turkmenistans und Aserbaidschans zum Gegenstand. Das zu schließende bilaterale Abkommen zwischen Aserbaidschan und Turkmenistan sollte die Auftragsvergabe,

---

816 Vgl. Hall, Siobhan: EC President says to push for Nabucco at Azeri, Turkmen meetings, in: Platts Commodity News, 05.01.2011.
817 Vgl. Hecking, Mirjam: dda Europa sichert sich Gas aus Aserbaidschan Abkommen über künftige Lieferungen unterzeichnet, in: AP German Worldstream, 13.01.2011.
818 Vgl. Turkmenistan says ready for energy partnership with EU, in: Agence France Presse, 15.01.2011.
819 Die Vergabe des Verhandlungsmandates zum Abschluss eines rechtsverbindlichen Vertrages über den Bau einer transkaspischen Pipeline ist im Zusammenhang mit der kurz vorher verabschiedeten neuen Energie-Außenstrategie der EU zu sehen. Danach ist vorgesehen, dass auch die EU-Kommission im Namen aller Mitgliedstaaten Verträge verhandeln kann. Zusätzlich strebt die EU-Kommission eine koordinierte Vorgehensweise der EU bzw. ihrer Mitgliedstaaten in Bezug auf ihre externen Energiebeziehungen an. Vgl. EU-Kommission verhandelt mit Aserbaidschan und Turkmenistan über Gaspipeline, in: Dow Jones, 12.09.2011; European Commission - Press Release: EU starts negotiations on Caspian pipeline to bring gas to Europe, http://europa.eu/rapid/press-release_IP-11-1023_en.htm?locale=en (Zugriff: 04.04.2015); siehe auch: Europäische Kommission: Mitteilung der Kommission an das Europäische Parlament, den Rat, den Europäischen Wirtschafts- und Sozialausschuss und den Ausschuss der Regionen zur Energieversorgungssicherheit und internationalen Zusammenarbeit – „Die EU-Energiepolitik: Entwicklung der Beziehungen zu Partnern außerhalb der EU", KOM(2011) 539, Brüssel, 07.09.2011.

den Bau und den Betrieb der transkaspischen Pipeline regeln. Ferner war vorgesehen, den rechtlichen Rahmen für die Versorgung der Pipeline mit turkmenischem Erdgas festzulegen.[820]

Die Entscheidung der EU, direkte Verhandlungen mit den Regierungen Aserbaidschans und Turkmenistans über den Bau einer Transkaspischen Pipeline zu führen, und die Bereitschaft der turkmenischen Regierung, sich an diesen Verhandlungen zu beteiligen, sind Ausdruck einer bis dahin in diesem Ausmaß nicht vorhandenen Verbindlichkeit gegenüber diesem Projekt. Die EU-Kommission erhielt die Unterstützung der damals 27 Mitgliedstaaten, die durch die Vergabe des Mandates erklärten, dass es im gemeinsamen Interesse der EU sei, Erdgas aus Turkmenistan zu beziehen. Die turkmenische Regierung, die sich zuvor weigerte, auch nur unverbindliche Unterstützungserklärungen für den „Südlichen Korridor" bzw. für das Nabucco-Projekt zu unterzeichnen (Kap. 4.4.5), zog nun offensichtlich ernsthaft in Erwägung, Gas mittels einer transkaspischen Pipeline nach Europa zu exportieren, wohl wissend, dass dies die Beziehungen zu Russland weiter belasten würde. Im Rahmen einer von der OSZE in Aschgabat organisierten Konferenz zum Thema Energiesicherheit ließ Präsident Berdymuchamedow im November 2011 erklären, dass die transkaspische Pipeline ein strategisches Projekt sei, das die Bereitschaft Turkmenistans demonstriere, mit allen interessierten Parteien zusammenzuarbeiten. Der Export von Energierohstoffen nach Europa sei ein Kernelement der Energiepolitik Turkmenistans.[821]

In diesem Zusammenhang sei erwähnt, dass Russland angekündigt hatte, den Erdgasimport aus Turkmenistan bzw. Zentralasien auch im Jahr 2011 nicht wesentlich zu erhöhen, sodass die turkmenische Regierung zunehmend keinen Anlass mehr sah, auf die russischen Interessen bezüglich der Verlegung einer transkaspischen Pipeline Rücksicht zu nehmen, zumal die Europäische Union nun Turkmenistan verstärkt gegenüber Russland in dieser Frage zu unterstützen schien.[822]

---

820 Obwohl sich die EU für den Bau einer transkaspischen Pipeline einsetzte, waren direkte finanzielle Hilfen nicht vorgesehen. Stattdessen wurde Turkmenistan und Aserbaidschan die Möglichkeit in Aussicht gestellt, sich bei internationale Finanzinstitutionen, wie EBRD, European Investment Bank oder World Bank, um Kredite zu bewerben. Vgl. Powell, William/Hall, Siobhan: UPDATE: EU to broker Azeri, Turkmen transCaspian gas link deal, in: Platts Commodity News, 12.09.2011; European Commission - Press Release: EU starts negotiations on Caspian pipeline to bring gas to Europe, http://europa.eu/rapid/press-release_IP-11-1023_en.htm?locale =en (Zugriff: 04.04.2015).
821 Vgl. Roberts, John: Turkmenistan sees trans-Caspian gas line to EU as strategic priority, in: EU Energy, 18.11.2011.
822 Vgl. Ritchie, Michael/Daly, Tom: Turkmenistan waits for EU-Russia spat to play out, in: Nefte Compass, 15.09.2011; Rudnitsky, Jake: Gazprom sees 2011 Central Asia share in its gas exports flat on year, in: Platts Commodity News, 28.04.2011; Gazprom kauft 2011 unveränderte Mengen von zentralasiatischem Gas, in: RIA Novosti, 28.04.2011.

4.4.10 Die transkaspische Pipeline (II)

Die Bestrebungen der turkmenischen Regierung, möglichst umfangreiche Volumen nach Europa zu exportieren, haben Auswirkungen auf das Pipelinedesign. Die Lösung einer technischen Pipeline, welche die Verbindung von Offshore-Produktionsanlagen in turkmenischen und aserbaidschanischen Gewässern vorsieht, ist mit den angestrebten Exporten Turkmenistans in Höhe von 30 Mrd. m³ pro Jahr (Kap. 4.4.12.1) nicht vereinbar, da gegenwärtig die turkmenischen Offshore-Exportkapazitäten lediglich ein Volumen von ungefähr zehn Mrd. m³ pro Jahr aufweisen (Kap. 2.2.2). Folglich müssen diese um weitere Volumen aus Onshore-Produktion ergänzt werden, was wiederum den Bau einer Pipeline von Ufer zu Ufer (Abb. 52) erforderlich macht.

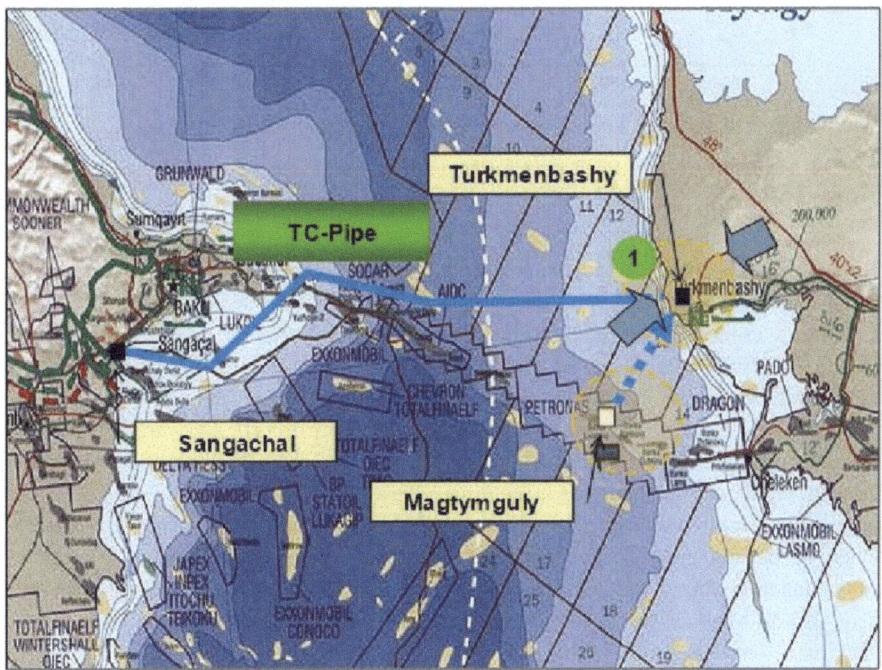

Abbildung 52: Mögliche Route der transkaspischen Pipeline

Quelle: IHS CERA: Caspian Development Corporation: Final Implementation Report, Cambridge MA: IHS CERA, December 2010, S. 107.

Die folgenden Ausführungen zum Pipelineprojekt basieren auf dem von IHS CERA erarbeiteten *Final Implementation Report* bezüglich der *Caspian Development Corporation* aus dem Jahr 2010. Hier wird von einem jährlichen Liefervolumen Turkmenistans von 30 Mrd. m³ ausgegangen, wovon zehn Mrd. m³ auf die Offshore-Förderung und 20 Mrd. m³ auf die Produktion des Feldes Süd Jolotan bzw. Galkynysh, entfallen (Abb. 53).

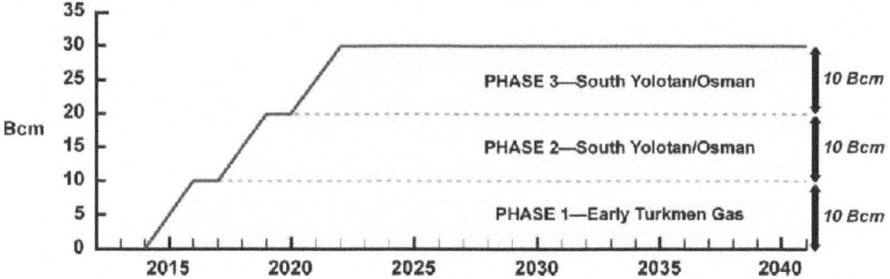

Abbildung 53: Geplante Transportvolumen der transkaspischen Pipeline

Quelle: IHS CERA: Caspian Development Corporation: Final Implementation Report, Cambridge MA: IHS CERA, December 2010, S. 67.

Die notwendigen Investitionsentscheidungen vorausgesetzt, hätte nach den Kalkulationen von IHS CERA 2015 mit der Offshore-Produktion für den Export nach Europa begonnen werden können. Der Produktionsbeginn der Volumen für den Export nach Europa von Süd Jolotan wurde für 2018 prognostiziert, das Erreichen des Fördermaximums der ersten Produktionsphase von zehn Mrd. m³ wurde für 2019 und das Erreichen des Gesamtvolumens von 20 Mrd. m³ pro Jahr für 2022 erwartet.[823]

Dementsprechend hätte der Ausbau der transkaspischen Pipeline erfolgen sollen. Für den Transport der ersten Produktionsphase wurde die Verlegung einer Pipeline mit einem Durchmesser von 30 Inch vorgeschlagen, die für den Transport der zusätzlichen Förderung aus der zweiten Phase um einen weiteren Strang und Kompressionsanlagen ergänzt werden sollte. Für das Erreichen des maximalen Transportvolumens von 30 Mrd. m³ war die Einrichtung weiterer Kompressionsanlagen vorgesehen. Die Kosten wurden auf 2,27 Mrd. US-Dollar beziffert.[824]

---

823 Vgl IHS CERA: Caspian Development Corporation: Final Implementation Report, Cambridge MA: IHS CERA, Dezember 2010, S. 23.
824 Vgl. IHS CERA: Caspian Development Corporation: Final Implementation Report, Cambridge MA: IHS CERA, Dezember 2010, S. 76, 80.

4.4.11 Die veränderten Rahmenbedingungen auf dem europäischen Absatzmarkt

Parallel zu den Bestrebungen der EU-Kommission zur Realisierung des „Südlichen Korridors" hat sich das Marktumfeld für etwaige Gasexporte aus der Kaspischen Region in die EU deutlich verändert. Der Gasbedarf der EU hat sich seit 2008 von zuvor ca. 530 Mrd. m³ pro Jahr kontinierlich mit Ausnahme des Jahres 2010 auf rund 470 Mrd. m³ 2013 verringert (Abb. 54).[825]

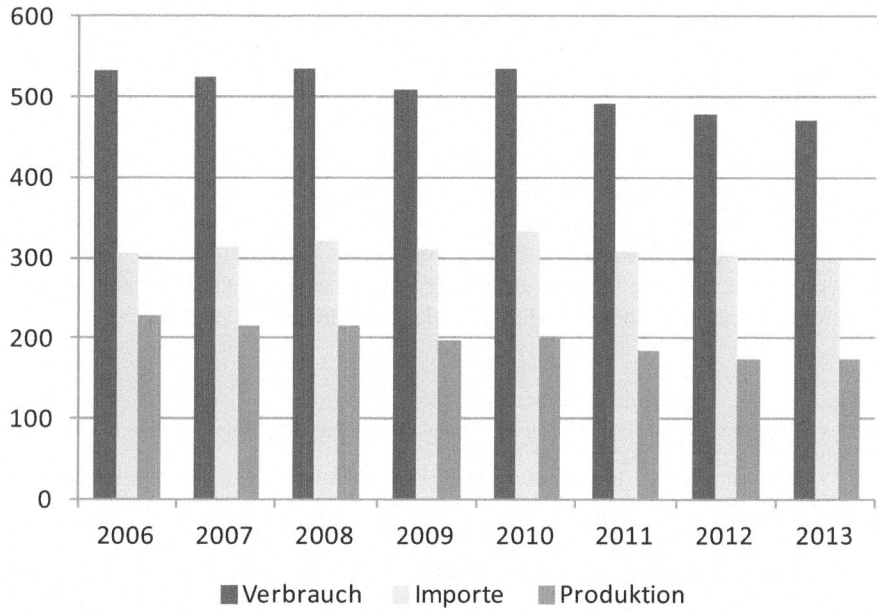

Abbildung 54: Gasbilanz der EU 2006-2013 (in Mrd. m³)

Quelle: Eigene Darstellung nach IEA: World Energy Outlook 2008, Paris: OECD/IEA 2008, S. 110, 115, 118; IEA: World Energy Outlook 2009, Paris: OECD/IEA, 2009, S. 366, 429, 434; IEA: World Energy Outlook 2010, Paris: OECD/IEA, 2010, S. 182, 191, 193; IEA: World Energy Outlook 2011, Paris: OECD/IEA, 2011, S. 159, 165, 168; IEA: World Energy Outlook 2012, Paris: OECD/IEA, 2012, S. 128, 138, 147; IEA: World Energy Outlook 2013, Paris: OECD/IEA, 2013, S. 103, 109, 124; IEA: World Energy Outlook 2014, Paris: OECD/IEA, 2014, S. 139, 149, 161; IEA: World Energy Outlook 2015, Paris: OECD/IEA, 2015, S. 196, 206, 216.

---

825 Die Steigerung des Verbrauchs im Jahr 2010 ist u. a. auf einen besonders kalten Winter zurückzuführen. Vgl. Honoré, Anouk: The Outlook for Natural Gas Demand in Europe, Oxford: Oxford Institute for Energy Studies, June 2014, S. 19.

Für den sinkenden Gasbedarf gibt es mehrere Gründe. Ein wesentlicher Faktor ist die 2008 einsetzende Wirtschaftskrise, im Zuge derer die Industrieproduktion in Europa einen starken Rückgang verzeichnete und noch nicht wieder das Vorkrisenniveau erreicht hat.[826] Zusätzlich hat sich die gesamte Elektrizitätserzeugung in OECD-Europa im Zeitraum von 2008 bis 2012 zwar nicht deutlich verringert, doch sank der Anteil von Erdgas an der gesamten Stromerzeugung um 23,5 Prozent. Die zunehmende Nutzung von Erneuerbaren Energien zur Elektrizitätsproduktion ist hier eine der Ursachen. Bis 2009 hatte diese nur begrenzte Auswirkungen, aber durch die stagnierende Nachfrage in Kombination mit dem fortschreitenden Ausbau von insbesondere Solar- und Windenergie konkurrieren nun Gaskraftwerke mit Kohlekraftwerken um einen sich verkleinernden Anteil an der gesamten Stromerzeugung.[827] Da die Gaspreise nach dem Einbruch 2009 wieder deutlich anstiegen, während der Preis für Kohle in Relation dazu nicht so stark anwuchs[828] und gleichzeitig die Preise für Emissionszertifikate im Rahmen des EU-Emissionshandels deutlich nachgaben, haben die Betreiber von Kohlekraftwerken Wettbewerbsvorteile, während Gaskraftwerke, insbesondere solche, die ihr Erdgas nicht zu besseren Konditionen auf den Spotmärkten beziehen können, infolge der Merit Order vom Markt verdrängt werden.[829] Die deutlich verringerte Nutzung von Erdgas bei der Stromerzeugung wurde vor allem durch Erneuerbare Energien, aber auch durch Kohle ausgeglichen.[830]

---

826 Vgl. Honoré, Anouk: The Outlook for Natural Gas Demand in Europe, Oxford: Oxford Institute for Energy Studies, June 2014, S. 17 ff.
827 Vgl. Honoré, Anouk: The Outlook for Natural Gas Demand in Europe, Oxford: Oxford Institute for Energy Studies, June 2014, S. 20 ff.
828 Dazu trug auch die Produktion von Schiefergas in den USA bei, da dort nun vermehrt Gaskraftwerke an Stelle von Kohlekraftwerken zur Elektrizitätserzeugung eingesetzt werden, sodass die ursprünglich dafür vorgesehene Kohle in andere Länder und auch nach Europa (re-) exportiert wird. Vgl. Honoré, Anouk: The Outlook for Natural Gas Demand in Europe, Oxford: Oxford Institute for Energy Studies, June 2014, S. 22.
829 Merit Ordner meint, dass zuerst die Kraftwerke mit den im Vergleich niedrigsten Erzeugungskosten zur Einspeisung ins Stromnetz zugeschaltet werden. Aufgrund der in Deutschland und anderen EU-Staaten genutzten Förderinstrumente liegen die Grenzkosten für aus Erneuerbaren Energien generierte Elektrizität fast bei Null; zudem genießt sie Vorrang bei der Einspeisung. Die Grenzkosten bei Kohle- und Gaskraftwerken ergeben sich hauptsächlich aus den Bezugskosten für den jeweiligen Brennstoff. Vor dem Hintergrund niedriger Preise für CO_2-Zertifikate und den vergleichsweise geringen Kosten für Kohle werden also zunächst die Kohlekraftwerke zugeschaltet, während Gaskraftwerke nur bei entsprechend hoher Nachfrage benötigt werden, sodass deren Betrieb häufig nicht profitabel ist. Vgl. Energiemarkt paradox, in: http://www.energiemarkt-design.de/energiewende-paradox/ (Zugriff: 04.12.2015); Honoré, Anouk: The Outlook for Natural Gas Demand in Europe, Oxford: Oxford Institute for Energy Studies, June 2014, S. 22, 24 f.
830 Vgl. Honoré, Anouk: The Outlook for Natural Gas Demand in Europe, Oxford: Oxford Institute for Energy Studies, June 2014, S. 25.

4.4 Turkmenistan und der „Südliche Gaskorridor"

Die Verringerung des Gasverbrauchs hat wiederum Auswirkungen auf den Importbedarf. Entgegen Prognosen, die vor dem Einsetzen der Wirtschaftskrise erstellt wurden und von einem stark wachsenden Gas- und damit Importbedarf der EU ausgingen, ist im Zeitraum von 2006 bis 2013 mit Ausnahme des Jahres 2010 eine Stagnation des Importbedarfs auf einem Niveau von ca. 300 – 320 Mrd. m³ pro Jahr zu beobachten, da sich die Gasproduktion und der Verbrauch in der EU in etwa um das gleiche Volumen verringert haben (Abb. 54).

Inzwischen wurden die Schätzungen des Importbedarfs der EU deutlich nach unten korrigiert. Erwartete die IEA vor der Krise noch einen Anstieg von 305 Mrd. m³ im Jahr 2006 auf 582 Mrd. m³ im Jahr 2030, gehen die letzten Prognosen von einem deutlich geringeren Anstieg von 298 Mrd. m³ im Jahr 2013 auf 370 Mrd. m³ bis 2030 aus.[831] Nach der letzten Prognose, die für die EU-Kommission erstellt worden ist, wird sogar ein eher stagnierender Importbedarf erwartet.[832]

Vor diesem Hintergrund ist fraglich, ob und in welchem Umfang Erdgas aus der Kaspischen Region zur Deckung des zukünftigen Gasbedarfs der EU notwendig ist, zumal sich in den vergangenen Jahren weitere Versorgungsmöglichkeiten aufgrund des massiven Ausbaus der Förderung von unkonventionellem Gas in den USA aufgetan haben. Wie aus Abb. 55 hervorgeht, ist die Erdgasproduktion der USA in den letzten Jahren kontinuierlich gestiegen, was auf Zuwächse der Schiefergasförderung zurückzuführen ist. Dieser Trend wird in den kommenden Jahren weiter anhalten. Nach Prognosen der US-Energiebehörde EIA wird die US-Schiefergasproduktion in den nächsten Dekaden massiv ausgeweitet werden, sodass die USA bereits vor 2020 zum Nettoexporteur von Erdgas werden könnten (Abb. 55).

Da sich der Importbedarf der USA verringert, bleiben Exportkapazitäten auf dem LNG-Markt ungenutzt, die neben dem asiatischen Raum auch dem europäischen Markt zur Verfügung stehen. Insbesondere Katar hat in den vergangenen Jahren LNG-Exportkapazitäten, auch für geplante Lieferungen in die USA, aufgebaut, die nun von

---

831 Vgl. IEA: World Energy Outlook 2008, Paris: OECD/IEA 2008, S. 118; IEA: World Energy Outlook 2015, Paris: OECD/IEA 2015, S. 196, 206, 216.
832 In der Prognose vor Ausbruch der Wirtschaftskrise wurde mit einem Anstieg des Importbedarfs von 358.047 ktoe (ca. 397 Mrd. m³) 2015 auf 431.449 ktoe (ca. 479 Mrd. m³) 2030 kalkuliert. In der Einschätzung aus dem Jahr 2014 wird zunächst eine Verringerung des Importbedarfs von 286.044 ktoe (318 Mrd. m³) 2015 auf 266.444 ktoe (296 Mrd. m³) 2020 erwartet, bevor bis 2030 ein Anstieg auf 290.114 ktoe (322 Mrd. m³) zu verzeichnen ist (Umrechnung nach BP: 1 Mio. t Öläquivalent entspricht 1,11 Mrd. m³ Erdgas). Vgl. European Commission. Directorate-General for Energy and Transport: European energy and transport: Trends to 2030 - Update 2007, Luxembourg: Office for Official Publications of the European Communities, 2008, S. 96; European Commission: EU Energy, Transport and GHG Emissions Trends to 2050: Reference Scenario 2013, Luxembourg: Publications Office of the European Union, 2014, S. 86; BP: Conversion factors, http://www.bp.com/content/dam/bp/excel/energy-economics/statistical-review-2015/bp-stats-review-conversion-factors.xlsx (Zugriff: 05.05.2016).

330   4 Analyse der gescheiterten Pipelineprojekte zum Export von turkmenischem Gas

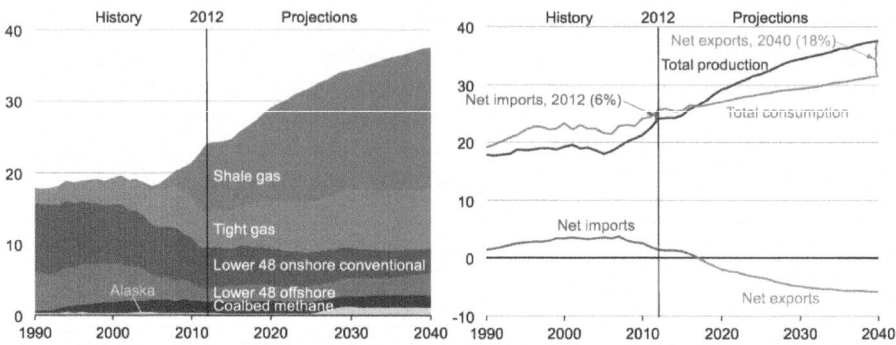

Abbildung 55: US-Gasproduktion, Prognose der EIA bis 2040 und Prognose der Gasbilanz der USA bis 2040 nach Einschätzung der EIA (in Bill. Kubikfuß)

Quelle: EIA: Annual Energy Outlook 2014 with Projections to 2040, Washington DC: Energy Information Administration, April 2014, S. MT-22 u. MT-23.

der EU genutzt werden können.[833] Dabei stieg der Anteil Katars an den Erdgasimporten der EU im Zeitraum von 2002 bis 2011 von 0,9 auf elf Prozent (Tab. 24), hat sich seither allerdings verringert und betrug 2013 6,7 Prozent.[834]

Binnen der letzten Dekade wurden die LNG-Importkapazitäten innerhalb der EU stark ausgebaut. Zwar stiegen bis 2011 auch die LNG-Importe, allerdings haben sich diese seither verringert, während der Ausbau der Importkapazitäten weiter fortgesetzt wurde. Die zur Verfügung stehenden Regasifizierungsterminals sind daher bei Weitem nicht ausgelastet (Abb. 56).

---

833 Vgl. The Economist Intelligence Unit: The Great Game for gas in the Caspian: Europe opens the southern corridor, London: Economist Intelligence Unit, 2013, S. 26.
834 Aufgrund des Reaktorunglücks von Fukushima hat sich der Gasbedarf Japans zur Stromerzeugung und somit der LNG-Importbedarf deutlich erhöht. Folglich kam es im asiatischen LNG-Markt zu deutlichen Preisanstiegen (Abb 57), sodass aus der Perspektive Katars Exporte nach Asien im Vergleich zu Lieferungen nach Europa attraktiver wurden. Die LNG-Exporte Katars nach Europa hatten 2011 noch einem Umfang von knapp 43 Mrd. m³ und verringerten sich auf rund 30 Mrd. m³ im Jahr 2012 und 23 Mrd. m³ im Jahr 2013. Gleichzeitig stiegen die Volumen nach Japan von rund zehn Mrd. m³ 2010 auf knapp 16 Mrd. m³ im Jahr 2011 und 21 bis 22 Mrd. m³ in den Folgejahren. Vgl. BP Statistical Review of World Energy, Jahrgänge 2011-2015; EIA: Japan, 30.01.2015, https://www.eia.gov/beta/international/analysis.cfm?iso=JPN (Zugriff: 22.03.2016); Sergie, Mohammed: Biggest no longer means best in Qatar's strategy for LNG wealth, in Bloomberg, 06.01.2016, http://www.bloomberg.com/news/articles/2016-01-06/biggest-no-longer-means-best-in-qatar-s-strategy-for-lng-wealth (Zugriff: 04.05.2016).

4.4 Turkmenistan und der „Südliche Gaskorridor" 331

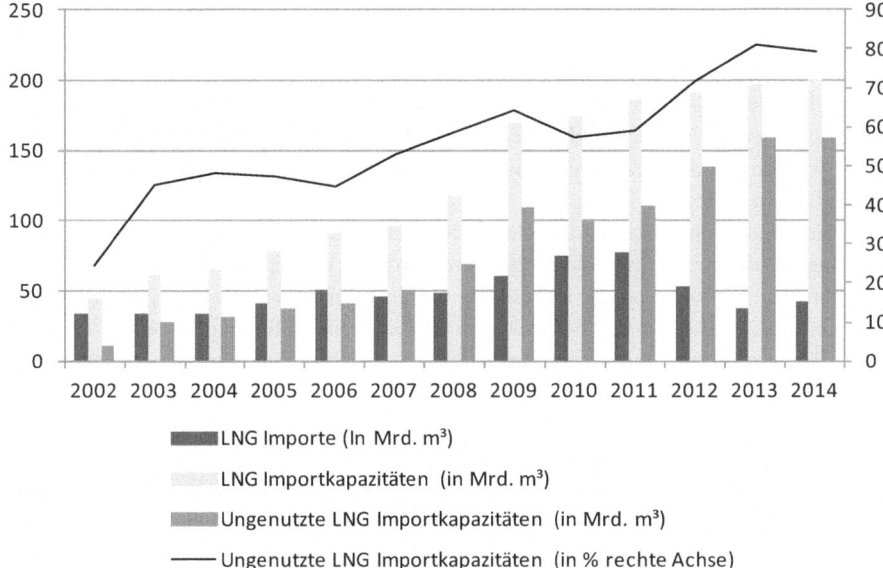

Abbildung 56: EU LNG-Importe, -Importkapazitäten und Nutzung (in Mrd. m³ und %)

Quelle: Eigene Darstellung nach: IEA: Natural Gas Information 2004, Paris: OECD/IEA, 2004, S. II.44; IEA: Natural Gas Information 2003, Paris: OECD/IEA, 2003, S. II.44; IEA: Natural Gas Information 2005, Paris: OECD/IEA, 2005, S. II.44; IEA: Natural Gas Information 2006, Paris: OECD/IEA, 2006, S. II.44; IEA: Natural Gas Information 2007, Paris: OECD/IEA, 2007, S. II.44; IEA: Natural Gas Information 2008, Paris: OECD/IEA, 2008, S. II.44; IEA: Natural Gas Information 2009, Paris: OECD/IEA, 2009, S. II.56, II.57; IEA: Natural Gas Information 2010, Paris: OECD/IEA, 2010, S. II.56, II.57; IEA: Natural Gas Information 2011, Paris: OECD/IEA, 2011, S. II.58, II.59; IEA: Natural Gas Information 2012, Paris: OECD/IEA, 2012, S. II.58, II.59; IEA: Natural Gas Information 2013, Paris: OECD/IEA, 2013, S. II.58, II.59; IEA: Natural Gas Information 2014, Paris: OECD/IEA, 2014, S. II.58, II.59; IEA: Natural Gas Information 2015, Paris: OECD/IEA, 2015, S. II.55, II.56, II.57; Gas Infrastructure Europe: Knowledge Center: Figures: LNG: LNG Import Volumes to the EU, http://www.gie.eu/KC/generalfigures_lng.html (Zugriff: 06.12.2015).

Im Jahr 2014 verfügte die EU über LNG-Importkapazitäten von rund 200 Mrd. m³ pro Jahr. Die Importe hatten ein Volumen von rund 47 Mrd. m³, sodass Importkapazitäten in Höhe von über 150 Mrd. m³ ungenutzt blieben.[835] Auch in den Jahren zuvor wurden die Importkapazitäten nicht voll ausgenutzt (Abb. 56). Darüber hinaus befinden sich weitere LNG-Terminals im Bau und in der Planung, sodass in den kommenden

---

835 Vgl. IEA: Natural Gas Information 2015, Paris: OECD/IEA, 2015, S. II.55, II.56, II.57.

Jahren zusätzliche Importkapazitäten zur Verfügung stehen werden.[836] Außerdem ist davon auszugehen, dass bis 2020 weitere umfangreiche LNG-Exportvolumen auf den Markt kommen. Sollten also die entsprechenden Voraussetzungen (Preisentwicklung, Verfügbarkeit, Ausbau der innereuropäischen Transportinfrastruktur) gegeben sein, könnte ein wesentlicher Teil des zusätzlichen Importbedarfs der EU durch LNG gedeckt werden, sodass weitere umfangreiche Volumen aus dem Kaspischen Raum vermutlich nicht benötigt würden.[837]

Neben den unsicheren Aussichten über den zukünftigen Bedarf ist eine weitere Dimension, die Preisentwicklung auf dem europäischen Gasmarkt, von Bedeutung. So führte die Wirtschaftskrise unmittelbar zu einer geringeren Nachfrage, was wiederum sinkende Preise auf den Spotmärkten für Gas – als Referenzpreis wird in Europa der NBP angegeben – nach sich zog. Parallel verblieb der an den Ölpreis gekoppelte Gaspreis im Rahmen langfristiger Lieferverträge – als Referenz wird der Preis an der deutschen Grenze angegeben – auf einem vergleichsweise hohen Niveau (Abb. 57). Für Großabnehmer, die ihr Erdgas bis dahin auf Basis langfristiger Take-or-Pay-Verträge mit Ölpreisbindung bezogen, bedeutete diese Entwicklung eine deutliche Verringerung des Wiederverkaufswertes, während deren Konkurrenten sowie deren Großkunden aus dem Industrie- und Kraftwerksbereich ihr Gas wesentlich günstiger auf den Spotmärkten beziehen konnten. Vor diesem Hintergrund wurden die langfristigen Lieferverträge nachverhandelt und beinhalten neben der Ölpreisbindung nun auch eine Spotmarkt-Indexierung, um den veränderten Marktbedingungen gerecht zu werden, sodass sich die Preise seither wieder angeglichen haben (Abb. 57).[838]

Aufgrund dieser Marktsituation hatten die europäischen Gasunternehmen kein unmittelbares Interesse an dem Abschluss neuer langfristiger Lieferverträge, wie beispielsweise mit Turkmenistan, worauf bei der Aufarbeitung der Ursachen für das Scheitern des Pipelineprojektes transkaspische Pipeline (II) noch einmal zurückzukommen sein wird (Kap. 4.4.13.2).

Im Zuge der umfangreichen Förderung von Schiefergas in den USA werden auch innerhalb der Staaten der Europäischen Union Debatten über die Nutzung unkonventioneller Gasvorkommen geführt. Inwieweit diese zur künftigen Energieversorgung der EU herangezogen werden, ist aber derzeit noch nicht abschätzbar.

---

836 Es befinden sich zusätzliche Regasifizierungskapazitäten in Höhe von 18,3 Mrd. m³ pro Jahr im Bau. Geplant sind zusätzliche Kapazitäten von bis zu 207 Mrd. m³. Vgl. IEA: Medium-Term Gas Market Report 2014: Market Analysis and Forecasts to 2019, Paris: OECD/IEA, 2014, S. 206; IEA: Medium-Term Gas Market Report 2015: Market Analysis and Forecasts to 2020, Paris: OECD/IEA, 2015, S. 134.
837 Vgl. IEA: Medium-Term Gas Market Report 2015: Market Analysis and Forecasts to 2020, Paris: OECD/IEA, 2015, S. 94 f., 112 f.
838 Vgl. IEA: Medium-Term Gas Market Report 2014: Market Analysis and Forecasts to 2019, Paris: OECD/IEA, 2014, S. 192.

4.4 Turkmenistan und der „Südliche Gaskorridor"   333

Abbildung 57: Entwicklung der Erdgaspreise (in USD/MBtu)

Quelle: IEA: Medium-Term Gas Market Report 2014: Market Analysis and Forecasts to 2019, Paris: OECD/IEA, 2014, S. 189.

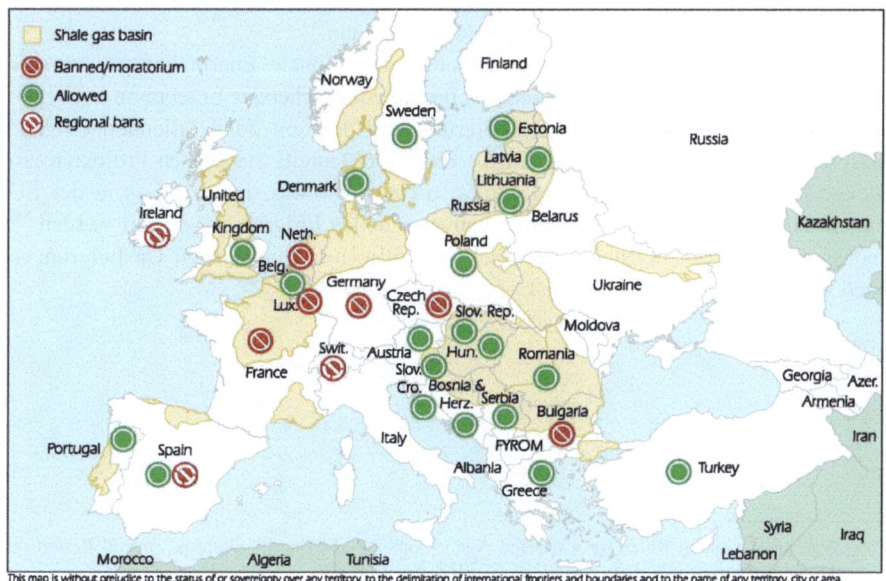

Abbildung 58: Schiefergasvorkommen in Europa und Rechtslage zu deren Erschließung

Quelle: IEA: Medium-Term Gas Market Report 2014: Market Analysis and Forecasts to 2019, Paris: OECD/IEA, 2014, S. 82.

Wie aus Abbildung 58 hervorgeht, werden zwar in verschiedenen Regionen unkonventionelle Gasvorkommen vermutet, allerdings sind über den Umfang der Reserven und Ressourcen sowie damit verbundene Produktionspotenziale noch keine verbindlichen Angaben möglich, da entsprechende umfassende Explorationsarbeiten noch nicht durchgeführt worden sind.[839] Die IEA hat verschiedene Szenarien entwickelt, wonach die Förderung von unkonventionellem Gas im Jahr 2020 bis zu elf Mrd. m³ pro Jahr und im Jahr 2035 bis zu 77 Mrd. m³ betragen könnte. Allerdings sehen die jeweiligen Prognosen auch die Möglichkeit vor, dass gar keine Volumen produziert werden.[840] Obwohl die Erdgasimportabhängigkeit der EU in den kommenden Dekaden aufgrund der sinkenden Produktion weiter zunehmen wird, ist keineswegs gesichert, dass umfangreiche Anstrengungen in Bezug auf die unkonventionelle Gasförderung unternommen werden. Zwar sind in der überwiegenden Zahl der EU-Mitgliedstaaten die dafür notwendigen rechtlichen Rahmenbedingungen vorhanden (Abb. 58), doch bestehen in der Bevölkerung Vorbehalte in Bezug auf deren Nutzung. Da die Staaten der EU im Gegensatz zu den USA eine hohe Besiedelungsdichte aufweisen, ist mit großem Widerstand der lokalen Bevölkerung zu rechnen, sodass die Umsetzung etwaiger Projekte mit Hindernissen verbunden sein kann.[841]

In Polen und Rumänien haben bereits internationale Energiekonzerne in die Produktion von Schiefergas investiert. Aufgrund enttäuschender Ergebnisse von Testbohrungen, Vorbehalten in der Bevölkerung und den seit 2014 fallenden Öl- und Gaspreisen haben sich diese allerdings wieder größtenteils aus diesen Projekten zurückgezogen. Vor diesem Hintergrund ist nicht davon auszugehen, dass in der EU mittelfristig umfangreiche Volumen unkonventionellen Erdgases produziert werden,[842] sodass dieser Faktor bei der Frage nach zukünftigen turkmenischen Gaslieferungen nach Europa zu vernachlässigen ist.

---

839 Vgl. IEA: Golden Rules for a Golden Age of Gas: World Energy Outlook Special Report on Unconventional Gas, Paris: OECD/IEA, 2012, S. 120 f.
840 Vgl. IEA: Golden Rules for a Golden Age of Gas: World Energy Outlook Special Report on Unconventional Gas, Paris: OECD/IEA, 2012, S. 129.
841 Vgl. IEA: Golden Rules for a Golden Age of Gas: World Energy Outlook Special Report on Unconventional Gas, Paris: OECD/IEA, 2012, S. 122.
842 Die IEA erwartet eine Produktion von ca. zehn Mrd. m³ bis zum Jahr 2040. Vgl. IEA: World Energy Outlook 2015, Paris: OECD/IEA, 2015, S. 236 f; IEA: Medium-Term Gas Market Report 2015: Market Analysis and Forecasts to 2020, Paris: OECD/IEA, 2015, S. 64.

4.4.12 Die Interessen der beteiligten Akteure in Bezug auf die Beteiligung Turkmenistans am „Südlichen Korridor" und den Bau der transkaspischen Pipeline

4.4.12.1 Turkmenistan

Die Interessen Turkmenistans leiten sich aus vorigen Ausführungen ab. Aufgrund der staatlichen Verfasstheit des Landes und der Abhängigkeit vom kontinuierlichen Fluss von Einnahmen aus dem Erdgasexport verfolgt die turkmenische Regierung das Ziel, möglichst umfangreiche Exportvolumen zu möglichst hohen Preisen zur Maximierung der Exporteinnahmen zu realisieren, was letztendlich eine wesentliche Voraussetzung für die Aufrechterhaltung der Machtstrukturen ist (Kap. 1.8 und Kap. 1.9).

Durch die Lieferverträge mit Russland, China und dem Iran schienen die Exporteinnahmen gesichert. Für die turkmenische Regierung bestand daher zunächst kaum ein Anreiz, zusätzliche Exportverpflichtungen gegenüber europäischen Abnehmern einzugehen und zu diesem Zweck den Bau einer transkaspischen Pipeline voranzutreiben – was zudem das Risiko beinhaltete, die Beziehungen zum damaligen Hauptabnehmer Russland zu belasten (Kap. 4.4.5 u. Kap. 4.4.6).

Erst 2009, nach dem Einbruch der Gasexporte nach Russland und dem sich anschließenden Abzeichnen, dass Gazprom den Import aus Turkmenistan nicht wieder deutlich erhöhen würde, erfolgte eine Neupositionierung der turkmenischen Regierung. Diese zog nun den Export mittels einer transkaspischen Pipeline ernsthaft in Erwägung, wie die Bereitschaft zeigt, diesbezüglich trilaterale Verhandlungen mit Vertretern Aserbaidschans und der EU-Kommission zu führen (Kap. 4.4.9). Der Zusammenhang zwischen dem Gashandel Turkmenistans und den Diversifizierungsbestrebungen der turkmenischen Regierung ist somit auch hier von Bedeutung.

In Bezug auf etwaige zukünftige Exporte nach Europa strebt die turkmenische Regierung den Abschluss eines langfristigen Liefervertrages mit einem Liefervolumen von 30 Mrd. m³ pro Jahr an. Schließlich gilt es aus der Perspektive Turkmenistans sicherzustellen, dass die Vorteile von Erdgasexporten nach Europa, also die Generierung umfangreicher Einnahmen, die Nachteile bzw. Risiken, die Belastung der turkmenisch-russischen Beziehungen oder sogar etwaige Vergeltungsmaßnahmen Russlands, überwiegen (Kap. 4.4.13).[843]

Dabei befand sich Turkmenistan, insbesondere durch die mit China geschlossenen Abkommen, im Vergleich zur Situation Ende der 1990er-Jahre, als die trans-

---

[843] Vgl. Roberts, John/Powell, William: Turkmenistan struggles to break deadlock, in: International Gas Report, 21.11.2011.

kaspische Pipeline die einzig verbleibende Möglichkeit schien (Kap. 4.3.4.1), in einer deutlich besseren Position, sodass das Land nicht notwendigerweise auf Exporte nach Europa angewiesen war.[844] Zusätzlich verzeichnete auch das Pipelineprojekt TAPI parallel weitere Fortschritte (Kap. 2.2.9.1).

Vor diesem Hintergrund insistiert die turkmenische Regierung auf den von ihr festgelegten Konditionen für den Erdgasexport mittels einer transkaspischen Pipeline und ist nicht bereit, grundlegende Positionen – die Weigerung, sich selbst aktiv am Bau einer transkaspischen Pipeline zu beteiligen; das Festhalten an der Exportpolitik, wonach der Käufer das Gas an der turkmenischen Grenze abnehmen muss (Kap. 2.2.10.3) – dafür aufzugeben.[845] Außerdem besteht sie mit Blick auf mögliche Gasexporte nach Europa darauf, dass nur ein einzelner Käufer als Abnehmer des Erdgases auftritt,[846] und lehnt eine direkte Beteiligung ausländischer Unternehmen an der Produktion von Onshore-Lagerstätten, etwa in Form eines PSA, weiterhin ab (Kap. 2.2.10.3).

Außerdem verfolgte Turkmenistan mit Aufnahme der trilateralen Verhandlungen das Interesse, Gebietsansprüche gegenüber Aserbaidschan in Bezug auf das umstrittene Feld Serdar durchzusetzen (Kap. 1.10.3.2). Die turkmenische Regierung erwartete von der EU in dieser Frage Unterstützung und dass diese im Zuge der Verhandlungen zu Gunsten Turkmenistan gelöst werde.[847] Die EU wollte hingegen den Bau einer transkaspischen Pipeline losgelöst von der ungeklärten Frage der Grenzziehung und damit verbundener Besitzansprüche verhandeln.[848]

---

844 Siehe zu diesem Aspekt auch: Pirani, Simon: Central Asian and Caspian Gas Production and the Constraints on Export, Oxford Institute for Energy Studies, December 2012, S. 15 f.
845 Vgl. Pirani, Simon: Central Asian and Caspian Gas Production and the Constraints on Export, Oxford Institute for Energy Studies, December 2012, S. 99.
846 Diese Exportpolitik ist für die Käuferseite mit Schwierigkeiten verbunden, da das von Turkmenistan eingeforderte Absatzvolumen von 30 Mrd. m³ pro Jahr zu groß ist, als dass es von einem einzelnen europäischen Energieunternehmen abgenommen werden könnte. Um der turkmenischen Regierung in diesem Punkt entgegenzukommen, schlug die EU-Kommission vor, zur Bündelung der Absatzvolumen eine Plattform bzw. einen eigenen Mechanismus zu schaffen. Die sogenannte *Caspian Development Corporation* sollte als alleiniger Abnehmer des turkmenischen Gases fungieren, was allerdings auf Vorbehalte seitens der Energiewirtschaft stieß, da befürchtet wurde, mit dieser Vorgehensweise gegen europäisches Wettbewerbsrecht zu verstoßen. Vgl. Pirani, Simon: Central Asian and Caspian Gas Production and the Constraints on Export, Oxford Institute for Energy Studies, December 2012, S. 100; IHS CERA: Caspian Development Corporation: Final Implementation Report, Cambridge: IHS CERA, December 2010, S. 3 ff.; Europäische Kommission: Mitteilung der Kommission an das Europäische Parlament, den Rat, den Europäischen Wirtschafts- und Sozialausschuss und den Ausschuss der Regionen: Zweite Überprüfung der Energiestrategie: EU-Aktionsplan für Energieversorgungssicherheit und -solidarität, KOM(2008) 781, Brüssel, 13.11.2008, S. 5.
847 Vgl. Ritchie, Michael: Turkmenistan snubs EU over Trans-Caspian Pipeline, in: Nefte Compass, 20.09.2012.
848 Vgl. Rzayeva, Gulmira/Tsakiris, Theodoros G. R.: Stategic Imperative: Azerbaijani Gas Strategy and the EU's Southern Corridor, Baku: SAM Center for Strategic Studies, 2012, S. 25.

4.4.12.2 Europäische Union

Die Interessen der EU im Hinblick auf den Bau einer transkaspischen Pipeline und damit verbundene Erdgaslieferungen aus Turkmenistan stehen im Zusammenhang mit der Realisierung des „Südlichen Korridors".

Vor dem Hintergrund einer antizipierten stark steigenden Importabhängigkeit sah die EU-Kommission grundsätzlich die Erschließung neue Bezugsquellen für den europäischen Gasmarkt als vorrangige Aufgabe an (Kap. 4.4.1). Dementsprechend verfolgte die EU-Kommission ehrgeizige Pläne in Bezug auf den „Südlichen Korridor". Vorgesehen war, zehn bis 20 Prozent der EU-Gasnachfrage bis zum Jahr 2020 über diesen Korridor zu decken, was in etwa einem jährlichen Volumen von 45 bis 90 Mrd. m³ entspricht.[849] Dies übertrifft deutlich die Transportkapazität der geplanten Nabucco-Pipeline mit 31 Mrd. m³ pro Jahr (Tab. 23).

Da die EU-Kommission die Realisierung des Nabucco-Projektes favorisierte, die Exportkapazitäten Aserbaidschans für die Auslastung und damit den wirtschaftlichen Betrieb der Pipeline jedoch nicht ausreichend sind, verstärkte die EU-Kommission ihr Engagement, die turkmenische Regierung vom Bau einer transkaspischen Pipeline zum Export von turkmenischem Erdgas nach Europa zu überzeugen. Schließlich verfügt das Land über umfangreiche Reserven, die insbesondere nach dem Zerwürfnis mit Russland für den Export nach Europa zur Verfügung zu stehen schienen (Kap. 4.4.9), während sich die Erschließung von anderen möglichen Bezugsquellen für den „Südlichen Korridor" als problematisch erwies (Kap. 4.4.3).

Im Rahmen ihrer Diversifizierungsbestrebungen bezüglich des „Südlichen Korridors" verfolgte die EU-Kommission allerdings nicht nur das Interesse, die zukünftige Erdgasversorgung der Europäischen Union durch den Bezug zusätzlicher Volumen aus der Kaspischen Region zu gewährleisten. Das Ziel bestand zusätzlich darin, die Abhängigkeit der Europäischen Union von Gasimporten aus Russland zu verringern.[850] Insbesondere nach den Gaskrisen zwischen Russland und der Ukraine 2006

---

849 Vgl. Europäische Kommission: Mitteilung der Kommission an das Europäische Parlament, den Rat, den Europäischen Wirtschafts- und Sozialausschuss und den Ausschuss der Regionen: Energieinfrastrukturprioritäten bis 2020 und danach – ein Konzept für ein integriertes europäisches Energienetz, KOM(2010) 677, Brüssel, 17.11.2010, S. 36.
850 Vgl. Bilgin, Mert: Geopolitics of European natural gas demand: Supplies from Russia, Caspian and the Middle East, in: Energy Policy, Vol. 37, No. 11, 2009, S. 4482-4492, hier S. 4482, 4485 f.; Meister, Stefan: Energy Security in the South Caucasus: The Southern Corridor in its geopolitical environment, DGAP kompakt, Deutsche Gesellschaft für Auswärtige Politik e.V., Januar 2014, S. 2 f.; Smith Stegen, Karen/Kusznir, Julia: Outcomes and strategies in the 'New Great Game': China and the Caspian states emerge as winners, in: Journal of Eurasian Studies 6 (2015), S. 91-106, hier S. 97.

und 2009[851] und den Lieferausfällen in mehreren europäischen Ländern wurde die Verlässlichkeit Russlands bzw. Gazproms als Gasversorger zunehmend bezweifelt.[852] Ferner wurde der russischen Regierung vorgeworfen, die Abhängigkeit der Ukraine von russischen Gaslieferungen zu nutzen, um die Ukraine von ihrem prowestlichen Kurs abzubringen. Thematisiert wurde auch die Abhängigkeit der EU von russischen Gaslieferungen, die nun von der EU-Kommission und Regierungsvertretern verschiedener EU-Mitgliedsstaaten zunehmend als Problem betrachtet wurde.[853]

---

851   Zu den Hintergründen siehe: Stern, Jonathan: The Russian-Ukrainian gas crisis of January 2006, Oxford: Oxford Institute for Energy Studies, January 2006; Pirani, Simon/Stern, Jonathan/Yafimava, Katja: The Russo-Ukrainian gas dispute of January 2009: a comprehensive assessment, Oxford: Oxford Institute for Energy Studies, February 2009.

852   Gazprom hatte zwar 2006 die Lieferungen an die Ukraine eingestellt, aber die für den Export nach Europa vorgesehenen Volumen in das ukrainische Pipelinesystem zum Transit eingespeist. Die Ukraine zweigte Volumen für sich ab, sodass die Lieferungen nach Europa nicht in vollem Umfang erfolgten. So waren Ungarn, Österreich, die Slowakei, Rumänien, Frankreich, Polen, Italien und Deutschland im Zeitraum vom 1. bis 3. Januar 2006 mit geringeren Liefervolumen konfrontiert. Ähnliches wiederholte sich im Januar 2009 – mit weitreichenderen Auswirkungen, da es über einen längeren Zeitraum zu signifikanten Lieferausfällen kam, von denen insbesondere die Länder in Südosteuropa betroffen waren. Im Gegensatz zu der Gaskrise im Jahr 2006 kam es hier bedingt durch die Lieferausfälle zu Versorgungslücken. Vgl. Stern, Jonathan: The Russian-Ukrainian gas crisis of January 2006, Oxford: Oxford Institute for Energy Studies, January 2006, S. 8 f.; Stern, Jonathan: The new security environment for European gas: Worsening geopolitics and increasing global competition for LNG, Oxford: Oxford Institute for Energy Studies, October 2006, S. 3 f.; Pirani, Simon/Stern, Jonathan/Yafimava, Katja: The Russo-Ukrainian gas dispute of January 2009: a comprehensive assessment, Oxford: Oxford Institute for Energy Studies, February 2009, S. 53 ff.; Bilgin, Mert: Geopolitics of European natural gas demand: Supplies from Russia, Caspian and the Middle East, in: Energy Policy, Vol. 37, No. 11, 2009, S. 4482-4492, hier S. 4482, 4485 f.; Smith Stegen, Karen/Kusznir, Julia: Outcomes and strategies in the 'New Great Game': China and the Caspian states emerge as winners, in: Journal of Eurasian Studies 6 (2015), S. 91-106, hier S. 97.

853   In den EU-Russland-Energiebeziehungen gab es außerdem einige Konfliktlinien. Die EU will Russland davon zu überzeugen, den Energie-Charter-Vertrag zu ratifizieren, was von russischer Seite abgelehnt wird. Dabei stellt das Transitprotokoll eine Hürde in den Verhandlungen dar, da die russische Regierung und Gazprom fürchten, das russische Gaspipelinesystem für andere Akteure, z. B. Produzenten in der Kaspischen Region, öffnen zu müssen. Die von der EU getroffenen Maßnahmen zur fortschreitenden Liberalisierung des EU-Binnenmarktes für Erdgas (Third-Party-Access und Entflechtung) sind ebenfalls nicht im Interesse Gazproms. Trotz des 2000 eingerichteten Energiedialogs konnte bei einigen Themen noch keine Einigung erzielt werden. Zudem belastet die anhaltende Ukraine-Krise die EU-Russland-Beziehungen (siehe auch Ausblick). Vgl. Dickel, Ralf/Westphal, Kirsten: EU-Russland-Gasbeziehungen: Über die Bewältigung von neuen Unsicherheiten und Ungleichgewichten, SWP-Aktuell, Berlin: Stiftung Wissenschaft und Politik, Mai 2012, S. 1, 4 f.; Romanova, Tatiana: Energy demand: security for suppliers?, in: Dyer, Hugh/Trombetta, Maria Julia (eds.): International Handbook of Energy Security, Cheltenham; Northampton: Edward Elger, 2013, S. 239-257, hier S. 251 f.; Peters, Susanne/Westphal, Kirsten: Global energy supply: scale perception and the return to geopolitics, in: Dyer, Hugh/Trombetta, Maria Julia (eds.): International Handbook of Energy Security, Cheltenham; Northampton: Edward Elger, 2013, S. 92-113, hier S. 106 f.; Energy Charter Secretariat: International Energy Security: Common Concept for Energy Producing, Consuming and Transit Countries, Energy Charter Secretariat, March 2015, S. 14.

4.4 Turkmenistan und der „Südliche Gaskorridor"   339

	2002	2003	2004	2005	2006	2007	2008	2009	2010	2011	2012	2013
Russland	45,2	44,1	43,6	40,7	39,3	38,7	37,6	33,0	29,5	31,6	32,0	39,0
Norwegen	26,1	25,5	24,3	23,8	25,9	28,1	28,4	29,4	27,5	27,4	31,2	29,5
Algerien	21,1	19,8	18,0	17,6	16,3	15,3	14,7	14,2	14,0	13,0	13,6	12,8
Katar	0,9	0,7	1,4	1,5	1,8	2,2	2,3	5,5	9,7	11,0	8,5	6,7
Nigeria	2,2	3,1	3,6	3,4	4,3	4,6	4,0	2,4	4,1	4,3	3,6	1,8
Libyen	0,3	0,3	0,4	1,6	2,5	3,0	2,9	2,9	2,7	0,7	1,9	1,8
Trinidad und Tobago	0,2	0,0	0,0	0,2	1,2	0,8	1,7	2,2	1,4	1,0	0,9	0,8
Sonstige	4,1	6,5	8,6	11,1	8,8	7,2	8,3	10,3	11,0	11,0	8,5	7,6

Tabelle 24: Erdgasimporte der EU-28 nach Anteil der Lieferländer (in %)

Quelle: Eurostat: File: Main origin of primary energy imports, EU-28, 2002-12 (% of extra EU-28 imports) YB14.png, http://ec.europa.eu/eurostat/statistics-explained/index.php/File:Main_origin_of_ primary_energy_imports,_EU-28,_2002%E2%80%9312_%28%25_of_extra_EU-28_imports%29_Y B14.png (Zugriff: 30.06.2015); Eurostat: File: Main origin of primary energy imports, EU-28, 2003-13 (% of extra EU-28 imports) YB14.png, http://ec.europa.eu/eurostat/statistics-explained/index.php/ File: Main_origin_of_primary_energy_imports,_EU-28,_2003%E2%80%9313_%28%25_of_extra_ EU-28_imports%29_YB15.png (Zugriff: 07.02.2015).

Bei Betrachtung der Zusammensetzung der EU-Erdgasimporte im Zeitraum von 2002 bis 2013 wird deutlich, dass eine signifikante Abhängigkeit von russischen Gaslieferungen gegeben ist. Allerdings ist dabei auch zu berücksichtigen, dass sich der Anteil der Erdgasimporte aus Russland an den gesamten Gasimporten der EU von rund 45 Prozent 2002 auf knapp 30 Prozent im Jahr 2010 verringert hat. Inzwischen ist der Anteil jedoch wieder angestiegen und betrug 2013 39 Prozent 2013 (Tab. 24).[854]

Dabei sind die verschiedenen EU-Mitgliedsstaaten in unterschiedlichem Maße von Erdgasimporten aus Russland abhängig. Mit den EU-Osterweiterungsrunden in den Jahren 2004 und 2007 stieg die Anzahl der EU-Mitgliedsstaaten, die einen vergleichsweise hohen Grad der Abhängigkeit von russischen Erdgaslieferungen aufweisen und folglich von den Gaskrisen unmittelbar betroffen waren.[855] Der Bau der

---

854 Siehe dazu auch Kap. 4.4.12.3.
855 Die neuen EU-Mitgliedsstaaten sind zwar in einem vergleichsweise hohen Maß von russischen Erdgaslieferungen abhängig, dieses Erdgas hat aber bei der Energieversorgung von Bulgarien, Tschechien und Polen sowohl in Bezug auf den Primärenergiemix als auch die Stromerzeugung keine so herausgehobene Stellung. Vgl. Westphal, Kirsten: Russisches Erdgas, ukrainische Röhren, europäische Versorgungssicherheit: Lehren und Konsequenzen aus dem Gasstreit 2009, SWP Studie, Berlin: Stiftung Wissenschaft und Politik, Juli 2009, S. 23 f.

geplanten Nabucco-Pipeline hätte deutlich zu einer Verbesserung der Erdgasversorgungssicherheit der neuen EU-Mitgliedstaaten beitragen können, da ein Drittel des Transportvolumens für den Verbrauch in den jeweiligen Transitländern vorgesehen war. Zusätzlich sahen die Planungen des Nabucco-Konsortiums die Möglichkeit der Reversibilität der Transportrichtung vor, sodass im Falle von Versorgungskrisen die Gasströme zu den betroffenen Ländern hätten umgeleitet werden können.[856]

Zusammengefasst verfolgte die EU mit dem Bau einer transkaspischen Pipeline und damit verbundenen turkmenischen Gasexporten nach Europa das unmittelbare Interesse, die von ihr favorisierte Nabucco-Pipeline zu realisieren, um dadurch übergeordnete Ziele – die Deckung des antizipierten ansteigenden Importbedarfs sowie die Verringerung der Abhängigkeit von Gaslieferungen aus Russland – zu erreichen, womit letztendlich eine Steigerung der Versorgungssicherheit erzielt werden sollte.

4.4.12.3 Russland

Das vorrangige Interesse der russischen Regierung bestand im Erhalt der Hegemonialstellung Russlands im postsowjetischen Raum. Turkmenistan bzw. Zentralasien wird als Gebiet traditioneller russischer Einflusssphäre gesehen. Vor diesem Hintergrund lehnt Russland den Bau einer transkaspischen Pipeline zum Transport von turkmenischem Erdgas in die Türkei bzw. nach Europa ab, da dieser eine verstärkte Westbindung Turkmenistans zur Konsequenz haben würde, was wiederum den Verlust russischen Einflusses zur Folge hätte (Kap. 1.10.4.1). Dieser Machtanspruch wird in Bezug auf den etwaigen Bau einer Transkaspischen Pipeline nicht offen von der russischen Regierung formuliert. Sie bedient sich des ungelösten rechtlichen Status des Kaspischen Meeres und ökologischer Bedenken, um den Bau von Pipelines durch das Kaspische Meer ablehnen zu können (Kap. 1.10.3.2 und Kap. 4.4.13.1).

Für die ablehnende Haltung der russischen Regierung sind neben machtpolitischen Interessen auch energiepolitische bzw. -wirtschaftliche Interessen von Bedeutung. Bis zum Einsetzen der Finanz- und Wirtschaftskrise im Jahr 2008 profitierten Gazprom und die russische Regierung in verschiedener Hinsicht von dem Bezug von Erdgas aus Turkmenistan. Die Erdgasimporte aus Turkmenistan ermöglichten es Gazprom, seinen Lieferverpflichtungen im In- und Ausland gerecht zu werden und kostspielige Investitionen in die Erschließung neuer Erdgasvorkommen aufzuschieben (Kap. 3.3.2). Durch die Bindung der turkmenischen Exportkapazitäten kontrollierte Russland außerdem den Erdgashandel im postsowjetischen Raum und die Versor-

---

856 Vgl. Barysch, Katinka: Should the Nabucco pipeline project be shelved? Transatlantic Academy Paper Series, Washington DC: Transatlantic Academy, May 2010, S. 7.

gung der Ukraine (Kap. 3), was wiederum sowohl den politischen Zielen der russischen Regierung als auch den Geschäftsinteressen Gazproms diente.[857] Folglich waren die russische Regierung und Gazprom bis zum Einsetzen der Wirtschaftskrise am Erhalt des Status quo bzw. an einer Ausweitung der Gasimporte aus Turkmenistan interessiert und zu Zugeständnissen, wie beispielsweise der Gewährung besserer Konditionen, bereit. Dadurch schienen die Exportkapazitäten an Russland gebunden und nicht für den „Südlichen Korridor" bzw. die geplante Nabucco-Pipeline zur Verfügung zu stehen (Kap. 3 und Kap. 4.4.6).

Die im Jahr 2008 einsetzende Finanz- und Wirtschaftskrise sowie parallel auftretende Veränderungen auf den internationalen bzw. europäischen Gasmärkten hatten schwerwiegende Auswirkungen auf den Gasabsatz Gazproms und gravierende Konsequenzen für die turkmenisch-russischen Gashandelsbeziehungen. Vor dem Hintergrund abnehmender anstatt erwarteter steigender Absatzvolumen bestand seitens Gazproms kein Interesse mehr, zusätzliches Gas aus Turkmenistan zu den gegebenen Konditionen zu beziehen. Aufgrund mangelnder Absatzmärkte hätte die fortwährende Bindung turkmenischer Exportkapazitäten überdies zu erheblichen Verlusten des russischen Gaskonzerns geführt (Kap. 3.3.7).

Zudem ist die Förderung von Gasproduzenten, die nicht dem Gazprom-Konzern angehören, in den vergangenen Jahren deutlich angestiegen. Damit ist Gazprom sowohl mit einer sinkenden Exportnachfrage als auch mit zunehmender Konkurrenz auf dem russischen Absatzmarkt konfrontiert. Angesichts gestiegener Preise für die Gasimporte aus Turkmenistan und dem steigenden Angebot durch andere Produzenten ist turkmenisches Gas auf dem russischen Markt nicht mehr konkurrenzfähig.[858] Daher hat Gazprom inzwischen angekündigt, dessen Bezug einzustellen (Kap. 2.2.5.1).

Gleichzeitig galt es aus der Perspektive der russischen Regierung und Gazproms, den europäischen Absatzmarkt verstärkt gegen etwaige konkurrierende Gasvolumen aus Turkmenistan abzuschirmen. Dabei verringerten sich die Gasexporte in die EU, was allerdings nicht nur auf den von 2007 bis 2013 um über 50 Mrd. m³ sinkenden Verbrauch dort zurückzuführen ist. Auch die Produktion sank um ca. 40 Mrd. m³,

---

[857] Russland verfolgt das Ziel, eine stärkere Bindung der Ukraine an Europa bzw. an den Westen zu verhindern, wie die anhaltende Ukraine-Krise verdeutlicht. Gleichzeitig ist Russland bzw. Gazprom für den Export von Erdgas nach Europa, die Haupteinnahmequelle des Gaskonzerns, vom Transit durch die Ukraine abhängig. 2014 liefen ca. 40 Prozent dieser Exporte durch die Ukraine. Vgl. Fischer, Sabine: Eskalation der Ukraine-Krise: Gegensätzliche Interpretationen erschweren internationale Diplomatie, SWP Aktuell, Berlin: Stiftung Wissenschaft und Politik, März 2014, S. 1 f.; Westphal, Kirsten: The European Gas Puzzle: Over-Securitization, Dilemmas and Multi-level Gas Politics on the European Continent a Year after 'Euromaidan', Oslo: Norwegian Institute of International Affairs, Policy Brief, November 2014, S. 1.

[858] Vgl. Pirani, Simon: Central Asian and Caspian Gas Production and the Constraints on Export, Oxford: Oxford Institute for Energy Studies, December 2012, S. 104.

sodass es nicht zu einem Einbruch der Importe kam; der Importbedarf stieg 2010, verursacht durch einen starken Winter, sogar kurzfristig wieder stark an, (Abb. 54) wovon Gazprom allerdings nicht profitieren konnte. Bei Betrachtung der Zusammensetzung der Erdgasimporte der EU wird deutlich, dass Gazprom, das zunächst auf der Einhaltung der Vertragskonditionen insistierte und dessen Gas damit vergleichsweise teuer zu beziehen war (Abb. 59), weiter kontinuierlich Marktanteile verlor. So verringerte sich der Anteil Gazproms an den Erdgasimporten der Europäischen Union im Zeitraum von 2007 bis 2012 um über sechs Prozent, während Katar seinen Anteil im gleichen Umfang erweitern konnte (Tab. 24).

Abbildung 59: Preis für russisches Gas auf dem europäischen Markt im Vergleich zum Spotmarktpreis (US-Dollar/MBtu)

Quelle: Paying the piper, in: The Economist, 04.01.2014, http://www.economist.com/news/business/21592639-european-efforts-reduce-russian-state-owned-companys-sway-over-gas-prices-have-been (Zugriff: 01.07.2015).

Die Veränderungen auf den Gasmärkten spielen dabei eine wichtige Rolle. Die massive Ausweitung der Förderung von unkonventionellem Gas, insbesondere von Schiefergas in den USA, hatte für den europäischen Markt und damit für Gazprom als einem der wichtigsten Lieferanten der EU weitreichende Konsequenzen, da sich dadurch der Importbedarf der USA maßgeblich verringerte. LNG-Exportkapazitäten, die ursprünglich für den Export in die USA aufgebaut wurden, insbesondere von Katar, standen nun auch für den europäischen Markt zur Verfügung (Kap. 4.4.11). In Kombination mit dem stagnierenden Importbedarf führte dies zu einem Gasüberangebot auf dem europäischen Markt. Dies hatte einen Preisverfall auf den europäischen Spotmärkten zur Folge; der Spotmarktpreis fiel deutlich, teilweise auf die Hälfte des Preises für Lieferungen im Rahmen von Langzeitverträgen, die an den Ölpreis gekoppelt waren.[859] Die europäischen Gasversorger deckten ihren Bedarf zunehmend zu einem erheblich günstigeren Preis auf den Spotmärkten und nahmen im Rahmen ihrer mit Gazprom geschlossenen langfristigen Lieferverträge, die eine Take-or-Pay-Klausel beinhalten, nur das vertraglich festgelegte Mindestvolumen ab.[860] Darüber hinaus passte Norwegen seine Exportpolitik den veränderten Marktbedingungen an und gewährte Spotmarktkonditionen im Rahmen bestehender langfristiger Lieferverträge, sodass es auch kurzfristig seinen Marktanteil vergrößern konnte (Tab. 24).[861]

Zusammenfassend ist also festzuhalten, dass die Konkurrenz für Gazprom auf dem europäischen Absatzmarkt bei stagnierendem Importbedarf deutlich zunahm. Vor diesem Hintergrund bestand das Interesse Russlands auch darin, turkmenisches Gas vom europäischen Markt fernzuhalten, um die Konkurrenz nicht noch weiter zu vergrößern. Folglich bestehen die übergeordneten Interessen Russlands darin, sowohl seinen machtpolitischen Anspruch gegenüber Turkmenistan als auch seine nach wie vor herausgehobene Stellung auf dem europäischen Gasmarkt zu verteidigen. Der Export von turkmenischem Erdgas mittels einer transkaspischen Pipeline nach Europa ist somit nicht mit den Interessen Russlands vereinbar und dementsprechend aus russischer Perspektive zu verhindern.

---

859 Vgl. Dickel, Ralf/Westphal, Kirsten: EU-Russland-Gasbeziehungen: Über die Bewältigung von neuen Unsicherheiten und Ungleichgewichten, SWP-Aktuell, Berlin: Stiftung Wissenschaft und Politik, Mai 2012, S. 2.

860 Das vertraglich festgelegte Mindestvolumen liegt in der Regel bei ca. 80 Prozent des vereinbarten gesamten Liefervolumens. Der Anteil des Bezugs von Gas von Spotmärkten stieg von 15 Prozent 2008 auf 44 Prozent 2012. Vgl. Dickel, Ralf/Westphal, Kirsten: EU-Russland-Gasbeziehungen: Über die Bewältigung von neuen Unsicherheiten und Ungleichgewichten, SWP-Aktuell, Berlin: Stiftung Wissenschaft und Politik, Mai 2012, S. 2; Paying the piper, in: The Economist, 04.01.2014, http://www.economist.com/news/business/21592639-european-efforts-reduce-russian-state-owned-companys-sway-over-gas-prices-have-been (Zugriff: 01.07.2015).

861 Vgl. Paying the piper, in: The Economist, 04.01.2014, http://www.economist.com/news/business/21592639-european-efforts-reduce-russian-state-owned-companys-sway-over-gas-prices-have-been (Zugriff: 01.07.2015).

4.4.12.4 Türkei

Die Interessen der Türkei in Bezug auf den „Südlichen Korridor" und damit verbundener etwaiger Gaslieferungen aus Turkmenistan beinhalten mehrere Ebenen. Vor dem Hintergrund einer Importabhängigkeit von über 70 Prozent zur Deckung ihres Energiebedarfs besteht das oberste Ziel der türkischen Energiestrategie in der Gewährleistung der Energiesicherheit des Landes.[862] Da die Türkei bei einem Erdgasanteil von ca. 32 Prozent an der Primärenergieversorgung eine fast hundertprozentige Importabhängigkeit für diesen Energieträger aufweist (Abb. 38), ist die Gasversorgungssicherheit von besonderer Bedeutung.[863]

Parallel zu den Bestrebungen der EU, Turkmenistan als Lieferland für den „Südlichen Korridor" zu gewinnen, um den antizipierten ansteigenden Importbedarf zu decken, befürchtete auch die Türkei erneut ein drohendes Versorgungsdefizit. Nach Einschätzungen von Botas aus dem Jahr 2009 würde der Gasbedarf bis zum Jahr 2020 auf knapp 66 Mrd. m³ pro Jahr anwachsen und eine Versorgungslücke auftreten, sollten bis dahin auslaufende Verträge – die Lieferverträge mit Russland (West I) und Algerien hatten nur eine Laufzeit bis 2011 bzw. 2014 –[864] nicht verlängert und zusätzlich neue Abkommen geschlossen werden, wie aus Tabelle 25 hervorgeht.

Unter Berücksichtigung der damals bestehenden Lieferverträge und der Bedarfsprognosen von Botas wurde ein Versorgungsdefizit in Höhe von rund 15 Mrd. m³ im Jahr 2015 und 24 Mrd. m³ im Jahr 2020 erwartet (Tab. 26). Inzwischen sind allerdings mehrere Lieferabkommen geschlossen worden, sodass der Bedarf gegenwärtig gedeckt ist.[865] Allerdings besteht die Möglichkeit, dass mit Beginn der nächsten Dekade Versorgungslücken auftreten, da drei weitere Lieferverträge (Russland West II,

---

862 Vgl. Republic of Turkey, Ministry of Foreign Affairs: Turkey's Energy Strategy, http://www.mfa.gov.tr/turkeys-energy-strategy.en.mfa (Zugriff: 03.02.2014).
863 Vgl. IEA: Turkey: Share of total primary energy supply in 2013, http://www.iea.org/stats/WebGraphs/TURKEY4.pdf (Zugriff: 06.01.2015).
864 Vgl. Winrow, Gareth M.: Problems and Prospects for the "Fourth Corridor": The positions and role of Turkey in gas transit to Europe, Oxford: Oxford Institute for Energy Studies, June 2009, S. 14 f., 18.
865 Der Vertrag mit Algerien wurde inzwischen verlängert. Zusätzlich wurde ein Abkommen mit Aserbaidschan über ein jährliches Liefervolumen von sechs Mrd. m³ (Shah Deniz II) geschlossen. Die Lieferungen werden voraussichtlich bis Ende dieser Dekade aufgenommen. Die Verlängerung des Vertrages mit Russland (Russland West I) wurde von Botas aufgrund von Unstimmigkeiten über den Preis verweigert. Inzwischen haben im Zuge der Liberalisierung des türkischen Gasmarktes verschiedene andere Unternehmen einen Liefervertrag mit Gazprom geschlossen, dessen jährliches Liefervolumen insgesamt zehn Mrd. m³ beträgt. Vgl. Rzayeva, Gulmira: Natural Gas in the Turkish Domestic Energy Market: Policies and Challenges, Oxford: Oxford Institute for Energy Studies, February 2014, S. 29 ff.; Today's Zaman: Turkey cancels natural gas contract with Russia, 02.10.2011, http://www.todayszaman.com/news-258670-turkey-cancels-natural-gas-contract-with-russia.html (Zugriff: 22.07.2015).

4.4 Turkmenistan und der „Südliche Gaskorridor"

Vertrag	2009	2010	2015	2020
Russland (West I)	6,0	6,0	0	0
Russland (West II)	8	8	8	8
Russland Blue Stream	14	16	16	16
Iran	9,556	9,556	9,556	9,556
Aserbaidschan Shah Deniz I	6,6	6,6	6,6	6,6
LNG Algerien	4,444	4,444	0	0
LNG Nigeria	1,338	1,338	1,338	1,338
Gesamtes Vertragsvolumen	49,938	51,938	41,494	41,494
Prognostizierter Bedarf	40,903	43,806	56,183	65,867

Tabelle 25: Gasversorgung- und -bedarf der Türkei bis 2020 (in Mrd. m^3)

Quelle: Angaben von Botas (Stand Juni 2009), zit. nach Winrow, Gareth M.: Problems and Prospects for the "Fourth Corridor": The positions and role of Turkey in gas transit to Europe, Oxford: Oxford Institute for Energy Studies, June 2009, S. 15.

Shah Deniz I sowie Nigeria LNG) bis dahin auslaufen, sollten sie nicht vorher verlängert werden.[866] Vor diesem Hintergrund verfolgt die Türkei das Ziel, mittels des „Südlichen Korridors" zusätzliche und vergleichsweise günstige Bezugsquellen für den türkischen Markt zu erschließen, um die Gasversorgungssicherheit zukünftig gewährleisten zu können.[867]

Darüber hinaus verfolgt die Türkei im Rahmen ihrer Energiestrategie unter anderem das Ziel, die Versorgungsrouten und Bezugsländer zu diversifizieren.[868] Bei näherer Betrachtung der Erdgasversorgung wird deutlich, dass die Türkei überwiegend von Importen aus Russland abhängig ist. Im Zeitraum von 2006 bis 2013 hatten die Importe aus Russland mit Ausnahme des Jahres 2010 einen Anteil von über 50 Prozent (Tab. 26).

---

866 Vgl. Rzayeva, Gulmira: Natural Gas in the Turkish Domestic Energy Market: Policies and Challenges, Oxford: Oxford Institute for Energy Studies, February 2014, S. 23, 26 f.
867 Vgl. Winrow, Gareth M.: Problems and Prospects for the "Fourth Corridor": The positions and role of Turkey in gas transit to Europe, Oxford: Oxford Institute for Energy Studies, June 2009, S. 18 ff.
868 Weitere Zielsetzungen in Bezug auf die Gewährleistung der Energiesicherheit sind u. a. die Steigerung des Anteils Erneuerbarer Energien an der Energieversorgung und die Nutzung von Kernenergie sowie die Ergreifung von Maßnahmen zur Steigerung der Energieeffizienz. Vgl. Republic of Turkey, Ministry of Foreign Affairs: Turkey's Energy Strategy, http://www.mfa.gov.tr/turkeys-energy-strategy.en.mfa (Zugriff: 03.02.2014).

Erdgasimporte	2006	2007	2008	2009	2010	2011	2012	2013
Gesamte Erdgasimporte (in Mrd. m³)	30,2	35,8	37,2	35,9	38,0	43,9	45,9	45,3
Importe aus Russland (in Mrd. m³)	19,3	22,8	23,0	19,5	17,6	25,4	26,5	26,2
Anteil russischer Importe (in %)	63,9	63,5	61,8	54,3	46,2	57,9	57,7	57,9

Tabelle 26: Anteil der Gasimporte aus Russland an den Gesamtimporten der Türkei

Quelle: Eigene Darstellung nach IEA: Natural Gas Information 2015, Paris: OECD/IEA, 2015, S. II.14, II.21, II.25, II.29; IEA: Natural Gas Information 2012, Paris: OECD/IEA, 2012, S. II.16, II.23, II.27, II.31; IEA: Natural Gas Information 2009, Paris: OECD/IEA, 2009, S. II.16, II.27, II.31.

Der „Südliche Korridor" könnte also nicht nur zur Deckung einer antizipierten Versorgungslücke, sondern gleichzeitig auch zu einer weiteren Diversifizierung der Bezugsquellen der Türkei beitragen.[869]

Die Türkei ist daran interessiert, sich mittels des „Südlichen Korridors" als Gas Hub in der Region zu etablieren und sich nicht auf die Rolle des Transitlandes für Erdgaslieferungen nach Europa zu beschränken.[870] In diesem Zusammenhang sind auch die zwischenzeitlich geäußerten Forderungen der Türkei zu sehen, wonach 15 Prozent des durch die Türkei zu transportierenden Gases dieser zu vergünstigten Konditionen zur Verfügung gestellt werden sollten. Diese Volumen sollten neben der Deckung des Eigenbedarfs vermutlich auch den Re-Export ermöglichen.[871]

Ferner erwartete die türkische Regierung, durch den „Südlichen Korridor" an strategischer Bedeutung für die Beziehungen zwischen der EU und der Kaspischen Region bzw. dem Nahen Osten zu gewinnen und versprach sich Fortschritte in Bezug auf einen möglichen EU-Beitritt.[872]

---

869 Vgl. Winrow, Gareth M.: Problems and Prospects for the "Fourth Corridor": The positions and role of Turkey in gas transit to Europe, Oxford: Oxford Institute for Energy Studies, June 2009, S. 18 f.

870 Vgl. Winrow, Gareth: Realization of Turkey's Energy Aspirations: Pipe Dreams or Real Projects? Turkey Project Policy Paper, Washington DC: Center on the United States and Europe at Brookings, April 2014, S. 1 f.; 11 f.

871 Vgl. Winrow, Gareth M.: Problems and Prospects for the "Fourth Corridor": The positions and role of Turkey in gas transit to Europe, Oxford: Oxford Institute for Energy Studies, June 2009, S. 19 ff.

872 Vgl. Winrow, Gareth: Realization of Turkey's Energy Aspirations: Pipe Dreams or Real Projects? Turkey Project Policy Paper, Washington DC: Center on the United States and Europe at Brookings, April 2014, S. 1 f.; 11 f.; Kramer, Heinz: Die Türkei als Energiedrehscheibe: Wunschtraum und Wirklichkeit, SWP-Studie, Berlin: Stiftung Wissenschaft und Politik, April 2010, S. 21 f.; Winrow, Gareth M.: Problems and Prospects for the "Fourth Corridor": The positions and role of Turkey in gas transit to Europe, Oxford: Oxford Institute for Energy Studies, June 2009, S. 7 ff.

Daher unterstützte die Türkei zunächst das Nabucco-Projekt und war an Lieferzusagen aus Turkmenistan für die geplante Pipeline und damit verbunden dem Bau einer transkaspischen Pipeline interessiert, da so die Chancen auf die Umsetzung des Nabucco-Projektes deutlich gestiegen wären. Aufgrund seiner umfangreichen Gasreserven, der geografischen Nähe sowie bereits vorhandener intensiver politischer und wirtschaftlicher Beziehungen stellt Turkmenistan aus Sicht der Türkei ein geeignetes Lieferland zur Diversifizierung der Erdgasversorgung dar.[873] Zwar nahm die Türkei später Abstand vom Nabucco-Projekt und verständigte sich mit Aserbaidschan auf den Bau von TANAP, stellte aber auch den Transport von turkmenischen Erdgas mittels der neu geplanten Infrastruktur weiterhin in Aussicht (Kap. 4.4.13.3).

4.4.12.5 Aserbaidschan

Aserbaidschan verfolgt mehrere Interessen in Bezug auf die Realisierung des „Südlichen Korridors", die auch mit Konsequenzen für den etwaigen Bau einer transkaspischen Pipeline bzw. turkmenische Gasexporte nach Europa verbunden sind.

Aufgrund der sich abzeichnenden Verringerung der Erdölproduktion[874] und damit verbundener sinkender Einnahmen aus dem Erdölexport ist die aserbaidschanische Regierung grundsätzlich bestrebt, diese durch die Ausdehnung der Erdgasexporte zu kompensieren.[875] Durch die Erschließung des Feldes Shah Deniz konnte Aserbaidschan die Erdgasproduktion im Zeitraum von 2006 bis 2013 fast verdreifachen und ist seit 2007 Nettoexporteur von Erdgas. Die Produktion beziffert sich gegenwärtig auf ca. 18 Mrd. m³ pro Jahr; die Exporte haben inzwischen einen Umfang von ungefähr sechs bis sieben Mrd. m³ pro Jahr (Abb. 60).

---

873 Es existiert ein bereits im Mai 1999 zwischen beiden Ländern geschlossener Liefervertrag mit einem Volumen von 16 Mrd. m³ pro Jahr, der aufgrund mangelnder Transportinfrastruktur jedoch nicht in Kraft getreten ist (Kap. 4.3.5.1 und Kap. 4.3.6).
874 Die Erdölförderung Aserbaidschans scheint ihren Höhepunkt bereits überschritten zu haben. So verringerte sich nach Angaben von BP die Jahresproduktion von knapp 51 Mio. t im Jahr 2010 auf 45,6 Mio. t im Jahr 2011, 43,4 Mio. t im Jahr 2012, 43,5 Mio. t im Jahr 2013 und 42 Mio. t im Jahr 2014. Vgl. BP Statistical Statistical Review of World Energy 2015.
875 Die Rentierstaatstheorie (Kap. 1.8.1) kann ebenfalls auf Aserbaidschan angewendet werden. Folglich gilt es auch aus der Perspektive der aserbaidschanischen Regierung, den kontinuierlichen Fluss von Einnahmen aus dem Öl- und Gasexport sicherzustellen, um die bestehenden Machtstrukturen aufrechterhalten zu können. Vgl. Franke, Anja/Gawrich, Andrea/Alakbarov, Gurban: Kazakhstan and Azerbaijan as Post-Soviet Rentier States: Resource Incomes and Autocracy as a Double "Curse" in Post-Soviet Regimes, in: Europe-Asia Studies Vol. 61, Issue 1, 2009, S. 109-140; Hosp, Gerald: Die lange Leitung; in: Neue Zürcher Zeitung, 27.06.2013, http://www.nzz.ch/die-lange-leitung-1.18106233 (Zugriff: 22.07.2015).

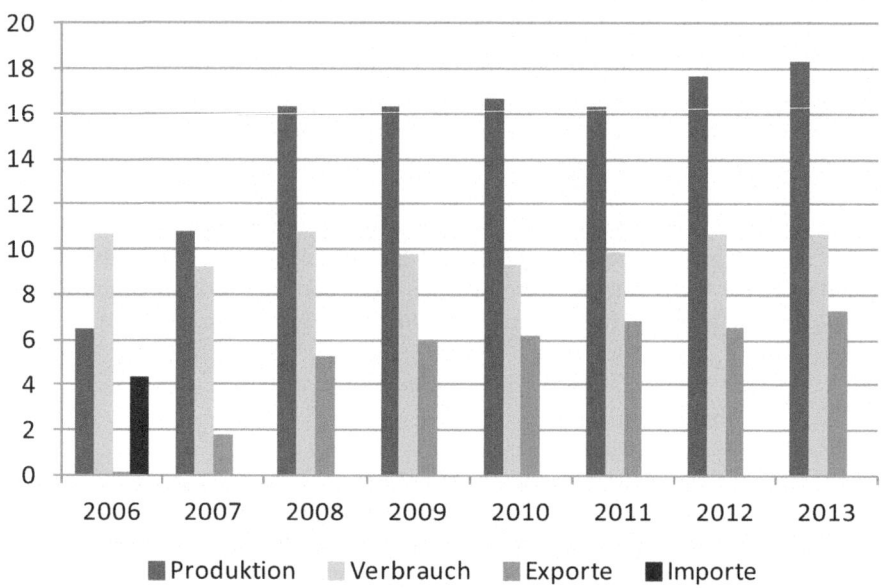

Abbildung 60: Gasbilanz Aserbaidschans (in Mrd. m³)

Quelle: Eigene Darstellung nach IEA: Natural Gas Information 2011, Paris: OECD/IEA, 2011, S. II.4, II.8, II.16, II.20; IEA: Natural Gas Information 2015, Paris: OECD/IEA, 2015, S. II.2, II.6, II.14, II.18.

Nach den Plänen der aserbaidschanischen Regierung und des Shah-Deniz-Konsortiums sollen die Erdgasexporte im Rahmen der zweiten Produktionsphase des Feldes (Shah Deniz II) deutlich gesteigert werden und Lieferungen in Höhe von zehn Mrd. pro Jahr an verschiedene Abnehmer in Europa enthalten.[876]

Um die von Aserbaidschan angestrebten Exporte nach Europa realisieren zu können, ist der Ausbau der dafür notwendigen Pipelineinfrastruktur wesentliche

---

[876] Den größten Anteil haben gegenwärtig die Erdgasexporte in die Türkei, die in den vergangenen Jahren durchschnittlich 4,2 Mrd. m³ pro Jahr betrugen, während weitere geringere Volumen nach Russland, Georgien und in den Iran geliefert werden. Die Exporte in den Iran erfolgen im Rahmen eines Swap-Geschäftes, der im Gegenzug die aserbaidschanische Exklave Nakhichevan mit Erdgas versorgt, die vom aserbaidschanischen Erdgasversorgungssystem durch den Konflikt mit Armenien abgeschnitten ist. Die Lieferverträge für die Produktion von Shah Deniz II haben einen Umfang von 16 Mrd. m³ pro Jahr, wovon sechs Mrd. m³ auf die Türkei und die restlichen zehn Mrd. m³ auf verschiedene Abnehmer in Europa entfallen. Vgl. Rzayeva, Gulmira: The Outlook for Azerbaijani Gas Supplies to Europe: Challenges and Perspectives, Oxford: Oxford Institute for Energy Studies, June 2015, S. 15 ff., 30; Williams, Selina: BP-Led Shah Deniz Group inks deals to sell Azeri gas direct to Europe, in: Dow Jones Top Energy Stories, 19.09.2013.

4.4 Turkmenistan und der „Südliche Gaskorridor" 349

Voraussetzung, sodass die Schaffung des „Südlichen Korridors" grundsätzlich mit den Interessen Aserbaidschans in Einklang steht. Zusätzlich dient der Aufbau einer Energiekooperation mit Europa auch den außenpolitischen Zielen Aserbaidschans, das eine stärkere Westbindung anstrebt (Kap. 1.10.4.7).[877]

Die Position Aserbaidschans in Bezug auf den Bau einer transkaspischen Pipeline und den Transit von turkmenischem Erdgas durch aserbaidschanisches Territorium ist als ambivalent zu bezeichnen. Zwar erklärte die aserbaidschanische Regierung wiederholt ihre Bereitschaft zur Zusammenarbeit in Bezug auf den Transit von turkmenischem Erdgas und den Bau einer transkaspischen Pipeline, um sich gegenüber der EU als verlässlicher Partner zur Realisierung des „Südlichen Korridors" zu positionieren, doch stellen einige Aspekte diese Kooperationsbereitschaft infrage.[878]

Die EU-Kommission favorisierte das Nabucco-Projekt, für dessen Realisierung Lieferungen aus Turkmenistan notwendig waren. Aserbaidschan zog aber auch andere Pipelineprojekte zum Export des eigenen Erdgases – wie ITGI, AGRI, TAP oder White Stream, die alle um Lieferzusagen aus Aserbaidschan warben – in Erwägung, die auch ohne Lieferzusagen aus Turkmenistan hätten realisiert werden können (Tab 23.). Aserbaidschan übte zunehmend Zurückhaltung gegenüber dem Nabucco-Projekt, was den Bestrebungen Aserbaidschans, bzw. SOCARs, geschuldet war, die Einnahmen zu maximieren und einen größeren Einfluss in Bezug auf seine Öl- und Gasexporte zu erlangen.[879] Zu diesem Zweck beabsichtigte SOCAR den Einstieg in das Mid- und Downstreamgeschäft und somit die Beteiligung an Pipelineprojekten zum Transport von aserbaidschanischem Gas ins bzw. im Ausland, was wiederum mit Konsequenzen für das Nabucco-Projekt verbunden war. Das Nabucco-Konsortium repräsentierte ausschließlich die Interessen der Verbraucher-, nicht die der Produzentenländer; selbst bei einem Einstieg in das Konsortium wäre der Einfluss von SOCAR sehr begrenzt geblieben. Aus diesem Grund hatten Aserbaidschan und die Unternehmen des Shah-Deniz-Konsortiums kein Interesse an der Umsetzung des Pipelineprojektes und favorisierten andere Alternativen.[880]

---

877 Vgl. Rzayeva, Gulmira/Tsakiris, Theodoros G. R.: Stategic Imperative: Azerbaijani Gas Strategy and the EU's Southern Corridor, Baku: SAM Center for Strategic Studies, 2012, S. 10 f.
878 Vgl. Rzayeva, Gulmira/Tsakiris, Theodoros G. R.: Stategic Imperative: Azerbaijani Gas Strategy and the EU's Southern Corridor, Baku: SAM Center for Strategic Studies, 2012, S. 25.
879 So besitzt SOCAR lediglich zehn Prozent der Anteile am Shah Deniz-Konsortium und an der Südkaukasus-Pipeline. Eine Umverteilung der Anteile des Shah Deniz-Konsortiums kann bis auf Weiteres nicht erfolgen, da die Lizenz noch eine Laufzeit bis zum Jahr 2036 hat. Vgl. Rzayeva, Gulmira/Tsakiris, Theodoros G. R.: Stategic Imperative: Azerbaijani Gas Strategy and the EU's Southern Corridor, Baku: SAM Center for Strategic Studies, 2012, S. 13 f.
880 Vgl. Rzayeva, Gulmira/Tsakiris, Theodoros G. R.: Stategic Imperative: Azerbaijani Gas Strategy and the EU's Southern Corridor, Baku: SAM Center for Strategic Studies, 2012, S. 13 ff.

Zusätzlich wurde bezweifelt, dass das Nabucco-Konsortium in der Lage sein würde, die erforderlichen Lieferzusagen aus Turkmenistan und dem Irak zu bekommen. Aufgrund der mangelnden Lieferzusagen kam es zu Verzögerungen; die Realisierung des Pipelineprojektes erschien zunehmend fraglich, während die aserbaidschanische Regierung danach strebte, möglichst zügig Einnahmen aus dem Export des Gases von Shah Deniz II zu erzielen.[881]

Darüber hinaus stellte die Unterstützung des Nabucco-Projektes aus aserbaidschanischer Perspektive eine mögliche Belastung für die ohnehin schwierig zu balancierenden Beziehungen zu Russland dar, das die Umsetzung des Pipelineprojektes aus erwähnten Gründen zu verhindern suchte (Kap. 4.4.12.3) und über diverse Möglichkeiten der Einflussahme gegenüber Aserbaidschan verfügt (Kap. 1.10.4.7). Die Entscheidung Aserbaidschans zugunsten von TANAP und TAP (Kap. 4.4.13.3) wurde auch dahingehend interpretiert, dass diese nur nicht ökonomischen Erwägungen geschuldet, sondern auch Ausdruck der Berücksichtigung russischer Interessen sei.[882] Daraus lässt sich wiederum der Schluss ziehen, dass eine umfangreiche Unterstützung für den Bau einer transkaspischen Pipeline zum Transport von turkmenischem Erdgas, der von Russland strikt abgelehnt wird, oder gar eine aktive Beteiligung daran nicht im Interesse Aserbaidschans sein kann, da dies aller Wahrscheinlichkeit nach mit schwerwiegenden Konsequenzen für die aserbaidschanisch-russischen Beziehungen verbunden sein würde.

Zudem wollte nicht nur Turkmenistan die trilateralen Verhandlungen über den Bau einer transkaspischen Pipeline nutzen, um den Konflikt mit Aserbaidschan über die Ziehung der Seegrenze zu eigenen Gunsten zu entscheiden (Kap. 4.4.12.1), auch die aserbaidschanische Regierung war bestrebt, im Rahmen der Gespräche ihre diesbezüglichen Forderungen durchzusetzen.[883]

Als ein weiterer wesentlicher Aspekt ist zu berücksichtigen, dass in Aserbaidschan in den vergangenen Jahren weitere Explorationsarbeiten erfolgreich durchgeführt wurden. Die aserbaidschanische Regierung geht nun von weitaus höheren

---

881 Vgl. Rzayeva, Gulmira/Tsakiris, Theodoros G. R.: Stategic Imperative: Azerbaijani Gas Strategy and the EU's Southern Corridor, Baku: SAM Center for Strategic Studies, 2012, S. 13 f., 16 f.; Cain, Michael J. G./Ibrahimov, Rovshan/Bilgin, Fevzi: Linking the Caspian to Europe: Repercussions of the Trans-Anatolien Pipeline, Rethink Paper 06, Washington DC: Rethink Institute, October 2012, S. 4 f.
882 Vgl. Hosp, Gerald: Die lange Leitung; in: Neue Zürcher Zeitung, 27.06.2013, http://www.nzz.ch/die-lange-leitung-1.18106233 (Zugriff: 22.07.2015), Kardaş, Şaban: The Turkey-Azerbaijan Energy Partnership in the Context of the Southern Corridor, IAI Working Papers 14, Rom: Istituto Affari Internazionali, March 2014, S. 9.
883 Vgl. Rzayeva, Gulmira/Tsakiris, Theodoros G. R.: Stategic Imperative: Azerbaijani Gas Strategy and the EU's Southern Corridor, Baku: SAM Center for Strategic Studies, 2012, S. 25.

Gasreserven aus.[884] Nach Shah Deniz II bestünde also die Möglichkeit, weitere Projekte umzusetzen, sodass die Produktion Aserbaidschans signifikant ansteigen könnte, wie in Tabelle 27 dargestellt ist.

Feld/ Struktur	Reserven (nachgewiesen oder geschätzt)	Lizenzinhaber	Möglicher Produktionsbeginn	Geschätzter Umfang des Produktionspotenzials
Shah Deniz II	1,2 tcm	BP (25,5 %), Statoil (25,5 %), SOCAR (10 %), Total (10 %), LukAgip (10 %), OIEC (10 %), TPAO (9 %)	2018	16 – 20 bcm/a
Azeri-Chirag-Guneshli (tief)	200 – 300 bcm	Verhandlungen zwischen SOCAR und den ACG-Partnern	2020	6 – 15 bcm/a
Absheron	150 – 340 bcm	SOCAR (40 %), Total (40 %), GdF Suez (20 %)	2020 – 2022	6 – 15 bcm/a
Babek	400 bcm	SOCAR	2020 – 2025	6 – 15 bcm/a
Nakhichevan	300 bcm	MoU zwischen SOCAR und RWE Dea	2020 – 2025	6 – 15 bcm/a
Shafag Asiman	k. A.	SOCAR, BP	k. A.	k. A.
Umid	200 bcm	SOCAR, eventuell Nobel Oil	2014	2 – 10 bcm/a
Zafar Mashal	300 bcm	SOCAR	2025	k. A.

Tabelle 27:   Gasfelder Aserbaidschans und Produktionspotenzial

Quelle: IEA: Medium-Term Gas Market Report 2013: Market Trends and Projections to 2018, Paris: OECD/IEA, 2013, S. 109; Pirani, Simon: Central Asian and Caspian Gas Production and the Constraints on Export, Oxford Institute for Energy Studies, December 2012, S. 53.

---

884 Nach Angaben von BGR und BP betragen die nachgewiesenen Erdgasreserven Aserbaidschans knapp 1,2 Bill m³. Aserbaidschans staatlicher Energiekonzern SOCAR beziffert diese hingegen auf 2,5 Bill. m³, wobei hier Volumen einbezogen werden, die nach der Methode von BP nicht als nachgewiesene Reserven, sondern als Ressourcen zu klassifizieren sind. Vgl. BGR: Energiestudie 2015. Reserven, Ressourcen und Verfügbarkeit von Energierohstoffen, Hannover: BGR, 2015, S. 114; BP Statistical Review of World Energy 2015; Rzayeva, Gulmira: The Outlook for Azerbaijani Gas Supplies to Europe: Challenges and Perspectives, Oxford: Oxford Institute for Energy Studies, Juni 2015, S. 2.

Nach Einschätzungen der IEA könnte die Produktion im Zeitraum von 2025 bis 2030 auf 39 bis 48 Mrd. m³ pro Jahr anwachsen, sodass eine Steigerung der Exportkapazität auf 27 bis 38 Mrd. m³ pro Jahr bis 2030 möglich erscheint, was allerdings von mehreren Faktoren abhängig ist.[885] Aserbaidschan ist indes bestrebt, die Erdgasexporte über Shah Deniz II hinaus signifikant auszuweiten, was sicherlich mit der antizipierten Verringerung der Einnahmen aus dem Erdölexport in Verbindung zu bringen ist. Dies hat wiederum Konsequenzen für den etwaigen Bau einer transkaspischen Pipeline bzw. den Transit von turkmenischem Erdgas durch Aserbaidschan, da es nicht im Interesse der aserbaidschanischen Regierung sein kann, den Transit von umfangreichen Volumen turkmenischen Erdgases zu ermöglichen, die auf dem europäischen Markt in Konkurrenz zu dem aserbaidschanischen Gas stünden (Kap. 4.4.13.3). Vor diesem Hintergrund unterbreitete Aserbaidschan den Vorschlag, die Offshore-Plattformen Aserbaidschans und Turkmenistans mittels einer technischen Pipeline zu verbinden, was den Transport von ca. lediglich zehn Mrd. m³ ermöglichen würde, anstatt der von Turkmenistan geforderten 30 Mrd. m³ pro Jahr; dieses Volumen wäre nur mittels einer transkaspischen Pipeline zu realisieren.[886]

Aus diesen Ausführungen wird deutlich, dass der Bau einer transkaspischen Pipeline nicht im Interesse Aserbaidschans ist, und sie veranschaulichen, warum Aserbaidschan zunehmend Abstand vom Nabucco-Projekt nahm und sich stattdessen mit der Türkei auf den Bau von TANAP verständigte bzw. sich anschließend für das Projekt TAP entschied (Kap. 4.4.13.3).

4.4.13 Ursachen für das Scheitern des Pipelineprojektes

Die nach der Vergabe des Mandates aufgenommenen trilateralen Gespräche über den Bau einer transkaspischen Pipeline führten nicht zum Erfolg, sodass bisher keine konkreten und verbindlichen Verträge abgeschlossen wurden. Die Weigerung von Präsident Berdymuchamedow im September 2012, den damaligen EU-Energiekommissar Oettinger zu empfangen, obwohl dieses Treffen zuvor geplant war, ist als

---

885 Diese beinhalten u. a. die Verfügbarkeit sowohl von Tiefwasserbohranlagen als auch zusätzlicher Transportkapazität, die Entwicklung des Inlandsverbrauchs Aserbaidschans, der signifikant ansteigen könnte, sollte das Land seine Pläne zum Ausbau der petrochemischen Industrie und der Düngemittelindustrie umsetzen, und die vorhandene Nachfrage nach Gas aus Aserbaidschan in der Türkei und in Europa. Vgl. IEA: Medium-Term Gas Market Report 2013: Market Trends and Projections to 2018, Paris: OECD/IEA, 2013, S. 109.

886 Vgl. Roberts, John: Azerbaijan's Socar calls for transCaspian gas interconnector, in: Platts Commodity News, 06.06.2012; Roberts, John: Analysis: Boundary disputes continue to hamper Caspian potential, in: Platts Commodty News, 13.07.2012.

weitestgehender Stillstand des Verhandlungsprozesses zu werten.[887] Zwar distanzierte sich die turkmenische Regierung anschließend nicht von dem Pipelineprojekt, doch wurden auch keine substanziellen Verhandlungen auf hochrangiger Ebene mehr geführt geschweige denn Fortschritte in Bezug auf dessen Realisierung erzielt.[888] Die Ursachen für den Stillstand liegen auf mehreren Ebenen und stehen in wechselseitiger Verbindung zueinander, wie die folgenden Ausführungen verdeutlichen. Ausgangspunkt der Überlegungen zum Scheitern des Projektes ist die Blockadehaltung Russlands.

4.4.13.1 Der Widerstand Russlands gegen den Bau einer transkaspischen Pipeline

Russland lehnte den Bau einer transkaspischen Pipeline aus macht- und energiepolitischen bzw. ökonomischen Motiven kategorisch ab (4.4.12.3). Folglich verurteilte die russische Regierung die Vergabe des Mandates an die EU-Kommission zum Führen von Verhandlungen mit den Regierungen Aserbaidschans und Turkmenistans über den Abschluss eines rechtlich verbindlichen Abkommens zum Bau einer transkaspischen Pipeline. In einer Erklärung des russischen Außenministeriums wurde betont, dass sich die fünf Anrainerstaaten des Kaspischen Meeres im Rahmen der Gipfeltreffen in den Jahren 2007 und 2010 darauf verständigt und dazu verpflichtet hätten, Entscheidungen über grundlegende Angelegenheiten bezüglich des Kaspischen Meeres gemeinsam zu treffen. Nach Auffassung des russischen Außenministeriums sei die Verlegung einer solchen Pipeline in einem landumschlossenen Gewässer mit hoher seismischer und tektonischer Aktivität eine eben solche Angelegenheit. Ferner verwies die Erklärung auf Risiken möglicher Unfälle durch den Bau und Betrieb der Pipeline, die alle Anrainerstaaten betreffen würden. Außerdem vertrat die russische Regierung die Ansicht, dass eine solche transkaspische Pipeline nicht mit den bereits im Rahmen der Öl- und Gasförderung im Kaspischen Meer verlegten Pipelines vergleichbar sei, da diese sich deutlich von der Größe der verlegten technischen Pipelines unterscheide und somit ein potenziell viel höheres Risiko darstelle. Ferner betrachtete die russische Regierung die Vorgehensweise der EU als Einmischung in die Angelegenheiten der fünf Anrainerstaaten, da keiner der EU-Mitgliedstaaten Anlieger des Kaspischen Meeres sei, und warnte davor, dass sich durch das Handeln der EU die Situation in der Region ernsthaft verkomplizieren und

---

887 Oettinger wurde auch kein Treffen mit dem Vizepremier und Außenminister Meredov gewährt, was als zusätzlicher diplomatischer Affront gesehen wurde. Vgl. Ritchie, Michael: Turkmenistan snubs EU over Trans-Caspian Pipeline, in: Nefte Compass, 20.09.2012.
888 Siehe dazu auch Kap. 5.

die Vorgehensweise negative Auswirkungen auf die andauernden Gespräche der fünf Anrainer über den rechtlichen Status des Kaspischen Meeres haben könne.[889]
Die Vorgehensweise der EU-Kommission ist in diesem Zusammenhang durchaus zu hinterfragen. Ganz gleich, ob die Einwände der russischen Regierung berechtigt sind oder nicht, kann die mangelnde Beteiligung Russlands (und auch des Iran) als Regional- und Hegemonialmacht an den Verhandlungen bei gleichzeitig unzureichender Berücksichtigung russischer Interessen selbst bei einem erfolgreichen Abschluss eben dieser nicht zu dem gewünschten Ergebnis führen. Denn bei Ausschluss der russischen Regierung von den Verhandlungen sind auch keine Zugeständnisse von ihr in Bezug auf den Bau einer transkaspischen Pipeline zu erwarten. Gleichzeitig verfügt sie jedoch über die Instrumente zur Durchsetzung ihrer Interessen.[890]
Dementsprechend wurde der Verhandlungsprozess in den Folgemonaten von scharfer Kritik seitens der russischen Regierung begleitet. Im Rahmen eines Treffens des russischen Sicherheitsrates bekräftigte der damalige Präsident Medvedev die Position Russlands, wonach der Bau einer transkaspischen Pipeline von der Zustimmung aller Anrainerstaaten abhängen würde.[891] Daraufhin gab das turkmenische Außenministerium als Reaktion eine Erklärung heraus, in der es die russische Position bezüglich der potenziellen Verlegung von Gaspipelines durch das Kaspische Meer als kontraproduktiv und unbegründet verurteilte und erklärte, dass diese zusätzlich die Souveränitätsrechte Turkmenistans verletzen würde und darauf abziele, dessen Energiestrategie zu unterminieren. Stattdessen beharrte die turkmenische Regierung auf ihrem Recht, als souveräner Staat im Rahmen ihrer multivektoralen Energiestrategie an allen erstrebenswerten Projekten teilnehmen zu können und lehnte ökologische Bedenken mit dem Hinweis ab, dass diese unbegründet seien und Turkmenistan höchste internationale Standards beim Bau der Pipeline berücksichtigen würde. Auch der ungeklärte rechtliche Status des Kaspischen Meeres wurde vom turkmenischen Außenministerium als Hinderungsgrund mit dem Hinweis zurückgewiesen, dass bereits bilaterale Abkommen zwischen Anrainerstaaten unterzeichnet worden

---

889 Vgl. Russia displeased with EU decision to launch Transcaspian gas pipeline talks (Russian Ministry of Foreign Affairs Website), in: BBC Monitoring Former Soviet Union, 13.09.2011.
890 Auch die EU drohte Russland Konsequenzen an. So soll EU-Kommissar Oettinger erklärt haben, dass die EU den Bau der South Stream-Pipeline nicht genehmigen werde, sollte Russland den Bau der transkaspischen Pipeline behindern. Außerdem wurden die Energiebeziehungen zwischen der EU und Russland durch das dritte Energiepaket weiter belastet und Gazprom wurde vorgeworfen, seine Marktstellung zu missbrauchen, woraufhin Durchsuchungen in den Geschäftsräumen des Unternehmens erfolgten. Vgl. Daly, Tom: Russia: Europe's challenge, in: Energy Compass, 28.10.2011; Russian paper says differences over Caspian gas pipeline can trigger war (Nezavisimaya Gazeta Website), in: BBC Monitoring Former Soviet Union, 24.11.2011.
891 Vgl. Khrennikova, Dina: Russia says Caspian gas line would need consent of all littoral states, in: Platts Commodity News, 14.10.2011.

4.4 Turkmenistan und der „Südliche Gaskorridor" 355

seien und somit Turkmenistan als souveräner Anrainerstaat das Recht habe, mit einem anderen souveränen Anrainerstaat ein Abkommen über den Bau einer transkaspischen Pipeline zu schließen. Ferner erklärte das Außenministerium, dass es die Gespräche mit der EU über den Bau der transkaspischen Pipeline fortsetzen werde.[892]

Dieser Auseinandersetzung folgte eine weitere über den Umfang der turkmenischen Gasreserven. Im Oktober 2011 wurden neue Einschätzungen bezüglich des Umfangs der Gasreserven des Feldes Süd Jolotan bekannt gegeben. Die darin angegebenen deutlich höheren Reserven (Kap. 2.2.1)[893] wurden vom stellvertretenden Vorsitzenden von Gazprom, Alexander Medwedew, bezweifelt.[894] Die turkmenische Regierung reagierte erneut in Form einer Erklärung des Außenministeriums, in der sie diese Äußerung scharf zurückwies und als unangemessen sowie respektlos verurteilte.[895] Die Reaktionen der turkmenischen Regierung offenbaren, dass diese nicht mehr gewillt war, in Bezug auf ihre Gasexportpläne weiterhin Rücksicht auf die Interessen Russlands zu nehmen.[896]

Die verbalen Attacken gegenüber der turkmenischen Regierung und dem Pipelineprojekt wurden jedoch mit unverminderter Härte fortgesetzt. Der stellvertretende Duma-Vorsitzende und damalige Präsident der Russian Gas Society, Valery Yazev, erklärte, dass Turkmenistan ein lybisches Szenario riskiere, falls es weiter an seiner multivektoralen Politik (gemeint ist der Bau einer transkaspischen Pipeline) festhalten werde. Diese Äußerungen wurden als Drohung aufgefasst und es gab Spekulationen in der russischen Presse über ein mögliches militärisches Eingreifen Russlands, wie es in Georgien der Fall war, sollte der Bau der transkaspischen Pipeline beschlossen und umgesetzt werden.[897]

---

892 Vgl. Khrennikova, Dina: Russia stance on Caspian projects "Counterproductive": Turkmenistan, in: Platts Commodity News, 19.10.2011.
893 Vgl. Gurt, Marat: UPDATE 2-Gas field growth fuels Turkmen energy ambitions, in: Reuters News, 11.10.2011.
894 Vgl. Gazprom zweifelt an jüngster Schätzung „immenser" Gasreserven Turkmenistans, in: RIA Novosti, 18.11.2011; Gazprom doubts Turkmenistan has such huge gas reserves (Part 2), in: Interfax: Russia & CIS Business and Financial Newswire, 18.11.2011.
895 Vgl. Turkmenistan deplores Gazprom statement on Turkmen gas reserves, in: Interfax: Russia & CIS Energy Newswire, 20.11.2011.
896 Vgl. Neff, Andrew: Planning for "Renaissance", Turkmenistan angrily rebukes Gazprom's dismissal of gas reserve claims, in: IHS Global Insight Daily Analysis, 22.11.2011.
897 Vgl. Socor, Vladimir: Bluff in substance, brutal in form: Moscow warns against Trans-Caspian Projects, in: Eurasia Daily Monitor Volume 8, Issue 217, 30.11.2011, http://www.jamestown. org/single/?tx_ttnews[tt_news]=38723&no_cache=1#.VbOhPfljSkk (Zugriff: 25.7.2015); Russian paper says differences over Caspian gas pipeline can trigger war (Nezavisimaya Gazeta Website), in: BBC Monitoring Former Soviet Union, 24.11.2011; Russia will be better off without an international conflict over the Trans-Caspian gas pipeline (Nezavisimaya Gazeta, 01.06.2012), in: WPS: Defense & Security, 04.06.2012.

Spekulationen über ein solches militärisches Eingreifen Russlands sind grundsätzlich nicht unbegründet. Der Georgien-Krieg im Jahr 2008 hat der turkmenischen Regierung zwei Dinge verdeutlicht: Erstens ist Russland bereit und in der Lage, seine Interessen im postsowjetischen Raum auch mit militärischen Mitteln durchzusetzen; zweitens haben weder die EU bzw. deren Mitgliedstaaten noch die USA ein militärisches Vorgehen verhindert oder Georgien in der militärischen Auseinandersetzung maßgeblich unterstützt. Da keine verbindlichen Abkommen über den Bau der transkaspischen Pipeline geschlossen wurden, können auch keine Aussagen darüber getroffen werden, ob und in welcher Form Russland in diesem Fall tatsächlich militärisch eingegriffen hätte. Der seitens des Iran erzwungene Abbruch von Explorationsarbeiten BPs im Juli 2001 (Kap. 1.10.3.2) hat allerdings gezeigt, dass auch eine Blockade der Verlegung einer transkaspischen Pipeline durch die im Kaspischen Meer stationierte russische Flotte als mögliche Konsequenz in Betracht gezogen werden sollte.[898]

Neben dieser auf Konfrontation ausgerichteten Vorgehensweise unternahm die russische Regierung auch den Versuch, Turkmenistan wieder enger an Russland zu binden. Sie soll im Dezember 2011 das Angebot unterbreitet haben, wieder größere Volumen aus Turkmenistan zu beziehen, wenn im Gegenzug die Pläne zum Bau der transkaspischen Pipeline nicht weiter verfolgt würden. Allerdings machte Russland den Import größerer Volumen auch von der Senkung des Preises abhängig. Dieses Angebot bot indes keinen neuen Anreiz für Turkmenistan, da Russland schon zuvor ein größeres Importvolumen in Aussicht gestellt hatte, sollte sich der Preis verringern. Folglich lehnte Präsident Berdymuchamedow dieses Angebot ab.[899]

Allerdings stehen der russischen Regierung noch weitere Mittel zur Verfügung, um den Bau einer transkaspischen Pipeline zu verhindern, die weit weniger internationale Aufmerksamkeit als eine militärische Intervention fänden, aber dennoch wirkungsvoll wären. So hätte Russland den Bezug von turkmenischem Erdgas vollständig einstellen[900] (dies ist inzwischen geschehen, Kap. 2.2.5.1) bzw. ein vollständiges Handelsembargo gegen Turkmenistan verhängen können. Denn trotz der massiven Drosselung der Erdgasimporte aus Turkmenistan entfiel noch immer ein großer Anteil der Exporteinnahmen Turkmenistans auf Russland (Tab. 28).

---

898 Russland verfügt mit Abstand über die stärksten Seestreitkräfte im Kaspischen Meer. Vgl. Laruelle, Marlène/Peyrouse, Sébastien: The Militarization of the Caspian Sea: "Great Games" and "Small Games" over the Caspian fleets, in: China and Eurasia Forum Quarterly, Volume 7, No. 2, 2009, S. 17-35, hier S. 23 f., 28.
899 Vgl. Roberts, John: Turkmenistan-Russia talks reveal little, in: Platts Oilgram News, 29.12.2011; Russia-Turkmen talks locked, in: International Oil Daily, 27.12.2011.
900 Vgl. The Economist Intelligence Unit: The Great Game for gas in the Caspian: Europe opens the southern corridor, London: Economist Intelligence Unit, 2013, S. 22.

4.4 Turkmenistan und der „Südliche Gaskorridor" 357

	2006	2007	2008	2009	2010	2011	2012
Gesamtes Exportvolumen (Mrd. $)	6,724	8,932	11,945	9,323	9,679	16,751	19,987
Exporte nach Russland (Mrd. $)	3,162	4,361	6,019	4,353	2,454	3,42	3,98
Prozentualer Anteil	47,02	48,83	50,39	46,69	25,35	20,42	19,91

Tabelle 28: Umfang der Exporte Turkmenistans nach Russland

Quelle: Jumayev, Ishanguly: Foreign Trade of Turkmenistan: Trends, Problems and Prospects, Working Paper No. 11, Bishkek: University of Central Asia, Institute of Public Policy and Administration, 2012, S. 18; Strohbach, Jens-Uwe: Wirtschaftstrends Jahresmitte 2013 - Turkmenistan, Bonn: Germany Trade & Invest, 17.05.2013, S. 12; Strohbach, Jens-Uwe: Wirtschaftsstruktur und -chancen: Turkmenistan, Bonn: Germany Trade & Invest, Januar 2014, S. 8.

Zwar verringerte sich im Zeitraum von 2008 bis 2012 der Anteil der Ausfuhren nach Russland am gesamten Exportvolumens von rund 50 Prozent auf 20 Prozent, dennoch hatten die Exporte einen Umfang von knapp vier Mrd. US-Dollar (Tab. 28). Folglich hätte ein von Russland gegen Turkmenistan verhängtes Handelsembargo schwerwiegende Folgen haben können.

Nach der Wiederwahl Putins zum russischen Präsidenten wurde der Druck auf die turkmenische Regierung weiter erhöht, sodass diese aufgrund befürchteter politischer, wirtschaftlicher oder sogar militärischer Vergeltungsmaßnahmen zunehmend Abstand von dem Pipelineprojekt nahm.[901] Dieser Prozess wurde durch den Umstand verstärkt, dass seitens der EU keine Sicherheitsgarantien zu erwarten waren und sich zusätzlich zunehmend abzeichnete, dass Turkmenistan nicht die angestrebten Volumen in die Türkei und nach Europa würde exportieren können (Kap. 4.4.13.2 und Kap. 4.4.13.3). Schließlich galt es aus Perspektive der turkmenischen Regierung, sich bestmöglich gegen etwaige Reaktionen Russlands abzusichern. Zu diesem Zweck verfolgte sie das Ziel, möglichst umfangreiche Volumen mittels der transkaspischen Pipeline zu exportieren. Dies ist mit Schwierigkeiten verbunden, wie folgende Ausführungen über die Unvereinbarkeit der verschiedenen Interessen, die im Zusammenhang mit den Bedingungen auf dem europäischen Gasmarkt und den Ambitionen Aserbaidschans stehen, verdeutlichen.

---

901 Vgl. Ritchie, Michael: Trans-Caspian gas line misses deadline for Turkey gathering, in: Nefte Compass, 01.11.2012.

4.4.13.2 Die Unvereinbarkeit der Interessen Turkmenistans, der EU-Kommission und potenzieller Abnehmer

Da die turkmenische Regierung Vergeltungsmaßnahmen Russlands befürchtete, sollte sie den Bau der transkaspischen Pipeline vorantreiben und dieses Projekt in die Implementierungsphase eintreten, verfolgte sie das Interesse, sich bestmöglich gegen eben solche abzusichern. Vor diesem Hintergrund ist auch die Forderung der turkmenischen Regierung zu sehen, möglichst umfangreiche Volumen im Rahmen eines langfristigen Lieferabkommens nach Europa exportieren zu können, denn schließlich hätte sie zum Beispiel bei einem jährlichen Volumen von rund zehn Mrd. m³ nicht profitiert, wenn Russland als Reaktion seine Importe, die zum damaligen Zeitpunkt ebenfalls einen Umfang in Höhe von ca. zehn Mrd. m³ pro Jahr hatten, eingestellt hätte.[902] Darüber hinaus wären die Beziehungen zu Russland schwer belastet und die turkmenische Regierung hätte mit weiteren Vergeltungsmaßnahmen rechnen müssen.[903] Folglich hätte ein Liefervertrag mit vergleichsweise geringen Volumen unter Umständen für Turkmenistan mehr Nachteile als Nutzen bedeutet, zumal es einige Jahre gedauert hätte, bis Einnahmen aus dem Gasexport mittels einer transkaspischen Pipeline zu verzeichnen gewesen wären.[904] Dementsprechend strebte die turkmenische Regierung ein Abkommen mit einem Liefervolumen von 30 Mrd. m³ pro Jahr an.[905]

In diesem Zusammenhang ist noch einmal auf einige grundlegende Prinzipien der Exportpolitik Turkmenistans hinzuweisen, die aus der Perspektive europäischer Unternehmen die Realisierung von Pipelineprojekten und den Abschluss von Lieferverträgen erschweren. Eine der von Turkmenistan gestellten Grundbedingungen besteht darin, das zu exportierende Gas an der Landesgrenze zu verkaufen. Es muss also dort vom Käufer abgenommen werden, der damit sämtliche weiteren möglichen Transportrisiken trägt (Kap. 2.2.10.3). Das schließt mit ein, dass der Bau von Pipelines gegebenfalls ebenfalls vom Käufer durchgeführt werden muss. Dieses Prinzip gilt auch für etwaige Exporte nach Europa und den Bau einer transkaspischen Pipeline.

---

902 Inzwischen hat Russland angekündigt, den Import von Erdgas aus Turkmenistan einzustellen (Kap. 2.2.5.1). Hier besteht allerdings kein Zusammenhang mit dem Projekt transkaspische Pipeline, da dieses parallel keine wesentlichen Fortschritte erzielte.
903 Vgl. Roberts, John: Analysis: Turkmenistan promotes TAPI gas pipeline link, defies Russia on TCGP, in: Platts Commodity News, 10.11.2011.
904 Die Erdgasexporte Aserbaidchans nach Europa mittels TANAP und TAP sollen z. B. erst 2019 aufgenommen werden. Vgl. BP: Shah Deniz Stage II, http://www.bp.com/en_az/caspian/operationsprojects/Shahdeniz/SDstage2.html (Zugriff: 25.07.2015).
905 Vgl. Roberts, John: Azerbaijan's Socar calls for transCaspian gas interconnector, in: Platts Commodity News, 06.06.2012; Roberts, John: Warped triangle: Ashgabat, Moscow and Kiev, in: Energy Economist, 01.03.2013; Roberts, John: Analysis: Turkmenistan promotes TAPI gas pipeline link, defies Russia on TCGP, in: Platts Commodity News, 10.11.2011.

Zwar hat die turkmenische Regierung wiederholt erklärt, den Bau einer solchen zu begrüßen, diesbezüglich aber keine Initiativen, etwa in Form eines Abkommens mit Aserbaidschan über die Gründung eines Konsortiums zum Bau und Betrieb der Pipeline, ergriffen.[906] Das Festhalten an diesem Prinzip hatte bereits die Unterzeichnung eines Liefervertrages mit RWE verhindert (Kap. 4.4.9).

Im Rahmen der Erdgasexporte Turkmenistans nach Russland, China und in den Iran fungiert jeweils ein staatliches Unternehmen als Abnehmer der Liefervolumen. Die turkmenische Regierung besteht auch beim Abschluss eines Liefervertrages für den Export von Erdgas nach Europa darauf, diesen nur mit einem Abnehmer zu schließen – was für die europäische Seite mit Hindernissen verbunden ist, da keines der europäischen Unternehmen allein ein derart großes Liefervolumen von bis zu 30 Mrd. m³ pro Jahr abnehmen kann. Um der turkmenischen Regierung in diesem Punkt entgegenzukommen, wurde von der EU-Kommission mit Unterstützung der Weltbank die Gründung der *Caspian Development Corporation* vorgeschlagen. Diese Struktur wurde mit dem Zweck konzipiert, gegenüber Turkmenistan als alleiniger Abnehmer des Erdgases zu fungieren, und sollte Turkmenistan den langfristigen Absatz umfangreicher Volumen in Europa garantieren und dadurch die Risiken für Turkmenistan minimieren (Kap. 4.4.12.1). Somit unternahm die EU-Kommission zwar Anstrengungen, auf die Forderungen der turkmenischen Regierung einzugehen, diese stießen jedoch auf Vorbehalte potenzieller Abnehmer, da sie befürchteten, dass der gebündelte Bezug von turkmenischem Erdgas mittels der *Caspian Development Corporation* gegen EU-Wettbewerbsrecht verstoßen könnte.[907]

Schwerwiegender ist jedoch ein anderer Faktor: Während die turkmenische Regierung möglichst umfangreiche Liefervolumen nach Europa exportieren wollte – nicht zuletzt, um sich gegenüber etwaigen russischen Vergeltungsmaßnahmen abzusichern –, waren die europäischen Unternehmen zurückhaltend, da aufgrund der 2008 einsetzenden Wirtschafts- und Finanzkrise seither Unsicherheiten über die kurzfristige und langfristige Erdgasnachfrage bestehen. Als die EU-Kommission 2011 und 2012 ihr diplomatisches Engagement zum Bau der transkaspischen Pipeline ausweitete und konkrete Lieferzusagen aus Turkmenistan für den „Südlichen Korridor" anstrebte, war es folglich nicht im Interesse der Unternehmen, neue langfristige Take-or-Pay-Verträge einzugehen, die sich unter Umständen zukünftig als Belastung hät-

---

906 Vgl. Pirani, Simon: Central Asian and Caspian Gas Production and the Constraints on Export, Oxford: Oxford Institute for Energy Studies, December 2012, S. 99.
907 Vgl. Pirani, Simon: Central Asian and Caspian Gas Production and the Constraints on Export, Oxord: Oxford Institute for Energy Studies, December 2012, S. 100; IHS CERA: Caspian Development Corporation: Final Implementation Report, Cambridge: IHS CERA, December 2010, S. 12.

ten erweisen können (Kap. 4.4.11).[908] Folglich hätte die turkmenische Regierung bei angestrebter Realisierung umfangreicher Liefervolumen über einen langfristigen Zeitraum diese neuen Bedingungen auf dem europäischen Gasmarkt berücksichtigen und den Preisbildungsmechanismus für Gasexporte nach Europa dementsprechend anpassen müssen, da potenzielle Käufer über genügend Versorgungsalternativen mit attraktiveren Konditionen verfügten. Inwieweit diese Entwicklungen bereits von der turkmenischen Regierung berücksichtigt wurden, ist allerdings nicht bekannt.

4.4.13.3 Die Unvereinbarkeit der Interessen Aserbaidschans und Turkmenistans und die Entscheidung zugunsten von TANAP und TAP

Parallel zu den trilateralen Verhandlungen über den Bau der transkaspischen Pipeline, die aus der Perspektive der EU-Kommission möglichst zur Versorgung der bevorzugten Nabucco-Pipeline genutzt werden sollte, setzte Aserbaidschan andere Prioritäten.

Im Oktober 2011 verständigten sich die Türkei und Aserbaidschan nach langwierigen Verhandlungen auf ein Gastransitabkommen, wodurch die Grundlage für den Export von aserbaidschanischem Gas nach Europa durch die Türkei geschaffen wurde. Zusätzlich vereinbarten sie, dass sechs Mrd. m³ der Produktion von Shah Deniz II an Botas (zum Verbrauch in der Türkei oder zum Re-Export) geliefert werden sollen, während die restlichen zehn Mrd. m³ für den Export nach Europa vorgesehen sind.[909] Im Dezember 2011 unterzeichneten beide Seiten ein MoU über den Bau von TANAP, mittels derer die Exportvolumen von Shah Deniz II zur türkisch-bulgarischen bzw. türkisch-griechischen Grenze transportiert werden sollen.[910] Die neue Prioritätensetzung der aserbaidschanischen Regierung bzw. des staatlichen Energiekonzerns SOCAR und des Shah-Deniz-Konsortiums bedeutete eine Ablehnung des ursprünglich geplanten Nabucco-Projektes, das nicht mit den Interessen Aserbaidschans korrespondiert (Kap. 4.4.12.5).

Um den Weitertransport bewarben sich zunächst vier Pipelineprojekte. Zusätzlich zu den bereits erwähnten Vorhaben ITGI und TAP (Abb. 46 und Tab. 23) hatte das Unternehmen BP, das Teil des Shah-Deniz-Konsortiums ist, ein eigenes Projekt

---

908 Vgl. Pirani, Simon: Central Asian and Caspian Gas Production and the Constraints on Export, Oxford: Oxford Institute for Energy Studies, December 2012, S. 100.
909 Vgl. Pannier, Bruce: Azerbaijani-Turkish Gas Deal opens Southern Corridor, in: Radio Free Europe Documents and Publications, 26.10.2011; Roberts, John: Caspian Gas tactics, in Energy Economist, 01.11.2011.
910 Ferner sah das MoU die Gründung eines Pipelinekonsortiums durch SOCAR, Botas und TPAO vor. Vgl. O'Byrne, David: Turkey-Azerbaijan sign gas pipe MOU, in: Platts European Gas Daily, 29.12.2011.

4.4 Turkmenistan und der „Südliche Gaskorridor"

entwickelt. Für die South East European Pipeline (SEEP) mit einer Transportkapazität von zehn Mrd. m³ pro Jahr war eine Route von der türkisch-bulgarischen bis zur rumänisch-ungarischen Grenze vorgesehen (Abb. 61).[911] Da das ursprünglich konzipierte Nabucco-Projekt keine Aussicht mehr auf Erfolg hatte, legte das Pipelinekonsortium im Mai 2012 einen adaptierten Entwurf, Nabucco-West, vor, der eine verkürzte Transportroute von der türkisch-bulgarischen Grenze bis zum Handelsplatz Baumgarten in Österreich (Abb. 61) und eine verringerte Transportkapazität von zehn Mrd. m³ pro Jahr, erweiterbar auf 23 Mrd. m³ pro Jahr, beinhaltete.[912]

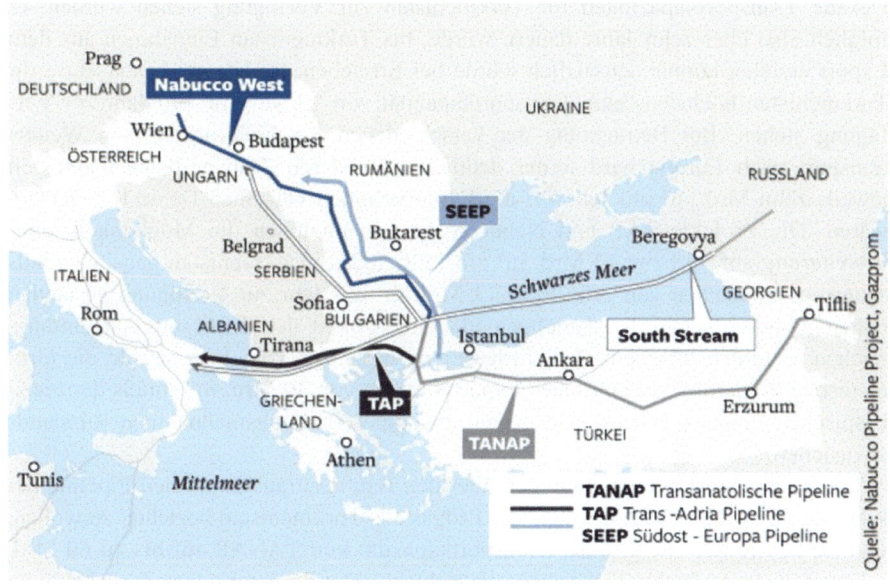

Abbildung 61: Pipelineprojekte des „Südlichen Korridors"

Quelle: Steiner, Eduard: Aserbaidschan gibt EU-Pipeline noch eine Chance, in Welt Online, 08.06.2012, http://www.welt.de/wirtschaft/energie/article106446245/Aserbaidschan-gibt-EU-Pipeline-noch-eine-Chance.html (Zugriff: 01.07.2015).

---

911 Vgl. Rzayeva, Gulmira/Tsakiris, Theodoros G. R.: Stategic Imperative: Azerbaijani Gas Strategy and the EU's Southern Corridor, Baku: SAM Center for Strategic Studies, 2012, S. 28.
912 Vgl. Socor, Vladimir: "Nabucco-West": Abridged Pipeline Project Officially Submitted to Shah Deniz Consortium, in: Eurasia Daily Monitor, Volume 9, Issue 98, 23.05.2012, http://www.jamestown.org/single/?tx_ttnews[tt_news]=39403&no_cache=1#.VbZh8_ljSkk (Zugriff: 27.07.2015); Socor, Vladimir: Nabucco-West Selected for Caspian gas Delivery to Central Europa, in: Eurasia Daily Monitor, Volume 9, Issue 124, 29.06.2012, http://www.jamestown.org/single/?tx_ttnews[tt_news]=39560&no_cache=1#.VbZhmPljSkk (Zugriff: 27.07.2015).

Diese parallel zu den trilateralen Verhandlungen stattfindenden Entwicklungen in Bezug auf die Pipelineprojekte des „Südlichen Korridors" hatten für die Ambitionen Turkmenistans weitreichende Konsequenzen. Nach den ursprünglichen Planungen sollte der Bau bzw. Ausbau von TANAP in mehreren Stufen erfolgen. Die Inbetriebnahme ist für das Jahr 2018 vorgesehen. Bis zum Jahr 2020 soll die jährliche Transportkapazität 16 Mrd. m³ betragen und auf 23 Mrd. m³ im Jahr 2023 und schließlich 31 Mrd. m³ im Jahr 2026 ausgebaut werden.[913]

Unter Berücksichtigung des Zeitplans und der geplanten Transportkapazitäten des TANAP-Projektes wird deutlich, dass frühestens mit Beginn der kommenden Dekade Transportkapazitäten für Turkmenistan zur Verfügung stehen würden, es folglich also über zehn Jahre dauern würde, bis Turkmenistan Einnahmen aus dem Export erzielen könnte. Zusätzlich würde bei Erreichen der letzten Ausbaustufe für Turkmenistan höchstens eine Transportkapazität von 15 Mrd. m³ pro Jahr zur Verfügung stehen. Bei Betrachtung der verschiedenen Pipelineprojekte zum Weitertransport nach Europa wird ferner deutlich, dass deren Transportkapazitäten von jeweils zehn Mrd. m³ pro Jahr auf die Exportvolumen von Shah Deniz II ausgelegt waren. Die Projekte TAP und Nabucco-West beinhalteten die Möglichkeit einer Erweiterung auf 20 bzw. 23 Mrd. m³ pro Jahr, sodass Turkmenistan gegebenenfalls Transportkapazitäten von zehn bzw. 13 Mrd. m³ pro Jahr zur Verfügung gestanden hätten. Folglich sahen die damaligen Planungen nicht den Transport von umfangreichen Volumen turkmenischen Erdgases nach Europa vor, doch strebte die turkmenische Regierung ein jährliches Exportvolumen von 30 Mrd. m³ mittels der transkaspischen Pipeline an, um sich gegen etwaige Vergeltungsmaßnahmen Russlands abzusichern.[914]

Im Rahmen der Verhandlungen über den Bau der transkaspischen Pipeline bekräftigte die Türkei zwar ihr Interesse, Erdgas aus Turkmenistan beziehen zu wollen, und stellte die Erweiterung der Transportkapazität von TANAP auf bis zu 60 Mrd. m³ pro Jahr in Aussicht, doch schien die turkmenische Regierung hier Zurückhaltung zu üben. Es ist nicht auszuschließen, dass die Türkei das Ziel verfolgte, sich nicht nur auf den Transit von turkmenischem Erdgas beschränken zu wollen, sondern anstrebte, durch dessen Re-Export selbst Profite auf Kosten Turkmenistans zu erzielen bzw.

---

913 Vgl. Turkey reverses on Trans-Caspian gas line, in: Pipeline & Gas Journal, November 2012, Vol. 239 No. 11, http://www.pipelineandgasjournal.com/turkey-reverses-trans-caspian-gas-line (Zugriff: 03.07.2015).
914 Vgl. Roberts, John: Analysis: Turkmenistan promotes TAPI gas pipeline link, defies Russia on TCGP, in: Platts Commodity News, 10.11.2011; Roberts, John: Azerbaijan's Socar calls for transCaspian gas interconnector, in: Platts Commodity News, 06.06.2012; Roberts, John: Warped triangle: Ashgabat, Moscow and Kiev, in: Energy Economist, 01.03.2013.

4.4 Turkmenistan und der „Südliche Gaskorridor"

dadurch die Kontrolle über die turkmenischen Gasexporte nach Europa erlangen zu wollen, was wiederum nicht mit den Interessen Turkmenistans vereinbar war.[915]

Während sich die Pläne zum Export von aserbaidschanischem Gas konkretisierten, versuchte der damalige EU-Kommissar Oettinger, die turkmenische Regierung zur Unterzeichnung eines Lieferabkommens zu drängen. Im März 2012 erklärte er, dass Turkmenistan, falls es zukünftig 30 Mrd. m³ pro Jahr in die EU liefern wolle, nun mit der Umsetzung beginnen müsse. Dabei bezog er sich auf die zur Verfügung stehenden Offshore-Produktionskapazitäten von fünf bis zehn Mrd. m³ pro Jahr; ansonsten drohe Turkmenistan, den Wettlauf mit anderen Produzenten zu verlieren.[916] Diese Äußerungen dürften von der turkmenischen Regierung mit Skepsis aufgenommen worden sein, denn sie legen den Schluss nahe, dass von der turkmenischen Regierung erwartet wurde, zunächst einen Vertrag mit einem vergleichsweise geringen Liefervolumen zu schließen. Da sich bereits abzeichnete, dass die von Aserbaidschan favorisierten Pipelineprojekte nur vergleichsweise geringe oder sogar gar keine Transportkapazitäten für turkmenisches Erdgas beinhalten würden, schien aber keineswegs gesichert, dass die turkmenischen Exporte zu einem späteren Zeitpunkt erhöht werden würden. Dies wiederum deckte sich nicht mit den Interessen der turkmenischen Regierung, die parallel von Russland bedrängt wurde, von diesen Plänen Abstand zu nehmen. Die Realisierung mehrerer Pipelineprojekte, die den Transport von turkmenischem Erdgas nach Europa in dem angestrebten Umfang ermöglicht hätten, schien zum damaligen Zeitpunkt aufgrund der dortigen Versorgungssituation (Kap. 4.4.11) und der damit verbundenen Zurückhaltung in Bezug auf Investitionen in neue Pipelineprojekte ebenfalls als unwahrscheinlich. Im Übrigen wäre eine synchrone Vorgehensweise in Bezug auf die zu bauende Infrastruktur notwendig gewesen, da die Anpassung der Transportkapazitäten für etwaige turkmenische Gasexporte nach Europa vergleichsweise kostspielig wäre, sollte die Infrastruktur für den Export von aserbaidschanischem Erdgas bereits fertiggestellt worden sein.[917]

Außerdem liegt die Schlussfolgerung nahe, dass Aserbaidschan nicht beabsichtigte, als Transitland umfangreicher Volumen aus Turkmenistan zu fungieren. In den

---

915 Vgl. Ritchie, Michael: Turkmenistan snubs EU over Trans-Caspian Pipeline, in: Nefte Compass, 20.09.2012; Ritchie, Michael: Trans-Caspian gas line hits Turkmen-EU rift, in: International Oil Daily, 21.09.2012; Ritchie, Michael: Caspian Pipelines face the crunch, after Turkmen snub to EU, in: World Gas Intelligence, 03.10.2012; Socor, Vladimir: Turkey sees opportunity in Trans-Caspian gas pipeline project, in: Eurasia Daily Monitor, Volume 9, Issue 164, 11.09.2012, http://www.jamestown.org/single/?tx_ttnews[tt_news]=39826&no_cache=1#.VvgTq3rQqkk (Zugriff: 27.03.2016).
916 Vgl. EC sees Turkmen gas escaping, in: International Gas Report, 26.03.2012; Ritchie, Michael: EU presses Turkmenistan over Trans-Caspian Pipeline, in: International Oil Daily, 15.03.2012.
917 Vgl. Rzayeva, Gulmira/Tsakiris, Theodoros G. R.: Stategic Imperative: Azerbaijani Gas Strategy and the EU's Southern Corridor, Baku: SAM Center for Strategic Studies, 2012, S. 26.

von Aserbaidschan beanspruchten Gewässern des Kaspischen Meeres werden weitere umfangreiche Gasvorkommen vermutet, sodass außer Shah Deniz noch weitere Lagerstätten erschlossen werden könnten, deren Produktion eine zusätzliche Steigerung der aserbaidschanischen Exportkapazitäten ermöglichen könnte (Kap. 4.4.12.5). Nach Verlautbarungen von SOCAR plant Aserbaidschan, die Erdgasexporte bis 2025 auf 40 Mrd. m³ pro Jahr auszudehnen.[918] Vor diesem Hintergrund hat Aserbaidschan kein Interesse an der Realisierung einer transkaspischen Pipeline, da es die Transportkapazitäten von TANAP und TAP selbst nutzen möchte. Umfangreiche Volumen aus Turkmenistan bedeuteten hingegen zusätzliche Konkurrenz auf dem europäischen sowie türkischen Gasmarkt. Darüber hinaus bestünde die Gefahr, dass die Beziehungen Aserbaidschans zu Russland durch die Unterstützung einer transkaspischen Pipeline schwer belastet werden würden (Kap. 4.4.12.5).

Zwar erklärte die aserbaidschanische Regierung wiederholt ihre Bereitschaft, den Transit von turkmenischem Erdgas durch Aserbaidschan ermöglichen zu wollen, doch zeigt die Äußerung eines führenden Vertreters von SOCAR im Rahmen der jährlich stattfindenden Öl- und Gaskonferenz Aserbaidschans, wonach Aserbaidschan die Verbindung der Offshore-Plattformen im turkmenischen und aserbaidschanischen Sektor des Kaspischen Meeres bevorzugen würde –, was lediglich den Export der turkmenischen Offshore-Produktionskapazitäten, also rund zehn Mrd. m³ pro Jahr, ermöglichte –[919], dass ein Transit von 30 Mrd. m³ nicht im Interesse Aserbaidschans ist. Der Bau der transkaspischen Pipeline und der Transit von umfangreichen Gasvolumen aus Turkmenistan ist aus aserbaidschanischer Perspektive, falls überhaupt, eher langfristig in Erwägung zu ziehen. So könnte es sich als bedeutendes Transitland für zentralasiatische bzw. turkmenische Exporte nach Europa etablieren, wenn die eigenen Gasexporte ihren Höhepunkt überschritten haben und sich verringern.[920]

Somit ist festzuhalten, dass die von Aserbaidschan parallel zu den trilateralen Verhandlungen getroffenen Entscheidungen über die Exportinfrastruktur sich nicht mit den Zielen Turkmenistans deckten. Folglich dürfte sich innerhalb der turkmenischen Regierung zunehmend die Einsicht durchgesetzt haben, dass, ganz gleich, welches Pipelineprojekt von der aserbaidschanischen Regierung und dem Shah-Deniz-Konsortium gewählt werden würde, dieses nicht dem wesentlichen Interesse der turkmenischen Regierung nach einer Absicherung gegenüber potenziellen russischen

---

918 Vgl. Shaban, Ilham: Is Nabucco-West Revivable, in: Natural Gas Europe, 10.03.2015, http://www.naturalgaseurope.com/viability-nabucco-west-revival-26549 (Zugriff: 01.07.2015).
919 Vgl. Roberts, John: Azerbaijan's Socar calls for transCaspian gas interconnector, in: Platts Commodity News, 06.06.2012; Roberts, John: Warped triangle: Ashgabat, Moscow and Kiev, in: Energy Economist, 01.03.2013.
920 Vgl. Rzayeva, Gulmira/Tsakiris, Theodoros G. R.: Stategic Imperative: Azerbaijani Gas Strategy and the EU's Southern Corridor, Baku: SAM Center for Strategic Studies, 2012, S. 25 f.

Vergeltungsmaßnahmen gerecht würde. Folglich schwand der Anreiz, entgegen russischer Interessen zu handeln, sodass die trilateralen Verhandlungen im Verlauf des Jahres 2012 zum Erliegen kamen. Verschärfend kam hinzu, dass der ungelöste Konflikt über die Ziehung der turkmenisch-aserbaidschanischen Seegrenze wieder offen zutage trat.

4.4.13.4 Der turkmenisch-aserbaidschanische Grenzkonflikt

Neben den beschriebenen Hindernissen stellt der noch immer ungelöste Konflikt zwischen Turkmenistan und Aserbaidschan über die Ziehung der Seegrenze eine wesentliche Hürde für den Bau einer transkaspischen Pipeline dar.

Im Rahmen der trilateralen Verhandlungen wollte die turkmenische Regierung ihre Ansprüche in Bezug auf die Ziehung der Seegrenze und damit verbundene Eigentumsrechte an dem Ölfeld Serdar[921] gegen Aserbaidschan durchsetzen. Die turkmenische Regierung erwartete von der EU, dass diese ihren Einfluss nutzen würde, um die aserbaidschanische Regierung davon zu überzeugen, die Gebietsansprüche Turkmenistans anzuerkennen. Diese Erwartungen wurden von der EU jedoch nicht erfüllt. Sie plädierte stattdessen dafür, den Bau der transkaspischen Pipeline unabhängig von diesem Grenzkonflikt zu verhandeln und zunächst die dafür notwendigen Abkommen zu unterzeichnen, was wiederum nicht im Interesse der turkmenischen Regierung war, da sie fürchtete, ihre Ansprüche nach dem Bau der Pipeline bzw. Unterzeichnung der Verträge nicht mehr durchsetzen zu können.[922] Allerdings war auch Aserbaidschan daran interessiert, aus der Realisierung der transkaspischen Pipeline politisches Kapital zu schlagen und seine Forderungen in Bezug auf die Ziehung der Seegrenze gegen Turkmenistan durchzusetzen.[923]

Da beide Seiten versuchten, die EU für ihre jeweiligen politischen Ziele hinsichtlich des Grenzkonfliktes zu gewinnen, während die EU-Kommission diese Thematik von den Verhandlungen über den Bau der Pipeline trennen wollte, um möglichst zügig eine Realisierung des Pipelineprojektes zu erreichen, wurden die Erfolgsaussichten der Gespräche deutlich geschmälert. Selbst für den unwahrscheinlichen Fall,

---

921 Das Ölfeld Serdar (bzw. auf aserbaidschanisch Kyapaz) enthält geschätzt 80 Mio. t Erdöl und 32. Mrd. m³ Erdgas. Vgl. Ashgabat, Baku raise Caspian oil tensions, in: Ria Novosti, 19.06. 2012; Rzayeva, Gulmira/Tsakiris, Theodoros G. R.: Stategic Imperative: Azerbaijani Gas Strategy and the EU's Southern Corridor, Baku: SAM Center for Strategic Studies, 2012, S. 25.
922 Vgl. Ritchie, Michael: Border dispute blocks Trans-Caspian Pipeline, in: Nefte Compass, 10.02. 2011; Rzayeva, Gulmira/Tsakiris, Theodoros G. R.: Stategic Imperative: Azerbaijani Gas Strategy and the EU's Southern Corridor, Baku: SAM Center for Strategic Studies, 2012, S. 25.
923 Vgl. Rzayeva, Gulmira/Tsakiris, Theodoros G. R.: Stategic Imperative: Azerbaijani Gas Strategy and the EU's Southern Corridor, Baku: SAM Center for Strategic Studies, 2012, S. 25.

dass dieser Konflikt zu absoluten Gunsten Aserbaidschans entschieden worden wäre, hätte trotzdem kaum ein Anreiz aus aserbaidschanischer Perspektive bestanden, den Transit von turkmenischem Erdgas durch die für den Export der Produktion von Shah Deniz II vorgesehene Infrastruktur zu ermöglichen, da davon auszugehen ist, dass Aserbaidschan nach der Entdeckung neuer Vorkommen diese selbst nutzen will.[924] Verschärft wurde die Situation dadurch, dass sich parallel zu den trilateralen Verhandlungen erneut ein Zwischenfall ereignete. Das turkmenische Außenministerium beschuldigte im Juni 2012 den aserbaidschanischen Grenzschutz, unrechtmäßige Aktionen gegen ein Schiff unternommen zu haben, das Forschungsarbeiten im Gebiet des umstrittenen Ölfeldes durchführte. Daraufhin folgte eine diplomatische Auseinandersetzung zwischen beiden Staaten.[925] Für die trilateralen Verhandlungen zum Bau der transkaspischen Pipeline war der Grenzkonflikt ein unüberwindbares Hindernis zur Realisierung des Projektes. Schließlich lassen nach wie vor beide Länder keine Kompromissbereitschaft in dieser Angelegenheit erkennen.[926]

---

[924] Vgl. Rzayeva, Gulmira/Tsakiris, Theodoros G. R.: Stategic Imperative: Azerbaijani Gas Strategy and the EU's Southern Corridor, Baku: SAM Center for Strategic Studies, 2012, S. 25.

[925] Das turkmenische Außenministerium sendete eine Protestnote und drohte mit Vergeltungsmaßnahmen, woraufhin das aserbaidschanische Außenministerium den turkmenischen Botschafter einbestellte und daran erinnerte, dass sich die Präsidenten Aserbaidschans und Turkmenistans mittels einer bilateralen Vereinbarung dazu verpflichtet hätten, jedwede Explorations- und Produktionsaktivitäten im umstrittenen Gebiet zu unterlassen, bis eine Einigung erzielt worden sei. Außerdem wurde dem turkmenischen Botschafter eine Protestnote bezüglich der Explorationsarbeiten übergeben, worin die Aktivitäten Turkmenistans als illegal und inakzeptabel verurteilt wurden. Ferner behalte sich Aserbaidschan das Recht vor, angemessene Maßnahmen zu ergreifen, um seine Souveränitätsrechte im Kaspischen Meer zu verteidigen. Das turkmenische Außenministerium teilte ebenfalls in einer Erklärung mit, dass es angemessen reagieren werde, falls diese Provokationen fortgeführt würden, und kündigte die Fortsetzung der Explorationsarbeiten an. Anschließend untermauerte der damalige turkmenische Öl- und Gasminister Kakageldy Abdyllayev die Ansprüche Turkmenistans und äußerte in einer Erklärung, dass Turkmenistan seine Ansprüche bezüglich dreier Öl- und Gasfelder vor dem Internationalen Gerichtshof der Vereinten Nationen geltend machen würde. Während die aserbaidschanische Regierung erklärte, dass die Arbeiten im Widerspruch zu einem zwischen den Ländern geschlossenen Abkommen stehen, streitet die turkmenische Regierung der Existenz eines solchen Abkommens ab. Zusätzlich führte Turkmenistan im September 2012 ein Militärmanöver im Kaspischen Meer durch. Vgl. Azeris protests at Turkmen energy search in Caspian, in: Reuters News, 19.06.2012; Turkmenistan angry as Azerbaijan tries to prevent exploration of disputed oilfield, in: Interfax: Russia & CIS General Newswire, 19.06.2012; Vershinin, Alexander: Turkmenistan threaten international action against Azerbaijan over disputed oil fields, in: Associated Press, 30.06.2012; Gurt, Marat: Turkmen navy holds war games in gas-rich Caspian, in: Reuters News, 05.09.2012.

[926] Vgl. Ritchie, Michael: Trans-Caspian gas line misses deadline for Turkey gathering, in: Nefte Compass 01.11.2012; Ritchie, Michael: Turkmenistan snubs EU over Trans-Caspian Pipeline, in: Nefte Compass, 20.09.2012; Turkmen exports to Turkey, EU depend on dispute resolution, in: European Spot Gas Markets, 05.09.2012.

4.4.13.5 Alternative Projekte zur Gewährleistung der Exporteinnahmen

Zusätzlich zu den erwähnten Faktoren, die einen erfolgreichen Abschluss der Verhandlungen über den Bau der Transkaspischen Pipeline verhinderten, gab es einige parallel stattfindende Entwicklungen, die insofern von Bedeutung sind, als sie verdeutlichen, dass Turkmenistan zum damaligen Zeitpunkt nicht auf die Diversifizierung der Exporte nach Europa angewiesen zu sein schien und die turkmenische Regierung folglich an ihren Bedingungen zum Export von Erdgas nach Europa festhielt.

Parallel zu den Verhandlungen über den Bau der transkaspischen Pipeline, aus denen keine verbindlichen Verträge resultierten, wurden Fortschritte bezüglich der geplanten TAPI-Pipeline erzielt. Nachdem die beteiligten Länder bereits 2010 ein Rahmenabkommen über den Bau der Pipeline unterzeichneten, wurden im Mai 2012 die Gashandelsabkommen zwischen Turkmenistan und Indien sowie Pakistan, die jeweils ein Liefervolumen von 38 Mio. m³/Tag bzw. 13,87 Mrd. m³ pro Jahr vorsahen, geschlossen. Damit schien die Realisierung dieses Projektes aus Perspektive der turkmenischen Regierung eher umsetzbar. Inzwischen wurden weitere Abkommen geschlossen, allerdings bestehen in Bezug auf die Umsetzung des Pipelineprojektes weiterhin schwerwiegende Hindernisse (Kap. 2.2.5.5 und Kap. 2.2.9.1).

Eine wichtige Rolle spielt die sich intensivierende Energiepartnerschaft zwischen Turkmenistan und China, die sich parallel zu den Verhandlungen zum Bau der transkaspischen Pipeline abzeichnete. Im März 2011 verständigten sich beide Seiten darauf, das Liefervolumen um weitere 20 Mrd. m³ pro Jahr erhöhen zu wollen. Daraufhin wurde im November 2011 eine Übereinkunft getroffen, wonach die Exporte auf bis zu 65 Mrd. m³ pro Jahr ansteigen sollten.[927] Zwar handelte es sich hierbei nicht um verbindliche Abkommen – diese wurden erst im September 2013 unterzeichnet (Kap. 2.2.5.3), also nachdem der Verhandlungsprozess zum Bau der transkaspischen Pipeline zum Erliegen gekommen war –, aber nichtsdestotrotz standen der turkmenischen Regierung umfangreiche Einnahmen aus dem Erdgasexport nach China in Aussicht. Da beide Länder bereits ein Abkommen über ein jährliches Liefervolumen von 40 Mrd. m³ geschlossen hatten (Kap. 2.2.5.3), waren die Einnahmen aus dem Erdgasexport gewährleistet. Grundsätzlich ist in diesem Zusammenhang zu betonen, dass die Erdgasexporte nach China aus der Perspektive der turkmenischen Regierung in vielerlei Hinsicht ihren Bedürfnissen entsprechen, während diese Konditionen von europäischer Seite nicht erfüllt werden können: Erdgasexporte nach China beinhalten keine politischen Risiken im Gegensatz zu Erdgasexporten nach Europa. Der Bau

---

927 Vgl. Neff, Andrew/Grieder, Tom: Turkmenistan, China reach loan agreement geared to boost gas supplies, in: IHS Global Insight Daily Analysis, 03.03.2011; Turkmenistan gas exports to China will grow by 25 bcm, in: Interfax: Russia & CIS General Newswire, 24.11.2011.

einer transkaspischen Pipeline würde möglicherweise Vergeltungsmaßnahmen Russlands nach sich ziehen, ohne dass Turkmenistan bei einem ernsthaften (ggf. militärischen) Konflikt mit Unterstützung der EU rechnen kann (Kap. 4.4.13.1). China bezieht umfangreiche Volumen im Rahmen eines langfristigen Liefervertrages, die von einem Abnehmer, CNPC, gekauft werden (Kap. 2.2.5.3), wohingegen europäische Unternehmen wegen der Bedingungen auf dem europäischen Gasmarkt und Unsicherheiten über den künftigen Bedarf Zurückhaltung üben (Kap. 4.4.11); darüber hinaus könnte die Bündelung des Importvolumens mittels der *Caspian Development Corporation* gegen EU-Wettbewerbsrecht verstoßen (Kap. 4.4.13.2). China hat dagegen die Verantwortung für den Transport des Gases ab der turkmenischen Grenze übernommen und die notwendigen Pipelines gebaut, während die Gründung eines Konsortiums zum Bau einer transkaspischen Pipeline nicht absehbar ist. Ferner hat die Volksrepublik die Finanzierung für die Erschließung der Lagerstätten durch die Gewährung von Krediten übernommen (Kap. 2.2.2).[928] Letztendlich erfüllt China also alle von der turkmenischen Regierung gestellten Bedingungen in Bezug auf den Gasexport und sorgt so für einen stetigen Fluss von Einnahmen, die es Turkmenistan ermöglichen, auf potenzielle Einnahmen aus dem Erdgasexport nach Europa verzichten und auf den gestellten Forderungen bestehen zu können.[929]

Nachdem die Verhandlungen über den Bau einer transkaspischen Pipeline zum Erliegen gekommen sind, unternimmt die turkmenische Regierung neben der Fortführung des TAPI-Projektes und dem Ausbau des China-Geschäftes zunehmend Anstrengungen zur Weiterverarbeitung des Rohstoffes und damit zum Aufbau einer Wertschöpfungskette im Land. Die turkmenische Regierung plant umfangreiche Investitionen in die Gasverarbeitung bzw. -veredelung. Darüber hinaus beabsichtigt sie, die Elektrizitätserzeugung und den Stromexport erheblich auszubauen (Kap. 2.2.3).

4.5 Zwischenfazit

Das Scheitern der Turkmenistan-Iran-Türkei-Europa-Pipeline ist hauptsächlich dem Handeln der USA und des Iran zuzurechnen. Zunächst gelang es der US-Regierung – vor dem Hintergrund ihrer Bestrebungen, den Iran politisch und ökonomisch zu isolieren –, die Umsetzung des Pipelineprojektes zu verhindern, da sie dessen Finanzierung durch internationale Banken und Finanzinstitutionen blockierte. Nach dem Einstieg des

---

928 Vgl. Pirani, Simon: Central Asian and Caspian Gas Production and the Constraints on Export, Oxford; Institute for Energy Studies, December 2012, S. 99 ff.
929 Vgl. Pirani, Simon: Central Asian and Caspian Gas Production and the Constraints on Export, Oxford; Institute for Energy Studies, December 2012, S. 15 ff, 99 ff.

Energiekonzerns Shell in das Projekt schien dessen Umsetzung möglich. Die europäischen Staaten waren zum damaligen Zeitpunkt zwar ausreichend mit Erdgas versorgt und lediglich einige Staaten in Südosteuropa zeigten Interesse an Gaslieferungen aus Turkmenistan, doch bescheinigte die von Shell angefertigte Machbarkeitsstudie die technische und ökonomische Umsetzbarkeit des Projektes. Nachdem die US-Regierung zwischenzeitlich eine Tolerierung des Projektes signalisierte, nahm sie wieder ihre ursprüngliche ablehnende Position ein und behielt sich vor, Sanktionen zu verhängen. Das Scheitern des Pipelineprojektes ist allerdings nicht der US-Sanktionspolitik, sondern der Ambitionen des Iran geschuldet, der sich nicht auf den Transit von turkmenischem Erdgas beschränken wollte und stattdessen eigene Exporte bzw. den Re-Export von turkmenischem Erdgas anstrebte, sodass sich Präsident Nijasow für den Bau der von den USA befürworteten transkaspischen Pipeline (I) entschied.

Die Voraussetzungen, die für die erfolgreiche Realisierung von Pipelineprojekten notwendig sind (Kap. 4.1), wurden im Rahmen des Projektes Turkmenistan-Iran-Türkei-Europa-Pipeline nur teilweise erfüllt. Zwar schienen Volumen für den Export in die Türkei als einem geeigneten Absatzmarkt zur Verfügung zu stehen und beide Länder waren an der Aufnahme von Gashandelsbeziehungen interessiert, allerdings wurde zwischen ihnen kein verbindliches Lieferabkommen geschlossen. In Europa war der unmittelbare Bedarf an Erdgaslieferungen aus Turkmenistan jedoch nicht gegeben und lediglich einige Länder Südosteuropas bekundeten Interesse an dem Projekt. Mit dem Einstieg von Shell engagierte sich zwar ein internationaler Energiekonzern in dem Projekt und nach dessen erstellter Machbarkeitsstudie erschien dieses realisierbar, doch entschied sich Präsident Nijasow für die Umsetzung der transkaspischen Pipeline (I), sodass weitere konkrete Vereinbarungen, etwa in Bezug auf Preise, Liefervolumen und Transport, nicht geschlossen wurden.

Der Misserfolg der transkaspischen Pipeline (I) beruht auf mehreren Faktoren. Das unmittelbare Scheitern wurde durch den Konflikt zwischen Turkmenistan und Aserbaidschan über die Aufteilung der Transportkapazität und die Differenzen über die Vertragskonditionen, insbesondere die Weigerung des Konsortiums, eine umfangreiche Vorauszahlung zu leisten, verursacht. Beide Faktoren führten dazu, dass sich die Attraktivität des Pipelineprojektes aus Sicht der turkmenischen Regierung verringerte, während mit Russland parallel ein neuer Liefervertrag geschlossen wurde und darüber hinaus die Aussicht auf den Abschluss eines langfristigen Lieferabkommens zwischen beiden Ländern bestand. Die Haltung der US-Regierung, die versuchte, Präsident Nijasow davon zu überzeugen, sowohl auf die Forderungen Aserbaidschans in Bezug auf die Aufteilung der Transportkapazitäten als auch auf die vom Pipelinekonsortium vorgeschlagenen Konditionen einzugehen, hat sicherlich dazu beigetragen, dass er sich wieder in Richtung Russland orientierte. Schließlich musste er damit rechnen, dass der Bau der transkaspischen Pipeline zu einer Belastung der Beziehungen zu Russland und zum Iran geführt hätte, die das Pipelineprojekt kategorisch ablehnten; allerdings kann nicht geklärt werden, ob und welche Maßnahmen von beiden Akteuren ergriffen worden wären, wenn sich der Bau der transkaspischen Pipeline tatsächlich konkretisiert hätte, da das Projekt zuvor scheiterte. Infolge der Auseinandersetzungen um die Pipelinekapazität und die Vertragskonditionen setzte Präsident Nijasow neue Prioritäten und schloss Gashandelsverträge mit Russland und später der Ukraine, während andere Pipelineprojekte zur Versorgung des türkischen Marktes, die Iran-Türkei-Pipeline, die Blue Stream-Pipeline und auch die Südkaukasus-Pipeline, Fortschritte erzielten und umgesetzt wurden. Schon vor Inbetriebnahme der Blue Stream-Pipeline und der Südkaukasus-Pipeline kam es zu einer Überversorgung des türkischen Marktes, sodass für turkmenische Gasimporte kein Bedarf mehr bestand und das zwischen Turkmenistan und der Türkei geschlossene Lieferabkommen nicht realisiert wurde. Anstatt weiter an dem Bau der transkaspischen Pipeline festzuhalten, schloss Turkmenistan neue umfangreiche Abkommen mit Russland und der Ukraine. Damit schienen die Exportkapazitäten Turkmenistans zu wesentlichen Teilen an Lieferungen nach Russland, in die Ukraine und in den Iran gebunden zu sein. Tatsächlich konnte Turkmenistan ab dem Jahr 2000 wieder deutlich größere Volumen exportieren als noch in den 1990er-Jahren: Die Erdgasexporte stiegen von rund zehn Mrd. m³ 1999 zunächst auf über 30 Mrd. m³ und anschließend über 40 Mrd. m³ in den Folgejahren an (Abb. 26). Die Situation hatte sich folglich grundlegend geändert. Sah sich Präsident Nijasow vor dem Hintergrund der Blockade turkmenischer Erdgasexporte und aus Mangel an Alternativen Ende 1998 dazu veranlasst, den Bau der transkaspischen Pipeline zu forcieren, bestand für Turkmenistan nun vor dem Hintergrund perspektivisch steigender Exporte zunächst nicht mehr die unmittelbare Notwendigkeit, die Exportpipelineinfrastruktur durch den Bau der transkaspischen Pipeline zu diversifizieren und dadurch die Beziehungen zu Russland und zum Iran zu gefährden. Dabei waren die Bedingungen für die erfolgreiche Realisierung von Pipelineprojekten (Kap. 4.1) in einigen wesentlichen Punkten erfüllt: Hier ist insbesondere das zwischen Turkmenistan und der Türkei geschlossene Lieferabkommen zu nennen. Mit PSG International, bestehend aus zwei US-Konzernen, und Shell waren internationale Unternehmen an der Realisierung beteiligt. Shell führte konkrete Verhandlungen mit der turkmenischen Regierung über den Abschluss eines PSA und nach der Istanbul-Erklärung stand auch der Abschluss der notwendigen Transitvereinbarungen in Aussicht. Die Frage nach dem Absatzmarkt gestaltete sich allerdings als schwierig: Die Türkei verfolgte die Umsetzung mehrerer Pipelineprojekte, sodass sich die transkaspische Pipeline (I) in direkter Konkurrenz zum russischen Projekt Blue Stream befand, während der europäische Absatzmarkt ausrei-

4.5 Zwischenfazit

chend versorgt war. Im Vergleich der drei Pipelineprojekte war die transkaspische Pipeline (I) der Umsetzung am nächsten, sie scheiterte jedoch an den Differenzen zwischen Turkmenistan und Aserbaidschan bzw. dem Pipelinekonsortium.

Die Planungen für den Bau einer transkaspischen Pipeline (II) wurden im Rahmen der Diversifizierungsbestrebungen der EU wieder aufgenommen; diese sollte als Zulieferpipeline für das von der EU-Kommission favorisierte Pipelineprojekt Nabucco dienen. Für das Scheitern des Projektes lassen sich verschiedene Ursachen identifizieren, die in wechselseitiger Verbindung zueinander stehen. Die strikte Ablehnung des Projektes seitens Russlands ist der Ausgangspunkt zur Erklärung des Scheiterns. Aufgrund befürchteter möglicher Vergeltungsmaßnahmen Russlands verfolgte die turkmenische Regierung das Ziel, sich bestmöglich gegen diese abzusichern. Dies wollte sie durch den Export möglichst umfangreicher Volumen im Rahmen eines langfristigen Liefervertrages erreichen.

Allerdings scheint zweifelhaft, ob der Bedarf für umfangreiche Gaslieferungen aus Turkmenistan bzw. dem Kaspischen Raum in Europa gegeben sein wird, denn parallel haben sich die Bedingungen auf dem europäischen Gasmarkt verändert. Der Bezug von Erdgas im Rahmen langfristiger Take-or-Pay-Verträge hat im Vergleich zu Versorgungsmöglichkeiten auf den Spotmärkten zunehmend an Attraktivität verloren; potenzielle Abnehmer müssen damit rechnen, dass sich ein langfristiger Take-or-Pay-Vertrag mit Turkmenistan, sollte dieser keine Spotmarkt-Indexierung beinhalten, in der Zukunft als Belastung erweisen könnte, da möglicherweise günstigere Bezugsquellen vorhanden sind. Zusätzlich führt die turkmenische Regierung ihre Politik fort, wonach das zu exportierende Gas vom Käufer an der Grenze abgenommen werden muss und sich Turkmenistan nicht an Pipelineprojekten außerhalb des eigenen Territoriums beteiligt. Diese Bedingungen stellen ein schwer zu unüberwindbares Hindernis dar. Zwar wurde versucht, der turkmenischen Regierung entgegenzukommen und ein Mechanismus, die *Caspian Development Corporation*, entwickelt, mit dem die von den europäischen Käufern zu beziehenden Volumen gebündelt werden sollten und der die langfristige Abnahme umfangreicher Volumen gewährleisten sollte doch gibt es auf der Käuferseite Bedenken, ob dieser Mechanismus mit dem EU-Wettbewerbsrecht in Einklang steht. Somit entspricht der Abschluss eines langfristigen Liefervertrages mit den von der turkmenischen Regierung geforderten Volumen nicht den Interessen potenzieller Abnehmer in Europa.

Darüber hinaus verfolgten die aserbaidschanische Regierung und das Shah-Deniz-Konsortium zunehmend eigene Pläne. Die Entscheidungen zugunsten von TANAP und TAP bedeuten letztendlich, dass keine Transportkapazitäten für die von der turkmenischen Regierung geforderten Liefervolumen zur Verfügung stehen. Außerdem ist davon auszugehen, dass Aserbaidschan aufgrund der Entdeckung von weiteren

Gasvorkommen etwaige Erweiterungen von TANAP und TAP selbst nutzen will und eine Ausdehnung der eigenen Erdgasexporte in die Türkei und nach Europa anstrebt, anstatt als Transitland für letztendlich konkurrierendes Erdgas aus Turkmenistan zu fungieren. Der parallel zu den Verhandlungen aufflammende turkmenisch-aserbaidschanische Grenzkonflikt sowie die Ambitionen Turkmenistans und Aserbaidschans, die trilateralen Verhandlungen zu instrumentalisieren, um ihre jeweiligen Forderungen in Bezug auf die Grenzziehung durchzusetzen, haben sicherlich ebenfalls zum Misserfolg der transkaspischen Pipeline (II) beigetragen. Die Quellenlage deutet ferner darauf hin, dass die Türkei beabsichtigte, durch den Re-Export von turkmenischem Erdgas zu profitieren; allerdings kann nicht abschließend geklärt werden, ob und inwieweit dies zum Scheitern des Pipelineprojektes beigetragen hat.

Die Grundvoraussetzungen (Kap. 4.1) für die Realisierung der transkaspischen Pipeline (II) sind damit nicht gegeben. Nach der Neubewertung der turkmenischen Gasreserven und dem Einbruch der Exporte nach Russland schienen zwar grundsätzlich Volumen für den Export nach Europa zur Verfügung zu stehen, doch sind aufgrund der Veränderungen auf dem europäischen Gasmarkt keine Abnehmer vorhanden. Die EU-Kommission, Aserbaidschan und Turkmenistan führten zwar Verhandlungen über den Bau einer transkaspischen Pipeline, diese konnten jedoch nicht erfolgreich abgeschlossen werden. Folglich fehlen neben dem Absatzmarkt auch die politischen Rahmenbedingungen; vor diesem Hintergrund haben Unternehmen und Investoren kein Interesse, sich in diesem Pipelineprojekt verbindlich zu engagieren. Somit wurden auch keine weiteren konkreten Abkommen, beispielsweise ein Liefervertrag oder Transitvereinbarungen, geschlossen, sodass sich dieses Projekt bisher noch im Anfangsstadium befindet.

Bei Analyse der Pipelineprojekte und damit verbunden der Diversifizierungsbestrebungen Turkmenistans wird deutlich, dass der Erdgashandel mit der Ukraine und Russland diese maßgeblich beeinflusste, sodass hier ein direkter Zusammenhang erkennbar ist.

Grundsätzlich verfolgte die turkmenische Regierung nach der erlangten Unabhängigkeit im Oktober 1991 das Ziel, die Erdgasexporte auszuweiten. Die Türkei stellte aufgrund der geografischen Nähe sowie des erwarteten stark steigenden Gasbedarfs einen geeigneten Absatzmarkt für turkmenisches Erdgas dar. Die sich Anfang der 1990er-Jahre abzeichnenden Probleme in Bezug auf den turkmenischen Erdgashandel – also die Auflösung der Quote für Exporte nach Europa sowie die wiederholten Zahlungsausfälle für Lieferungen an die Staaten der GUS, insbesondere an die Ukraine – verstärkten die Bestrebungen der turkmenischen Regierung, Erdgasexporte unter Umgehung des russischen Pipelinesystems zu verwirklichen. Nach dem Scheitern des ersten Umsetzungsversuches der Turkmenistan-Iran-Türkei-Pipeline ob

4.5 Zwischenfazit

des Widerstandes der USA und der Gründung des Joint Ventures Turkmenrosgaz zwischen Russland und Turkmenistan erfolgte ein kurzzeitiger Strategiewechsel der turkmenischen Regierung, da sie erwartete, im Rahmen des Joint Ventures Erdgasexporte nach Europa und in die Türkei realisieren zu können. Diese Hoffnungen erfüllten sich allerdings nicht. Nach der Auflösung des Joint Ventures durch Präsident Nijasow geriet Turkmenistan in eine schwere Krise, da die Erdgasexporte, die die wichtigste Einnahmequelle des Landes darstellen, von Gazprom blockiert wurden. Vor diesem Hintergrund verstärkte die turkmenische Regierung ihre Anstrengungen zur Diversifizierung und war bereit, sich stärker an die USA zu binden, die anstatt einer Pipeline durch den Iran den Bau der transkaspischen Pipeline (I) befürworteten. Dabei hatte die turkmenische Regierung Ende des Jahres 1998 kaum eine andere Wahl: Die Erdgasexporte durch das russische Pipelinesystem waren blockiert und perspektivisch ließ dieses nur Lieferungen an Märkte innerhalb des postsowjetischen Raumes zu, welche sich in der Vergangenheit aufgrund der Zahlungsausfälle als problematisch erwiesen hatten. Die Option, turkmenisches Erdgas über den Iran in die Türkei zu exportieren, wurde aus Sicht der turkmenischen Regierung zunehmend unattraktiv, da der Iran selbst Gas in die Türkei exportieren wollte bzw. turkmenisches Gas beziehen wollte, um dieses anschließend zu höheren Preisen an die Türkei weiterzuverkaufen. Die Turkmenistan-Afghanistan-Pakistan-Pipeline erwies sich zum damaligen Zeitpunkt als nicht umsetzbar und der Bau einer Pipeline nach China erforderte zu hohe Investitionen.

Vor diesem Hintergrund war Präsident Nijasow vorübergehend bereit, sich an die USA zu binden, um die Erdgasexporte unter Umgehung des russischen Pipelinesystems verwirklichen zu können. Die Probleme bei der Umsetzung des Projektes transkaspische Pipeline (I) und die sich parallel verbessernden Gashandelsbeziehungen mit Russland und der Ukraine führten allerdings zum Scheitern des Pipelineprojektes. Infolgedessen setzte Präsident Nijasow neue Prioritäten und ging wieder eine stärkere Bindung mit Russland ein. Tatsächlich konnte Turkmenistan in den Folgejahren steigende Volumen Gas exportieren. Selbst für den Fall, dass die transkaspische Pipeline (I) tatsächlich gebaut worden wäre, erscheint fraglich, ob Turkmenistan bei der damaligen Versorgungssituation der Türkei und Europas die angestrebten Volumen über diese Pipeline hätte exportieren können. Aufgrund der Stabilisierung des Gashandels und insbesondere der Intensivierung der Gashandelsbeziehungen mit Russland verfolgte die turkmenische Regierung während der Amtszeit von Präsident Nijasow keine weiteren Diversifizierungsbestrebungen in Richtung Türkei und Europa.

Außerdem entwickelte sich die Frage der zukünftigen Erdgasversorgungssicherheit und in Kombination damit die Etablierung des „Südlichen Korridor" zur Versorgung der Europäischen Union zwar zu einem wesentlichen energiepolitischen Thema der EU-Kommission, doch wurden als Bezugsquellen zunächst andere Länder, insbesondere der Iran, in Betracht gezogen. Erst als sich abzeichnete, dass der Iran aufgrund des Konfliktes über das iranische Atomprogramm keine Option für die Erdgasversorgung der EU darstellen würde und es an Alternativen fehlte, wurden seitens der EU-Kommission und des Nabucco-Konsortiums zunehmend Erdgaslieferungen aus Turkmenistan in Erwägung gezogen. Diese Entwicklung wurde durch die auf wirtschaftliche Öffnung ausgerichtete Politik von Präsident Berdymuchamedow sicherlich begünstigt.

Der Zusammenhang zwischen dem Gashandel Turkmenistans und der Entscheidung der turkmenischen Regierung, den Bau der transkaspischen Pipeline (II) zur Diversifizierung der Exporte nach Europa und in die Türkei zu unterstützen, ist evident. Während die Erklärungen der turkmenischen Regierung, Exporte nach Europa mittels einer transkaspischen Pipeline in Erwägung zu ziehen, vermutlich zunächst dem Zweck dienten, bessere Konditionen gegenüber Russland durchzusetzen, zeigte sie nach dem Einbruch der Lieferungen an Russland im Jahr 2009 eine zunehmende Verbindlichkeit gegenüber diesem Projekt. Dies mündete schließlich in den trilateralen Verhandlungen mit der EU-Kommission und der aserbaidschanischen Regierung über den Bau der transkaspischen Pipeline (II).

Der Gashandel Turkmenistans ist auch noch in einer weiteren Dimension zu berücksichtigen. Während der Einbruch der Exporte nach Russland unmittelbar dazu führte, dass die turkmenische Regierung zunehmend den Export von Erdgas nach Europa anstrebte, versetzten die parallel intensivierten Gashandelsbeziehungen mit China die turkmenische Regierung in die Lage, auf ihren Konditionen bestehen zu können, ohne gegenüber der europäischen Seite Zugeständnisse machen zu müssen. Der für die turkmenische Regierung essenzielle kontinuierliche Fluss von Einnahmen aus dem Erdgasexport schien durch das in den vergangenen Jahren stetig ausgebaute China-Geschäft gewährleistet. Allerdings birgt diese neue einseitige Abhängigkeit von China weitere Risiken, auf die in den abschließenden Bemerkungen näher eingegangen wird.

5 Zusammenfassung und Ausblick

5.1 Zusammenfassung

Das übergeordnete Erkenntnisinteresse bei der vorliegenden Untersuchung besteht darin, die Gründe für das Scheitern der jeweiligen Pipelineprojekte zum Export von Erdgas aus Turkmenistan in die Türkei und nach Europa zu identifizieren. Gegenstand der Analyse waren dabei folgende Pipelineprojekte:

- Turkmenistan-Iran-Türkei-Europa-Pipeline;
- transkaspische Pipeline (I);
- transkaspische Pipeline (II).

Im Rahmen der Untersuchung wurden mehrere Dimensionen und deren Einfluss auf die politischen Prozesse, die jeweiligen Pipelineprojekte betreffend, berücksichtigt. Dazu zählen die Analyse der geopolitischen Rahmenbedingungen samt Ausführungen zur staatlichen Verfasstheit Turkmenistans (Kapitel 1), die Analyse des turkmenischen Erdgassektors (Kapitel 2) sowie die Aufarbeitung des Gashandels Turkmenistans mit der Ukraine und Russland (Kapitel 3). Die in den jeweiligen Kapiteln gewonnenen Erkenntnisse wurden in die Analyse der politischen Prozesse der jeweiligen Pipelineprojekte einbezogen (Kapitel 4).

Die Ausführungen zur Rentierstaatlichkeit Turkmenistans haben gezeigt, dass zur Aufrechterhaltung der Machtstrukturen der fortwährende Fluss von Einnahmen aus dem Erdgasexport notwendig ist. Hier lassen sich wiederum Bezüge zur Energiesicherheit von Produzentenstaaten herstellen. Aus deren Perspektive bedeutet Energiesicherheit bzw. Nachfragesicherheit in erster Linie stabile Einnahmen durch den kontinuierlichen Absatz zu angemessenen Preisen. Ein wesentliches Instrument zur Schaffung und Gewährleistung von Energiesicherheit stellt die Diversifizierung der Absatzmärkte und Exportinfrastruktur dar, die im Zentrum vorliegender Analyse steht. Die Betrachtung der Kaspischen Region aus einer geopolitischen Perspektive und die Darstellung der Interessen staatlicher Akteure haben verdeutlicht, dass die Diversifizierung der Erdgasexporte Turkmenistans im Allgemeinen und insbesondere in Richtung Westen aufgrund des komplexen Umfeldes mit Herausforderungen verbunden ist.

Die geografische Lage Turkmenistans ist dabei in doppelter Hinsicht von Bedeutung. Einerseits verfügt das Land über keinen eigenen Zugang zu den Weltmeeren, sodass der Export großer Volumen Erdgas in Form von LNG per Tanker auf internationale Märkte keine Option darstellt. Andererseits ist Turkmenistan mit Ausnahme Afghanistans von Staaten umgeben, die selbst über umfangreiche Gasvorkommen verfügen und daher nicht als Absatzmärkte infrage kommen. Zusätzlich ist für den Export per Pipeline der Transit durch eben diese Länder Voraussetzung, die wiederum das Interesse verfolgen, ihre Erdgasreserven selbst zu exportieren und zu vermarkten. Dementsprechend sind sie nur begrenzt oder gar nicht bereit, den Transit von turkmenischem Erdgas zuzulassen.

Darüber hinaus ist die Frage des Exports von Energieträgern aus dem Kaspischen Raum politisch aufgeladen. Russland und die USA verfolgen hier entgegengesetzte Interessen und betrachten Öl- und Gasexporte aus der Kaspischen Region als Instrument, um Einfluss in dieser strategisch bedeutenden Region auszuüben. So strebt Russland durch die Kontrolle von Exporten und Exportwegen an, seinen Hegemonialstatus in der Region zu wahren, während die Politik der US-Regierung, insbesondere ab Mitte der 1990er-Jahre, das Ziel verfolgte, Russlands Einfluss gegenüber den postsowjetischen Staaten zu begrenzen und selbst an machtpolitischem Gewicht im Kaspischen Raum zu gewinnen. Ferner war die US-Politik von den Bestrebungen geprägt, den Iran außenpolitisch weiter zu isolieren und dessen Beteiligung an Pipelineprojekten zum Transport von Öl und Gas aus der Kaspischen Region zu verhindern. Mit China und der Europäischen Union sind inzwischen zwei weitere Akteure in der Kaspischen Region präsent, die neben sicherheitspolitischen auch wirtschafts- und energiepolitische Ziele verfolgen. Insbesondere die energiepolitischen Ziele der EU in Bezug auf die Realisierung des „Südlichen Korridors" zum Import von Erdgas laufen russischen Interessen zuwider, wobei seitens Russlands grundsätzliche Vorbehalte gegenüber dem Engagement weiterer Akteure bestehen, da dieses als potenzielle Gefährdung der eigenen Machtposition im Kaspischen Raum angesehen wird.

Vor dem Hintergrund der Machtposition und des Hegemonialanspruchs Russlands in der Kaspischen Region sowie dessen energie- bzw. wirtschaftspolitischen Interessen bezüglich des europäischen Gasmarktes ist es für Turkmenistan in vielerlei Hinsicht schwierig, Erdgasexporte nach Europa zu realisieren, da dadurch vitale russische Interessen berührt werden. Russland nutzt die ihm zur Verfügung stehenden Instrumente, wie beispielsweise den ungelösten Rechtsstatus des Kaspischen Meeres, um den Export von turkmenischem Erdgas nach Europa unter Umgehung des russischen Pipelinesystems zu verhindern. Dieser Punkt wird bei der Erläuterung der Ursachen für das Scheitern der jeweiligen Pipelineprojekte weiter ausgeführt.

5.1 Zusammenfassung

In Kapitel 2 wurde der Erdgassektor Turkmenistans analysiert. Dargestellt wurden die Anfänge der Erdgasproduktion Turkmenistans in der Sowjetära sowie der Aufbau des auf die Versorgung der Sowjetunion ausgerichteten Pipelinesystems und die sich daraus ergebende Pfadabhängigkeit. Ferner wurde deutlich, dass das Land über umfangreiche Erdgasreserven verfügt, deren Höhe zwar noch nicht genau beziffert ist, die aber sicherlich zu den größten weltweit zählen.

Durch die Inbetriebnahme von Pipelines in den Iran und nach China hat bereits eine Diversifizierung der turkmenischen Erdgasexporte stattgefunden. Anstelle von Russland, das angekündigt hat, die Importe vollständig einstellen zu wollen, ist inzwischen China der größte Abnehmer von turkmenischem Erdgas. Bei Betrachtung der bestehenden Lieferverträge wird deutlich, dass sich eine zunehmende, gegebenenfalls sogar vollständige Abhängigkeit Turkmenistans von China abzeichnet. Die vorherrschenden Investitionsbedingungen bzw. -beschränkungen und die Exportpolitik der turkmenischen Regierung stellen ein Hindernis für die Realisierung weiterer Pipelineprojekte bzw. für die Diversifizierung der Erdgasexporte dar. Eine direkte Beteiligung ausländischer Unternehmen an der Produktion, beispielsweise in Form eines PSA, ist nur im Rahmen der Erschließung von Offshore-Lagerstätten vorgesehen. Die Erschließung der umfangreichen Onshore-Lagerstätten ist dem staatlichen Konzern Turkmengaz vorbehalten. Das mit dem chinesischen Staatskonzern CNPC unterzeichnete PSA stellt die einzige Ausnahme dar. Darüber hinaus liefert Turkmenistan das zu exportierende Erdgas nur bis zur Landesgrenze, wo es vom Käufer abgenommen werden muss, der folglich das Risiko für den Weitertransport und den Transit durch weitere Länder trägt bzw. gegebenenfalls selbst etwaige Investitionen in die Infrastruktur zum Weitertransport tätigen muss. Eine Beteiligung an Pipelineprojekten außerhalb der Landesgrenzen war bisher nicht vorgesehen, wobei sich im Rahmen des Pipelineprojektes TAPI möglicherweise ein Politikwechsel andeutet.

Die in Kapitel 3 vorgenommene Analyse der turkmenisch-ukrainischen und turkmenisch-russischen Gashandelsbeziehungen hat gezeigt, dass die Realisierung turkmenischer Erdgasexporte mittels der in der Sowjetära konzipierten und gebauten Pipelineinfrastruktur mit Schwierigkeiten verbunden ist. Nach der Weigerung Russlands, Turkmenistan weiterhin eine Quote für Exporte nach Europa einzuräumen, beschränkte sich der Absatzmarkt auf den postsowjetischen Raum. Durch ausbleibende Zahlungen für erfolgte Lieferungen sah sich Turkmenistan wiederholt gezwungen, die Exporte in die Ukraine einzustellen. Das Einsetzen von Zwischenhändlern trug in den 1990er-Jahren zu einer Verschärfung der Situation bei und führte nach der Auflösung von Turkmenrosgaz durch die turkmenische Regierung und dem anschließenden Konflikt mit Gazprom über die Konditionen zur Nutzung des russischen Pipelinesystems sogar zur vollständigen Einstellung turkmenischer Gasexporte im postsowjetischen Raum, sodass Turkmenistan eine schwere Krise drohte. Erst nach Amtsantritt von Präsident Putin verbesserten sich die Bedingungen für Turkmenistan. Die Exporte stabilisierten sich und das Land konnte höhere Preise für seine Erdgasexporte in die Ukraine und nach Russland erzielen, wobei sich gleichzeitig die Differenz zu dem Preisniveau auf den europäischen Märkten weiter vergrößerte. Auf Basis des 2003 geschlossenen langfristigen Liefervertrages begann Russland, die Exportkapazitäten Turkmenistans an sich zu binden, und übernahm mit Beginn des Jahres 2006 die vollständige Kontrolle über die turkmenischen Erdgasexporte im postsowjetischen Raum.

Die Erdgasimporte aus Turkmenistan waren zum damaligen Zeitpunkt für Russland in mehrfacher Hinsicht von Nutzen. Erreicht wurde so sowohl die Deckung des Bedarfes als auch gleichzeitig das Hinauszögern umfangreicher Investitionen in die Erschließung neuer Lagerstätten. Ferner wurde eine vergleichsweise günstige Versorgung der Ukraine ermöglicht; darüber hinaus waren die turkmenischen Exportkapazitäten an Russland gebunden und schienen nicht für Pipelineprojekte des „Südlichen Korridors" zur Verfügung zu stehen, mittels derer die EU ihre Abhängigkeit von russischen Gaslieferungen verringern will, bzw. würden nicht mit russischem Gas auf dem europäischen Markt konkurrieren. Die ab 2008 einsetzende Wirtschafts- und Finanzkrise sowie parallel stattfindende Entwicklungen auf den Gasmärkten hatten schwerwiegende Folgen für den turkmenisch-russischen Gashandel. Der Bedarf nach turkmenischem Erdgas war für Russland nun nicht mehr gegeben, was zu einer erheblichen Verringerung der Importe aus Turkmenistan geführt hat. Russland hat inzwischen angekündigt, diese vollständig einstellen zu wollen. Somit ist grundsätzlich festzuhalten, dass Turkmenistan bei den Exporten in die Ukraine und nach Russland nicht die vertraglich vereinbarten Volumen absetzen konnte und außerdem bis 2009 dafür nur einen vergleichsweise sehr niedrigen Preis erzielte. Die im Rahmen des Erdgashandels getätigten Barter-Geschäfte verringerten zusätzlich den Ertrag.

Für den Misserfolg der untersuchten Pipelineprojekte wurden jeweils verschiedene Ursachen identifiziert. Ein Grund für das Scheitern der Turkmenistan-Iran-Türkei-Europa-Pipeline besteht zweifellos im Widerstand der USA gegen dieses Projekt. Eine Finanzierung erschien vor diesem Hintergrund nicht möglich, sodass dessen Realisierung zunächst ausgesetzt wurde. Auch nach der Wiederaufnahme des Projektes stieß dieses auf Ablehnung der USA, obwohl es zwischenzeitlich den Anschein hatte, dass die damalige US-Regierung ihren Widerstand gegenüber dem Bau der Pipeline aufgeben würde. Maßgeblich für das Scheitern waren jedoch nicht die Vorbehalte der USA, die sich stattdessen für den Bau der transkaspischen Pipeline (I) einsetzte, sondern die Ambitionen des Iran. Obwohl die Quellenlage hier nicht ganz eindeutig ist, scheint gesichert, dass sich der Iran nicht nur auf den Transit von turkmenischem Erdgas in die Türkei und gegebenenfalls nach Europa beschränken wollte, sondern stattdessen beabsichtigte, eigenes Erdgas in die Türkei zu exportieren bzw. den Re-Export von turkmenischem Erdgas zu höheren Preisen anstrebte.

Vor diesem Hintergrund entschied sich Präsident Nijasow stattdessen für den Bau der transkaspischen Pipeline (I), der aufgrund einer Verkettung mehrerer parallel ablaufender Entwicklungen nicht umgesetzt worden ist. Drei ineinandergreifende Faktoren sind dabei von Bedeutung: Die Entdeckung des Gasfeldes Shah Deniz und die anschließenden Forderungen der aserbaidschanischen Regierung nach einer Aufteilung der Transportkapazität zu jeweils 50 Prozent verringerten maßgeblich die Attraktivität des Pipelineprojektes für Turkmenistan. Durch den parallel entstehenden Konflikt zwischen Präsident Nijasow und dem Pipelinekonsortium über die Vertragskonditionen verlor das Pipelineprojekt zusätzlich an Anziehungskraft. Gleichzeitig schloss Turkmenistan mit Russland einen neuen Liefervertrag und beide Länder verhandelten anschließend über den Abschluss eines langfristigen Liefervertrages, der umfangreiche Volumen beinhalten sollte; dadurch strebte die russische Regierung nicht zuletzt an, die turkmenischen Exportkapazitäten zu binden und den Bau der transkaspischen Pipeline (I) zu verhindern. Zusätzlich waren weitere Faktoren einer späteren Wiederaufnahme des Pipelineprojektes abträglich. Dazu zählen sowohl der aufflammende Konflikt zwischen Aserbaidschan und Turkmenistan über die Grenzziehung im Kaspischen Meer und über die Nutzungsrechte sich im umstrittenen Grenzgebiet befindlicher Öl- und Gasvorkommen, der zum Abbruch der diplomatischen Beziehungen im Jahr 2001 führte, als auch der parallele Fortschritt und die Realisierung anderer Pipelineprojekte zur Versorgung der Türkei, die zu einer Überversorgung des türkischen Gasmarktes führten, sodass für zusätzliche Importe aus Turkmenistan kein Raum vorhanden gewesen wäre. Inwieweit die Ablehnung des Pipelineprojektes durch den Iran und Russland in diesem Zusammenhang von Bedeutung ist, kann nicht geklärt werden, da es aus den erwähnten Gründen scheiterte, bevor es zu einer Vertragsunterzeichnung über den Bau der Pipeline kam und über etwaige Reaktionen Russlands und des Iran folglich nur spekuliert werden kann.

Der Bau der transkaspischen Pipeline (II) als Bestandteil des „Südlichen Korridors" bzw. als Zulieferpipeline für die von der EU-Kommission favorisierte Nabucco-Pipeline zum Transport von Erdgas aus Turkmenistan nach Europa konnte ebenfalls aus verschiedenen Gründen nicht realisiert werden. Auch hier besteht eine Verkettung mehrerer Faktoren, die eine Umsetzung bis in die Gegenwart verhindern.

Der offene Widerstand Russlands, das den Bau der transkaspischen Pipeline ablehnt, um eigene machtpolitische und energiepolitische Interessen zu wahren, ist als wesentliche Ursache zu sehen. Dabei nutzt die russische Regierung den ungeklärten rechtlichen Status des Kaspischen Meeres als Instrument, um ihre Blockade gegen den Bau der Pipeline zu legitimieren und die wahren Motive zu verschleiern. Gleichzeitig hat die russische Regierung deutlich signalisiert, dass Turkmenistan mit Konsequenzen rechnen muss, sollte es den Bau der Pipeline tatsächlich realisieren wollen. Die turkmenische Regierung ist nicht bereit, dieses Risiko einzugehen. Schließlich haben der Georgien-Krieg im August 2008, die Annexion der Krim im Frühjahr 2014 sowie die anhaltende Destabilisierung der Ukraine gezeigt, dass Russland bereit ist, seine Interessen gegebenenfalls auch mit militärischen Mitteln durchzusetzen, während eine substanzielle Unterstützung durch den Westen nicht gewährt wurde.

Zusätzlich besteht eine mangelnde Interessenkonvergenz der EU-Kommission, europäischer Energieunternehmen und der turkmenischen Regierung bezüglich der transkaspischen Pipeline (II) bzw. etwaiger Gasimporte aus Turkmenistan, die wiederum im Zusammenhang mit den veränderten Rahmenbedingungen auf den internationalen Gasmärkten und deren Auswirkungen auf den europäischen Gasmarkt zu sehen ist. Turkmenistan verfolgt das Interesse, möglichst umfangreiche Volumen im Rahmen eines langfristigen Liefervertrages nach Europa zu exportieren, womit es sich neben der Generierung von zusätzlichen Exporteinnahmen auch gegen etwaige Vergeltungsmaßnahmen Russlands, beispielsweise in Form eines Handelsembargos, bestmöglich absichern möchte. Der von der EU-Kommission vorgeschlagene Mechanismus zum Bezug von turkmenischem Erdgas, die *Caspian Development Corporation*, stößt auf Vorbehalte potenzieller Käufer, da hier Bedenken hinsichtlich der Vereinbarkeit mit dem EU-Wettbewerbsrecht bestehen. Gravierender sind allerdings die Veränderungen auf dem europäischen Gasmarkt, der aufgrund verschiedener Faktoren seit mehreren Jahren von einem Überangebot geprägt ist. Es wird davon ausgegangen, dass diese Marktsituation zunächst weiter anhalten wird. Vor diesem Hintergrund haben potenzielle Abnehmer kein Interesse, Verpflichtungen in Form von langfristigen Take-or-Pay-Verträgen einzugehen, da sie die benötigten Volumen auf den Spotmärkten zu besseren Konditionen beziehen können und sich langfristige Lieferverträge als Belastung erweisen könnten.

Parallel haben sich Turkmenistan und China auf eine umfangreiche Ausdehnung der Gaslieferungen verständigt, was im Hinblick auf die potenzielle Realisierung der transkaspischen Pipeline (II) in doppelter Hinsicht von Bedeutung ist. Einerseits hat China die Bedingungen der turkmenischen Regierung akzeptiert, sodass für diese keine Anreize bestehen, in Bezug auf das Projekt transkaspische Pipeline Zugeständnisse (II) zu machen, da durch die zukünftigen Exporte nach China umfangreiche Exporteinnahmen erwartet werden und die turkmenische Regierung nicht zwangsläufig auf die Realisierung von Exporten nach Europa angewiesen ist. Vor diesem Hintergrund besteht andererseits auch nicht die Notwendigkeit, entgegen russischen Interessen zu handeln. Folglich ist die turkmenische Regierung umso weniger bereit, hier Risiken einzugehen.

Neben der Instrumentalisierung durch Russland beinhaltet der ungelöste rechtliche Status des Kaspischen Meeres eine weitere Dimension, die für eine mögliche Umsetzung der transkaspischen Pipeline (II) von Bedeutung ist. Die Differenzen zwischen Aserbaidschan und Turkmenistan sind in Bezug auf die Grenzziehung noch nicht ausgeräumt worden und beide Staaten erheben nach wie vor Anspruch auf sich im umstrittenen Grenzgebiet befindende Öl- und Gasvorkommen. Dies führt immer wieder zu Spannungen; die Regierungen beider Länder haben im Rahmen der trilateralen Verhandlungen mit der Europäischen Kommission versucht, diese zu nutzen, um ihre jeweiligen Ansprüche durchzusetzen, was ebenfalls für das Scheitern dieser Verhandlungen zu berücksichtigen ist.

Des Weiteren ist fraglich, inwieweit Aserbaidschan tatsächlich bereit ist, hinsichtlich des Pipelineprojektes zu kooperieren, sollten sich dessen Pläne konkretisieren. Die aserbaidschanische Regierung hat zwar ihre Kooperationsbereitschaft erklärt, allerdings hat Aserbaidschan kein Interesse, als Transitland für turkmenische Erdgaslieferungen nach Europa zu fungieren. In den vergangenen Jahren wurden weitere Gasvorkommen entdeckt, sodass die Priorität der aserbaidschanischen Regierung, insbesondere vor dem Hintergrund der sinkenden Ölproduktion und -exporte, darin besteht, selbst zusätzliche Gasvolumen nach Europa zu exportieren, anstatt den Transit von konkurrierenden turkmenischem Gas zu ermöglichen. Ein zu großes Engagement in Bezug auf den Bau der transkaspischen Pipeline (II) hätte vermutlich außerdem eine Belastung der ohnehin schon für die aserbaidschanische Regierung schwierig zu balancierenden Beziehungen zu Russland zur Konsequenz.

Bei Vergleich der drei Pipelineprojekte unter Berücksichtigung der Bedingungen, die für eine erfolgreiche Umsetzung von Pipelineprojekten erfüllt sein müssen (Kap. 4.1), wird deutlich, dass das Projekt transkaspische Pipeline (I) der Umsetzung am nächsten war (Kap. 4.5).

5.2 Überprüfung der Hypothesen

Die Ursachen für das Scheitern der jeweiligen Pipelineprojekte lassen sich unter die zu Beginn der Untersuchung aufgestellten Hypothesen subsumieren. Dabei ist festzuhalten, dass die Hypothesen durch die Resultate der empirischen Analyse grundsätzlich bestätigt worden sind.

Hypothese 1 bezieht sich auf die geopolitische Dimension turkmenischer Erdgasexporte in die Türkei und nach Europa und nennt den Widerstand Russlands gegen den Bau einer transkaspischen Pipeline sowie die Eindämmungspolitik der USA gegenüber dem Iran als wesentliche Ursachen für das Scheitern der Pipelineprojekte.

Im Rahmen der empirischen Analyse wurde deutlich, dass die US-Regierung den Bau einer Turkmenistan-Iran-Türkei-Europa-Pipeline zunächst verhindert hat. Nach Wiederaufnahme des Projektes führten die Ambitionen des Iran zu dessen Scheitern, sodass an dieser Stelle nur darüber spekuliert werden kann, ob die USA über ihre erklärte Ablehnung gegenüber diesem Projekt hinaus etwas unternommen hätten, um dieses zu verhindern.

Hinsichtlich der Frage potenzieller turkmenischer Erdgaslieferungen für den „Südlichen Korridor" wurde deutlich, dass der Transport von Erdgas aus Turkmenistan in die Türkei über den Iran vor dem Hintergrund der Verschärfung der Auseinandersetzungen über das iranische Atomprogramm mit den seitens der Vereinten Nationen, der USA und der EU verhängten Sanktionen keine Option darstellte. Der Bau einer transkaspischen Pipeline wiederum wird durch Russland verhindert, das eine solche Pipeline als potenzielle Bedrohung seines hegemonialen Status in der Kaspischen Region ansieht und zusätzlich seinen europäischen Absatzmarkt vor konkurrierendem Erdgas aus der Kaspischen Region abschirmen möchte. Es ist nicht auszuschließen, dass Turkmenistan Konsequenzen bei Realisierung des Projektes drohen würden.

Auch der geplante Bau der transkaspischen Pipeline (I) stieß auf Ablehnung Russlands (und des Iran). Allerdings scheiterte dieses Projekt aus anderen Gründen, sodass nur spekuliert werden kann, inwieweit Russland zusätzliche Anstrengungen unternommen hätte, um dieses Pipelineprojekt zu verhindern. Allerdings hat die Vorgehensweise der russischen Regierung insofern zum Scheitern des Projektes beigetragen, als nach Amtsantritt von Präsident Putin Russland der turkmenischen Regierung bessere Konditionen in Bezug auf den Gashandel Aussicht gestellt wurden.

Dies leitet zu Hypothese 2 über, wonach ein Zusammenhang zwischen dem Gashandel Turkmenistans im postsowjetischen Raum und Plänen der turkmenischen Regierung zum Export von Erdgas in die Türkei und nach Europa angenommen wird. Postuliert wird, dass die Bereitschaft der turkmenischen Regierung, sich den Interessen Russlands zu widersetzen, ansteigt, wenn sie in ihren Absatzmöglichkeiten für turkmenisches Erdgas eingeschränkt wird. Dieser Zusammenhang ist im Rahmen der Untersuchung deutlich zutage getreten (Kap. 4.5), sodass auch diese Hypothese verifiziert worden ist. Turkmenistan war binnen der ersten Dekade der Unabhängigkeit mit ernsthaften Problemen bezüglich des Erdgasabsatzes konfrontiert und strebte bereits Anfang der 1990er-Jahre die Diversifizierung mittels der Turkmenistan-Iran-Türkei-Europa-Pipeline an. Als Russland 1998 sein Pipelinesystem für turkmenische Exporte in die Ukraine blockierte, entschloss sich Präsident Nijasow für den Bau der von der damaligen US-Regierung unterstützten transkaspischen Pipeline, wobei allerdings die Umsetzung anderer Pipelineprojekte zum damaligen Zeitpunkt nicht realis-

5.2 Überprüfung der Hypothesen

tisch erschien. Umgekehrt nahm die turkmenische Regierung Abstand von dem Projekt, als ein Liefervertrag mit Russland geschlossen und die Unterzeichnung eines langfristigen Gashandelsabkommens zwischen beiden Ländern in Aussicht gestellt wurde. Durch die Intensivierung der Gashandelsbeziehungen zwischen Turkmenistan und Russland wurde der Bau einer transkaspischen Pipeline seitens der turkmenischen Regierung nicht ernsthaft in Erwägung gezogen. Präsident Berdymuchamedow nutzte diese Option zunächst lediglich, um bessere Konditionen bei Verhandlungen mit Russland zu erzielen. Nach der Gaskrise vom April 2009 und dem sich anschließenden Konflikt über die zukünftige Ausgestaltung des Gashandels zog die turkmenische Regierung hingegen wieder ernsthaft in Betracht, Gas mittels einer transkaspischen Pipeline nach Europa zu exportieren.

In Bezug auf die transkaspische Pipeline (I) und (II) ist auch die Position Aserbaidschans von Relevanz, die in Hypothese Nr. 3 thematisiert wird. Sie geht von der Annahme aus, dass es Aserbaidschan aufgrund neu entdeckter Gasvorkommen vorzieht, selbst Erdgas zu exportieren, und folglich kein Interesse hat, den Export von turkmenischem Erdgas nach Europa zu ermöglichen. Auch diese Hypothese wurde durch die Resultate der empirischen Untersuchung bestätigt. Aserbaidschan hatte zunächst das Interesse, das Pipelineprojekt transkaspische Pipeline (I) zu unterstützen, um damit die geplante BTC-Ölpipeline politisch zu flankieren. Unmittelbar nach Entdeckung des Feldes Shah Deniz forderte die aserbaidschanische Regierung die Aufteilung der Transportkapazitäten, was einen wesentlichen Faktor für das Scheitern des Pipelineprojektes darstellt.

In Bezug auf die Versorgung des „Südlichen Korridors" mit Erdgas aus Turkmenistan mittels einer transkaspischen Pipeline kann die Frage der Position Aserbaidschans nicht abschließend beantwortet werden. Grundsätzlich hat die aserbaidschanische Regierung ihre Bereitschaft erklärt, den Transit von turkmenischem Gas zu ermöglichen. Allerdings muss hier festgehalten werden, dass diese Erklärungen der aserbaidschanischen Regierung in Bezug auf die von ihr angestrebte Intensivierung der Beziehungen zum Westen von Nutzen sind und gleichzeitig keine Belastung darstellen, da genügend Hürden bestehen, die eine Realisierung dieses Pipelineprojektes in naher Zukunft mehr als unwahrscheinlich erscheinen lassen. Ferner wurden in den aserbaidschanischen Küstengewässern des Kaspischen Meeres weitere Erdgasvorkommen entdeckt, deren Umfang zwar noch nicht endgültig feststeht, die aber eine Ausweitung der Exporte durchaus ermöglichen könnten. Insbesondere vor dem Hintergrund der sinkenden Ölproduktion und der sinkenden Ölexporte strebt Aserbaidschan eine Ausdehnung der Erdgasexporte an und ist folglich nicht daran interessiert, den Export von konkurrierendem Erdgas aus Turkmenistan zu ermöglichen. Das das Projekt transkaspische Pipeline (II) allerdings aufgrund verschiedener anderer Faktoren keine Fortschritte erzielte, kann über die Vorgehensweise der aserbaidschanischen Regierung nur spekuliert werden, sollte sich das Pipelineprojekt tatsächlich konkretisieren.

Die Resultate der empirischen Analyse haben ferner gezeigt, dass Differenzen über die Konditionen in allen drei Fallbeispielen von Relevanz sind, sodass auch Hypothese 4 bestätigt worden ist. Die Unstimmigkeiten zwischen Turkmenistan und dem Iran bezüglich des Projektes Turkmenistan-Iran-Türkei-Europa-Pipeline führten dazu, dass die turkmenische Regierung davon Abstand nahm und stattdessen den Bau der transkaspischen Pipeline (I) bevorzugte. Dieser scheiterte wiederum in doppelter Hinsicht an den Konditionen, da einerseits Aserbaidschan und Turkmenistan keine Einigung in Bezug auf die Aufteilung der Transportkapazitäten erzielen konnten und andererseits die Differenzen zwischen dem Pipelinekonsortium und Präsident Nijasow über die Vertragskonditionen nicht gelöst wurden. Auch in Bezug auf die Frage der Versorgung des „Südlichen Korridors" mit Erdgas aus Turkmenistan bestehen nach wie vor divergierende Interessen in Bezug auf die Konditionen. Turkmenistan hält an seiner Politik fest, wonach es lediglich bereit ist, das zu exportierende Gas bis an die Landesgrenze zu liefern, und eine Beteiligung an internationalen Pipelineprojekten vermeiden will. Außerdem fordert die turkmenische Regierung den Absatz umfangreicher Volumen im Rahmen eines langfristigen Liefervertrages und möchte diese an einen einzelnen Abnehmer verkaufen. Mit der *Caspian Development Corporation* wurde zwar ein Mechanismus entwickelt, um der turkmenischen Regierung entgegenzukommen, ein Vertragsabschluss ist allerdings noch nicht erfolgt, weil nicht zuletzt keine unmittelbare Nachfrage in Europa nach zusätzlichen Importen aus der Kaspischen Region besteht und sich potenzielle Abnehmer gegenwärtig zu günstigen Konditionen auf den Spotmärkten versorgen können und folglich kein Interesse daran haben, langfristige Verpflichtungen zum Import von turkmenischem Erdgas im Rahmen eines Take-or-Pay-Vertrages einzugehen. In diesem Zusammenhang ist auch das Engagement Chinas von Bedeutung. Die von der turkmenischen Regierung geforderten Bedingungen werden seitens Chinas erfüllt, sodass aus der Perspektive Turkmenistans diese Partnerschaft im Vergleich zu potenziellen Exporten nach Europa deutlich attraktiver ist.

Die aufgestellten Hypothesen sind damit grundsätzlich bestätigt worden. Die darin erwähnten Faktoren haben allerdings in den untersuchten Fällen eine unterschiedliche Gewichtung. Bei der Turkmenistan-Iran-Türkei-Europa-Pipeline überwog zunächst die geopolitische Dimension (Hypothese 1), nach Wiederaufnahme des Projektes allerdings der Konflikt über die Konditionen (Hypothese 4).

Wesentliche Ursachen für das Scheitern der transkaspischen Pipeline (I) sind der Konflikt mit Aserbaidschan über die Aufteilung der Transportkapazitäten und mit

5.2 Überprüfung der Hypothesen

dem Pipelinekonsortium über die Vertragskonditionen (Hypothese 3 und 4). Diese Ursachen sind aber nur in Verbindung mit dem zwischen Turkmenistan und Russland geschlossenen Gasliefervertrag zu sehen, der ebenfalls einen wichtigen Faktor für das Scheitern des Pipelineprojektes darstellt (Hypothese 2). Die geopolitische Dimension (Hypothese 1) kommt hier nicht unmittelbar zum Tragen, da über die weitere Vorgehensweise Russlands bezüglich dieses Projektes nur spekuliert werden kann. Allerdings kann hier argumentiert werden, dass der geschlossene Gasliefervertrag auch eine geopolitische Komponente aufweist. Zwar verfolgte Russland bzw. Gazprom damit das Ziel, die eigene Gasbilanz auszugleichen, aber der Vertrag erfüllte auch den Zweck, den Bau der transkaspischen Pipeline (I) zu verhindern, und diente folglich auch den geopolitischen Interessen der russischen Regierung.

Im Hinblick auf die Frage der Versorgung des „Südlichen Korridors" mit Erdgas aus Turkmenistan überwiegt hingegen die geopolitische Dimension (Hypothese 1), da ein Transit durch den Iran politisch nicht gewollt ist und der Bau einer transkaspischen Pipeline (II) auf heftigen Widerstand Russlands trifft. Die Konditionen und die Position Aserbaidschans (Hypothese 3 und 4) sind hier von untergeordneter Bedeutung, da selbst im Falle eines Vertragsabschlusses zum Bau der Pipeline dieser aufgrund der Blockadehaltung Russlands vermutlich nicht umgesetzt werden würde.

In der Einleitung wurde argumentiert, dass aufgrund der verschiedenen zu berücksichtigenden Dimensionen die Erstellung eines geschlossenen theoretischen Rahmens für die Analyse als nicht zweckmäßig erscheint. Die Resultate der empirischen Analyse haben dies bestätigt, denn schließlich sind für das Scheitern der verschiedenen Pipelineprojekte unterschiedliche Ursachen auszumachen, die verschiedene politische und ökonomische Dimensionen beinhalten. Zusätzlich haben die identifizierten Faktoren für das Scheitern der untersuchten Pipelineprojekte eine jeweils unterschiedliche Gewichtung, wie aus den vorigen Ausführungen hervorgeht.

Somit lassen sich zwar nicht alle Aspekte theoretisch erfassen, doch leistet die Rentierstaatstheorie in Kombination mit den Ausführungen zur Energiesicherheit aus der Perspektive von Produzentenstaaten einen Beitrag zur Erklärung, warum die turkmenische Regierung an der Umsetzung der jeweiligen Pipelineprojekte zunächst interessiert war und warum sie wieder Abstand davon nahm. War Turkmenistan in Bezug auf die Realisierung der Exporteinnahmen im postsowjetischen Raum mit Schwierigkeiten konfrontiert, hat die turkmenische Regierung ihre Bestrebungen zur Diversifizierung verstärkt. Umgekehrt wurde weniger Handlungsbedarf gesehen, solange in ausreichendem Umfang kontinuierliche Exporteinnahmen zu verzeichnen waren. Dieses Beziehungsverhältnis von Rentierstaatlichkeit und Energiesicherheit findet ihren Ausdruck in Hypothese 2, die verifiziert worden ist.

Des Weiteren hat die Darstellung der geopolitischen Rahmenbedingungen bzw. der Interessen staatlicher Akteure ebenfalls einen Beitrag zur Erklärung des Scheiterns der verschiedenen Pipelineprojekte geleistet. Die übergeordneten Interessen der USA und Russlands in der Kaspischen Region und das daraus resultierende Handeln, worauf in Hypothese 1 Bezug genommen wird, haben bisher maßgeblich dazu beigetragen, den Export von turkmenischem Erdgas in die Türkei und nach Europa zu verhindern.

5.3 Ausblick und Politikempfehlung

Die Entscheidungen zugunsten der Pipelineprojekte TANAP und TAP, die das Ende des Untersuchungszeitraums markieren, bedeuteten zumindest das vorläufige Scheitern der transkaspischen Pipeline (II) als Bestandteil des „Südlichen Korridors". Der politische Prozess (die trilateralen Verhandlungen zwischen Turkmenistan, Aserbaidschan und der EU-Kommission) zur Realisierung des Pipelineprojektes war Mitte 2012 ins Stocken geraten.

Zwar unterzeichneten die Türkei und Turkmenistan im November 2014 eine Rahmenvereinbarung, die den Transport von turkmenischem Erdgas mittels TANAP zum Gegenstand hatte, und auch die EU-Kommission hat vor dem Hintergrund der anhaltenden Ukraine-Krise und den belasteten Beziehungen zu Russland ihr Engagement wieder verstärkt. Eine Realisierung des Pipelineprojektes ist dennoch aus verschiedenen Gründen bis auf Weiteres nicht zu erwarten.

Russland wird seinen Widerstand gegenüber diesem Projekt nicht aufgeben. Die EU-Kommission wäre gut beraten gewesen, die Vorbehalte Russlands gegenüber dem Pipelineprojekt ernst zu nehmen und die russische Regierung von Beginn an in die Verhandlungen zu integrieren. Das Vorgehen der EU bezüglich der transkaspischen Pipeline (II) ähnelt dem hinsichtlich des Assoziierungsabkommens mit der Ukraine und zeichnet sich durch eine unzureichende Berücksichtigung der Interessen Russlands aus. Durch die Krise in der Ukraine haben sich die Beziehungen zwischen dem Westen und Russland maßgeblich verschlechtert. Die USA und die EU haben auf die Annektierung der Krim und die Destabilisierung der Ostukraine durch Russland mit dessen zumindest vorübergehendem Ausschluss aus den G8 sowie Sanktionen reagiert. Eine Lösung des Konfliktes war bei Fertigstellung der Dissertation nicht absehbar. Vor diesem Hintergrund erscheint der Bau einer transkaspischen Pipeline bzw. die Zustimmung Russlands zu diesem Projekt noch unwahrscheinlicher. Des Weiteren ist eher davon auszugehen, dass Aserbaidschan Anstrengungen unternimmt, zusätzliche Volumen nach Europa zu exportieren, und folglich etwaige Erweiterungen

5.3 Ausblick und Politikempfehlung

der Transportkapazitäten der Südkaukasus-Pipeline sowie von TANAP und TAP für sich selbst in Anspruch nehmen will, anstatt den Transit von umfangreichen Volumen aus Turkmenistan zu ermöglichen.

Dies bedeutet allerdings nicht, dass die Versorgung Europas mit turkmenischem Erdgas für die Zukunft vollkommen ausgeschlossen ist. Ein Kompromiss besteht möglicherweise in der Realisierung turkmenischer Gasexporte mittels einer technischen Pipeline, also der Verbindung der aserbaidschanischen und turkmenischen Offshore-Produktionsplattformen im Kaspischen Meer. Auf diese Weise könnten bis zu zehn Mrd. m^3 pro Jahr exportiert werden, was sicherlich auch aus der Perspektive Aserbaidschans einfacher zu akzeptieren wäre. In der Vergangenheit bestand Turkmenistan auf dem Export umfangreicher Volumen, um sich gegen mögliche Vergeltungsmaßnahmen Russlands, beispielsweise die Einstellung des Erdgasbezugs aus Turkmenistan, bestmöglich abzusichern. Da Russland inzwischen angekündigt hat, den Import von turkmenischem Erdgas einstellen zu wollen, muss Turkmenistan in dieser Hinsicht keine Rücksicht mehr nehmen und könnte eine technische Pipeline als Kompromiss in Betracht ziehen, der möglicherweise auch von Russland toleriert werden würde. Es ist ferner davon auszugehen, dass sich die Exporteinnahmen Turkmenistans durch den Ausfall der Exporte nach Russland und durch die anhaltend niedrigen Energiepreise deutlich verringert haben, wobei ergänzend zu erwähnen ist, dass die Exporte nach China zwar ansteigen, aber gleichzeitig die von China gewährten umfangreichen Kredite zurückgezahlt werden müssen. Folglich bestehen für Turkmenistan zusätzliche Anreize, neue Absatzmöglichkeiten zu finden.

Außerdem haben die Diversifizierungsbestrebungen der EU durch die Ukraine-Krise einen neuen Impetus bekommen. Sollte diese weiter anhalten bzw. sich in den EU-Russland-Beziehungen weiter manifestieren, wird die Suche nach Alternativen zum russischen Erdgas möglicherweise intensiviert. Parallel zeichnet sich eine Entspannungspolitik zwischen dem Westen und dem Iran ab. Inzwischen wurde mit dem Iran eine Einigung über das Nuklearprogramm erzielt und infolgedessen sind die Sanktionen zu großen Teilen aufgehoben worden, was den Öl- und Gassektor miteinbezieht. Sollten sich die Beziehungen zwischen dem Iran und dem Westen nachhaltig verbessern, ergäbe sich für die Erdgasversorgung Europas eine weitere Alternative. Schließlich verfügt der Iran über umfangreiche Gasreserven und der Ausbau der für den Transport notwendigen Infrastruktur wäre vergleichsweise unkompliziert umsetzbar. So existiert bereits eine Pipeline zum Transport von Erdgas aus dem Iran in die Türkei, deren Infrastruktur weiter ausgebaut wird, um Gas aus Aserbaidschan nach Europa zu transportieren. Eine Erweiterung dieser Infrastruktur, um zusätzliches Erdgas aus dem Iran nach Europa zu transportieren, wäre mit vergleichsweise geringem technischen und finanziellen Aufwand zu bewerkstelligen. Allerdings ist vor dem

Hintergrund des nach wie vor stark wachsenden Binnenverbrauchs sowie weiterer vorhandener Exportoptionen fraglich, wann und inwieweit der Iran in der Lage bzw. bereit sein wird, umfangreiche Volumen für den Export nach Europa bereitzustellen.

Allerdings könnte der Iran auch den Transport von turkmenischem Gas in die Türkei und nach Europa ermöglichen, wobei mehrere Möglichkeiten in Betracht kommen. Durch die Pipelines von Turkmenistan in den Iran und vom Iran in die Türkei besteht bereits eine Basisinfrastruktur, durch deren entsprechenden Ausbau der Transit von turkmenischem Gas ermöglicht werden könnte. Bei einem Swap-Abkommen würden sich die Erfordernisse zur Erweiterung der Infrastruktur verringern. Eine weitere Option stellt der Transport von turkmenischem Erdgas an die Küste des Iran dar, um es von dort aus in Form von LNG zu exportieren. Dadurch könnte Turkmenistan nicht nur den europäischen Markt, sondern auch andere Absatzmärkte, zum Beispiel in Asien, erreichen.

Doch existieren selbst für den Fall, dass sich die Beziehungen zwischen dem Iran und dem Westen nachhaltig normalisieren, weitere Hindernisse. Bei Vorhandensein entsprechender Exportkapazitäten und attraktiver Marktbedingungen wird der Iran es vorziehen, selbst Erdgas nach Europa zu exportieren, anstatt den Transit von konkurrierendem turkmenischem Erdgas zu ermöglichen. Bei Unterstützung turkmenischer Gasexporte durch iranisches Territorium ist grundsätzlich davon auszugehen, dass sich der Iran nicht auf den Transit von turkmenischem Erdgas wird beschränken wollen, sondern stattdessen den Re-Export, beispielsweise im Rahmen einer Swap-Vereinbarung, anstrebt. Hier müsste wiederum ein Kompromiss mit der turkmenischen Regierung gefunden werden, die nicht daran interessiert ist, dass andere Länder über die Transitgebühren hinaus zusätzliche Gewinne mit turkmenischem Gas und damit letztendlich zulasten Turkmenistans erwirtschaften. Trotz dieser Hindernisse erscheint der Export von turkmenischem Erdgas nach Europa in Kooperation mit dem Iran aufgrund der erwähnten geopolitischen Lage aussichtsreicher als die Realisierung einer transkaspischen Pipeline.

Es ist allerdings am wahrscheinlichsten, dass auch zukünftig keine Erdgasexporte Turkmenistans nach Europa realisiert werden. China und Turkmenistan haben in den vergangenen Jahren ihre Energiebeziehungen intensiviert und es ist durchaus denkbar, sollten keine gravierenden Probleme im Rahmen dieser Partnerschaft auftauchen, dass beide Länder weitere Verträge schließen, die eine zusätzliche Ausdehnung der Erdgaslieferungen zum Gegenstand haben.

Zusätzlich hat das Pipelineprojekt TAPI Fortschritte erzielen können. Neben der Unterzeichnung von Lieferverträgen mit Pakistan, Indien und Afghanistan sind Vereinbarungen zum Bau der Pipeline geschlossen worden, mit dem Turkmenistan nach eigenen Angaben bereits begonnen hat. Bei Implementierung der Gaslieferverträge

5.3 Ausblick und Politikempfehlung

ergäbe sich ein zusätzliches Exportvolumen von rund 30 Mrd. m³ pro Jahr. Sollten die Exporte in den Iran auf dem gegenwärtigen Niveau beibehalten werden, könnten die Exporte von gegenwärtig rund 40 Mrd. m³ pro Jahr binnen der nächsten Dekade auf rund 100 Mrd. m³ pro Jahr anwachsen, sodass eine weitere Diversifizierung in Richtung Westen nicht zwingend notwendig erscheint.

Hier bestehen jedoch mehrere Risiken. Trotz der geschlossenen Verträge und Abkommen scheint aufgrund der geschilderten schwerwiegenden Hindernisse keinesfalls gesichert, dass der Bau von TAPI und die Implementierung der Lieferverträge wie geplant vollzogen wird. Es ist ferner nicht auszuschließen, dass der Iran nach Aufhebung der Sanktionen den Anstieg der Gasproduktion sowie den Ausbau der inneriranischen Pipelineinfrastruktur beschleunigen kann, sodass möglicherweise mittelfristig kein Bedarf mehr besteht, zusätzlich Erdgas aus Turkmenistan zu beziehen. Da Russland inzwischen angekündigt hat, den Import von turkmenischem Erdgas vollständig einstellen zu wollen, bliebe in einem solchen Szenario die vollständige Abhängigkeit von China, das wiederum versuchen könnte, diese Abhängigkeit zu nutzen, um andere Konditionen, beispielsweise niedrigere Preise, durchzusetzen. Zusätzlich besteht die Möglichkeit, dass sich das Wirtschaftswachstum Chinas abschwächt oder das Land sogar in eine Wirtschaftskrise gerät und in Konsequenz die Implementierung bestehender Verträge verzögert wird bzw. die ursprünglich vereinbarten Liefervolumen aufgrund mangelnden Bedarfs nicht mehr nachgefragt werden. Folglich ist Turkmenistan zu empfehlen, weiterhin an der Politik der Diversifizierung seiner Erdgasexporte festzuhalten und dabei die Exportoption Europa nicht außer Acht zu lassen.

Die EU sollte ihre bisherige Vorgehensweise überdenken. Grundsätzlich ist die 2011 erfolgte Vergabe des Mandates an die EU-Kommission, Verhandlungen in Bezug auf die transkaspische Pipeline (II) zu führen, zu begrüßen, da die EU in dieser energiepolitischen Frage als einheitlicher Akteur auftritt. Aufgrund der regionalen Machtverhältnisse wäre eine Einigung und Unterzeichnung entsprechender Verträge zwischen der EU-Kommission, Aserbaidschan und Turkmenistan allerdings gegenstandslos, solange Russland den Bau einer Pipeline durch das Kaspische Meer ablehnt, da es über die politischen und gegebenenfalls militärischen Mittel verfügt, um den Bau einer solchen Pipeline zu verhindern. Der Georgien-Krieg im Jahr 2008 und die anhaltende Destabilisierung der Ukraine veranschaulichen die Konsequenzen, die postsowjetische Staaten, die nicht Mitglied in der EU oder NATO sind, zu befürchten haben, wenn sie entgegen russischen Interessen handeln. Folglich gilt es aus der Perspektive der EU, so sie denn weiterhin den Bau einer transkaspischen Pipeline anstrebt, Russland in die Verhandlungen zu integrieren, was allerdings angesichts der gegenwärtigen EU-Russland-Beziehungen kaum umsetzbar erscheint.

Ferner ist auf die unsichere Entwicklung der Gasnachfrage in Europa zu verweisen. Gegenwärtig zeichnet sich ab, dass trotz sinkender Produktion innerhalb der EU mittelfristig keine weiteren Volumen aus der Kaspischen Region zur Deckung des Bedarfs notwendig sein werden. In den kommenden Jahren werden umfangreiche zusätzliche LNG-Exportkapazitäten geschaffen, die auch dem europäischen Absatzmarkt zur Verfügung stehen. Eine rein politische Diversifizierung, die dem Zweck dient, die Abhängigkeit von russischen Gasimporten vor dem Hintergrund der angespannten EU-Russland-Beziehungen zu verringern und diese durch Lieferungen aus der Kaspischen Region zu ersetzen, wäre zu hinterfragen, denn schließlich gestalten sich auch die Beziehungen zur Türkei, deren Bedeutung als Transitland sich in einem solchen Szenario deutlich steigern würde, zunehmend schwieriger.

Abschließend ist Turkmenistan zu empfehlen, umfangreiche Maßnahmen zur nachhaltigen Diversifizierung der Wirtschaft durchzuführen. Die Pläne der turkmenischen Regierung zum Ausbau der petrochemischen Industrie und zur Ausdehnung der Stromexporte sind ein erster Schritt in die richtige Richtung. Die Weiterverarbeitung von Erdgas in petrochemische Produkte und deren Export erhöhen die Wertschöpfung im eigenen Land. Als Diversifizierung zu den Exporten des eigentlichen Rohstoffes können so Abhängigkeiten vom Pipelineexport verringert werden.

Literaturverzeichnis

Bücher, Dokumente, Aufsätze, Zeitschriftenartikel, Pressemeldungen, Statistiken

Adolf, Matthias: Energiesicherheitspolitik der VR China in der Kaspischen Region. Erdölversorgung aus Zentralasien, Wiesbaden: VS Verlag für Sozialwissenschaften, 2011.

Adomeit, Hannes: Inside or Outside? Russia's Policies Towards NATO, Working Paper Research Unit Russia/CIS, Stiftung Wissenschaft und Politik, Januar 2007, http://www.swp-berlin.org/file admin/contents/products/arbeitspapiere/NATO_Oslo_ks.pdf (Zugriff: 02.02.2016).

Akiner, Shirin (ed.): The Caspian: Politics, energy and security, London: RoutledgeCurzon, 2004.

Albert, Matthias/Reuber, Paul/Wolkersdorfer, Günter: Kritische Geopolitik, in: Schieder, Siegfried/ Spindler, Manuela: Theorien der Internationalen Beziehungen, Opladen & Farmington Hills: Verlag Barbara Budrich, 2006, S. 527-551.

Amtsblatt der Europäischen Union (Hrsg.): Entscheidung Nr. 1229/2003/EG des Europäischen Parlaments und des Rates vom 26. Juni 2003 über eine Reihe von Leitlinien betreffend die transeuropäischen Netze im Energiebereich und zur Aufhebung der Entscheidung Nr. 1254/96/EG, S. L 176/16.

Amtsblatt der Europäischen Union (Hrsg.): Entscheidung Nr. 1364/2006/EG des Europäischen Parlaments und des Rates vom 6. September 2006 zur Festlegung von Leitlinien für die transeuropäischen Energienetze und zur Aufhebung der Entscheidung 96/391/EG und der Entscheidung Nr. 1229/2003/EG, S. L 262/1.

Anishchuk, Alexei: As Putin looks east, China and Russia sign $400-billion gas deal, in Reuters, 21.05.2014, http://www.reuters.com/article/2014/05/21/us-china-russia-gas-idUSBREA4K07K 20140521 (Zugriff: 22.02.2015).

Antonenko, Oksana: Russia's policy in the Caspian Sea Region: Reconciling economic and security agendas, in: Akiner, Shirin (ed.): The Caspian: Politics, energy and security, London: RoutledgeCurzon, 2004, S. 244-262.

Amineh, Mehdi Parvizi: Towards the Control of Oil Resources in the Caspian Region, Münster: LIT Verlag, 1999.

Anceschi, Luca: Analyzing Turkmen Foreign Policy in the Berdymuhammedov Era, in: China and Eurasia Quarterly, Volume 6, No. 4, 2008, S. 35-48.

Anceschi, Luca: External Conditionality, Domestic Insulation and Energy Security: The International Politics of Post-Niyazov Turkmenistan, in: China and Eurasia Forum Quarterly, Volume 8, No. 3, 2010, S. 93-114.

Anceschi, Luca: Turkmenistan's foreign policy: Positive neutrality and the consolidation of the Turkmen regime, London; New York: Routledge, 2009.

Asian Development Bank: TAPI Steering Committee endorses Turkmengaz as Consortium leader for TAPI Gas Pipeline Project, 07.08.2015, http://www.adb.org/news/tapi-steering-committee-endorses-turkmengaz-consortium-leader-tapi-gas-pipeline-project (Zugriff: 31.12.2015).

Asian Development Bank: New TAPI Pipeline Company holds first board meeting, appoints chairman, 21.11.2014, http://www.adb.org/news/new-tapi-pipeline-company-holds-first-board-meeting-appoints-chairman (Zugriff: 11.07.2015).

Badykova, Najia: Turkmenistan's quest for economic security, in: Chufrin, Gennady (ed.): The Security of the Caspian Sea Region, Oxford: Oxford University Press, 2001, S. 231-253.

Bagirov, Sabit: Azerbaijans strategic choice in the Caspian region, in: Chufrin, Gennady (ed.): The Security of the Caspian Sea Region, Oxford: Oxford University Press, 2001, S. 178-194.
Barkanov, Boris: The Geo-Economics of Eurasian Gas: the Evolution of Russian-Turkmen Relations in Natural Gas (1992-2010), in: Heinrich, Andreas/Pleines, Heiko (eds.): Export Pipelines from the CIS Region: Geopolitics, Securitization, and Political Decision-Making, Stuttgart: ibidem-Verlag, 2014, S. 149-174.
Barysch, Katinka: Should the Nabucco Pipeline Project be shelved? Transatlantic Academy Paper Series, Washington DC: Transatlantic Academy, 2010.
Beblawi, Hazem/Luciani, Giacomo (eds.): The Rentier State, London: Croom Helm, 1987.
Beck, Martin: Die Erdöl-Rentier-Staaten des Nahen und Mittleren Ostens: Interessen, erdölpolitische Kooperation und Entwicklungstendenzen, Münster: Lit Verlag, 1993.
Bernstein Research: The Caspian: Cradle of Oil Production can rock world's output, January 2011.
Beyer, Andreas: Theoretische und methodische Grundlagen zur Analyse von Energie- und Energiesicherheitspolitik, Kieler Analysen zur Sicherheitspolitik Nr. 27, Kiel: Institut für Sicherheitspolitik an der Christian-Albrechts-Universität zu Kiel, Februar 2010.
Bilgin, Mert: Geopolitics of European natural gas demand: Supplies from Russia, Caspian and the Middle East, in: Energy Policy, Vol. 37, No. 11, 2009, S. 4482-4492.
Blank, Stephen: Azerbaijans's Security and U.S. Interests: Time for a Reassessment, Washington DC: Central Asia-Caucasus Institute and Silk Road Studies Program, December 2013.
Boas, Vanessa: Energy and Human Rights: Two Irreconcilable Foreign Policy Goals? The Case of the Trans-Caspian Pipeline in EU-Turkmen Relations, IAI Working Papers 12/07, Rom: Istituto Affari Internazionali, March 2012.
Boklan, Daria/Janusz-Pawletta, Barbara: Rechtsunsicherheit zulasten von Wirtschaft und Natur: Die Regulierung der Nutzung von Energieressourcen des Kaspischen Meeres und ihre grenzüberschreitende Umweltverträglichkeit, in: Zentralasien-Analysen Nr. 62, 01.03.2013.
Boeckh, Andreas/Pawelka, Peter (Hrsg.): Staat, Markt und Rente in der internationalen Politik, Opladen: Westdeutscher Verlag, 1997.
BP Statistical Review of World Energy 2008.
BP Statistical Review of World Energy 2009.
BP Statistical Review of World Energy 2010.
BP Statistical Review of World Energy 2011.
BP Statistical Review of World Energy 2012.
BP Statistical Review of World Energy 2013.
BP Statistical Review of World Energy 2014.
BP Statistical Review of World Energy 2015.
Brexendorff, Alexander: Rohstoffe im Kaspischen Becken: Völkerrechtliche Fragen der Förderung und des Transports von Erdöl und Erdgas, Frankfurt am Main: Peter Lang, 2006.
Brill, Heinz: Geopolitik heute: Deutschlands Chance? Frankfurt/Main: Ullstein, 1994.
Brzezinski, Zbigniew: Die einzige Weltmacht. Amerikas Strategie der Vorherrschaft, Frankfurt am Main: Fischer Taschenbuch Verlag, 2001.
Bundesanstalt für Geowissenschaften und Rohstoffe: Energiestudie 2013. Reserven, Ressourcen und Verfügbarkeit von Energierohstoffen, Hannover: Bundesanstalt für Geowissenschaften und Rohstoffe, 2013.
Bundesanstalt für Geowissenschaften und Rohstoffe: Energiestudie 2014. Reserven, Ressourcen und Verfügbarkeit von Energierohstoffen, Hannover: Bundesanstalt für Geowissenschaften und Rohstoffe, 2014.
Bundesanstalt für Geowissenschaften und Rohstoffe: Energiestudie 2015. Reserven, Ressourcen und Verfügbarkeit von Energierohstoffen, Hannover: Bundesanstalt für Geowissenschaften und Rohstoffe, 2015.

Bundesanstalt für Geowissenschaften und Rohstoffe: Reserven, Ressourcen und Verfügbarkeit von Energierohstoffen 2007, Hannover: Bundesanstalt für Geowissenschaften und Rohstoffe, 2008, S. 48.

Bundesanstalt für Geowissenschaften und Rohstoffe: Reserven, Ressourcen und Verfügbarkeit von Energierohstoffen - Kurzstudie 2009, Hannover: Bundesanstalt für Geowissenschaften und Rohstoffe, 2009.

Bundesanstalt für Geowissenschaften und Rohstoffe: Reserven, Ressourcen, Verfügbarkeit, Hannover: Bundesanstalt für Geowissenschaften und Rohstoffe, 2009.

Bundesanstalt für Geowissenschaften und Rohstoffe: Reserven, Ressourcen und Verfügbarkeit von Energierohstoffen 2010, Hannover: Bundesanstalt für Geowissenschaften und Rohstoffe, 2010.

Business Monitor International: Turkmenistan Oil & Gas Report Q3 2013, London: Business Monitor International, 2013.

Cain, Michael J. G./Ibrahimov, Rovshan/Bilgin, Fevzi: Linking the Caspian to Europe: Repercussions of the Trans-Anatolien Pipeline, Rethink Paper 06, Washington DC: Rethink Institute, October 2012.

Chufrin, Gennady (ed.): The Security of the Caspian Sea Region, Oxford: Oxford University Press, 2001.

Cordesman, Anthony H./Gold, Brian/Shelala, Robert/Gibbs, Michael: U.S. and Iranian Strategic Competition: Turkey and the South Caucasus, Washington, DC: Center for Strategic and International Studies, 2013.

Cornell, Svante E.: Azerbaijan since Independence, Armonk, NY: M.E. Sharpe, 2011.

Croissant, Cynthia M./Croissant Michael P.: The Legal Status of the Caspian Sea: Conflict and Compromise, in: Croissant, Michael P./Aras, Bülent (eds.): Oil and Geopolitics in the Caspian Sea Region, Westport, CT: Praeger, 1999, S. 21-42.

Croissant, Michael P./Aras, Bülent (eds.): Oil and Geopolitics in the Caspian Sea Region, Westport, CT: Praeger, 1999.

Crude Accountability: The Private Pocket of the President (Berdymukhamedov): Oil, Gas and the Law, Alexandria, VA: Crude Accountability, October 2011.

Cummings, Sally N. (ed): Oil, Transition and Security in Central Asia, London, New York: RoutledgeCurzon, 2003.

Daly, John C.: Caspian Summit increases Russia's regional power, in: Eurasia Daily Monitor Volume 11, Issue 80, The Jamestown Foundation, 10.10.2014, http://www.jamestown.org/programs/edm/single/?tx_ttnews[tt_news]=42952&cHash=caacacd270872f07c08932ea5d4605d6#.VFqkhMnrbcs (Zugriff: 05.11.2014).

de Haas, Marcel/Tibold, Andrej/Cillessen, Vincent: Geo-strategy in the South Caucasus: Power Play and Energy Security of States and Organisations, Den Haag: Netherlands Institute of International Relations Clingendael, November 2006.

de Waal, Thomas: The Conflict of Sisyphus - The elusive search for resolution of the Nagorno-Karabakh dispute, in: Friedrich-Ebert-Stiftung: South Caucasus - 20 Years of Independence, Tiflis: Friedrich-Ebert-Stiftung, 2011, S. 137-150.

Dekmejian, R. Hrair/Simonian, Hovann H.: Troubled Waters: The Geopolitics of the Caspian Sea Region, London: I.B. Tauris, 2001.

Dellecker, Adrian/Gomart, Thomas (eds.): Russian energy security and foreign policy, New York: Routledge, 2011.

Denison, Michael: Politics and the Energy Sector in Turkmenistan, in: Heinrich, Andreas/Pleines, Heiko (eds.): Challenges of the Caspian Resource Boom: Domestic Elites and Policy-Making, Houndmills, Basingstoke, Hampshire: Palgrave Macmillan, 2012 S. 143-159.

Deutsche Rohstoffagentur in der Bundesanstalt für Geowissenschaften und Rohstoffe: Energiestudie 2012 - Reserven, Ressourcen und Verfügbarkeit von Energierohstoffen, Hannover: Deutsche Rohstoffagentur in der Bundesanstalt für Geowissenschaften und Rohstoffe 2012.

Deutsche Rohstoffagentur in der Bundesanstalt für Geowissenschaften und Rohstoffe: Kurzstudie - Reserven, Ressourcen und Verfügbarkeit von Energierohstoffen 2011, Hannover: Deutsche Rohstoffagentur in der Bundesanstalt für Geowissenschaften und Rohstoffe 2011.

Dickel, Ralf/Westphal, Kirsten: EU-Russland-Gasbeziehungen: Über die Bewältigung von neuen Unsicherheiten und Ungleichgewichten, SWP-Aktuell, Berlin: Stiftung Wissenschaft und Politik, Mai 2012.

Dienes, Leslie/Shabad, Theodore: The Soviet Energy System: Resource Use and Policies, Washington DC: V.H. Winston & Sons, 1979.

Dyer, Hugh/Trombetta, Maria Julia (eds.): International Handbook of Energy Security, Cheltenham: Edward Elger Publishing, 2013.

Ebel, Robert E.: Energy Choices in the Near Abroad: The Haves and Have-nots Face the Future, Washington D.C.: Center for Strategic and International Studies, 1997.

Economist Intelligence Unit: The Great Game for gas in the Caspian: Europe opens the southern corridor, London: Economist Intelligence Unit, 2013.

EIA: Annual Energy Outlook 2014 with Projections to 2040, Washington DC: Energy Information Administration, April 2014.

Elliott, Stuart: Turkmenistan completes east-west gas link, enhances export efficiency, in: Platts, 23.12.2015, http://www.platts.com/latest-news/natural-gas/london/turkmenistan-completes-east-west-gas-link-enhances-26319461 (Zugriff: 31.12.2015);

Energy Charter Secretariat: International Energy Security: Common Concept for Energy Producing, Consuming and Transit Countries, Energy Charter Secretariat, March 2015.

Engerer, Hella/von Hirschhausen, Christian: Die Energiewirtschaft am Kaspischen Meer: Enttäuschte Erwartungen - unsichere Perspektiven, Berlin: Deutsches Institut für Wirtschaftsforschung, Diskussionspapier Nr. 171, Juli 1998.

Entessar, Nader: Iran: Geopolitical Challenges and the Caspian Region, in: Croissant, Michael P./ Aras, Bülent (eds.): Oil and Geopolitics in the Caspian Sea Region, Westport, Connecticut: Praeger, 1999, S. 155-180.

Europäische Kommission: Grünbuch: Eine europäische Strategie für nachhaltige, wettbewerbsfähige und sichere Energie, KOM(2006) 105, Brüssel, 08.03.2006.

Europäische Kommission: Grünbuch: Hin zu einer europäischen Strategie für Energieversorgungssicherheit, Luxemburg: Amt für Veröffentlichungen der Europäischen Gemeinschaften, 2001.

Europäische Kommission: Mitteilung der Kommission an das Europäische Parlament, den Rat, den Europäischen Wirtschafts- und Sozialausschuss und den Ausschuss der Regionen: Energieinfrastrukturprioritäten bis 2020 und danach - ein Konzept für ein integriertes europäisches Energienetz, KOM(2010) 677, Brüssel, 17.11.2010.

Europäische Kommission: Mitteilung der Kommission an das Europäische Parlament, den Rat, den Europäischen Wirtschafts- und Sozialausschuss und den Ausschuss der Regionen: Zweite Überprüfung der Energiestrategie: EU-Aktionsplan für Energieversorgungssicherheit und -solidarität, KOM(2008) 781, Brüssel, 13.11.2008.

Europäische Kommission: Mitteilung der Kommission an das Europäische Parlament, den Rat, den Europäischen Wirtschafts- und Sozialausschuss und den Ausschuss der Regionen zur Energieversorgungssicherheit und internationalen Zusammenarbeit – „Die EU-Energiepolitik: Entwicklung der Beziehungen zu Partnern außerhalb der EU", KOM(2011) 539, Brüssel, 07.09.2011.

European Commission: Communication from the Commission to the council and the European Parliament: Priority Interconnection Plan, COM(2006) 846, Brussels, 10.01.2007.

European Commission. Directorate-General for Energy and Transport: European energy and transport: Trends to 2030 - Update 2007, Luxembourg: Office for Official Publications of the European Communities, 2008.

European Commission: EU Energy, Transport and GHG Emissions Trends to 2050: Reference Scenario 2013, Luxembourg: Publications Office of the European Union, 2014.

European Commission - Press Release: EU starts negotiations on Caspian pipeline to bring gas to Europe, http://europa.eu/rapid/press-release_IP-11-1023_en.htm?locale=en (Zugriff: 04.04.2015).

European Commission: Press Release Database: Kommission und Aserbaidschan unterzeichnen strategisches Gasabkommen, 13.01.2011, http://europa.eu/rapid/press-release_IP-11-30_de.htm (Zugriff: 06.07.2015).

Feiner, Sabine: Weltordnung durch US-Leadership? Die Konzeption Zbigniew K. Brzezinskis, Wiesbaden: Westdeutscher Verlag, 2000.

Fischer, Sabine: Eskalation der Ukraine-Krise: Gegensätzliche Interpretationen erschweren internationale Diplomatie, SWP Aktuell, Berlin: Stiftung Wissenschaft und Politik, März 2014.

Franke, Anja/Gawrich, Andrea/Alakbarov, Gurban: Kazakhstan and Azerbaijan as Post-Soviet Rentier States: Resource Incomes and Autocracy as a Double "Curse" in Post-Soviet Regimes, in: Europe-Asia Studies Vol. 61, Issue 1, January 2009, S. 109-140.

Franke-Schwenk, Anja: Providing Welfare in Post-Soviet Rentier States, in: Heinrich, Andreas/ Pleines, Heiko (eds.): Challenges of the Caspian Resource Boom: Domestic Elites and Policy-Making, Houndmills, Basingstoke, Hampshire: Palgrave Macmillan, 2012, S. 246-266.

Fredholm, Michael: Natural-Gas Trade between Russia, Turkmenistan, and Ukraine: Agreements and Disputes, Stockholm: Stockholm University, November 2008.

Freitag-Wirminghaus, Rainer: Vom Panturkismus zum Pragmatismus: Die Türkei und Zentralasien, in: Osteuropa, 57. Jg., Nr. 8-9, 2007, S. 339-355.

Friedrich-Ebert-Stiftung: South Caucasus - 20 Years of Independence, Tiflis: Friedrich-Ebert-Stiftung, 2011.

Fujimori, Shinkichi: Ukrainian gas traders, domestic clans and Russian factors: A test case for meso-mega area dynamics, in: Matsuzato, Kimitaka (ed.): Emerging Meso-Areas in the Former Socialist Countries: Histories Revived or Improvised? Sapporo: Slavic Research Center, Hokkaido University, 2005, S. 113-136.

Gazprom: Annual Report 2011, http://www.gazprom.com/f/posts/51/402390/annual-report-2011-eng.pdf (Zugriff: 15.12.2014).

Gazprom: Annual Report 2013, http://www.gazprom.com/f/posts/07/271326/gazprom-annual-report-2013-en.pdf (Zugriff: 15.12.2014).

Gazprom, Annual Report 2014, http://www.gazprom.com/f/posts/55/477129/gazprom-annual-report-2014-en.pdf (Zugriff: 15.05.2016).

Gazprom: Factbook "Gazprom in Figures 2010-2014", http://www.gazprom.com/f/posts/29/761233/gazprom-in-figures-2010-2014-en.pdf (Zugriff: 01.06.2016).

Gazprom: Gazprom in Figures 2007-2011 Factbook, http://www.gazprom.com/f/posts/51/402390/gazprom-reference-figures-2007-2011-eng.pdf (Zugriff: 01.06.2016).

Germany Trade & Invest: Wirtschaftsdaten kompakt: Turkmenistan, Bonn: Germany Trade & Invest, Mai 2015.

Giragosian, Richard: US National Interests and Engagement Strategies in the South Caucasus, in: Friedrich-Ebert-Stiftung: South Caucasus - 20 Years of Independence, Tiflis: Friedrich-Ebert-Stiftung, 2011, S. 241-258.

Global Witness: It's a Gas: Funny Business in the Turkmen-Ukraine Gas Trade, Washington DC: Global Witness Publishing, 2006.

Gloystein, Henning: White Stream, Nabucco should be jointly built-WS, in Reuters, 29.11.2011, http://uk.reuters.com/article/2011/11/29/energy-pipelines-idUKL5E7MT5K320111129 (Zugriff: 10.07.2015).

Götz, Roland: Mythos, Diversifizierung: Europa und das Erdgas des Kaspiraums, in: Osteuropa, 57. Jg., 8-9/2007, S. 449-462.

Guillet, Jérôme: How to get a pipeline built: myth and reality, in: Dellecker, Adrian/Gomart, Thomas (eds.): Russian energy security and foreign policy, New York: Routledge, 2011, S. 58-73.

Gurt, Marat: Turkmenistan boosts gas export capacity with East-West link, in: Reuters, 23.12.2015, http://www.reuters.com/article/turkmenistan-pipeline-idUSL8N14C0GT20151223 (Zugriff: 31.12.2015).

Gurt, Marat: Ukraine Turkmenistan talk on reviving gas supply, in: Reuters, 13.02.2013, http://www.reuters.com/article/turkmenistan-ukraine-gas-idUSL5N0BD71620130213 (Zugriff: 14.03.2016).

Gutschker, Thomas: Das Sprungbrett ins Mittelmeer, in: Frankfurter Allgemeine Zeitung, 09.03.2014, http://www.faz.net/aktuell/politik/ausland/krim-krise-angst-vor-spaltung-der-ukraine-12837819.html (Zugriff: 01.01.2016).

Haase, Nadine: Globale Akteure in der Kaspischen Region: Staaten, Ölfirmen und Ölexportwege, Berlin: Forschungsstelle für Umweltpolitik, Freie Universität Berlin, FFU-report 04-2004, http://userpage.fu-berlin.de/ffu/download/Rep-2004-04.pdf (Zugriff: 09.10.2014).

Halbach, Uwe: The European Union in the South Caucasus: Story of a hesitant approximation, in: Friedrich-Ebert-Stiftung: South Caucasus - 20 Years of Independence, Tbilisi: Friedrich-Ebert-Stiftung, 2011, S. 300-315.

Hasanov, Huseyn: Itera expands presence in Turkmenistan, in: Trend News Agency, 27.04.2015, http://en.trend.az/business/economy/2388333.html (Zugriff: 01.12.2015).

Hassanzadeh, Elham: Iran's Natural Gas Industry in the Post-Revolutionary Period: Optimism, Scepticism, and Potential, Oxford: Oxford University Press, 2014.

Heinemann-Grüder, Andreas: Patron-client Relations: Explanations and Conceptual Promises, in: Heinrich, Andreas/Pleines, Heiko (eds.): Challenges of the Caspian Resource Boom: Domestic Elites and Policy-Making, Houndmills, Basingstoke, Hampshire: Palgrave Macmillan, 2012, S. 58-72.

Heinrich, Andreas: Der ungeklärte rechtliche Status des Kaspischen Meeres, in: Osteuropa, 49 (7), Juli 1999, S. 671-683.

Heinrich, Andreas/Pleines, Heiko (eds.): Challenges of the Caspian Resource Boom: Domestic Elites and Policy-Making, Houndmills, Basingstoke; Hampshire: Palgrave Macmillan, 2012.

Heinrich, Andreas/Pleines, Heiko (eds.): Export Pipelines from the CIS Region: Geopolitics, Securitization, and Political Decision-Making, Stuttgart: ibidem-Verlag, 2014.

Herb, Michael: No Representation without Taxation? Rents, Development, and Democracy, in: Comparative Politics, Vol. 37, No. 3, April 2005, S. 297-316.

Herzig, Edmund: Iran and the Former Soviet South, London: The Royal Institute of International Affairs, 1995.

Hett, Felix/Szkola, Susanne: Foreword, in: Hett, Felix/Szkola, Susanne (ed.): The Eurasian Economic Union: Analyses and Perspectives from Belarus, Kazakhstan, and Russia, Berlin: Friedrich-Ebert-Stiftung, Februar 2015.

Hett, Felix/Szkola, Susanne (ed.): The Eurasian Economic Union: Analyses and Perspectives from Belarus, Kazakhstan, and Russia, Berlin: Friedrich-Ebert-Stiftung, February 2015.

Hines, Jon/Marchenko Alexander: Turkmenistan's E&P project regime: A primer for foreign investors, Morgan Lewis, Turkmenistan Oil & Gas Conference - Ashgabat, 20.11.2013, http://www.summitdownloadportal.com/logos/1385398671-Morgan%20Lewis%20ENG.pdf (Zugriff: 12.02.2016).

Hodgkins, Jordan A.: Soviet Power: Energy Resources, Production and Potentials, Englewood Cliffs, N.J.: Prentice-Hall, 1961.

Hoffmann, Nils: Renaissance der Geopolitik? Die deutsche Sicherheitspolitik nach dem kalten Krieg, Wiesbaden: Springer VS, 2012.

Honoré, Anouk: The Outlook for Natural Gas Demand in Europe, Oxford: Oxford Institute for Energy Studies, June 2014.

Horák, Slavomír/Šír, Jan: Dismantling Totalitarianism? Turkmenistan under Berdimuhamedow, Washington DC: Central Asia-Caucasus Institute & Silk Road Studies Program, March 2009.

Hosp, Gerald: Die lange Leitung; in: Neue Zürcher Zeitung, 27.06.2013, http://www.nzz.ch/die-lange-leitung-1.18106233 (Zugriff: 22.07.2015).

IEA: Caspian Oil and Gas: The supply potential of Central Asia and Transcaucasia, Paris: OECD/IEA, 1998.
IEA: Energy Policies Beyond IEA Countries: Eastern Europe, Caucasus and Central Asia, Paris: OECD/IEA, 2015.
IEA: Golden Rules for a Golden Age of Gas: World Energy Outlook Special Report on Unconventional Gas, Paris: OECD/IEA, 2012.
IEA: Medium-Term Gas Market Report 2013: Market Trends and Projections to 2018, Paris: OECD/IEA, 2013.
IEA: Medium-Term Gas Market Report 2014: Market Analysis and Forecasts to 2019, Paris: OECD/IEA, 2014.
IEA: Medium-Term Gas Market Report 2015: Market Analysis and Forecasts to 2020, Paris: OECD/IEA, 2015.
IEA: Natural Gas Information 2003, Paris: OECD/IEA, 2003.
IEA: Natural Gas Information 2004, Paris: OECD/IEA, 2004.
IEA: Natural Gas Information 2005, Paris: OECD/IEA, 2005.
IEA: Natural Gas Information 2006, Paris: OECD/IEA, 2006.
IEA: Natural Gas Information 2007, Paris: OECD/IEA, 2007.
IEA: Natural Gas Information 2008, Paris: OECD/IEA, 2008.
IEA: Natural Gas Information 2009, Paris: OECD/IEA, 2009.
IEA: Natural Gas Information 2010, Paris: OECD/IEA, 2010.
IEA: Natural Gas Information 2011, Paris: OECD/IEA, 2011.
IEA: Natural Gas Information 2012, Paris: OECD/IEA, 2012.
IEA: Natural Gas Information 2013, Paris: OECD/IEA, 2013.
IEA: Natural Gas Information 2014, Paris: OECD/IEA, 2014.
IEA: Natural Gas Information 2015, Paris: OECD/IEA, 2015.
IEA: Natural Gas Market Review 2009, Paris: OECD/IEA, 2009
IEA: Perspectives on Caspian Oil and Gas Development, Paris: IEA/OECD, December 2008.
IEA: Ukraine 2012. Energy Policies beyond IEA Countries, Paris: OECD/IEA, 2012.
IEA: World Energy Outlook 2008, Paris: OECD/IEA 2008.
IEA: World Energy Outlook 2009, Paris: OECD/IEA 2009.
IEA: World Energy Outlook 2010, Paris: OECD/IEA 2010.
IEA: World Energy Outlook 2011, Paris: OECD/IEA 2011.
IEA: World Energy Outlook 2012, Paris: OECD/IEA 2012.
IEA: World Energy Outlook 2013, Paris: OECD/IEA 2013.
IEA: World Energy Outlook 2014, Paris: OECD/IEA 2014.
IEA: World Energy Outlook 2015, Paris: OECD/IEA 2015.
IHS CERA: Caspian Development Corporation: Final Implementation Report, Cambridge MA: IHS CERA, December 2010.
Jaffe, Amy: US policy towards the Caspian region: can the wish-list be realized?, in: Chufrin, Gennady (ed.): The Security of the Caspian Sea Region, Oxford: Oxford University Press, 2001, S. 136-150.
Janusz-Pawletta, Barbara: The Legal Status of the Caspian Sea: Current Challenges and Prospects for Future Development, Heidelberg: Springer, 2015.
Jonson, Lena: The new geopolitical situation in the Caspian region, in: Chufrin, Gennady (ed.): The Security of the Caspian Sea Region, Oxford: Oxford University Press, 2001, S. 11-32.
Jumayev, Ishanguly: Foreign Trade of Turkmenistan: Trends, Problems and Prospects, Working Paper No. 11, Bishkek: University of Central Asia, Institute of Public Policy and Administration, 2012.
Kardaş, Şaban: The Turkey-Azerbaijan Energy Partnership in the Context of the Southern Corridor, IAI Working Papers 14, Rom: Istituto Affari Internazionali, March 2014.
Kembayev, Zhenis: Die Rechtslage des Kaspischen Meeres, in: Zeitschrift für ausländisches öffentliches Recht und Völkerrecht, Vol. 68, 2008, S. 1027-1055.

Kim, Alexander: Turkmenistan considers eliminating generous energy and utilities subsidies for citizens, in: Eurasia Daily Monitor, Volume 12, Issue 176, 30.9.2015, http://www.jamestown.org/programs/edm/single/?tx_ttnews[tt_news]=44433&cHash=006094bb93fb4b05dd28cc7ec60cea5e#.Vm7Vpb9jGkk (Zugriff: 12.12.2015).

Kipiani, Marion: Georgien, in: Bundeszentrale für politische Bildung: Internationales: Innerstaatliche Konflikte, 17.12.2015, http://www.bpb.de/internationales/weltweit/innerstaatliche-konflikte/54599/ georgien (Zugriff: 21.02.2016).

Kleveman, Lutz: Der Kampf um das heilige Feuer: Wettlauf der Weltmächte am Kaspischen Meer, Berlin: Rohwolt, 2002.

Kommission der Europäischen Gemeinschaften: Mitteilung der Kommission an das Europäische Parlament, den Rat, den Europäischen Wirtschafts- und Sozialausschuss und den Ausschuss der Regionen: Zweite Überprüfung der Energiestrategie: EU-Aktionsplan für Energieversorgungssicherheit und -solidarität, KOM(2008) 781, Brüssel, 13.11.2008.

Kramer, Heinz: Die Türkei als Energiedrehscheibe: Wunschtraum und Wirklichkeit, SWP Studie, Berlin: Stiftung Wissenschaft und Politik, April, 2010.

Kuchins, Andrew C./Mankoff, Jeffrey/Backes, Oliver: Central Asia in a Reconnecting Eurasia: Turkmenistan's evolving foreign economic and security interests, Washington DC: Center for Strategic & International Studies, June 2015.

Laruelle, Marlene/Peyrouse, Sebastien: Globalizing Central Asia: Geopolitics and the Challenge of Economic Development, Armonk, N.Y.: M.E. Sharpe, 2013.

Laruelle, Marlène/Peyrouse, Sébastien: The Militarization of the Caspian Sea: "Great Games" and "Small Games" over the Caspian fleets, in: China and Eurasia Forum Quarterly, Volume 7, No. 2, 2009, S. 17-35.

Lewis, Barbara: UPDATE 1-EU reverse gas flow capacity to Ukraine to rise to 40 mcm/day, in Reuters, 23.01.2015, http://www.reuters.com/article/2015/01/23/ukraine-crisis-gas-eu-idUSL6N0V21RT20150123 (Zugriff: 28.01.2015).

Liesener, Michael: Die Integration Kasachstans in den globalen Ölmarkt. Die multivektorielle Erdölexportpolitik eines landgeschlossenen Produzentenstaates im Spannungsfeld konkurrierender geopolitischer Interessen in der kaspischen Region, Dissertationsschrift, Berlin: Freie Universität Berlin, 2014.

Luciani, Giacomo: Allocation vs. Production States: A Theoretical Framework, in: Beblawi, Hazem/Luciani, Giacomo (eds): The Rentier State, London: Croom Helm, 1987, S. 63-82.

MacFarlane, S. Neil: Two years of the Dream: Georgian Foreign Policy during the Transition, London: The Royal Institute of International Affairs, Chatham House, 2015.

Mackinder, Halford John: Democratic Ideals and Reality: A Study in the Politics of Reconstruction, London: Constable and Company Ltd.: 1919.

Mackinder, Halford John: The Geographical Pivot of History, in: The Geographical Journal 23 (4), 1904 S. 421-437.

Mankoff, Jeffrey: The United States and Central Asia after 2014, Washington, D.C.: Center for Strategic and International Studies, 2013.

Martinez, Miguel/Paletar, Martin/Hecking, Harald: The 2014 Ukrainian crisis: Europe's increased security position: Natural gas network assessment and scenario simulations, Köln: Energiewirtschaftliches Institut an der Universität zu Köln, 2015.

Matsuzato, Kimitaka (ed.): Emerging Meso-Areas in the Former Socialist Countries: Histories Revived or Improvised? Sapporo: Slavic Research Center, Hokkaido University, 2005.

Mayntz, Renate (Hrsg.): Akteure - Mechanismen - Modelle: Zur Theoriefähigkeit makro-sozialer Analysen, Frankfurt/Main: Campus Verlag, 2002.

Mayntz, Renate: Zur Theoriefähigkeit makro-sozialer Analysen, in: Mayntz, Renate (Hrsg.): Akteure - Mechanismen - Modelle: Zur Theoriefähigkeit makro-sozialer Analysen, Frankfurt/Main: Campus Verlag, 2002, S. 7-44.

Meißner, Hannes: Der „Ressourcenfluch" in Aserbaidschan und Turkmenistan und die Perspektiven von Effizienz- und Transparenzinitiativen, Berlin, Münster: LIT Verlag, 2013.

Meister, Stefan: Energy Security in the South Caucasus: The Southern Corridor in its geopolitical environment, DGAP kompakt, Deutsche Gesellschaft für Auswärtige Politik e.V., Januar 2014.

Meister, Stefan: Russland als Ordnungsmacht im postsowjetischen Raum. Regionalorganisationen als Instrumente für „Friedenseinsätze", in: Russland-Analysen Nr. 216, 11.02.2011, S. 5-7.

Mitschek, Reinhard: Nabucco - The European flagship project in the Southern Corridor, 10.11.2011, http://arc.eppgroup.eu/press/peve11/docs/111110presentation-mitschek.pdf (Zugriff: 01.06.2016).

Mohsenin, Mehrdad M.: The evolving security role of Iran in the Caspian region, in: Chufrin, Gennady (ed.): The Security of the Caspian Sea Region, Oxford: Oxford University Press, 2001, S. 166-177.

Müller, Helga W.: Turkmenistan. A World Bank country study, Washington DC: The International Bank for Reconstruction and Development/The World Bank, 1994.

Nabiyev, Rizvan: Erdöl- und Erdgaspolitik in der kaspischen Region: Ressourcen, Verträge, Transportfragen und machtpolitische Interessen, Berlin: Köster, 2003.

Nabiyeva, Komila: Renewable Energy and Energy Efficiency in Central Asia: Prospects for German Engagement. Marion Dönhoff Working Paper, Greifswald: Michael Succow Stiftung zum Schutz der Natur, May 2015.

Nichol, Jim: Armenia, Azerbaijan, and Georgia: Political Developments and Implications for U.S. Interests, Congressional Research Service, April 2014, http://fas.org/sgp/crs/row/RL33453.pdf (Zugriff: 19.10.2014).

Nichol, Jim: Central Asia: Regional Developments and Implications for U.S. Interests, Congressional Research Service, March 2014, http://fas.org/sgp/crs/row/RL33458.pdf (Zugriff: 19.10.2014).

Nossova, Irina: Russia's international legal claims in its adjacent seas: the realm of sea as extension of Sovereignty, Tartu: University of Tartu Press, 2013.

o. V.: Azerbaijan reconsiders its foreign ties, in: Stratfor Global Intelligence: Geopolitical Diary, 27.05.2015, https://www.stratfor.com/geopolitical-diary/azerbaijan-reconsiders-its-foreign-ties (Zugriff: 20.02.2016).

o. V.: Die EU und Zentralasien: Strategie für eine neue Partnerschaft, http://www.auswaertiges-amt.de/cae/servlet/contentblob/347892/publicationFile/3096/Zentralasien-Strategie-Text-D.pdf (Zugriff: 07.02.2016).

o. V.: Dokumentation: Die wichtigsten Regionalorganisationen im postsowjetischen Raum. Organisation des Vertrages über Kollektive Sicherheit (OVKS) / Organisazija Dogowora Kollektiwnoi Besopasnosti (OKDB) / Collective Security Treaty Organization (CSTO), in: Russland-Analysen Nr. 216, 11.03.2011, http://www.laender-analysen.de/russland/pdf/Russlandanalysen216.pdf (Zugriff: 07.10.2014).

o. V.: Dokumentation: Die wichtigsten Regionalorganisationen im postsowjetischen Raum. Shanghai Organisation für Zusammenarbeit (SOZ) / Shanghai Cooperation Organization (SCO), in: Russland-Analysen Nr. 216, 11.03.2011, http://www.laender-analysen.de/russland/pdf/Russlandanalysen216.pdf (Zugriff: 07.10.2014).

o. V.: Eni signs PSA addendum to extend E&P work in Turkmenistan, in: Oil & Gas Journal, 18.11.2014, http://www.ogj.com/articles/2014/11/eni-signs-psa-addendum-to-extend-e-p-work-in-turkmenistan.html (Zugriff:16.12.2014).

o. V.: Paying the piper, in: The Economist, 04.01.2014, http://www.economist.com/news/business/21592639-european-efforts-reduce-russian-state-owned-companys-sway-over-gas-prices-have-been (Zugriff: 01.07.2015).

o. V.: Security is a priority for the TAPI Pipeline, in: Stratfor, 16.12.2015, https://www.stratfor.com/image/security-priority-tapi-pipeline (Zugriff: 31.12.2015).

o. V.: Turkey reverses on Trans-Caspian gas line, in: Pipeline & Gas Journal, November 2012, Vol. 239 No. 11, http://www.pipelineandgasjournal.com/turkey-reverses-trans-caspian-gas-line (Zugriff: 03.07.2015).

o. V.: Turkmen-Ukrainian gas deal dramatizes dependence on Russia for transit, in: The Jamestown Foundation, Monitor Volume: 4, Issue 20, http://www.jamestown.org/single/?tx_ttnews[tt_news]=13543&tx_ttnews[backPid]=212&no_cache=1#.Vof4v1JT2kk (Zugriff: 02.01.2016).
o. V.: Turkmenistan: an exporter in transition, in: Pirani, Simon (ed.): Russian and CIS Gas Markets and Their Impact on Europe, Oxford: Oxford University Press, 2009, S. 271-315.
o. V.: Turkmenistan: Work starts on TAPI, but will it finish, in: Eurasianet.org, 14.12.2015, http://www.eurasianet.org/node/76536 (Zugriff: 31.12.2015).
Odling-Smee, John et al.: Turkmenistan: Economic Review, Washington DC: International Monetary Fund, May 1992.
Odling-Smee, John et al.: Turkmenistan: IMF Economic Review, Washington DC: International Monetary Fund, March 1994.
OECD Statistical Compendium: IEA Natural Gas Information, Download von FU-Datenbank, http://ts-medien.ub.fu-berlin.de/Citrix/UBCDWeb/clients/HTML5Client/src/SessionWindow.html?launchid=1451322623921#launchurl=Resources%2FLaunchIca%2FVUJDRFguT0VDRDI-.ica&iconurl=Resources%2FIcon%2FL0NpdHJpeC9VQkNEL3Jlc291cmNlcy92Mi9Na0ZCTlRrd1FVVXpNek14UWtSQk9FSkRSak5EUWtRMU56ZzRSakpDTTBWQ01UTTFSVVl6TlEtLS9pbWFnZQ--%3Fsize%3D128&clientpreferences=&resourcename=OECD%20Statistical%20Compendium&resourcetype=app&UILocale=de (Zugriff: 28.12.2015).
Öztürk, Asiye: The Domestic Context of Turkey's Changing Foreign Policy towards the Middle East and the Caspian Region, DIE Discussion Paper, Bonn: Deutsches Institut für Entwicklungspolitik, 2009.
Olcott Brill, Martha: A New Direction for U.S. Policy in the Caspian Region, Washington DC: Carnegie Endowment for International Peace, February 2009.
Olcott, Martha Brill: International Gas Trade in Central Asia: Turkmenistan, Iran, Russia and Afghanistan, Stanford, CA: Stanford University, Stanford Institute for International Studies, May 2004.
Olcott, Martha Brill: Turkmenistan: Real Energy Giant or eternal potential? The James A. Baker III Institute for Public Policy of Rice University, December 2013.
Ovozi, Qishloq: Kazakhs, Turkmen Divide Caspian Spoils despite Demarcation Doubts, in: Radio Free Europe Radio Liberty, 27.05.2015, http://www.rferl.org/content/caspian-demarcation-oil-kazakhstan-turkmeinstan/27039904.html (Zugriff: 30.11.2015).
Pawelka, Peter: Die politische Ökonomie der Außenpolitik im Vorderen Orient, in: Boeckh, Andreas/Pawelka, Peter (Hrsg.): Staat, Markt und Rente in der internationalen Politik, Opladen: Westdeutscher Verlag, 1997, S. 208-321.
Peters, Susanne/Westphal, Kirsten: Global energy supply: scale perception and the return to geopolitics, in: Dyer, Hugh/Trombetta, Maria Julia (eds.): International Handbook of Energy Security, Cheltenham; Northampton: Edward Elger, 2013, S. 92-113.
Petersen, Alexandros/Barysch, Katinka: Russia, China and the geopolitics of energy in Central Asia, London: Centre for European Reform, November 2011.
Peterson, Zach: After Standoff, Iran, Turkmenistan make gas deal, in: Radio Free Europe, Radio Liberty, 19.12.2012, http://www.rferl.org/content/turkmenistan-iran-gas-dispute/24802987.html (Zugriff: 07.12.2015).
PetroStudies: Soviet Oil, Gas and Energy Datobook, Stavanger: Noroil Publishing House, 1978.
Peyrouse, Sebastien: Turkmenistan: Strategies of Power, Dilemmas of Development, Armonk, N.Y.: M. E. Sharpe, 2012.
Pirani, Simon: Central Asian and Caspian Gas Production and the Constraints on Export, Oxford Institute for Energy Studies, December 2012.
Pirani, Simon (ed.): Russian and CIS Gas Markets and Their Impact on Europe, Oxford: Oxford University Press, 2009.
Pirani, Simon/Stern, Jonathan/Yafimava, Katja: The Russo-Ukrainian gas dispute of January 2009: a comprehensive assessment, Oxford: Oxford Institute for Energy Studies, February 2009.
Pirani, Simon: Ukraine's Gas Sector, Oxford: Oxford Institute for Energy Studies, June 2007.

Pomfret, Richard: Turkmenistan's Foreign Policy., in: China and Eurasia Forum Quarterly, Volume 6, No. 4, 2008, S. 19-34.
Preyger, David/Omelchenko, Vladimir: Problems of Turkmen Gas Export: View from Ukraine, in: Central Asia and the Caucasus No. 1 (43), 2007, S. 120-133.
Ratner, Michael/Belin, Paul/Nichol, Jim/Woehrel, Steven: Europe's Energy Security: Options and Challenges to Natural Gas Supply Diversification, Congressional Research Service, August 2013, https://www.fas.org/sgp/crs/row/R42405.pdf (Zugriff: 08.02.2016).
Ranjibar, Reza: Das Rechtsregime des Kaspischen Meeres und die Praxis der Anrainerstaaten, Baden Baden: Nomos Verlagsgesellschaft, 2004.
Rejepova, Tavus: Turkmenistan and Afghanistan sign Agreement over TAPI gas pipeline, in: The Central Asia-Caucasus Analyst, 09.08.2013, http://www.cacianalyst.org/publications/field-reports/item/12790-turkmenistan-and-afghanistan-sign-agreement-over-tapi-gas-pipeline.html (Zugriff: 15.12.2014).
Richter, Thomas: The Rentier State: Relevance, Scope and Explanatory Power, in: Heinrich, Andreas/ Pleines, Heiko (eds.): Challenges of the Caspian Resource Boom: Domestic Elites and Policy-Making, Houndmills, Basingstoke; Hampshire: Palgrave Macmillan, 2012, S. 23-34.
Roberts, John: Caspian Oil and Gas. How far have we come and where are we going?, in: Cummings, Sally N. (ed): Oil, Transition and Security in Central Asia, London, New York: Routledge Curzon, 2003, S.143-160.
Roberts, John: Caspian Pipelines, London: The Royal Institute of International Affairs, 1996.
Romanova, Tatiana: Energy demand: security for suppliers?, in: Dyer, Hugh/Trombetta, Maria Julia (eds.): International Handbook of Energy Security, Cheltenham: Edward Elger Publishing, 2013, S. 239-257.
Rondeli, Alexander: The choice of independent Georgia, in: Chufrin, Gennady (ed.): The security of the Caspian Sea Region, Oxford: Oxford University Press, 2001, S. 195-211.
RWE Supply & Trading GmbH: Die Gas-Pipeline Nabucco – „der vierte Korridor nach Europa", 11.09.2009, https://www.rwe.com/app/Pressecenter/Download.aspx?pmid=4003975&datei=2 (Zugriff:10.7.2015).
Rzayeva, Gulmira: Natural Gas in the Turkish Domestic Energy Market: Policies and Challenges, Oxford: Oxford Institute for Energy Studies, February 2014.
Rzayeva, Gulmira: The Outlook for Azerbaijani Gas Supplies to Europe: Challenges and Perspectives, Oxford: Oxford Institute for Energy Studies, June 2015.
Rzayeva, Gulmira/Tsakiris, Theodoros G. R.: Stategic Imperative: Azerbaijani Gas Strategy and the EU's Southern Corridor, Baku: SAM Center for Strategic Studies, 2012.
Sagers, Matthew J.: Turkmenistan's Gas Trade: The Case of Exports to Ukraine, in: Post-Soviet Geography and Economics, 1999, 40, No. 2, S. 142-149.
Satpajev, Dossym: Die Eurasische Wirtschaftsunion als geopolitisches Instrument und Wirtschaftsraum. Eine Analyse aus Kasachstan, Berlin: Friedrich-Ebert-Stiftung, Juni 2014.
Schieder, Siegfried/Spindler, Manuela: Theorien der Internationalen Beziehungen, Opladen & Farmington Hills: Verlag Barbara Budrich, 2006.
Schmid, Claudia: Das Konzept des Rentier-Staates: Ein sozialwissenschaftliches Paradigma zur Analyse von Entwicklungsgesellschaften und seine Bedeutung für den Vorderen Orient, Münster, Hamburg: Lit, 1991.
Schmid, Claudia: Rente und Rentier-Staat: Ein Beitrag zur Theoriengeschichte, in: Boeckh, Andreas/ Pawelka, Peter (Hrsg.): Staat, Markt und Rente in der internationalen Politik, Opladen: Westdeutscher Verlag, 1997 S. 28-50.
Schmitz, Andrea: Eine Frage des Geldes: Turkmenistan nach dem Führungswechsel, SWP-Aktuell, Berlin: Stiftung Wissenschaft und Politik, März 2007.
Schörnig, Niklas: Neorealismus, in: Schieder, Siegfried/Spindler, Manuela: Theorien der Internationalen Beziehungen, Opladen & Farmington Hills: Verlag Barbara Budrich, 2006, S. 65-92.

Sergie, Mohammed: Biggest no longer means best in Qatar's strategy for LNG wealth, in Bloomberg, 06.01.2016, http://www.bloomberg.com/news/articles/2016-01-06/biggest-no-longer-means-best-in-qatar-s-strategy-for-lng-wealth (Zugriff: 04.05.2016).

Shaban, Ilham: Is Nabucco-West Revivable, in: Natural Gas Europe, 10.03.2015, http://www.naturalgaseurope.com/viability-nabucco-west-revival-26549 (Zugriff: 01.07.2015).

Shaffer, Brenda: Iran's role in the South Caucasus and Caspian Region: Diverging Views of the U.S. and Europe, in: Whitlock, Eugene (ed.): "Iran and Its Neighbors: Diverging Views on a Strategic Region", Berlin: Stiftung Wissenschaft und Politik, 2003, S. 17-22.

Shaffer, Brenda: Nagorno-Karabakh after Crimea: How Moscow Keeps the Conflict Alive -- And What to Do About It, in: Foreign Affairs, 03.05.2014, http://www.foreignaffairs.com/articles/141385/brenda-shaffer/nagorno-karabakh-after-crimea (Zugriff: 30.07.2015).

Shaffer, Brenda: The Geopolitics of the Caucasus, in: The Brown Journal of World Affairs, Volume XV, Issue II, 2009, S. 131-142.

Smith Stegen, Karen/Kusznir, Julia: Outcomes and strategies in the 'New Great Game': China and the Caspian states emerge as winners, in: Journal of Eurasian Studies 6 (2015), S. 91-106.

Socor, Vladimir: Bluff in Substance, brutal in form: Moscow warns against Trans-Caspian Projects, in: Eurasia Daily Monitor Volume 8, Issue 217, 30.11.2011, http://www.jamestown.org/single/?tx_ttnews[tt_news]=38723&no_cache=1#.VbOhPfljSkk (Zugriff: 25.7.2015).

Socor, Vladimir: "Nabucco-West": Abridged Pipeline Project Officially Submitted to Shah Deniz Consortium, in: Eurasia Daily Monitor, Volume 9, Issue 98, 23.05.2012, http://www.jamestown.org/single/?tx_ttnews[tt_news]=39403&no_cache=1#.VbZh8_ljSkk (Zugriff: 27.07.2015).

Socor, Vladimir: Nabucco-West Selected for Caspian gas Delivery to Central Europa, in: Eurasia Daily Monitor, Volume 9, Issue 124, 29.06.2012, http://www.jamestown.org/single/?tx_ttnews[tt_news]=39560&no_cache=1#.VbZhmPljSkk (Zugriff: 27.07.2015).

Socor, Vladimir: Turkey sees opportunity in Trans-Caspian gas pipeline project, in: Eurasia Daily Monitor, Volume 9, Issue 164, 11.09.2012, http://www.jamestown.org/single/?tx_ttnews[tt_news]=39826&no_cache=1#.VvgTq3rQqkk (Zugriff: 27.03.2016).

Sovacool, Benjamin K.: Introduction: Defining, measuring, and exploring energy security, in: Sovacool, Benjamin K. (ed.): The Routledge Handbook of Energy Security, London, New York: Routledge, 2011, S. 1-42.

Sovacool, Benjamin K. (ed.): The Routledge Handbook of Energy Security, London, New York: Routledge, 2011.

Stadler, Gebhard A.: Länderanalyse Turkmenistan, München: Bayerische Landesbank, September 2013, http://www.bayernlb.de/internet/media/de/internet_4/de_1/downloads_5/0100_corporatecenter_8/5700_volkswirtschaft_research_2/laender_1/deutsch_2/laenderanalysenl_z_1/turkmenistan_2/Turkmeni0706.pdf (Zugriff 31.05.2015).

Steiner, Eduard: Aserbaidschan gibt EU-Pipeline noch eine Chance, in Welt Online, 08.06.2012, http://www.welt.de/wirtschaft/energie/article106446245/Aserbaidschan-gibt-EU-Pipeline-noch-eine-Chance.html (Zugriff: 01.07.2015).

Stern, Jonathan/Pirani, Simon/Yafimava, Katja: Does the cancellation of South Stream signal a fundamental reorientation of Russian gas export policy? Oxford Energy Comment, Oxford: Oxford Institute for Energy Studies, January 2015.

Stern, Jonathan P.: The Future of Russian Gas and Gazprom, Oxford: Oxford University Press, 2005.

Stern, Jonathan: The new security environment for European gas: Worsening geopolitics and increasing global competition for LNG, Oxford: Oxford Institute for Energy Studies, October 2006.

Stern, Jonathan: The Russian-Ukrainian gas crisis of January 2006, Oxford: Oxford Institute for Energy Studies, January 2006.

Strohbach, Uwe: Branche kompakt: Turkmenistan - Chemie-, chemische Industrie, Bonn: Germany Trade and Invest Gesellschaft für Außenwirtschaft und Standortmarketing mbH, August 2015, http://www.gtai.de/GTAI/Content/DE/Trade/Fachdaten/PUB/2015/11/pub201511198001_20317_branche-kompakt---chemie---chemische-industrie---turkmenistan--2015.pdf?v=1 (Zugriff: 02.12.2015).

Strohbach, Uwe: Investitionsklima und -risiken: Turkmenistan, Bonn: Germany Trade & Invest, Mai 2012, https://www.gtai.de/GTAI/Content/DE/Trade/Fachdaten/PUB/2012/05/pub2012052380 38_17012_investitionsklima-und--risiken---turkmenistan--2012.pdf (Zugriff: 11.7.2015).

Strohbach, Uwe: Investitionsklima und -risiken - Turkmenistan: Staatlicher Einfluss und mangelnde Rechtssicherheit erschweren Bearbeitung des wachsenden Absatzmarktes, in Germany Trade & Invest, 31.07.2015, https://www.gtai.de/GTAI/Navigation/DE/Trade/Maerkte/Geschaeftspraxis/ investitionsklima-und-risiken,t=investitionsklima-und-risiken--turkmenistan,did=1289700.html (Zugriff: 30.12.2015).

Strohbach, Uwe: Kenntnisse der lokalen Mentalität und Spielregeln sind das A und O im Turkmenistan-Geschäft: Prüfung der Identität und Bonität turkmenischer Geschäftspartner mangels Informationen schwierig, Germany Trade & Invest, 15.05.2013, http://www.gtai.de/GTAI/Navigation/ DE/Trade/maerkte,did=811794.html (Zugriff: 25.03.2014).

Strohbach, Uwe: Turkmenistan forciert Ausbau des Gasleitungsnetzes. Start der TAPI-Pipeline steht bevor, in: Germany Trade & Invest, 10.12.2015, http://www.gtai.de/GTAI/Navigation/DE/ Trade/Maerkte/suche,t=turkmenistan-forciert-ausbau-des-gasleitungsnetzes,did=1367406.html (Zugriff: 30.12.2015).

Strohbach, Uwe: Turkmenistan investiert in Öl- und Gasverarbeitung: Mehrere Gas- und Petrochemiekomplexe in Planung, Germany Trade & Invest, 24.09.2014, http://www.gtai.de/GTAI/Navigation/ DE/Trade/Maerkte/suche,t=turkmenistan-investiert-in-oel-und-gasverarbeitung,did=1086816. html (Zugriff: 12.07.2015).

Strohbach, Uwe: Turkmenistan plant Großvorhaben in der Öl- und Gasförderung. Galkynysh-Gasprojekt geht in die zweite Phase, in: German Trade & Invest, 24.09.2014, http://www.gtai.de/ GTAI/Navigation/DE/Trade/Maerkte/suche,t=turkmenistan-plant-grossvorhaben-in-der-oel-und-gasfoerderung,did=1086814.html (Zugriff: 30.12.2015).

Strohbach, Uwe: Turkmenistan plant massiven Ausbau seiner Stromwirtschaft: Projekte für mehr als 5 Mrd. UD$ in der Pipeline, Germany Trade & Invest, 27.06.2013, http://www.gtai.de/ GTAI/Navigation/DE/Trade/maerkte,did=833658.html (Zugriff: 19.03.2014).

Strohbach, Uwe: Turkmenistan plant neue Projekte in der Öl- und Gasindustrie: Galkynysch-Großprojekt hat oberste Priorität, in Germany Trade & Invest, 14.12.2015, http://www.gtai.de/ GTAI/Navigation/DE/Trade/Maerkte/suche,t=turkmenistan-plant-neue-projekte-in-der-oel-und-gasindustrie,did=1369584.html (Zugriff: 12.03.2016).

Strohbach, Uwe: Turkmenistans Öl- und Gasbranche wird für mehr als 20 Mrd. US$ ausgebaut. Zahl eiche Erneuerungs- und Ausbauprojekte in der Pipeline, in: German Trade & Invest, 20.09.2013r; http://www.gtai.de/GTAI/Navigation/DE/Trade/Maerkte/suche,t=turkmenistans-oel-und-gasin dustrie-wird-fuer-mehr-als-20-mrd-us$-ausgebaut,did=883230.html (Zugriff: 30.12.2015).

Strohbach, Jens-Uwe: Wirtschaftsstruktur und -chancen: Turkmenistan, Bonn: Germany Trade and Invest, Januar 2014.

Strohbach, Uwe: Wirtschaftsstruktur und -chancen - Turkmenistan, Bonn: Germany Trade & Invest, 20.01.2015.

Strohbach, Jens-Uwe: Wirtschaftstrends Jahresmitte 2013 - Turkmenistan, Germany Trade & Invest, 17.05.2013.

The Economist Intelligence Unit: Country Report: Kyrgyz Republic, Tajikistan, Turkmenistan, Uzbekistan, 2nd quarter 1996, London: The Economist Intelligence Unit, 1996.

The Economist Intelligence Unit: Country Report: Kyrgyz Republic, Tajikistan, Turkmenistan 3rd quarter 1997, London: The Economist Intelligence Unit, 1997.

The Economist Intelligence Unit: Country Report: Turkmenistan: 1st quarter 1999, London: The Economist Intelligence Unit, 1999.

The Economist Intelligence Unit: Country Report: Turkmenistan: 2nd quarter 1998, London: The Economist Intelligence Unit, 1998.

The Economist Intelligence Unit: Country Report Turkmenistan: 4th quarter 1999, London: The Economist Intelligence Unit, 1999.

The Economist Intelligence Unit: Country Report Turkmenistan: June 2000, London: The Economist Intelligence Unit, 2000.
The Economist Intelligence Unit: The Great Game for gas in the Caspian: Europe opens the southern corridor, London: Economist Intelligence Unit, 2013.
Thielicke, Hubert: Eurasische Integration nimmt Gestalt an, in: WeltTrends, Zeitschrift für internationale Politik, Nr. 98, September/Oktober 2014.
Tsereteli, Mamuka: Azerbaijan and Georgia: Strategic Partnership for Stability in a volatile Region, Washington D.C.: Central Asia-Caucasus Institute & Silk Road Studies Program, September 2013, S. 18-27.
U.S. Department of State: Turkmenistan: Investment Climate Statement, May 2015, http://www.state.gov/documents/organization/241988.pdf (Zugriff: 01.06.2016).
Valdez, Maria/Weaver, Kenyon: Turkmenistan Chapter - Oil & Gas Regulation 2013, http://www.iclg.co.uk/practice-areas/oil-and-gas-regulation/oil-and-gas-regulation-2013/turkmenistan (Zugriff: 23.5.2013).
Vasánczki, Luça Zs.: Gas Exports in Turkmenistan, Paris; Brüssel: Institut français des relations internationales (Ifri), November 2011.
Westphal, Kirsten: Russisches Erdgas, ukrainische Röhren, europäische Versorgungssicherheit: Lehren und Konsequenzen aus dem Gasstreit 2009, SWP Studie, Berlin: Stiftung Wissenschaft und Politik, Juli 2009.
Westphal, Kirsten: The European Gas Puzzle: Over-Securitization, Dilemmas and Multi-level Gas Politics on the European Continent a Year after 'Euromaidan', Oslo: Norwegian Institute of International Affairs, Policy Brief, November 2014.
Whitlock, Eugene (ed.): "Iran and Its Neighbors: Diverging Views on a Strategic Region", Berlin: Stiftung Wissenschaft und Politik, 2003.
Wilson, David: Soviet Energy to 2000, London: Economist Intelligence Unit, 1986.
Wilson, David: Soviet Oil & Gas to 1990, London: The Economist Intelligence Unit, 1980.
Winrow, Gareth: Realization of Turkey's Energy Aspirations: Pipe Dreams or Real Projects?, Turkey Project Policy Paper, Washington DC: Center on the United States and Europe at Brookings, April 2014.
Winrow, Gareth: Turkey in Post-Soviet Central-Asia, London: The Royal Institute of International Affairs, 1995.
Winrow, Gareth M.: Problems and Prospects for the "Fourth Corridor": The positions and role of Turkey in gas transit to Europe, Oxford: Oxford Institute for Energy Studies, June 2009.
Yen Ling, Song: China's december gas pipeline imports hit record high 3.41 bcm, in: Platts, 26.01.2015, http://www.platts.com/latest-news/natural-gas/singapore/chinas-december-gas-pipeline-imports-hit-record-26991967 (Zugriff: 11.02.2016).
Yergin, Daniel: Der Preis: Die Jagd nach Öl, Geld und Macht, Frankfurt am Main: Fischer Taschenbuch Verlag, 1993.

Presseartikel und Nachrichtenagenturmeldungen
(Download von der Datenbank Factiva)

Alison, Sebastian: Russia's Gazprom, Ukraine in uneasy peace, in: Reuters News, 27.02.1998.
Alison, Sebastian: Turkmenistan says Gazprom gas talks still stuck, in: Reuters News, 12.03.1998.
Alison, Sebastian: Turkmens to push gas potential at annual gathering, in: Reuters News, 10.03.1998.
Atalay, Selim: Turkish Min: Key agreements on Baku-Ceyhan line due thu, in: Dow Jones International News, 15.11.1999.
Baker, Luke/Brunnstrom, David: UPDATE 2-EU imposes tougher sanctions on Iran oil and gas, in: Reuters News, 17.06.2010.
Baturin, Andrei: New Turkmen gas price unaffordable for CIS countries, in: ITAR TASS: COMTEX, 03.01.2001.

Bekdil, Burak: Turkey's Botas in gas sale talks with Austria, France, in: Dow Jones International News, 20.07.1999.
Bellaby, Mara D.: Ukraine's top gas official defends deal with Turkmenistan that hikes prices, in: Associated Press Newswires, 06.01.2005.
Belton, Catherine: Gazprom cedes sales to obscure firm, in: The Moscow Times, 28.02.2003.
Belton, Catherine: State wants a tighter grip on Gazprom, in: The Moscw Times, 21.01.2003.
Belton, Catherine: The mob, an Actress and a pipe of cash, in: The Moscow Times, 27.11.2003.
Belton, Catherine: Turkmens may seek new deal, in: The Moscow Times, 16.01.2006.
Bergin, Tom: UPDATE 2-Interview-OMV says a challenge to find gas for Nabucco, in: Reuters News, 27.02.2008.
Browning, Lynnley: Russia's Gazprom says in Turkmen gas venture, in: Reuters News, 07.08.1997.
Buchan, David/Stern, David: International Economy - Turkmenistan recalls envoys, in: Financial Times, 12.06.2001.
Busvine, Douglas: Feature - Virtual reality rules in Turkmen pipeline game, in: Reuters News, 28.03.1996.
Champion, Marc: Politics & Economics: EU pacts with Kazakhstan aim to ease reliance on Russia for gas, in: The Wall Street Journal, 04.12.2006.
Collett-White, Mike: Analysis-US scores Turkmen hit in Caspian gas game, in: Reuters News, 12.02.1999.
Collett-White, Mike: Iran slams Turkmenistan's trans-Caspian gas plans, in: Reuters News, 11.03.1999.
Collett-White, Mike: Russian president Vladimir Putin and his Turkmen ......, in: Reuters News, 19.05.2000.
Collett-White, Mike: Turkmens name US group leader of $2.0 bln gas line, in: Reuters News, 11.02.1999.
Collett-White, Mike: Views differ on Turkmen-Turkey gas pipeline funding, in: Reuters News, 23.03.1999.
Corzine, Robert: Caspian swaps offer loophole in US oil ban, in: Financial Times, 10.05.1995.
Cranfield, John: Walking the tightrope between east and west - pipelines hold key to energy needs, in: Petroleum Economist, 26.09.1993.
Crooks, Ed: Gazprom battles to restore reputation, in: Financial Times, 07.01.2009.
Daly, Tom: Russia: Europe's challenge, in: Energy Compass, 28.10.2011.
Dempsey, Judy: Russia signs deal for gas pipeline along Caspian sea, in: The New York Times, 21.12.2007.
Doggett, Tom: U.S. to pay for Turkmenistan pipeline study, in: Reuters News, 22.04.1998.
Dorsey, James M.: Turkmenian gas project awarded to U.S. group, in: The Globe and Mail, 15.02.1999.
Dunmore, Charlie: UPDATE 1-EU opens talks on Caspian gas pipeline, in: Reuters News, 12.09.2011.
Dyomkin, Denis: UPDATE 2-Russian, Turkmen leaders fail to reach new gas deal, in: Reuters News, 13.09.2009.
Elliot, Stuart: Austrian OMV mulls expansion in Iraq, Iran: CEO, in: Platts Commodity News, 06.03.2007.
Elliott, Stuart: Nabucco group agrees links with Georgia, Iraq, but not Iran, in: Platts Commodity News, 23.08.2010.
Elliot, Stuart: Ukraine, Russia to act jointly on Turkmenistan; PM Yanukovych and President Putin want coordinated action on gas, in: Platts Oilgram News, 18.08.2006.
Ersoy, Ercan: Turkey agrees gas purchases from Turkmenistan, in: Reuters News, 30.12.1996.
Ersoy, Ercan: Turkey continues Iran gas bid despite row, US, in: Reuters News, 28.02.1997.
Ersoy, Ercan: Turkey signs gas deal with Turkmenistan, in: Reuters News, 12.02.1996.
Ersoy, Ercan: Turkey to seek delivery extension in Iran gas deal, in: Reuters News, 16.12.1999.
Ersoy, Ercan: Turkey, Turkmenistan sign deal for gas, pipeline, in: Reuters News, 29.10.1998.

Fisher, Ted: Nabucco, LNG and storage: Austria expands; OMV has a new gas head, Werner Auli. He spoke to Platts about the progress of two big plans to increase Austria's role as a gas hub. It is promising two projects, one pipeline and one LNG, that could collectively bring over 30 billion cubic meters/year more gas to Austria in the next five years, in: International Gas Report, 12.03.2007.

Ford, Neil: Central Asian gas takes off, in: Power in Asia, 14.02.2008.

Fueg, Jean Christophe: The gas industry of the southern FSU. (Former Soviet Union) (Special Report: Gas in the Former Soviet Union), in: Gas World International, 01.10.1994.

Gankin, Leonid: Turkmenistan throttles one of Gazprom's lifelines, in: Kommersant Daily, 06.02.1998.

Gevorgyan, Lilit: Turkmen foreign ministry denies political motives behind energy contracts, in: IHS Global Insight Daily Analysis, 07.05.2010.

Glazov, Andrei/Smedley, Mark: Gazprom targets Europe, ties up Turkmen supplies, in: Nefte Compass, 29.11.2007.

Gloystein, Henning/Lewis, Barbara/Westall, Sylvia/Soldatkin, Vladmir/Kahn, Michael: Factbox-Pipeline projects competing for Azeri gas, in: Reuters News, 19.1.2012.

Goktas, Hidir: PM says Turkey signs revolutionary energy deals, in: Reuters News, 08.10.1998.

Golovnina, Maria: UPDATE 1-Russia and Turkmenistan cement energy ties, in: Reuters News, 15.02.2007.

Gorst, Isabel/Zaman, Amberin: Partners halt work on Caspian gas line Shell led group wants mandate from Turkmens, in: Platt's Oilgram News, 23.05.2000.

Gorst, Isabel: At the Caspian crossroads, in: Petroleum Economist, 29.10.1999.

Gorst, Isabel: Gazprom furher limits Itera's gas trading, in: Platts Oilgram News, 05.12.2002.

Gorst, Isabel: Turkey says gas deal with Azerbaijan near, in: Platt's Oilgram News, 30.11.2000.

Gorvett, Jon: Pipeline problems plague Turkey (Statistical Data included), in: The Middle East, 01.04.2000.

Gronholt-Pedersen, Jacob: Gazprom signs investment projects with Turkmenistan, in: Dow Jones International News, 25.07.2008.

Gurt, Marat: EU in talks with Turkmenistan on Nabucco project, in: Reuters News, 09.10.2007.

Gurt, Marat: FOCUS - Turkmens, Russia to talk higher gas supply, in: Reuters News, 18.02.2000.

Gurt, Marat: Italy's Snam leads feasibility study for Turkmenistan, in: Reuters News, 29.05.1998.

Gurt, Marat: Shell says Turkmen gas pipeline via Iran feasible, in: Reuters News, 23.10.1998.

Gurt, Marat: Turkmen leader says Azeris agree gas pipeline terms, in: Reuters News, 10.03.2000.

Gurt, Marat: Turkmen leader says U.S. politicising gas pipeline, in: Reuters News, 25.02.2000.

Gurt, Marat: Turkmen navy holds war games in gas-rich Caspian, in: Reuters News, 05.09.2012.

Gurt, Marat: Turkmen president, Shell sign MOU on gas pipeline, in: Reuters News, 24.02.1998.

Gurt, Marat: Turkmen-Turkey gas line may cost $2.5 bln - Enron, in: Reuters News, 19.11.1998.

Gurt, Marat: Turkmens offer Royal Dutch/Shell gas project lead, in: Reuters News, 02.12.1997.

Gurt, Marat: Turkmens seek new ways of getting gas to market, in: Reuters News, 12.08.1998.

Gurt, Marat: UPDATE 1-Turkmen leader sees trans-Caspian gas link delayed, in: Reuters News, 17.05.2000.

Gurt, Marat: UPDATE 1-Turkmen price stance clouds Caspian gas line future, in: Reuters News, 02.06.2000.

Gurt, Marat: UPDATE 2-Gas field growth fuels Turkmen energy ambitions, in: Reuters News, 11.10.2011.

Gurt, Marat: UPDATE 2-Turkmenistan wants to hike gas export price – Gazprom, in: Reuters News, 23.11.2007.

Hafidh, Hassan: Irak nennt RWE-Gasabkommen „illegal", in: Dow Jones, 30.08.2010.

Hall, Siobhan: EC President says to push for Nabucco at Azeri, Turkmen meetings, in: Platts Commodity News, 05.01.2011.

Hall, Siobhan: EU looks to Iraq, Egypt to boost natural gas imports, in: Platts Oilgram News, 07.05.2008.

Halliwell, Nick/Smedley, Mark: Blue-Stream - Good for ENI, bad for Turkmens, in: Petroleum Intelligence Weekly, 08.02.1999.
Hecking, Mirjam: dda Europa sichert sich gas aus Aserbaidschan Abkommen über künftige Lieferungen unterzeichnet, in: AP German Worldstream, 13.01.2011.
Hemming, Jon: Turkmens say to sell gas to Turkey no matter what, in: Reuters News, 29.03.2000.
Ives, George Jr.: Deal breaker? (Turkmenistan's late payment of its foreign debt imperils trans-Caspian pipe line project)(Editorial), in: Pipe Line & Gas Industry, 01.05.1999.
John, Mark: UPDATE 4-EU says close to Iraq energy pact, wins gas pledge, in: Reuters News, 16.04. 2008.
Johnston, Tim: Pipeline consortium needs peace in Afghanistan, in: Reuters News, 27.10.1997.
Jones, Gareth: Focus-Iran-Turkmen pipeline opens to big fanfare, in: Reuters News, 29.12.1997.
Jones, Gareth: Shell makes study for gas pipeline to Turkey, in: Reuters News, 28.12.1997.
Junnola, Jill: US/Iran/Turkey - America's mixed-up gas policy, in: Energy Compass, 14.04.2000.
Khrennikova, Dina: Russia says Caspian gas line would need consent of all littoral states, in: Platts Commodity News, 14.10.2011.
Khrennikova, Dina: Russia stance on Caspian projects "Counterproductive": Turkmenistan, in: Platts Commodity News, 19.10.2011.
Killen, Brian: Turkmenistan resumes gas supplies to Ukraine, in: Reuters News, 15.04.1994.
King, Geoff/Powell, William/Elliott, Stuart: OMV and MOL ink major Kurdish gas deal; $8 billion agreement to see surplus used in Nabucco pipeline, in: Platts Oilgram News, 19.05.2009.
Knott, David: Turkey's pivotal role is C.I.S. exports. (Commonwealth of Independent States), in: The Oil and Gas Journal, 22.03.1993.
Korchagina, Valeria: Turkmen Gas to be hiked by 50%, in: The Moscow Times, 06.09.2006.
Kurbanova, Anna: Turkmen leader, Itera chief discuss gas contract for 2001, in: ITAR Tass, 12.12.2000.
Lelyveld, Michael S.: Shell drops plans for pipeline across Iran - decision removes challenges to US sanctions policy, in: The Journal of Commerce, 11.12.1998.
Lelyveld, Michael S.: Turkey confirms gas pipeline plan, in: The Journal of Commerce, 13.11.1998.
Lelyveld, Michael S.: Turkmenistan, Russia, Ukraine reach gas deal, in: The Journal of Commerce, 12.01.1999.
Leshchenko, Natalia: Turkmenistan raises gas prices for Russia, Ukraine to take the blow, in: Global Insight Daily Analysis, 28.11.2007.
Lisova, Natasha: Ukraine denies that it owes Turkmenistan for gas supplies, in: Associated Press Newswires, 21.02.2006.
Morrison, John: Turkmenistan cuts off gas supplies to Ukraine in price row, in: Reuters News, 02.03.1992.
Mudeva, Anna/Grove, Thomas: Analysis-Caspian uncertainty biggest threat to EU gas scheme, in: Reuters News, 22.01.2008.
Munter, Paivi: Exclusive: Turkmenistan risks loosing Turkey gas export-US, in: Dow Jones International News, 13.04.2000.
Munter, Paivi: Turkmenistan, Turkey sign initial deal on gas deliveries, in: Dow Jones International News, 12.03.1999.
Myers, Steven Lee: White House says Iran pipeline won't violate sanctions act, in: The New York Times, 28.07.1997.
Neff, Andrew/Grieder, Tom: Turkmenistan, China reach loan agreement geared to boost gas supplies, in: IHS Global Insight Daily Analysis, 03.03.2011.
Neff, Andrew/Leshenko, Natalia: Turkmen president threatens Russia with increased gas prices; Ukraine is a potential victim, in: Global Insight Daily, 27.09.2007;
Neff, Andrew: FSU Regional-Russia, Turkmenistan sign massive gas deal, in: WMRC Daily Analysis, 11.04.2003.
Neff, Andrew: Gazprom reaches 2009 gas supply price deals with Turkmenistan, Uzbekistan, in: Global Insight Daily Analysis, 02.01.2009.

Neff, Andrew: Gazprom, Turkmenistan resolve gas price dispute, in: WMRC Daily Analysis, 18.04. 2005.
Neff, Andrew: Nabucco pipeline consortium scratches plan to source gas from Iran, in: IHS Global Insight Daily Analysis, 24.08.2010.
Neff, Andrew: Naftogaz Ukrainy insists on maintaining current prices for Turkmen gas imports, in: WMRC Daily Analysis, 09.12.2004.
Neff, Andrew: Official says Turkmenistan still living up to gas export commitments, in: Global Insight Daily Analysis, 03.01.2007.
Neff, Andrew: Planning for "Renaissance", Turkmenistan angrily rebukes Gazprom's dismissal of gas reserve claims, in: IHS Global Insight Daily Analysis, 22.11.2011.
Neff, Andrew: Russian and Turkmen Presidents disagree about gas supply, in: IHS Global Insight Daily Analysis, 14.09.2009.
Neff, Andrew: RWE signs gas co-operation agreement with Turkmenistan, boosting Nabucco's chances, in Global Insight Daily Analysis, 17.04.2009.
Neff, Andrew: South Stream supporters aim rhetorical fire at Nabucco Pipeline as critical investment decisions approaches, in: IHS Global Insight Daily Analysis, 12.01.2011.
Neff, Andrew: Turkmenistan officially signs gas supply deals with Pakistan, India, in: IHS Global Insight Daily Analysis, 23.05.2012.
Neff, Andrew: Will Baku Energy Summit result in any change to the status quo?, in: IHS Global Insight Daily Analysis, 17.11.2008.
o. V.: "Blue Stream" agreement with Russia signed, in.: Middle East Economic Digest, 29.12.1997.
o. V.: (EU) EU/Energy: Reinforcement of energy links between EU and Turkmenistan to take shape very soon, in: Agence Europe, 08.11.2007.
o. V.: 130 per thousand cubic meters of gas Ukraine makes political concessions in exchange for lower gas prices (Kommersant), in: WPS: What the Papers Say, 25.10.2006.
o. V.: IV International Gas Congress opens in Turkmenistan, in Trend News Agency, 21.05.2013.
o. V.: Additional supply sought to serve a huge demand. (natural gas supply to Turkey), in: Gas World International, 01.04.1994.
o. V.: Agreement on Pre-Caspian gas pipeline signed in Moscow (Part 2), in: Interfax: Russia & CIS Business and Financial Newswire, 20.12.2007.
o. V.: Agreement reached on resumption of gas supplies to Ukraine (Interfax News Agency), in: BBC Monitoring Service: Former USSR, 30.01.1998.
o. V.: Amoco in natural gas pipeline development, in: Reuters News, 29.06.1998.
o. V.: Amoco venture plans $2.4 bn gas pipeline to Turkey, in: Petroleum Economist, 22.09.1998.
o. V.: Analysis - Turkmenistan-Russia doesn't like the competition, in: Petroleum Economist, 01.04.2000.
o. V.: Ankara seeks oil and gas export role - Links formed with Azerbaijan and Turkmenistan, in: Petroleum Economist, 31.05.1992.
o. V.: Another round of TCP talks will begin in London, in: Azer Press, 07.02.2000.
o. V.: Asgabat. Aug 19 (Interfax) - U.S. energy secretary Bill Richardson swift..., in: Interfax Daily Petroleum Report, 20.08.1999.
o. V.: Ashgabat, Baku raise Caspian oil tensions, in: Ria Novosti, 19.06.2012.
o. V.: Azerbaijan said to want 50-per-cent quota from Transcaspian gas pipeline (Turan News Agency), in: BBC Monitoring Former Soviet Union - Economic, 16.02.2000.
o. V.: Azerbaijan to pay for Turkmen gas in kind (Interfax News Agency), in: BBC Monitoring Service: Former USSR, 16.02.1996.
o. V.: Azeri deputy premier rejects Turkmen gas debt figures (ANS TV), in: BBC Monitoring Former Soviet Union - Economic, 12.07.2001.
o. V.: Azeri, Turkmen sides close to talks on oil dispute (Interfax News Agency), in: BBC Monitoring Former Soviet Union - Economic, 20.05.1999.
o. V.: Azeris protests at Turkmen energy search in Caspian, in: Reuters News, 19.06.2012.

o. V.: Blue Stream becoming foreign policy priority, in: Interfax Petroleum Report, 06.10.1999.
o. V.: Blue Stream, Trans-Caspian pipelines cannot coexist - Russian official, in: Interfax Daily News Bulletin, 16.11.1999.
o. V.: Bulgaria, Shell to study Turkmen gas pipe project, in: Reuters News, 08.09.1998.
o. V.: Caspian gas pipeline accord was signed in Moscow (Vedomosti), in: WPS: What the Papers Say, 21.12.2007.
o. V.: Caspian Sea: Turkmenistan aims for foreign investment, in: Daily Energy Briefing, 16.03.1998.
o. V.: Central Asia - Part 3C - Turkey's energy resources, in: APS Diplomat operations in oil diplomacy Arab press service Organisation, 09.11.1992.
o. V.: Central Asia and the Caucasus - Trade: EU stakes its claim for a slice of Turkmen action, in: Gas Matters Today, 15.11.2007.
o. V.: Central Asian suppliers to charge "European prices" from 2009 - Gazprom, in: European Spot Gas Markets, 11.03.2008.
o. V.: Clinton/Iran Sanctions -3-: Reexportation prohibited, in: Dow Jones News Service, 08.05.1995.
o. V.: Contract News - Iran to increase gas imports from Turkmenistan, in: BMI Industry Insights - Oil & Gas, Emerging Europe, 13.07.2009.
o. V.: Cooperation with Turkmenistan in transport and oil and gas (Turkmenskaya Iskra), in: BBC Monitoring Service: Former USSR, 28.02.1992.
o. V.: (Corr) Turkmenistan says Ukraine fails to pay for gas on time (UNIAN News Agency), in: BBC Monitoring Ukraine & Baltics, 21.06.2005.
o. V.: Deal reached on delivery of Turkmen gas to Ukraine, in: Reuters News, 05.01.1999.
o. V.: Debts surround Turkmenistan/Iran oil pipeline financing, in: International Trade Finance, 26.08.1994.
o. V.: Details of Russian-Turkmen gas accord (Turkmen Press News Agency), in: BBC Monitoring Service: Former USSR, 16.08.1996.
o. V.: Dispute between Turkmenistan, Ukraine over gas still perking, in: The Oil and Gas Journal, 13.04.1992.
o. V.: DJ UPDATE. Turkmenistan warns of Russia gas supply cut off, in: Dow Jones Commodities Service, 29.06.2006.
o. V.: Doubts over Turkmen Deal with Botas, in: World Gas Intelligence, 28.05.1999.
o. V.: Energy and commodities in brief, in: The Journal of Commerce, 10.11.1998.
o. V.: Eastern news - Turkmenistan and Russia revive their transit agreement, in: European Gas Markets, 14.01.1999.
o. V.: EC sees Turkmen gas escaping, in: International Gas Report, 26.03.2012.
o. V.: Energy Press Digest - Russia/CIS - Oil & Gas industry (Part 1), October 14, 1999, in: Russian Energy Digest, 14.10.1999.
o. V.: Eni eyes Gazprom stake, Russian Blue Stream gas pipeline JV project, in: Platt's Oilgram News, 04.02.1999.
o. V.: EU official, Turkmen president discuss possible gas supplies, in: Associated Press Newswires, 06.02.2006.
o. V.: EU says it will back Caspian fields, pipelines, in: Reuters News, 27.04.1998.
o. V.: EU signs energy memorandum of understanding with Turkmenistan, in: Platts Commodity News, 26.5.2008.
o. V.: EU supports diversification of pipeline routes, in: Interfax Companies & Commodities, 23.11.1999.
o. V.: EU, Turkmenistan discuss closer energy ties, in: Reuters News, 6.11.2007.
o. V.: EU-Kommission verhandelt mit Aserbaidschan und Turkmenistan über Gaspipeline, in: Dow Jones, 12.09.2011.
o. V.: EU/Turkmenistan economy: Warm sentiments and hot air, in: Economist Intelligence Unit - ViewsWire, 14.04.2008.

o. V.: Europe - Gazprom signs Dutch deal, resumes Turkmen imports, in: World Gas Intelligence, 13.01.2000.
o. V.: Europe - Supply: EU signs energy cooperation MoU with Kazakhstan, in: Gas Matters Today, 04.12.2006.
o. V.: First Turkmen gas reaches Iran through new pipeline (ITAR-TASS News Agency), in: BBC Monitoring Service: Middle East, vom 10.03.1998.
o. V.: Five eye Turkmen gasline, in: International Gas Report, 25.06.1993.
o. V.: Five Nations - Alliance to study Turkey-Austria gas line, in: Nefte Compass, 05.12.2002.
o. V.: Foreign ministry gives details of pipeline deal with Iran (ITAR-TASS, Interfax) in: BBC Monitoring Service: Former USSR, 08.07.1995.
o. V.: Foreign ministry official lays out position on pipelines, in: Interfax Daily Petroleum Report, 19.11.1999.
o. V.: Gaining a seal of approval from Uncle Sam, in: Petroleum Economist, 31.05.1998.
o. V.: Gas Companies of Bulgaria, Austria, Romania, Turkey, Hungary sign Protocol on construction of Gas ..., in: Bulgarian News Agency, 03.12.2002.
o. V.: Gas deliveries to Ukraine resumed, in: Ecotass, 19.10.1992.
o. V.: Gas exports to CIS and elsewhere (Interfax, Izvestiya), in: BBC Monitoring Service: Former USSR, 21.02.1992.
o. V.: Gas pipeline to be built to link Turkmenistan, Iran and Turkey (Interfax News Agency), in: BBC Monitoring Service: Former USSR, 04.09.1992.
o. V.: Gas supplies from Turkmenistan becoming erratic, in: Petroleum Economist, 24.03.1998.
o. V.: Gazprom accepts higher price for Turkmen gas, in: Interfax Central Asia General Newswire, 27.11.2007.
o. V.: Gazprom accepts higher price for Turkmen gas (Part 2), in: Interfax: Russia & CIS Business and Financial Newswire, 28.11.2007.
o. V.: Gazprom agrees 50% increase for Turkmen 2007-2009 gas supplies, in: RIA Novosti, 05.09.2006.
o. V.: Gazprom agrees to pipe Turkmen gas, in: Reuters News, 11.11.1996.
o. V.: Gazprom and Turkmenistan reach deal on gas sales, in: Agence France Presse, 29.12.2005.
o. V.: Gazprom and Turkmenistan sign 25-year supply deal, in: European Spot Gas Markets, 15.04.2003.
o. V.: Gazprom chief to dicuss gas issues with Turkmenistan, in: Interfax Companies & Commodities, 17.12.1999.
o. V.: Gazprom denies taking Turkmen gas destined for Ukraine (Interfax News Agency), in: BBC Monitoring Newsfile, 01.01.2006.
o. V.: Gazprom doubts Turkmenistan has such huge gas reserves (Part 2), in: Interfax: Russia & CIS Business and Financial Newswire, 18.11.2011.
o. V.: Gazprom excluded Itera from supplies of Turkmen Gas to Ukraine, in: WPS: Russian Oil & Gas Report (Vedomosti), 16.12.2002.
o. V.: Gazprom kauft 2011 unveränderte Mengen von zentralasiatischem Gas, in: RIA Novosti, 28.04.2011.
o. V.: Gazprom limited gas supplies to Ukraine, in: WPS: Russian Oil & Gas Report (Newsru.com), 27.11.2002.
o. V.: Gazprom loses part of Ukrainian market, in: WPS: Russian Oil & Gas Report (Vedomosti), 25.06.2003.
o. V.: Gazprom might have to pay more for Turkmen gas, in: Kommersant International, 27.09.2007.
o. V.: Gazprom owns gas coming from Turkmenistan for transit to Europe – Khristenko (Part 2), in: Interfax News Service, 03.01.2006.
o. V.: Gazprom receiving all Turkmen gas exports - Kupriyanov (Part 2), in: Interfax News Service, 01.01.2006
o. V.: Gazprom says will be competetive in Turk gas supply, in: Reuters News, 21.06.1999.

o. V.: Gazprom says gas purchases prices from C Asia comparable, in: ITAR-TASS World Service, 25.12.2009.
o. V.: Gazprom seeks lower volumes, price for Turkmen gas, in: Interfax: Russia & CIS Energy Newswire, 01.06.2009.
o. V.: Gazprom signs gas contracts with three Central Asian countries, in: Platts Commodity News, 31.12.2008.
o. V.: Gazprom stays aloof from Ukraine-Turkmenistan gas deal, in: ITAR-TASS World Service, 01.01.2006.
o. V.: Gazprom to take part in gas projects in Turkmenistan, in: Interfax: Russia & CIS General Newswire, 25.07.2008.
o. V.: Gazprom turns to Turkmenistan to meet gas shortfall, in: European Gas Markets, 01.01.2000.
o. V.: Gazprom will pay more for gas from Turkmenistan (Nezavisimaya Gazeta), in: WPS: What the papers say, 6.9.2006.
o. V.: Gazprom won't buy more than 10 Bln cubic meters of gas from Turkmenistan in 2010, in: Interfax: Russia & CIS General Newswire, 28.04.2010.
o. V.: Gazprom zweifelt an jüngster Schätzung „immenser" Gasreserven Turkmenistans, in: RIA Novosti, 18.11.2011.
o. V.: Gazprom, Unocal sign up for Turkmen gas pipeline project, in: Reuters News, 08.08.1996.
o. V.: Gazprom: Turkmenistan seeks more for gas it sells to Russia-FT, in: Dow Jones International News, 23.11.2007.
o. V.: Gazproms's half year results reflect Russia's economic woes, in: European Gas Markets, 29.01.1999.
o. V.: Gazprom's new Turkmen-Ukraine Partner, in: World Gas Intelligence, 03.08.2004.
o. V.: Gazprom's Vyakhirev headed to Turkmenistan for talks, in: Interfax Companies & Commodities, 15.02.2000.
o. V.: Georgia ready for Trans-Caspian gas pipeline project, in: Interfax Petroleum Report, 18.08.1999.
o. V.: GE, Bechtel form giant pipeline company, in: Reuters News, 28.07.1998.
o. V.: Government to resume gas supplies to Ukraine at "nternational prices" (Channel 1 TV), in: BBC Monitoring Service: Former USSR, 18.03.1992.
o. V.: He is the leader of Turkmenistan Turkmenistan will charge Ukraine more for natural gas from 2005, in: WPS: What the Papers Say (Vremya Novostei), 23.12.2004.
o. V.: Industry News - Gurbanguly promises yet more gas exports, in: BMI Industry Insights - Oil & Gas, Emerging Europe, 15.04.2008.
o. V.: Industry News - Revised Nabucco Revives Southern Corridor Competetion, in: BMI Industry Insights - Oil & Gas, Emerging Europe, 21.03.2012.
o. V.: International - Policy: EU and Azerbaijan sign energy accord, in: Gas Matters Today, 08.11.2006.
o. V.: Iran confident of gas exports to Pakistan, Europe, in: Reuters News, 17.03.1998.
o. V.: Iran criticizes pipeline deal by Turkmenistan, U.S. group, in: Dow Jones International News, 20.02.1999.
o. V.: Iran delays Turk sales, in: World Gas Intelligence, 29.06.1999.
o. V.: Iran figures in both Shell routes for Turkmen gas, in: Platt's Oilgram News, 16.03.1998.
o. V.: Iran gears up for mid-2001 exports to Turkey, in: World Gas Intelligence, 27.01.2000.
o. V.: Iran halves gas imports from Turkmenistan because of price row (IRNA News Agency), in: BBC Monitoring Middle East - Economic, 11.05.2000.
o. V.: Iran in Turkmen deal, in: Platt's Oilgram News, 28.10.1993.
o. V.: Iran plans to boost Turkmen gas imports, in: InterfaxCompanies & Commodities, 14.03.2000.
o. V.: Iran plans to pipe Turkmenistan gas West, in: Reuters News, 26.08.1992.
o. V.: Iran ready to buy 13bn cu m of Turkmen gas (ITAR-TASS), in: BBC Monitoring Former Soviet Union - Economic, 21.04.2000.
o. V.: Iran says Turkmen Caspian pipeline "unacceptable", in: Reuters News, 20.02.1999.
o. V.: Iran warns Turkmens over Caspian Route to Ankara, in: World Gas Intelligence, 25.02.1999.

o. V.: Iran, Turkmenistan sign gas pipeline deal, in: Reuters News, 24.08.1994.
o. V.: Iran-Turkey route set for Turkmen gas line, in: Platt's Oilgram News, 07.04.1994.
o. V.: Iran-Turkey ties includes Caspian line Ankara presses desire to be primary Caspian route, in: Platt's Oilgram News, 06.01.1997.
o. V.: Iran/Caspian Pipelines -2: Turkey, Turkmenistan in gas talks, in: Dow Jones International News, 11.03.1999.
o. V.: Iran/Turkmenistan talks continuing on gas deal, in: Platt's Oilgram News, 15.04.1992.
o. V.: Iranian gas flows to Turkey at last, in: World Gas Intelligence, 12.12.2001.
o. V.: Is another gas war, Russian-Turkmen for a change, in the offing? (Kommersant), in: WPS: What the Papers Say, 10.04.2009.
o. V.: Itera may lose Ukrainian market (Vedomosti), in: Russian Oil & Gas Report, 05.11.2001.
o. V.: Itera plans to continue talks with Turkmenistan on gas supplies in 2001, in: Interfax Daily Petroleum Report, 03.01.2001.
o. V.: Itera/Turkmenistan fail to agree. (Brief Article), in: FRBSF Economic Letter, 15.12.2000.
o. V.: Kazakhstan and Uzbekistan to compete against Turkmenistan for right to ship gas to Russia (Rusenergy.com), in: Russian Oil & Gas Report, 19.04.2002.
o. V.: Kuchma fires Ukrainian gas official and two others, in: Reuters News vom 12.12.1994.
o. V.: Lines on a map, in: Energy Economist, 01.04.1995.
o. V.: Market Focus - When will Turkmen gas supply Europe?, in: European Gas Markets, 30.11.2010.
o. V.: Memorandum signed for Turkmen gas, in: Middle East Economic Digest, 19.02.1996.
o. V.: Nabucco consortium ditches Iranian supply plans, in: European Spot Gas Markets, 24.08.2010.
o. V.: Nabucco supply remains unclear, in: EU Energy, 17.07.2009.
o. V.: Nabucco takes next step, in: International Oil Daily, 30.06.2005.
o. V.: Naftohaz chief to negotiate gas prices in Turkmenistan, in: Interfax Central Asia News, 03.12.2004.
o. V.: Naftogaz Ukrainy denies unauthorized use of transit gas, in: Interfax News Service, 02.01.2006.
o. V.: Naftohaz Ukrainy insists on extension of term of Turkmen gas supplies for 2005, in: Ukrainian News, 07.12.2004.
o. V.: Naftogaz Ukrainy wants $44 Turkmen gas in 2005, in: Interfax Energy News Service, 07.12.2004.
o. V.: Natural gas trade agreement signed between Turkey and Turkmenistan, in: Anadolu News Agency, 21.05.1999.
o. V.: Niyazov confirms gas deal with Ukraine for 2006, in: Interfax Central Asia News, 30.12.2005.
o. V.: Niyazov doubts swift start to Trans-Caspian pipeline, in: Interfax Companies & Commodities, 23.03.2000.
o. V.: News Briefs: International Turkmenistan, in: Platt's Oilgram News, 07.10.1993.
o. V.: News Briefs: International Turkmenistan, in: Platt's Oilgram News, 26.10.1992.
o. V.: No hope for Trans-Caspian gas pipe-Azeri oil boss, in: Reuters News, 08.10.2001.
o. V.: No more gas deals until debts paid, Turkmen leader tells Ukraine (Turkmen TV First Channel), in: BBC Monitoring Central Asia, 18.02.2006.
o. V.: No price deal in Turkmen-Gazprom gas talks-official, in: Reuters News, 11.02.2005.
o. V.: No room now for two C. Asian gas pipelines - Enron, in: Reuters News, 01.02.1999.
o. V.: Oil and Gas - Gazprom to ensure transit of Turkmen gas in Ukraine in 2003, in: Ukrainian News, 11.12.2002.
o. V.: Oil and Gas - Negotiations with Turkmenistan postponed due to non-payment of gas debts, in: Ukrainian News, 15.12.1999.
o. V.: Oil and gas - Turkmenistan will resume gas deliveries to Ukraine only after payment of existing debt, in: Ukrainian News, 15.08.1999.
o. V.: Oil and gas cooperation with Turkmenistan and Kazakhstan (Voice of the Islamic Republic of Iran), in: BBC Monitoring Service: Middle East, 25.02.1992.
o. V.: Oil minister explains gas deal signed with Turkmenistan (Vision of the Islamic Republic of Iran Network 1), in: BBC Monitoring Service: Middle East, 11.07.1995.

o. V.: On September 6, CEO of Naftogaz Ukrainy, Alexei Ivchenko, announced that in... (Kommersant), in: WPS: Russian Oil & Gas Report, 09.09.2005.
o. V.: Paper looks at reasons for Russia's failure to strike gas deal with Turkmenistan (Nezavisimaya Gazeta), in: BBC Monitoring Former Soviet Union - Economic, 22.01.2002.
o. V.: Paper says Russia likely to pay more for Turkmen gas (Gazeta), in: BBC Monitoring Central Asia, 11.01.2005.
o. V.: Petroleum & gas. Russia, in: Economist Intelligene Unit - Business Eastern Europe, 11.09.2006.
o. V.: Petroleum & gas: Russia-Kazakhstan-Turkmenistan, in: Economist Intelligence Unit - Business Eastern Europe, 24.12.2007.
o. V.: Platts - Gazprom replaces Itera from Ukraine natural gas market, in: Platts Commodity News, 11.12.2002.
o. V.: Platts - Ukraine boosts natural gas exports to Europe, in: Platts Commodity News, 04.03.2003.
o. V.: Platts - Ukraine looks to import extra 8-bil cu m of natural gas in 2005, in: Platts Commodity News, 09.06.2005.
o. V.: Platts - Ukraine, Turkmenistan deadlocked on natural gas prices, in: Platts Commodity News, 08.12.2004.
o. V.: Platts - Ukraine, Turkmenistan in dispute over natural gas price, in: Platts Commodity News, 03.12.2004.
o. V.: Platts - Ukraine, Turkmenistan sign 2004 gas supply deal - terms unchanged, in: Platts Commodity News, 11.07.2003.
o. V.: Platts - Ukraine's 2004 natural gas imports up 11,8% on year, in: Platts Commodity News, 19.01.2005.
o. V.: Platts - Ukrainian PM calls to clear debt for Turkmenistan gas imports, in: Platts Commodity News, 27.09.2005.
o. V.: Platt's - Enron to conduct Caspian gas pipeline feasibility study, in: Platt's Commodity News, 29.07.1998.
o. V.: Platt's - GE Capital, Bechtel in JV to build, own pipelines, in: Platt's Commodity News, 28.07.1998.
o. V.: Platt's - Shell, Greece's DEPA sign MoU on Turkmen gas transit, in: Platt's Commodity News, 15.10.1998.
o. V.: Platt's - Shell's Watts says no progress on Trans-Caspian pipeline, in: Platt's Commodity News, 15.10.2001.
o. V.: Platt's - Turkmenistan to supply 34-bil cu m of gas to Ukraine, in: Platts Commodity News, 15.01.2002.
o. V.: Politics obstructs Trans-Caspian project - Turkmen minister, in: Interfax Companies & Commodities, 01.03.2000.
o. V.: President Demirel receives Richard Morningstar, Clinton's special representative to Caspian Region, in: Anadolu News Agency, 13.04.1999.
o. V.: Price of Uzbek gas for Kazakhstan could be rives in H2 2012, in: Interfax: Russia & CIS Business and Financial Newswire, 10.01.2012.
o. V.: PSG Intl/TransCaspian - 2: Signing deal Fri with Turkmen govt, in: Dow Jones Energy Service, 19.02.1999.
o. V.: PSG, Shell hail Trans-Caspian pipeline accord, in: Interfax Companies & Commodities, 23.11.1999.
o. V.: Putin, Niyazov sign deal on long-term supplies of Turkmen gas, in: Prime-TASS Energy Service (Russia), 10.04.2003.
o. V.: Question of financing Trans-Caspian pipeline still open - Niyazov, in: TASS Energy Service, 29.03.2000.
o. V.: Reducing dependence on mother Russia, in: Petroleum Economist, 31.05.1998.
o. V.: Region: Pipeline connections, in: Economist Intelligence Unit - Business Middle East, 16.07.2005.
o. V.: Rival Caspian pipeline not dropped - Turkmenistan, in: Reuters News, 12.05.2007.

o. V.: Romania's Romgaz, Shell to study Caspian gas route, in: Reuters News, 20.11.1998.
o. V.: RUE's transit terms cleared, in: Platts Energy in East Europe, 18.02.2005.
o. V.: Russia asserts Caspian status, in Energy Economist, 01.12.2010.
o. V.: Russia blames Ukraine for need to import Turkmen gas (ITAR-TASS News Agency), in: BBC Monitoring Former Soviet Union - Economic, 18.12.1999.
o. V.: Russia blocking Turkmen gas transit to Ukraine: Gazprom in: Agence France Presse, 02.01.2006.
o. V.: Russia Central Asia industry: Gazprom signs contracts with Uzbekistan, Turkmenistan and Kazakhstan, in: Economist Intelligence Unit - Viewswire, 08.01.2009.
o. V.: Russia demands Turkmenistan cut price of gas, in: Reuters News, 01.06.2009.
o. V.: Russia displeased with EU decision to launch Transcaspian gas pipeline talks (Russian Ministry of Foreign Affairs Website), in: BBC Monitoring Former Soviet Union, 13.09.2011.
o. V.: Russia interested in shipping Turkmen gas, in: Interfax Central Asia News, 14.10.1999.
o. V.: Russia is only prepared to accept 10% of Turkmenistan's gas Russia cuts purchases of natural gas from Turkmenistan (Kommersant), in: WPS: What the Papers Say, 13.04.2009.
o. V.: Russia oks tax break for pipe, in: The Oil Daily, 30.11.1999.
o. V.: Russia raises objections to Caspian gas pipeline project (Interfax News Agency), in: BBC Monitoring Former Soviet Union - Political, 19.03.1999.
o. V.: Russia to help build Turkmenistan-Pakistan pipe, in: East European Energy Report, 22.05.1995.
o. V.: Russia to import more gas from Turkmenistan, in: Interfax Petroleum Report, 07.06.2000.
o. V.: Russia will be better off without an international conflict over the Trans-Caspian gas pipeline (Nezavisimaya Gazeta, 01.06.2012), in: WPS: Defense & Security, 04.06.2012.
o. V.: Russia, Kazakhstan, Turkmenistan agree on Caspian pipe, in: RIA Novosti, 12.05.2007.
o. V.: Russia, Turkmenistan agree to resume gas supplies (Interfax News Agency), in: BBC Monitoring Former Soviet Union, 22.12.2009.
o. V.: Russia, Turkmenistan Axis, in: World Gas Intelligence, 16.04.2003.
o. V.: Russia, Turkmenistan battle for Turkish gas market, in: Reuters News, 14.04.1994.
o. V.: Russia, Turkmenistan fail to reach gas-export agreement (Interfax News Agency), in: BBC Monitoring Service: Former USSR, 09.08.1997.
o. V.: Russia, Turkmenistan fail to strike gas-export deal (Interfax News Agency), in: BBC Monitoring Service: Former USSR, 15.08.1997.
o. V.: Russia, Turkmenistan should join forces to ship gas - Kalyuzhny, in: Interfax Daily Petroleum Report, 19.10.1999.
o. V.: Russia, Ukraine disagree on Turkmen gas (Ekho Moskvy Radio), in: BBC Monitoring Former Soviet Union, 03.01.2006.
o. V.: Russia-Turkmen talks locked, in: International Oil Daily, 27.12.2011.
o. V.: Russia's Gazprom denies media reports on Turkmen gas price, in: Prime-TASS Energy Service, 25.12.2009.
o. V.: Russia's Gazprom has harsh words for Turkmenistan, in: Reuters News, 01.08.1997.
o. V.: Russia's Gazprom rejects Turkmen accusations over gas pipeline accident (RIA Novosti News Agency), in: BBC Monitoring Newsfile, 09.04.2009.
o. V.: Russia's Gazprom sells stake in Pipeline Project - Interfax, in: Dow Jones International News, 03.02.1998.
o. V.: Russia's Gazprom, Turkmenistan agree new gas prices for 2006 (ITAR-TASS News Agency), in: BBC Monitoring Former Soviet Union, 29.12.2005.
o. V.: Russia's Gazprom, Turkmenistan form gas venture, in: Reuters News, 15.11.1995.
o. V.: Russia/Turkmenistan industry: Gas deal, in: Economist Intelligence Unit - ViewsWire, 04.12.2007.
o. V.: Russian fuel min says Caspian oil/gas lines unviable, in: Reuters News, 18.11.1999.
o. V.: Russian gas chief casts doubt on Caspian pipeline project (Interfax News Agency), in: BBC Monitoring Former Soviet Union - Economic, 21.11.1999.

o. V.: Russian gas firm agrees to pump Turkmen gas to Ukraine (Interfax), in: BBC Monitoring Former Soviet Union - Economic vom 03.01.2002.
o. V.: Russian paper says differences over Caspian gas pipeline can trigger war (Nezavisimaya Gazeta Website), in: BBC Monitoring Former Soviet Union, 24.11.2011.
o. V.: Russian-Turkmen cooperation creeps forward, in: Nefte Compass, 26.03.2009.
o. V.: RWE confirmed as sixth Nabucco partner, in: European Spot Gas Markets 05.02.2008.
o. V.: RWE's Turkmen upstream progress, in: World Gas Intelligence, 22.07.2009.
o. V.: Shell begins talks with Turkmenistan on PSA, in: Interfax Companies & Commodities, 23.11.1999.
o. V.: Shell completes evaluation of gas reserves at Turkmen field, in: Interfax Daily Petroleum Report, 21.12.1999.
o. V.: Shell in upstream alliance with Turkmen govt>RD, in: Dow Jones International News, 06.08.1999.
o. V.: Shell keeps TCGP flame burning. (Trans-Caspian gas pipeline)(Brief article), in: FRBSF Economic Letter, 22.09.2000.
o. V.: Shell offers Turkey gas pipeline, Euro sales deal - Report, in: Dow Jones Newswires. Dow Jones Telerate Energy Service, 20.01.1997.
o. V.: Shell still waits Aschkhabad to speak up on TCP, in: Azer Press, 15.11.2000.
o. V.: Shell urges Turkmens to reassure pipeline investors, in: Reuters News, 13.09.2000.
o. V.: Shell wades into Caspian with Turkmen gas deal, in: Energy Compass, 13.08.1999.
o. V.: Shell, Hungary's MOL to study Caspian-Europe gas delivery, in: Dow Jones International News, 11.03.1999.
o. V.: Shell, Italy, France plan Turkmen gas line, in: Reuters News, 15.05.1997.
o. V.: Shell's vice-president is sure TCP has good prospects, in: Azer Press, 22.11.2000.
o. V.: Selling diversification, in: Petroleum Economist, 02.08.2005.
o. V.: Solutions in the pipeline - Personal view - Jan H. Kalicki, in: Financial Times, 08.01.1998.
o. V.: State to resume gas shipments to Ukraine, in: IPR Strategic Information Database, 12.01.1999.
o. V.: Table-Turkey sees 2002 gas demand up 37 pct to 20 bcm, in: Reuters News, 08.01.2002.
o. V.: Table-Turkey's Botas cuts 2003-2005 gas demand forecasts, in: Reuters News, 22.07.2002.
o. V.: TCP talks are progressing to slow to Shell's taste, in: Azer Press, 07.09.2000.
o. V.: Text of Turkmen-China gas pipeline deal (Neytralnyy Turkmenistan), in: BBC Monitoring Central Asia, 04.04.2006.
o. V.: The consortium hoping to build a gas pipeline, in: Reuters News, 22.05.2000.
o. V.: The East-West gas pipeline may allow for Turkmen gas export bypassing Russia (Vremya Novostei), in: WPS: What the Papers Say, 26.03.2009.
o. V.: The great game - Gas export route, in: European Gas Markets, 12.03.1999.
o. V.: The opinions of MEP Baku-Ceyhan and TCP gas project, in: Azer Press, 18.11.1999.
o. V.: The Russian Oil and Gas Report (Kommersant), in: WPS: Russian Oil & Gas Report, 29.06.2005.
o. V.: The U.S. consortium involved in the Trans-Caspian pipeline project to ship Turkmen gas to Turkey..., in: Reuters News, 18.09.2000.
o. V.: Three looks one gas line too many to Turkey, in: Petroleum Intelligence Weekly, 22.02.1999;
o. V.: Tomsk Region tenders two sections - Slavneft wins three others, in: Interfax Petroleum Report, 04.08.1999.
o. V.: Trans-Caspian best option for Turkmen gas - Shell, in: Reuters News, 16.03.2000.
o. V.: Trans-Caspian gas pipeline project will not be implemented - SOCAR president, in: Interfax Daily Petroleum Report, 08.10.2001.
o. V.: Trans-Caspian pipeline agreement to be drawn up by March 2000, in: Interfax Companies & Commodities, 20.11.1999.
o. V.: Trans-Caspian pipeline agreements signed in Ashgabat, in: Interfax Daily News Bulletin, 07.08.1999.

o. V.: Trans-Caspian project will be unrelated to South-Caucasus gas pipeline, in: Azer Press, 01.10. 2001.
o. V.: Transmission network crosses new frontiers (Gas in Europe: Pipeline Construction), in: Gas World International, 01.03.1994.
o. V.: Treaty is a Treaty, in: Kommersant International, 28.07.2008.
o. V.: Turkey and Iran seek to fill the hole in Nabucco's supplies with surprise MoU, in: European Spot Gas Markets, 16.7.2007.
o. V.: Turkey economy - Blackouts highlight Turkish power dilemma, in: Economist Intelligence Unit - ViewsWire, 02.02.2000.
o. V.: Turkey industry - Azerbaijan agreement gives Turkey excess supply, in: Economist Intelligence Unit -ViewsWire, 19.03.2001.
o. V.: Turkey prioritises Azeri gas, in: FRBSF Economic Letter, 24.11.2000.
o. V.: Turkey says agreed with Iran for gas by mid-2001, in: Reuters News, 14.01.2000.
o. V.: Turkey says Clinton urged abandoning Iran gas plans, in: Reuters News, 03.03.1999.
o. V.: Turkey says energy agreements "positive results" (Anatolia News Agency), in: BBC Monitoring European - Economic, 18.11.1999.
o. V.: Turkey signs $3 billion in contracts for four gas-fired power plants, in: Dow Jones Online News, 08.10.1998.
o. V.: Turkey, Iraq to hold talks on gas pipeline, in: The Wall Street Journal Europe, 30.12.1996.
o. V.: Turkey, Iran confirm historic deal for gas transit to Europe, in: Platts Commodity News, 16.07.2007.
o. V.: Turkey's Botas sees a bigger "bridge", in: Platt's Oilgram News, 15.12.1992.
o. V.: Turkey's eastern gas pipe dream edges nearer but unease remains, in: European Energy Report, 20.01.1995.
o. V.: Turkey's gas needs to rise five-fold by 2010, in: Reuters News, 04.10.1993.
o. V.: Turkey - Gas Pipelines, in: APS Review Gas Market Trends, 10.06.1996.
o. V.: Turkey-Turkmenistan gas line in last planning, in: Platt's Oilgram News, 14.06.1993.
o. V.: Turkish gas demand rising, in: APS Review Gas Market Trends Arab press service organisation, 05.07.1993.
o. V.: Turkish-Turkmen natural gas pipeline protocol signed, in: Anadolu News Agency, 05.10.1998.
o. V.: Turkmen 1999 plan to increase oil and gas output (Turkmen Press News Agency), in: BBC Monitoring Central Asia, 23.01.1999.
o. V.: Turkmen decree on Turkmen-Turkish gas pipeline (ITAR-TASS, Turkmen Press), in: BBC Monitoring Service: Former USSR, 10.03.1995.
o. V.: Turkmen deal threatens Ukraine, in: Platts Energy in East Europe, 15.09.2006.
o. V.: Turkmen energy council set up; agreements signed with Iran, Russia (ITAR TASS News Agency), in: BBC Monitoring Service: Former USSR, 15.04.1994;
o. V.: Turkmen exports to Turkey, EU depend on dispute resolution, in: European Spot Gas Markets, 05.09.2012.
o. V.: Turkmen foreign ministry denies energy contracts politicized - website (Turkmenistan.ru), in: BBC Monitoring Central Asia, 07.05.2010.
o. V.: Turkmen gas deliveries to Ukraine suspended indefinitely (Ukrinform News Agency), in: BBC Monitoring Service: Former USSR, 30.06.1995.
o. V.: Turkmen gas export to soar, in: Platts Energy in East Europe, 06.06.2008.
o. V.: Turkmen gas exports no competition for gazprom - official, Interfax Companies & Commodities, 04.12.1999.
o. V.: Turkmen gas pipeline being upgraded, in: Middle East Economic Digest, 09.03.1998.
o. V.: Turkmen gas price for Russia could jump 30% in 2008 – Gazprom, in: RIA Novosti, 23.11.2007.
o. V.: Turkmen head disbands Turkmen-Russian gas venture, in: Reuters News, 25.06.1997.
o. V.: Turkmen head, Russian Gasprom boss sign gas deal for 2000 (Turkmen Television First Channel), in: BBC Monitoring Central Asia, 17.12.1999.

o. V.: Turkmen leader sees trans-Caspian gas link delayed, in: Reuters News, 17.05.2000.
o. V.: Turkmen leader vows to raise gas price (Turkmen TV First Channel), in: BBC Monitoring Central Asia, 18.11.2005.
o. V.: Turkmen minister says gas deal up to Ukraine (Interfax), in: BBC Monitoring Former Soviet Union - Economic, 24.12.1999.
o. V.: Turkmen pipe routing, in: European Energy report, 02.09.1994.
o. V.: Turkmen Pres demands Ukraine pay debts for gas deliveries, in: Dow Jones International News, 17.02.2006.
o. V.: Turkmen president advocates construction of Turkmenistan-Iran-Turkey gas pipeline (rusenergy.com), in: Russian Oil & Gas Report, 30.04.2001.
o. V.: Turkmen president favoured US backed Eurasian corridor for pipeline route, in: Anadolu News Agency, 14.12.1998.
o. V.: Turkmen Niyazov says still no Russian gas deal, in: Reuters News, 14.01.1998.
o. V.: Turkmen support for Nabucco seen as attempt to pressure Russia's Gazprom (Gazeta.ru), in: BBC Monitoring Former Soviet Union, 19.07.2009.
o. V.: Turkmen trans-Caspian gas link seen costing $2 bln, in: Reuters News, 27.01.1999.
o. V.: Turkmen upstream talks abound, in: Platts Energy in East Europe, 28.09.2007.
o. V.: Turkmen-Azeri Caspian dispute threatens Transcaspian pipeline (ITAR-TASS News Agency), in: BBC Monitoring Service: Former USSR, 30.07.1998.
o. V.: Turkmen-Gazprom firm to do all Turkmen gas exports, in: Reuters News, 22.11.1995;
o. V.: Turkmenistan accuses Russia of attempting to disrupt its energy links - paper (Vremya Novostey), in: BBC Monitoring Service Former Soviet Union, 01.11.2010.
o. V.: Turkmenistan accuses Ukraine of "fraud" on Turkmen gas exports, in: Prime-TASS Energy Service (Russia), 21.06.2005.
o. V.: Turkmenistan agrees gas sales to Russia, but not Ukraine, in: Interfax Petroleum Report, 05.01. 2000.
o. V.: Turkmenistan and Russia agree gas cooperation (Interfax News Agency), in: BBC Monitoring Service: Former USSR, 17.11.1995.
o. V.: Turkmenistan and U.S. firm discuss gas pipeline, in: Reuters News, 18.10.1992.
o. V.: Turkmenistan angry as Azerbaijan tries to prevent exploration of disputed oilfield, in: Interfax: Russia & CIS General Newswire, 19.06.2012.
o. V.: Turkmenistan begins to cut off gas to Ukraine, in: Reuters News, 21.02.1994.
o. V.: Turkmenistan blasts Chernomyrdin for Trans-Caspian pipeline comments, in: Interfax Daily Petroleum Report, 25.11.1999.
o. V.: Turkmenistan cuts exports causing domino effect in region, in: European Gas Markets, 15.01.2008.
o. V.: Turkmenistan cuts gas supplies to Azerbaijan - Tass, in: Reuters News, 10.08.1993.
o. V.: Turkmenistan cuts gas supplies to Ukraine - Interfax, in: Reuters News 28.03.1997.
o. V.: Turkmenistan cuts gas to Russia, Ukraine; seeks price hike, in: Dow Jones International News, 01.01.2005.
o. V.: Turkmenistan cuts off gas deliveries to Russia, in: Reuters News, 01.01.2001.
o. V.: Turkmenistan cuts off gas supplies to Russia, Ukraine (Turkmen Foreign Ministry Press Release), in: BBC Monitoring Newsfile, 01.01.2005.
o. V.: Turkmenistan defers Ukrainian gas debts, in: Reuters News, 05.11.1994.
o. V.: Turkmenistan deplores Gazprom statement on Turkmen gas reserves, in: Interfax: Russia & CIS Energy Newswire, 20.11.2011.
o. V.: Turkmenistan doubles gas price to ex-Soviet states, in: Reuters News, 07.06.1993.
o. V.: Turkmenistan gas exports to China will grow by 25 bcm, in: Interfax: Russia & CIS General Newswire, 24.11.2011.
o. V.: Turkmenistan gears up for Turkish challenge, in: World Gas Intelligence, 25.03.1999.

o. V.: Turkmenistan gets third US tranche for gas pipeline project (ITAR-TASS), in: BBC Monitoring Former Soviet Union - Economic, 19.08.1999.

o. V.: Turkmenistan halts gas deliveries to Ukraine, in: Reuters News, 21.05.1999.

o. V.: Turkmenistan halts gas exports to Russia from 1 Jan - Russian agency (Prime-TASS News Agency), in: BBC Monitoring Central Asia, 09.02.2005.

o. V.: Turkmenistan has started to supply natural gas to Russia under contract with Itera, in: Interfax: Daily Petroleum Report, 05.03.2001.

o. V.: Turkmenistan insists on a price of USD 42 per one thousand meters for gas, in: Ukrainian News, 18.09.2000.

o. V.: Turkmenistan may cut off gas to Armenia (Interfax News Agency), in: BBC Monitoring Service: Former USSR, 07.12.1995.

o. V.: Turkmenistan may seek damages over pipeline blast: ministry, in: Agence France Presse, 13.04.2009.

o. V.: Turkmenistan natural gas output 22,8 bcm in 1999-Interfax, in: Dow Jones International News, 05.01.2000.

o. V.: Turkmenistan optimistic about cooperation with Gazprom, in: Interfax: Russia & CIS Energy Newswire, 25.07.2008.

o. V.: Turkmenistan pipeline blast cuts gas supply to Russia: Gazprom, in: Agence France Presse, 09.04.2009.

o. V.: Turkmenistan plans new gas deposit audit, in: Reuters News, 27.12.2007.

o. V.: Turkmenistan plans pipe, gas and rail projects, in: Reuters News, 20.2.1992.

o. V.: Turkmenistan plans to increase gas prices for Russia, Interfax Daily Petroleum Report, 21.08.2002.

o. V.: Turkmenistan proposes at least 30% increase in gas price for Gazprom in 2008 - Miller, in: Interfax Central Asia General Newswire, 23.11.2007.

o. V.: Turkmenistan raises gas price for Russia and Ukraine, in: Associated Press Newswires, 03.12.2004.

o. V.: Turkmenistan ready to join Nabucco pipeline: president, in: Agence France Presse, 10.07.2009.

o. V.: Turkmenistan ready to revisit settlement of Georgian gas debt (Interfax News Agency), in: BBC Monitoring Service: Former USSR, 05.01.1996.

o. V.: Turkmenistan refuses to cut gas price for Ukraine (Interfax Ukraine News Agency), in: BBC Monitoring Ukraine & Baltics, 23.03.2005.

o. V.: Turkmenistan rejects Russia's gas prices, in: Interfax Daily Business Report, 11.02.2005.

o. V.: Turkmenistan reschedules Ukraine's gas debt payment, in: Interfax Daily News Bulletin, 26.07. 2000.

o. V.: Turkmenistan resumes gas deliveries to Russia, in: Reuters News, 09.01.2010.

o. V.: Turkmenistan resumes gas deliveries to Ukraine, in: Reuters News, 06.05.1994.

o. V.: Turkmenistan resumes gas supplies to Ukraine, in: Interfax Daily Petroleum Report, 03.11.2000.

o. V.: Turkmenistan resumes gas supplies to Ukraine, in: Interfax News Service, 04.01.2005.

o. V.: Turkmenistan resumes gas supplies to Ukraine, in: Interfax Petroleum Report, 22.11.2000.

o. V.: Turkmenistan says ready for energy partnership with EU, in: Agence France Presse, 15.01.2011.

o. V.: Turkmenistan says US is threatening gas pipeline project, in: Dow Jones International News, 25.02.2000.

o. V.: Turkmenistan set to halt natural gas supplies to Russia, in: Interfax Central Asia News, 01.01.2001.

o. V.: Turkmenistan signs gas memorandum with Iran, Turkey, in: Reuters News, 14.05.1997.

o. V.: Turkmenistan signs gas supply contract with Turkey, in: Interfax Daily Financial Service: Headlines, 22.05.1999.

o. V.: Turkmenistan still has not renewed gas imports to Russia - Gazprom, in: Interfax: Russia & CIS Energy Newswire, 19.05.2009.

o. V.: Turkmenistan talks tough over Ukraine's gas debt (Interfax News Agency), in: BBC Monitoring Former Soviet Union - Economic, 12.08.1999.
o. V.: Turkmenistan threatens to cut gas supplies to Ukraine, in: Reuters News, 17.02.1994.
o. V.: Turkmenistan to announce intl tender to build East-West gas pipeline in its territory, in: Interfax: Rusia & CIS Energy Newswire, 27.03.2009.
o. V.: Turkmenistan to boost gas sales to Iran, in: Reuters News, 12.07.2009.
o. V.: Turkmenistan to conclude production-sharing agreement with Shell, in: Interfax Daily News Bulletin, 05.12.1999.
o. V.: Turkmenistan to cut gas to Russia on new year's eve (Interfax News Agency), in: BBC Monitoring Newsfile, 31.12.2000.
o. V.: Turkmenistan to cut off Gas supplies to Ukraine, in: BBC Monitoring Service: Former USSR, 25.02.1994.
o. V.: Turkmenistan to defer Ukrainian gas debts for seven years (Interfax News Agency), in: BBC Monitoring Service: Former USSR, 11.11.1994.
o. V.: Turkmenistan to deliver Ukraine 35 bcm gas 2000/1, in: Reuters News, 04.10.2000
o. V.: Turkmenistan to Europe gas pipeline planned, in: Middle East Economic Digest, 04.09.1992.
o. V.: Turkmenistan to increase gas supplies to Ukraine in 1996 (Interfax News Agency), in: BBC Monitoring Service: Former USSR, 24.11.1995.
o. V.: Turkmenistan to raise natural gas price (Turkmen Foreign Ministry Press Release), in: BBC Monitoring Central Asia, 04.12.2004.
o. V.: Turkmenistan to resume gas exports to Ukraine, in: Interfax Daily Petroleum Report, 26.07.2000.
o. V.: Turkmenistan to resume gas supplies to Russia: Gazprom, in: Agence France Presse, 22.12.2009.
o. V.: Turkmenistan to resume Ukraine gas deliveries after agreement, in: Agence France Presse, 03.01.2005.
o. V.: Turkmenistan to sell 40 bn cubic metres of gas to Ukraine in 1997-98 (ITAR-TASS News Agency), in: BBC Monitoring Service: Former USSR, 18.04.1997.
o. V.: Turkmenistan to sell gas at world prices - Interfax, in: Reuters News, 19.08.1993.
o. V.: Turkmenistan to sell gas to Russia in 2000, in: Interfax Companies & Commodities, 18.12.1999.
o. V.: Turkmenistan to sell natural gas to Ukraine for wheat, in: Reuters News, 21.04.1997.
o. V.: Turkmenistan to supply 250 billion cubic meters of gas to Ukraine in 2002-2006, in: Interfax: Daily Petroleum Report, 14.05.2001.
o. V.: Turkmenistan to supply natural gas to Ukraine, in: Reuters News, 13.01.1994.
o. V.: Turkmenistan urges Ukraine to clear natural gas debts, in: Platts Commodity News, 20.02.2006.
o. V.: Turkmenistan, Iran set two oil deals, in: Platt's Oilgram News, 20.4.1992.
o. V.: Turkmenistan, Iran talks on gas transportation break down, in: Dow Jones International News, 13.08.1998.
o. V.: Turkmenistan, Russia fail to resolve natural gas price dispute, in: Associated Press Newswires, 12.12.2005.
o. V.: Turkmenistan, Russia sign deal on gas deliveries, in: Agence France Presse, 21.04.2005.
o. V.: Turkmenistan, Shell PSA postponed, in: Interfax Companies & Commodities, 08.02.2000.
o. V.: Turkmenistan, Turkey discuss gas pipeline - agency, in: Reuters News, 18.08.1995.
o. V.: Turkmenistan, Ukraine agree gas supplies, debts, in: Reuters News, 19.01.1995.
o. V.: Turkmenistan, Ukraine agree on 1999 gas deliveries, in: Reuters News, 24.12.1998.
o. V.: Turkmenistan, Ukraine agree on price (ITAR-TASS News Agency), in: BBC Monitoring Newsfile, 03.01.2005.
o. V.: Turkmenistan, Ukraine reach gas debt agreement, in: Reuters News, 22.11.1995.
o. V.: Turkmenistan, Ukraine sign 2bn-dollar gas deal (ITAR TASS News Agency), in: BBC Monitoring Newsfile, 25.06.2005.
o. V.: Turkmenistan, Ukraine sign gas deal (Interfax News Agency), in: BBC Monitoring Service: Former USSR, 01.11.1997.

o. V.: Turkmenistan, USA at loggerheads over gas pipeline (Interfax News Agency), in: BBC Monitoring Former Soviet Union - Economic, 25.02.2000.
o. V.: Turkmenistan: work starts on gas pipeline to China, in: Reuters News, 30.08.2007.
o. V.: Turkmenistan - Iran pushes for new terms on gas supplies, in: Nefte Compass, 18.05.2000;
o. V.: Turkmenistan - regional trade, in: APS Diplomat operations in oil diplomacy Arab press service organisation, 16.08.1993.
o. V.: Turkmenistan-Iran spat spreads westward, in: Platts Energy in East Europe, 18.01.2008.
o. V.: Turkmenistan's deal with gas project operator postponed, in: Interfax Central Asia news, 16.07.1999.
o. V.: Turkmenistan's export options still open, in: Platts Energy in East Europe, 25.05.2007.
o. V.: Turkmenistan's Trans-Caspian gas pipeline delayed by funding problems (Interfax News Agency), in: BBC Monitoring Former Soviet Union - Economic, 16.06.1999.
o. V.: Turkmens to export 40 bln cubic metres gas in '97, in: Reuters News, 18.12.1996.
o. V.: Turkmens to get free power, sell gas to Ukraine, in: Reuters News, 27.09.1992.
o. V.: Turkmens to sell 36 bcm natgas to Ukraine in '03, in: Reuters News, 02.10.2002.
o. V.: Turkmens, Iran to finish gas pipeline by end-Oct, in: Reuters News, 03.10.1997.
o. V.: Turkmens, Itera agree 10bcm '01 Russia gas supplies, in: Reuters News, 16.02.2001.
o. V.: Turks seek more Russian gas, in: International Gas Report, 21.01.1994.
o. V.: UAE's Dragon Oil to build 360,000 Mcf/d gas plant in Turkmenistan: report, in: Platts Commodity News, 27.3.2013.
o. V.: U.S. gives Turkmenistan Caspian gas project grant, in: Reuters News, 17.12.1998.
o. V.: U.S. offers proposal on border, in: The Oil Daily, 14.05.1999.
o. V.: U.S. opposes any pipeline through Iran, in: Dow Jones News Service, 23.10.1997.
o. V.: U.S. sanctions might apply to Turkey pipeline, in: Reuters News, 23.10.1997.
o. V.: U.S. sees sanctions chilling investment in Iran, in: Reuters News, 23.7.1997.
o. V.: Ukraine agrees to repay Turkmen gas debt, in: Reuters News, 17.01.1994.
o. V.: Ukraine and Turkmenistan agree on payment of gas debt (UNIAN News Agency), in: BBC Monitoring Service: Former USSR, 23.09.1994.
o. V.: Ukraine and Turkmenistan may soon sign gas contract, develop new pipeline, in: Associated Press Newswires, 20.6.2005.
o. V.: Ukraine and Turkmenistan resolve gas price dispute (Interfax News Agency), in: BBC Monitoring Service: Former USSR, 16.10.1992.
o. V.: Ukraine clinches deal for 1996 Turkmen gas, in: Reuters News, 18.11.1995.
o. V.: Ukraine Company mediating Turkmen gas deals could go bust (UNIAR News Agency), in: BBC Monitoring Service: Former USSR, 09.06.1995.
o. V.: Ukraine confirms 55 Gm3 of gas to be delivered in 2007 at $130/Km³, in: European Spot Gas Markets, 24.10.2006.
o. V.: Ukraine eyes Turkmen gas, in: International Oil Daily, 14.03.2012.
o. V.: Ukraine hobbled by oil, gas shortfall, in: The Oil and Gas Journal, 26.10.1992.
o. V.: Ukraine is a potential victim, in: Global Insight Daily, 27.09.2007.
o. V.: Ukraine names first private gas importers, in: Reuters News, 09.01.1996.
o. V.: Ukraine owes Turkmenistan 195M Dollars for gas (Interfax News Agency), in: BBC Monitoring Service: Former USSR, 15.09.1995.
o. V.: Ukraine pays quarter of its Turkmen gas bill (ITAR TASS News Agency), in: BBC Monitoring Service: Former USSR, 09.12.1994.
o. V.: Ukraine reportedly fails to make Turkmen gas debt payment (UNIAN News Agency), in: BBC Monitoring Service: Former USSR, 25.11.1994.
o. V.: Ukraine says Turkmen gas price fixed for 2006 (UNIAN News Agency), in: BBC Monitoring Service Ukraine & Baltics, 19.11.2005.
o. V.: Ukraine secures Turkmen gas supplies (Interfax News Agency), in: BBC Monitoring Service: Former USSR, 27.01.1995.

o. V.: Ukraine threatens to close Gas Pipeline over price dispute, in: Dow Jones News Service - Ticker vom 04.03.1992.
o. V.: Ukraine to give up purchase of gas from Gazprom, in: WPS Russian Oil & Gas Report (Izvestia), 11.10.2000.
o. V.: Ukraine to move from Barter to cash for Turkmen gas from 1 July 2005 (UNIAN News Agency), in: BBC Monitoring Ukraine & Baltics, 24.06.2005.
o. V.: Ukraine to pay cash for Turkmen gas from July 1, in: Interfax Energy News Service, 24.06.2005.
o. V.: Ukraine to pay for Turkmen gas at old price, in hard currency only (Turkmen Foreign Ministry Press Release), in: BBC Monitoring Newsfile, 24.06.2005.
o. V.: Ukraine to pay Gazprom $239 mln in 1997 for debt, in: Reuters News 31.10.1996.
o. V.: Ukraine to pay Turkmenistan $300 mln in gas debt, in: Reuters News, 31.10.1993.
o. V.: Ukraine to receive gas in 2008 at $179,5 per 1,000 cu m (Part 2), in: Interfax: Russia & CIS Business and Financial Newswire, 04.12.2007.
o. V.: Ukraine to repay gas debt to Turkmenistan in cash and kind (Segodnya), in: BBC Monitoring Service: Former USSR 07.10.1994.
o. V.: Ukraine wants to revise gas deal with Turkmenistan (Prime-TASS News Agency), in: BBC Monitoring Ukraine & Baltics, 09.02.2005.
o. V.: Ukraine, Turkmenistan fail to conclude gas deal - government source (UNIAN News Agency), in: BBC Monitoring Former Soviet Union - Economic, 15.09.2000.
o. V.: Ukraine, Turkmenistan settle gas differences, in: RIA Novosti, 31.03.2006.
o. V.: Ukraine, Turkmenistan to begin gas talks, in: Interfax: Companies & Commodities, 16.12.1999.
o. V.: Ukraine, Turkmenistan to sign 25-year gas supply deal in March, in: Platts Commodity News, 24.01.2006.
o. V.: Ukraine-Kazakhstan in Crude Barter Deal, in: Platt's Oilgram News, 07.01.1993.
o. V.: Ukraine-Turkmenistan gas debt talks said "difficult" (Interfax News Agency), in: BBC Monitoring Service: Former USSR, 23.12.1994.
o. V.: Ukraine's 2003 gas transit up 6.5% on year to 129.3 bcm, in: Prime-TASS Energy Service (Russia), 22.01.2004.
o. V.: Ukraine's President casts doubt on gas deal with Turkmenistan, in: Dow Jones International News, 27.07.2000.
o. V.: Ukrainian agreement on oil and gas supplies from Kazakhstan and Turkmenistan (Radio Ukraine World Service, Kiev Report), in: BBC Monitoring Service: Former USSR, 15.01.1993.
o. V.: Ukrainian PM says Russia, Ukraine team up over Turkmen gas export price, in: Prime-TASS Energy Service (Russia), 17.08.2006.
o. V.: Ukrainian president postpones Turkmen visit over gas debt (Interfax News Agency), in: BBC Monitoring Service: Former USSR, 09.05.1997.
o. V.: Ukrainian president sets up company to deal with payments for fuel (UNIAN News Agency), in: BBC Monitoring Service: Former USSR, 06.01.1995.
o. V.: Ukrainian, Russian gas giants sign expansion agreements (Interfax-Ukraine News Agency), in: BBC Monitoring Former Soviet Union, 10.12.2002.
o. V.: UPDATE 1-C. Asia gas prices at Euro levels from '09 - Gazprom, in: Reuters News, 11.03.2008.
o. V.: UPDATE 1-Gazprom, RZB set up firm to ship gas to Ukraine, in: Reuters News, 29.07.2004.
o. V.: UPDATE 1-Russia Gazprom signs 25-yr Turkmen gas import deal, in: Reuters News, 10.04.2003.
o. V.: UPDATE 1-Turkmenistan doubles '00 natgas output to 47 bcm, in: Reuters News, 08.01.2001.
o. V.: UPDATE 1-Turkmenistan to halt gas to Ukraine from Jan 1, in: Reuters News, 30.12.2004.
o. V.: UPDATE: Gazprom agrees to 54% rise in Turkmen gas prices, in: Platts Commodity News, 05.09.2006.
o. V.: UPDATE: UK auditor pegs Turkmen field reserves at 4.14 Tcm, in Platts Commodity News, 14.10.2008.
o. V.: US energy secretary in Transcaspian pipeline talks with Turkmen head (Turkmen Television First Channel), in: BBC Monitoring Former Soviet Union - Economic, 19.08.1999.

o. V.: US envoy cites harmony with Turkey on Caspian projects, in: Dow Jones International News, 20.09.1999.
o. V.: US envoy slams AIOC over pipeline fandango, in: Energy Compass, 24.09.1999.
o. V.: US opposition to Turkmen gas pipeline through Iran, in: International Gas Report, 28.4.1995.
o. V.: VNG still thwarted on Turkmen gas - passage through Russia is problematic, in: Platt's Oilgram News, 11.06.1994.
O'Byrne, David: Turkey in Talks to bring Turkmen gas to Europe via Iran in: Platts Commodity News, 05.01.2010.
O'Byrne, David: Turkey-Azerbaijan sign gas pipe MOU, in: Platts European Gas Daily, 29.12.2011.
Orgill, Margaret: Gazprom/ENI Turkey pipeline seen bad news for Turkmenistan, in: Reuters News, 05.02.1999.
Ostrovsky, Arkady: Survey - Georgia - Corridor for the supply of energy to Caspian region - oil and gas, in: Financial Times, 22.11.1999.
Page, Mary Michael: A little sizzle in the region's expectations, in: Petroleum Economist, 22.09.1998.
Pannier, Bruce: Azerbaijani-Turkish Gas Deal opens Southern Corridor, in: Radio Free Europe Documents and Publications, 26.10.2011.
Paxton, Robin/Gurt, Marat: UPDATE 1-Turkmenistan says wins backing for gas to Europe, in: Reuters News, 19.11.2010.
Paxton, Robin: UPDATE 1-EU, wary of Gazprom, looks to Kazakhstan for gas, in Reuters News, 30.11.2006.
Perkins, Robert/Roberts, John: UPDATE: Eni in Baku talks over Turkmen gas, upstream projects, in: Platts Commodity News, 20.07.2010.
Perkins, Robert: Trans-Caspian partners aiming to wrap up deals, in: Platt's Oilgram News, 03.02.2000.
Peterplesnin, Mikhail: Vyakhirev ready for compromise, in: Nezavisimaya Gazeta, 18.12.1999.
Petrossian, Vahe: Turkey-Iran-Gas pipeline alarms US, in: Middle East Economic Digest, 19.08.1996.
Pope, Hugh: Turkey plans Iran connection on gas, in: The Independent - London, 18.01.1994.
Powell, William/Hall, Siobhan: UPDATE: EU to broker Azeri, Turkmen transCaspian gas link deal, in: Platts Commodity News, 12.09.2011.
Powell, William: Ukrainian president returns with no news of Turkmenistan gas deal, in: Platts Commodity News, 17.09.2009.
Raff, Anna: Russian gas deal keeps Turkmenistan arm's length from EU, in: Dow Jones International News, 11.04.2003.
Ritchie, Michael/Daly, Tom: Turkmenistan waits for EU-Russia spat to play out, in: Nefte Compass, 15.09.2011.
Ritchie, Michael: Border dispute blocks Trans-Caspian Pipeline, in: Nefte Compass, 10.02.2011.
Ritchie, Michael: Caspian Pipelines face the crunch, after Turkmen snub to EU, in: World Gas Intelligence, 03.10.2012.
Ritchie, Michael: Deals tighten Russian grip on Central Asia, in: International Oil Daily, 21.12.2007.
Ritchie, Michael: Eni to press Turkmenistan over Caspian gas export scheme, in: International Oil Daily, 02.08.2010.
Ritchie, Michael: EU presses Turkmenistan over Trans-Caspian Pipeline, in: International Oil Daily, 15.03.2012.
Ritchie, Michael: Russia, Turkmenistan see end to gas crisis, in: Nefte Compass, 06.08.2009.
Ritchie, Michael: Tapping into Turkey, in: Energy Compass, 19.03.1999.
Ritchie, Michael: Trans-Caspian gas line hits Turkmen-EU rift, in: International Oil Daily, 21.09.2012.
Ritchie, Michael: Trans-Caspian gas line misses deadline for Turkey gathering, in: Nefte Compass, 01.11.2012.
Ritchie, Michael: Turkmenistan accuses Russia of spreading confusion, in: Nefte Compass, 04.11.2010.
Ritchie, Michael: Turkmenistan mulls CNG option for Trans-Caspian exports, in: Nefte Compass, 25.02.2010.

Ritchie, Michael: Turkmenistan raises hopes over Trans-Caspian, in: Nefte Compass, 24.11.2010.
Ritchie, Michael: Turkmenistan snubs EU over Trans-Caspian Pipeline, in: Nefte Compass, 20.09.2012.
Ritchie, Michael: Turkmenistan tells EU to face up to Caspian realities, in: Nefte Compass, 23.09.2010.
Ritchie, Michael: Turkmens urged to send gas to Europe, in: International Oil Daily, 19.11.2010.
Roberts, John/ Powell, William: Turkmenistan struggles to break deadlock, in: International Gas Report, 21.11.2011.
Roberts, John: Analysis: Boundary disputes continue to hamper Caspian potential, in: Platts Commodity News, 13.07.2012.
Roberts, John: Analysis: Turkmenistan promotes TAPI gas pipeline link, defies Russia on TCGP, in: Platts Commodity News, 10.11.2011.
Roberts, John: Azerbaijan's Socar calls for transCaspian gas interconnector, in: Platts Commodity News, 06.06.2012.
Roberts, John: Caspian Gas tactics, in: Energy Economist, 01.11.2011.
Roberts, John: Energy problems await new Ukraine head; Yushchenko must deal with gas threat, Odessa-Brody line, in: Platts Oilgram News, 29.12.2004.
Roberts, John: Eni to ship Turkmen CNG to Europe by 2013: CEO Scaroni, in: Platts Commodity News, 29.09.2010.
Roberts, John: Statoil set to withdraw from Turkmenistan upstream, in: Platts Oilgram News, 27.03.2013.
Roberts, John: Turkmenistan fears Russia will cut price for purchased gas: source, in: Platts Commodity News, 14.01.2009.
Roberts, John: Turkmenistan gas chief calls for foreign energy investment, in: Platts Commodity News, 02.05.2007.
Roberts, John: Turkmenistan sees trans-Caspian gas line to EU as strategic priority, in: EU Energy, 18.11.2011.
Roberts, John: Turkmenistan, Russia clash over approvals for transCaspian pipelines, in: Platts Commodity News, 18.11.2010.
Roberts, John: Turkmenistan-Russia talks reveal little, in: Platts Oilgram News, 29.12.2011.
Roberts, John: Warped triangle: Ashgabat, Moscow and Kiev, in: Energy Economist, 01.03.2013.
Rodova, Nadia/Yen Ling, Song: China ups Turkmen supplies, in: International Gas Report, 09.09.2013.
Rodova, Nadia: Turkmen gas line fixed, unclear when supplies to resume: sources, in: Platts Commodity News, 14.04.2009.
Rodova, Nadia: Turkmenistan resumes gas exports to Russia at 10 Bcm/year, in: Platts Commodity News, 11.01.2010.
Rodova, Nadia: UPDATE: Gazprom to resume Turmen gas imports Jan at 30 bcm/year, in: Platts Commodity News, 22.12.2009.
Rudnitsky, Jake: Gazprom sees 2011 Central Asia share in its gas exports flat on year, in: Platts Commodity News, 28.04.2011.
Sagers, Matthew J.: Russia and the CIS face unfamiliar problems. (Commonwealth of Independent States)(gas production), in: Gas World International, 01.12.1994.
Sampson, Paul: Blue Moon - Turkmen gas pipeline hangs by a thread, in: Nefte Compass, 25.05.2000.
Sampson, Paul: EU makes Headway on Nabucco Pipeline, in International Oil Daily, 11.05.2009.
Sampson, Paul: Turkmenistan - Strange bedfellows, in: Energy Compass, 26.02.1999.
Sampson, Paul: Turkmens drop bombshell on Trans-Caspian hopes, in: Nefte Compass 22.04.2010.
Schmidt, Tobias: dda (dapd - Analyse) EU vor bedeutendem Etappensieg gegen Russland im Ringen um kaspisches Gas am Donnerstag Abkommen mit Aserbaidschan über Lieferungen für südlichen Korridor - Bald Grünes Licht für Nabucco?, in: AP German Worldstream, 11.01.2011.
Sharushkina, Nelli: Russian leaders put Turkmen gas pipeline plans on back burner, in: International Oil Daily, 25.10.2010.
Shchedrov, Oleg: Turkmenistan dreams of natural gas bonanza, in: Reuters News, 16.06.1992.

Shiryaevskaya, Anna/Rodova, Nadia: UPDATE: Russia, Turkmenistan eye new gas projects, pipeline deal, in: Platts Commodity News, 25.03.2009.
Shiryaevskaya, Anna: Russia, Turkmenistan vow to respect gas supply contracts, in: Platts Commodity News, 15.02.2007.
Shiryaevskaya, Anna: Russia's Gazprom seeks cut in Turkmen gas price/volumes: report, in: Platts Commodity News, 01.06.2009.
Sladkova, Nadezhda/Lee, Dawn/Ritchie, Michael: Turkmenistan launches Galkynysh field as China looks on, in: NEFTE Compass, 05.09.2013.
Smedley, Mark/Dracheva, Marina: Endorsements for Turkey in role of Caspian gas corridor, in: World Gas Intelligence, 12.06.2002.
Sonali, Paul: Pipeline plan puts US goals on CIS, Iran at odds, in: Reuters News, 23.01.1995.
Sultanova, Aida/Ryan, John: Shell makes new gas pipeline offer to Turkmenistan, in: Dow Jones International News, 31.07.2000.
Sweeney, Conor: Interview-US still opposes Iran as Nabucco gas supplier, in Reuters News, 05.06.2008.
Talacko, Valerie/Neff, Andrew/Wiegert, Ralf: Impact of Russian gas dispute could reverberate throughout Ukraine, in: Global insight Daily Analysis, 07.07.2005.
Thornhill, John/Barham, John: News - International - Railway revives Iran silk road links, in: Financial Times, 14.05.1996.
Turgut, Pelin: Turkish insistence on Turkmen gas political-analysts, in: Reuters News, 03.03.1999.
Vershinin, Alexander: Turkmen leader: Russia must pay for pipeline blast, in: Associated Press Newswires, 13.04.2009.
Vershinin, Alexander: Turkmenistan says gas contract with Ukraine invalid, Ukraine denies it, in: Associated Press Newswires, 30.06.2006.
Vershinin, Alexander: Turkmenistan threaten international action against Azerbaijan over disputed oil fields, in: Associated Press, 30.06.2012.
Vershinin, Alexander: Turkmenistan, Russia embroiled in new energy row over sale of natural gas to Europe, in: Associated Press Newswires, 28.10.2010.
Williams, Selina: Azerbaijan develops plan to export gas to Turkey, in: Reuters News, 04.06.1999.
Williams, Selina: Azeris dismiss Russian, Iranian protests on Caspian, in: Reuters News, 02.12.1999.
Williams, Selina: Azeri president approves trans-Caspian gas line, in: Reuters News, 17.02.1999.
Williams, Selina: BP cuts Russia, Turkmenistan Gas Reserves Estimates, in: Dow Jones Top News & Commentary, 12.06.2013.
Williams, Selina: BP-Led Shah Deniz Group inks deals to sell Azeri gas direct to Europe, in: Dow Jones Top Energy Stories, 19.09.2013.
Williams, Selina: Interview-New Azeri gas plan linked to Shakh Deniz, in: Reuters News, 02.07.1999.
Williams, Selina: Turkey, Azerbaijan begin natural gas sales talks, in: Reuters News, 29.05.2000.
Yevgrashina, Lada: Caspian Energy Powers split at anti-Russian summit, in: Reuters News, 15.11.2008.
Yildirim, Servet: No formal accord seen on Turkmen pipeline finances, in: Reuters News, 20.01.1995.
Yildirim, Servet: Turkey asks Russia for more natural gas, in: Reuters News, 17.01.1994.
Zaman, Amberin: Botas claims Turkey-Azeri-Deal on tap part of Turkey's plan to diversify gas supply, in: Platt's Oilgram News, 21.12.2000.
Zaman, Amberin: Turkey revives $20-bil plan to buy Iranian gas, in: Platt's Oilgram News, 22.05.1998.
Zaman, Amberin: Turkey's Botas sees a bigger "bridge", in: Platt's Oilgram News, 15.12.1992.
Zargham, Mohammad: Iran, Turkmenistan launch gas pipeline project, in: Reuters News, 24.08.1994.

Presseartikel und Nachrichtenagenturmeldungen
(Download von der Datenbank LexisNexis)

o. V.: New large gas discovery in Turkmenistan, in: Platts Energy Economist, 01.09.2015.
o. V.: Russia ousts Turkmenia from CIS gas market (Nezavisimaya Gazeta), in: Russian Press Digest, 07.08.1997.
o. V.: Turkmenistan struggles with lack of gas exports, in: FT Energy Newsletters - East European Energy Report, 01.07.1997.
o. V.: Turkmenistan's export options narrow, in: World Gas Intelligence, 11.06.2014.
Ritchie, Michael: Iran return a mixed blessing for neighbor Turkmenistan, in: Nefte Compass, 23.07.2015.
Ritchie, Michael: Tapi adrift as Turkmen project leader named, in: World Gas Intelligence, 02.09.2015.
Ritchie, Michael: Turkmenistan rocked as Russia cuts gas imports, in: Nefte Compass, 12.02.2015.

Internetseiten

AGRI: Azerbaijan-Georgia-Romania-Hungary Interconnector or the necessary LNG project within the Southern Corridor, http://www.agrilng.com/agrilng/Home/Istoric (Zugriff: 10.07.2015).
AGRI: Project Overview, http://www.agrilng.com/agrilng/Home/DescriereProiect (Zugriff: 10.07.2015).
AGRI: Projects Shareholders, http://www.agrilng.com/agrilng/Home/Parteneri?Length=4 (Zugriff: 10.07.2015).
Auswärtiges Amt: Zentralasienstrategie, http://www.auswaertiges-amt.de/DE/Europa/Erweiterung_Nachbarschaft/Nachbarschaftspolitik/Zentralasien_node.html (Zugriff: 07.02.2016).
BP: Conversion factors; http://www.bp.com/content/dam/bp/excel/energy-economics/statistical-review-2015/bp-stats-review-conversion-factors.xlsx (Zugriff: 05.05.2016).
BP: Shah Deniz Stage II, http://www.bp.com/en_az/caspian/operationsprojects/Shahdeniz/SDs tage2.html (Zugriff: 25.07.2015).
BP Azerbaijan: Operations and Projects: Shah Deniz: The Southern Gas Corridor, http://www.bp.com/en_az/caspian/operationsprojects/Shahdeniz/SouthernCorridor.html (Zugriff: 05.05.2016)
BP Azerbaijan: South Caucasus Pipeline, http://www.bp.com/en_az/caspian/operationsprojects/pipelines/SCP.html (Zugriff: 29.03.2016).
BP Caspian: Azeri-Chirag-Deepwater Gunashli, http://www.bp.com/en_az/caspian/operationsprojects/ACG.html (Zugriff: 13.07.2015).
China starts building fourth Central Asia-China gas line in Tajikistan, in: Platts, 15.09.2014, http://www.platts.com/latest-news/natural-gas/singapore/china-starts-building-fourth-central-asia-china-26880979 (Zugriff: 04.12.2015).
CNPC: Amu Darya Natural Gas Project Phase I, http://www.cnpc.com.cn/en/Project/Amu_Darya_I.shtml (Zugriff 30.05.2015).
CNPC: CNPC in Turkmenistan, http://www.cnpc.com.cn/en/Turkmenistan/country_index.shtml (Zugriff: 29.06.2015).
CNPC: Flow of Natural Gas from Central Asia, http://www.cnpc.com.cn/en/FlowofnaturalgasfromCentralAsia/FlowofnaturalgasfromCentralAsia2.shtml (Zugriff: 11.07.2015).
Delegation der Deutschen Wirtschaft für Zentralasien: Deutsche Erdöl AG zieht sich aus Turkmenistan zurück, 30.10.2015, http://zentralasien.ahk.de/news/nachrichten-turkmenistan/ahk-zentralasien-news-aus-turkmenistan/artikel/deutsche-erdoel-ag-zieht-sich-aus-turkmenistan-zurueck/?cHash=3c31ba3bf3aa03523394be51c5e610b8 (Zugriff: 30.12.2015).
Delegation of the European Union to Georgia: Tacis, http://eeas.europa.eu/delegations/georgia/eu_georgia/tech_financial_cooperation/instruments/tacis/index_en.htm(Zugriff: 07.02.2016).
EUR-Lex: Programm TACIS (2000-2006), http://eur-lex.europa.eu/legal-content/RO/TXT/?uri=uriserv:r17003 (Zugriff: 07.02.2016).

Deloitte: International tax: Turkmenistan Highlights 2015, http://www2.deloitte.com/content/dam/Deloitte/global/Documents/Tax/dttl-tax-turkmenistanhighlights-2015.pdf (Zugriff: 12.07.2015).

Deutsche Erdöl AG: Standorte: Turkmenistan, in: http://www.dea-group.com/de/standorte/turkmenistan (Zugriff: 30.12.2015).

Dragon Oil: Turkmenistan - the Cheleken Contract Area, http://www.dragonoil.com/our-operations/turkmenistan/ (Zugriff: 01.12.2015).

EIA: Azerbaijan, http://www.eia.gov/beta/international/analysis.cfm?iso=AZE (Zugriff: 31.07.2015).

EIA: China, 14.05.2015, https://www.eia.gov/beta/international/analysis.cfm?iso=CHN (Zugriff: 03.02.2016).

EIA: Iran, 19.06.2015, http://www.eia.gov/beta/international/analysis.cfm?iso=IRN (Zugriff: 06.07.2015).

EIA: Japan, 30.01.2015, https://www.eia.gov/beta/international/analysis.cfm?iso=JPN (Zugriff: 22.03.2016).

EIA: Kazakhstan, 14.01.2015, http://www.eia.gov/beta/international/analysis.cfm?iso=KAZ (Zugriff: 31.07. 2015).

Energiemarkt paradox, in: http://www.energiemarkt-design.de/energiewende-paradox/ (Zugriff: 04.12.2015).

EUR-Lex: Partnerschafts- und Kooperationsabkommen (PKA): Russland, Osteuropa, Südkaukasus und Zentralasien, http://eur-lex.europa.eu/legal-content/DE/TXT/?uri=URISERV:r17002 (Zugriff: 30.07.2015).

EurActive: Pipelines: Nabucco und TAP im Finale um Shah Deniz II, http://www.euractiv.de/enegie-und-klimaschutz/artikel/gas-pipelines-nabucco-und-tap-im-finale-007164 (Zugriff: 07.12.2015).

Eurasian Economic Union: About the Union: EAEU Member-States, http://www.eaeunion.org/?lang=en#about-countries (Zugriff: 23.01.2016).

European Commission: International Cooperation and Development: Central Asia - Transport, https://ec.europa.eu/europeaid/regions/central-asia/eu-support-transport-development-central-asia_en (Zugriff: 07.02.2016).

European Union External Action Service: Press release: EU-Turkmenistan Human Rights Dialogue, 17.06.2015, in: http://eeas.europa.eu/statements-eeas/2015/150617_08_en.htm (Zugriff: 08.02.2016).

Eurostat: File: Main origin of primary energy imports, EU-28, 2002-12 (% of extra EU-28 imports) YB14.png, http://ec.europa.eu/eurostat/statistics-explained/index.php/File:Main_origin_of_primary_energy_imports,_EU-28,_2002%E2%80%9312_%28%25_of_extra_EU-28_imports%29_YB14.png (Zugriff: 30.06.2015).

Eurostat: File: Main origin of primary energy imports, EU-28, 2003–13 (% of extra EU-28 imports) YB15.png, http://ec.europa.eu/eurostat/statistics-explained/index.php/File:Main_origin_of_primary_energy_imports,_EU-28,_2003%E2%80%9313_%28%25_of_extra_EU-28_imports%29_YB15.png (Zugriff: 07.02.2016).

Gas Infrastructure Europe: Knowledge Center: Figures: LNG: LNG Import Volumes to the EU, http://www.gie.eu/KC/generalfigures_lng.html, (Zugriff: 06.12.2015).

Gazprom: Blue Stream, http://www.gazprom.com/about/production/projects/pipelines/active/blue-stream/ (Zugriff: 26.05.2016).

Gazprom: Gas purchases, http://www.gazprom.com/about/production/central-asia/ (Zugriff: 30.03.2016)

Gazprom: Gazprom and Botas ink Memorandum on Cooperation deepening in gas sector, http://www.gazprom.com/press/news/2004/december/article63023/ (Zugriff: 10.12.2015).

Gazprom: Gazrom's delegation visits Turkey, http://www.gazprom.com/press/news/2006/february/article88163/ (Zugriff: 10.12.2015).

IEA: Azerbaijan: Indicators for 2013, http://www.iea.org/statistics/statisticssearch/report/?country=AZERBAIJAN&product=indicators&year=2013 (Zugriff: 01.12.2015).

IEA: Electricity Generation by fuel: Islamic Republic of Iran, https://www.iea.org/stats/WebGraphs/IRAN2.pdf (Zugriff: 12.01.2016).

IEA: European Union - 28: Indicators for 2013, http://www.iea.org/statistics/statisticssearch/report/?country=EU28&product=indicators&year=2013 (Zugriff: 01.12.2015).
IEA: Kazakhstan: Indicators for 2013, http://www.iea.org/statistics/statisticssearch/report/?country=KAZAKHSTAN&product=indicators&year=2013 (Zugriff: 01.12.2015).
IEA: Natural Gas Information Statistics: World Natural Gas Statistics, http://www.oecd-ilibrary.org/energy/data/iea-natural-gas-information-statistics/world-natural-gas-statistics_data-00482-en, (Zugriff: 24.12.2012).
IEA: OECD - Natural gas imports by origin, IEA Natural Gas Information Statistics (darabase), http://stats.oecd.org/BrandedView.aspx?oecd_bv_id=naturgas-data-en&doi=data-00480-en# (Zugriff: 19.08.2012).
IEA: OECD - Natural gas supply and consumption, IEA Natural Gas Information Statistics (database), http://stats.oecd.org/BrandedView.aspx?oecd_bv_id=naturgas-data-en&doi=data-00481-en# (Zugriff: 19.08.2012).
IEA: Russian Federation: Indicators for 2013, http://www.iea.org/statistics/statisticssearch/report/?country=RUSSIA&product=indicators&year=2013 (Zugriff: 01.12.2015).
IEA: Share of total primary energy supply in 2013: People's Republic of China, https://www.iea.org/stats/WebGraphs/CHINA4.pdf (Zugriff: 30.07.2015).
IEA: Turkey: Balances for 1990, http://www.iea.org/statistics/statisticssearch/report/?country=TURKEY&product=Balances&year=1990 (Zugriff: 06.01.2016).
IEA: Turkey: Share of total primary energy supply in 2013, http://www.iea.org/stats/WebGraphs/TURKEY4.pdf (Zugriff: 06.01.2015).
IEA: Turkmenistan: Balances for 1999, http://www.iea.org/statistics/statisticssearch/report/?year=1999&country=TURKMENIST&product=Balances (Zugriff 14.11.2014).
IEA: Turkmenistan: Balances for 2013, http://www.iea.org/statistics/statisticssearch/report/?country=TURKMENIST&product=Balances&year=2013 (Zugriff: 01.12.2015).
IEA: Turkmenistan: Electricity and Heat for 1991, http://www.iea.org/statistics/statisticssearch/report/?country=TURKMENIST&product=ElectricityandHeat&year=1991 (Zugriff: 14.12.2014).
IEA: Turkmenistan: Electricity and Heat for 1999, http://www.iea.org/statistics/statisticssearch/report/?country=TURKMENIST&product=ElectricityandHeat&year=1999 (Zugriff: 14.12.2014).
IEA: Turkmenistan: Electricity and Heat for 2004, http://www.iea.org/statistics/statisticssearch/report/?country=TURKMENIST&product=ElectricityandHeat&year=2004 (Zugriff 14.12.2014).
IEA: Turkmenistan: Electricity and Heat for 2013, http://www.iea.org/statistics/statisticssearch/report/?country=TURKMENIST&product=ElectricityandHeat&year=2013 (Zugriff: 01.12.2015).
IEA: Turkmenistan: Electricity and Heat for 2014, http://www.iea.org/statistics/statisticssearch/report/?country=TURKMENIST&product=ElectricityandHeat&year=2014 (Zugriff: 05.02.2017).
IEA: Turkmenistan: Electricity generation by fuel, http://www.iea.org/stats/WebGraphs/TURKMENIST2.pdf (Zugriff 17.04.2017).
IEA: Turkmenistan: Indicators for 2013, http://www.iea.org/statistics/statisticssearch/report/?country=TURKMENIST&product=Indicators&year=2013 (Zugriff: 01.12.2015).
IEA: Turkmenistan: Share of total primary energy supply in 2014, http://www.iea.org/stats/WebGraphs/TURKMENIST4.pdf (Zugriff: 05.02.2017).
IEA: Turkmenistan: Total primary energy supply, http://www.iea.org/stats/WebGraphs/TURKMENIST5.pdf (Zugriff: 17.04.2017)
IEA: Uzbekistan: Indicators for 2013, http://www.iea.org/statistics/statisticssearch/report/?country=UZBEKISTAN&product=indicators&year=2013 (Zugriff: 01.12.2015);
IEA: What is energy security?, in: http://www.iea.org/topics/energysecurity/subtopics/whatisenergysecurity/ (Zugriff: 09.08.2015).
INOGATE: In brief, http://www.inogate.org/pages/1?lang=en (Zugriff:7.2.2016).
Interconnector (UK) Limited: About Us, How we got here, Company Timeline, http://www.interconnector.com/about-us/how-we-got-here/company-timeline/ (Zugriff: 25.06.2015).

Interconnector (UK) Limited: About Us, How we got here, Construction Project, http://www.interconnector.com/about-us/how-we-got-here/construction-project/ (Zugriff: 25.06.2015).

International Gas Union: Natural Gas Conversion Guide, Oslo: International Gas Union, 2012, http://members.igu.org/old/IGU%20Events/wgc/wgc-2012/wgc-2012-proceedings/publications/igu-publications/natural-gas-conversion-guide/@@download/download (Zugriff: 20.03.2016).

International Monetary Fund: IMF Data Mapper, http://www.imf.org/external/datamapper/index.php (Zugriff: 11.12.2015).

Mineralölwirtschaftsverband: Statistiken-Preise: http://www.mwv.de/index.php/daten/statistikenpreise/?loc=4 (Zugriff: 15.12.2015).

NATO: Signatures of Partnership for Peace Framework Document, http://www.nato.int/cps/en/nato live/topics_82584.htm (Zugriff: 30.07.2015).

NATO: The Partnership for Peace programme, http://www.nato.int/cps/en/natolive/topics_50349.htm (Zugriff: 30.07.2015).

Österreichisches Bundesheer: Service: Österreichische Militärische Zeitschrift: Grafiken: Mittler Osten (Teil II): Wichtige amerikanisch-britische Stützpunkte, http://www.bmlv.gv.at/misc/image_popup/ImageTool.php?strAdresse=/omz/grafiken/vollbild/gumppenberg2603.png&intSeite=1280&intHoehe=1024&intMaxSeite=1280&intMaxHoehe=927&blnFremd=1 (Zugriff 06.04.2014).

Oil and Gas Infrastructure in the Caspian Region 2012, in: University of Texas in Austin, Perry-Castañeda Library Map Collection: http://www.lib.utexas.edu/maps/middle_east_and_asia/txu-pclmaps-oclc-785323952-caspian_sea_oil_and_gas.jpg (Zugriff: 25.09.2014).

Pipelines International: Gazprom may join Arab Gas Pipeline, 12.5.2010, http://pipelinesinternational.com/news/gazprom_may_join_arabian_gas_pipeline/040698/ (Zugriff: 29.6.2015).

Republic of Turkey, Ministry of Foreign Affairs: Turkey's Energy Strategy, http://www.mfa.gov.tr/turkeys-energy-strategy.en.mfa (Zugriff: 03.02.2014).

Russland stoppt Gas-Käufe aus Turkmenistan, 07.01.2016; http://zentralasien.ahk.de/news/einzelansicht-nachrichten/artikel/russland-stoppt-gas-kaeufe-aus-turkmenistan/?cHash=2f398db1bd086110b bdbfbf50d4c4361 (Zugriff: 10.02.2016).

Shanghai Corporation Organisation: Main Page, http://www.sectsco.org/EN123 (Zugriff: 08.10. 2014).

TASS World: Kazakhstan's parliament ratifies agreeement with Turkmenistan on Caspian Sea delimitation, 25.06.2015, http://tass.ru/en/world/803774 (Zugriff: 30.11.2015).

The Heritage Foundation: 2015 Index of Economic Freedom: Country Rankings, http://www.heritage.org/index/ranking (Zugriff: 30.12.2015).

The State Statistical Committee of the Republic of Azerbaijan: Population by ethnic groups, http://www.stat.gov.az/source/demoqraphy/en/001_11-12en.xls (Zugriff: 30.07.2015).

Today's Zaman: Turkey cancels natural gas contract with Russia, 02.10.2011, http://www.todayszaman.com/news-258670-turkey-cancels-natural-gas-contract-with-russia.html (Zugriff: 22.07.2015).

Transparency International Deutschland e.V.: Corruption Perception Index 2014: Tabellarisches Ranking, 03.12.2014, http://www.transparency.de/Tabellarisches-Ranking.2574.0.html (Zugriff: 16.12.2014).

Wikiposit.org: IMF: Natural Gas, Russian Natural Gas border price in Germany, US$ per thousands of cubic meters of gas, http://wikiposit.org/w?filter=Finance/Commodities/IMF%20Primary%20Commodity%20Prices/ (Zugriff: 04.08.2011).

World Bank Group: Doing Business: Economy Rankings, http://www.doingbusiness.org/rankings (Zugriff: 12.02.2016).

Anhang

gtai-Recherchen

	2005	2006	2007	2008	2009	2010	2011	2012	2013
Produktion (Mrd. m³)	63,0	62,2	72,2	70,5	40,3	47,0	66,0	69,1	69,2
Export (Mrd. m³)	45,2	44,8	50,7	47,8	16,8	22,6	38,5	40,6	40,7
Export (Mrd. US-Dollar)	4,08	4,23	4,88	6,68	5,51	5,12	10,82	13,36	12,58

Turkmenistan: Erdgasproduktion, Erdgasexport und Einnahmen aus dem Erdgasexport

Gasexporte Turkmenistans bis zum Jahr 2030

Die Berechnung der Minimal- und Maximalwerte in Abbildung 28 beruht auf folgenden Annahmen:

Aufgrund der Ankündigung Gazproms vom Januar 2016, die Erdgasimporte aus Turkmenistan vollständig einzustellen, wird davon ausgegangen, dass diese bis zum Ablauf des Vertrages im Jahr 2028 nicht wieder aufgenommen werden. Auf Basis der binnen der letzten Dekade realisierten Lieferungen werden die Exporte in den Iran auf ein Minimum von fünf Mrd. m³ pro Jahr geschätzt, während die Lieferungen nach China planmäßig realisiert werden. Potenzielle Exporte nach Pakistan, Indien und Afghanistan sind im Minimum nicht enthalten, da zweifelhaft erscheint, dass die dafür notwendige Pipeline fertiggestellt wird.

Das maximale Liefervolumen enthält die mit dem Iran und Russland jeweils vertraglich vereinbarten Höchstliefermengen von 14 bzw. 30 Mrd. m³ pro Jahr. Ferner wird davon ausgegangen, dass die Exporte nach China wie vorgesehen umgesetzt werden, die TAPI-Pipeline gebaut wird und die geplanten Exporte nach Pakistan, Indien und Afghanistan umgesetzt werden können. Die Darstellung enthält bereits das volle Liefervolumen ab 2019, obwohl es vermutlich erst einige Jahre später erreicht wird – sollten die Exporte tatsächlich realisiert werden.

The manufacturer's authorised representative in the EU is Springer Nature Customer Service Centre GmbH, Europaplatz 3, 69115 Heidelberg, Germany. If you have any concerns regarding our products, please contact ProductSafety@springernature.com

Printed and bound by CPI Group (UK) Ltd, Croydon, CR0 4YY

23/03/2026

02076666-0013